焊工从入门到精通 - 视频精讲

初级焊工				
1. 焊条电弧焊 - 运条	2. 焊条电弧焊 - 船形焊	3. 二氧化碳气体保护焊 - 焊接技术	4. Ｖ形坡口板对接二氧化碳气体保护焊 - 立焊（实芯焊丝）	5. Ｖ形坡口板对接二氧化碳气体保护焊 - 横焊（实芯焊丝）

中级焊工				
6. 焊条电弧焊 - 低碳钢板Ｔ型接头立角焊	7. Ｖ形坡口板对接焊条电弧焊 - 立焊	8. Ｖ形坡口板对接二氧化碳气体保护焊 - 立焊（药芯焊丝）	9. Ｖ形坡口板对接二氧化碳气体保护焊 - 横焊（药芯焊丝）	10. Ｖ形坡口管对接垂直固定二氧化碳焊
11. 低碳钢薄板钨极氩弧焊 - 立角焊	12. 6mmＶ形坡口不锈钢板平对接钨极氩弧焊			

高级焊工				
13. Ｖ形坡口板对接焊条电弧焊 - 立焊	14. Ｖ形坡口板对接焊条电弧焊 - 横焊	15. 焊条电弧焊Ｖ形坡口板对接 - 仰焊	16. Ｖ形坡口管对接水平固定焊条电弧焊	17. Ｖ形坡口板对接二氧化碳焊 - 仰焊
18. Ｖ形坡口管对接二氧化碳水平固定焊（实芯焊丝）				

焊工
从入门到精通

赵烨菊 勾 容 郑丁梅 主编

化学工业出版社

·北京·

内 容 简 介

《焊工从入门到精通》对焊接技术人员来说是一本不可或缺的案头书。本书从焊接基础知识、焊工培训与认证讲起，进而详细地讲解了焊条电弧焊、埋弧焊、氩弧焊、CO_2 气体保护焊、气焊气割、特种焊接、焊接修复及机器人焊接等常用的焊接技术。本书工程实例较多，便于读者学习与提高。

本书可供焊工、机械加工技术工人阅读，也可作为焊接培训、焊工自学，以及技工学校与职业技术院校机械相关专业学生的教材和参考书。

图书在版编目（CIP）数据

焊工从入门到精通 / 赵烨菊，勾容，郑丁梅主编 .—北京：化学工业出版社，2021.11（2023.1 重印）
ISBN 978-7-122-39854-3

Ⅰ.①焊⋯　Ⅱ.①赵⋯　②勾⋯　③郑⋯　Ⅲ.①焊接
Ⅳ.① TG4

中国版本图书馆 CIP 数据核字（2021）第 179105 号

责任编辑：雷桐辉　王　烨　　　　　　　文字编辑：孙月蓉　陈小滔
责任校对：宋　夏　　　　　　　　　　　装帧设计：刘丽华

出版发行：化学工业出版社（北京市东城区青年湖南街 13 号　邮政编码 100011）
印　　　刷：北京云浩印刷有限责任公司
装　　　订：三河市振勇印装有限公司
787mm×1092mm　1/16　印张 29　字数 799 千字　　2023 年 1 月北京第 1 版第 3 次印刷

购书咨询：010-64518888　　　　　　　　售后服务：010-64518899
网　　　址：http：//www.cip.com.cn
凡购买本书，如有缺损质量问题，本社销售中心负责调换。

定　　价：99.00 元

前言

本书适应经济发展新常态和技术技能人才成长需求，充分体现了理论够用，能力为本，重在应用的职业教育特点，较好地体现了"工学结合，知行合一"的时代特色。

全国人才工作会议和全国职教工作会议都强调要把提高技术工人素质、培养高技能人才作为重要任务来抓。技术工人的劳动是科技成果转化为生产力的关键环节，是经济发展的重要基础。

本书针对技术工人的特点，对传统教学的内容进行了重新整合，建立了新的教学内容体系，体现了教材的综合性；注重焊接技术应用能力与工程素养两个方面的培养，体现了教材的实用性。

本书力争准确把握技术工人在企业中的需求，内容体系合理，覆盖面广，突出焊接行业的特色，语言简练、通俗易懂、信息量大、实用性强、可读性好，易于讲授和自学。本书是按照《国家职业技能标准 焊工》的知识要点和技能要求，按照岗位培训的原则编写，内容丰富，涉及面广。

全书共分 12 章。第 1 章、第 2 章主要介绍焊接常用基础知识以及焊工培训和认证的相关标准和要求；第 3 章～第 7 章主要介绍焊条电弧焊、埋弧焊、氩弧焊、CO_2 气体保护焊、气焊气割的基本技能及工程实例的应用；第 8 章介绍特种焊接的特点、方法、工艺及应用；第 9 章介绍焊接修复技术；第 10 章介绍典型材料焊接工程应用；第 11 章介绍了机器人焊接技术；第 12 章介绍焊接缺欠及处理。

本书由江苏省常州技师学院赵烨菊、勾容、郑丁梅担任主编，杭明峰、徐建峰、虞海、季炼平、曾鹏、陈潺担任副主编。其中编写成员具体分工如下：赵烨菊拟定本书的编写方案并编写了第 1 章～第 4 章（共计 20 万字），虞海和徐建峰负责内容的整理和绘图；勾容编写了第 5 章～第 8 章的内容，陈潺负责内容的整理和绘图；杭明峰编写了第 9 章的内容；郑丁梅统编第 10 章～12 章的内容（共计 8.3 万字）；季炼平、曾鹏负责本书视频的拍摄和剪辑。最后，由赵烨菊做了全书的统稿与审核工作。

在焊接领域，新旧标准都有使用，故本书部分内容沿用旧标准符号。由于编者水平有限，书中难免存在疏漏之处，恳请读者不吝指正。

编 者

目 录

第 1 章 焊接常用基础知识

第 2 章 焊工培训、认证与焊接安全

第3章 焊条电弧焊

第4章 埋弧焊

第5章 氩弧焊

第 6 章　CO_2 气体保护焊

第 7 章　气焊与气割

第 8 章　特种焊接方法

第9章　焊接修复技术

第10章　典型材料焊接工程应用

第11章　机器人焊接技术

第 12 章　焊接缺欠及处理

参考文献

第1章 焊接常用基础知识

1.1 常用焊接方法分类

1.1.1 焊接及焊接方法

（1）焊接及其本质

在金属结构和机器的制造中，经常需要将两个或两个以上的零件按一定形式和位置连接起来。通常可以根据这些连接方法的特点，将其分为两大类：一类是可拆卸连接方法，即不必毁坏零件就可以拆卸，如螺栓连接、键连接等，如图1-1所示；另一类是永久性连接方法，其拆卸只有在毁坏零件后才能实现，如铆接、焊接等，如图1-2所示。

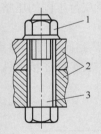
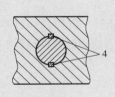
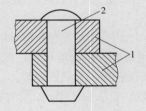
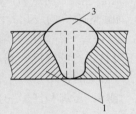

图1-1 可拆卸连接
1—螺母；2—零件；3—螺栓；4—键

图1-2 永久性连接
1—零件；2—螺钉；3—焊缝

焊接就是通过加热或加压，或两者并用，用或不用填充材料，使焊件达到结合的一种加工工艺方法。

由此可见，焊接最本质的特点就是通过焊接使焊件达到原子结合，从而使原来分开的物体达到永久性的连接。要使两部分金属材料达到永久连接的目的，就必须使分离的金属距离非常接近，使之产生足够大的结合力，才能形成牢固的接头。这对液体来说是很容易的，而对固体来说则比较困难，需要外部给予很大的能量，如电能、化学能、机械能、光能等，这就是金属焊接时必须采用加热或加压，或两者并用的原因。

焊接不仅可以连接金属材料，而且可以实现某些非金属材料的永久性连接，如玻璃焊接、陶瓷焊接、塑料焊接等。在工业生产中焊接主要用于金属的连接。

（2）焊接方法分类

按照焊接过程中金属所处的状态不同，可以把焊接方法分为熔焊、压焊和钎焊三类。焊接方法的分类如图 1-3 所示。

① 熔焊　熔焊是在焊接过程中，将焊件接头加热至熔化状态，不施加压力完成焊接的方法。在加热的条件下，当被焊金属加热至熔化状态形成液态熔池时，原子之间可以充分扩散和紧密接触。因此冷却凝固后，可形成牢固的焊接接头。常见的气焊、电弧焊、电渣焊、等离子弧焊、电子束焊、激光焊等都属于熔焊的方法。

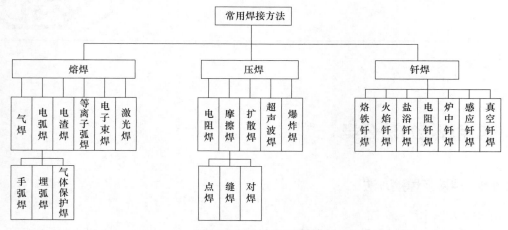

图 1-3　焊接方法的分类

② 压焊　压焊是在焊接过程中，必须对焊件施加压力，以完成焊接的方法。压焊有两种形式：一是将被焊金属接触部分加热至塑性状态或局部熔化状态，然后加一定的压力，以使金属原子间相互结合而形成牢固的焊接接头，如电阻焊、摩擦焊等；二是不进行加热，仅在被焊金属的接触面上施加足够大的压力，借助压力所引起的塑性变形，使原子间相互接近直至获得牢固的压挤接头，如爆炸焊等均属此类。

③ 钎焊　钎焊是采用比母材熔点低的金属材料作钎料，将焊件和钎料加热到高于钎料熔点，低于母材熔点的温度，利用液态钎料润湿母材，填充接头间隙并与母材相互扩散实现连接焊件的方法。常见的钎焊方法有烙铁钎焊、火焰钎焊等。

熔焊、压焊和钎焊三类焊接方法的对比如图 1-4 所示。

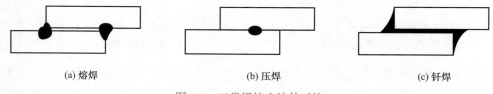

(a) 熔焊　　　　　　　　　(b) 压焊　　　　　　　　　(c) 钎焊

图 1-4　三类焊接方法的对比

（3）焊接方法特点

焊接是目前应用极为广泛的一种永久性连接方法。焊接在许多工业部门的金属结构中全部取代了铆接；在机械制造业中，不少过去一直用整铸、整锻方法生产的大型毛坯也成了焊接结构，大大简化了生产工艺，降低了成本。

焊接方法之所以能迅速地发展，是因为它本身具有一系列优点。

焊接与铆接相比，首先可以节省大量金属材料，减轻结构的重量。例如起重机采用焊接结构，其重量可以减轻 15% ～ 20%，建筑钢结构可以减轻 10% ～ 20%。其原因在于焊接结构不必钻铆钉孔，材料截面能得到充分利用，也不需要辅助零件，如图 1-5 所示，简化了加工与装配工序，焊接结构生产不需钻孔，划线的工作量较少，因此劳动生产率提高。另外焊接设备一般也比铆接生产所需的大型设备（如多头钻床等）的投资低。焊接结构还具备比铆接结构更好的密封性，这是压力容器特别是高温、高压容器不可缺少的性能。焊接生产与铆接生产相比还具有劳动强度低、劳动条件好等优点。

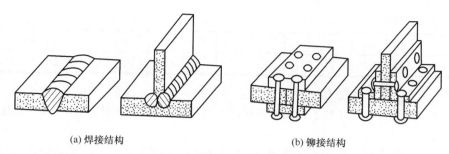

(a) 焊接结构　　　　　　　　(b) 铆接结构

图 1-5　焊接与铆接比较

焊接与铸造相比：首先焊接不需要制作木模和砂型，也不需要专门熔体、浇体，加工简单，生产周期短，对于单件和小批量生产特别明显；其次，焊接结构铸件更节省材料，通常，其重量比铸钢件轻 20% ～ 30%，比铸铁件轻 50% ～ 60%，这是因为焊接结构的截面可以按需要来选取，不必像铸件那样因受工艺条件的限制而加大尺寸，且不要采用过多的肋板和过大的圆角；最后，采用轧制材料的焊接结构材质一般比铸件好。即使不用轧制材料，用小铸件拼焊成大件，小铸件的质量也比大铸件容易保证。

焊接具有一些用别的工艺方法难以达到的优点，如可根据受力情况和工作环境在不同的部位选用不同强度和不同耐腐蚀、耐高温等性能的材料。

焊接也有一些缺点，如产生焊接应力变形。焊接应力会削弱结构的承载能力，焊接变形会影响结构形状和尺寸精度。焊缝中还会存在一定数量的缺陷，焊接中还会产生有毒有害的物质等。这些都是焊接过程中需要注意的问题。

1.1.2　焊接方法的热源

常用焊接方法的热源有电弧、电阻、气体火焰、激光束、电子束等。由于电弧焊是目前焊接中应用最广的焊接方法，所以这里重点介绍电弧焊的热源的有关知识。

（1）焊接电弧

由焊接电源供给的，具有一定电压的两电极间或电极与母材间，在气体介质中产生的强烈而持久的放电现象，称为焊接电弧。如图 1-6 为焊条电弧焊电弧示意图。

焊接电弧是一种特殊的气体放电现象，它与日常所见的气体放电现象（如电源拉合闸时产生的火花）的区别在于，焊接电弧能连续、持久地产生强烈的光和大量的热量。电弧焊就是依靠焊接电弧把电能转变为焊接过程所需的热能和机械能来达到连接金属的目的。

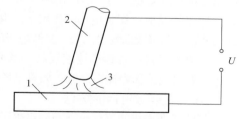

图 1-6　焊条电弧焊电弧示意图
1—焊件；2—焊条；3—电弧

（2）焊接电弧的产生条件

正常状态下，气体是良好的绝缘体，气体的分子和原子处于中性状态，气体中没有带电粒子，因此气体不能导电，电弧也不能自发地产生。要使电弧产生并稳定燃烧，就必须使两电极（或电极与母材）之间的气体中有带电粒子，而获得带电粒子的方法就是中性气体的电离和金属电极

（阴极）电子发射。所以气体电离和阴极电子发射是焊接电弧产生和维持的两个必要条件。

① 气体电离　使中性的气体粒子（分子和原子）分离成正离子和自由电子的过程称为气体电离。使气体粒子电离所需的能量称为电离能（或电离功）。不同的气体或元素，由于原子构造不同，其电离能也不同，电离能越大，气体就越难电离，常见元素的电离能见表1-1。

表1-1　常见元素的电离能

元素	K	Na	Ba	Ca	Cr	Ti	Mn	Fe	Si	H	O	N	Ar	F	He
电离能 /eV	4.34	5.11	5.21	6.11	6.76	6.82	7.40	7.83	8.15	13.59	13.62	14.53	15.76	17.48	24.59

在焊接电弧中，使气体粒子电离的形式主要有热电离、场致电离、光电离三种。

a. 热电离：高温下，气体粒子受热的作用而互相碰撞产生的电离称为热电离。温度越高，热电离作用越大。

b. 场致电离：带电粒子在电场的作用下，做定向高速运动，产生较大的动能，当与中性粒子相碰撞时，就把能量传给中性粒子，使该粒子产生电离。如两电极间的电压越高，电场作用越大，则电离作用越强烈。

c. 光电离：气体粒子在光辐射的作用下产生的电离，称为光电离。

热电离和场致电离本质上都属于碰撞电离。碰撞电离是电离产生带电粒子的主要途径，光电离则是产生带电粒子的次要途径。

在含有易电离的K、Na等元素的气体中，电弧引燃较容易，而在含有难电离的Ar、He等元素的气体中，则电弧引燃就比较困难。因此，为提高电弧燃烧的稳定性，常在焊接材料中加入一些含电离能较低、易电离的元素的物质，如水玻璃、大理石等。

② 阴极电子发射　阴极金属表面的原子或分子，接受外界的能量而连续地向外发射出电子的现象，称为阴极电子发射。

一般情况下，电子是不能自由离开金属表面向外发射的，要使电子逸出电极金属表面而产生电子发射，就必须加给电子一定的能量，使它克服电极金属内部正电荷对它的静电引力。电子从阴极金属表面逸出所需要的能量称为逸出功，电子逸出功的大小与阴极的成分有关。逸出功越小，阴极发射电子就越容易。不同元素的电子逸出功按大小递增次序为：K、Na、Ca、Mg、Mn、Ti、Fe、Al、C。

焊接时，根据所吸收能量的不同，阴极电子发射可分为热发射、电场发射、撞击发射等。

a. 热发射：焊接时，阴极表面温度很高，阴极中的电子运动速度很快，当电子的动能达到或超出逸出功的时候，电子即冲出阴极表面产生热发射。温度越高，则热发射作用越强烈。

b. 电场发射：在强电场的作用下，由于受到电场对阴极表面电子的吸引力，电子可以获得足够的动能，从阴极表面发射出来。当两电极的电压越高，金属的逸出功越小，则电场发射作用越大。

c. 撞击发射：当运动速度较高、能量较大的正离子撞击阴极表面时，将能量传递给阴极而产生电子发射现象称为撞击发射。如果电场强度越大，在电场的作用下正离子的运动速度也越快。

（3）焊接电弧的引燃方法

把造成两电极间气体电离和阴极电子发射而引起电弧燃烧的过程称为焊接电弧的引燃（引弧）。焊接电弧的引燃一般有两种方法：接触引弧和非接触引弧。

① 接触引弧　弧焊电源接通后，将电极（焊条或焊丝）与工件直接短路接触，并随后拉开焊条或焊丝而引燃电弧，称为接触引弧。接触引弧是一种最常用的引弧方式。

当电极与工件短路接触时，由于电极和工件表面都不是绝对平整的，所以只是在少数突出点上接触（图1-7）。通过这些点的短路电流比正常的焊接电流要大得多，加之接触点的面积又小，因此电流密度极大，这就产生了大量的电阻热，使接触部分的金属温度剧烈地升高而熔化，甚至气化，引起强烈的电子发射和电离。随后在拉开电极瞬间，电弧间隙极小，这使其电场强度达到很大数值，即使在室温下亦能产生明显的电子发射现象。同时，又使已产生的带电粒子被加速，引起碰撞而电离，从而引燃电弧。

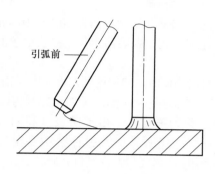

图 1-7　接触引弧

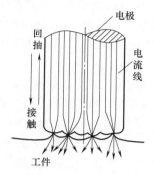

图 1-8　划擦法引弧

　　在拉开电极的瞬间，弧焊电源电压由短路时的零值增高到引弧电压值所需的时间称电压恢复时间。电压恢复时间对于焊接电弧的引燃及焊接过程中电弧的稳定性具有重要的意义。这个时间长或短，是由弧焊电源的特性决定的。在电弧焊时，对电压恢复时间要求越短越好，一般不超过 0.05s。如果电压恢复时间太长，则电弧就不容易引燃并造成焊接电弧不稳定。

　　这种引弧方法主要应用于焊条电弧焊、埋弧焊、熔化极气体保护焊等。对于焊条电弧焊，接触引弧又可分为划擦法引弧和直击法引弧两种，如图 1-8、图 1-9 所示，划擦法引弧相对比较容易掌握。

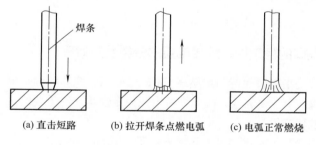

(a) 直击短路　　　　(b) 拉开焊条点燃电弧　　　(c) 电弧正常燃烧

图 1-9　直击法引弧

　　② 非接触引弧　引弧时，电极与工件之间保持一定间隙，然后在电极和工件之间施以高电压击穿间隙使电弧引燃，这种引弧方式称非接触引弧。

　　非接触引弧需利用引弧器才能实现，根据工作原理可分为高压脉冲引弧和高频高压引弧。

　　高压脉冲引弧需高压脉冲发生器，频率一般为 50 ～ 100Hz，电压峰值为 3000 ～ 5000V。高频高压引弧需高频振荡器，频率为 150 ～ 260kHz 左右，电压峰值为 2000 ～ 3000V。

　　非接触引弧方式主要应用于钨极氩弧焊和等离子弧焊。由于引弧时电极无需和工件接触，这样不仅不会污染工件上的引弧点，也不会损坏电极端部的几何形状，有利于电弧燃烧的稳定性。

　　（4）焊接电弧的构造

　　焊接电弧按其构造可分为阴极区、阳极区和弧柱区三部分，如图 1-10 所示。

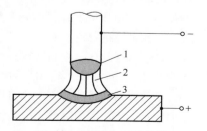

图 1-10　焊接电弧的构造

1—阴极区；2—弧柱区；3—阳极区

① 阴极区　电弧紧靠负电极的区域称为阴极区。阴极区很窄，约为 $10^{-5} \sim 10^{-6}$cm。在阴极表面有一个明亮的斑点，称为阴极斑点，它是阴极表面上电子发射的发源地，也是阴极区温度最高的地方。进行焊条电弧焊时，阴极区的温度一般达到 2130 ~ 3230℃，放出的热量占电弧产热的36% 左右。阴极温度的高低主要取决于阴极的电极材料。

② 阳极区　电弧紧靠正电极的区域称为阳极区。阳极区较阴极区宽，约为 $10^{-3} \sim 10^{-4}$cm，在阳极表面也有光亮的斑点，称为阳极斑点，它是电弧放电时，正电极表面上集中接收电子的微小区域。

阳极不发射电子，消耗能量少，因此当阳极与阴极材料相同时，阳极区的温度要高于阴极区。进行焊条电弧焊时，阳极区的温度一般达 2330 ~ 3930℃，放出热量占电弧产热的43% 左右。

③ 弧柱区　焊接电弧阴极区和阳极区之间的部分称为弧柱区。由于阴极区和阳极区都很窄，因此弧柱区的长度基本上等于电弧长度。进行焊条电弧焊时，弧柱区中心温度可达5370 ~ 7730℃，放出的热量占电弧产热的21% 左右。弧柱区的温度与弧柱气体介质种类、焊接电流大小等因素有关，焊接电流越大，弧柱区中电离程度也越大，弧柱区温度也越高。

必须注意的是：不同的焊接方法，其阳极区、阴极区温度的高低并不一致，如表1-2 所示。以上分析的是直流电弧的热量和温度分布情况，而交流电弧由于电源的极性是周期性改变的，所以两个电极区的温度趋于一致，近似于它们的平均值。

表1-2　各种焊接方法的阳极区、阴极区温度比较

焊接方法	焊条电弧焊	钨极氩弧焊	熔化极氩弧焊	CO_2 气体保护焊	埋弧焊
温度比较	阳极温度>阴极温度		阴极温度>阳极温度		

电弧两端（两电极）之间的电压称为电弧电压。电弧电压由阴极压降、阳极压降和弧柱压降组成。

1.1.3　焊条电弧焊的稳定性、焊接电弧的分类及热效率

焊接电弧的稳定性是指电弧保持稳定燃烧（不产生断弧、飘移和偏吹等）的程度。电弧的稳定燃烧是保证焊接质量的一个重要因素，因此维持电弧稳定性是非常重要的。

（1）焊条电弧焊的稳定性

电弧不稳定的原因除焊工操作技术不熟练外，还与下列因素有关：

① 焊接电源的影响　采用直流电源焊接时，电弧燃烧比采用交流电源时稳定。此外具有较高空载电压的焊接电源不仅引弧容易，而且电弧燃烧也稳定，这是因为焊接电源的空载电压较高时，电场作用强，电离及电子发射强烈，所以电弧燃烧稳定。

② 焊接电流的影响　焊接电流越大，电弧的温度就越高，则电弧气氛中的电离程度和热发射作用就越强，电弧燃烧也就越稳定。通过实验测定电弧稳定性，结果表明：随着焊接电流的增大，电弧的引燃电压降低；同时随着焊接电流的增大，自然断弧的最大弧长也增大。所以焊接电流越大，电弧燃烧越稳定。

③ 焊条药皮或焊剂的影响　焊条药皮或焊剂中加入电离能比较低的物质（如 K、Na、Ca 的氧化物），能增加电弧气氛中的带电粒子，这样就可以提高气体的导电性，从而提高电弧燃烧的稳定性。如果焊条药皮或焊剂中含有电离能比较高的氟化物（CaF_2）及氯化物（KCl、NaCl）时，由于它们较难电离，因而降低了电弧气氛的电离程度，使电弧燃烧不稳定。

④ 焊接电弧偏吹的影响　在正常情况下焊接时，电弧的中心线总是保持着沿焊条（丝）电极的轴线方向，即使当焊条（丝）与焊件有一定倾角时，电弧的中心线也始终保持和电极轴线的方

向一致,如图 1-11 所示。但在实际焊接中,由于气流的干扰、磁场的作用或焊条偏心的影响,会使电弧中心线偏离电极轴线的方向,这种现象称为电弧偏吹,如图 1-12 所示为磁场作用引起的电弧偏吹。一旦发生电弧偏吹,电弧中心线就难以对准焊缝中心,影响焊缝成形和焊接质量。

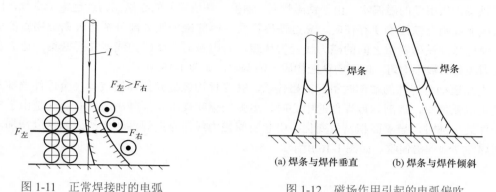

图 1-11 正常焊接时的电弧

图 1-12 磁场作用引起的电弧偏吹

a. 焊接电弧偏吹的原因:引起电弧偏吹主要有以下三方面原因。

(a) 焊条偏心产生的偏吹。焊条的偏心度是指焊条药皮沿焊芯直径方向偏心的程度。焊条偏心度过大,使焊条药皮厚薄不均匀,药皮较厚的一边比药皮较薄的一边熔化时需吸收更多的热,因此药皮较薄的一边很快熔化而使电弧外露,迫使电弧往外偏吹。焊条偏心及其引起的偏吹如图 1-13 所示。因此,为了保证焊接质量,在焊条生产中对焊条的偏心度有一定的限制。

根据国家标准规定,直径不大于 2.5mm 焊条,偏心度不大于 7%;直径为 3.2mm 和 4mm 的焊条,偏心度不大于 5%;直径不小于 5mm 的焊条,偏心度不大于 4%。焊条偏心产生的电弧偏吹偏向药皮较薄的一边。

(b) 电弧周围气流产生的偏吹。电弧周围气体的流动会把电弧吹向一侧而造成偏吹。造成电弧周围气体剧烈流动的因素很多,主要是大气中的气流和热对流的影响,如在露天大风中操作时,电弧偏吹状况很严重。在管子焊接时,由于空气在管子中流动速度较大,形成所谓"穿堂风"使电弧发生偏吹;在进行开坡口的对接接头第一层焊缝的焊接时,如果接头间隙较大,在热对流的影响下也会使电弧发生偏吹。

(c) 焊接电弧的磁偏吹。直流电弧焊时,因受到焊接回路所产生的电磁力的作用而产生的电弧偏吹称为磁偏吹。它是由于直流电所产生的磁场在电弧周围分布不均匀而引起的电弧偏吹。造成电弧产生磁偏吹的因素主要有下列几种:

导线接线位置引起的磁偏吹。如图 1-14 所示,导线接在焊件一侧,焊件接"+"(称为正接),焊接时电弧左侧的磁力线由两部分组成:一部分是电流通过电弧产生的磁力线,另一部分是电流

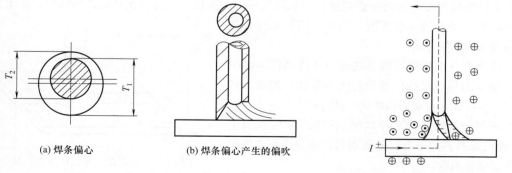

(a) 焊条偏心 (b) 焊条偏心产生的偏吹

图 1-13 焊条偏心产生的偏吹

图 1-14 导线接线位置引起的磁偏吹

流经焊件产生的磁力线。而电弧右侧仅有电流通过电弧产生的磁力线，从而造成电弧两侧的磁力线分布极不均匀，电弧左侧的磁力线比右侧的磁力线密集，电弧左侧的电磁力大于右侧的电磁力，使电弧向右侧偏吹。

铁磁物质引起的磁偏吹。由于铁磁物质（钢板、铁块等）的导磁能力远远大于空气，因此，当焊接电弧周围有铁磁物质存在时，靠近铁磁物质一侧的磁力线大部分都通过铁磁物质形成封闭曲线，使电弧同铁磁物质之间的磁力线变得稀疏，而电弧另一侧磁力线就显得密集，造成电弧两侧的磁力线分布极不均匀，电弧向铁磁物质一侧偏吹，如图 1-15 所示。

电弧运动至焊件的端部时引起的磁偏吹。在焊件边缘处开始焊接或焊接至焊件端部时，经常会发生电弧偏吹，逐渐靠近焊件的中心时，电弧的偏吹现象逐渐减小或没有，这是由于电弧运动至焊件的端部时，导磁面积发生变化，引起空间磁力线在靠近焊件边缘的地方密度增加，产生了指向焊件端部的磁偏吹，如图 1-16 所示。

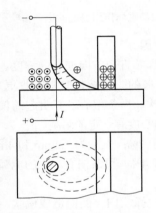

图 1-15　铁磁物质引起的磁偏吹

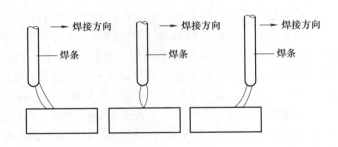

图 1-16　电弧运动至焊件的端部时引起的磁偏吹

如果把图 1-14 的导线接线位置改为焊件一侧接"-"（称为反接），则焊接电流方向和相应的磁力线方向都同时改变，但电弧左、右两侧磁力线分布状况不变，电弧左侧的电磁力仍大于右侧的电磁力，故磁偏吹方向不变。

b. 防止或减少焊接电弧偏吹的措施：电弧偏吹对电弧稳定性的影响很大，可采取以下措施来防止或减少焊接电弧偏吹。

（a）焊接时，在条件许可情况下尽量使用交流电源焊接。

（b）调整焊条角度，使焊接电弧偏吹的方向转向熔池，即将焊条向电弧偏吹方向倾斜一定角度，这种方法在实际工作中应用得较广泛。

（c）采用短弧焊接，因为短弧焊接时电弧受气流的影响较小，而且在产生磁偏吹时，如果用短弧焊接，也能减小磁偏吹程度，因此采用短弧焊接是减少电弧偏吹的较好方法。

（d）改变焊件上导线接线部位或在焊件两侧同时接地线，可减少因导线接线位置引起的磁偏吹，如图 1-17 所示，图中虚线表示克服磁偏吹的接线方法。

（e）在焊缝两端各加一小块附加钢板（引弧板及引出板），使电弧两侧的磁力线分布均匀并减少热对流的影响，以克服电弧偏吹。

（f）在露天操作时，如果有大风则必须用挡板遮挡，

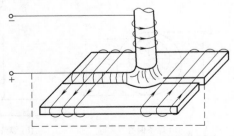

图 1-17　改变焊件上导线接线部位减少
焊接电弧偏吹

对电弧进行保护。在管子焊接时，必须将管口堵住，以防止气流对电弧的影响。在焊接间隙较大的对接焊缝时，可在接头下面加垫板，以防止热对流引起的电弧偏吹。

（g）采用小电流焊接，因为磁偏吹的大小与焊接电流有直接关系，焊接电流越大，磁偏吹越严重。

c.其他影响因素：电弧长度对电弧的稳定性也有较大的影响，如果电弧太长，电弧就会发生剧烈摆动，从而破坏了焊接电弧的稳定性，而且飞溅也增大，所以应尽量短弧焊接。焊接处如有油漆、油脂等应清理干净。

（2）焊接电弧的分类

焊接电弧的性质与供电电源的种类、电弧的状态、电弧周围的介质以及电极材料等有关。焊接电弧的分类各异，按电流种类不同可分为直流电弧、交流电弧和脉冲电弧（包括高频脉冲电弧）；按电弧状态不同可分为自由电弧和压缩电弧；按电极材料不同可分为熔化极电弧和非熔化极电弧。

① 直流电弧 直流电弧由直流电源提供热源，电弧燃烧稳定，有极性可供工艺选择，但有电弧偏吹现象发生。低氢碱性焊条焊接时，采用直流反接，电弧稳定，飞溅少，产生气孔倾向少。酸性焊条焊接时，采用直流正接，但焊接薄板时，为防止烧穿采用直流反接。钨极氩弧焊时，为防止钨极烧损采用直流正接。熔化极氩弧焊及二氧化碳气体保护焊采用直流反接，使飞溅少、电弧稳定。

② 交流电弧 交流电弧由交流电源提供热源，电弧每秒都有100次过零点，过零点电弧熄灭再反向引燃，所以电弧稳定性差。交流焊机上一般串接一个适当的电感来提高电稳定性。此外通过提高电源空载电压，采用方波电源亦能提高电弧的稳定性。交流电弧无偏吹现象发生。当电极材料与被焊工件物理性能相差很大时（如钨极氩弧焊焊接铝、镁及合金），在电弧电流、电弧电压正负两个半周中会产生不对称而形成直流分量，直流分量影响焊接参数的稳定，必须设法消除。

③ 脉冲电弧 当弧焊电源的电流以脉冲形态输出时，其产生的电弧为脉冲电弧，脉冲电弧可用于钨极、熔化极氩弧焊等。脉冲电弧根据脉冲波形和频率不同而各有特点。脉冲电弧在整个焊接期间都有基值电流维持电弧稳定，即用于脉冲休止期间维持电弧连续燃烧，电流则用于加热熔化工件和焊丝，并使熔滴向工件过渡。脉冲电弧的波形有矩形波、正波、三角波等。

高频脉冲电弧的频率从几千赫兹到几万赫兹，可以保证在小电流薄板焊接时电弧具有较大的刚度，焊接时加热范围小，焊后变形小，高速焊时焊缝质量也很高。

④ 压缩电弧 未受到外界压缩的电弧为自由电弧。自由电弧中的气体电离是不充分的，能量不能高度集中，并且弧柱直径随着功率的增加而增加。如果把自由电弧进行强迫压缩，就能获得温度更高、能量更加集中的压缩电弧。

等离子弧就是一种典型的压缩电弧，它是靠热收缩、磁收缩和机械压缩效应，使弧柱截面缩小、能量集中、气体几乎达到全部电离状态的电弧。

（3）焊接电弧的热效率

电弧焊是通过电弧将电能转换为热能来进行焊接的，焊接热源是电弧。因此电弧功率可由下式表示：

$$q_{\mathrm{o}} = I_{\mathrm{h}} U_{\mathrm{h}}$$

式中 q_{o}——电弧功率，即电弧在单位时间内放出的能量，W；

I_{h}——焊接电流，A；

U_{h}——电弧电压，V。

实际上电弧所产生的热量并没有全部被利用，有一些因辐射、对流及传导等损失掉了，焊条电弧焊和埋弧焊的热量分配如图 1-18 所示。用于加热、熔化焊件和填充材料的真正有效的电弧功率称为电弧有效功率，可用下式表示：

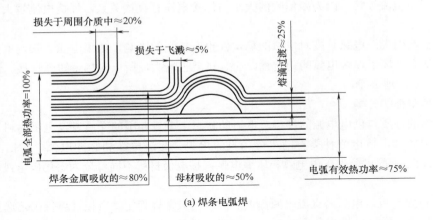

(a) 焊条电弧焊

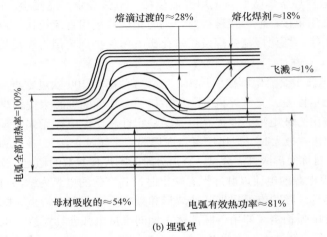

(b) 埋弧焊

图 1-18　焊条电弧焊和埋弧焊热量分配

$$q = \eta I_h U_h$$

式中　η——电弧有效功率系数，简称焊接热效率；

　　　q——电弧有效功率，W。

在一定条件下 η 是常数，主要取决于焊接方法、焊接工艺参数、焊接材料和保护方式等。常用焊接方法在通用工艺参数条件下的焊接热效率 η 值见表 1-3。

表 1-3　常用焊接方法的焊接热效率 η 值

焊接方法	焊条电弧焊	钨极氩弧焊		熔化极氩弧焊		CO_2 气体保护焊	埋弧焊
焊接热效率 η 值	0.75～0.87	交流 0.68～0.85	直流 0.78～0.85	钢 0.66～0.69	铝 0.7～0.85	0.75～0.90	0.77～0.90

各种电弧焊方法的焊接热效率 η，在其他条件不变的情况下，均随电弧电压的升高而降低，因为电弧电压升高即电弧长度增加，热量辐射损失增多。

1.2 焊接识图基本知识

工程图样是现代工业生产中的重要技术资料，也是工程界交流信息的共同语言，具有严格的规范性。掌握制图基本知识与技能，是培养画图和读图能力的基础。本节着重介绍国家标准《技术制图》和《机械制图》中的制图基本规定，并简要介绍绘图工具的使用以及平面图形的画法等。

1.2.1 制图基本规定

为了适应现代化生产和管理的需要，便于技术交流，我国制定并发布了一系列国家标准，简称"国标"，包括强制性国家标准（代号"GB"）、推荐性国家标准（代号"GB/T"）和国家标准化指导性技术文件（代号"GB/Z"）。例如，《技术制图　图样画法　视图》（GB/T 17451—1998）即表示技术制图标准中图样画法的视图部分，发布顺序号为 17451，发布年号是 1998 年。需注意的是，《机械制图》标准适用于机械图样，《技术制图》标准则对工程界的各种专业图样普遍适用。本节摘录了国家标准《技术制图》和《机械制图》中有关的基本规定。

（1）图纸幅面和格式（GB/T 14689—2008）

① 图纸幅面　绘制图样时，基本幅面代号有 A0、A1、A2、A3、A4 五种。图纸的基本幅面优先选用表 1-4 中规定的五种基本幅面，必要时允许加长幅面。

表 1-4　图纸幅面及图框格式尺

单位：mm

代号	A0	A1	A2	A3	A4
$B \times L$	841×1189	594×841	420×594	297×420	210×297
a	25				
c	10			5	
e	20			10	

② 图框格式　图纸上限定绘图区域的线框称为图框。图框在图纸上必须用粗实线画出，图样绘制在图框内部。其格式分为留装订边和不留装订边两种，如图 1-19 所示。同一产品的图样只能采用一种图框格式。装订时通常采用 A3 横装或 A4 竖装。图框右下角必须画出标题栏，标题栏中的文字方向为看图方向。为了使图样复制时定位方便，在各边长的中点处分别画出对中符号（粗实线）。如果使用预先印制的图纸，需要改变标题栏的方位时，必须将其旋转至图纸的右上角。此时，为了明确绘图与看图的方向，应在图纸的下边对中符号处画一方向符号，如图 1-19（c）所示。

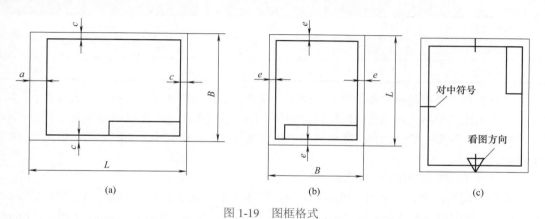

图 1-19　图框格式

③ 标题栏与明细栏　国家标准（GB 10609.1—1989）对标题栏的内容、格式及尺寸作了统一规定。标题栏由名称及代号区、签字区、更改区和其他区组成，其格式和尺寸按 GB/T 10609.1—1989 的规定绘制，每张图纸上都必须画出标题栏，如图 1-20（a）所示；装配图有明细栏，如图 1-20（b）所示。

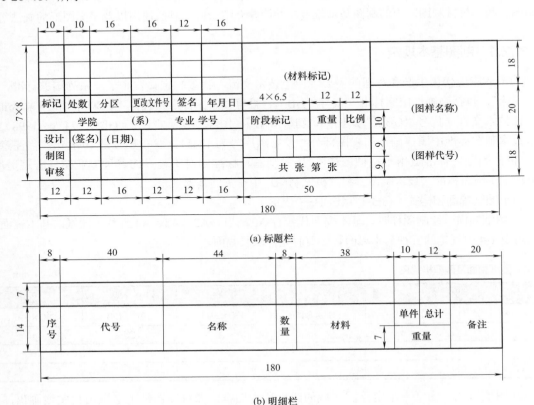

图 1-20　标题栏与明细栏

④ 比例（GB/T 14690—1993）　比例是指图样中图形与实物相应要素的线性尺寸之比。绘图时，应从表 1-5 规定的系列中选取比例。

表 1-5　比例系列示例

种类	比例
原始比例	1:1
放大比例	2:1　2.5:1　4:1　5:1　10:1
缩小比例	1:1.5　1:2　1:2.5　1:3　1:4　1:5

为了从图样上直接反映实物的大小，绘图时应优先采用原始比例。若机件太大或太小，可采用缩小或放大比例绘制。选用比例的原则是有利于图形的清晰表达和图纸幅面的有效利用。不论采用何种比例，图形中所注的尺寸数值均只表达对象设计要求的大小，与图形的比例无关，如图 1-21 所示。

（2）字体（GB/T 14691—1993）

图样中书写的汉字、数字和字母必须做到：字体工整、笔画清楚、间隔均匀、排列整齐。字体的号数即字体的高度 h 分为 8 种：20mm、14mm、10mm、7mm、5mm、3.5mm、2.5mm、1.8mm。

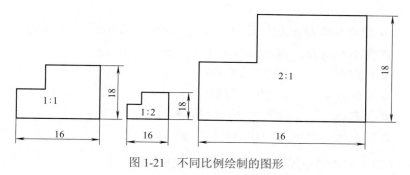

图 1-21 不同比例绘制的图形

汉字应写成长仿宋体，并采用国家正式公布的简化字。汉字的高度应不小于 3.5mm，其宽度一般为 $h/\sqrt{2}$。

长仿宋体汉字的书写要领是：横平竖直、注意起落、结构均匀、填满方格。汉字常由几个部分组成，为了使字体结构匀称，书写时应恰当分配各组成部分的比例。

数字和字母可写成直体或斜体（常用斜体），斜体字字头向右倾斜，与水平基准线约成 75°。字体示例见表 1-6。

表 1-6 字体示例

字体		示例
长仿宋体汉字	10 号	字体工整 笔画清楚 间隔均匀 排列整齐
	7 号	横平竖直 注意起落 结构匀称 填满方格
	5 号	技术制图石油化工机械电子汽车航空船舶土木建筑矿山井坑港口纺织焊接设备工艺
	3.5 号	3.5号螺纹齿轮端子接线飞行指导驾驶舱位挖填施工引水通风闸阀坝樗麻化纤
拉丁字母	大写斜体	*ABCDEFGHIJKLMNOPQRSTUVWXYZ*
	小写斜体	*abcdefghijklmnopqrstuvwxyz*
阿拉伯数字	斜体	*0123456789*
	正体	0123456789
罗马数字	斜体	*I II III IV V VI VII VIII IX X*
	正体	I II III IV V VI VII VIII IX X
字体的应用		$\phi 20^{+0.010}_{-0.023}$ $7°^{+1°}_{-2°}$ $\frac{3}{5}$ 10Js5(±0.003) M24-6h $\phi 25\frac{H6}{m5}$ $\frac{II}{2:1}$ $\frac{A}{5:1}$ $\sqrt{}$ Ra 6.3 R8 5% 3.50

图样中的字母和数字可写成斜体或直体，字母和数字分 A 型和 B 型，B 型的笔画比 A 型宽。斜体字字头向右倾斜，与水平基准线成 75°。用作指数、分数、极限偏差、注脚的数字及字母的字号一般应采用小一号字体。

A型大写斜体	*ABCDEFGHIJKLMNOPQRSTUVWXYZ*
A型小写斜体	*abcdefghijklmnopqrstuvwxyz*
A型斜体	*0123456789*
A型直体	0123456789
A型斜体	*I II III IV V VI VII VIII IX X*
A型直体	I II III IV V VI VII VIII IX X

（3）图形（GB/T 17450—1998；GB/T 4457—2002）

① 图线的线型及应用 绘图时应采用国家标准规定的图线线型和画法。国家标准《技术制图 图线》（GB/T 17450—1998）规定了绘制各种技术图样的 15 种基本线型。根据基本线型及其变形，国家标准《机械制图 图样画法 图线》（GB/T 4457.4—2002）中规定了 9 种图线，其名称、线型及应用示例如图 1-22 和图 1-23 所示，d 表示图线宽度。

② 图线宽度 标准规定了九种图线宽度，所有线型的图线宽度应按图样的类型和尺寸在下列数系中选择（单位：mm，本书未标明尺寸的单位均为 mm）：0.13、0.18、0.25、0.35、0.5、0.7、1、1.4、2。机械图样中图线通常采用两种线宽，粗线、细线的宽度比例为 2 : 1。在同一图样中，同类图线的宽度应一致，应优先选用 0.5mm、0.7mm 两种线宽。为了保证图样清晰、便于复制，应尽量避免出现线宽小于 0.18mm 的图线。

图线	图线形式	图线宽度	一般应用举例
粗实线	————————	粗(d)	可见轮廓线
细实线	————————	细($d/2$)	尺寸线及尺寸界线 剖面线 重合断面的轮廓线 过渡线
细虚线	— — — — — —	细($d/2$)	不可见轮廓线
细点画线	— · — · — · —	细($d/2$)	轴线 对称中心线
粗点画线	▬ · ▬ · ▬	粗(d)	限定范围表示线
细双点画线	— ·· — ·· —	细($d/2$)	相邻辅助零件的轮廓线 轨迹线 可动零件的极限位置轮廓线
双折线	∿∿∿	细($d/2$)	断裂处边界线
波浪线	~~~	细($d/2$)	视图与剖视图的分界线
粗虚线	▬ ▬ ▬ ▬	粗(d)	允许表面处理的表示线

图 1-22 图线的应用示例（一）

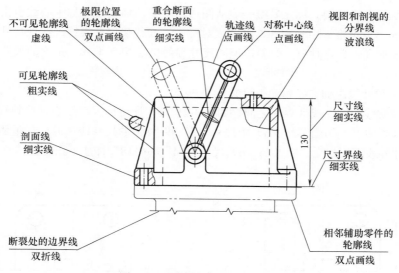

图 1-23　图线的应用示例（二）

③ 注意事项

a. 在同一图样中，同类图线宽度的应保持基本一致，虚线、细点画线、细双点画线的线段长度和间隔应大致相同。

b. 绘制圆的对称中心线时，圆心应在线段与线段的相交处，细点画线应超出圆的轮廓线 $3 \sim 5mm$。当所绘圆的直径较小，画点画线有困难时，细点画线可用细实线代替。

c. 虚线、细点画线与其他图线相交时，都应以长划相交。当虚线处于粗实线的延长线上时，虚线与粗实线之间应有间隙，如图 1-24 所示。

1.2.2　尺寸注法

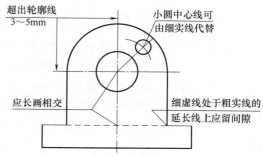

图 1-24　图样画法的注意事项

图形只能表示物体的形状，而其大小由标注的尺寸确定。尺寸是图样中的重要内容之一，是制造机件的直接依据。因此在标注尺寸时，必须严格遵守国家标准中的有关规定，做到正确、齐全，清晰和合理。尺寸注法的依据是国家标准《机械制图　尺寸注法》（GB/T 4458.4—2003）和《技术制图　简化表示法　第 2 部分：尺寸注法》（GB/T 16675.2—2012）。

（1）标注尺寸的基本规则

① 图样中所注的尺寸数值是零件的真实大小，与图形比例大小及绘图的准确度无关。

② 图样中的线性尺寸，以 mm 为单位时，不需注明计量单位符号或名称。如果采用其他单位则必须标注相应计量单位符号。

③ 零件的每一个尺寸，在图样中一般只标注一次，并标注在表示该结构最清晰的图形上。

④ 图样中所注尺寸是该零件最后完工时的尺寸。

⑤ 在保证不引起误解的情况下，可简化标注。

（2）尺寸要素

标注的尺寸由尺寸界线、尺寸线、尺寸数字三个尺寸要素组成。

① 尺寸界线　用来表示所注尺寸的范围。

尺寸界线用细实线绘制。尺寸界线一般从图形轮廓线、轴线或对称中心线引出，超出尺寸线终端约 2～3mm。也可直接用轮廓线、轴线或对称中心线代替尺寸界线。线性尺寸的尺寸界线一般与所注的线段垂直，必要时允许倾斜，但两尺寸界线仍然相互平行。角度的尺寸界线应沿径向引出。

② 尺寸线 尺寸线由细实线和箭头组成。

尺寸线用细实线绘制在尺寸界线之间，如图 1-25（a）所示。尺寸线必须单独画出，不能与图线重合或在其延长线上，如图 1-25（b）中尺寸"3"和"8"的尺寸线；并应尽量避免尺寸线之间及尺寸线与尺寸界线之间相交，图 1-25（b）尺寸"14"和"18"标注不正确。

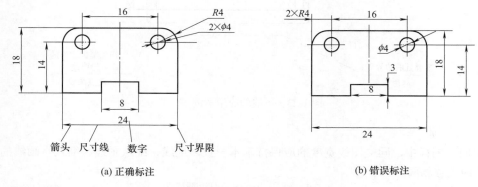

(a) 正确标注　　　　　　　　　(b) 错误标注

图 1-25　标注尺寸的要素

③ 尺寸数字 线性尺寸数字一般应注写在尺寸线的上方或左方，也允许注写在尺寸线的中断处。对线性尺寸数字，如尺寸线为水平方向时，尺寸数字规定由左向右书写，字头朝上；如尺寸线为竖直方向时，尺寸数字规定由下向上书写，字头朝左；在倾斜的尺寸线上注写尺寸数字时，必使字头方向有向上的趋势（垂直 30° 范围内尽量不注倾斜尺寸）。

线性尺寸注法数字的方向应以图纸右下角的标题栏为看图基准。常用的符号及缩写如表 1-7 所示。

表 1-7　常用符号和缩写

含义	符号及缩写	含义	符号及缩写
直径	ϕ	深度	↓
半径	R	沉孔或锪平	⊔
球直径	$S\phi$	埋头孔	∨
球半径	SR	弧长	⌒
厚度	T	斜度	∠
均布	EQS	锥度	◁
45° 倒角	C	正方形	□

1.2.3　尺寸注法示例（表1-8）

表1-8　尺寸注法示例

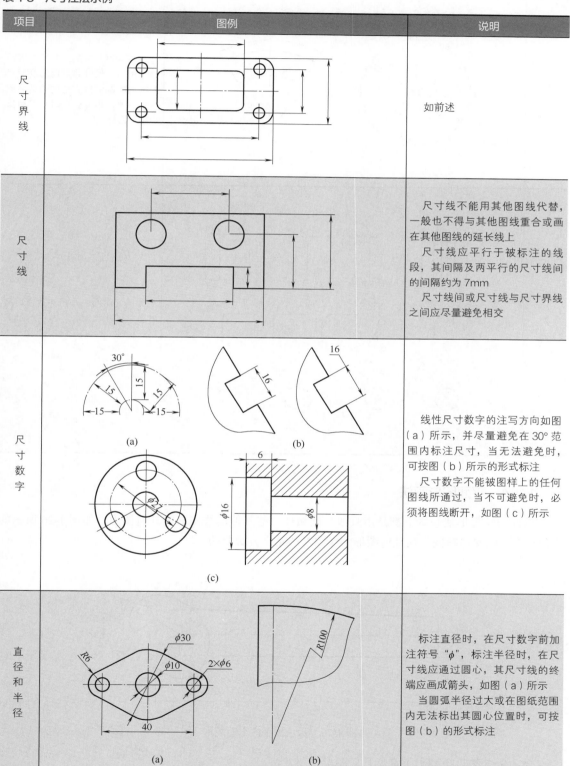

项目	图例	说明
尺寸界线		如前述
尺寸线		尺寸线不能用其他图线代替，一般也不得与其他图线重合或画在其他图线的延长线上 尺寸线应平行于被标注的线段，其间隔及两平行的尺寸线间的间隔约为7mm 尺寸线间或尺寸线与尺寸界线之间应尽量避免相交
尺寸数字	(a)　(b)　(c)	线性尺寸数字的注写方向如图（a）所示，并尽量避免在30°范围内标注尺寸，当无法避免时，可按图（b）所示的形式标注 尺寸数字不能被图样上的任何图线所通过，当不可避免时，必须将图线断开，如图（c）所示
直径和半径	(a)　(b)	标注直径时，在尺寸数字前加注符号"ϕ"，标注半径时，在尺寸线应通过圆心，其尺寸线的终端应画成箭头，如图（a）所示 当圆弧半径过大或在图纸范围内无法标出其圆心位置时，可按图（b）的形式标注

续表

项目	图例	说明
角度		标注角度尺寸的尺寸界线应沿径向引出,尺寸线是以角度顶点为圆心的圆弧线,角度的数字应水平注写,角度较小时也可用指引线引出标注
小尺寸		没有足够地方画箭头或注写尺寸数字的小尺寸,可按图示形式进行标注

1.2.4　平面图形画法

机件的轮廓形状基本上都是由直线、圆弧和一些其他曲线构成的几何图形,如图 1-26 所示的六角扳手。因此,掌握一些几何图形的作图方法是十分必要的。

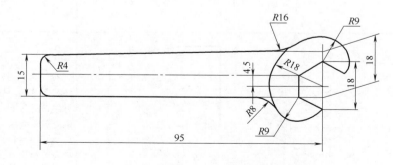

图 1-26　六角扳手的平面图形

表 1-9 ～表 1-11 列出了常见几何图形作图方法。

表 1-9　常见几何多边形的作图方法

内容	图例	方法和步骤
三等分圆周和作正三边形		先使 30° 三角板的一直角边过直径 AB，用丁字尺作导边，过 A 用三角板的斜边画直线交圆于点 C，将 30° 三角板翻转 180°，过 A 用斜边画直线，交圆于点 D，连接点 C、D，则 △ACD 即为圆内接三边形
五等分圆周和作正五边形		以半径 OM 的中点 O_1 为圆心，O_1A 为半径画弧，交 ON 于点 O_2；以 O_2A 为弦长，自点 A 起依次在圆周上截取，得等分点 B、C、D、E，连接各点即为正五边形
六等分圆周和作正六边形		以已知圆直径的两端点 A、D 为圆心，以已知圆的半径 R 为半径画弧与圆周相交，即得等分点 B、C、E、F，依次连接，即可得圆内接正六边形
		用 30° 三角板与丁字尺（或 45° 三角板的一边）相配合，即可得圆内接正六边形
任意等分圆周及作圆内接正多边形		将直径 AK 分成与所求正多边形边数相同的等分，以 K 为圆心、AK 为半径画弧，与直径 P、Q 的延长线相交于两点 M、N，自 M 或 N 引系列直线与 AK 上单数（或双数）等分点相连并延长交圆周于 B、C、D、E……即为圆周的等分点，依次连接，即可得圆内接正多边形

表 1-10 斜度、锥度的画法

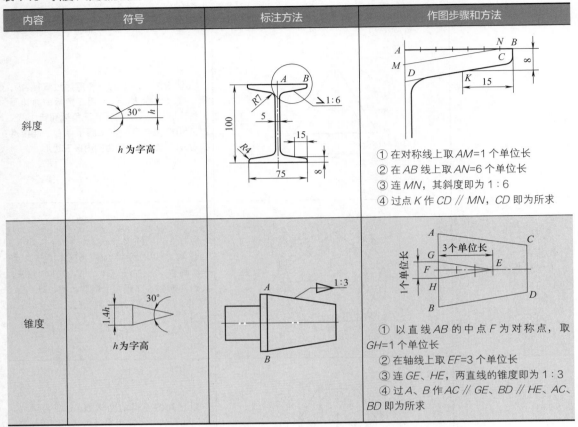

内容	符号	标注方法	作图步骤和方法
斜度	30° *h* 的斜度符号，*h* 为字高	工字钢截面图，标注 R7、5、100、R4、75、15、∞、⊿1:6	① 在对称线上取 *AM*=1 个单位长 ② 在 *AB* 线上取 *AN*=6 个单位长 ③ 连 *MN*，其斜度即为 1:6 ④ 过点 *K* 作 *CD* // *MN*，*CD* 即为所求
锥度	30° 的锥度符号，1.4*h*，*h* 为字高	锥体零件图，标注 *A*、*B*、1:3	① 以直线 *AB* 的中点 *F* 为对称点，取 *GH*=1 个单位长 ② 在轴线上取 *EF*=3 个单位长 ③ 连 *GE*、*HE*，两直线的锥度即为 1:3 ④ 过 *A*、*B* 作 *AC* // *GE*、*BD* // *HE*、*AC*、*BD* 即为所求

表 1-11 椭圆的画法

内容	图例	作图方法
同心圆法	同心圆椭圆图，标注 *C*、*O*、*A*、*B*、*D*	分别以长、短轴为直径画同心圆，过圆心作一系列直径分别与两圆相交，由大圆交点作铅垂线，由小圆交点作水平线，光滑连接两对应直径的交点即得椭圆
四心扁圆法（近似表示椭圆）	四心扁圆图，标注 O_4、*E*、*C*、*K*、*L*、*F*、*O*、*A*、O_1、O_3、*B*、*N*、*M*、*D*、O_2	连接长短轴 *AC*，以点 *O* 为圆心、*OA* 为半径作圆弧，得点 *E*；再以 *C* 为圆心、*CE* 为半径作弧，得点 *F*；作 *AF* 的中垂线交长轴于 O_1、交短轴于 O_2，找出 O_1、O_2 对称点 O_3、O_4，连接 O_1O_2、O_2O_3、O_4O_1、O_4O_3 并延长；以 O_2、O_4 为圆心，O_2C 为半径作大圆弧，以 O_1、O_3 为圆心，O_1A 为半径作小圆弧；点 *K*、*L*、*M*、*N* 为大小圆弧的切点，即得四心扁圆，近似表示椭圆

1.2.5　圆弧连接

用一段圆弧光滑地连接另外两条已知线段（直线或圆弧）的作图方法称为圆弧连接。要保证圆弧连接光滑，必须使线段与线段在连接处相切，作图时应先求作连接圆弧的圆心及确定连接圆弧与已知线段的切点。作图方法见表 1-12。

表 1-12　圆弧连接作图方法

		连接要求	求连接弧的圆心 O 和切点 K_1、K_2	画连接弧
连接两直线	两直线倾斜			
	两直线垂直			
连接一直线和一圆弧				
连接两圆弧	外切			
	内切			

1.2.6　平面图形的分析与作图

平面图形是由若干直线和曲线封闭连接组合而成的。绘制平面图形时，要对这些直线或曲线的尺寸和连接关系进行分析，才能确定正确的作图方法和步骤。现以图 1-27 所示平面图形为例进行尺寸和线段分析。

（1）尺寸分析

平面图形中所注尺寸按其作用可分为两类：

① 定形尺寸　确定图形中各线形状大小的尺寸，如 $\phi15$、$\phi30$、$R18$、$R30$、$R50$ 以及 80、10。一般情况下确定几何图形所需定形尺寸的个数是一定的，如矩形的定形尺寸是长和宽，圆和圆弧的定形尺寸是直径或半径等。

② 定位尺寸　确定图形中各线段间相对位置的尺寸，如 50 和 80 是以下部矩形的底边和右边为基准，确定 $\phi15$、$\phi30$ 圆心位置的定位尺寸。必须注意，有时一个尺寸既是定形尺寸，也是定位尺寸，如尺寸 80 是矩形的长，也是 $R50$ 圆弧水平方向的定位尺寸。

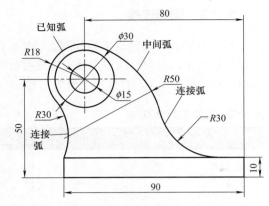

图 1-27　平面图形的尺寸分析与线段分析

（2）线段分析

平面图形中，有些线段具有完整的定形和定位尺寸，可根据标注的尺寸直接画出；有些线段的定形和定位尺寸并未全部注出，要根据已注出的尺寸和该线段与相邻线段的连接关系，通过几何作图才能画出。因此，通常按线段的尺寸是否标注齐全将线段分为三种。

① 已知线段　定形、定位尺寸全部注出的线段，如 $\phi15$、$\phi30$ 的圆，$R18$ 的圆弧，90×10 矩形的长、宽等均属已知线段。

② 中间线段　注出定形尺寸和一个方向的定位尺寸，必须依靠相邻线段间的连接关系才能画出的线段，如 $R50$ 圆弧。

③ 连接线段　只注出定形尺寸，未注出定位尺寸的线段，其定位尺寸需根据该线段与相邻两线段的连接关系，通过几何作图方法求出，如两个 $R30$ 圆弧。

图 1-28 所示为平面图形的作图步骤。

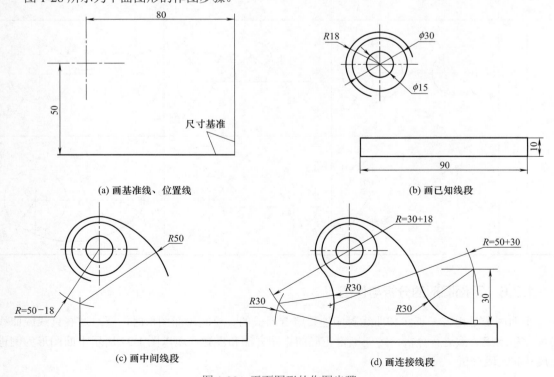

图 1-28　平面图形的作图步骤

1.2.7　平面图形的尺寸标注

平面图形尺寸标注的基本要求是：正确、齐全、清晰。

标注尺寸时首先要遵守国家标准有关尺寸注法的基本规定，通常先标注定形尺寸，再标注定位尺寸。通过几何作图可以确定的线段，不要标注尺寸。尺寸标注完成后要检查是否有重复或遗漏。在作图过程中没有用到的尺寸是重复尺寸，要删除。如果按所注尺寸无法完成作图，说明尺寸不齐全，应补注所需尺寸。标注尺寸时应注意布局清晰。图 1-29 所示为几种平面图形的尺寸标注示例。

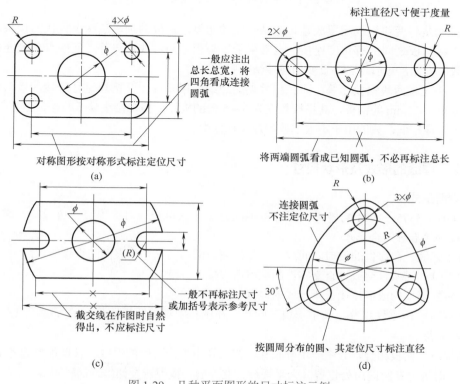

图 1-29　几种平面图形的尺寸标注示例

1.3　焊接接头和焊缝形式

1.3.1　焊接接头的基本形式

焊条电弧焊常用的基本接头形式有对接、T 形、角接和搭接，如图 1-30 所示。选择接头形式时主要根据产品的结构，并综合考虑受力条件、加工成本等因素。

对接接头是将两块钢板的边缘相对配置，并使其表面成一直线而结合的接头。这种接头与搭接接头相比，能承受较大的静力和振动载荷，具有受力简单均匀、节省金属等优点，所以在各种焊接结构中应用十分广泛，是一种比较理想的接头形式，但对接接头对下料尺寸和组装要求比较严格。

T 形接头是两个构件相互垂直或倾斜成一定角度而形成的焊接接头。这种接头焊接操作时比较困难，整个接头承受载荷的能力，特别是承受振动载荷的能力比较差。T 形接头通常作为一种联系焊缝，在船体结构中应用较多。

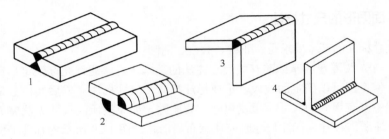

图 1-30　焊接接头的基本形式

1—对接接头；2—搭接接头；3—角接接头；4—T 形接头

　　角接接头是将两块钢板配置成直角或某一定的角度，在板的顶端边缘上焊接的接头。角接接头不仅用于板与板之间的有角度连接，也常用于管与板之间，或管与管之间的有角度连接。角接接头的承载能力差，一般用于不重要的焊接结构中。

　　搭接接头是将两块钢板相叠，而在相叠端的边缘采用塞焊、开槽焊进行焊接的接头形式。一般用于厚度小于 12mm 的钢板，其搭接长度为 3～5 倍的板厚。搭接接头易于装配，但承载能力差。这种接头的强度较低，只能用于不太重要的焊接构件中。

1.3.2　焊缝的形式及形状尺寸

（1）焊缝形式

　　根据 GB/T 3375—1994 的规定，焊缝按不同分类方法可分为对接焊缝、角焊缝、塞焊缝、槽焊缝和端接焊缝五种结合形式。

　　① 对接焊缝　在焊件的坡口面间或一零件的坡口面与另一零件表面间焊接的焊缝。

　　② 角焊缝　沿两直交或近直交零件的交线所焊接的焊缝。

　　③ 端接焊缝　构成端接接头所形成的焊缝。

　　④ 塞焊缝　两零件相叠，其中一块开圆孔，在圆孔中焊接两板所形成的焊缝，只在孔内焊角焊缝者不称塞焊。

　　⑤ 槽焊缝　两板相叠，其中一块开长孔，在长孔中焊接两板的焊缝，只焊角焊缝者不称槽焊。

　　按施焊时焊缝在空间所处位置分为平焊缝、立焊缝、横焊缝及仰焊缝四种形式。

　　按焊缝断续情况分为连续焊缝和断续焊缝两种形式。断续焊缝又分为交错式和并列式两种（图 1-31），焊缝尺寸除注明焊脚 K 外，还注明断续焊缝中每一段焊缝的长度 l 和间距 e，并以符号"Z"表示交错式焊缝。

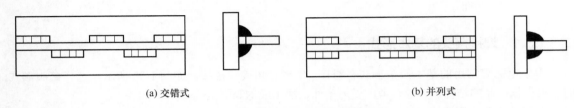

(a) 交错式　　　　　　　　　　　　　　　(b) 并列式

图 1-31　断续角焊缝

（2）焊缝的形状尺寸

　　焊缝的形状用一系列几何尺寸来表示，不同形式的焊缝，其形状尺寸也不一样。

　　① 焊缝宽度　焊缝表面与母材的交界处叫焊趾。焊缝表面两焊趾之间的距离叫焊缝宽度，如图 1-32 所示。

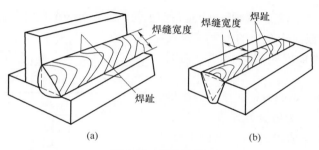

图 1-32　焊缝宽度

② 余高　超出母材表面焊趾连线上面的那部分焊缝金属的最大高度叫余高，见图 1-33。在静载下它有一定的加强作用，所以它又叫加强高。但在动载或交变载荷下，它非但不起加强作用，反而因焊趾处应力集中易脆断，所以余高不能低于母材，但也不能过高。手弧焊时的余高值为 0 ~ 3mm。

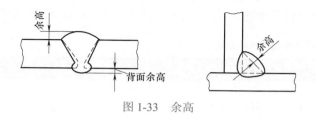

图 1-33　余高

③ 熔深　在焊接接头横截面上，母材或前道焊缝熔化的深度叫熔深，见图 1-34。

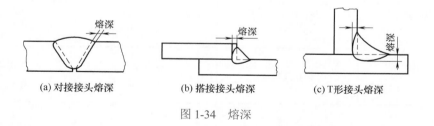

(a) 对接接头熔深　　　　(b) 搭接接头熔深　　　　(c) T形接头熔深

图 1-34　熔深

④ 焊缝厚度　在焊缝横截面中，从焊缝正面到焊缝背面的距离，叫焊缝厚度，见图 1-35。

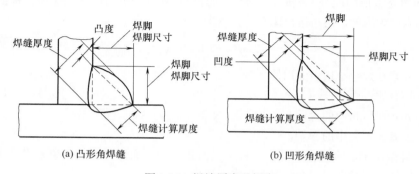

(a) 凸形角焊缝　　　　　　　　　(b) 凹形角焊缝

图 1-35　焊缝厚度及焊脚

焊缝计算厚度是设计焊缝时使用的焊缝厚度。对接焊缝焊透时它等于焊件的厚度；角焊缝时它等于在角焊缝横截内画出的最大直角等腰三角形中，从直角的顶点到斜边的垂线长度，习惯上也称喉厚，见图 1-35。

⑤ 焊脚　角焊缝的横截面中，从一个直角面上的焊趾到另一个直角面表面的最小距离，叫做焊脚。在角焊缝的横截面中画出的最大等腰直角三角形中直角边的长度叫焊脚尺寸，见图1-36。

⑥ 焊缝成形系数　熔焊时，在单道焊缝横截面上焊缝宽度（B）与焊缝计算厚度（H）的比值（$\varphi=B/H$），叫焊缝成形系数，见图1-55。该系数值小，则表示焊缝窄而深，这样的焊缝中容易产生气孔和裂纹，所以焊缝成形系数应该保持一定的数值，例如埋弧自动焊的焊缝成形系数φ要大于1.3。

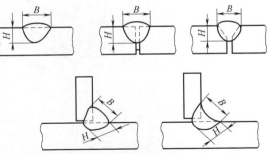

图1-36　焊缝成形系数的计算

⑦ 熔合比　焊缝金属一般由填充金属和局部熔化的母材组成。在焊缝金属中局部熔化的母材所占的比例称为熔合比，可通过试验的方法测得。熔合比取决于焊接方法、母材性质、接头形式和板厚、工艺参数、焊接材料种类等因素。焊接工艺条件对低碳钢熔合比的影响见表1-13。

表1-13　焊接工艺条件对低碳钢熔合比的影响

焊接方法	接头形式	工作厚度 /mm	熔合比
手工电弧焊	对接，不开坡口	2～4 10	0.4～0.5 0.5～0.6
	对接，开 V 形坡口	4 6 10～20	0.25～0.5 0.2～0.4 0.2～0.3
	角接及搭接	2～4 5～20	0.3～0.4 0.2～0.3
埋弧焊	对接	10～30	0.45～0.75

当母材和填充金属的成分不同时，熔合比对焊缝金属的成分有很大的影响。焊缝金属中的合金元素浓度称为原始浓度，它与熔合比θ的关系为

$$C_o=\theta C_b+(1-\theta)C_e$$

式中　C_o——元素在焊缝金属中的原始含量，%；

θ——熔合比；

C_b——元素在母材中的含量，%；

C_e——元素在焊条中的含量，%。

实际上，焊条中的合金元素在焊接过程中是有损失的，而母材中的合金元素几乎全部过渡到焊缝金属中。这样，焊缝金属中合金元素的实际浓度C_w为

$$C_w=\theta C_b+(1-\theta)C_d$$

式中　C_d——熔敷金属（焊接得到的没有母材成分的金属）中元素的实际含量，%。

C_b、C_d、θ可由技术资料中查得或用化学分析和试验的方法得到。

1.4 焊接设备

1.4.1 焊接设备的常用术语（GB 15579.1—2013）（表 1-14）

表 1-14 焊接设备常用术语

术语	定义
弧焊电源	提供电流和电压，并具有适合于弧焊和类似工艺所需特性的设备
工业和专业使用	仅供专业人员和受过培训的人员使用
专业人员（行业人员、熟练工）	受过专业训练，具有一定的设备知识和足够的经验，能判断和处理可能发生的事故和危险的人
受过培训的人员	熟悉所指派的工作，并了解因疏忽等原因而可能发生的各种事故和危险的人
型式检验	对按照某种设计方案制造的一台或多台产品所进行的试验，以检验其是否符合有关标准的要求
例行检验	在生产过程中或产品制成后，对每台产品所进行的试验，以检验其是否符合有关标准或规程的要求
目测检验	用肉眼观察来还证实产品不存在与有关标准项明显不符合的缺陷
下降特征	在正常焊接范围内，焊接电源具有在焊接电流增大时，电压降低大于等于 7V/100A 的静态外特性
平特性	在正常焊接范围内，焊接电源具有在焊接电流增大时，电压降低小于 7V/100A 或电压增高小于 10V/100A 的静态外特性
静特性	在约定焊接条件下，焊接电源的负载电压与其焊接电流的关系
焊接回路	包含焊接电流所要流过的导电回路
控制回路	用于焊接电源的操作控制，或用于对电源电路进行保护的电路
焊接电流	在焊接过程中焊接电源输出的电流
负载电压	在焊接电源在输送焊接电流时，其输出端之间的电压
空载电压	在外部焊接回路开路时，焊接电源输出端之间的电压（不包括任何引弧或稳弧电压）
约定值	测定参数时，用作比较、标定和测试的标准值
约定焊接状态	在额定输入电压和频率或额定转速下，由相应的约定负载电压在约定负载上产生的约定焊接电流使焊接电源达到热稳定时的工作状态
约定负载	功率因数 ≥ 0.99 的实际无感恒定电阻负载
约定焊接电流 I_2	在相应的约定负载电压下焊接电源输送给约定负载的电流
约定负载电压 U_2	与约定焊接电流有确定线性关系（确定线性关系因焊接工艺不同而异）的焊接电源的负载电压。对交流而言，U_2 指有效值；对直流而言，U_2 指算术平均值
额定值	制造厂为了明确部件、装置和设备的运行条件而规定的值
额定性能	一组额定值的工作状态
额定输出	焊接电源的额定输出值
额定最大焊接电流 I_{2max}	在约定焊接状态下，焊接电源在最大调节位置时所能获得的约定焊接电流的最大值
额定最小焊接电流 I_{2min}	在约定焊接状态下，焊接电源在最小调节位置时所能获得的约定焊接电流的最小值
额定空载电压 U_0	在额定输入电压和频率或额定空载转速下测得的空载电压，如果焊接电源装有防触电装置，则空载电压指在该装置动作之前测得电压

1.4.2　常用焊接设备的调试与验收

（1）调试和验收的内容

① 做好开箱检查工作　首先检查产品的合格证、保修证、装箱单、说明书及附件是否齐全。

② 外观检查　它应包括：焊机的外表、仪表及其他附属装置在运输过程中应无损坏及擦伤，焊机滚轮应灵活；手柄、吊攀应可靠，调节机构动作应平稳、灵活；铭牌技术数据应齐全；漆层应光整；黑色零件均应有保护层。

③ 对电气绝缘性能的检查　一次绕组的绝缘电阻应＞ 1MΩ，二次绕组的绝缘电阻应＞ 0.5MΩ，控制回路的绝缘电阻应＞ 0.5MΩ。

④ 对焊机空载运行的检查　接通电源、水和气源，检查焊机各部分有无异常情况（如漏水，漏气，异常声响和振动等），仪表刻度指示应正确，机构运转应正常。

⑤ 焊机进行负载试验及调试　按焊机产品说明指导书的范围，对焊机采用大、中、小 3 种不同焊接参数进行试焊，采用最大和最小的焊接参数试焊时，焊接过程要稳定，焊接质量优良，对手弧焊，主要是针对不同焊接电流大小的试焊，看其在最大和最小电流条件下焊接过程的稳定性，及其对焊接质量的影响，对焊机所表明的技术性能能否达到、仪表指示精确度是否正确进行鉴定。

⑥ 焊机附件及备件的验收　对于成套设备应按装箱清单进行清点和验收。

（2）常用焊机的调试和验收

① 弧焊变压器（交流弧焊机）的调试和验收　现在以抽头式及梯形动铁式交流弧焊机为主，动圈式及仿苏设计的矩形动铁式交流弧焊机正逐步趋于淘汰。

a. 外观检查：机壳应有 8mm 以上的接地螺钉，并有接地标志。焊机滚轮应灵活，手柄、吊攀齐全可靠，电流调节机构动作平稳、灵活，铭牌技术数据齐全，漆层光整，黑色金属零件均有保护层。

b. 绝缘性能检查：主要测量线圈与线圈之间、线圈与地之间的绝缘性能。使用仪表为兆欧表，指示量限不低于 500MΩ，开始电压 500V。在空气相对湿度为 60% ～ 70%、周围环境温度为（20±5）℃时焊机一次绕组的绝缘电阻应 ≥ 1MΩ，而二次绕组和电流调节器线圈绝缘电阻应 ≥ 0.5MΩ。

c. 焊机性能试验：通常采用不同直径的焊条和不同大小的电流进行试焊，通过观察其焊接过程中的稳定性和焊缝的成形状态，来判定焊机对大、小电流的适应性。

d. 调整焊接电流：手柄轮旋转要平稳、灵活、准确。

e. 对焊机附件的验收：弧焊变压器（交流弧焊机）附件通常有持式与头罩式面罩各 1 个、焊接电缆 2 根（10m 左右）、黑玻璃（护镜片）1 块、焊钳 1 把。

f. 安全检查与使用：

（a）应有安全可靠的接地装置。

（b）焊机与电缆连接要牢固，防止因接触不良烧坏接线柱。

（c）准备好焊工所用劳保用具，如手套、面罩、绝缘鞋等。

（d）焊机应由持证上岗的电工接入电网。

（e）焊机接入电网后或进行焊接时，不得随意移动或打开机壳。

（f）焊前检查焊机运转是否正常，冷却风扇旋转方向是否正确。

（g）应按焊机的容量使用焊机，防止过载烧毁焊机。

（h）焊机发生故障时，应立即切断电源，请专业人员对其进行检查和修理。

（i）离开工作现场应及时断开电源。

（j）焊机要注意保养，保持清洁。

② 手工钨极氩弧焊机的调试与验收　目前国内的氩弧焊机，有硅整流交直流两用或多用途氩弧焊机、直流脉冲多功能氩弧焊机及逆变电源多功能氩弧焊机。直流 T1G 焊机以晶闸管电源为主扩展功能，一机多用。交流 TIG 焊机以晶闸管交流方波钨极氩弧焊机为主，正逐步淘汰动铁式、动圈式和磁放大器式 TIG 焊机。逆变整流弧焊电源是今后发展方向。

a. 做好开箱检查工作：检查产品的合格证、保修证、装箱单、说明书及随机附件是否齐全。

b. 外观检查：焊机的外表、仪表、调节旋钮及其他附属装置，在运输过程中应无损坏和擦伤。

c. 仔细阅读产品使用说明书：焊机使用前应仔细阅读产品的使用说明书，以了解该焊机的特点与使用注意事项。

d. 绝缘性能检查：与主回路有联系的回路对机壳之间的绝缘电阻 $\geqslant$ 1MΩ，其余 $\geqslant$ 0.5MΩ。

e. 控制性能试验：

（a）具有提前输送氩气和滞后切断氩气功能，其时间范围分别为 $\geqslant$ 3s 和 2 ～ 15s。

（b）焊接前及焊接时氩气流量可以调节。

（c）对于电极与焊件间的非接触引弧间隙：当电流 > 40A 时，击穿间隙 $\geqslant$ 3mm；当电流 < 40A 时，击穿间隙应 $\geqslant$ 1.5mm。

（d）焊枪采用接触引弧时，要及时引弧并稳住电弧，防止工件夹钨。

（e）采用高频振荡器引弧时，引燃后应能自动切断高频通路。

（f）采用水冷系统时，当水压低于规定值时，应能自动切断主回路终止焊接，并发出指示信号。

f. 结构系统性能试验：

（a）160A 以下焊枪可采用空冷，160A 及以上焊枪可采用空冷或水冷。

（b）水路系统在 0.3MPa 压力下无漏水现象。

（c）保护气路系统应能在 0.1MPa 压力下正常工作。

g. 安全检查：

（a）应有安全可靠的接地装置。

（b）焊枪的控制电路电压，交流不超过 36V，直流不超过 48V。

（c）氩弧焊工作现场要有良好的通风装置，以排除有害气体及烟尘。

（d）尽可能选择无放射性的钨极，磨削电极时，应采取防护措施。

（e）在氩弧焊时由于臭氧和紫外线作用强烈，要准备好焊工所用的劳保用具，如手套、面罩、绝缘鞋等。

（f）避免高频的影响，工件应良好接地，焊枪电缆和地线要用金属编织线屏蔽。

h. 焊接试验：

（a）按接线图正确接线。注意焊接设备的一次电压、焊枪与工件的连接和极性。

（b）对多功能焊机根据将要使用的要求，选择正确的功能挡位。

（c）电源、控制系统及焊枪要分别检查并进行空载试验。

（d）分别对气、水、电路系统进行检查，看是否正常。

（e）按推荐焊接参数进行堆焊 30mm，观察设备运行是否正常，焊道成形及保护性能是否良好。

③ 埋弧焊焊机的调试与验收

a. 做好开箱检查工作：检查产品的合格证、保修证、装箱单、说明书及随机附件是否齐全。

b. 外观检查：对焊机的外壳、仪表及其他装置外表进行检查，检查其漆面是否光洁，在运输过程中有无擦伤，检查调节机构是否灵活以及焊机的铭牌标识是否清晰准确。

c. 对焊机的仪表进行检查：检查焊机上的电流表、电压表、速度表是否损坏，必要时可以对仪表进行计量。

d. 对电气绝缘性能的检查。通常焊机的电气绝缘性能应满足下列要求：一次绕组的绝缘电阻应＞1MΩ；二次绕组的绝缘电阻应＞0.5MΩ，控制回路绝缘电阻应＞0.5MΩ。

e. 对埋弧焊焊机附属装置的检查：检查埋弧焊焊机焊接小车的行走机构是否正常，轨道与焊接小车的行走轮是否匹配，轨道是否平直；检查焊丝角度调整机构是否正常；检查送丝机构是否正常；检查焊剂漏斗工作是否正常；检查悬臂焊机的调整悬臂机构运转是否正常。

④ 埋弧焊焊机焊接小车的调试

a. 检查焊接小车的4个行走轮是否4点接触轨道、行走均匀、无跳动。

b. 悬臂焊机的悬臂绕立柱转动无障碍，悬臂能沿立柱自由上下调整，无晃动。

c. 检查控制面板上的仪表、开关、指示灯是否齐全。

d. 将焊接小车的行走挡合上，并检查焊接小车正向行走和反向行走是否正常；当调整焊接速度的旋钮时，焊接小车的行走速度是否发生改变。

e. 按动焊接小车的送丝和抽丝旋钮开关时，是否有送丝、抽丝动作，焊丝出入是否顺畅。

埋弧焊焊机的试焊采用不同直径焊丝，按照推荐使用的焊接电流、电弧电压、焊接速度进行焊接试验，采用碳钢焊丝 H08A、H08MnA 或 H10Mn2 与焊剂 HJ431 或 SJ101 等组合，在低碳钢板或低合金钢板上进行堆焊试验或角焊缝试验。按下"起焊"按钮后应容易引弧，焊接过程中电弧燃烧稳定，焊剂从漏斗中顺利添加，焊接小车均匀行走，焊接 300～500mm 长焊缝后，按下"停焊"按钮停止焊接时，熄弧应正常，不粘丝，除去药皮后，焊缝成形良好。

1.4.3　常用焊接辅助设备及其验收和维护

常用的焊接辅助设备种类较多，有焊接操作机、焊接变位机、焊工升降台、封头自动切割机、管子割断坡口机、大型铣边机、焊接滚轮架、远红外线焊剂烘干机、焊剂回收机、焊接衬垫以及焊接烟尘净化器、卷板机、热处理设备、无损检验设备等。由于其功能不同，故其机构繁简程度不同。有的只需按产品说明书进行使用即可，如焊接衬垫、焊接烟尘净化器等；但有的设备精度要求高、结构复杂，设备的功能直接影响产品的质量，所以对新启用的设备必须进行调试和验收。现将常用的几种辅助设备的调试和验收简介如下。

（1）焊接操作机的调试和验收

焊接操作机的作用是将焊机机头（埋弧焊或气体保护焊）准确地送到并保持在待焊位置上，或以选择的焊接速度沿规定的轨迹移动焊机。它与变位机、滚轮架等配合使用，可完成内外纵缝、环缝、螺旋缝的焊接以及表面堆焊等工作。它的种类有伸缩臂式、平台式与龙门式等，其中以伸缩臂式应用较广，其结构形式依产品尺寸不同分成多种型号，但它们通常由行走臂、台车、立柱、控制柜等部分组成，其调试和验收基本内容相同。

① 行走臂的调试和验收　按行走臂有效行程和移动速度范围进行空载前后及上下移动时应运行平稳、无跳动，两端设置的行程开关应动作灵敏，快速行程和上下左右微调应精确可靠，滑动轨表面应平滑无伤痕。

② 立柱的调试和验收　带动行走臂升降的传动机构运行应平稳，其平衡锤与滑块的连接应安全可靠，其上下两端设置的行程开关应动作灵敏，立柱两侧的导轨接触面应平滑无伤痕。

③ 台车的调试和验收　台车的4个行走轮必须4点接触，无跳动，回转支承带动立柱做360°转动时，应无晃动。台车在行走导轨上的定位应可靠，操作人员在其上面走动时应无任何晃动。

④ 控制柜调试和验收　控制柜面板上的各种按钮、开关、指示灯及仪表应完整无损，控制应正确无误，监视摄影系统应正确可靠，反映的图像应清晰无干扰。

（2）焊接滚轮架的调试和验收

焊接滚轮架借助焊件与主动滚轮间的摩擦力来带动圆筒形焊件旋转，是进行环缝焊接的机械装备。它可分为组合式与长轴式 2 类，其中组合式滚轮架又分为自调式和非自调式 2 种。

以自调式滚轮架为例，它由主动架与从动架组成。主动架采用可控直流电动机驱动，实现线速度 0.1 ～ 1.2m/min，无级调速。它的调试与验收要求比较简单，在自调的滚轮中心距范围内，焊件的最大和最小直径转动应传动平稳，不可打滑，工件应无轴向窜动，控制系统应具有无级调速，控制滚轮的正转、反转和正、反点动以及空程快速的功能。传动与减速系统工作时，应传动平稳，无杂声和振动。

（3）矫正设备的调试和验收

焊接结构车间用矫正设备包括矫正机和压力机两大类型，应根据其用途及矫正精度进行选用，见表 1-15。并按设备使用说明书及相关技术参数调试和验收设备。

表 1-15　常用矫正设备的用途及矫正精度

	设备	矫正范围	矫正精度 /（mm/m）
辊式矫正机	多辊板材矫正机	板材矫正	1.0 ～ 2.0
	多辊角钢矫正机	角钢矫直	1.0
	矫直切断机	卷材（棒料，扁钢）矫正切断	0.5 ～ 0.7
	斜辊矫正机	管材及棒材矫正	毛料：0.5 ～ 0.9 精料：0.1 ～ 0.2
压力机	卧式压力弯曲机	工字钢，槽钢的矫直	1.0
	立式压力弯曲机	工字钢，槽钢的矫直	1.0
	手动压力机	坯料的矫直	—
	摩擦压力机	坯料的矫直	0.5 ～ 0.15
	液压机	大型轧材的矫直	

（4）机械切割与热切割设备的调试与使用

通常厚度在 6mm 以下的直线或折线形零件大都采用剪板机下料，剪切厚度＜ 10mm 的剪板机多为机械传动，剪切厚度大的多为液压传动。较先进的产品型号有 QC12Y 液压摆式剪板机系列和 QC12K 数控液压摆式剪板机系列，后者具有 CNC-1000 数控系统，有预定值的定量、挡料架退让等功能。

曲线形及复杂外形的零件通常采用热切割下料，常用热切割方法有氧 - 乙炔焰气割、等离子弧切割和激光切割等。首先应仔细阅读设备使用说明书，按要求连接线路。

氧 - 乙炔焰气割是应用最普及的一种切割方法，为了节能和安全生产及环保，采用丙烷、天然气代替乙炔进行切割。氧 - 乙炔焰气割常用于厚度＞ 6mm 的碳素钢和低合金结构钢的切割。切割设备有手动式半自动气割机和仿形自动气割机，后者主要用以切割批量生产、形状复杂的小型零件。

半自动气割机的型号有 CG1-30、CG7-18、G1-100 等，仿形自动气割机的型号有 CG2150、G2-1000、G2-5000、CG2-W600-1500 等。

等离子弧切割是利用高温（16000℃以上）的等离子弧进行切割的方法，常用来切割氧 - 乙炔焰不能切割的高温难熔以及导热性好的各种金属。空气等离子弧切割、水等离子弧切割等方法，因其生产率高，经济效益好，得到广泛的应用。

1.5　焊条

1.5.1　焊条的分类

（1）按焊条用途分类

焊条按用途可分为以下几种。

① 碳钢焊条　这类焊条主要用于强度等级较低的低碳钢和低合金钢的焊接。

② 低合金钢焊条　这类焊条主要用于低合金高强度钢、含合金元素较低的钼和钴钼耐热钢及低温钢的焊接。

③ 不锈钢焊条　这类焊条主要用于含合金元素较高的钼和钴钼耐热钢及各类不锈钢的焊接。

④ 堆焊焊条　这类焊条用于金属表面层的堆焊，其熔敷金属在常温或高温中具有较好的耐磨性和耐腐蚀性。

⑤ 铸铁焊条　这类焊条专用于铸铁的焊接和补焊。

⑥ 镍和镍合金焊条　这类焊条用于镍及镍合金的焊接、补焊或堆焊。

⑦ 铜及铜合金焊条　这类焊条用于铜及铜合金的焊接、补焊或堆焊，也用于某些铸铁的补焊或异种金属的焊接

⑧ 铝及铝合金焊条　这类焊条用于铝及铝合金的焊接、补焊或堆焊。

⑨ 特殊用途焊条　这类焊条包括用来在水下进行焊接、切割的焊条及管状焊条等。

（2）按焊条药皮融化后的熔渣特性分类

焊接过程中，焊条药皮熔化后，按所形成熔渣呈现酸性或碱性，把焊条分为碱性焊条（熔渣碱度 >1.5）和酸性焊条（熔渣碱度 <1.5）两大类。

① 酸性焊条的工艺特点　焊条引弧容易，电弧燃烧稳定，可用交、直流电源焊接；焊接过程中，对铁锈、油污和水分敏感性不大，抗气孔能力强；焊接过程中飞溅小，脱渣性好；焊接时产生的烟尘较少；焊条使用前需 75 ～ 150℃ 烘干 1 ～ 2h，烘干后允许在大气中放置时间不超过6 ～ 8h，否则必须重新烘干。

焊缝金属常温、低温的冲击性能一般，焊接过程中合金元素烧损较多；酸性焊条的脱硫效果差，抗热裂纹性能差。由于焊条药皮中的氧化性较强，因此不适宜焊接合金元素较多的材料。

厚药皮酸性焊条，焊接过程中电弧燃烧稳定并集中在焊芯中心，因为药皮的熔点高，导热慢，所以焊条端部熔化时，药皮套筒长。由于套筒的冷却作用，压缩电弧，使电弧更加集中在焊芯中心，此时焊芯中心熔化快，焊芯边缘熔化慢，使焊条端部熔化面呈现内凹型，如图 1-37（a）所示。

② 碱性焊条的工艺特点　碱性焊条 [图 1-37（b）] 药皮中由于含有氟化物而影响气体电离，因此焊接电弧燃烧的稳定性差，只能使用直流焊机焊接；焊接过程中对水、铁锈产生气孔缺陷敏感性较大；焊

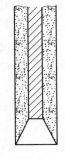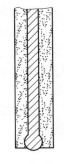

　(a) 酸性焊条　　(b) 碱性焊条

图 1-37　焊条端部熔化表面

接过程中飞溅较大、脱渣性较差；焊接过程中产生的烟尘较多，由于药皮中含有萤石，焊接过程会析出氟化氢有毒气体，应注意加强通风保护；焊接熔渣流动性好，冷却过程中黏度增加很快，焊接过程宜采用短弧连弧焊手法焊接；焊条使用前需经 250 ～ 400℃烘干 1 ～ 2h，烘干后的焊条应放在 100 ～ 150℃ 的保温箱（筒）内随用随取；低氢型焊条在常温下放置，不能超过 3 ～ 4h，否则必须重新烘干。

焊缝金属常温、低温冲击性能好，焊接过程中合金元素过渡效果好，焊缝塑性好，碱性焊条脱氧、脱硫能力强，焊缝含氢、氧、硫低，抗裂性能好，可用于重要结构的焊接。

碱性焊条端部熔化面呈凸型的原因有两种说法。第一，认为碱性焊条药皮含有 CaF_2，使电弧分散在焊芯的端面上，由于药皮的熔点低，焊条端部熔化面处药皮套筒短，所以，冷却压缩电弧的作用很小，焊接电弧更分散，这样焊芯边缘先熔化，端部药皮套筒也熔化，焊条端部的熔化面呈现凸型，如图 1-37（b）所示。第二，认为碱性焊条药皮中的 CaF_2 使熔渣的表面张力加大，生成粗大的熔滴，电弧在熔滴下端发生，热量由图 1-37（b）所示的表面进行传递，它首先熔化焊条端部套筒药皮及焊芯的边缘部分，最后使焊条端部熔化面呈现凸型。

1.5.2　焊条的型号与牌号

（1）焊条的型号

以国家标准为依据规定的焊条表示方法称为型号。碳钢焊条型号表示方法、低合金钢焊条型号表示方法如下。

① 碳钢焊条型号表示方法（GB/T 5117—1995）　碳钢焊条型号的表示方法是根据熔敷金属的力学性能、药皮类型、焊接位置和焊接电流种类来划分的。

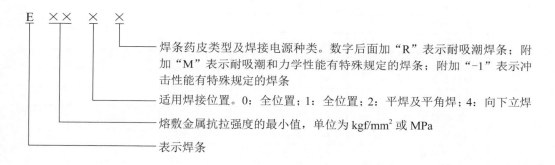

其中，kgf 是非法定计量单位制，其换算关系为 $1kgf/mm^2 = 9.8N/mm^2 = 9.8MPa$，下同。

碳钢焊条型号示例如下。

$$E\quad 50\quad 1\quad 5$$

其中，E：表示焊条。50：熔敷金属抗拉强度最小值 490MPa（50kgf/mm²）。1：全位置焊接。5：低氢钠型药皮，直流反接。

② 低合金钢焊条型号表示方法（GB/T 5118—1995）

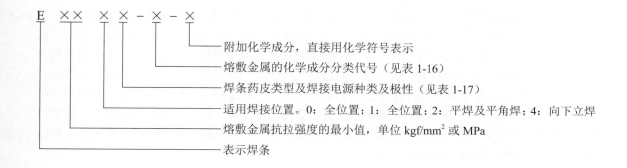

表 1-16　低合金钢焊条熔敷金属的化学成分分类及代号

代号	化学成分分类	代号	化学成分分类
E××××-A1	碳钼钢焊条	E××××-NM	镍钼钢焊条
E××××-B1~B5	铬钼钢焊条	E××××-D1~D3	锰钼钢焊条
E××××-C1~C3	镍钢焊条	E××××-G、M、M1、W	其他的合金钢焊条

表 1-17　焊条药皮类型及焊接电源种类

数字	药皮类型	焊接电源种类及极性	焊接位置
00	特殊型	AC、DC	全位置焊
01	钛铁矿型	AC、DC	
03	钛钙型	AC、DC	
08	石墨型	AC、DC	
10	高纤维素钠型	DC 反接	
11	高纤维素钾型	AC、DC 正接	
12	高钛钠型	AC、DC 正接	
13	高钛钾型	AC、DC	
14	铁粉钛型	AC、DC	
15	低氢钠型	DC 反接	
16	低氢钾型	AC、DC 反接	
18	铁粉低氢型	AC、DC 反接	
20	氧化铁型	AC、DC 反接	平角焊
22	氧化铁型	AC、DC 反接	平焊
23	铁粉钛钙型	AC、DC	平焊
24	铁粉钛型	AC、DC	平焊、平角焊
27	铁粉氧化铁型	AC、DC 正接	
28	铁粉低氢型	AC、DC 反接	
48	铁粉低氢型	AC、DC 反接	平焊、立焊、仰焊、向下立焊

低合金钢焊条型号示例如下。

$$E\ 55\ 1\ 5\ \text{-}\ B3\ \text{-}\ V\ W\ B$$

E：表示焊条。　　　　　　　　　55：熔敷金属抗拉强度最小值 540MPa（55kgf/mm^2）。

1：焊条适用全位置焊接。　　　　5：焊条药皮为低氢钠型，直流反接。

B3：熔敷金属化学成分分类代号。　V：熔敷金属含有钒元素。

W：熔敷金属含有钨元素。　　　　B：熔敷金属含有硼元素。

（2）焊条的牌号

焊条牌号是根据焊条的主要用途及性能特点来命名的，焊条牌号通常以一个汉语拼音字母（或汉字）与三位数字表示。拼音字母（或汉字）表示焊条各大类，后面的三位数字中，前两位数字表示熔敷金属抗拉强度最低值，第三位数字表示焊条药皮类型及焊接电源种类。当熔敷金属含有某些主要元素时，也可以在焊条牌号后面加注元素符号；当焊条药皮中含有多量铁粉，熔敷效率大于 105% 时，在焊条牌号后面可加注"Fe"；当熔敷效率为 130% 以上时，在 Fe 后还要加注两位数字（以熔敷效率的 1/10 表示）；对某些具有特殊性能的焊条，可在焊条牌号的后面加注拼音字母。焊条牌号中第三位数字含义见表 1-18，焊条牌号中具有某些特殊性能字母符号的意义见表 1-19，焊缝金属抗拉强度等级见表 1-20。

表 1-18 焊条牌号中第三位数字的含义

焊条牌号	药皮类型	焊接电源种类	焊条牌号	药皮类型	焊接电源种类
□××0	不属于已规定的类型	不规定	□××5	纤维素型	直流或交流
□××1	氧化钛型	直流或交流	□××6	低氢钾型	直流或交流
□××2	钛钙型	直流或交流	□××7	低氢钠型	直流
□××3	钛铁矿型	直流或交流	□××8	石墨型	直流或交流
□××4	氧化铁型	直流或交流	□××9	盐基型	直流

注：1.□表示焊条牌号中的拼音字母或汉字。
2. ×× 表示焊条牌号中的前两个数字。

表 1-19 焊条牌号中具有某些特殊性能字母符号的意义

字母符号	表示意义	字母符号	表示意义
D	底层焊条	RH	高韧性超低氢焊条
DF	低尘焊条	LMA	低吸潮焊条
Fe	高效铁粉焊条	SL	渗铝钢焊条
Fe15	高效铁粉焊条，焊条名义熔敷效率＞150%	X	向下立焊用焊条
G	高韧性焊条	XG	管子用向下立焊焊条
GM	盖面焊条	Z	重力焊条
R	压力容器用焊条	Z16	重力焊条，焊条名义熔敷效率＞160%
GR	高韧性压力容器用焊条	CuP	含 Cu 和 P 的抗大气腐蚀焊条
H	超低氢焊条	CrNi	含 Cr 和 Ni 的耐海水腐蚀焊条

表 1-20 焊缝金属抗拉强度等级

焊条牌号	焊缝焊接抗拉强度等级		焊条牌号	焊缝焊接抗拉强度等级	
	MPa	kgf/mm²		MPa	kgf/mm²
J42×	420	42	J70×	690	70
J50×	490	50	J75×	740	75
J55×	540	55	J85×	830	85
J60×	590	60	J100×	980	100

结构钢焊条牌号示例：

$$J \quad 50 \quad 7 \quad CuP$$

字母 J 表示结构钢焊条；50 表示熔敷金属抗拉强度不低于 50kgf/mm²（490MPa）；7 表示低氢钠型药皮，直流电源；CuP 表示用于焊接铜磷钢，有抗大气腐蚀的特殊用途。

1.5.3 焊条的组成及作用

（1）焊条

焊条是供焊条电弧焊焊接过程中使用的涂有药皮的熔化电极，它由焊芯和药皮两部分组成，如图 1-38 所示。

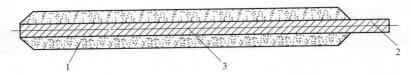

图 1-38　焊条的组成
1—药皮；2—夹持端；3—焊芯

压涂在焊芯表面上的涂料层是药皮，焊条中被药皮所包覆的金属芯被称为焊芯。焊条药皮与焊芯的质量比被称为药皮质量系数，焊条的药皮质量系数一般为 25% ～ 40%。焊条药皮沿焊芯直径方向偏心的程度，称为偏心度。国家标准规定，直径为 3.2mm 和 4mm 的焊条，偏心度不应大于 5%。焊条的一端没涂药皮的焊芯部分，用于焊接过程中被焊钳夹持用，称为焊条的夹持端。对焊条的夹持端长短，国家标准都有详细规定，常见的碳钢焊条夹持端长度见表 1-21。

表 1-21　常见碳钢焊条夹持端长度　　　　　　　　　　　　　　　　　　　　　　单位：mm

焊条直径	夹持端长度
≤ 4.0	10 ～ 30
≥ 5.0	15 ～ 35

焊条中被药皮所包覆的金属芯称为焊芯。它是具有一定长度、一定直径的金属丝。焊芯在焊接过程中有两个作用。其一是传导焊接电流并产生电弧，把电能转换为热能，既熔化焊条本身，又使被焊母材熔化而形成焊缝。其二是作为填充金属，起到调整焊缝中合金元素成分的作用。为保证焊缝质量，对焊芯的质量要求很高，焊芯金属对各合金元素的含量都有一定的限制，以确保焊缝各方面性能不低于母材金属。按照国家标准，制造焊芯的钢丝可分为碳素结构钢（简称碳钢）、合金结构钢（简称合金钢）、不锈钢以及铸铁和有色金属丝等。

（2）焊芯

焊芯的牌号用字母 H 打头，后面的数字表示碳的质量分数 w（C）（碳含量），其他的合金元素含量表示方法与钢号表示方法大致相同。焊芯质量不同时，在牌号的最后标注特定的符号以示区别。例如，表示高级优质焊丝，硫（S）、磷（P）含量较低，其质量分数小于或等于 0.030%；若末尾注有字母 E 或 C，则为特级焊丝，S、P 含量更低；E 级 S、P 质量分数小于或等于 0.020%；C 级 S、P 质量分数小于或等于 0.015%。常用的碳钢焊芯牌号有 H8AH08MnA 等，常用的合金钢焊芯牌号有 H10Mn2、H08Mn2Si、H08Mn2SiA 等。焊的规格都以焊芯的直径来表示，焊芯的直径越大，焊芯的基本长度也长些，碳钢焊条焊芯尺寸见表 1-22。

表 1-22　碳钢焊条焊芯尺寸　　　　　　　　　　　　　　　　　　　　　　　　　单位：mm

焊芯直径 （基本尺寸）	1.6	2.0	2.5	3.2	4.0	5.0	5.6	6.0	6.4	8.0
焊芯长度 （基本尺寸）	200 ～ 250	250 ～ 350		350 ～ 450			450 ～ 700			

焊芯中主要合金元素的含量，对焊接质量有很大影响，具体影响见表 1-23。

（3）药皮

① 焊条药皮的作用

a. 稳弧作用：焊条药皮中含有稳弧物质，在焊接过程中可保证焊接电弧容易引燃和稳定燃烧。如碳酸钾、碳酸钠、钛白粉和长石等。

表 1-23　焊芯中主要合金元素对焊接的影响

合金元素	对焊接的影响
碳（C）	碳是钢中的主要合金元素，当钢中的含碳量增加时，钢的强度和硬度明显增加，而塑性降低，与此同时，钢的焊接性则会恶化，焊接规程中会产生较大的飞溅和气孔，焊接裂纹敏感性也会增加。所以，低碳钢焊芯中碳的质量分数应小于 0.1%
锰（Mn）	锰是钢的很好的合金元素，当焊缝中的含锰量增加时，焊缝的屈服强度和抗拉强度会提高，w（Mn）为 1.5% 时，焊态和消除应力状态下焊缝的冲击韧度最佳，同时，锰还有很好的脱氧作用，通常 w（Mn）以 0.3%～0.5% 为宜
硅（Si）	在焊接过程中极易氧化成 SiO_2，如果处理不当，会增加焊缝中的夹渣，严重时会引起热裂纹，因此焊条的焊芯中含硅量越少越好
硫（S）、磷（P）	硫、磷在焊缝中都是有害元素，会引起裂纹和气孔的产生，因此，对它们的含量应严格加以控制

　　b. 保护作用：焊条药皮中含有造气剂，如大理石、白云石、木屑和纤维素等。当焊条药皮熔化后，产生大量的气体笼罩着电弧区和焊缝熔池，把熔化金属与空气隔绝开，保护熔融金属不被氧化、氮化。当焊条药皮熔渣冷却后，在高温的焊缝表面上形成渣壳，既可以减缓焊缝的冷却速度，又可以保护焊缝表面的高温金属不被氧化，改善焊缝成形。

　　c. 冶金作用：焊条药皮中加有脱氧剂和合金剂，如，锰铁、钛铁、硅铁铝铁、钒铁和铬铁等，通过熔渣与熔化金属的化学反应，减少氧、硫等有害物质对焊缝金属的危害，使焊缝金属达到所要求的性能。通过在焊条药皮中加入铁合金或纯合金元素，使之随焊条药皮熔化而过渡到焊缝金属中去，以补充被烧损的合金元素和提高焊缝金属的力学性能。

　　d. 改善焊接工艺性：焊条药皮在焊接时形成的套筒，能保证焊条熔滴过渡正常进行，保证电弧稳定地燃烧。通过调整焊条药皮成分，可以改变药皮的熔点和凝固温度，使焊条末端形成套筒，产生定向气流，既有利于熔滴的过渡，又使焊接电弧热量集中，提高焊缝金属的熔敷效率，可以进行全位置焊接。

　　② 焊条药皮组成物分类　焊条药皮组成物，按其在焊接过程中所起的作用，可分为稳弧剂、造渣剂、造气剂、合金剂、稀渣剂、黏结剂和增塑剂等。焊条药皮组成物及其作用见表 1-24。

表 1-24　焊条药皮组成物及其作用

名称	作用	组成物
稳弧剂	改善焊条引弧性能，提高焊接电弧燃烧稳定性	碱金属或碱土金属。如碳酸钾、碳酸钠、钛白粉和长石等
造渣剂	熔渣覆盖焊缝熔池表面，熔渣与熔池金属之间造渣剂进行冶金反应，使焊缝金属脱氧、脱硫、脱磷，保护焊缝熔化金属不被空气氧化、氮化；减慢焊缝冷却速度，改善焊缝成形	萤石、大理石、长石、菱苦土、钛白粉、钛铁矿等
造气剂	主要是产生保护性气体，形成保护性气氛，隔离造气剂空气，保护焊接电弧、熔滴及熔池金属，防止氧化和氮化	大理石、白云石、木屑、纤维素等
脱氧剂	降低药皮或熔渣的氧化性，去除熔池中的氧	锰铁、硅铁、钛铁和铝粉等
合金剂	向焊缝金属中渗入必要的合金成分，补偿在焊接过程中被烧损和蒸发的合金元素，补加特殊性能要求的合金元素	锰铁、钛铁、硅铁钒铁和铬铁等
黏结剂	使药皮与焊芯牢固地粘在一起，并具有一定的强度	钠水玻璃、钾水玻璃
稀渣剂	降低焊接熔渣黏度，增加熔渣流动性	萤石、长石、金红石、钛铁矿、锰矿等
增塑剂	改善药皮涂料的塑性、弹性及流动性，便于制造增塑剂焊条时机器挤压，并使焊条药皮表面光滑不开裂	白泥、云母、糊精、钛白粉、固态水玻璃及木粉

1.5.4　焊条焊丝的选用

（1）埋弧焊用焊丝的选用

① 碳钢或低合金钢埋弧焊时，应该根据等强度的原则选用焊丝，所选用的焊丝应该保证焊缝的力学性能。

② 耐热钢或不锈钢焊接时，尽可能地保证焊缝的化学成分与焊件的相同或相近，同时还要考虑满足焊缝的力学性能。

③ 碳钢和低合金钢埋弧焊时，通常是选择强度等级较低、抗裂性较好的焊丝。低温钢埋弧焊时，主要是根据低温韧性来选择焊丝。

④ 在焊丝的合金系统选择上，主要应在保证等强度的前提下，重点考虑焊缝金属对冲击韧度的要求。

（2）气体保护焊用焊丝的选用

碳钢或低合金钢气体保护焊用焊丝的选用，首先要满足焊缝金属与母材等强度，以及其他力学性能指标的要求，至于焊缝金属化学成分与母材的一致性则放在次要的地位。对于某些刚度较大的焊接结构，焊接时应该采用低匹配的原则，选用焊缝金属的强度要低于母材的焊丝焊接。中碳调质钢焊接时，因为焊后要进行调质处理，所以选择焊丝时，要力求保证焊缝金属的主要合金成分与母材相近，同时还要严格控制焊缝金属中的 S、P 杂质的含量。

1.5.5　焊条的管理及使用

（1）焊条的库存管理

入库前要检查焊条质量保证书和焊条型号（牌号）标志（表 1-25）。焊接钢炉、压力容器等重要结构的焊条，应按国家标准要求进行复验，复验合格后才能办理入库手续。在仓库里，焊条应按种类、牌号、批次、规格入库时间分类堆放，并应有明确标志。库房内要保持通风、干燥（室温宜 10 ～ 25℃，相对湿度小于 60%）。堆放时不要直接放在地面上，要用木板垫高，距离地面高度不小于 300mm，并与墙距离不小于 300mm，上下左右空气流通。搬运过程中要轻拿轻放，防止包装损坏。

表 1-25　不同钢号相焊推荐选用的焊条

类别	接头钢号	焊条型号	焊条牌号
碳素钢、低合金钢和低合金钢相焊	Q235A+Q345（16Mn）	E4303	J422
	20 钢、20R+Q345B、Q345RC	E4315	J427
	Q235A+18MnMoNbR	E5015	J507
	Q345R+15MnMoV Q345R+18MnMoNbR	E5015	J507
	Q390R+20MnMo	E5015	J507
	20MnMo+18MnMoNbR	E5515-G	J557
碳素钢、碳锰低合金钢和铬铝低合金钢相焊	Q235A+15CrMo Q235A+1Cr5Mo	E4315	J427
	Q345R+15CrMo 20 钢、20R、Q345R+12CrlMoV	E5015	J507
	15MnMoV+12CrMo，15CrMo 15MnMoV+12CrlMoV	E7015-D2	J707
其他钢号与奥氏体高合金钢相焊	Q235A、20R、Q345R 20MnMo+0Cr18Ni9Ti[①]	E309-16	A302
		E309Mo-16	A312
	18MnMoNbR，15CrMo+0Cr18N9Ti[①]	E310-16	A402
		E310-15	A407

① 在 GB/T 20878—2007 中无此焊条型号 310-15。

（2）施工中的焊条管理

焊条在领用和再烘干时都必须认真核对牌号，分清规格，并做好记录。当焊条端头有油漆着色或药皮上印有字时，要仔细核对，防止用错。不同牌号的焊条不能混在同一烘干炉中烘干，如果使用时间较长或在野外施工，要使用焊条保温筒，随用随取。低氢焊条一般在常温下超过 4h 应重新烘干。

（3）焊条使用前的检验

焊条应有制造厂的质量合格证，凡无合格证或对其质量有怀疑时，应按批抽查检验，合格者方可使用，存放多年的焊条应进行工艺性能试验，待检验合格后才能使用。

如发现焊条内部有锈迹，须经试验合格后才能使用。焊条受潮严重，已发现药皮脱落者，一般应予以报废。

（4）焊条的烘焙

焊条使用前一般应按说明书规定的烘焙温度进行烘干。焊条烘干的目的是去除受潮涂层中的水分，以便减少熔池及焊缝中的氢含量，防止产生气孔和冷裂纹。烘干焊条要严格按照规定的参数进行。烘干温度过高时，涂层中某些成分会发生分解，降低机械保护效果；烘干温度过低或烘干时间不够时，则受潮涂层的水分去除不彻底，仍会产生气孔和延迟裂纹。

碱性低氢型焊条烘焙温度一般为 350 ～ 400℃，对氢含量有特殊要求的低氢型焊条的烘焙温度应提高到 400 ～ 450℃，烘箱温度应缓慢升高，烘焙 1h，烘干后放在 100 ～ 150℃的恒温箱内，随用随取。切不可突然将冷焊条放入高温烘箱内或突然冷却，以免药皮开裂。焊条保温同烘干次数不宜超过 2 次。

酸性焊条要根据受潮情况，在 70 ～ 150℃上烘焙 1 ～ 2h。若储存时间短且包装完好，用于一般钢结构时，在使用前也可不再烘焙。

烘干焊条时，不能堆放得太厚，以 1 ～ 2 层为好，以免焊条受热不均和潮气不易排除。烘干时，做好记录。

1.5.6　焊条消耗量计算

在进行焊接施工时，正确地估算焊条的需用量是相当重要的，估算过多，将造成仓库积压；估算过少，将造成工程预算经费的不足，有时甚至影响工程的正常进行。焊条的消耗量主要由焊接结构的接头形式、坡口形式和焊缝长度等因素决定，可查阅有关焊条用量定额手册等，也可按下述公式进行计算。

（1）普通焊条消耗量计算公式

$$m = Al\rho/(1-K_s)$$

式中　　m——焊条消耗量，g；

　　　　A——焊缝横断面面积，cm²，按表 1-26 中的公式进行计算；

　　　　l——焊缝长度，cm；

　　　　ρ——熔敷金属的密度，g/cm³；

　　　　K_s——焊条损失系数，见表 1-27。

（2）非铁粉型焊条消耗量计算公式

$$m = Al\rho/K_n(1+K_b)$$

式中　　m——焊条消耗量，g；

　　　　A——焊缝横断面面积，cm²，见表 1-26；

l——焊缝长度，cm；

ρ——熔敷金属的密度，g/cm^3；

K_b——药皮质量系数，见表1-28；

K_n——金属由焊条到焊缝的转熔系数（包括因烧损、飞溅及焊条头在内的损失），见表1-29。

表1-26　焊缝横断面面积的计算公式

焊缝名称	计算公式	焊缝横断面图
I形坡口单面对接焊缝	$A=\delta b+\dfrac{2}{3}hc$	
I形坡口双面对接焊缝	$A=\delta b+\dfrac{4}{3}hc$	
V形坡口对接焊缝（不做封底焊）	$A=\delta b+(\delta-p)^2\tan\dfrac{\alpha}{2}+\dfrac{2}{3}hc$	
单边V形坡口对接焊缝（不做封底焊）	$A=\delta b+\dfrac{(\delta-p)2\tan\beta}{2}+\dfrac{2}{3}hc$	
U形坡口对接焊缝（不做封底焊）	$A=\delta b+(\delta-p-r)\tan\beta+$ $2r(\delta-p-r)+\dfrac{\pi r^2}{4}+\dfrac{2}{3}hc$	
V形、U形坡口对接底层不挑焊根的封底焊	$A=\dfrac{2}{3}h_1c_1$	
保留钢垫板的V形坡口对接焊缝	$A=\delta b+\delta^2\tan\dfrac{\alpha}{2}+\dfrac{2}{3}hc$	
双面V形坡口对接焊缝（坡口对称）	$A=\delta b+\dfrac{(\delta-p)^2\tan\dfrac{\alpha}{2}}{4}+\dfrac{4}{3}hc$	
K形坡口对接焊缝（坡口对称）	$A=\delta b+\dfrac{(\delta-p)^2\tan\beta}{4}+\dfrac{4}{3}hc$	
双U形坡口平对接焊缝（坡口对称）	$A=\delta b+2r(\delta-2r-p)+\pi r^2+$ $\dfrac{(\delta-2r-p)^2\tan\beta}{2}+\dfrac{4}{3}hc$	

焊缝名称	计算公式	焊缝横断面图
I 形坡口的角焊缝	$A=\dfrac{k^2}{2}+kh$	
单边 V 形坡口 T 形接头焊缝	$A=\delta b+\dfrac{(\delta-p)^2\tan\alpha}{2}+\dfrac{2}{3}hc$	
双单边 V 形坡口 T 形接头焊缝	$A=\delta b+\dfrac{(\delta-p)^2\tan\alpha}{4}+\dfrac{4}{3}hc$	

表 1-27　焊条损失系数 K_s

焊条型号（牌号）	E4303（J422）	E5320（J424）	E5014（J502Fe）	E5015（J507）
K_s	0.465	0.47	0.41	0.44

表 1-28　药皮质量系数 K_b

焊条型号（牌号）	E4301（J423）	E4303（J422）	E4320（J424）	E4316（J426）	E5016（J506）	E5015（J507）
K_b	0.325	0.45	0.46	0.32	0.32	0.41

表 1-29　焊条转熔系数 K_n

焊条型号（牌号）	E4303（J422）	E4301（J423）	E4320（J424）	E5015（J507）
K_n	0.77	0.7	0.77	0.79

1.6　焊丝

　　焊丝是作为填充金属或同时作为导电用的金属丝焊接材料。在气焊和钨极气体保护电弧焊时，焊丝用作填充金属；在埋弧焊、电渣焊和其他熔化极气体保护电弧焊时，焊丝既是填充金属，也是导电电极。焊丝的表面不涂防氧化作用的焊剂。

　　药芯焊丝最早出现在 20 世纪 20 年代的美国和德国。真正大量应用于工业生产是在 20 世纪 50 年代，特别是 20 世纪 70 年代以后，随着 2mm 细直径全位置药芯焊丝的出现，药芯焊丝进入高速发展阶段。目前，发达国家药芯焊丝的用量约占焊接材料总质量的 20% ～ 40%。在我国，焊条、实心焊丝、药芯焊丝 3 大类焊接材料中，焊条年消耗量呈逐年下降趋势，实心焊丝年消耗量进入平稳发展阶段，而药芯焊丝无论是在品种、规格还是在用量等各方面仍具有很大的发展空间。

1.6.1　焊丝的分类及制造

　　焊丝按制造方法可分为实芯焊丝和药芯焊丝两大类，其中药芯焊丝又可分为气保护和自保护两种。

　　焊丝按焊接工艺方法可分为埋弧焊焊丝、气体保护焊焊丝、电渣焊焊丝、堆焊焊丝和气焊焊丝等。按被焊材料的性质又可分为碳钢焊丝、低合金钢焊丝、不锈钢焊丝、铸铁焊丝和有色金属焊丝等。焊丝的分类方法很多，常用的分类方法如下：

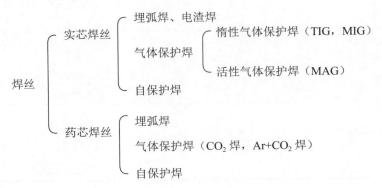

（1）实芯焊丝

　　实芯焊丝是轧制的线材经过拉拔工艺加工制成的。对于碳钢和低合金钢线材，由于产量大而合金元素含量少，常采用转炉加工；对于产量小而合金元素含量多的线材，则多采用电炉冶炼加工，然后再分别经过开坯、轧制拉拔而成。

　　为了防止焊丝表面生锈，除了不锈钢焊丝以外，其他的焊丝都要进行表面处理。即在焊丝表面进行镀铜（包括电镀、浸铜以及化学镀铜等方法）。由于不同的焊接工艺方法需要不同的焊接电流，因此，不同的焊接方法也需要不同的焊丝直径。例如，埋弧焊焊接过程用的焊接电流较大，所以焊丝的直径也应较大，焊丝直径为 3.2 ～ 6.4mm。气体保护焊时，为了得到良好的保护效果，常采用细焊丝，焊丝直径在 0.8 ～ 1.6mm 范围内。

　　① 埋弧焊用焊丝　选择埋弧焊用焊丝时，既要考虑焊剂成分对焊缝的影响，又要考虑母材成分的影响。因为焊缝的性能主要是由焊丝和焊剂共同决定的。此外，由于埋弧焊的焊接电流大、焊缝的熔深也大，因此焊接参数的变化，也会给焊缝性能带来较大的影响。

　　埋弧焊用实芯焊丝，主要有低碳钢焊丝、高强度钢用焊丝、Cr-Mo 合金系列耐热钢用焊丝、低温钢用焊丝、不锈钢用焊丝、表面堆焊用焊丝等。

　　② 气体保护焊用焊丝　气体保护焊的焊接方法很多，主要有非熔化极惰性气体保护焊（简称 TIG 焊）、熔化极惰性气体保护焊（简称 MIG 焊）、熔化极活性气体保护焊（简称 MAG 焊），以及自保护焊接。

　　a. TIG 焊用焊丝：由于在焊接过程中采用的保护气体是 Ar 气，焊接时无氧化，焊丝熔化后其成分基本上不变化，母材的稀释率也很低，因此焊丝的成分接近于焊缝的成分。也有的采用母材作为焊丝，使焊缝成分基本上与母材保持一致。

　　b. MIG 焊和 MAG 焊用焊丝：在焊接过程中，气体的成分直接影响到合金元素的烧损程度，从而影响到焊缝金属的化学成分和力学性能，所以焊丝成分应该与焊接用的保护气体成分相匹配。对于氧化性较强的保护气体应该采用高 Mn、高 Si 焊丝；对于氧化性较弱的保护气体，可以采用低 Mn、低 Si 焊丝。

　　c. CO_2 气体保护焊用焊丝：在 CO_2 气体保护焊过程中，强烈的氧化反应使大量的合金元素烧损，所以，CO_2 气体保护焊用焊丝成分中应该有足够数量的脱氧剂，例如，Si、Mn、Ti 等元素。否则，不仅使焊缝的力学性能（特别是韧性）明显地下降，而且，由于脱氧不充分，还将导致焊缝中产生气孔。

d. 自保护焊接用焊丝：为了消除从空气中进入焊接熔池内的氧和氮的不良影响，除了提高焊丝中的 C、Mn、Si 的含量外，还要加入强脱氧元素 Ti、Al、Ce、Zr 等，以利用焊丝中所含有的合金元素在焊接过程中进行脱氧、脱氮。

　　（2）药芯焊丝

　　药芯焊丝也称粉芯焊丝或管状焊丝。20 世纪 50 年代初期，首先在西欧研制了这种焊接材料。60 年代美国研制成功了低碳钢和 490MPa 级钢用直径为 2.0～2.4mm 的药芯焊丝，并在生产中得到应用。我国在 60 年代已制造出直径在 2.4mm 以上的药芯焊丝，但由于焊机送丝辊轮压力大，焊丝易压扁等问题，阻碍了药芯焊丝的推广应用。80 年代中期，我国从国外引进了细直径药芯焊丝成套生产设备，使我国的药芯焊丝生产由粗丝扩展到细丝，解决了药芯焊丝推广应用中存在的问题，因而使我国的药芯焊丝生产得到了大的发展。

　　近几年来全位置焊接用细直径药芯焊丝的用量急剧增加，这类焊丝为钛型渣系，焊接工艺性能好，过去实芯焊丝解决不了的问题，如飞溅大、成形差、电弧硬等缺点，采用细直径药芯焊丝焊接时都得到了很大改善。

　　① 按药芯焊丝横截面形状分类　按药芯焊丝的横截面结构分为有缝焊丝和无缝焊丝两种。有缝焊丝又分为两类：一类是药芯焊丝的金属外皮 2 没有进入到芯部 1 粉剂材料的管状焊丝，即通常说的 O 形横截面的焊丝。另一类是药芯焊丝的金属外皮 2 进入到芯部 1 粉剂材料中间，并具有复杂的焊丝横截面形状。药芯焊丝的横截面形状如图 1-39 所示。

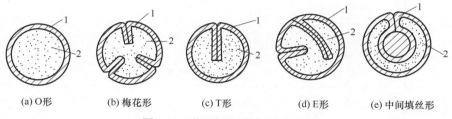

(a) O形　　　　(b) 梅花形　　　　(c) T形　　　　(d) E形　　　　(e) 中间填丝形

图 1-39　药芯焊丝的横截面形状

　　具有复杂横截面形状的药芯焊丝，由于金属外皮进入到芯部粉剂材料中间与芯部粉剂材料接触得更好，所以，在焊接过程中，芯部粉剂材料的预热和熔化更为均匀，能使焊缝金属得到更好的保护。另一方面，这类药芯焊丝能够增加电弧起燃点的数量，使金属熔滴向焊缝熔池做轴向过渡。但是，这种焊丝制造工艺很复杂，故目前应用得不多，最常用的如图 2-3 中（a）、（b）、（c）所示横截面形状的药芯焊丝。

　　② 按芯部粉剂填充材料中有无造渣剂分类　药芯焊丝按芯部粉剂填充材料中有无造渣剂分类，可分为熔渣型和金属粉型（无造渣剂）两类。

　　熔渣型药芯焊丝中加入的粉剂，主要是为了改善焊缝金属的力学性能、抗裂剂性和焊接工艺性。按照造渣剂的种类及碱度，又可分为钛型、钛钙型和钙型渣系药芯焊丝等。经过使用表明，钛型渣系的药芯焊丝焊缝成形美观、全位置焊接工艺性能优良、焊缝的韧性和抗裂性稍差；钙型渣系药芯焊丝焊接的焊缝金属韧性和抗裂性优良，但是，焊道成形和全位置焊接工艺性稍差；钛钙型渣系的药芯焊丝性能介于二者之间。

　　金属粉型药芯焊丝几乎不含造渣剂，具有熔散速度高、熔渣少等特点，在抗裂性和熔散效率方面更优于熔渣型。因为造渣量仅为药粉焊丝的 1/3，所以多层多道焊焊接时，可以在焊接过程中不必清渣而直接进行多层多道焊接，同时，在焊接过程中，其焊接特性类似实芯焊丝，但是，焊接电流速度比实芯焊丝更大，这使焊接生产率进一步提高。

　　③ 按是否使用外加保护气体分类　用药芯焊丝焊接时，按是否使用外加保护气体分类，可分

为自保护（无外加保护气体）和气保护（有外加保护气体）两种。气保护药芯焊丝的工艺性能和熔敷金属冲击性能比自保护的好，但抗风性能不好；自保护药芯焊丝的工艺性能和熔敷金属冲击性能没有气保护的好，但抗风性能好，比较适合室外或高层结构的现场焊接。各类药芯焊丝的特性见表 1-30。

表 1-30　各类药芯焊丝的特性

	项目	钛型	钙型	钛钙型	自保护型	金属粉型
	主要粉剂组成	TiO$_2$，SiO$_2$，MnO	CaF$_2$，CaCO$_3$	TiO$_2$，CaCO$_3$	Al，Mg，BrF$_2$，CaF$_2$	Fe，Si，Mn
操作工艺性能	熔滴过渡形式	喷射过渡	颗粒过渡	较少颗粒过渡	颗粒或喷射过渡	喷射过渡
	电弧稳定性	良好	良好	良好	良好	良好
	飞溅量	粒小，极少	粒大，多	粒小，少	粒大，稍多	粒小，极少
	熔渣覆盖性	良好	差	稍差	稍差	渣极少
	脱渣性	良好	较差	稍差	稍差	稍差
	焊道形状	平滑	稍凸	平滑	稍凸	稍凸
	焊道外观	美观	稍差	一般	一般	一般
	烟尘量	一般	多	稍多	多	少
	焊接位置	全位置	平焊或横焊	全位置	全位置	全位置
焊缝金属特性	抗裂性能	一般	很好	良好	良好	很好
	抗气孔性能	稍差	良好	良好	良好	良好
	缺口韧性	一般	很好	良好	一般	良好
	X 射线性能	良好	良好	良好	良好	良好
	扩散氢 /（mL/100g）	2～14	1～4	2～6	1～4	1～3
	ϕ（O$_2$）/%	（6～8）×10^{-2}	（4～6）×10^{-2}	（5～7）×10^{-2}	约 4×10^{-3}	（4～7）×10^{-2}
	ϕ（N$_2$）/%	（4～10）×10^{-3}	（4～10）×10^{-3}	（4～10）×10^{-3}	（2～10）×10^{-3}	（4～10）×10^{-3}
	ω（Al）/%	0.01	0.01	0.01	0.2～2.0	0.01
熔敷效率 /%		70～85	70～85	70～85	90	90～95

注：1. 金属粉型药芯焊丝在低电流时为短路过渡。
2. 有些自保护型药芯焊丝只能用在平焊或横焊位置的焊接。
3. 扩散氢含量是用甘油法测定的结果。

④ 按使用的焊接工艺方法分类　有埋弧焊用焊丝、气保护焊用焊丝、电渣焊用焊丝、堆焊用焊丝和气焊用焊丝等。

1.6.2　焊丝的型号及型号编制

焊丝的牌号是根据焊丝的性能来命名的，主要包括了实芯焊丝、药芯焊丝、有色金属焊丝及铸铁焊丝等，其牌号编制方法简介如下。

（1）实芯焊丝的牌号与型号

① 牌号　牌号第一个字母"H"表示焊接用实芯焊丝。H 后面的一位或二位数字表示含碳量。接下来的化学符号及其后面的数字表示该元素大致含量。合金元素含量小于 1% 时，该合金元素化学符号后面的数字省略。在结构钢焊丝牌号尾部标有"A"或"E"时，A 表示硫、磷含量要求低的高级优质钢。E 为硫、磷含量要求特别低的焊丝。

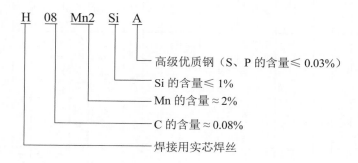

国产实芯焊丝的牌号及主要成分见表 1-31、表 1-32。

② 型号　焊丝型号的表示方法为 ER××-×，字母"ER"表示焊丝，ER 后面的两位数字表示熔敷金属的最低抗拉强度，短划"-"后面的字母或数字表示焊丝化学成分分类代号。如还附加其它化学元素时，直接用元素符号表示，并以短划"-"与前面数字分开。国产实芯焊丝型号、化学成分列于表 1-33，力学性能列于表 1-34，熔敷金属 V 型缺口冲击试验结果列于表 1-35。

焊丝型号举例：

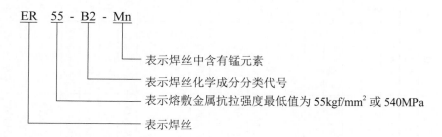

（2）铝及铝合金焊丝（GB/T 10858—1989）

铝及铝合金焊丝的化学成分要求见表 1-36。

表1-31　国产实芯焊丝的牌号及主要成分（一）（GB/T 14957—1994）

钢种	序号	牌号	C	Mn	Si	Cr	Ni	Mo	V	Cu	其他	S	P
碳素结构钢	1	H08A	≤0.10	0.30~0.55	≤0.03	≤0.20	≤0.30			≤0.20		≤0.030	≤0.030
	2	H08E	≤0.10	0.30~0.55	≤0.03	≤0.20	≤0.30			≤0.20		≤0.020	≤0.020
	3	H08C	≤0.10	0.30~0.55	≤0.03	≤0.10	≤0.10			≤0.20		≤0.015	≤0.015
	4	H08MnA	≤0.10	0.80~1.10	≤0.07	≤0.20	≤0.30			≤0.20		≤0.030	≤0.030
	5	H15a	0.11~0.18	0.35~0.65	≤0.03	≤0.20	≤0.30			≤0.20		≤0.030	≤0.030
	6	H15Mn	0.11~0.18	0.80~1.10	≤0.03	≤0.20	≤0.30			≤0.20		≤0.035	≤0.035
合金结构钢	7	H10Mn2	≤0.12	1.50~1.90	≤0.07	≤0.20	≤0.30			≤0.20		≤0.035	≤0.035
	8	H08Mn2Si	≤0.11	1.70~2.10	0.65~0.95	≤0.20	≤0.30			≤0.20		≤0.035	≤0.035
	9	H08Mn2SiA	≤0.11	1.80~2.10	0.65~0.95	≤0.20	≤0.30			≤0.20		≤0.030	≤0.030
	10	H10MnSi	≤0.14	0.80~1.10	0.60~0.90	≤0.20	≤0.30			≤0.20		≤0.035	≤0.035
	11	H10MnSiMo	≤0.14	0.90~1.20	0.70~1.10	≤0.20	≤0.30	0.15~0.25		≤0.20		≤0.035	≤0.035
	12	H10MnSiMoTiA	0.08~0.12	1.00~1.30	0.40~0.70	≤0.20	≤0.30	0.20~0.40		≤0.20	Ti0.05~0.15	0.025	0.030
	13	H08MnMoA	≤0.10	1.20~1.60	≤0.25	≤0.20	≤0.30	0.30~0.50		≤0.20	Ti0.15（加入量）	≤0.030	≤0.030
	14	H08Mn2MoA	0.06~0.11	1.60~1.90	≤0.25	≤0.20	≤0.30	0.50~0.70		≤0.20	Ti0.15（加入量）	≤0.030	≤0.030
	15	H10Mn2MoA	0.08~0.13	1.70~2.00	≤0.40	≤0.20	≤0.30	0.60~0.80		≤0.20	Ti0.15（加入量）	≤0.030	≤0.030
	16	H08Mn2MoVA	0.06~0.11	1.60~1.90	≤0.25	≤0.20	≤0.30	0.50~0.70	0.06~0.12	≤0.20	Ti0.15（加入量）	≤0.030	≤0.030
	17	H10Mn2MoVA	0.08~0.13	1.70~2.40	≤0.40	≤0.20	≤0.30	0.60~0.80		≤0.20	Ti0.15（加入量）	≤0.030	≤0.030
	18	H08CrMoA	≤0.10	0.40~0.70	0.15~0.35	0.80~1.10	≤0.30	0.40~0.60		≤0.20		≤0.030	≤0.030
	19	H13CrMoA	0.11~0.16	0.40~0.70	0.15~0.35	0.80~1.10	≤0.30	0.40~0.60		≤0.20		≤0.030	≤0.030
	20	H18CrMoA	0.15~0.22	0.40~0.70	0.15~0.35	0.80~1.10	≤0.25	0.15~0.25		≤0.20		≤0.025	≤0.030
	21	H08CrMoVA	≤0.10	0.40~0.70	0.15~0.35	1.00~1.30	≤0.30	0.50~0.70	0.15~0.35	≤0.20		≤0.030	≤0.030
	22	H08CrNi2MoA	0.05~0.01	0.50~0.85	0.10~0.30	0.70~1.00	1.40~1.80	0.20~0.40		≤0.20		≤0.025	≤0.030
	23	G30CrMnSiA	0.25~0.35	0.80~1.10	0.90~1.20	0.80~1.10	≤0.30			≤0.20		≤0.025	≤0.025
	24	H10MoCrA	≤0.12	0.40~0.70	0.15~0.35	0.45~0.65	≤0.30	0.40~0.60		≤0.20		≤0.030	≤0.030

表1-32　国产实芯焊丝的牌号及主要成分（二）

类别	牌号	化学成分/%									
		C	Si	Mn	P	S	Cr	Ni	Mo	Cu	其他
奥氏体型	H1Cr19Ni9	≤0.14	≤0.60	1.00~2.00	≤0.030	≤0.030	18.00~20.00	8.00~10.00			
	H0Cr19Ni12Mo2	≤0.08	≤0.60	1.00~2.50	≤0.030	≤0.030	18.00~20.00	11.00~14.00	2.00~3.00		
	H00Cr19Ni12Mo2	≤0.03	≤0.60	1.00~2.50	≤0.030	≤0.020	18.00~20.00	11.00~14.00	2.00~3.00		
	H00Cr19Ni12Mo2Cu2	≤0.03	≤0.60	1.00~2.50	≤0.030	≤0.020	18.00~20.00	11.00~14.00	2.00~3.00	1.00~2.50	
	H0Cr19Ni14Mo3	≤0.08	≤0.60	1.00~2.50	≤0.030	≤0.030	18.50~20.50	13.00~15.00	3.00~4.00		
	H0Cr21Ni10	≤0.08	≤0.60	1.00~2.50	≤0.030	≤0.030	19.50~22.50	9.00~11.00			
	H00Cr21Ni10	≤0.03	≤0.60	1.00~2.50	≤0.030	≤0.020	18.50~20.50	9.00~11.00			
	H0Cr20Ni10Ti	≤0.08	≤0.60	1.00~2.50	≤0.030	≤0.030	19.00~21.50	9.00~10.50			Ti 9×ω（C）~1.00
	H0Cr20Ni10Nb	≤0.08	≤0.60	1.00~2.50	≤0.030	≤0.030	19.00~21.00	9.00~11.00			Nb 10×ω（C）~1.00
	H00Cr20Ni25Mo4Cu	≤0.03	≤0.60	1.00~2.50	≤0.030	≤0.020	19.00~21.00	24.00~26.00	4.00~5.00	1.00~2.00	
	H1Cr21Ni10Mn6	≤0.10	≤0.60	5.00~7.00	≤0.030	≤0.020	20.00~22.00	9.00~11.00			
	H1Cr24Ni13	≤0.12	≤0.60	1.00~2.50	≤0.030	≤0.030	23.00~25.00	12.00~14.00			
	H1Cr24Ni13Mo2	≤0.12	≤0.60	1.00~2.50	≤0.030	≤0.030	23.00~25.00	12.00~14.00	2.00~3.00		
	H00Cr25Ni22Mn4Mo2N	≤0.03	≤0.50	3.50~5.50	≤0.030	≤0.020	24.00~26.00	21.50~23.00	2.00~2.80		Ni 0.10~0.15
	H1Cr26Ni21	≤0.15	≤0.60	1.00~2.50	≤0.030	≤0.030	25.00~28.00	20.00~22.00			
	H0Cr26Ni21	≤0.08	≤0.60	1.00~2.50	≤0.030	≤0.030	25.00~28.00	20.00~22.00			
铁素体型	H0Cr14	≤0.06	≤0.70	≤0.60	≤0.030	≤0.030	13.00~15.00	≤0.60			
	H1Cr17	≤0.10	≤0.50	≤0.60	≤0.030	≤0.030	15.50~17.00	≤0.60			
马氏体型	H1Cr13	≤0.12	≤0.50	≤0.60	≤0.030	≤0.030	11.50~13.50	≤0.60			
	H2Cr13	0.13~0.21	≤0.60	≤0.60	≤0.030	≤0.030	12.00~14.00	≤0.60			
	H0Cr17Ni4Cu4Nb	≤0.05	≤0.75	0.25~0.75	≤0.030	≤0.030	15.50~17.00	4.00~5.00	≤0.75	3.00~4.00	Ni 0.15~0.45

表1-33　国产焊丝型号及其化学成分（GB/T 8110—1995）

单位：%

焊丝型号	C	Mn	Si	P	S	Ni	Cr	Mo	V	Ti	Zr	Al	Cu	其他元素总量
碳钢焊丝														
ER49-1	≤0.11	1.8~2.10	0.65~0.95	≤0.030	≤0.030	≤0.30	≤0.20	—	—	0.05~0.15	0.02~0.12	0.05~0.15	≤0.50	—
ER50-2	≤0.07	0.90~1.40	≤0.025	≤0.035	—	—	—	—	—	—	—	—	≤0.50	≤0.50
ER50-3	0.06~0.15											0.50~0.90		
ER50-4	0.07~0.15	1.00~1.50												
ER50-5	0.07~0.19	0.90~1.40												
ER50-6	0.06~0.15	1.40~1.85												
ER50-7	0.07~0.15	0.50~0.80												
铬钼钢焊丝														
ER55-B2	0.07~0.12	0.40~0.70	0.40~0.70	≤0.025	≤0.025	≤0.20	1.20~1.50	0.40~0.65	—	—	—	—	≤0.35	≤0.50
ER55-B2L	≤0.05													
ER55-B2-MnV	0.06~0.10	1.20~1.60	0.60~0.90	0.030			1.00~1.30	0.50~0.70	0.20~0.40					
ER55-B2-Mn	0.06~0.10	1.20~1.70	0.90				0.90~1.20	0.45~0.65						
ER62-B3	0.07~0.12	0.40~0.70	0.40~0.70	0.025		0.20	2.30~2.70	0.90~1.20						
ER62-B3L	≤0.05													
镍钢焊丝														
ER55-C1	≤0.12	≤1.25	0.40~0.80	0.025	0.025	0.80~1.10	≤0.15	≤0.35	≤0.05	—	—	—	≤0.35	≤0.50
ER55-C2						2.00~2.75								
ER55-C3						3.00~3.75								
锰钼钢焊丝														
ER55-D2-Ti	0.11	1.20~1.90	0.40~0.80	0.025	0.025	—	—	0.20~0.50	—	≤0.20	—	—	≤0.50	≤0.50
ER55-D2	0.07~0.12	1.60~2.10	0.50~0.80			≤0.15		0.40~0.60						
其他低合金钢焊丝														
ER69-1	≤0.08	1.40~2.10	0.20~0.50	≤0.010	≤0.010	1.40~2.10	≤0.30	0.25~0.55	≤0.05	—	≤0.10	≤0.10	≤0.25	≤0.50
ER69-2	≤0.12	1.25~1.80	0.20~0.60			0.80~1.25							0.25~0.65	
ER69-3	≤0.12		0.40~0.80	≤0.020	≤0.020	0.50~1.00		0.20~0.55		—	≤0.20	≤0.20	≤0.50	
ER76-1	≤0.09	1.40~1.80	0.25~0.55	≤0.010	≤0.010	1.90~2.60	0.50	0.25~0.55	≤0.04	—	≤0.10	≤0.10	≤0.35	
ER83-1	≤0.10	1.40~1.80	0.25~0.60	≤0.010	≤0.010	2.00~2.80	0.60	0.30~0.65	≤0.03	—	≤0.10	≤0.10	≤0.25	
ERxx-G						供需双方协商								

注：1. 焊丝中铜含量包括镀铜层。
2. 型号中字母"L"表示含碳量低的焊丝。

表 1-34　国产焊丝型号及其力学性能（GB/T 8110—1995）

焊丝型号	保护气体	抗拉强度 R_m /MPa	屈服强度 /MPa	伸长率 δ_5 /%
ER49-1	CO$_2$	≥490	≥372	≥20
ER50-2	CO$_2$	≥500	≥420	≥22
ER50-3	CO$_2$	≥500	≥420	≥22
ER50-4	CO$_2$	≥500	≥420	≥22
ER50-5	CO$_2$	≥500	≥420	≥22
ER50-6	CO$_2$	≥500	≥420	≥22
ER50-7	CO$_2$	≥500	≥420	≥22
ER55-D2-Ti	CO$_2$	≥550	≥470	≥17
ER55-D2	CO$_2$	≥550	≥470	≥17
ER55-B2	Ar+1%~5%O$_2$	≥550	≥470	≥19
ER55-B2L	Ar+1%~5%O$_2$	≥550	≥470	≥19
ER55-B2-MnV	Ar+20%CO$_2$	≥550	≥440	≥19
ER55-B2-Mn	Ar+20%CO$_2$	≥550	≥440	≥20
ER55-C1	Ar+1%~5%O$_2$	≥550	≥470	≥24
ER55-C2	Ar+1%~5%O$_2$	≥550	≥470	≥24
ER55-C3	Ar+1%~5%O$_2$	≥550	≥470	≥24
ER62-B2	Ar+1%~5%O$_2$	≥620	≥540	≥17
ER62-B3L	Ar+1%~5%O$_2$	≥620	≥540	≥17
ER69-1	Ar+2%CO$_2$	≥690	610~740	≥16
ER69-2	Ar+2%CO$_2$	≥690	610~740	≥16
ER69-3	CO$_2$	≥690	610~740	≥16
ER76-1	Ar+2%CO$_2$	≥760	660~740	≥15
ER83-1	Ar+2%CO$_2$	≥830	730~840	≥14
ER××-G	供需双方协商			

注：ER50-2、ER50-3、ER50-4、ER50-5、ER50-6、ER50-7 型焊丝，当伸长率超过最低值时，每增加 1%，屈服强度和抗拉强度可减少 10MPa，但抗拉强度最低值不得小于 480MPa，屈服强度最低值不得小于 400MPa。

表1-35　熔敷金属 V 型缺口冲击试验结果（GB/T 8110—1995）

焊丝型号	试验温度 / ℃	V 型缺口冲击吸收功 /J
ER49-1	室温	≥ 47
ER50-2	-29	≥ 27
ER50-3	-18	
ER50-4	不要求	
ER50-5		
ER50-6	-29	≥ 27
ER50-7		
ER55-D2-Ti		
ER55-D2		
ER55-B2	不要求	
ER55-B2L		
ER55-B2-MnV	室温	≥ 27
ER55-B2-Mn		
ER55-C1	-46	
ER55-C2	-62	
ER55-C3	-73	
ER62-B3	不要求	
ER62-B3L		
ER69-1	-51	≥ 68
ER69-2		
ER69-3	-20	≥ 35
ER76-1	-51	≥ 68
ER83-1		
ER××-G	供需双方协调	

表1-36　铝及铝合金焊丝的化学成分要求　　　　　　　　　　　　　　　　　　　　单位：%

类别	型号	Si	Fe	Cu	Mn	Mg	Cr	Zn	Ti	Al	其他元素总量
纯铝	SAl-1	1.0		0.05	0.05	—		0.10	0.05	≥ 99.0	
	SAl-2	0.20	0.25	0.40	0.03	0.03	—	0.04	0.03	≥ 99.7	
	SAl-3	0.30	0.30	—	—	—		—	—	≥ 99.5	
铝镁	SAlMg-1	0.25	0.40	0.10	0.50～1.0	2.40～3.0	0.05～0.20	—	0.05～0.20	余量	0.15
	SAlMg-2	Fe+Si 0.45		0.05	0.01	3.10～3.90	0.15～0.35	0.20	0.05～0.15		
	SAlMg-3	0.40	0.40	0.10	0.50～1.0	4.30～5.20	0.05～0.25	0.25	0.15		
	SAlMg-5	0.40	0.40	—	0.20～0.60	4.70～5.70	—		0.05～0.20		
铝铜	SAlCu	0.20	0.30	5.8～6.8	0.20～0.40	0.02	V: 0.05～0.15 Zr: 0.10～0.25	0.10	0.10～0.20		
铝锰	SAlMn	0.60	0.70	—	1.00～1.6	—		—	—		
铝硅	SAlSi-1	4.5～6.0	0.80	0.30	0.05	0.05	—	0.10	0.20		
	SAlSi-2	11.0～13.0	0.80	0.30	0.15	0.10		0.20	—		

注：除规定外，单个数值表示最大值。

（3）铜及铜合金焊丝（GB 9460—1988）

铜及铜合金焊丝的化学成分见表 1-37。

表 1-37　铜及铜合金焊丝的化学成分　　　　　　　　　　　　　　　　　　　　　单位：%

型号	Cu	Zn	Sn	Si	Mn	Ni	Fe	P	Pb	Al	Ti	S
HSCu	≥ 98	—	≤ 1.0	≤ 0.5	≤ 0.5	—	—	≤ 0.15	≤ 0.02	≤ 0.01	—	—
HSCuZn-1	57 ~ 61	余量	0.5 ~ 1.5	—	—	—	—	—	≤ 0.05	—	—	—
HSCuZn-2	56 ~ 60	余量	0.8 ~ 1.1	0.04 ~ 0.15	0.01 ~ 0.5	—	0.25 ~ 1.2	—	≤ 0.05	—	—	—
HSCuZn-3	56 ~ 62	余量	0.5 ~ 1.5	0.1 ~ 0.5	≤ 1.0	≤ 1.5	≤ 0.5	—	≤ 0.05	≤ 0.01	—	—
HSCuZn-4	61 ~ 63	余量	—	0.3 ~ 0.7	—	—	—	—	≤ 0.05	—	—	—
HSCuZnNi	46 ~ 50	余量	—	≤ 0.25	—	9.0 ~ 11.0	—	≤ 0.25	≤ 0.05	≤ 0.02	—	—
HSCuNi	余量	—	—	≤ 0.15	≤ 1.0	29.0 ~ 32.0	0.4 ~ 0.75	≤ 0.02	≤ 0.20	—	0.2 ~ 0.5	≤ 0.01
HSCuSi	余量	≤ 1.5	≤ 1.1	2.8 ~ 4.0	≤ 1.5	—	≤ 0.5	—	≤ 0.20	≤ 0.01	—	—
HSCuSn	余量	—	6.0 ~ 9.0	—	—	—	—	0.1 ~ 0.35	≤ 0.20	≤ 0.01	—	—
HSCuAl	余量	≤ 0.1	—	≤ 0.1	≤ 2.0	—	—	—	≤ 0.20	7.0 ~ 9.0	—	—
HSCuAlNi	余量	≤ 0.1	—	≤ 0.1	0.5 ~ 3.0	0.5 ~ 3.0	≤ 2.0	—	≤ 0.20	7.0 ~ 9.0	—	—

（4）镍及镍合金焊丝（GB/T 15620—1995）

镍及镍合金焊丝的化学成分见表 1-38。

（5）药芯焊丝

有关药芯焊丝的型号和规定见 GB 10045—1988《碳钢药芯焊丝》，其中分为 7 种类型，如表 1-39 所示；其熔敷金属化学成分见表 1-40。七种不同类型的药芯焊丝的特点概括如下：

① EF×1 焊丝　EF×1 焊丝采用 CO_2 保护气体，但为改善工艺性能，也可采用 Ar+CO_2 混合气体。减少 Ar+CO_2 混合气体中的 CO_2 含量，将增加熔敷金属中 Mn 和 Si 的含量，并且可以改善冲击性能。这类焊丝适用于单道焊和多道焊。EF×1 焊丝的特点是电弧稳定、溅量小、焊道平坦微凸、渣量适中并可完全覆盖住焊道，这类焊丝大多具有氧化钛型渣系药芯。

② EF×2 焊丝　EF×2 焊丝实质上是 Mn 或 Si 或二者含量较高的 EF×1 焊丝。主要用于平位置单道焊和水平角焊缝。这些焊丝中含有较高含量的脱氧剂，可以单道焊接带有轧钢氧化皮的钢或沸腾钢。鉴于检查未被稀释的熔敷金属的化学成分不能说明单道焊熔敷金属的化学成分，对单道焊用焊丝的化学成分不作要求。采用 Mn 作为主要脱氧元素的 EF×2 焊丝，在单道焊和多道焊两种应用中均可获得良好的力学性能，但在多道焊应用中，锰含量和抗拉强度较高。这类焊丝比 EF×1 焊丝更适合于焊接表面有较厚氧化皮、锈及其他杂质的钢材，并仍可获得满足射线探伤要求的焊缝。电弧特性和熔敷速度类似于 EF×1。

表 1-38 镍及镍合金焊丝的化学成分　　　　　　　　　　　　　　　　　　　　　单位：%

焊丝型号	C	Mn	Fe	P	S	Si	Cu	Ni	Co	Al	Ti	Cr
ERNi-1	≤0.15	≤1.0	≤1.0	≤0.03		≤0.75	≤0.25	≥93.0		≤1.5	2.0~3.5	—
ERNiCu-7	≤0.15	≤4.0	≤2.5	≤0.02		≤1.25	余量	62.0~89.0		≤1.25	1.5~3.0	—
ERNiCr-3	≤0.10	2.5~3.5	≤3.0	≤0.03	≤0.015	≤0.05		≥67.0	—	—	≤0.75	18.0~22.0
ERNiCrFe-5	≤0.08	≤1.0	6.0~10.0	≤0.03	≤0.015	≤0.35	≤0.50	≥70.0	—	—	—	14.0~17.0
ERNiCrFe-6	≤0.08	2.0~2.7	≤8.0	≤0.03	≤0.015	≤0.35	≤0.50	≥67.0	—	—	2.5~3.5	14.0~17.0
ERNiFeCr-1	≤0.05	≤1.0	≥22.0	≤0.03	≤0.03	≤0.50	1.5~3.0	38.0~46.0	—	≤0.20	0.60~1.2	19.5~23.5
ERNiFeCr-2	≤0.08	≤0.35	余量	≤0.015	≤0.015	≤0.35	≤0.30	50.0~55.0	—	0.20~0.80	0.65~1.15	17.0~21.0
ERNiMo-1	≤0.08	≤1.0	4.0~7.0	≤0.025	≤0.03	≤1.0	≤0.50	余量	≤0.25	—	—	≤1.0
ERNiMo-2	0.04~0.08	≤1.0	≤0.50	≤0.015	≤0.02	≤1.0	≤0.50	余量	≤0.20	—	—	6.0~8.0
ERNiMo-3	≤0.12	≤1.0	4.0~7.0	≤0.04	≤0.03	≤1.0	≤0.50	余量	≤2.5	—	—	4.0~6.0
ERNiMo-7	≤0.12	≤1.0	≤2.0	≤0.04	≤0.03	≤1.0	≤0.50	余量	≤1.0	—	—	≤1.0
ERNiCrMo-1	≤0.05	1.0~2.0	18.0~21.0	≤0.04	≤0.03	≤1.0	1.25~2.5	余量	≤2.5	—	—	21.0~23.5
ERNiCrMo-2	0.05~0.15	≤1.0	17.0~20.0	≤0.04	≤0.03	≤1.0	≤0.50	余量	0.50~2.5	—	—	20.5~23.0
ERNiCrMo-3	≤0.10	≤0.50	≤5.0	≤0.02	≤0.015	≤0.50	≤0.50	≥58.0	—	≤0.40	≤0.40	22.0~23.0
ERNiCrMo-4	≤0.02	≤1.0	4.0~7.0	≤0.04	≤0.03	≤0.08	≤0.50	余量	≤2.5	—	—	14.5~16.5
ERNiCrMo-7	≤0.015	≤1.0	≤3.0	≤0.04	≤0.03	≤0.08	≤0.50	余量	≤2.0	—	≤0.70	14.0~18.0
ERNiCrMo-8	≤0.03	≤1.0	余量	≤0.03	≤0.03	≤1.0	0.7~1.20	47.0~52.0	—	—	0.7~1.50	23.0~26.0
ERNiCrMo-9	≤0.015	≤1.0	18.0~21.0	≤0.04	≤0.03	≤1.0	1.5~2.5	余量	≤5.0	—	—	21.0~23.0

注：1. ERNiCr-3、ERNiCrFe-5 型号焊丝，当有规定时，钴的含量不应超过 0.12%，钽的含量不应超过 0.30%。

2. ERNiFeCr-2 型焊丝，硼的含量不应超过 0.006%。

3. 在分析中，如出现其他元素，应对这些元素进行测定。

4. 镍含量中包括钴。

表1-39 碳钢药芯焊丝类型（GB 10045—1988）

焊丝类型	药芯类型	保护气体	电源种类	适用性
EF×1	氧化钛型	二氧化碳	直流，焊丝接正	单道焊和多道焊
EF×2	氧化钛型	二氧化碳	直流，焊丝接正	单道焊
EF×3	氧化钙-氟化物型	二氧化碳	直流，焊丝接正	单道焊和多道焊
EF×4	—	自保护	直流，焊丝接正	单道焊和多道焊
EF×5	—	自保护	直流，焊丝接负	单道焊和多道焊
EF×G	—	—	—	单道焊和多道焊
EF×GS	—	—	—	单道焊

注：EF表示药芯焊丝；×表示焊丝适用的焊接位置，共有两种数字，0用于平焊和横焊，1用于全位置焊接；1、2、3、4、5、G、GS表示焊丝类型代号。

表1-40 熔敷金属化学成分（质量分数） 单位：%

焊丝类型	C	Mn	Si	P	S	Ni	Cr	Mo	V	Al
EF×1	—	1.75	0.90	0.40	0.03	0.50	0.20	0.30	0.80	1.8
EF×3										
EF×4										
EF×5										
EF×G										
EF×2	—									
EF×GS										

注：表内数值均为最大值。

③ EF×3 焊丝 EF×3焊丝采用 CO_2 保护气体（也可以像EF×1焊丝那样用 $Ar+CO_2$ 的混合气体）用于单道焊和多道焊及水平角焊缝的焊接。这类焊丝的特点是熔滴呈粗过渡、焊道微凸、焊渣薄而且不能完全覆盖焊道。这类焊丝具有氧化钙-氟化物型渣系药芯。用这类焊丝熔敷的焊缝金属，与氧化钛系列焊丝熔敷的相比，具有更好的冲击性能和抗裂性能。

④ EF×4 焊丝 EF×4焊丝是自保护型，采用直流，焊丝接正极。这类焊丝的渣系大多适用于平焊和横焊，可用于单道焊和多道焊。

⑤ EF×5 焊丝 EF×5焊丝是自保护型，采用直流，焊丝接负极。这类焊丝渣系较适合于全方位置焊，可用于单道焊和多道焊。

⑥ EF×G 焊丝 EF×G焊丝是指不属于上述分类的多道焊焊丝。

⑦ EF×GS 焊丝 EF×GS焊丝是指不属于上述分类的单道焊焊丝。

上述焊丝类型并不等于焊丝型号，焊丝型号是由两部分构成，即焊丝类型的代号加上表示焊缝金属力学性能的一组4个数字构成。示例：EF×1-×1×2×3×4。

焊缝金属强度系列代号 ×1×2 有两种，见表1-41。×3和×4各有6种代号，见表1-42。

表1-41 焊缝金属强度系列（GB 10045—1988）

强度系列（×1×2代号）	抗拉强度 R_m/MPa	屈服强度/MPa	伸长率 δ/%
43	430	340	22
50	500	410	22

注：1. 表中的值均为最小值。
2. 当伸长率从最小值每提高1%时，抗拉强度、屈服强度或两者要求允许降低7MPa，但最多只能降低14MPa。

表 1-42　焊缝金属夏比 V 形缺口冲击吸收功（GB 10045—1988）

代号 ×₃	温度 /℃	冲击吸收功 /J（不小于）	代号 ×₄	温度 /℃	冲击吸收功 /J（不小于）
0	没有规定		0	没有规定	
1	+20		1	+20	
2	0		2	0	
3	−20	27	3	−20	47
4	−30		4	−30	
5	−40		5	−40	

现将完整的焊丝型号表示如下。

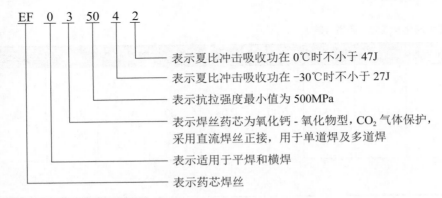

- 表示夏比冲击吸收功在 0℃时不小于 47J
- 表示夏比冲击吸收功在 −30℃时不小于 27J
- 表示抗拉强度最小值为 500MPa
- 表示焊丝药芯为氧化钙 - 氧化物型，CO_2 气体保护，采用直流焊丝正接，用于单道焊及多道焊
- 表示适用于平焊和横焊
- 表示药芯焊丝

（6）有色金属焊丝及铸铁焊丝

牌号前两个字母"HS"表示焊丝。牌号中第一位数字表示焊丝的化学组成类型，第二、第三位数字表示同一类型焊丝的不同牌号。

牌　号	化学组成类型
HS1××	堆焊硬质合金
HS2××	铜及铜合金
HS3××	铝及铝合金
HS4××	铸铁

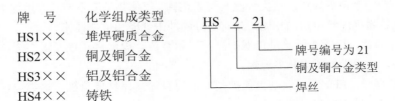

- 牌号编号为 21
- 铜及铜合金类型
- 焊丝

1.6.3　常用工种类型焊丝及其牌号对照

（1）常用焊丝的选择

① 埋弧焊用焊丝的选择　碳钢或低合金钢埋弧焊时，应该根据等强度的原则选用焊丝，所选用的焊丝应该保证焊缝的力学性能。耐热钢或不锈钢焊接时，尽可能地保证焊缝的化学成分与焊件的相同或相近，同时还要考虑满足焊缝的力学性能。

碳钢和低合金钢埋弧焊时，通常是选择强度等级较低、抗裂性较好的焊丝；低温钢埋弧焊时，主要是根据低温韧性来选择焊丝。

在焊丝的合金系统选择上，主要应在保证等强度的前提下，重点考虑金属对冲击韧度的要求。

② 气体保护焊用焊丝的选择　碳钢或低合金钢气体保护焊用焊丝的选择首先要满足焊缝金属与母材等强度以及对其他力学性能指标的要求，至于焊缝金属化学成分与母材的一致性则放在次要的地位。对于某些刚度较大的焊接结构，焊接时应该采用低匹配的原则，选用使焊缝金属的强

度低于母材的焊丝焊接。中碳调质钢焊接时，因为焊后要进行调质处理，所以选择焊丝时，要力求焊缝金属的主要合金成分与母材相近，还要严格控制焊缝金属中的 S、P 杂质的含量。

（2）常用工种类型焊丝牌号对照

　　在各种各样的焊接结构生产制造过程中，采用焊丝作为焊缝填充金属的比例越来越多，为了便于广大焊接工作者查找、选用，我们将常用类型的焊丝型号、牌号对照进行了如下汇集。国内外常用碳钢、低合金钢药芯焊丝的牌号对照见表 1-43，国内外埋弧焊常用的焊丝型号对照见表 1-44，国内外低碳钢及低合金钢气体保护焊常用的焊丝型号对照见表 1-45。

表 1-43　国内外常用碳钢、低合金钢药芯焊丝的牌号对照示例

类别	中国国标推荐 型号/（ASW 型号）	中国 统一牌号	美国 AWS 牌号	瑞典 ESAB 牌号	俄罗斯 牌号
自 保 护 焊	E500T-4/（E70T-4）	YJ507-2	E70T-4	CS40	Ⅱ Ⅱ -AH3C
	E500T-4/（E70T-4）	YJ507G-2	E71T-8E	CS8	Ⅱ BC-1C
	E500T-4/（E70T-4）	YJ507R-2			
	E500T-4/（E70T-4）	YJ507D-2	E71T-GS	CS15	Ⅱ Ⅱ -AH11

表 1-44　国内外埋弧焊常用的焊丝型号对照示例

类别	中国 GB/T 8110—2002	日本 JIS Z 3351—1999	德国 DIN 8557	美国 AWS A5.23—1997	英国 BS 4165
碳 钢 及 低 合 金 钢 焊 丝	H08A	YS-S1	S1	EH12	S1
	H15Mn	YS-S3	S2	EH12	S2
	H08MnA	YS-S2	S2	EH12	S2
	H10Mn2	YS-S4	S4	EH14	S4
	H08MnMoA	YS-S3	S2Mo	EA2	S2Mo
	H08Mn2MoA	YS-S4	S4Mo	EA3	S4Mo
	H08CrMoA	YS-CM1	—	EB1	—
	H13CrMoA	YS-CM2	UPS2CrMo1	EB2	—
	H08CrNi2MoA	—	—	—	S2-NiCrMo

表 1-45　国内外低碳钢及低合金钢气体保护焊常用的焊丝型号对照

中国 GB/T 8110—2002	日本 JIS Z 3316:1999	德国 DIN 8557-1—1983	美国 AWS A5.18:1993、 AWS A5.28:1996	英国 BS 2901-1:1983
ER50-3	YGT50	SG1	ER70S.3	A15
ER50-4	YGT50	SG2	ER70S.4	A18
ER50-6	YGT50	SG2	ER70S.6	A18
ER69-1	YGT70	—	ER100S.1	—
ER76-1	YGT80	—	ER110S.1	—
ER55-D2	YGTM	SG Mo	ER70S.A1	A3、A31
ER55-B2	YGT1CM	SG CrMo1	ER80S.B2	A32
ER62-B2L	YGT1CML	—	ER80SB2L	—
ER50-B3	YGT2CM	SG CrMo2	ER90S.B3	A33
ER50-B3L	YGT2CML	—	ER90S.B3L	—

1.7 焊剂

1.7.1 焊剂的发展

埋弧焊的焊接材料由焊丝（或带极）与焊剂的组合构成。焊剂是具有一定粒度的颗粒状物质，是埋弧焊和电渣焊时不可缺少的焊接材料。目前我国焊丝和焊剂的产量占焊材总量的 15% 左右。在焊接过程中，焊剂的作用相当于焊条药皮。焊剂对焊接熔池起着特殊保护、冶金处理和改善工艺性能的作用。

焊剂的焊接工艺性能和化学冶金性能是决定焊缝金属性能的主要因素之一，采用同样的焊丝和同样的焊接参数，而配用的焊剂不同，所得焊缝的性能将有很大的差别，特别是冲击韧度。一种焊丝与多种焊剂的合理组合，无论是在低碳钢还是在低合金钢上都可以使用，而且能兼顾各自的特点。

目前我国生产的焊剂大部分是熔炼焊剂，有 30 余个品种，其中 HJ431 的产量占熔炼焊剂总产量的 80% 左右。

低碳钢焊接结构常采用 H08A 或 H08MnA 焊丝，一般选用高锰高硅焊剂（如 HJ431），通过焊剂可向焊缝金属中过渡一定的 Si、Mn 合金元素，使焊缝金属具有良好的综合力学性能。如果选用无锰、低锰或中锰焊剂时，则采用高锰焊丝（如 H08MnA），或采用某些合金钢焊丝也可获得满意的结果。焊接低合金钢结构时，应选用中性或碱性焊剂（如 HJ350、HJ250 等）。特别当焊接强度级别高而低温韧性好的低合金钢时，须选用碱度较高的焊剂。

我国烧结焊剂生产起步较晚，但发展还是比较快的，目前已经开发出 20 多个品种。随着焊接自动化水平不断提高，烧结焊剂将会有较大的发展。常用国产烧结焊剂的特点及用途列于表 1-46。

表 1-46 常用国产烧结焊剂的特点及用途

牌号	类型	特点	用途
SJ101	氟碱型	电弧燃烧稳定，脱渣容易，焊缝成形美观，焊缝金属具有较高的低温韧性，可交、直流两用	配合 H08MnA、H08MnMoA、H08Mn2MoA、H10Mn2 等焊丝，可焊接多种低合金钢，如锅炉、压力容器等，还适用于多丝焊接，特别是大直径容器的双面单道焊
SJ301	硅钙型	焊接工艺性能良好，电弧稳定，脱渣容易，成形美观，可交、直流两用	配合适当焊丝可焊接普通结构钢、锅炉用钢、管线用钢等，还适用于多丝快速焊接，特别是双面单道焊
SJ401	硅锰型	具有良好的焊接工艺性能和较高的抗气孔能力	配合 H08A 焊丝可焊接低合金钢，用于机车车辆、矿山机械等金属结构的焊接
SJ501	铝钛型	具有良好的焊接工艺性能和较强的抗气孔能力，对少量铁锈膜和高温氧化膜不敏感	配合 H08A、H08MnA 等焊丝焊接低碳钢及某些低合金钢，如锅炉、船舶、压力容器等，还适用于多丝快速焊
SJ502	铝钛型	具有良好的焊接工艺性能，焊缝强度比用 SJ501 时稍高	配合 H08A 焊丝可焊接较重要低碳钢及某些低合金钢结构，适用于快速焊

1.7.2 焊剂的分类、型号和牌号

（1）焊剂的分类

目前国产焊剂已有 50 余种。焊剂的分类方法有许多种，可分别按用途、制造方法、化学成分、焊剂化学性质等对焊剂进行分类，但每一种分类方法都只是从某一方面反映了焊剂的特性。了解焊剂的分类是为了更好地掌握焊剂的特点，以便进行选择和使用。

① 按用途分类　焊剂按使用用途可分为埋弧焊焊剂、堆焊焊剂、电渣焊焊剂；也可按所焊材料分为低碳钢用焊剂、低合金钢用焊剂、不锈钢用焊剂、镍及镍合金用焊剂、钛及钛合金用焊剂等。

② 按制造方法分类　按制造方法的不同，可以把焊剂分成熔炼焊剂和非熔炼焊剂两大类。

a. 熔炼焊剂：把各种原料按配方在炉中熔炼后进行粒化得到的焊剂称为熔炼焊剂。由于熔炼焊剂制造中要熔化原料，所以焊剂中不能加碳酸盐、脱氧剂和合金剂，而且制造高碱度焊剂也很困难。熔炼焊剂根据颗粒结构的不同，又可分为玻璃状焊剂、结晶状焊剂和浮石状焊剂等。玻璃状焊剂和结晶状焊剂的结构较致密，浮石状焊剂的结构比较疏松。

b. 非熔炼焊剂：把各种粉料按配方混合后加入黏结剂，制成一定尺寸的小颗粒，经烘焙或烧结后得到的焊剂，称为非熔炼焊剂。

制造非熔炼焊剂所采用的原材料与制造焊条所采用的原材料基本相同，对成分和颗粒的大小有严格要求。按照给定配比配料，混合均匀后加入黏结剂（水玻璃）制成湿料，然后把湿料进行造粒，制成一定尺寸的颗粒（一般为 0.5～2mm），造粒之后将颗粒状的焊剂送入干燥炉内固化，烘干、去除水分，加热到 150～200℃，最后送入烧结炉内烧结。根据烘焙温度的不同，非熔炼焊剂可分为黏结焊剂和焊接焊剂。

黏结焊剂（亦称陶制焊剂或低温烧结焊剂）通常以水玻璃作为黏结剂，经 350～500℃低温烘焙或烧结得到的焊剂。由于烧结温度低，黏结焊剂具有吸潮倾向大、颗粒强度低等缺点。目前我国作为产品的供应量还不多。

焊接焊剂通常在较高的温度（700～1000℃）下烧结，烧结后粉碎成一定尺寸大小的颗粒后，即可使用。经过高温烧结，焊剂的颗粒强度明显提高，吸潮性大大降低。

与熔炼焊剂相比，非熔炼焊剂熔点较高，松装密度较小，故该类焊剂适于大线能量焊接。非熔炼焊剂的碱度可以在较大范围内调节而仍能保持良好的工艺性能，可以根据施焊钢种的需要通过焊剂向焊缝过渡合金元素；而且非熔炼焊剂适用性强、制造简便，故近年来发展很快。

根据不同的使用要求，还可以把熔炼焊剂和焊接焊剂混合起来使用，称之为混合焊剂。

③ 按化学成分分类　按照焊剂的主要成分进行分类是一种常用的分类方法．按 SiO_2 含量可分为高硅焊剂（SiO_2 含量＞30%）、中硅焊剂（SiO_2：10%～30%）、低硅焊剂（SiO_2 含量＜10%）和无硅焊剂。按 MnO 含量可分为高锰焊剂（MnO 含量＞30%）、中锰焊剂（MnO：15%～30%）、低锰焊剂（MnO：2%～15%）和无锰焊剂（MnO 含量＜2%）。按 CaF_2 含量可分为高氟焊剂（CaF_2 含量＞30%）、中氟焊剂（CaF_2：10%～30%）和低氟焊剂（CaF_2 含量＜10%）。

也有的按 MnO、SiO_2 含量或 MnO、SiO_2、CaF_2 含量进行组合分类，例如焊剂 431 可称为高锰高硅低氟焊剂，焊剂 350 可称为中锰中硅中氟焊剂，焊剂 250 可称为低锰中硅中氟焊剂。

还可按焊剂所属的渣系分类为 MnO-SiO_2 系（MnO 与 SiO_2 含量＞50%）、CaO-SiO_2 系（CaO、MgO 和 SiO_2 含量＞60%）、Al_2O_3-CaO-MgO 系（Al_2O_3、CaO 和 MgO 含量＞45%）和 CaO-MnO-CaF_2-SiO_2 系等。

④ 按焊剂的化学性质分类　焊剂的化学性质决定了焊剂的冶金性能，焊剂碱度及活性是常用来表征焊剂化学性质的指标。焊剂碱度及活性的变化对焊接工艺性能和焊缝金属的力学性能有很大影响。

目前，有关焊剂碱度 B 的计算应用较广泛的是国际焊接学会（IIW）推荐的公式，即

$$B = \frac{[CaO]+[MgO]+[BaO]+[Na_2O]+[K_2O]+[CaF_2]+0.5([MnO]+[FeO])}{[SiO_2]+0.5([Al_2O_3]+[TiO_2]+[ZrO_2])}$$

式中各组分的含量按质量分数计算用 [A] 指代 A 组分的质量分数。根据计算结果做如下分类：

酸性焊剂（$B<1.0$）：通常酸性焊剂具有良好的焊接工艺性能，焊缝成形美观，但焊缝金属

含氧量高，冲击韧度较低。

中性焊剂（$B = 1.0 \sim 1.5$）：熔敷金属的化学成分与焊丝的化学成分相近，焊缝含氧量有所降低。

碱性焊剂（$B > 1.5$）：通常碱性焊剂熔敷金属的含氧量较低，可以获得较高的焊缝冲击韧度，但焊接工艺性能较差。按照国际焊接学会推荐公式计算出的焊剂碱度值见表 1-47。

表 1-47 不同焊剂碱度值

焊剂牌号	130	131	150	172	230	250	251	260	330	350	360	430	431	433
碱度值	0.78	1.46	1.30	2.68	0.8	1.75	1.68	1.11	0.81	1.0	0.94	0.78	0.79	0.67

此外，按相对活度系数（A_f）可以把各种成分的焊剂分为高活性焊剂（$A_f \geqslant 0.6$），活性焊剂（$A_f = > 0.3 \sim < 0.6$），低活性焊剂（$A_f = > 0.1 \sim 0.3$）和惰性焊剂（$A_f \leqslant 0.1$）。

（2）焊剂的型号

① 碳素钢埋弧焊用焊剂的型号　按照 GB/T 5293—1999《埋弧焊用碳钢焊丝和焊剂》标准，焊剂的表示方法如下。

a. 焊剂型号划分原则：按具有焊丝 - 焊剂组合的熔敷金属力学性能、热处理状态进行划分。

b. 焊剂型号表示方法及内容：

示例：F　$\times_1$　$\times_2$　$\times_3$　H×××

字母"F"表示埋弧焊用焊剂；其后第一位数字 $\times_1$ 表示熔敷金属拉伸性能，每类均规定了抗拉强度、屈服强度及伸长率三项指标，见表 1-48。第二位数字 $\times_2$ 表示试件的处理状态，用"A"表示焊态，"P"表示焊后热处理状态。第三位数字 $\times_3$ 为 0、1…6、8、10，表示熔敷金属冲击功 $\geqslant$ 27J 的试验温度，见表 1-49。第四位代号 X_4 分为 1、2…6，表示焊剂渣系，尾部"H×××"表示焊接时所采用的焊丝牌号。焊丝的牌号按 GB/T 14957—1994 表示。

表 1-48 熔敷金属拉伸试验结果（$\times_1$ 取值及含义）

$\times_1$	抗拉强度 R_m/MPa	屈服强度 /MPa	伸长率 δ_5/ %
3	415 ~ 550	$\geqslant$ 303	$\geqslant$ 22
4	410 ~ 550	$\geqslant$ 330	$\geqslant$ 22
5	480 ~ 650	$\geqslant$ 437	$\geqslant$ 22

表 1-49 熔敷金属冲击试验结果（$\times_3$ 取值及含义）

焊剂型号	试验温度 /℃	冲击吸收功 /J
F×$\times_1\times_2$0-H×× ×	0	
F×$\times_1\times_2$2-H×× ×	−20	
F×$\times_1\times_2$3-H×× ×	−30	
F×$\times_1\times_2$4-H×× ×	−40	$\geqslant$ 27
F×$\times_1\times_2$5-H×× ×	−50	
F×$\times_1\times_2$6-H×× ×	−60	

举例：F5122-H08MnMoA，表示低合金钢埋板焊用焊剂采用 H08MnMoA 焊丝，其试样焊后热处理后，熔敷金属抗拉强度为 480 ~ 650MPa，屈服强度不低于 380MPa，伸长率不低于 22.0%，在 −20℃时冲击吸收功不小于 27J，焊剂渣系为氟碱型。

② 低合金钢埋弧焊用焊剂型号　按照 GB/T 12470—2003《埋弧焊用低合金钢焊丝和焊剂》标准，焊剂型号的表示方法如下。

a. 型号分类原则根据焊丝焊剂组合的熔敷金属力学性能，热处理状态进行划分。

b. 焊剂型号表示方法及内容

示例：F××$_1$×$_2$×$_3$-H×××-H×

字母 F 表示表示埋弧焊用焊剂。前二位数字"××$_1$"表示焊丝焊剂组合的熔敷金属抗拉强度的最小值，见表 1-50。第三位数字"×$_2$"表示试件的状态，用"A"表示焊态，"P"表示焊后热处理状态，见表 1-51。第四位数字"×$_3$"表示熔数金属冲击吸收功不小于 27J 时的最低试验温度。见表 1-52。H××× 表示焊丝的牌号。焊丝的牌号按 GB/T 14957—1994 和 GB/T 3429—2002《焊接用钢盘条》来表示。如果需要标注熔敷金属中扩散氢含量时，可用后缀"H×"表示。见表 1-53。

表 1-50　熔敷金属拉伸试验结果（××$_1$取值及含义）

焊剂型号	抗拉强度 R_m/MPa	屈服强度 /MPa	伸长率 δ_5/%
F48×$_2$×$_3$-H×××	480 ～ 660	400	22
F55×$_2$×$_3$-H×××	550 ～ 770	470	20
F62×$_2$×$_3$-H×××	620 ～ 760	540	17
F69×$_2$×$_3$-H×××	690 ～ 830	610	16
F76×$_2$×$_3$-H×××	760 ～ 900	680	15
F83×$_2$×$_3$-H×××	830 ～ 970	740	14

注：表中单值均为最小值。

表 1-51　试样的焊后状态（×$_2$取值及含义）

焊剂型号	试样的状态
F××$_1$A×$_3$-H×××	焊态下测试的力学性能
F××$_1$P×$_3$-H×××	经热处理后测试的力学性能

表 1-52　熔敷金属冲击试验结果（×$_3$取值及含义）

焊剂型号	最低试验温度 /℃	冲击吸收功 /J
F××$_1$×$_2$0-H×××	0	
F××$_1$×$_2$2-H×××	−20	
F××$_1$×$_2$3-H×××	−30	
F××$_1$×$_2$4-H×××	−40	
F××$_1$×$_2$5-H×××	−50	≥ 27
F××$_1$×$_2$6-H×××	−60	
F××$_1$×$_2$7-H×××	−70	
F××$_1$×$_2$10-H×××	−100	
F××$_1$×$_2$Z-H×××	—	

表 1-53　熔敷金属中扩散氢含量

焊剂型号	扩散氢含量 /（mL/100g）
F××$_1$×$_2$×$_3$-H×××-H16	16.0
F××$_1$×$_2$×$_3$-H×××-H8	8.0
F××$_1$×$_2$×$_3$-H×××-H4	4.0
F××$_1$×$_2$×$_3$-H×××-H2	2.0

注：表中的单值均为最大值。

举例：F55A4-H08MnA，它表示这种埋弧焊用焊剂采用焊丝，按本标准所规定的焊接参数焊接试板，其试样状态为焊态时的焊缝金属抗拉强度为 500 ～ 700MPa，屈服强度不小于 470MPa，伸长率不小于 20%，熔敷金属冲击吸收功不小于 27J 时的最低试验温度为 -40℃。

任何牌号的焊剂，由于使用的焊丝、热处理状态不同，其分类型号可能有许多类别，因此，焊剂应标出至少一种或所有的试验类别型号。

在焊剂使用说明书中应注明焊剂的类型 [熔炼焊剂、焊结焊剂或黏结焊剂（陶质焊剂）]、渣系、焊接电源种类及极性、使用前的烘干温度和使用注意事项等。

（3）焊剂的牌号

焊剂牌号是焊剂的商品代号，其编制方法与焊剂型号不同，焊剂牌号所表征的是焊剂中主要化学成分。

① 熔炼焊剂

a. 牌号表示方法：HJ $\times_1 \times_2 \times_3$

HJ：表示焊剂。

$\times_1$：MnO 的含量，见表 1-54。

$\times_2$：细颗粒焊剂在其后面加 $\times_2$ 表示焊剂中 SiO_2、CaF_2 的平均含量，见表 1-55。

$\times_3$：表示用一类型焊剂的不同牌号，按 0 ～ 9 顺序排列。当生产两种颗粒度的焊剂时，对细颗粒焊剂在其后面加 X 字。

b. 牌号示例：HJ431X

字母 HJ 表示埋弧焊用熔炼焊剂；数字 4 表示高锰；数字 3 表示高硅低氟；数字 1 表示高锰高硅低氟焊剂一类中的序号；字母 X 表示细颗粒度焊剂。

表 1-54　熔炼焊剂牌号 $\times_1$ 的取值及含义

牌号	焊剂类型	焊剂中 MnO 平均含量（质量分数）/%
HJ1 $\times_2 \times_3$	无锰	< 2
HJ2 $\times_2 \times_3$	低锰	2 ～ 15
HJ3 $\times_2 \times_3$	中锰	15 ～ 30
HJ4 $\times_2 \times_3$	高锰	> 30

表 1-55　熔炼焊剂牌号 $\times_2$ 的取值及含义

焊剂牌号	焊剂类型	平均含量（质量分数）/%	
		SiO_2	CaF_2
HJ $\times_1 1 \times_3$	低硅低氟	< 10	< 10
HJ $\times_1 2 \times_3$	中硅低氟	10 ～ 30	< 10
HJ $\times_1 3 \times_3$	高硅低氟	> 30	< 10
HJ $\times_1 4 \times_3$	低硅中氟	< 10	10 ～ 30
HJ $\times_1 5 \times_3$	中硅中氟	10 ～ 30	10 ～ 30
HJ $\times_1 6 \times_3$	高硅中氟	> 30	10 ～ 30
HJ $\times_1 7 \times_3$	低硅高氟	< 10	> 30
HJ $\times_1 8 \times_3$	中硅高氟	10 ～ 30	> 30
HJ $\times_1 9 \times_3$	高硅高氟	—	—

② 烧结焊剂

a. 牌号表示方法：SJ $\times_1 \times_2 \times_3$

SJ："烧结"二字汉语拼音的第一个字母，表示烧结焊剂。

$\times_1$：代表焊剂熔渣渣系，以数字 1 ～ 6 表示。见表 1-56。

$\times_2$：表示同一渣系类型中的几种不同的牌号，依自然顺序排列。

$\times_3$：表示同一渣系类型中的几种不同的牌号，依自然顺序排列。

b. 牌号示例：SJ301

SJ：埋弧焊用烧结焊剂。

3：表示为硅钙型渣系。

01：表示该渣系的第一种烧结型焊剂。

表 1-56　烧结焊剂牌号中 $\times_1$ 的含义

焊剂牌号	熔渣渣系类型	主要组分范围（质量分数）/%
SJ1$\times_2\times_3$	氟碱型	CaF_2 的含量≥ 15，$CaO+MgO+MnO+CaF_2$ 的含量≥ 50 SiO_2 的含量＜ 20
SJ2$\times_2\times_3$	高铝型	Al_2O_3 的含量≥ 20，$Al_2O_3+CaO+MgO$ 的含量＞ 45
SJ3$\times_2\times_3$	硅钙型	$CaO+MgO+SiO_2$ 的含量＞ 60
SJ4$\times_2\times_3$	硅锰型	$MnO+SiO_2$ 的含量＞ 50
SJ5$\times_2\times_3$	铝钛型	$Al_2O_3+TiO_2$ 的含量＞ 45
SJ6$\times_2\times_3$	其他型	

1.7.3　焊剂的选用原则

（1）低碳钢埋弧焊时焊剂的选用原则

选择低碳钢的埋弧焊用焊剂时，在考虑焊件钢种和配用焊丝种类的情况下，低碳钢埋弧焊时焊剂的选用原则如下。

为了保证焊缝金属能通过冶金反应得到必要的硅锰渗合金，形成致密的、具有足够强度和韧性的焊缝金属，在采用沸腾钢焊丝进行埋弧焊时，必须配用高锰高硅焊剂。例如，用 H08A 或 HB8MnA 焊丝焊接时，必须采用 H43$\times$ 系列的焊剂。

在低碳钢中厚板对接大电流单面不开坡口埋弧焊焊接时，为了提高焊缝金属的抗裂性，应该尽量降低焊缝金属的含碳量，为此，要选用氧化性较高的高锰高硅焊剂配用 H08A 或 H08MnA 焊丝焊接低碳钢厚板埋弧焊时，为了得到冲击韧度较高的焊缝金属，应该选用中锰中硅焊剂（例如 HB01、HB50 等）配用 H10Mn 高锰焊丝，可直接由焊丝向焊缝金属进行渗锰，同时。通过焊剂中的 SiO_2 还原向焊缝金属进行渗硅。

低碳钢薄板采用埋弧焊高速焊接时，主要考虑的问题是薄板在高速焊接时焊缝的良好熔合及成形，焊缝的强度和韧性不是主要的，因此选用烧结焊剂 SJ501 配用强度相宜的焊丝即可。

SJ501 焊剂的抗锈能力较强，按焊件的强度要求配用相应的焊丝，则可以焊接表面锈蚀严重的焊件。

（2）低合金钢埋弧焊时焊剂的选用原则

低合金钢埋弧焊时，首先应该选用碱度较高的低氢型 H25$\times$ 系列焊剂，这些焊剂是低锰中硅型焊剂，在焊接过程中，由于 S 和 Mn 还原渗合金的作用不强，必须配用含硅、含锰量适中的合金焊丝，如 H08MnMo、H08MnMo 及 H08CrMoA 等，这样可以防止冷裂纹及氢致延迟裂纹的产生。

低合金钢埋弧焊时，H250 和 SJ01 是硅锰还原反应较弱的高碱度焊剂。用这种焊剂焊接的焊缝金属的非金属夹杂物较少、纯度较高，可以保证焊接接头的强度和韧性不低于母材的相应指标。

由于高碱的烧结焊剂相比高碱度的熔炼焊剂具有良好的脱渣性，因此，低合金钢厚板多层多道埋弧焊时，很多时候都选择烧结焊剂焊接。

1.7.4　焊剂的烘干和贮存

（1）焊剂的烘干

焊剂在使用前，必须对焊剂进行烘干，以清除焊剂中的水分。焊剂烘干时先将焊剂平铺在干净的铁板上，放入电炉或火焰炉内烘干，烘干炉内焊剂的堆高度不要超过 50mm，部分焊剂烘干温度及时间见表 1-57。焊剂烘干机的技术参数见表 1-58。

表 1-57　部分焊剂烘干温度及时间

焊剂牌号	焊剂类型	焊前烘干度 /℃	保温时间 /h
HJ130	无锰高硅低氟	250	2
HJ131	无锰高硅低氟	250	2
HJ150	无锰中硅中氟	300 ～ 450	2
HJ172	无锰低硅高氟	350 ～ 400	2
HJ251	低锰中硅中氟	300 ～ 400	2
HJ351	中锰中硅中氟	250	2
HJ360	中锰高硅中氟	200 ～ 300	2
HJ431	高锰高硅低氟	300 ～ 350	2
HJ101	氟碱型（碱度值为 1.8）	300 ～ 350	2
HJ102	氟碱型（碱度值为 3.5）	300 ～ 350	2
HJ105	氟碱型（碱度值为 2.0）	300 ～ 350	2
HJ402	锰硅型 酸性（碱度值为 0.7）	300 ～ 350	2
HJ502	铝钛型 酸性	300	1
HJ601	专用碱性焊剂	300 ～ 350	2

表 1-58　焊剂烘干机的技术参数（YJJ-A-100 型号为例）

焊剂装载容量 /kg	100	200	300	500
最高工作温度 /℃	400			
电热功率 /kW	4.6	6.3	7.8	9
电源电压 /V	380（50Hz）			
吸入焊剂速度 /（kg/min）	3.2			
上料机功率 /kW	0.75			
烘干方式	连续			
烘干后焊剂中水分含量（质量分数）/%	0.05			

（2）焊剂的贮存

出厂焊剂中的含水量（水的质量分数）不得大于 0.20%。焊剂在温度 25℃相对湿度为 70% 的环境条件下，放置 24h，焊剂的吸潮率不应大于 0.15%。为此，焊剂的贮存环境应该达到以下要求。

①贮存焊剂的环境，室温最好控制在 10 ～ 25℃范围内，相对湿度应小于 50%。

②贮存焊剂的环境应该通风良好，焊剂应摆放在距离地面 400mm、与墙壁距离保持在 300mm的货架上。

③ 焊剂的使用原则是，先买进的焊剂先使用，本着先进先出的原则发放焊剂。

④ 回放后并准备再用的焊剂，应存放在保温箱内。

⑤ 进入保管库内的焊剂，同时还要保存好入库焊剂的质量证明书、焊剂的发放记录等。

⑥ 不合格的焊剂、报废的焊剂要妥善处理，不得与库存待用的焊剂混淆。

⑦ 刚买进的焊剂，要进行产品质量验收，在未得出结果之前，要与验收合格的焊剂进行隔离摆放。

⑧ 每种贮存的焊剂前，都应有焊剂的标签，标签应注明：焊剂的型号、牌号、生产日期、有效日期、生产批号、生产厂家、购入日期等。

1.8 其他焊接材料

1.8.1 钎料

钎料是指为实现两种材料（或零件）的结合，在其间隙内或间隙旁所加的填充物。钎料指钎焊时，用来形成焊缝的填充材料。

钎料的熔点必须比焊接的材料熔点低。适宜于连接精密、复杂、多焊缝和异类材料的焊接。

根据熔点不同，钎焊材料分为软钎料和硬钎料。

① 软钎料 即熔点低于450℃的钎料，有锡铅基、铅基（$T < 150℃$，一般用于钎焊铜及铜合金，耐热性好，但耐蚀性较差）、镉基（是软钎料中耐热性最好的一种，$T = 250℃$）等合金。钎焊接头强度低（小于70MPa）。按其成分可分为无机软钎剂（具有很高的化学活性，去除氧化物的能力很强。能显著地促进液态钎料对母材的润湿。组分为无机酸和无机盐。一般的黑色金属和有色金属，包括不锈钢、耐热钢和镍铬合金等都可使用，但它残渣有腐蚀性，焊后必须清除干净）和有机软钎剂两类。

软钎料主要用于焊接受力不大和工作温度较低的工件，如各种电器导线的连接及仪器、仪表元件的钎焊（主要用于电子线路的焊接）。按其残渣对钎焊接头的腐蚀作用可分为腐蚀性、弱腐蚀性和无腐蚀性三类，其中无机软钎剂均为腐蚀性钎剂；有机软钎剂属于后两类。

常用的软钎剂有磷酸水溶液（只限于300℃以下使用，是钎焊含 Cr 不锈钢或锰青铜的适宜钎剂）、氯化锌水溶液和松香（只能用于300℃以下钎焊表面氧化不严重的金、银、铜等金属）等。

② 硬钎料 即熔点高于450℃的钎料，有铝基、铜基、银基、镍基等合金。

硬钎料主要用于焊接受力较大、工作温度较高的工件，如：自行车架、硬质合金刀具、钻探钻头等（主要用于机械零部件的焊接）。

常用的硬钎剂有硼砂、硼酸（活性温度高，均在800℃以上，只能配合铜基钎料使用，去氧化物能力差，不能去除 Cr、Si、Al、Ti 等的氧化物）、KBF_4（氟硼酸钾，熔点低，去氧化能力强，是熔点低于750℃银基钎料的适宜钎剂）等。广泛用于钎焊低碳钢、结构钢、不锈钢、铜以及铜合金、铝基钎料（主要用于钎焊铝及铝合金）和镍基钎料（主要用于航空航天部门）等。

钎料在焊接时通过润湿母材并和母材形成固溶体之类的结构以实现焊接材料的紧密结合。选择钎料时必须考虑的一些因素有熔点、润湿性、接头强度等，这些因素对钎焊质量的好坏有直接影响。

钎料一般与钎剂配合起来使用，钎剂在加热过程中靠自身的酸性或碱性去除材料表面氧化膜等杂质，以增强钎料的焊接效果。但是，也有一些钎料可以单独使用而不需要和钎剂配合使用，这是因为这些钎料自身具有去除材料表面氧化膜等杂质的功效。

1.8.2 钎剂

钎剂是钎焊过程中的熔剂，与钎料配合使用，属于焊接材料的一种。

（1）钎剂的作用

① 清除钎料和母材表面的氧化膜，为熔化的液态钎料在母材表面的铺展提供必要的条件。

② 以液态薄膜层覆盖钎料和母材表面，保护钎料和母材金属不被进一步氧化。

③ 促进表面活化，减小表面张力，改善钎料对母材的润湿性能，使钎焊过程顺利进行。

（2）对钎剂的基本要求

① 钎剂的熔点应低于钎料的熔点，在钎料熔化之前就应熔化并开始起作用，把钎料表面和钎缝间隙中氧化膜去除。为保证钎焊温度下钎剂的活性，钎剂的熔点不应与钎料的熔点相差太大。

② 通过物理化学作用，钎剂应具有足够的溶解和破坏母材和钎料表面氧化膜的能力。

③ 应具有良好的热稳定性，在钎焊加热过程中钎剂的成分和作用应保持稳定不变，不至于发生钎剂组分的分解、蒸发或碳化而丧失应有的作用。一般要求钎剂应具有不小于100℃的热稳定范围。

④ 在钎焊温度范围内，钎剂的黏度应小，流动性好，能很好地润湿母材、减小液态钎料的界面张力。

⑤ 熔融钎剂及其清除氧化膜后的产物密度应小于液态钎料，以便钎剂能均匀地覆盖在钎焊金属表面，有效地隔绝空气，促进钎料的润湿和铺展，不致滞留在钎缝中形成夹渣。

⑥ 钎剂及其残渣不应对钎焊金属和钎缝有强烈的腐蚀作用，钎剂的挥发物毒性要小，焊后钎剂的残渣应易清除。

Al 和 Al 合金表面极易生成一层致密且化学稳定性高的氧化铝膜，尤其是当母材中 Mg 的质量分数＞3% 时，生产的氧化铝和氧化镁间隙氧化膜，其化学稳定性更高，更难除去。Al 和 Al 合金表面存在的氧化物使得在钎焊过程中液态钎料往往凝聚成球状，不与母材发生润湿。而铝钎剂的目的就是去除铝材表面的氧化膜，降低熔态钎料与母材之间的界面张力，有利于钎焊时钎料在母材表面的润湿和铺展。在铝及铝合金的钎焊过程中，传统上是以氟盐钎剂占主导低位，但是该类钎剂中氯等卤离子对母材具有强烈的电化学腐蚀，且吸湿性很强，不易保存。此外，焊后对残留物的清洗要求较高，否则焊后残渣吸潮后会严重腐蚀钎焊件。

（3）钎剂的使用举例

氟铝酸钾钎剂是 20 世纪 70 年代后期迅速发展起来的一种无腐蚀、不溶性钎剂，它能使铝的加工水平大大提高。

依据 JBT 6045—1992《硬钎焊用钎剂》标准使用其进行钎焊。

① 焊前准备　焊前应将零件表面的油污及氧化膜清除干净，可采用在 3% ～ 5% 的 Na_2CO_3（工业碱）和 2% ～ 4% 的 601 洗涤剂的水溶液中清洗，再用清水漂净。清洗后应在 6 ～ 8h 内使用，切忌用手摸或沾染污物。

② 焊接操作　钎焊时可预先将钎剂、钎料放置于被焊处，与工件同时加热。手工火焰钎焊时，首先将焊丝加热后蘸上钎剂，再加热工件到接近钎焊温度，然后手工送进蘸有钎剂的焊丝到被焊接处。使用多孔焊嘴还原性火焰的外焰均匀加热，避免直接加热钎剂和钎料等措施，防止母材氧化。这使焊接工作得以顺利进行，可获得高质量的焊缝。

1.8.3　焊接用气体

焊接用气体主要是指气体保护焊（二氧化碳气体保护焊、惰性气体保护焊）中所用的保护性气体和气焊、切割时用的气体，包括二氧化碳（CO_2）、氩气（Ar）、氦气（He）、氧气（O_2）、可燃气体、混合气体等。焊接时保护气体既是焊接区域的保护介质，也是产生电弧的气体介质。气焊和切割主要是依靠气体燃烧时产生的热量集中的高温火焰完成，因此气体的特性（如物理特性和化学特性等）不仅影响保护效果，也影响到电弧的引燃及焊接、切割过程的稳定性。

焊接用气体的选择，主要取决于焊接方法，其次与被焊金属的性质、接头质量要求、焊件厚度和焊接位置等有关。

（1）焊接用气体的基本性质

① 二氧化碳气体（CO_2） CO_2 是氧化性保护气体，有固、液、气三种状态。液态 CO_2 是无色液体，其密度随温度不同而变化，当温度低于 -11℃ 比水重，高于 -11℃ 比水轻。CO_2 由液态变为气态的沸点很低（-78℃），所以工业用 CO_2 都是液态，常温下即可气化。在 0℃ 和 101.3kPa 大气压下，1kg 液态 CO_2 可气化为 509L 气态的 CO_2。使用液态 CO_2 经济、方便，一个容积为 40L 的标准钢瓶即可装入 25kg 的液态 CO_2（按容积的 80% 计），剩余约 20% 的空间则充满气化了的 CO_2。气瓶压力表所指示的压力值，就是部分气体的饱和压力，此压力的大小与环境温度有关，温度升高、压力增大。只有当气瓶内液态 CO_2 全部挥发成气体后，瓶内的气压才会随 CO_2 气体的消耗而逐渐下降。

液态 CO_2 中可溶解质量分数为 0.05% 的水，多余的水则成自由状态沉于瓶底。这些水在焊接过程中随 CO_2 一起挥发并混入 CO_2 气体中，一起进入焊接区。因此水分是 CO_2 气体中最主要的有害杂质，随 CO_2 气体中水分的增加，露点温度提高，焊缝金属中含氢量增高、塑性下降，甚至产生气孔等缺陷。焊接用 CO_2 的纯度（体积分数）应大于 99.5%（相当于国家标准规定的 I 类一级），国外有时还要求纯度大于 99.8%、露点低于 -40℃（水分的质量分数为 0.0066%，相当国家标准中规定的 I 类）。

② 氩气（Ar） 氩气是无色无味的气体，比空气约重 25%，在空气中的体积分数约为 0.935%（按容积计），是一种稀有气体。其沸点为 -186℃，介于 O_2（-183℃）和 N_2（-196℃）沸点之间，是分馏液态空气制取氧气时的副产品。

氩气是一种惰性气体，它既不与金属起化学作用，也不溶于金属中，因此可以避免焊缝中合金元素的烧损（合金元素的蒸发损失仍然存在，尽管是次要的）和由此带来的其他焊接缺陷。使焊接冶金反应变得简单和易于控制，为获得高质量的焊缝提供了有利条件。

氩气热导率小，且是单原子气体，高温时不分解吸热，电弧在氩气中燃烧时热量损失少，故在各类气体保护焊中氩气保护焊的电弧燃烧稳定性最好。氩气的密度较大，在保护时不易漂浮散失，保护效果良好。熔化极氩弧焊焊丝金属很易呈稳定的轴向射流过渡，飞溅极小。

氩弧焊适用于高强度钢、铝、镁、铜及其合金的焊接和异种金属的焊接。TIG 焊还适用于补焊、定位焊、反面成形打底焊等。

氩气作为焊接用保护气体，一般要求纯度（体积分数）为 99.9% ~ 99.999%，具体视被焊金属的性质和焊缝质量要求而选定。

③ 氦气（He） 氦气也是一种无色、无味的惰性气体，与氩气一样也不和其他元素组成化合物，不溶于金属，是一种单原子气体，沸点为 -269℃。与氩气相比它的热导率大，在相同的电弧长度下电弧电压高，电弧温度高，母材输入热量大，焊接速度快。这也是氦弧焊的优点，但电弧稳定性不及氩弧焊。

④ 氧气（O_2） 氧气在常温状态和大气压下，是无色无味的气体。在标准状态下（即 0℃ 和 101.325kPa 压力下），1m^3 气体质量为 1.4kg，比空气重。氧气本身不能燃烧，是一种活泼的助燃气体。

氧气是气焊和气割中的不可缺少的助燃气体。氧气的纯度对气焊、气割的效率和质量有很大的影响。对质量要求高的气焊、气割应采用纯度高的 I 类或 II 类一级氧气。氧气也常用作惰性气体保护焊时的附加气体，可细化熔滴，克服电弧阴极斑点飘移，增加母材输入热量，提高焊接速度等。

⑤ 氮气（N_2）　氮气在空气中约占 78%（体积分数），沸点 -196℃，N 的电离热较低，相对原子质量较 Ar 小，氮气分解时吸收热量较大。氮气可用作焊接时的保护气体；由于氮气导热及携热性较好，常用作等离子弧切割的工作气体，有较长的弧柱，又有分子复合热能，故可切割较厚的金属。用作焊接或等离子弧切割的氮气其纯度应符合 GB 3864 规定的Ⅰ类或Ⅱ类一级的技术要求。

⑥ 混合气体　混合气体具有一系列优点，近年来在实际生产中得到广泛应用。用纯 CO_2 作保护气体，电弧稳定性较差，熔滴呈非轴向过渡，飞溅大，焊缝成形较差。用纯 Ar 焊接低合金钢时，阴极斑点飘移大，也易造成电弧不稳。向 Ar 中加入少量氧化性气体，如 O_2 和 CO_2 等，可显著提高电弧稳定性，使熔滴细化，增加过渡效率，有利于改善焊缝成形和提高抗气孔能力。

用于焊接低合金高强度钢时，从减少氧化物夹杂和焊缝含氧量出发，希望采用纯 Ar 作保护气体；从稳定电弧和焊缝成形出发，希望向 Ar 中加入氧化性气体。综合考虑，以采用弱氧化性气体为宜。例如，对于惰性气体氩弧焊射流过渡推荐采用 Ar +（1% ～ 2%）O_2 的混合气体；而对短路过渡的活性气体保护焊采用 20%CO_2 + 80%Ar 的混合气体应用效果最佳。

近年来还推广应用了粗 Ar 混合气体，其成分为 Ar96%、O_2 的含量 ≤ 4%、H_2O 的含量 ≤ 0.0057%、N_2 的含量 ≤ 0.1%。粗 Ar 混合气体不但能改善焊缝成形，减少飞溅，提高焊接效率，而且用于焊接抗拉强度 500 ～ 800MPa 的低合金高强度钢时，焊缝金属力学性能与使用高纯 Ar 时相当。粗 Ar 混合气体价格便宜，经济效益好。

⑦ 可燃气体（C_2H_2、C_3H_8、C_3H_6、CH_4、H_2）　焊接用可燃性气体种类很多，目前气焊、气割应用最多的是乙炔气（C_2H_2），其次是液化石油气。也有根据本地区的条件或所焊（割）材料采用氢气、天然气或煤气等作为可燃气体。在选用可燃性气体时应考虑以下因素：发热量要大，也就是单位体积可燃气体完全燃烧放出的热量要大；火焰温度要高，一般是指在氧气中燃烧的火焰最高温度要高；可燃气体燃烧时所需的耗氧量要少，以提高其经济性；爆炸极限范围要小；运输相对方便等。

a. 乙炔（C_2H_2）：乙炔是目前在气焊、气割中应用最广的一种可燃气体，一般用电石制取。乙炔是碳氢化合物（C_2H_2），在常温和大气压下是无色气体。工业用乙炔因含有 H_2S 及 PH_3 等杂质，故有一种特殊的气味，可溶于水、丙酮等液体中。乙炔本身具有爆炸性，纯乙炔当压力达 150kPa，温度达 580 ～ 600℃时，就可能发生爆炸。故发生器和管路中乙炔的压力不得大于 0.13MPa。特别是当乙炔与氧或空气混合时，如果乙炔含量达到一定范围，也有爆炸性。乙炔如与铜、银等金属长期接触，能生成乙炔铜和乙炔银等爆炸物质。

乙炔受压会引起爆炸，故不能用加压直接装瓶来储存。工业上利用其在丙酮中溶解度大的特性，将乙炔灌装在盛有丙酮或多孔物质的窗口中，通常称为溶解乙炔或瓶装乙炔。溶解乙炔的纯度（体积分数）要求大于 98%，规定的灌装条件为：温度 15℃时，充装压力不得大于 1.55MPa。瓶装乙炔由于具有安全、方便、经济等优点，是目前大力推广应用的一种乙炔供给方法。

b. 液化石油气：液化石油气是裂化石油的副产品，是主要成分为丙烷（C_3H_8）、丁烷（C_4H_{10}）、丙烯（C_3H_6）、丁烯（C_4H_8）并含有少量的乙烷（C_2H_6）、乙烯（C_2H_4）、戊烷（C_5H_{12}）等碳氢化合物的混合物。

液化石油气在普通温度和大气压下，组成液化石油气的碳氢化合物以气态存在。但只要加上不大的压力（一般约为 0.8 ～ 1.5MPa）即变为液体，便于瓶装储存和运输。

工业上一般使用气态的石油气。气态时是一种略带气味的无色气体，在标准状态下，石油气的密度约为 1.8 ～ 2.5kg/m³，比空气重。液化石油气的几种主要成分均能与空气或氧气构成具有爆炸性的混合气体，但爆炸混合比值范围较小，与使用乙炔相比比较安全。液化石油气完全燃烧所需氧气量比乙炔所需大，火焰温度较乙炔的大，燃烧速度也较慢。故液化石油气的割炬也应作相应的改制。

c.氢气（H_2）：氢气是无色无味的可燃性气体，氢的相对原子质量最小，可溶于水，导热性能好，分解时吸收大量分解热，氢气常被用于等离子弧的气割和焊接，有时也用于铅的氢焊。在熔化极气体保护焊时在 Ar 中加入适量 H_2，可增大母材的输入热量，提高焊接速度和效率。

（2）焊接方法与保护性气体的选用

由于焊接方法不同，焊接、切割或保护用气体也不相同，焊接方法与焊接用气体的选用如表1-59 所示。

表1-59　焊接方法与焊接用气体的选用

焊接方法		焊接用气体				
气焊		$C_2H_2+O_2$			H_2	
气割		$C_2H_2+O_2$	液化石油气 $+O_2$	煤气 $+O_2$	天然气 $+O_2$	
等离子弧切割		空气	N_2	$Ar+N_2$	$Ar+H_2$	N_2+H_2
TIG 焊		Ar	He	$Ar+He$		
GMAW 焊	实芯焊丝 / MIG 焊	Ar	He	$Ar+He$		
	实芯焊丝 / MAG 焊	$Ar+O_2$	$Ar+CO_2$	$Ar+CO_2+O_2$		
	实芯焊丝 / CO_2 焊	CO_2	CO_2+O_2			
	药芯焊丝	CO_2	$Ar+O_2$	$Ar+CO_2$		

（3）被焊材料与保护性气体的选用

在气体保护焊中，除了自保护焊丝外，无论是实芯焊丝还是药芯焊丝，均有一个与保护气体适当组合的问题。这一组合带来的影响比较明确，没有焊丝 - 焊剂组合那样复杂，因为保护气体只有惰性气体与活性气体两类。

惰性气体（Ar）保护焊时，焊丝成分与熔敷金属成分相近，合金元素基本没有什么损失；而活性气体保护焊时，由于 CO_2 气氛的强氧化作用，焊丝合金过渡系数降低，熔敷金属与焊丝成分产生较大差异。保护气氛中 CO_2 气体所占比例越大，氧化性越强，合金过渡系数越低。因此，采用 CO_2 作为保护气体时，焊丝中必须含有足够量的脱氧合金元素，以保证焊缝金属中合适的含氧量，改善焊缝的组织和性能。

保护气体须根据被焊金属性质、接头质量要求及焊接工艺方法等因素选用。对易氧化的金属如铝、钛、铜、锆等及它们的合金应选用惰性气体（Ar、He 或 Ar+He 等）作为保护气体，以获得优质的焊缝金属；对碳素钢、低合金钢、不锈钢等不宜采用惰性气体，而应选用氧化性的保护气体（如 CO_2、$Ar+CO_2$、$Ar+O_2$ 等），可细化熔滴，克服电弧阴极斑点飘移及焊道咬边等。从生产效率考虑，在 Ar 中加入 He、N_2、H_2、CO_2、O_2 等气体，可增加母材的热输入量，提高焊接速度。如焊接大厚度铝板推荐用 Ar+He，焊接不锈钢可采用 $Ar+CO_2$ 或 $Ar+O_2$ 等。

应指出，保护气体的电离热（即电离电位）对弧柱电场强度及母材热输入等影响是轻微的，起主要作用的是保护气体的传热系数、比热容和热分解等性质。一般来说，熔化极反极性焊接时，保护气体对电弧的冷却作用越大，母材输入热量也越大。表1-60、表1-61 列举了被焊母材及保护气体的选用。

表1-60　焊接母材与保护气体的选用

被焊材料	保护气体	混合比及化学成分的体积分数	化学性质	焊接方法	简要说明
铝及铝合金	Ar	—	惰性	TIG、MIG	TIG焊采用交流，MIG焊采用直流，有阴极破碎作用，焊缝表面光洁。Ar气的强特性点是电弧燃烧稳定，熔化极焊接时焊丝金属很易呈轴向射流过渡，飞溅极小。对Al、Ti、Cu、Zr及其合金、镍基合金等易氧化的金属，应采用惰性气体进行保护
	Ar+He	通常加10% He MIG焊，10%～90% He TIG焊多种比例直至He75%+Ar25%	惰性	TIG、MIG	He的传热系数大，在相同电弧长度下，电弧电压比用Ar气时高，电弧温度较高，母材热输入大，熔化速度较高。Ar+He可取其两者的优点，焊接Al及其合金厚度时，可增加熔深，减少气孔，一般加入约10%，如提高生产效率，He的加入量视板厚而定，板厚加入的He多，一般加入约10%，如He加入比例过大，则飞溅增多。焊接铝板（如20mm）时，He有加到50%以上的情况
钛、锆及其合金	Ar	—	惰性	TIG、MIG	电弧燃烧稳定，保护效果好
	Ar+He	Ar/He 为75%/25%	惰性	TIG、MIG	可增加热量输入。适用于射流电弧，脉冲电弧，及短路电弧（混合比均为75/25），可改善熔深及焊缝金属的润湿性
铜及其合金	Ar	—	惰性	TIG、MIG	熔化极时产生稳定的射流电弧，但板厚大于5mm时则需预热
	Ar+He	Ar/He 为50%/50%或30%/70%	惰性	TIG、MIG	采用Ar+He混合气体的最大优点是可改善焊缝金属的润湿性，提高焊接质量。由于He热输入比Ar大，故可降低预热温度
	N_2	—	—	熔化极气体保护焊	输入热量增大，可降低或取消预热，但飞溅和烟雾较大，氮弧焊来源方便，价格便宜
	Ar+N_2	Ar/N_2 为80%/20%	—	熔化极气体保护焊	电弧温度比纯Ar高。与Ar+He相比，Ar+N_2价格便宜，来源方便，氮气来源方便，成形较差
不锈钢及高强度钢	Ar	—	惰性	TIG	适用于薄板焊接
	Ar+N_2	加N_2 1%～4%	惰性	TIG	焊接奥氏体不锈钢时，可提高电弧刚度，改善焊缝成形

续表

被焊材料	保护气体	混合比及化学成分的体积分数	化学性质	焊接方法	简要说明
不锈钢及高强度钢	Ar+O₂	加O₂1%~2%	氧化性	熔化极气体保护焊（MAG）	若用纯Ar保护熔化极，焊接不锈钢、低合金钢时主要存在电弧阴极斑点不稳定的缺点，会导致焊缝熔深和成形不规则、液体金属的黏度和表面张力较大，易产生气孔和咬边等缺陷。故熔化极不宜用纯Ar保护，但加入少量O₂即可得到改善和克服，可细化熔滴，降低射流过渡的临界电流。焊接不锈钢时加入O₂的体积分数不宜超过2%，否则表面氧化严重，会降低接头质量。用于射流电弧和脉冲电弧
	Ar+O₂+CO₂	加O₂2%、加CO₂5%	氧化性	MAG	用于射流电弧，脉冲电弧及短路电弧
	Ar+CO₂	加CO₂2.5%	氧化性	MAG	用于短路电弧。焊接不锈钢时加入CO₂体积分数最大量应小于5%，否则渗碳严重
碳素钢及低合金钢	Ar+O₂	加O₂1%~5%或20%	氧化性	MAG	加1%~5%的O₂，主要用于焊接不锈钢、高强度钢、高合金钢；加较多的O₂，如20%，主要用来焊接低碳钢及低合金钢。Ar+20%O₂抗气孔性能优于Ar+CO₂和CO₂保护焊，还可减少高强度钢焊缝间隙晶间裂纹倾向。用Ar+20%O₂进行高强度钢焊接时，焊缝缺口韧性也有所提高。主要用于射流电弧及对焊缝要求较高的场合。Ar+20%O₂有较强的氧化性，应配用Mn、Si含量较高的焊丝
	Ar+CO₂	Ar/CO₂为(70~80)%/(30~20)%	氧化性	MAG	Ar+CO₂广泛用于焊接碳素钢及低合金钢等，又兼有氧化性，它既具有Ar的优点（如电弧稳定、飞溅现象及飞溅小、易获得轴向喷射过渡），又可克服用单一Ar焊接时产生阴极漂移现象及焊缝成形不良等缺点，有良好的效果。通常Ar/CO₂比为(70~80)%/(30~20)%，Ar/CO₂最好为50%/50%，有利于短路过渡电弧。但用于短路过渡电弧，仍旧较好，成本虽比CO₂焊高，可用于射流、短路和脉冲电弧，进行垂直焊和仰焊时，接头质量好。成本虽比CO₂焊高，可用于射流，Ar/CO₂最好为50%/50%，随着CO₂量增加，接头韧度下降
	Ar+O₂+CO₂	Ar/O₂/CO₂为80%/15%/15%	氧化性	熔化极气体保护焊	80%Ar+15%CO₂+5%O₂对焊接低碳钢、低合金钢是最佳混合比，可获得满意的焊缝成形，接头有良好的工艺性能，熔滴较佳。可用于射流、短路及脉冲电弧
	CO₂	—	氧化性	熔化极气体保护焊	适用于短路电弧。有一定的飞溅，焊缝金属的冲击韧度比Ar+CO₂焊低
碳素钢及低合金钢	CO₂+O₂	CO₂/O₂(80~75)%/(20~25)%	氧化性	熔化极气体保护焊	CO₂中加入一定量的O₂气后，加剧了电弧区中的氧化反应，放出热量加速焊丝熔化，提高熔深，增大熔深，熔散速度较大，是一种高效率的焊接方法。O₂的加入降低了弧柱中的游离氢和溶入液态金属中的含氢量较低，有较强的抗氢气孔能力。但应控制O₂含H₂在一定数值以下，并采用脱氧能力较强的焊丝（较强的Si、Mn或Al、Ti等），以控制焊缝金属的含氧量

表1-61 熔化极气体保护焊焊接时保护气体的适用范围

被焊材料	保护气体	混合比	化学性质	简要说明
铝及铝合金	Ar	—	惰性	直流反接，有阴极破碎作用，焊缝表面光洁、美观
	Ar+He	He一般加到10%	惰性	加He后可提高电弧温度、增大熔深、减少气孔。适于厚板焊接，但He不宜加入过多，否则飞溅较大
钛、锆及其合金	Ar	—	惰性	具有良好保护效果，可获得优质焊缝
	Ar+He	75%/25%	惰性	增加输入热量，增大熔深，提高生产效率
铜及铜合金	Ar	—	惰性	射流过渡电弧稳定，可降低预热温度
	Ar+He	50%/5% 或 30%/70%	惰性	增大输入热量，可降低或取消预热
	N_2	—	—	输入热量大，可降低或取消预热，但飞溅和烟雾较大
	Ar+ N_2	80%/20%	—	输入热量比纯Ar大，但有一定飞溅
不锈钢及高强度钢	Ar+ O_2	O_2加入1%～2%	氧化性	用于射流或脉冲电弧
	Ar+ O_2+CO_2	93%/2%/5%	氧化性	用于射流电弧、脉冲电弧或短路电弧
碳素钢及低合金钢	Ar+ O_2	加 O_2 为1%～5%或2%	氧化性	用于射流电弧及对焊缝要求较高的场合
	Ar+CO_2	(70～80)%/(30～20)%	氧化性	有良好熔深，可用于短路过渡或射流过渡电弧
	Ar+ O_2+CO_2	80%/15%/5%	氧化性	有良好熔深，可用于短路、射流或脉冲电弧
	CO_2	—	氧化性	适用于短路电弧，有一定飞溅
镍基合金	Ar	—	惰性	对半射流、脉冲及短路电弧均适用，是焊接镍基合金的主要气体
	Ar+He	(85～80)%/(15～20)%	惰性	输入热量比纯Ar大

第2章 焊工培训、认证与焊接安全

2.1 培训与考证

2.1.1 焊工培训与考核的意义

焊工培训和考核对于提高焊工生产技术水平和保证安全生产具有重要意义。

（1）保证安全生产

焊接作业属于特种作业，因此，国家规定，对从事特种作业的人员，必须进行安全教育和安全技术培训，经过培训使广大焊工和有关生产技术人员深刻了解焊接安全卫生知识，掌握在焊接生产过程中可能发生的安全事故和危及健康的原因及其消除和预防的措施，并经考核合格，方可独立作业。

（2）保证焊接质量

焊接质量是保证焊接结构安全运行和使用的关键。目前我国自动焊机数量较少，绝大多数为焊条电弧焊机，依靠手工操作，因此，在很大程度上焊接质量是由焊工的素质和操作水平来保证的。质量靠技术，技术靠人才，在一定条件下，只有加强焊工培训和考核，使焊工有很强的责任心和过硬的操作技能，才能焊出高质量的焊接产品。

（3）提高焊接生产率，降低生产成本

焊工经过培训和考核，才能使他们正确掌握焊接工艺参数，提高操作技能，熟练掌握使用设备，在保证质量的同时，提高焊接生产率，降低生产成本。

2.1.2 国内外焊工培训和考核标准

（1）特种作业人员安全技术培训考核管理规定

《特种作业人员安全技术培训考核管理规定》（以下简称《管理规定》）已于2010年4月26日国家安全生产监督管理总局局长办公会议审议通过。

《中华人民共和国劳动法》和有关安全卫生规程规定：从事特种作业的职工，所在单位必须按照有关规定，对其进行专门的安全技术培训，经过有关机关考试合格并取得操作合格证或者驾驶执照后，才准予独立操作。

特种作业包括电工作业、焊接与热切割作业、高处作业、制冷与空调作业、煤矿安全作业、金属非金属矿山安全作业、石油天然气安全作业、煤矿安全作业、金属非金属矿山安全作业、冶金（有色）生产安全作业、危险化学品安全作业、烟花爆竹安全作业、安全监管总局认定的其他作业。

特种作业是指容易发生人员伤亡事故，对操作者本人、他人的生命健康及周围设施的安全可能造成重大危害的作业。直接从事特种作业的人员称为特种作业人员。

因为特种作业有着不同的危险因素，容易损害操作人员的安全和健康，因此对特种作业需要有必要的安全保护措施，包括技术措施、保健措施和组织措施。

为什么焊接与热切割作业属于特种作业呢？这是因为在金属焊接、氧气切割操作过程中焊工需要接触各种可燃易爆气体、氧气瓶和其他高压气瓶，需要用电和使用明火，而且有时需要焊补燃料容器、管道，需要登高或水下作业，或者需要在密闭的金属容器、锅炉、船舱、地沟、管道内工作。

因此，焊接作业是有一定的危险性的，容易发生火灾、爆炸、触电、高空坠落等灾难性事故。此外，焊接作业还伴有弧光、有毒气体与烟尘等有害物质，这些有害物质会伤害焊工身体。所以，焊接作业容易发生焊工及其他人员的伤亡事故，对周围设施有重大危害，可以造成财产与生产的巨大损失。因此我国把焊接、切割作业定为特种作业。

《管理规定》的主要内容有：

① 目的　规范特种作业人员的安全技术培训考核工作，提高特种作业人员的安全技术水平，防止和减少伤亡事故，根据《安全生产法》《行政许可法》等有关法律、行政法规，制定规定。

② 特种作业人员　指直接从事特种作业的人员。特种作业人员必须具备以下基本条件：

a. 年满 18 周岁，且不超过国家法定退休年龄；

b. 经社区或者县级以上医疗机构体检健康合格，并无妨碍从事相应特种作业的器质性心脏病、癫痫、美尼尔氏症、眩晕症、癔症、震颤麻痹症、精神病、痴呆症以及其他疾病和生理缺陷；

c. 具有初中及以上文化程度；

d. 具备必要的安全技术知识与技能；

e. 相应特种作业规定的其他条件；

f. 危险化学品特种作业人员除符合前款第 a 项、第 b 项、第 d 项和第 e 项规定的条件外，应当具备高中或者相当于高中及以上文化程度。

③ 培训、考核发证

a. 培训：

（a）特种作业人员应当接受与其所从事的特种作业相应的安全技术理论培训和实际操作培训。已经取得职业高中、技工学校及中专以上学历的毕业生从事与其所学专业相应的特种作业，持学历证明经考核发证机关同意，可以免除相关专业的培训。跨省、自治区、直辖市从业的特种作业人员，可以在户籍所在地或者从业所在地参加培训。

（b）对特种作业人员的安全技术培训，具备安全培训条件的生产经营单位应当以自主培训为主，也可以委托具备安全培训条件的机构进行培训。不具备安全培训条件的生产经营单位，应当委托具备安全培训条件的机构进行培训。生产经营单位委托其他机构进行特种作业人员安全技术培训的，保证安全技术培训的责任仍由本单位负责。

（c）从事特种作业人员安全技术培训的机构（以下统称培训机构），应当制定相应的培训计划、教学安排，并按照安全监管总局、煤矿安监局制定的特种作业人员培训大纲和煤矿特种作业人员培训大纲进行特种作业人员的安全技术培训。

b. 考核发证：

（a）特种作业人员的考核包括考试和审核两部分。考试由考核发证机关或其委托的单位负责；审核由考核发证机关负责。安全监管总局、煤矿安监局分别制定特种作业人员、煤矿特种作业人员的考核标准，并建立相应的考试题库。考核发证机关或其委托的单位应当按照安全监管总局、煤矿安监局统一制定的考核标准进行考核。

（b）参加特种作业操作资格考试的人员，应当填写考试申请表，由申请人或者申请人的用人单位持学历证明或者培训机构出具的培训证明向申请人户籍所在地或者从业所在地的考核发证机关或其委托的单位提出申请。考核发证机关或其委托的单位收到申请后，应当在 60 日内组织考试。特种作业操作资格考试包括安全技术理论考试和实际操作考试两部分。考试不及格的，允许补考 1 次。经补考仍不及格的，重新参加相应的安全技术培训。

（c）考核发证机关委托承担特种作业操作资格考试的单位应当具备相应的场所、设施、设备等条件，建立相应的管理制度，并公布收费标准等信息。

（d）考核发证机关或其委托承担特种作业操作资格考试的单位，应当在考试结束后 10 个工作日内公布考试成绩。经考试合格的特种作业人员，应当向其户籍所在地或者从业所在地的考核发证机关申请办理特种作业操作证，并提交身份证复印件、学历证书复印件、体检证明、考试合格证明等材料。

（e）收到申请的考核发证机关应当在 5 个工作日内完成对特种作业人员所提交申请材料的审查，作出受理或者不予受理的决定。能够当场作出受理决定的，应当当场作出受理决定；申请材料不齐全或者不符合要求的，应当当场或者在 5 个工作日内一次告知申请人需要补正的全部内容，逾期不告知的，视为自收到申请材料之日起即已被受理。

（f）对已经受理的申请，考核发证机关应当在 20 个工作日内完成审核工作。符合条件的，颁发特种作业操作证；不符合条件的，应当说明理由。

（g）特种作业操作证有效期为 6 年，在全国范围内有效。特种作业操作证由安全监管总局统一式样、标准及编号。

（h）特种作业操作证遗失的，应当向原考核发证机关提出书面申请，经原考核发证机关审查同意后，予以补发。特种作业操作证所记载的信息发生变化或者损毁的，应当向原考核发证机关提出书面申请，经原考核发证机关审查确认后，予以更换或者更新。

监督管理内容：

考核发证机关或其委托的单位及其工作人员应当忠于职守、坚持原则、廉洁自律，按照法律、法规、规章的规定进行特种作业人员的考核、发证、复审工作，接受社会的监督。

有下列情形之一的，考核发证机关应当撤销特种作业操作证：

a. 超过特种作业操作证有效期未延期复审的；

b. 特种作业人员的身体条件已不适合继续从事特种作业的；

c. 对发生生产安全事故负有责任的；

d. 特种作业操作证记载虚假信息的；

e. 以欺骗、贿赂等不正当手段取得特种作业操作证的。

特种作业人员违反 d、e 规定的，3 年内不得再次申请特种作业操作证。考核发证机关应当加强对特种作业人员的监督检查，发现其具有考核发证机关应当撤销特种作业操作证的情形的，应及时撤销特种作业操作证；对依法应当给予行政处罚的安全生产违法行为，按照有关规定依法对生产经营单位及其特种作业人员实施行政处罚。考核发证机关应当建立特种作业人员管理信息系统，方便用人单位和社会公众查询；对于注销特种作业操作证的特种作业人员，应当及时向社会公告。

有下列情形之一的，考核发证机关应当注销特种作业操作证：

a. 特种作业人员死亡的；

b. 特种作业人员提出注销申请的；

c. 特种作业操作证被依法撤销的。

离开特种作业岗位 6 个月以上的特种作业人员，应当重新进行实际操作考试，经确认合格后方可上岗作业。

省、自治区、直辖市人民政府安全生产监督管理部门和负责煤矿特种作业人员考核发证工作的部门或者指定的机构应当每年分别向安全监管总局、煤矿安监局报告特种作业人员的考核发证情况。

生产经营单位应当加强对本单位特种作业人员的管理，建立健全特种作业人员培训、复审档案，做好申报、培训、考核、复审的组织工作和日常的检查工作。

特种作业人员在劳动合同期满后变动工作单位的，原工作单位不得以任何理由扣押其特种作业操作证。跨省、自治区、直辖市从业的特种作业人员应当接受从业所在地考核发证机关的监督管理。

生产经营单位不得印制、伪造、倒卖特种作业操作证，或者使用非法印制、伪造、倒卖的特种作业操作证。特种作业人员不得伪造、涂改、转借、转让、冒用特种作业操作证或者使用伪造的特种作业操作证。

罚则内容：

考核发证机关或其委托的单位及其工作人员在特种作业人员考核、发证和复审工作中滥用职权、玩忽职守、徇私舞弊的，依法给予行政处分；构成犯罪的，依法追究刑事责任。

生产经营单位未建立健全特种作业人员档案的，给予警告，并处1万元以下的罚款。

生产经营单位使用未取得特种作业操作证的特种作业人员上岗作业的，责令限期改正，可以处5万元以下的罚款；逾期未改正的，责令停产停业整顿，并处5万元以上10万元以下的罚款，对直接负责的主管人员和其他直接责任人员处1万元以上2万元以下的罚款。煤矿企业使用未取得特种作业操作证的特种作业人员上岗作业的，依照《国务院关于预防煤矿生产安全事故的特别规定》的规定处罚。

生产经营单位非法印制、伪造、倒卖特种作业操作证，或者使用非法印制、伪造、倒卖的特种作业操作证的，给予警告，并处1万元以上3万元以下的罚款；构成犯罪的，依法追究刑事责任。

特种作业人员伪造、涂改特种作业操作证或者使用伪造的特种作业操作证的，给予警告，并处1000元以上5000元以下的罚款。特种作业人员转借、转让、冒用特种作业操作证的，给予警告，并处2000元以上1万元以下的罚款。

附则内容：

特种作业人员培训、考试的收费标准，由省、自治区、直辖市人民政府安全生产监督管理部门会同负责煤矿特种作业人员考核发证工作的部门或者指定的机构统一制定，报同级人民政府物价、财政部门批准后执行，证书工本费由考核发证机关列入同级财政预算。

省、自治区、直辖市人民政府安全生产监督管理部门和负责煤矿特种作业人员考核发证工作的部门或者指定的机构可以结合本地区实际，制定实施细则，报安全监管总局、煤矿安监局备案。

（2）锅炉压力容器焊工考试规则

由国家质量技术监督局颁布，自2000年1月1日起正式实施的《压力容器安全技术监察规程》中第68条规定："焊接压力容器的焊工，必须按照《锅炉压力容器焊工考试规则》进行考试，取得焊工合格证后，才能在有效期间内担任合格项目范围内的焊接工作。"目前执行的《锅炉压力容器焊工考试规则》是由中华人民共和国劳动人事部颁布，并于1988年10月1日开始实行的。随着形势的发展，国家质量技术监督局颁布了新的标准。本书以下所介绍的仍是1988年的《锅炉压力容器焊工考试规则》。

① 锅炉压力容器焊工考试的目的　焊接质量是锅炉压力容器设备质量的关键。在一定的条件下，焊接质量主要取决于焊工的责任心和操作技能。因此，对焊工进行培训和考核，提高焊工的技术素质，对于保证锅炉和压力容器的质量具有十分重要的意义。

凡从事焊条电弧焊、氧-乙炔焊、钨极氩弧焊、熔化极气体保护焊和埋弧自动焊的焊工，必须按本规则经基本知识和操作技能考试合格后，才被准许担任下列钢制受压元件的焊接工作。

② 所有固定式承压锅炉的受压元件　最高工作压力大于或等于 0.1MPa（不包括液体静压力）的压力容器的受压元件

③ 考试的内容和方法　考试包括基本知识和操作技能两部分，焊工基本知识考试合格后才能参加操作技能的考试。

a. 基本知识的考试内容：基本知识的考核内容包括焊接安全技术、锅炉和压力容器的特殊性和分类、钢材的分类和力学性能及焊接特点、焊接材料、焊接设备、常用焊接方法、焊接缺陷、焊接接头、焊接应力和变形、接头形式和焊缝符号等方面。

b. 操作技能的考试项目：操作技能考试项目包括以下五部分。

（a）焊接方法。分焊条电弧焊（D）、气焊（Q）、手工钨极氩弧焊（Ws）、自动钨极氩弧焊（W2）、自动熔化极气体保护焊（Rz）、半自动熔化极气体保护焊（R）、自动埋弧焊（M），共 7 种方法。

（b）母材钢号。分为碳素钢、低合金高强度钢和耐热钢、铬不锈钢、铬镍奥氏体不锈钢四类。

（c）试件类别。根据试件形式（板、管和管板）、厚度、位置（平、横、立、仰位和水平转动、水平固定、垂直固定等）划分的试件类别计 26 种。

（d）焊条类别。分酸性焊条和碱性焊条。

（e）试件的检验项目和合格标准。根据试件形式分别进行外观检查、射线探伤、冷弯试验、断口检验、金相宏观检验。先进行外观检查，合格后再检验其他项目。

④ 考试成绩评定和发证　基本知识考试及格，操作技能考试至少有一个考试项目的试件检验合格（若有平焊的板状试件，必须合格）时，焊工的考试才合格，否则为不合格。

考试合格的焊工，由考试委员会所在地的地、省辖市或省级劳动部门锅炉压力容器安全监察机构签发焊工合格证。

焊工操作技能考试有某项或全部项目不合格者，允许在一个月内补考一次。补考不合格或未补考的不合格者经一段时间培训可重新申请考试，但与前次考试的间隔时间应不少于三个月。

（3）持证焊工的管理

持证焊工只能担任考试合格项目的焊接工作。

a. 合格项目的有效期为自签证之日起 3 年。

b. 在有效期内全国有效，但焊工不得自行到外单位焊接，否则可吊销其合格证。

c. 需要增加操作技能项目时，须增考该项目的操作技能，一般可不考基本知识，但改变焊接方法时，应考基本知识。

d. 有效期满后，焊工应重新考试，须考操作技能，必要时考基本知识。

e. 若板状试件平焊项目有效期满，重新考试不合格，则其他板状试件项目尽管有效期未满，都随之失效。

f. 焊工中断焊接工作 6 个月以上必须重新考试。

g. 企业职能部门对持证焊工平时的焊接质量进行检查、记录并定期统计，并建立焊工的成绩档案，才可提出持证焊工免去重新考试的申请。

持证焊工的免试应分项计算，可免去重新考试的条件是：

（a）连续中断该项焊接工作的时间不超过 6 个月。

（b）该项在产品焊接工作中每年平均的焊缝射线探伤的一次合格率均大于或等于 90%，每年平均的焊缝超声波探伤的一次合格率均大于或等于 99%。

（c）焊工在产品焊接工作中没有发生过同一部位返修超过两次或操作不当而割掉焊缝重焊或导致焊件报废的焊接质量问题。

（4）焊工国家职业标准

《国家职业技能标准——焊工》（以下简称《标准》）是根据《中华人民共和国劳动法》的有规定，为了进一步完善国家职业标准体系，为职业教育和职业培训提供科学、规范的依据，由劳动和社会保障部委托中国职工焊接技术协会组织有关专家制定的。《标准》已自2000年5月10日起施行。

①《标准》的适用对象　依据《中华人民共和国职业分类大典》中的规定，焊工是指"操作焊接和切割设备进行金属工件的焊接或切割成形的人员"。焊工从事的工作包括：

a. 安装、调整焊接、切割设备及工艺装备。

b. 操作焊接设备进行焊接。

c. 使用特殊焊条、焊接设备和工具进行铸铝、不锈钢等材质的管、板、杆及线材的焊接。

d. 使用气割机械设备或手工工具进行金属工件的直线、坡口和不规则线口的切割。

e. 维护保养设备及工艺装备，排除使用过程中出现的一般故障。

焊工主要包括电焊工、气焊工、盐浴炉钎焊工、化工检修工、钢轨焊接工、汽车焊接工、手工气割工、数控气焊切割机操作工、等离子切割工、钛设备焊工、氢气钎焊工等。《标准》与过去的《工人技术等级标准》不同，不再分电焊、气焊工等，而是适用于所有从事或准备从事以上工作的人员

②《标准》划分的职业等级　为了适应市场经济的发展，根据社会经济发展和科学技术进步的需要，建立以职业活动为核心、职业技能为导向的国家职业标准体系，规范职业教育培训和职业技能鉴定工作，以提高我国劳动者的素质，促进劳动力市场的健康发展。《标准》规定，焊工职业共设五个等级，分为初级（国家职业资格五级）、中级（国家职业资格四级）、高级（国家职业资格三级）、技师（国家职业资格二级）和高级技师（国家职业资格一级）。《标准》对每个等级的申报条件及基本职业技能均做了明确的规定。

③《标准》的作用和意义　《标准》的作用包括：规定检验焊工能力的标准及尺度；作为职业技能培训和鉴定的依据；是国家职业资格证书制度的基础。

《标准》不仅是某个行业的标准，也是国家标准，国家职业资格证书与学历证书是并行的，它反映了焊工的职业能力，为劳动力市场提供了依据。

④《标准》的结构和内容　《标准》由职业概况、基本要求、工作要求和比重表四部分组成。其中工作要求是《标准》的主体部分，它是各职业等级培训的具体要求和职业鉴定的依据。每一个等级的工作要求均由职业功能、工作内容、技能要求和相关知识四个部分组成。其中技能要求是国家职业标准的核心部分，它是指完成每一项工作或目标应达到的结果和应具备的技能。相关知识是指基础知识以外的为完成每项操作技能应具备的有关联的知识，主要是指与技能要求相对应的技术要求、相关法规、操作规程、安全知识和理论知识等。所以相关知识是紧密围绕技能要求而提出的。

⑤《标准》的实施　《标准》公布以后，还要按"一条龙"的原则，以《标准》为"龙头"进行教学、命题、鉴定"一条龙"运作，以满足市场经济条件下职业教育、培训和职业技能鉴定的需要，突出职业特点和技能要求的模块式教程。

2.2　焊接安全知识

2.2.1　安全用电

所有用电的焊工都有触电的危险，必须懂得安全用电常识。

（1）电对人体的危害

电对人体有三种类型的伤害，即电击、电伤和电磁场生理伤害。

电击：电流通过人体内部，破坏心脏肺部及神经系统的功能叫做电击，通常称为触电。

电伤：指电流的热效应、化学效应或机械效应对人体的伤害，包括直接或间接的电焊灼伤和熔化金属的飞溅灼伤等。

电磁场生理伤害：指在高频电磁场的作用下，使人产生头晕、乏力、记忆力衰退、失眠多梦等神经系统的症状。

① 造成触电的因素

a. 流经人体的电流强度：电流引起人的心室颤动是电击致死的主要原因，电流越大，引起心室颤动所需的时间越短，致命危险越大。能引起人感觉到的最小电流为感知电流，工频（交流）电流约 1mA，直流约 5mA 即能引起轻度痉挛。

人触电后自己能摆脱电源的最大电流称为摆脱电流，交流约 10mA，直流约 50mA。在较短时间内危及生命的电流称为致命电流，交流 50mA。在有预防触电的保护装置况下，人体允许电流一般可按 30mA 考虑。

b. 通电时间：电流通过人体时间越长，危险越大。人的心脏每收缩、扩张一次，中间约 0.1s 间歇，这段时间心脏对电流最敏感。若触电时间超过 1s，肯定会与心脏最敏感的间隙重合，增加危险。

c. 电流通过人体的途径：通过人体的心脏、肺部或中枢神经系统的电流越大，危险越大。因此，人体从左手到右脚的触电事故最危险。

d. 电流的频率：现在使用的工频交流电是最危险的频率。

e. 人体的健康状况：人的健康状况不同，对触电的敏感程度不同。凡患有心脏病、肺病和神经系统疾病的人触电伤害的程度都比较严重。因此不允许有这类疾病的人从事电焊作业。

f. 电压的高低：电压越高，触电危险越大。一般双相 380V 比单相 220V 触电危险更大。在一般比较干燥的情况下，人体电阻约 $1000 \sim 1500\Omega$，人体允许电流按 30mA 考虑。则安全电压 $U=30\times10^{-3}\times(1000\sim1500)V=30\sim45V$，我国规定为 36V；对于潮湿而触电危险性较大的环境，人体电阻按 $500\sim650\Omega$ 计算，$U=3\times10^{-3}\times(500\sim650)V=15\sim19.5V$，我国规定为 12V；对于在水下或其他由于触电会导致严重的二次事故的环境，人体电阻以 $500\sim650\Omega$ 考虑，通过人体的电流应按不引起痉挛的电流 5mA 考虑，则安全电压 $U=5\times10^{-3}\times(500\sim650)V=2.5\sim3.25V$，国际电工标准会议规定在 2.5V 以下。

② 焊接作业时的用电特点　不同的焊接方法对焊接电源的电压、电流等参数的要求不同，我国目前生产的手弧焊机的空载电压为 90V 以下，工作电压为 $25\sim40V$，自动电弧焊机的空载电压为 $70\sim90V$，氩弧焊 CO_2 气体保护焊机的空载电压是 65V 左右，等离子切割电源的空载电压高达 $300\sim450V$。所有焊接电源的输入电压为 220V/380V，都是 50Hz 的工频交流电，因此触电的危险比较大。

（2）焊接操作时造成触电的原因

① 直接触电事故的主要原因

a. 更换焊条电极或焊接操作过程中，焊工的手或身体接触到焊条、电焊钳或焊枪的带电部分，而脚或身体其他部位接地，或在阴雨天及潮湿的地上焊接，比较容易发生这种触电事故。

b. 在接线或调节焊接电流时，手或身体某部碰触接线柱、板极等带电体。

c. 登高焊接时，触及或靠近高压网路引起的触电事故。

② 间接触电事故的主要原因

a. 因焊接设备的绝缘烧损、振动或机械损伤，使绝缘损坏部位碰到机壳，后人体碰到机壳而引起触电。

b. 焊接过程中触及绝缘破损的电缆、胶木电闸带电部分。

c. 利用厂房的金属结构、轨道、天平、吊钩或其他金属物体代替焊接电缆而发生的触电事故。

（3）焊接操作时的安全用电措施

焊接操作前，应先检查焊机设备是否接地或接零。

弧焊设备的初级接线、修理和检查应由电工进行，焊工不准私自拆修。次级接线电焊工可进行接线。

焊工必须穿戴好符合规定的工作服、鞋、皮手套等。

推拉闸刀时，应戴好干燥的皮手套，并且要单手进行；面部不要对着闸刀，避免可能产生电弧火花而灼伤面部。

焊钳应有可靠的绝缘性，中断工作时焊钳要放在安全的地方，不准放在焊接工位上。

更换焊条时应戴好手套，而且应避免身体与焊件接触。

焊接电缆必须完整绝缘，不可将电缆放在电弧附近或炽热的焊接金属上，若有二处以上破损，应检修或更换。

在潮湿的场地工作时，应在操作台就近地面上铺设橡胶绝缘垫。

在光线暗的场地或夜间工作时，使用工作照明灯的电压应低于36V。若在容器内或湿的环境中焊接时，工作照明灯的电压应低于12V。

在容器内或狭小的工作场所焊接时，须两人轮换操作，设一名监护人员。

严禁利用厂房的多种金属结构、管道、轨道或其外金属物品搭接来作为导线使用。

遇到焊工触电时，应立即切断电源，切不可用赤手去拉触电者。

登高作业时不准将电缆线缠在身上或搭在背上。

2.2.2 防火、防爆的安全措施

（1）焊割现场发生火灾、爆炸的可能性

燃烧是一种放热发光的化学反应，它必须有可燃物、易燃物和火源三个基本条件的相互作用，缺一不可，也就是平常大家所说的燃烧三要素。在焊割时常遇到的可燃物有乙炔、液化石油气、汽油、棉纱、油漆、木屑等，易燃物有空气、氧气等，火源有火焰、电弧、灼热物体、电火花、静电火花及金属飞溅等，所以焊割现场很容易引起火灾。

爆炸是物质发生急剧的物理和化学变化，能在瞬间释放出大量能量的现象。它能摧毁建筑物并能造成严重的人员伤害。

爆炸一般按爆炸能量的来源不同分为物理爆炸和化学爆炸。

物理爆炸：由物理变化（温度、体积和压力等因素）引起的爆炸叫物理爆炸。

化学爆炸：物质在极短的时间内完成的化学反应，生成新的物质并产生大量气体和能量的现象。

而在我们焊割现场发生的爆炸可能性最大的是化学爆炸。化学爆炸也必须同时具备三个条件：足够的易燃易爆物质；易燃易爆物质与空气等氧化剂混合后的浓度在爆炸极限内；有能量足够的火源。

下面是可能发生爆炸的几种情况：

① 可燃气体的爆炸　工业上大量使用的可燃气体，如乙炔（C_2H_2）、天然气（CH_4）、液化石油气 [主要成分为丙烷（C_3H_3）和丁烷（C_4H_{10}）等]，它们与氧气或空气均匀混合达到一定极限，遇到火源便发生爆炸，这个极限为爆炸极限。常用可燃气体在混合物中所占体积用比例来表示，

如乙炔与空气混合爆炸极限为 2.2% ～ 81%，乙炔与氧气混合爆炸极限为 2.8% ～ 93%，液化石油气与空气混合爆炸极限为 3.5% ～ 16.3%，与氧气混合爆炸极限为 3.2% ～ 64%。

② 可燃液体或可燃液体蒸气的爆炸　在焊接场地或附近放有可燃液体时，可燃液体或可燃液体的蒸气达到一定浓度，遇到电焊火花，即会发生爆炸。如汽油蒸气与空气混合，其爆炸极限仅为 0.7% ～ 6.0%。

③ 可燃粉尘的爆炸　可燃粉尘（如镁铝粉尘，纤维粉尘等）悬浮于空气中，达到一定浓度范围后遇到火源（如电焊火花等）也会发生爆炸。

④ 焊接时若操作不当会产生回火，当达到爆炸极限会发生爆炸。

⑤ 密闭容器的爆炸　对密闭容器或正在受压的容器上进行焊接时，如不采取适当的措施也会发生爆炸。

（2）防火、防爆的安全措施

① 焊接场地 5m 以内禁止堆放易燃、易爆物品，场地内应备有消防器材，保证足够的照明和良好的通风。

② 焊接场地 10m 内不应贮存油类或其他易燃、易爆物质的贮存器皿及管线、氧气瓶等。

③ 严禁在有压力的容器或管道上焊接。

④ 焊补储存过易燃物的容器及沾有可燃物质的工件时，必须先用碱水清洗，再用压缩空气吹干，并将所有孔盖完全打开，确认安全可靠后方可焊接。

⑤ 焊接密闭空心工件时，必须留有出气孔；焊接管子时，两端不准堵塞。

⑥ 在有易燃、易爆物的车间、场所或煤气管、乙炔管（瓶）附近焊接时，必须取得相关部门的同意，焊接时采取严密措施，防止火星飞溅引起火灾。

⑦ 焊工不准在木板、木砖地上进行焊接操作。

⑧ 焊工不准在手把或接地线裸露的情况下进行焊接，也不准将二次回路线乱搭接。

⑨ 焊条头及焊后的焊件不能随便乱扔，要妥善保管。

⑩ 气焊、气割时要使用合格的压力表和回火防止器，并定期校验；要使用合格的橡胶软管，不准混用。

⑪ 离开施焊场地，应关闭电源、气源并熄灭火种，消除有可能引起火灾、爆炸的隐患。确认安全后，方可离开。

2.2.3　特殊条件下焊接安全知识

特殊环境焊接一般指在企业正规厂房以外的地方，如登高、容器内部、野外及水下等进行的焊接。在这些地方焊接具有一定的特殊性、复杂性，如果忽视了现场安全作业，则造成的事故破坏性和危害性更大。特殊环境焊接除遵守一般的安全措施外，还要遵守一些特殊的规定。

（1）登高作业时的焊接

焊工在离地面 2m 以上的地点进行焊接操作时，即为登高焊接作业。

登高焊接作业时安全措施主要有：

① 登高作业前必须体检合格，患有高血压，心脏病等一律不准登高作业。

② 登高作业点周围及下方地面上火星所及的范围内应彻底清除可燃、易爆物品，一般在地 10m 之内应用标杆挡隔。

③ 凡登高进行焊接操作和进入登高作业区域的人员必须戴好安全帽，焊工必须系好准备的防火安全带，穿胶底鞋，地面应有专人监护。

④ 登高作业时，应把焊钳软线绑紧在固定地点，不准缠在焊工身上或搭在肩上。

⑤ 登高作业的焊条、工具等必须装在牢固、无孔洞的工具袋内，更换焊条时，应将热焊条头放在固定的筒（盒）内，不准随便往下扔。

⑥ 不准在高压电线旁工作，不得已时应切断电源，并在电闸盒上挂"有人工作，严禁合闸"的警告牌，并设专人监护。

⑦ 登高作业时不准使用高频引弧器，以防止万一触电，失足掉落。

⑧ 登高作业下来时应抓紧扶手，除携带必要的小型工具外，不准拿着带电的手把软线或负重过大（重物应用起重工具设备吊送）。

⑨ 登高作业时必须使用符合安全要求的梯子，或搭设牢固的脚手架。若遇够不到的情况定要重新搭设脚手架后再焊接。

⑩ 雨天、大雪、雾天或6级以上的大风禁止登高作业。

⑪ 离开现场前应认真检查，确认无火源方可离开，以免引起火灾。

（2）容器内部的焊接

① 应隔离和切断该设备和外界联系的部位。

② 在容器内焊接时内部尺寸不应过小，外面必须设专人监视，或两个人轮换工作，随时联系。

③ 设备内部应采用良好的通风措施，严禁用氧气代替压缩空气向容器内吹风，防止燃烧爆炸。

④ 焊炬、割炬要随人进出，不准放在容器内。

⑤ 在容器内部焊接时，要做好绝缘防护工作，照明电压采用12V，以防发生触电事故。

⑥ 做好个人防护，戴好静电口罩或专用面罩，减少烟尘等对人体的危害。

（3）焊补燃料容器

① 隔离需焊补的燃料容器与生产的连接。

② 焊补前采用蒸汽蒸煮，接着用置换介质吹凝等方法将容器内部的可燃物质和有毒物质置换排出。常用的置换介质有 N_2、CO_2、水及水蒸气等。

③ 用热水、蒸汽、酸液、碱液及溶剂清洗设备中的污染物如矿物油时，容器内部可用水玻璃或皂溶液清洗，汽油容器清洗可用水蒸气蒸刷等。

④ 置换作业过程中和检修动火前半小时，必须从容器内外不同地点，取混合样品进行化验分析。

⑤ 动火焊补时应打开容器的入孔、手孔等管口，卸压通风。

⑥ 焊接时，电焊机二次回路及气焊设备、乙炔皮管等要远离易燃物，防止操作时因线路火花或乙炔皮管漏气而起火。

⑦ 动火前必须制订好计划，并且通知有关安全人员准备好灭火器材。在暗处或夜间工作时，应有足够的照明，并准备好带有防护罩的低压行灯等。

（4）露天或野外作业

① 夏天在露天工作时，必须有防风雨棚或临时凉棚。

② 夏天露天气焊时，应防止氧气瓶、乙炔瓶直接受烈日曝晒，以免气体膨胀发生爆炸。

③ 冬天如遇瓶阀或减压器冻结时，应用热水解冻，严禁用火烤。

④ 露天作业时注意风向。当采用气体保护焊时风速超过2m/s，其他焊接方法风速超过10m/s时一定要采取有效的防护措施否则禁止施焊。

⑤ 雨天、雪天或雾天不准露天电焊。在潮湿的场地工作时，焊工应站在铺设绝缘物的地方并穿好绝缘鞋。

⑥ 应设简易屏蔽板遮挡弧光，以免伤害附近的工作人员或行人的眼睛。

做好焊接安全及卫生防护工作，不仅是各级安全主管部门的职责，也是关系到焊工本人的一件大事。焊工必须自觉遵守有关规定，安全操作，以避免事故的发生。

2.2.4　气割、气焊的安全操作要求

（1）气焊与气割的安全操作要求

① 一般安全要求

a. 乙炔的最高工作压力禁止超过 1.5MPa 表压。

b. 禁止使用银或铜的质量分数控制银或含铜量在 70% 以上的铜或银合金制造的仪表、管件等与乙炔气体接触。

c. 回火保险器、氧气瓶、乙炔气瓶、液化石油气瓶、减压器等，都应采取防冻措施，一旦冻结，应用热水或水蒸气解冻，严禁用火烤或用铁器敲打解冻。

d. 氧气瓶、乙炔气瓶、液化石油气瓶等应该直立使用，或者装在专用的胶轮车上使用。

e. 氧气瓶、乙炔气瓶、液化石油气瓶等，不要放在阳光直晒、热源直接辐射或容易受电击的地方使用。

f. 氧气瓶、溶解乙炔气瓶等气体不要用完，气瓶内必须留有余压 0.1 ～ 0.3MPa。

g. 禁止使用电磁吸盘、钢绳、链条等吊运各类焊接与切割设备。

h. 气瓶漆色的标志应符合国家颁发的《气瓶安全监察规程》的规定，禁止改动，严禁充装与气瓶漆色不符的气体。

i. 气瓶应配备手轮或专用扳手关闭瓶阀。

j. 工作完毕、工作间隙、工作地点转移之前都应关闭瓶阀，戴上瓶帽。

k. 禁止使用气瓶作为登高支架和支承重物的衬垫。

l. 留有余气需要重新灌装的气瓶，应关闭瓶阀旋紧瓶帽，标明空瓶字样或记号。

m. 氧气、乙炔的管道，应涂上相应气瓶漆色规定的颜色和标明名称，便于识别。

n. 同时使用两种不同气体进行焊接时，不同气瓶减压器的出口端，都应装有各自的单向阀，防止相互倒灌。

o. 液化石油气瓶、溶解乙炔气瓶和液体 CO_2 气瓶等用的减压器，应该位于瓶体的最高部位，防止瓶内的液体流出。

p. 减压器卸压的顺序是：先关闭高压气瓶的瓶阀，然后放出减压器内的全部余气，放松压力调节杆使表针降到 0 位。

q. GB 9448—1999《焊接与切割安全》标准中规定：焊接与切割用的氧气胶管为蓝色，乙炔胶管为红色。

r. 禁止将在使用中的焊炬、割炬的嘴头与平面摩擦来清除嘴头堵塞物。

② 溶解乙炔气瓶的安全要求

a. 溶解乙炔气瓶的充装、检验、运输、储存等均应符合相关国家规定。

b. 溶解乙炔气瓶在搬运、装卸、使用时都应直立放稳，严禁在地面上卧放并直接使用，一旦要使用已卧放的乙炔气瓶，必须先直立，静止 20min 后再连接乙炔减压器使用。

c. 开启乙炔气瓶瓶阀时，应该缓慢进行，不要超过一转半，一般情况下只开启 3/4 转即可。

d. 禁止在乙炔气瓶上放置物件、工具或缠绕悬挂橡胶管及焊、割炬等。

e. 乙炔气瓶在使用时，必须配用合格的乙炔专用减压阀和回火防止器。

f. 乙炔气瓶距火源应在 10m 以上，夏季不得在烈日下曝晒，瓶体温度不得超过 40℃。

g. 乙炔气瓶运输、存储和使用时，应该轻装轻卸，用小车运送，严禁人肩扛或在地面上滚动。瓶体不得受激烈振动或撞击，以免填料下沉形成净空间，使部分气态乙炔处于高压状态，容易引起事故发生。

h. 乙炔气瓶用后要留有余气，余气的压力为 0.1 ～ 0.3MPa。

i. 乙炔气瓶减压器一旦冻结，只能用热水或蒸汽解冻，禁止采用明火或用铁器敲打解冻。

j. 定期检查乙炔压力表与安全阀的准确性。

③ 液化石油气钢瓶的安全要求

a. 用于气割、气焊的液化石油气钢瓶，其制造和充装量都应符合有关《液化石油气钢瓶标准》规定。瓶阀必须密封严密，瓶座、护罩（护手）应齐全。

b. 液化石油气钢瓶内的气将要用完时，瓶内要留有余气。

c. 液化石油气钢瓶应严格按有关规定充装，禁止超装。

d. 在室外使用液化石油气钢瓶气割、气焊或加热时，气瓶应平稳地放在气流通的地面上，与明火（火星飞溅火花）或热源的距离必须保持在 5m 以上。

e. 液化石油气钢瓶应加装减压器，禁止用胶管直接与液化石油气钢瓶阀门连接。

f. 当液化石油气钢瓶着火时，应立即关闭瓶阀。如果无法靠近钢瓶时，可用大量的冷水喷射，使瓶体降温，然后关闭瓶阀，切断气源灭火，同时，还要防止着火的气瓶倾倒。

g. 液化石油气瓶的最大工作压力为 1.6MPa，水压试验的压力为 3MPa。

h. 瓶内的气体不得用尽，应留有体积分数不少于 0.5% ~ 1.0% 规定充装量的剩余气体。

i. 液化石油气对普通橡胶制的导管、衬垫有腐蚀作用，必须使用耐油性强的橡胶，不得随意更换衬垫和胶管，以防止腐蚀后漏气。

j. 液化石油气点火时，要火等气，先点燃引火物，然后再点气，不要颠倒次序。

k. 不要将液化石油气瓶靠向其他气瓶倒装，不得自行处理液化石油气瓶内的残液。

l. 严禁液化石油气槽车直接向气瓶灌装。

m. 液化石油气瓶漏气而又不能制止时，应把气瓶移至室外安全地带，使其自行逸出，直到瓶内气体排尽为止。

n. 有缺陷的气瓶和瓶阀，送到专业部门修理，经检验合格后，才能重新使用。

（2）氧气瓶的安全要求

① 氧气瓶应符合国家颁布的《气瓶安全监察规定》和 GB 50030—1991《氧气站设计规范》的规定，应定期进行技术检查，气瓶使用期满和送检不合格的，不准继续使用。

② 氧气瓶使用前，应稍打开瓶阀，吹出瓶阀内的污物后立即关闭瓶阀，然后，连接减压器使用。

③ 开启氧气阀时，操作者应站在瓶阀气体吹出方向的侧面缓慢开启，避免氧气吹向人体。同时也要避免吹向可燃气体或火源。

④ 禁止在带压力的氧气瓶上，以拧紧瓶阀和垫圈螺母的方法消除漏气。

⑤ 严禁将蘸有油脂的手套、棉纱和工具等与氧气瓶阀、减压器及管路等接触。

⑥ 氧气瓶与乙炔气瓶、明火或热源的距离应大于 5m。

⑦ 禁止单人肩扛氧气瓶，气瓶无防振胶圈或在气温 -10℃ 以下时，在地面用滚动的方式搬运氧气瓶。

⑧ 禁止用手托瓶帽、瓶座在地面上以转动的方式来移动氧气瓶。

⑨ 氧气瓶不允许停放在人行道上，也不允许停放在电梯间、楼梯间附近，防止被物件撞击、碰倒。如实在非停不可，应采取妥善的保护措施。

⑩ 禁止用氧气代替压缩空气吹净工作服、乙炔管道，或用作试压和气动工具的气源。

⑪ 禁止用氧气对局部焊接部位通风换气。

2.2.5　焊条电弧焊的安全操作要求

（1）焊机的安全要求

① 焊机必须符合现行有关焊机标准规定的安全要求。

② 当焊机的空载电压高于现行有关焊机标准规定而又在有触电危险的场所作业时，焊机必须采用空载自动断电装置等防止触电的安全措施。

③ 焊机的工作环境应与焊机技术说明书上的规定相符。如工作环境的温度过高或过低、湿度过大、气压过低，以及在腐蚀性或爆炸性等特殊环境中作业时，应使用适合特殊环境条件性能的焊机，或采取防护措施。

④ 防止焊机受到碰撞或激烈振动（特别是整流式弧焊机），室外使用的焊机必须有防雨雪的防护措施。

⑤ 焊机必须有独立的专用电源开关，其容量应符合要求。当焊机超载荷时应能自动地切断电源。禁止多台焊机共用一个电源开关。

⑥ 焊机的电源开关应装在焊机附近、人手便于操作的地方，周围留有安全通道。

⑦ 采用启动器启动焊机时，必须先合上电源开关，然后再启动焊机。

⑧ 焊机的一次电源线，长度一般不宜超过 2～3m，当有临时任务需要较长的电源线时，应沿墙或设立柱用瓷瓶隔离布设，其高度必须距地面 2.5m 以上，不允许将一次电源线拖在地面上。

⑨ 焊机外露的带电部分应设有完好的防护（隔离）装置。其裸露的接线柱必须设有防护罩。

⑩ 使用插头、插座连接的焊机，插座孔的接线端应用绝缘板隔离，并装在绝缘板平面内。

⑪ 禁止连接建筑物的金属构架和设备等作为焊接电源回路。

⑫ 焊机不允许超载荷运行，焊机运行时的温升，不应超过焊机标准规定的温升限值。

⑬ 焊机应平稳地放在通风良好、干燥的地方，不准靠近高热及易燃、易爆危险的环境。

⑭ 禁止在焊机上放任何物品和工具，启动焊机前，焊钳和焊件不能短路。

⑮ 焊机必须保持清洁，清扫焊机时必须停电进行，焊接现场如有腐蚀性、导电性气体或飞扬的浮尘时，必须对焊机进行隔离防护。

⑯ 每半年对焊机进行一次维修保养，焊机发生故障时，应该立即切断电源，及时进行检修。

⑰ 经常检查和保持焊机电缆与焊机接线柱接触良好，保持螺母紧固。

⑱ 工作完毕或临时离开工作场地时，必须及时切断焊机电源。

（2）焊机接地的安全要求

① 各种焊机如电阻焊机等设备或外壳、电气控制箱、焊机组等，都应按《电力设备接地设计技术规程》的要求接地，防止发生触电事故。

② 焊机接地装置必须保持接触良好，应定期检测接地系统的电气性能。

③ 禁止用乙炔管道、氧气管道等易燃、易爆气体管道作为接地装置的自然接地极，防止由于产生电阻热或引弧时冲击电流的作用产生火花而引爆。

④ 焊机组或集装箱式焊接设备，都应安装接地装置。

⑤ 专用的焊接工作台架，应与接地装置连接。

（3）焊接电缆的安全要求

① 焊接电缆外皮必须完整、绝缘良好、柔软，绝缘电阻不小于 $1M\Omega$。

② 连接焊机与焊钳必须使用柔软的电缆线，长度一般不超过 20～30m。

③ 焊机的电缆线必须使用整根的导线，中间不应有连接接头，当工作需要接长导线时，应使用接头连接器牢固连接，并保持绝缘良好。

④ 焊接电缆线要横过马路时，必须采取保护套等保护措施，严禁搭在气瓶、乙炔发生器或其

他易燃、易爆物品的容器或材料上。

⑤ 禁止利用厂房的金属结构、轨道、管道、暖气设施或其他金属物体搭接起来作为焊接导线的电缆。

⑥ 禁止焊接电缆与油、脂等易燃、易爆物品接触。

（4）焊钳的安全要求

① 焊钳必须有良好的绝缘性与隔热能力，手柄要有良好的绝缘层。

② 焊钳应保证操作灵便，重量不超过 600g。

③ 禁止将过热的焊钳浸在水中冷却后放在气瓶、乙炔发生器或其他易燃、易爆物品的容器或材料上。

2.2.6 其他常见焊接方法的安全操作要求

（1）埋弧焊的安全操作要求

① 埋弧焊机的安全要求

a. 埋弧焊机焊接小车的轮子、导线要有良好的绝缘性，焊接过程要防止导线被热的焊渣烧坏。

b. 在调整送丝机构及焊机工作时，手不得触及送丝机构的滚轮。

c. 焊机发生电气故障时，必须切断电源，由电工修理。

d. 焊接过程中，注意防止由于焊剂突然停止供给而出现强烈弧光伤害。

e. 埋弧焊机外壳和控制箱应可靠地接地（接零），防止漏电伤人。

② 焊工的劳动保护

a. 埋弧焊焊剂的成分中，含有氧化锰等对人有害的物质，所以，焊接过程要加强通风。

b. 埋弧焊焊接长焊缝时，在清理焊缝焊渣和焊剂回收过程中，注意防止热焊剂和焊渣烫伤焊工的手和脚。

c. 往焊丝盘装焊丝时，要精神集中，防止乱丝伤人。

（2）气体保护焊的安全操作要求

① CO_2 气体保护焊的安全操作要求

a. CO_2 气体保护焊时，电弧的温度为 6000 ~ 10000℃，电弧的弧光辐射比焊条电弧焊强，因此要加强防护。

b. CO_2 气体保护焊时，焊接飞溅较多，尤其是用粗焊丝焊接时飞溅更多，焊工要注意防止被飞溅物灼伤。

c. CO_2 气体在焊接高温作用下，会分解成对人体有害的 CO 气体，所以在容器内焊接时，必须加强通风，还要使用能供给新鲜空气的特殊设备，容器外要配有监护人。

d. CO_2 气体预热器，使用的电压不得大于 36V，外壳要可靠接地，焊接作结束后，需立即切断电源。

e. 装有液态 CO_2 的气瓶，满瓶的压力为 0.5 ~ 0.7MPa。但受到外加热源加热时，液体 CO_2 就会迅速蒸发为气体，使瓶内气体压力升高，受到的加热温度越高，压力也就越大，这样就有爆炸的危险。所以，CO_2 气瓶不能靠近热源，同时还要采取防高温的措施。

f. 采用大电流粗丝 CO_2 气体保护焊时，应防止焊枪的水冷系统漏水而破坏，发生触电事故。

g. CO_2 气体保护焊时，由于焊接飞溅大，飞溅物黏在喷嘴内壁上，会引起送丝不畅，造成电弧不稳定，气体保护作用降低，使焊缝质量降低。因此，应经常清理黏在喷嘴内壁上的飞溅物或更换喷嘴。

② 熔化极气体保护焊的安全操作要求

a. 对熔化极气体保护焊焊机内的接触器、继电器的工作组件，焊枪夹头的夹紧力以及喷嘴的绝缘性能等，应该定期进行检查。

b. 由于熔化极气体保护焊时，臭氧和紫外线的作用较强烈，对焊工的工作服破坏较大，熔化极气体保护焊焊工适宜穿戴非棉布的工作服（如耐酸呢、柞丝绸等面料的工作服）。

c. 熔化极气体保护焊时，电弧的温度为 6000～10000℃，电弧的弧光辐射比焊条电弧焊强，因此要加强防护。

d. 熔化极气体保护焊时，工作现场要有良好的通风装置，以便排出有害气体及烟尘。

e. 焊机在使用前，应检查供气系统、供水系统，不得在漏气、漏水的情况下运行，以免发生触电事故。

f. 盛装保护气体的高压气瓶，应小心轻放直立固定，防止倾倒。气瓶与热源的距离应大于 3m，不得曝晒。瓶内气体不可全部用尽，要留有余气。用气开瓶阀时，应缓慢开启，不要操作过快。

g. 移动焊机时，应取出机内的易损电子器件，单独搬运。

（3）等离子弧焊与切割的安全操作要求

① 等离子弧焊枪与割炬，应保持电极与喷嘴的同心，供气、供水系统应严密，不漏气、不漏水。

② 等离子弧焊接与切割用的气源应充足，并设有气体流量调整装置。

③ 等离子弧焊接与切割作业现场，应配备工作台，并设有局部排烟和净化空气装置。

④ 防电击。等离子弧焊接与切割的空载电压较高，尤其是在手工操作时有触电的危险。因此，焊接电源在使用时，要可靠接地。另外，焊枪枪体或割枪枪体与焊工手接触的部分必须绝缘可靠。如果启动开关在手把上，必须对露在外面的开关套上绝缘胶管，避免焊工的手直接接触开关发生触电事故。

⑤ 防弧光辐射。电弧的弧光辐射，是由紫外线辐射、可见弧光辐射和红外线辐射组成。而等离子弧焊接与切割的弧光辐射，较其他电弧的光辐射强度大特别是紫外线，对人体皮肤的损伤更为严重。因此，操作者在焊接或切割时，必须带上有吸收紫外线镜片的面罩、工作服、手套等保护用品。机械化操作时可以在操作者和操作区之间设置防护屏。等离子弧切割时，可以采用水中切割方法，利用水来吸收光辐射。

⑥ 防烟与尘。在等离子弧焊接与切割过程中，有大量汽化的金属蒸气氧、氮化物等产生。同时，由于切割过程气体流量大，工作现场扬起大量的灰尘。这些烟气与灰尘对操作者的呼吸道、肺等器官会产生严重的影响。

⑦ 防噪声。等离子弧焊接与切割时，产生高强度、高频率的噪声，其噪声的能量集中在 2000～8000Hz 范围内。要求操作者必须带耳塞。在可能的情况下使操作者在有良好隔声效果的操作室内工作，或采用水中切割法，用水吸噪声。

⑧ 防高频。等离子弧焊接与切割是用高频振荡器引弧，高频对人体有一定的危害。引弧频率在 20～60Hz 较为合适，操作前焊件要可靠接地，引弧完成后要立即切断高频振荡器的电源。

（4）碳弧气刨和切割的安全操作要求

① 碳弧气刨和切割时的电流较大，要防止焊机因过载发热而损坏。

② 碳弧气刨和切割过程中大量的高温铁液被电弧吹出，容易引起烫伤和火灾事故。

③ 碳弧气刨和切割时的噪声较大，尖锐、刺耳的噪声容易危害人体的健康。

④ 碳弧气刨和切割时的烟和尘较大，在容器内或较小的作业现场操作时，必须采取有效的排烟除尘的措施。

⑤ 碳弧气刨和切割的电流比焊接电流大得多，弧光更强烈，弧光的伤害也最大，应注意防护。

⑥ 在容器内进行碳弧气刨和切割时，除了加强通风排气以外，还要有专人监护安全，并且安

排好工间休息。

⑦ 碳弧气刨和切割时，要注意防止触电事故。

⑧ 碳弧气刨和切割操作现场 15m 半径以内不准有易燃、易爆物品存在。

（5）电阻焊的安全操作要求

① 防触电。电阻焊的二次电压很低，不会有触电的危险，但是，一次电压可高过千伏，晶闸管一般都带水冷，所以水柱带电，容易造成触电事故，要求电阻焊机必须可靠接地。检修控制箱中的高压部分，必须在切断电源后进行。对高压电容放电类的焊机，应加装门开关，焊机门开后能自动切断电源。

② 防压伤和撞伤。电阻焊机需一个人操作，防止因多人操作配合不当而产生压伤和撞伤事故。对焊机上夹紧按钮，可采用双钮式，操作人员必须双手同时各按一按钮才能夹紧，杜绝发生夹手事故。多点焊机周围应设置栏杆，操作人员放完焊件后必须撤离一定的距离，关上门后才能启动焊机，确保运动的焊件不致撞伤人员。

③ 防烧伤。电阻焊常有喷溅发生，尤其是闪光对焊时，喷溅如火花持续数秒至二十多秒，因此，操作人员应带好防护镜，穿好防护服，防止烫伤。闪光产生的区域宜用黄铜防护罩罩住，防止产生火灾和烫伤事故。

④ 防污染。在电阻焊焊接镀锌板时，会产生有毒的锌、铅烟尘；在闪光焊时，同时会有大量的金属蒸气产生；修磨电极时，会有金属尘产生，其中镉铜电极、铍钴铜电极中的镉与铍均有很大的毒性。因此，一定要采取有效的通风措施。

⑤ 装有电容储能装置的电阻焊机，在密封的控制箱门上，应该装有连锁机构。当控制箱门被打开时应使电容短路，手动操作开关亦应附加电容短路的安全措施。

⑥ 复式、多工位操作的焊机，应在每个工位上装有紧急制动按钮。

⑦ 手提式焊机的构架，应能经受在操作中产生的振动，吊挂的变压器应有防坠落的保险装置，并要经常检查。

⑧ 焊机的脚踏开关应有牢固的防护罩，防止焊机意外开动起来。

⑨ 电阻焊焊机的作业现场，应有防护挡板或防护屏，防止焊接过程中产生的火花飞溅。

⑩ 焊接控制箱装置的检修与调整，应由专业人员进行。

⑪ 缝焊作业时，焊工必须注意电极盘的滚动方向，防止滚轮切伤手指。

⑫ 焊机的作业场所，应保持干燥，地面铺设防滑板。外水冷式焊机的焊工作业时，应穿绝缘靴进行焊接作业。

⑬ 焊接作业结束，切断电源，焊机的冷却水应延长 10min 再关闭，在冬季或气温较低时，还应排出水路内的积水，防止冻结。

第3章 **焊条电弧焊**

3.1 焊接参数

3.1.1 焊接电流

焊接电流是指焊接时，流经焊接回路的电流，单位一般用安培（A）表示。焊接电流是主要焊接参数，焊工在操作过程中需要调节的只有焊接电流，而焊接速度和电弧电压都是由焊工控制的。焊接电流的选择直接影响着焊接质量和劳动生产率。

根据焊条种类、焊接位置、焊接层次、生产经验等来选择焊接电流。

① 根据焊条种类等因素选择合适的焊接电流　焊接生产中，当确定了焊条直径这一工艺参数之后，也就限定了焊接电流的适用范围。电流与板厚、焊条直径成正比。焊条电弧焊使用碳钢焊条时，根据选定焊条直径，还可以用下面的经验公式计算焊接电流：

$$I = Kd$$

式中　I——焊接电流，A；

　　　d——焊条直径，mm；

　　　K——经验系数，见表 3-1。

表 3-1　焊接电流经验系数与焊条直径的关系

焊条直径 d/mm	1.6	2～2.5	3.2	4～6
经验系数 K	20～25	25～30	30～40	40～50

例如焊条直径为 4mm，那么焊接电流值在 160～240A 之间进行选择。

② 根据焊法位置选择焊接电流　如果是全位置焊接（包括平、横、立、仰各种位置）选择的焊接电流值应该是全能电流值，一般取立焊电流值。例如 140A（仰焊缝）、140～160A（立对接、横对接）、180A 以上（平对接），而焊接水平固定管子对接时采用的是全位置焊接电流，一般取立对接的焊接电流值。

③ 根据焊接层次选择电流　一般打底层采用较小电流值，填充层采用较大电流值，而盖面层电流值相对减小。例如采用焊条电弧焊方法（J422 焊条 /d=3.2mm）来进行平对接，一般开坡口采用多层多道焊，打底层采用灭弧焊（断弧焊）105～115A 电流，而填充层可以采用 125～135A 电流值。盖面层采用减小 10～15A 的电流值，保证成形美观，没有咬边等焊接缺陷。

④ 根据生产经验选择焊接电流　看飞溅，焊接电流大致使电弧力增大，飞溅大。焊接电流越

大，熔深越大，焊条熔化快，焊接效率也高。但是焊接电流太大时，飞溅和烟雾大，焊条尾部易发红，部分涂层要失效或崩落，而且容易产生咬边、焊瘤、烧穿等缺陷，增大焊件变形，还会使接头热影响区晶粒粗大，焊接接头的韧性降低。焊接电流小时电弧力小，熔渣与铁水不易分清，则引弧困难，焊条容易粘连在工件上，电弧不稳定，易产生未焊透、未熔合、气孔和夹渣等缺陷，且生产率低。

⑤看焊缝成形　焊接电流大容易咬边，余高小；焊接电流小，焊缝窄而高。

⑥看焊条熔化状况　焊接电流大，焊条熔化快而发红，焊接电流小容易粘板。

所以选择焊接电流时，应根据焊条类型、焊条直径焊件厚度、接头形式、焊缝位置及焊接层数等来综合考虑。

3.1.2　焊条直径

焊条电弧焊中焊条直径是根据焊件厚度、焊接位置、接头形式、焊接层数等进行选择的。为提高生产效率，应尽可能地选用直径较大的焊条。但是用直径过大的焊条焊接时，容易造成未焊透或焊缝成形不良等缺陷。

厚度较大的焊件，搭接和 T 形接头的焊缝应选用直径较大的焊条。对于小坡口焊件，为了保证根部的熔透，宜采用较细直径的焊条，如打底焊时一般选用 d=2.5mm 或 d=3.2mm 焊条。

不同的焊接位置，选用的焊条直径也不同，通常平焊时选用较粗的 d=4.0 ～ 6.0mm 的焊条，立焊和仰焊时选用 d=3.2 ～ 4.0mm 的焊条；横焊时选用 d=3.2 ～ 5.0mm 的焊条。对于特殊钢材，需要小参数，焊接时可选用小直径焊条。

焊条越粗，熔化焊条所需的热量越大，必须增大焊接电流，每种焊条都有一个最合适的电流。根据焊件厚度选择焊条直径，可参考表 3-2。

表 3-2　焊条直径与焊件厚度的关系

焊件厚度 /mm	2	3	4 ～ 5	6 ～ 12	> 13
焊条直径 /mm	2	3.2	3.2 ～ 4	4 ～ 5	4 ～ 6

对于重要结构应根据规定的焊接电流范围（根据热输入确定）参照表 3-2 来确定焊条直径。

焊接生产中，当确定了焊条直径这一工艺参数之后，也就限定了焊接电流的适用范围。在采用同样直径的焊条焊接不同厚度的钢板时电流应有所不同。一般来说，板越厚，焊接热量散失得就越快，因此应选用电流值的上限。

3.1.3　电弧电压

焊条电弧焊时，焊缝宽度主要靠焊条的横向摆动幅度来控制，当焊接电流调好以后，焊机的外特性曲线就决定了。实际上电弧电压主要是由电弧长度来决定的。电弧长，电弧电压就高，反之则低。焊接过程中，电弧不宜过长，否则会出现电弧燃烧不稳定、飞溅大、熔深浅等问题及产生咬边、气孔等缺陷；若电弧太短，容易粘焊条。焊条电弧焊时，电弧电压是由焊工根据具体情况灵活掌握的，其原则一是保证焊缝具有合乎要求的尺寸和外形，二是保证焊透。在焊接过程中，一般希望弧长保持一致，而且尽可能用短弧焊接。所谓短弧是指弧长为焊条直径的 0.5 ～ 1.0 倍。

一般情况下，电弧长度等于焊条直径的 0.5 ～ 1.0 倍为好，相应的电弧电压为 16 ～ 25V。碱性焊条的电弧长度不超过焊条的直径，为焊条直径的一半较好，尽可能地选择短弧焊；酸性焊条的电弧长度应等于焊条直径。

在气体保护焊中，其送丝速度不变时，调节电源外特性，此时电流几乎不变，弧长将发生变化，电弧电压也会变化。电弧电压与焊接电压是两个不同的概念，电弧电压是在导电嘴与焊件间测得的电压，焊接电压则是在焊机上电压表显示的电压，它是电弧电压与焊机和焊件间连接的电缆线上的电压降之和。显然焊接电压比电弧电压高，但对于同一台焊机来说，当电缆长度和横截面不变时，它们之间的差值是很容易计算出来的，特别是当电缆较短，横截面较粗时，由于电缆上的压降很小，可用焊接电压代替电弧电压；若电缆很长，横截面又小，则电缆上的电压降不能忽略，在这种情况下，若用焊机电压表上读出的焊接电压替代电弧电压将产生很大的误差。严格地说：焊机电压表上读出的电压都是焊接电压，不是电弧电压。为保证焊缝成形良好，电弧电压必须与焊接电流配合适当。通常焊接电流小时，电弧电压较低；焊接电流大时，电弧电压较高。

在焊接打底层焊缝或空间位置焊缝时，常采用短路过渡方式，在立焊和仰焊时电弧电压应略低于平焊位置时，以保证短路过渡过程稳定。

3.1.4　焊接速度

焊接速度是指焊接过程中焊条沿焊接方向移动的速度，即单位时间内完成的焊缝长度。焊接速度过快会造成焊缝变窄、严重凸凹不平，容易产生咬边及焊缝波形变尖；焊接速度过慢会使焊缝变宽，余高增加，功效降低。焊接速度还直接决定着热输入的大小，一般根据钢材的淬硬倾向来选择。

手工电弧焊焊接速度一般 18 ～ 22cm/min，还要视具体情况而定，比如焊条的直径、焊条的材质、焊接的位置。还有施焊的具体情况，比如复合板复层受基层的稀释作用，过渡层易产生马氏体组织。为避免出现马氏体，过渡层的焊接采用小直径，高铬、镍焊条，并采用小线能量、短弧焊、快速焊，以降低对复层的稀释，并控制过渡层和复层的层间温度，保证了接头耐蚀性能。具体计算如下：

$$v=\eta UI/q$$

式中　I——焊接电流，A；

　　　U——电弧电压，V；

　　　v——焊接速度，cm/s；

　　　q——线能量，J/cm；

　　　η——系数。

由此可见，同位置等热输入的情况下，焊条直径越大，电流就越大，相应焊接速度就要加快。

焊条电弧焊时，在保证焊缝具有所要求的尺寸和外形及良好的熔合条件下，焊接速度由焊工根据具体情况灵活掌握。

气体保护焊时，在焊丝直径、焊接电流、电弧电压不变的条件下，焊接速度增加时，熔宽与熔深都减小。如果焊接速度过高，除产生咬边、未熔合等缺陷外，由于保护效果变坏，还可能出现气孔，若焊接速度过低，除降低生产率外，焊接变形将会增大，一般半自动焊时，焊接速度可控制在 5 ～ 60m/h 范围内。

埋弧焊时，在其他焊接参数不变的情况下，提高焊接速度则单位长度焊缝上的热输入量减小，焊缝熔宽和余高减小。过快的焊接速度减弱了填充金属与母材之间的熔合，使焊缝表面出现箭头状波纹成形，并加剧咬边、电弧偏吹现象。由于熔池保持时间短，熔池中的气体不容易逸出，易产生气孔。相反采用过慢的焊接速度，熔宽变大，余高减小，熔深略有增加。较慢的焊接速度，使气体有足够的时间从熔池金属中逸出，从而减小了产生气孔的倾向。但过低的焊接速度又会形成易裂的凹形焊道，在电弧周围流动着大的熔池，使得焊道波纹粗糙和产生夹渣。

3.1.5 焊接层数

为保证背面焊道的质量，在焊接打底焊道时，选用的焊接电流较小；焊接填充焊道时，为提高效率，保证熔合好，选用较大的电流；焊接盖面焊道时，选用稍小些的电流，主要是为了防止咬边和保证焊道成形美观。

在实际生产过程中，焊工一般都是依据试焊结果，再根据自己的实践经验选择焊接电流的。通常焊工根据焊条直径推荐的电流范围，或根据经验选定一个电流，在试板上试焊，在焊接过程中看熔池的变化情况、渣和铁液的分离情况、飞溅大小、焊条是否发红、焊缝成形是否好、脱渣性是否好等来选择合适的焊接电流。但对于有力学性能要求的如锅炉、压力容器等重要结构，要经过焊接工艺评定合格以后，才能最后确定焊接电流等参数。

厚板的焊接，一般要开坡口并采用多层焊或多层多道焊。多层焊和多层多道焊接头的显微组织较细，热影响区较窄。前一条焊道对后一条焊道起预热作用，而后一条焊道对前一条焊道起热处理作用。因此接头的延性和韧性都比较好。特别是对于易淬火钢，后焊道对前焊道的回火作用可改善接头的组织和性能。

对于低合金高强度钢等钢种，焊缝层数对接头性能有明显影响。焊缝层数少，每层焊缝厚度太大时由于晶粒粗化，将导致焊接接头的延性和韧性下降。每层焊道厚度不能大于 4 ～ 5mm。

3.1.6 热输入

焊接热输入是指熔焊时由焊接能源输入到单位长度焊缝上的热能，又称线能量，可用下式进行计算。

$$q=\eta IU/v$$

式中　　q——热输入，J/mm；

　　　　η——热效率，因焊接方法不同而不同（表 3-3）；

　　　　I——焊接电流，A；

　　　　U——电弧电压，V；

　　　　v——焊接速度，mm/s。

表 3-3　不同焊接方法的热效率和热输入举例

焊接方法	焊接电流 I/A	电弧电压 U/V	焊接速度 v/（m/h）	热效率 η	热输入 q/（J/mm）
埋弧焊	700	36	32	0.85	2410
焊条电弧焊	180	24	9	0.75	1296
手工钨极氩弧焊	160	11	9	0.75	528

焊接热输入综合了焊接方法和电弧焊三个对输入能量影响最大的焊接参数。显然，热输入增大时热影响区会增宽，焊缝高温停留时间会加长，冷却速度会减缓，焊缝金属的晶粒度也会有所加大，这对焊缝的塑性和韧性会有不利影响，但却不易产生淬硬组织，对改善焊缝抗冷裂纹敏感性有利。因此，焊接热输入的控制应从母材、焊接方法、接头细节（接头形式、壁厚、散热条件等）、生产率等因素综合考虑，并非一定越小越好。热输入对焊接热循环的具体影响可用表 3-4 的数据予以说明。

表 3-4 热输入对焊接热循环的影响示例

热输入 / (J/mm)	预热温度 /℃	1100℃以上停留时间 /s	650℃以上停留时间 /s
2000	27	5	14
2000	260	5	4.4
3840	27	16.5	4.4
3840	260	17	1.4

允许的热输入范围越大，越便于焊接操作。一般热输入规定，非熔化极惰性气体保护焊（TIG 焊）为 0.5J/mm，焊条电弧焊为 0.7 ~ 0.8J/mm，埋弧焊为 0.8 ~ 0.95J/mm。对于低碳钢焊条电弧焊一般不规定热输入。对于低合金钢和不锈钢等钢种，热输入太大时，接头性能可能降低；热输入太小时，有的钢种焊接时可能产生裂纹。因此焊接工艺中要规定热输入时，一般通过试验来确定既不产生焊接裂纹、又能保证接头性能合格的热输入范围。

3.2 基本操作技能

3.2.1 引弧技术

引弧是指在焊接中，使焊接材料（焊条、焊丝等）引燃电弧的过程。手工电弧焊中常用的引弧方法有划擦引弧和直击引弧两种方法。

（1）划擦引弧

先将焊条末端对准焊件，然后将手腕扭转一下，使焊条在焊件表面轻轻划擦一下，动作有点像划火柴，用力不能过猛，随即将焊条提起 2 ~ 4mm，即在空气中产生电弧。引燃电弧后焊条不能离开焊件太高，一般不大于 10mm，并且不要超出焊缝区，然后手腕扭回平位，保持一定的电弧长度，开始焊接，如图 3-1（a）所示。

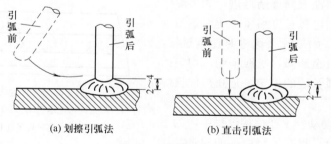

(a) 划擦引弧法   (b) 直击引弧法

图 3-1 引弧方法

（2）直击引弧

先将焊条末端对准焊件，然后手腕下弯一下，使焊条轻碰一下焊件，再迅速提起 2 ~ 4mm，即产生电弧。引弧后，手腕放平，保持一定电弧高度开始焊接，如图 3-1（b）所示．

划擦引弧对初学者来说容易掌握，但操作不当容易损伤焊件表面。直击引弧法对初学者来说较难掌握，操作不当，容易使焊条粘在焊件上或用力过猛时使药皮大块脱落。不论采用哪一种引弧方法，都应注意以下几点：

① 引弧处应清洁，不宜有油污、锈斑等杂物，以免影响导电或使熔池产生氧化物，导致焊缝产生气孔和夹渣。

② 为便于引弧，焊条应裸露焊芯，以利于导通电流；引弧应在焊缝内进行以避免引弧时损伤焊件表面。

③ 引弧点应在焊接点（或前一个收弧点）前 10 ～ 20mm 处，电弧引燃后再将焊条移至前一根焊条的收弧处开始焊接，可避免因新一根焊条的头几滴铁水温度低而产生气孔，导致外观成形不美观，碱性焊条尤其应加以注意。

3.2.2　焊缝的起头

焊缝的起头是指开始焊接的操作。由于焊件在未焊之前温度较低，引弧后电弧不能立即稳定下来，因此起头部分往往容易出现熔深浅、气孔、未熔透、宽度不够及焊缝堆过高等缺陷。为了避免和减少这些现象，应该在引弧后稍将电弧拉长，对焊缝端头进行适当预热，并且多次往复运条，达到熔深和所需要宽度后再调到合适的弧长进行正常焊接。对环形焊缝的起头，因为焊缝末端要在这里收尾，所以不要求外形尺寸，而主要要求焊透、熔合良好，同时要求起头要薄一些，以便于收尾时过渡良好。

对于重要工件、重要焊缝，在条件允许的情况下尽量使用引弧板，将不合要求的焊缝部分引到焊件之外，焊后去除。

3.2.3　运条技术

（1）焊条运动的基本动作

引燃电弧进行施焊时，焊条要有 3 个方向的基本动作，才能得到成形良好的焊缝和稳定燃烧的电弧。这 3 个方向的基本动作是焊条向熔池送进动作、焊条横向摆动动作和焊条前移动作，如图 3-2 所示。

① 焊条送进动作　在焊接过程中，焊条在电弧热作用下，会逐渐熔化缩短，焊接电弧弧长被拉长。而为了使电弧稳定燃烧，保持一定弧长，就必须将焊条朝着熔池方向逐渐送进。如果焊条送进时速度过快，则电弧长度缩短，使焊条与焊件接触，造成短路；如果焊条送进时速度过慢，则电弧长度增加，直至断弧。实践证明，均匀的焊条送进速度及电弧长度的恒定，是获得优良焊缝质量的重要条件。

② 焊条横向摆动动作　在焊接过程中，为了获得一定宽度的焊缝，提高焊缝内部的质量，焊

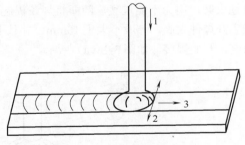

图 3-2　焊条运动的基本动作
1—焊条向熔池送进动作；2—焊条横向摆动动作；
3—焊条前移动作

条必须要有适当的横向摆动，其摆动的幅度与焊缝要求的宽度及焊条的直径有关，摆动越大则焊缝越宽。摆动必然会降低焊接速度，增加焊缝的线能量。正常焊缝宽度一般不超过焊条直径的 2 ～ 5 倍，对于某些要求低线能量的材料，如奥氏体不锈钢、3.5Ni 低温钢等，不提倡采用横向摆动的单道焊。

③ 焊条前移动作　在焊接过程中，焊条向前移动的速度要适当，如果焊条移动速度过快则电弧来不及熔化足够的焊条和母材金属，造成焊缝断面太小及未焊透等焊接缺陷。如果焊条移动太慢，则熔化金属积太多，造成湿流及成形不良，同时由于热量集中，薄焊件容易烧穿，厚焊件则产生过热，降低焊缝金属的综合性能。因此，焊条前移速度应根据电流大小、焊条直径、焊件厚度、装配间隙、焊接位置及焊件材质等不同因素来适当把握运用。

（2）运条方法

所谓运条方法，就是焊工在焊接过程中运动焊条的手法，它是电焊工最基本的操作技术。运条方法是能否获得优良焊缝的重要因素，下面介部几种常用的运条方法及适用范围。

① 直线形运条法　在焊接时保持一定弧长，沿着焊接方向不摆适用动地前移，如图 3-3（a）所示。

由于焊条不做横向摆动，电弧较稳定，因此能获得较大的熔深，焊接速度也较快，对易过热的焊件及薄板的焊接有利，但焊缝成形较窄。该方法适用于板厚为 3 ～ 5mm 的不开坡口的对接平焊、多层焊的第一层封底和多层多道焊。

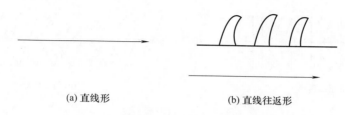

(a) 直线形　　　　　　　(b) 直线往返形

图 3-3　直线与直线往返形运条法

② 直线往返形运条法　在焊接过程中，焊条末端沿焊缝方向做来回的直线形摆动，如图 3-3（b）所示。在实际操作中，电弧长度是变化的。焊接时应保持较短的电弧。焊接一小段后，电弧拉长，向前跳动，待熔池稍凝，焊条又回到熔池继续焊接。直线往返形运条法焊接速度快、焊缝窄、散热快，适用于薄板和对接间隙较大的底层焊接。

③ 锯齿形运条法　在焊接过程中，焊条末端在向前移动的同连续在横向做锯齿形摆动，如图 3-4 所示。

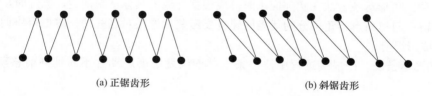

(a) 正锯齿形　　　　　　　　　(b) 斜锯齿形

图 3-4　锯齿形运条法

使用锯齿形运条法运条时两侧稍加停顿，停顿的时间视工件形状、电流大小、焊缝宽度及焊接位置而定，这主要是为了保证两侧熔合良好，且不产生咬边。焊条横向摆动的目的，主要是控制焊缝熔化金属的流动和得到必要的焊缝宽度，以获得良好的焊缝成形效果。由于这种方法易操作，因此在生产中应用广泛，多用于较厚的钢板接。其具体应用范围包括平焊，立焊、仰焊的对接接头和立焊的角接接头。

④ 月牙形运条法　在焊接过程中，焊条末端沿着焊接方向做月牙形横向摆动（与锯齿形相似），如图 3-5（a）所示。摆动的速度要根据焊缝的位置、接头形式、焊缝宽度和焊接电流的大小来决定。为了使焊缝两侧熔合良好，避免咬边，要注意在月牙两端停留的时间采用月牙法运条，这样熔池加热时间相对较长，金属的熔化良好，容易使熔池中的气体逸出和熔渣浮出，能消除气孔和夹渣，焊缝质量较好。但由于熔化金属向中间集中，增加了焊缝的余高，因此不适用于宽度小的立焊缝。当对接接头平焊时，为了避免焊缝金属过高，使两侧熔透，有时采用反月牙形运条法运条，如图 3-5（b）所示，月牙形运条法适用于较厚钢板对接接头的平焊、立焊和仰焊，以及 T 形接头的立角焊。

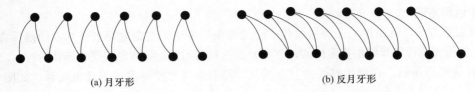

(a) 月牙形   (b) 反月牙形

图 3-5   月牙形及反月牙形运条法

⑤ 三角形运条法   在焊接过程中，焊条末端在前移的同时，做连续的三角形运动，三角形运条法根据使用场合不同，可分为正三角形和斜三角形两种，如图 3-6 所示。

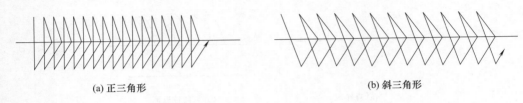

(a) 正三角形   (b) 斜三角形

图 3-6   三角形运条法

如图 3-6（a）所示为正三角形运条法，只适用于开坡口的对接焊缝和 T 形接头焊缝的立焊，它的特点是能焊出较厚的焊缝断面，焊缝不容易产生气孔和夹渣，有利于提高焊接生产率，当内层受坡口两侧斜面限制，宽度较小时，在三角形折角处要稍加停留，以利于两侧熔化充分，避免产生夹渣。

如图 3-6（b）所示为斜三角形运条法，适用于平焊、仰焊位置的 T 形接头焊缝和有坡口的横焊缝，它的特点是能够借助焊条的摆动来控制熔化金属的流动，促使焊缝成形良好，减少焊缝内部的气孔和夹渣，对提高焊缝内在质量有好处。

上述两种三角形运条方法在实际应用时，应根据焊缝的具体情况而定，立焊时，在三角形折角处应做停留；斜三角形转角部分的运条的速度要慢些。如果对这些动作掌握得协调一致，就能取得良好的成形焊缝。

⑥ 圆圈形运条法   在焊接过程中，焊条末端连续做圆圈运动并不断地向前移动，如图 3-7 所示。

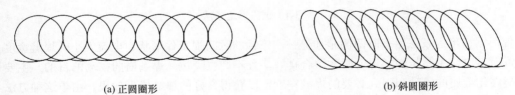

(a) 正圆圈形   (b) 斜圆圈形

图 3-7   圆圈形运条法

如图 3-7（a）所示，正圆圈形运条法只适用于较厚焊件的平焊缝，它的优点是焊缝熔池金属有足够的高温使焊缝熔池存在时间较长，促使熔池中的氧气、氮气等气体有时间析出，同时也便于熔渣上浮，对提高焊缝内在质量有利。

如图 3-7（b）所示，斜圆圈形运条法适用于平焊、仰焊位置的 T 形接头和对接接头的横焊缝。其特点是有利于控制熔化金属受重力影响而产生的下滴现象，有助于焊缝的成形，同时，能够减慢焊缝熔池冷却速度，使熔池的气体有时间向外逸出，熔渣有时间上浮，对提高焊缝内在质量有利。

⑦ 8 字形运条法   在焊接过程中，焊条末端连续做 8 字形运动，并不断前移，如图 3-8 所示。

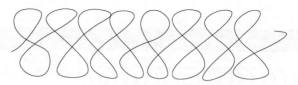

图 3-8　8 字形运条法

这种运条法比较难掌握，它适用于宽度较大的对接焊缝及立焊的表面焊缝，焊接对接立焊的表面层时，运条手法需灵活，运条速度应快些，这样能获得波纹较细，均匀美观的焊缝表面。

以上介绍的几种运条方法仅是几种最基本的方法，在实际生产中，焊接同一焊接接头形式的焊缝，焊工们往往根据自己的习惯及经验，采用不同的运条方法，来获得满意的焊接效果。

（3）运条时焊条角度和动作的作用

焊条电弧焊时，焊缝表面成形的好坏、焊接生产效率的高低、各种焊接缺陷的产生等，都与焊接运条的手法、焊条的角度和动作有着密切的关系，焊条电弧焊运条时焊条角度和动作及其作用见表 3-5。

表 3-5　焊条电弧焊运条时焊条角度和动作及其作用

焊条角度和动作	作用
焊条角度	① 防止立焊、横焊和仰焊时熔化金属下坠 ② 能很好地控制熔化金属与熔渣分离 ③ 控制焊缝熔池深度 ④ 防止熔渣向熔池前部流淌 ⑤ 防止产生咬边等焊接缺陷
沿焊接方向移动	① 保证焊缝直线施焊 ② 控制每道焊缝的横截面积
横向摆动	① 保证坡口两侧及焊道之间相互很好地熔合 ② 控制焊缝获得预定的熔深与熔宽
焊条送进	① 控制弧长，使熔池有良好的保护 ② 促进焊缝形成 ③ 使焊接连续不断地进行 ④ 与焊条角度的作用相似

3.2.4　焊缝接头

焊缝的接头在焊条电弧焊操作中，焊缝的接头是不可避免的。焊缝接头的好坏，不仅影响焊缝外观成形，也影响焊缝质量。后焊焊缝和先焊焊缝的连接情况和操作要点见表 3-6。

3.2.5　焊缝收尾

焊接的收尾又称为收弧，是指一条焊缝结束时采用的收尾方法。焊缝的收尾与每根焊条焊完时的熄弧不同，每根焊条焊完时的熄弧一般都留下弧坑，准备下一根焊条再焊时接头。焊缝的收尾操作时，应保持正常的熔池温度，做无直线移动的横摆点焊动作，逐渐填满熔池后再将电弧拉向一侧熄弧。每条焊缝结束时必须填满弧坑，过深的弧坑不仅会影响美观，还会使焊缝收尾处产生缩孔、应力集中而产生裂纹。焊缝的收尾方法一般采用以下 3 种操作方法（图 3-9）。

表 3-6　焊缝的接头技术

接头方式	示意图	操作技术
中间接头	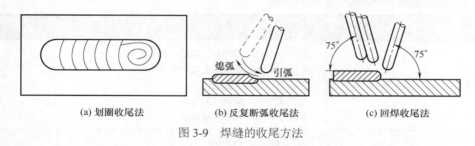	在弧坑前约 10mm 附近引弧，弧长略长于正常焊接弧长时，移回弧坑，压低电弧稍做摆动，再向前正常焊接
相背接头		先焊焊缝的起头处要略低些，后焊的焊缝必须在前条焊缝始端稍前处起弧然后稍拉长电弧，并逐渐引向前条焊缝的始端，并覆盖此始端，焊平后，再向焊接方向移动
相向接头		后焊焊缝到先焊焊缝的收尾处时，焊速放慢，填满先焊焊缝的弧坑后，以较快的速度再略向前焊一段后熄弧
分段退接头		后焊焊缝靠近前焊焊缝始端时，改变焊条角度，使焊条指向前焊焊缝的始端，拉长电弧，形成熔池后，压低电弧返回原熔池处收弧

(a) 划圈收尾法　　(b) 反复断弧收尾法　　(c) 回焊收尾法

图 3-9　焊缝的收尾方法

① 划圈收尾法　当焊接电弧移至焊缝终点时，在焊条端部做圆周运动，直到填满弧坑再拉断电弧。此法适用于厚板收尾。

② 反复断弧收尾法　当焊接进行到焊缝终点时，在弧坑处反复熄弧和引弧数次，直到填满弧坑为止。此法适用于薄板和大电流焊接，但不宜用碱性焊条。

③ 回焊收尾法　焊接电弧移至焊缝收尾处稍加停顿，然后改变焊条角度回焊一小段后断弧，相当于收尾处变成一个起头。此法适用于碱性焊条的焊接。

3.2.6　焊接工件的组对和定位焊

（1）焊接工件的组对

① 组对的要求　一般来说，若将结构总装后进行焊接，由于结构刚性增加，可以减少焊后变形，但对于一些大型复杂结构，可将结构适当地分布成部件，分别装配焊接，然后再拼焊成整体，使不对称的焊缝或收缩量较大的焊缝不影响整体结构。焊件装配时接口上下对齐，不应错口，间隙要适当均匀。装配定位焊时要考虑焊件自由伸缩及焊接的先后顺序，防止由于装配不当引起内应力及变形的产生。

② 不开坡口的焊件组对　板 - 板平对接焊时，焊接厚度＜ 2mm 或更薄的焊件时，装配间隙应≤ 0.5mm，剪切时留下的毛边在焊接时应锉修掉。装配时，接口处的上下错边不应超过板厚的 1/3，对于某些要求高的焊件，错边应≤ 0.2mm，可采用夹具组装。

③ 开坡口的焊件组对　板 - 板开 V 形坡口焊件组对时，装配间隙始端为 3mm、终端为 4mm，预置反变形量为 3°～ 4°，错边量≤ 1.4mm。

板 - 管开坡口的骑座式焊件组对时，首先要保证管子应与孔板相垂直，装配间隙为 3mm，焊件装配错边量≤ 0.5mm。

　　管 - 管焊件组对时，装配间隙为 2 ～ 3mm，钝边为 1mm，错边量≤ 2mm，保证在同一轴线上。

　　（2）焊接工件的定位焊

　　焊前固定焊件的相应位置，以保证整个结构件得到正确的几何形状和尺寸而进行的焊接操作叫定位焊，俗称点固焊。定位焊形成的短小而断续的焊缝叫定位焊缝，通常定位焊缝都比较短小，焊接过程中都不去掉，而成为正式焊缝的一部分保留在焊缝中，因此定位焊缝的位置、长度和高度等是否合适，将直接影响正式焊缝的质量及焊件的变形。进行定位焊接时应注意以下几点。

　　① 必须按照焊接工艺规定的要求焊接定位焊缝，采用与正式焊缝工艺规定的同牌号、同规格的焊条，用相同的焊接参数施焊，预热要求与正式焊接时相同。

　　② 定位焊缝必须保证熔合良好，焊道不能太高。起头和收弧端圆滑，不应过陡。定位焊的焊接顺序、焊点尺寸和间距见表 3-7。

表 3-7　定位焊的焊接顺序、焊点尺寸和间距

焊件厚度	焊接顺序	定位焊点尺寸和间距
薄件≤ 2mm	6　4　2　1　3　5　7	焊点长度：5mm 左右。 间距：20 ～ 40mm
厚件	1　　3　　4　　5　　2	焊点（缝）长度：20 ～ 30mm。 间距：200 ～ 300mm

　　注：焊接顺序也可视焊件的厚度、结构形式和刚性的情况而定。

　　③ 定位焊点应离开焊缝交叉处和焊缝方向急剧变化处 50mm 左右，应尽量避免强制装配，必要时可增加定位焊缝长度或减小定位焊缝的间距。定位焊用电流应比正式焊接时大 10% ～ 15%。

　　④ 定位焊后必须尽快正式焊接，避免中途停顿或存放时间过长。定位焊缝的余高不宜过高，定位焊缝的两端与母材平缓过渡，以防止正式焊接时产生未焊透等缺陷。

　　⑤ 在低温条件下定位焊接时，为了防止开裂，应尽量避免强行组装后进行定位焊，定位焊缝长度应适当加大，必要时使用碱性低氢型焊条。如定位焊缝开裂，则必须将裂纹处的焊缝铲除后重新定位焊。在定位焊之后，如出现接口不齐平，应进行校正，然后才能正式焊接。

3.3　各种焊接位置的操作要点

3.3.1　平焊

　　（1）平焊位置的焊接特点

　　平焊时，焊条熔滴金属主要依靠自身重力向熔池过渡，焊接熔池形状和熔池金属容易保持。

焊接同样板厚的焊件，平焊位置上的焊接电流要比其他位置大，生产效率高。

熔渣和熔池金属容易出现搅混现象，熔渣超前形成夹渣。焊接参数和操作不正确时，可能产生未焊透、咬边或焊瘤等缺陷。平板对接焊接时，若焊接参数或焊接顺序选择不当，则容易产生焊接变形。单面焊双面成形时，第一道焊缝容易产生熔透程度不均、背面成形不良等现象。

（2）平焊位置的焊条角度

平焊位置时的焊条角度如图3-10所示。

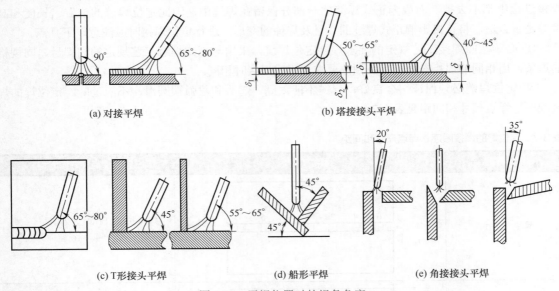

(a) 对接平焊　　　　　　　　　　(b) 塔接接头平焊

(c) T形接头平焊　　　　(d) 船形平焊　　　　(e) 角接接头平焊

图3-10　平焊位置时的焊条角度

（3）平焊位置的焊接要点

将焊件置于平位置，焊工手持焊钳，焊钳夹持焊条，采用前述引弧、运条及收尾等基本操作技术。

① 根据板厚可以选用直径较粗的焊条，用较大的焊接电流焊接。在同样板厚条件下，平焊位置的焊接电流比立焊位置、横焊位置和仰焊位置的焊接电流大。

② 一般焊时常采用短弧，短弧焊接可：减少电弧高温热损失，提高熔池熔深；防止电弧周围有害气体侵入熔池，减少焊缝金属元素的氧化；减少焊缝产生气孔的可能性。但电弧也不宜过短，以防焊条与工件产生短路。

③ 焊接时焊条与焊件成40°～90°夹角，控制好熔池与液态金属的分离，防止熔渣出现超前现象。焊条与焊件夹角大，焊接熔池深度也大；焊条与焊件夹角小，焊接熔池深度也浅。

④ 当板厚≤6mm时，对接平焊一般开I形坡口，正面焊缝宜采用直径为3.2～4mm的焊条短弧焊，熔深应达到焊件厚度的2/3。背面封底焊前，可以不铲除焊根（重要构件除外），但要将熔渣清理干净，焊接电流可大一些。当板厚＞6mm时，必须开单V形坡口或双V形坡口，采用多层焊如图3-11所示或采用多层多道焊如图3-12所示。多层焊时，第一层选用较小直径焊条，常用直径为3.2mm，采用直线形运条或锯齿形运条。以后各层焊接时，先将前一层熔渣清除干净，选用直径较大的焊条和较大的焊接电流施焊，采用短弧焊接，锯齿形运条，在坡口两侧需作停留，相邻层焊接方向应相反，焊缝接头需错开。多层多道焊的焊接方法与多层焊相似，一般采用直线形运条，应注意选好焊道数及焊道顺序。

⑤ 对接平焊若有熔渣和熔池金属混合不清的现象，则可将电弧拉长，焊条前倾，并做向熔池后方推送熔渣的动作，以防止产生夹渣，焊接水平倾斜焊缝时，应采用上坡焊，防止熔渣向熔池

前方流动，避免焊缝产生夹渣缺陷。

⑥ T 形、角接、搭接的平角焊接头，若两板厚度不同，则应调整焊条角度，将电弧偏向厚板一边，使两板受热均匀。

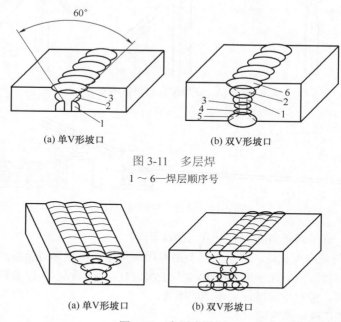

(a) 单V形坡口　　　　　　(b) 双V形坡口

图 3-11　多层焊

1 ~ 6—焊层顺序号

(a) 单V形坡口　　　　　　(b) 双V形坡口

图 3-12　多层多道焊

（4）平焊位置的正确运条方法

板厚≤ 6mm 时，I 形坡口对接平焊，采用双面焊时，正面焊缝采用直线形运条，稍慢，背面焊缝也采用直线形运条，焊接电流应比焊正面焊缝时稍大些，运条要快；开其他形状的坡口对接平焊时，可采用多层焊或多层多道焊。

T 形接头平焊的焊脚尺寸小于 6mm 时，可选用单层焊，用直线形、斜圆圈形或锯齿形运条方法；焊脚尺寸较大时，宜采用多层焊或多层多道焊，打底焊都采用直线形运条方法，其后各层的焊接可选用斜锯齿形、斜圆圈形运条。

搭接、角接平角焊时，运条操作与 T 形接头平角焊运条相似。

船形焊的运条操作与开坡口对接平焊相似。

3.3.2　立焊

（1）立焊位置的焊接特点

立焊时熔池金属与熔渣因自重下坠，容易分离。熔池温度过高时，熔化金属易向下流淌，形成焊瘤、咬边和夹渣等缺陷，焊接不易焊得平整。

T 形接头焊缝根部容易产生未焊透缺陷。焊接过程中，熔池深度容易掌握。立焊比平焊位置多消耗焊条而焊接生产率却比平焊低。焊接过程中多用短弧焊接。在与对接立焊相同的条件下，焊接电流可稍大些，以保证两板熔合良好。

（2）立焊位置的焊条角度（见图 3-13）

（3）立焊位置的焊接要点

① 立焊时，焊钳夹持焊条后，焊钳与焊条应成一直线，如图 3-14 所示，焊工的身体不要正对着焊缝，要略偏向左侧或右侧（左撇子），以便于握焊钳的右手或左手操作。

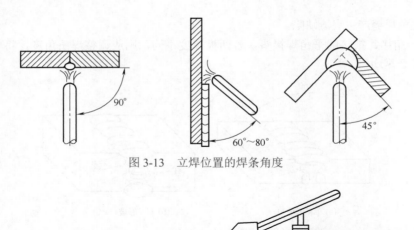

图 3-13　立焊位置的焊条角度

图 3-14　焊钳夹持焊条位置

② 焊接过程中，保持焊条角度，减少熔化金属下淌。

③ 生产中常用的是向上立焊，向下立焊要用专用焊条才能保证焊缝质量。向上立焊时焊条角度如图 3-14 所示，焊接电流应比平焊时小 10% ～ 15%，且应选用较小的焊条直径，一般＜ 4mm。

④ 采用短弧施焊，缩短熔滴过渡到熔池的距离。

（4）立焊位置的正确运条方法

I 形坡口对接（常用于薄板）向上立焊时，最大弧长应≤ 6mm，可选用直线形、锯齿形、月牙形运条或跳弧法施焊。

V 形坡口向上立焊时，厚板采用小三角形运条法，中厚板或较薄板采用小月牙形或锯齿形运条法，运条速度必须均匀。

T 形接头立焊时，运条操作与其他形式坡口对接立焊相似，为防止焊缝两侧产生咬边、未焊透现象，电弧应在焊缝两侧及顶角有适当的停留时间。

其他形式坡口对接立焊时，第一层焊缝常选用跳弧法或摆幅不大的月牙形、三角形运条焊接，其后可采用月牙形或锯齿形运条方法。

焊接盖面层时，应根据对焊缝表面的要求选用运条方法，焊缝表面要求稍高的可采用月牙形运条，如果只要求焊缝表面平整的可采用锯齿形运条方法。

3.3.3　横焊

（1）横焊位置的焊接特点

横焊时熔化金属因自重易下坠至坡口上，造成坡口上侧产生咬边缺陷，下侧形成泪滴形焊瘤或未焊透。熔化金属与熔渣易分清，略似立焊，采用多层多道焊能防止熔化金属下坠、外观不整齐。其焊接电流较平焊电流小些。

横焊位置的焊条角度如图 3-15 所示。

（2）横焊位置的焊接要点

① 对接横焊开坡口一般为 V 形或 K 形，其特点是下板不开坡口或坡口角度小于上板，焊接时一般采用多层焊。

② 板厚为 3 ～ 4mm 的对接接头可用 I 形坡口双面焊，正面焊选用直径为 3.2 ～ 5mm 的焊条。

③ 选用小直径焊条，焊接电流比平焊小，短弧操作，能较好地控制熔化金属下淌程度。

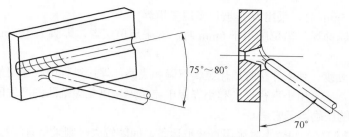

图 3-15　横焊位置的焊条角度

④ 厚板横焊时，打底层以外的焊缝宜采用多层多道焊法施焊。要特别注意焊道与焊道间的重叠距离，每道叠焊，应在前一道焊缝的 1/3 处开始焊接，以防止焊缝产生凹凸不平的现象。

⑤ 根据焊接过程中的实际情况，保持适当的焊条角度，焊接速度应稍快且要均匀。

（3）横焊位置的正确运条方法

I 形坡口对接横焊，焊件较薄时，正面焊缝采用往复直线运条方法较好，稍厚件选用直线形或小斜圆圈形运条，背面焊缝选用直线运条，焊接电流可以适当加大。

其他形式坡口对接多层横焊，间隙较小时，可采用直线形运条，根部间隙较大时，打底层选用往复直线运条，其后各层焊道焊接时，可采用斜圆圈形运条，多层多道焊焊接时，宜采用直线形运条。

3.3.4　仰焊

（1）仰焊位置的焊接特点

仰焊时熔化金属因重力作用易下淌，熔池形状和大小不易控制，易出现夹渣、未焊透、凹陷、焊瘤及焊缝成形不好等缺陷，运条困难，焊件表面不易焊得平整。流淌的熔化金属易飞溅扩散，若防护不当，则容易造成烫伤事故，仰焊比其他空间位置焊接效率低。

仰焊位置的焊条角度：焊工可根据具体情况变换焊条角度，仰焊位置的焊条角度如图 3-16 所示。

（2）仰焊位置的焊接要点

① 对接焊缝仰焊，当焊件厚度≤4mm 时，采用 I 形坡口，选直径为 3.2mm 的焊条，焊条角度如图 3-16（a）所示，焊接电流要适当。

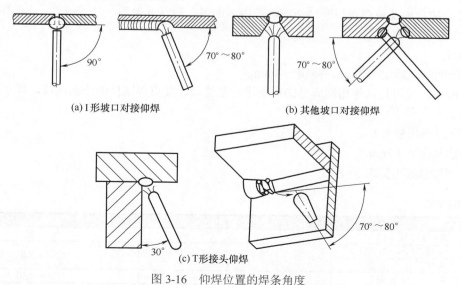

图 3-16　仰焊位置的焊条角度

②焊件厚度≥5mm时，采用V形坡口多层多道焊。

③T形接头焊缝仰焊，当焊脚小于8mm时，宜采用单层焊，焊脚大于8mm时宜采用多层多道焊。

④为便于熔滴过渡，减少焊接时熔化金属下淌和飞溅，焊接过程中应采用最短的弧长施焊。

⑤打底层焊缝，应采用小直径焊条和小焊接电流施焊，以免焊缝两侧产生凹陷和夹渣。

（3）仰焊位置的正确运条方法

①I形坡口对接仰焊，间隙小时采用直线形运条，间隙较大时则采用直线往返形运条。

②其他形式坡口对接多层仰焊时，打底层焊接应根据坡口间隙的大小选定使用直线形运条或直线往返形运条方法，其后各层可选用锯齿形或月牙形运条方法。多层多道焊宜采用直线形运条方法。无论采用哪种运条方法，每一次向熔池过渡的熔化金属都不宜过多。

③T形接头仰焊时，焊脚尺寸如果较小，则可采用直线形或往复直线形运条方法，由单层焊接完成；焊脚尺寸如果较大，则可采用多层或多层多道施焊，第一层打底焊宜采用直线形运条，其后各层选用斜三角形或斜圆圈形运条方法焊接。

3.4 工程实例

3.4.1 中厚板的板－板对接、V形坡口、平焊、单面焊双面成形

（1）试件尺寸及要求

①试件材料牌号：16Mn（Q235）。

②试件及坡口尺寸：见图3-17。

③焊接位置：横焊。

④焊接要求：单面焊双面成形。

⑤焊接材料：E5015（E4315）。

⑥焊机：WSE-315。

（2）试件装配

①钝边为1mm，装配间隙为3～4mm。

②清除坡口内及坡口正反两侧20mm范围内的油、锈及其他污物，并露出金属光泽。

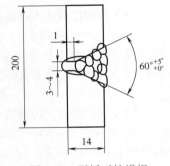

图3-17 平板对接横焊

③装配

a. 装配间隙：始端为3mm，终端为4mm。

b. 定位焊：采用与试件相同牌号的焊条进行定位焊，并点焊试件的反面两端，焊点长度不得超过2mm。

c. 预置反变形量为6°。

d. 错边量应≤1.2mm。

（3）焊接参数（见表3-8）

表3-8 焊接参数

焊接层次		焊条直径/mm	焊接电流/A
打底焊（第一层1道）		2.5	70～80
填充焊	（第二层2、3道）	3.2	120～140
	（第三层4、5道）		
盖面焊（6、7、8道）		3.2	120～130

（4）操作要点及注意事项

横焊时熔化金属在自重的作用下易下淌，使焊缝上边易产生咬边缺陷，下边易出现焊瘤和未熔合等缺陷，所以宜采用较小直径的焊条与焊接电流，多层多道焊，短弧操作。

① 打底焊　将试件垂直固定于焊接架上，并使焊接坡口处于水平位置，将试件小间隙的一端置于左侧。

单面焊双面成形的打底焊，操作方法有连弧焊法与断弧焊法两种，掌握好了就能焊出良好质量的焊缝。焊条电弧焊单面焊双面成形操作技术是利用普通焊条，以特殊的操作方法，在坡口背面没有任何辅助措施的条件下，在坡口的正面进行焊接，焊后保证坡口的正反面都能得到均匀整齐、成形良好、符合质量要求的焊缝的焊接方法。

连弧焊法在焊接过程中电弧连续燃烧，采用较小的坡口、钝边、间隙，用较小的焊接电流，短弧连续施焊。运条平稳均匀，操作手法变化小、易掌握，焊缝背面成形细密整齐，能保证焊缝内在质量的要求。连弧焊法的特点是焊接时电弧燃烧不间断，生产效率高，焊接熔池保护得好，产生缺陷的机会少。但它对装配质量要求高，参数选择要求严，故其操作难度较大，易产生烧穿和未焊透等缺陷。

断弧焊法是通过控制电弧的不断燃烧和灭弧的时间以及运条动作来控制熔池形状、熔池温度以及熔池中液态金属厚度并获得良好的背面成形和内部质量的一种单面焊双面成形技术。断弧焊法的坡口、钝边、间隙比连弧焊法的稍大，焊接电流范围也较宽，比连弧焊法灵活，适应性强。但操作手法变化大，掌握起来有一定难度。

断弧焊法（它又分两点击穿法和一点击穿法两种手法）的特点是依靠电弧时燃时灭的时间特性来控制熔池的温度，因此，焊接参数的选择范围较宽，易掌握，但生产效率低，焊接质量不如连弧焊法易保证，且易出现气孔、冷缩孔等缺陷。

下面介绍的操作手法是断弧焊一点击穿法。

将试板大装配间隙置于右侧，在试板左端定位焊缝处引弧，并用长弧稍作停留进行预热，然后压低电弧在两钝边间做横向摆动。当钝边熔化的铁水与焊条金属熔滴连在一起，并听到"噗、噗"声时，便形成第一个熔池，此时灭弧。它的运条动作特点是：每次接弧时，焊条中心应对准熔池的 2/3 处，电弧同时熔化两侧钝边；当听到"噗、噗"声后，果断灭弧，使每个新熔池覆盖前一个熔池 2/3 左右。

操作时必须注意：当接弧位置选在熔池后端时，接弧后再把电弧拉至熔池前端灭弧，则易造成焊缝夹渣。此外，在封底焊时，还易产生缩孔，解决办法是提高灭弧频率，由正常 50 ～ 60 次 /min，提高到 80 次 /min 左右。

更换焊条时的接头方法：在换焊条收弧前，在熔池前方做熔孔，然后回焊 10mm 左右，再收弧，以使熔池缓慢冷却；迅速更换焊条，在弧坑后部 2mm 左右处起弧，用长弧对焊缝预热，在弧坑后 10mm 左右处压低电弧，用连弧手法运条到弧坑根部，并将焊条往熔孔中压下，听到"噗、噗"击穿声后，停顿 2s 左右灭弧，即可按断弧封底法进行正常操作。

打底焊施焊过程中要采用短弧，运条要均匀，在坡口上侧停留时间应稍长。其运条方法与焊条角度如图 3-18 和图 3-19 所示。

焊接上、下焊道时，要注意坡口上、下侧与打底焊道间夹角熔合情况，以防止产生未焊透与夹渣等缺陷，并且使上焊道覆盖下焊 $\frac{1}{3}$ ～ $\frac{1}{2}$ 为宜，以防焊层过高或形成沟槽。

② 盖面焊　表面层焊接也采用多道焊（三道），焊条角度如图 3-20 所示，运条方法采用直线形或圆圈形皆可。

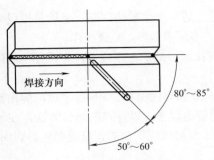

图 3-18 V 形坡口横对接焊时连弧
打底焊的运条方法与焊接角度

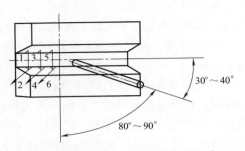

图 3-19 V 形坡口横对接焊时断弧
打底焊的运条方法与焊接角度

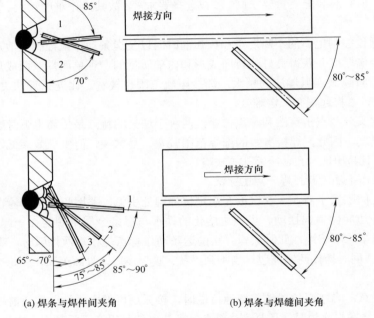

(a) 焊条与焊件间夹角　　　　　(b) 焊条与焊缝间夹角

图 3-20 多道焊的焊条角度

3.4.2 中厚板的板-板对接、V 形坡口、立焊、单面焊双面成形

（1）试件尺寸及要求

① 试件材料牌号：20g。

② 试件及坡口尺寸：见图 3-21。

③ 焊接位置：立焊。

④ 焊接要求：单面焊双面成形。

⑤ 焊接材料：E4303。

⑥ 焊机：焊机 WSE-315。

（2）试件装配

① 钝边尺寸为 1mm。

② 清除坡口面及其正反两侧 20mm 范围内的油、锈及

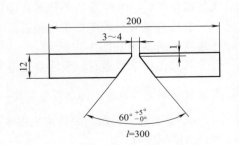

图 3-21 试件及坡口尺寸

其他污物，装配至露出金属光泽。

③装配

a. 装配间隙：始端为 3mm，终端为 4mm。

b. 定位焊：采用与焊接试件相同牌号的焊条进行定位焊，并在试件坡口内两端点焊，焊点长度为 10～15mm，将焊点接头端打磨成斜坡。

c. 预置反变形量为 3°～4°。

d. 错边量≤ 1.2mm。

（3）焊接参数（见表 3-9）

表 3-9　焊接参数

焊接层次（道）	焊条直径 /mm	焊接电流 /A
打底焊（1）	3.2	100～110
填充焊（2、3）		110～120
盖面焊（4）		100～110

（4）操作要点及注意事项

采用自下向上焊接，始焊端在下方。打底焊打底层焊接，可以采用连弧法，也可采用断弧手法，本处以连弧法为例。

①引弧　在定位焊缝上引弧，当焊至定位焊缝尾部时，应稍加预热，将焊条向坡口根部顶一下，听到"噗、噗"声（表明坡口根部已被熔透，第一个熔池已形成），此时熔池前方应有熔孔，该熔孔向坡口两侧各深入 0.5～1mm。

②运条方法　采用月牙形或锯齿形横向短弧焊法，弧长应小于焊条直径。

③焊条角度　焊条的倾角为 70°～75°，并在坡口两侧稍作停留，以利于填充金属与母材熔合，并防止因填充金属与母材交界处形成夹角而不易清渣。

④操作要领　一"看"、二"听"、三"准"。

"看"：观察熔池形状和熔孔大小，并基本保持一致；熔池形状应为椭圆形，熔池前端始终应有一个深入母材两侧 0.5～1mm 的熔孔；当熔孔过大时，应减小焊条与试板的下倾角，让电弧多压往熔池，少在坡口上停留；当熔孔过小时，应压低电弧，增大焊条与试板的下倾角度。

"听"：注意听电弧击穿坡口根部发出的"噗、噗"声，如没有这种声音就是没焊透。

"准"：施焊时，熔孔的端点位置要把握准确，焊条的中心要对准熔池前端与母材的交界处，使每一个熔池与前一个熔池搭接 2/3 左右，保持电弧的 1/3 部分在试件背面燃烧，以加热和击穿坡口根部。

⑤收弧打底焊道需要更换焊条停弧时，先在熔池上方做一熔孔，然后回焊 10～15mm 再熄弧，并使其形成斜坡形。

⑥接头可分热接和冷接两种方法。

热接：当弧坑还处在红热状态时，在弧坑下方 10～15mm 处的斜坡上引弧，并焊至收弧处，使弧坑根部温度逐步升高，然后将焊条压低，沿着预先做好的熔孔向坡口根部顶一下，使焊条与试件的下倾角增大到 90°左右，听到"噗、噗"声后，稍作停顿，恢复正常焊接。停顿时间一定要适当，若过长则易使背面产生焊瘤，若过短则不易接上接头。

冷接：当弧坑已经冷却时，用砂轮或扁铲在已焊的焊道收弧处打磨一个 10～15mm 的斜坡，并在斜坡上引弧并预热，使弧坑温度逐步升高，然后将焊条顺着原先熔孔迅速上顶，听到"噗噗"声后，稍做停顿，恢复正常手法焊接。

磨一个 10～15mm 的斜坡，在斜坡上引弧并预热，使弧坑根部温度逐步升高，当焊至斜坡最低处时，将焊条沿预先做好的熔孔向坡口根部顶一下，听到"噗、噗"声后，稍做停顿并提起焊条进行正常焊接。

⑦ 打底层焊缝厚度坡口背面的高度约为 1.5 ～ 2mm，正面厚度为 2 ～ 3mm。

（5）填充层焊接

① 应对打底焊道仔细清渣，应特别注意死角处的熔渣清理。

② 在距焊缝始端 10mm 左右处引弧后，将电弧拉回到始焊端施焊。每次都应按此法操作，以防产生缺陷。

③ 采用月牙形或横向锯齿形运条方法。

④ 焊条与试板的下倾角为 70° ～ 80°。

⑤ 焊条摆动到两侧坡口处要稍做停顿，以利于熔合及排渣，防止焊缝两边产生死角。

⑥ 最后一层填充焊层厚度，应使其比母材表面低 1 ～ 1.5mm 且应呈凹形，不得熔化坡口棱边，以利于盖面层保持平直。

（6）盖面层焊接

① 引弧同填充层焊接。

② 采用月牙形或横向锯齿形运条。

③ 焊条与试板的下倾角为 70° ～ 75°。

④ 焊条摆动到坡口边缘时，要稍做停留，保持熔宽为 1 ～ 2mm。

⑤ 焊条的摆动频率应比平焊稍快些，前进速度要均匀一致，使每个新熔池覆盖前一个熔池的 $\frac{2}{3}$ ～ $\frac{3}{4}$。

⑥ 接头：换焊条前收弧时，应对熔池填些铁液，迅速更换焊条后，再在弧坑上方 10mm 左右的填充层焊缝金属上引弧，将电弧拉至原弧坑处填满弧坑后，继续施焊。

3.4.3 中厚板的板－板对接、仰焊、V 形坡口、单面焊双面成形

（1）试件尺寸及要求

① 试件材料牌号：20g。

② 试件及坡口尺寸：见图 3-22。

③ 焊接要求单面焊双面成形。

④ 焊接材料：E4303。

⑤ 焊机：WSE-3。

（2）试件装配

① 钝边为 0.5 ～ 1mm；除垢清除坡口面及其正反两侧 20mm 范围内的油、锈及其他污物，至露出金属光泽。

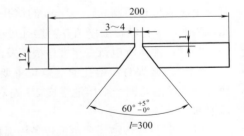

图 3-22　试件及坡口尺寸

② 装配

a. 始端装配间隙为 3.2mm，终端为 4mm；

b. 采用与焊接试件相同牌号的焊条进行定位焊，并在试件坡口内两端点焊，焊点长度为 10 ～ 15mm，将两焊点接头打磨成斜坡。

c. 预置反变形量为 3° ～ 4°。

d. 错边量应 ≤ 1.2mm。

（3）焊接参数（表 3-10）

（4）操作要点及注意事项

仰焊是焊接位置中最困难的一种，熔池金属易下坠而使正面产生焊瘤，背面易产生凹陷。因

此操作时，必须采用最短的电弧长度。试件水平固定，坡口向下，间隙小的一端位于左侧，采用四层 4 道焊接。

表 3-10　焊接参数

焊接层次（道）	焊条直径/mm	焊接电流/A	焊接层次（道）	焊条直径/mm	焊接电流/A	焊接层次（道）	焊条直径/mm	焊接电流/A
打底焊（1）	2.5	80～90	填充焊（2、3）	3.2	120～130	盖面焊（4）	3.2	110～120

打底层焊接可采用连弧焊手法，也可以断弧焊手法。

采用连弧手法时，在定位焊缝上引弧，并使焊条在坡口内做轻微横向匀速摆动，当焊至定位焊缝尾部时，应稍做预热，将焊条向上顶听到"噗、噗"声时，此时坡口根部已被焊透，第一个熔池已形成，需使熔孔向坡口两侧各深入 0.5～1mm。采用月牙形或锯齿形运条，当焊条摆动到坡口两侧时，需稍做停顿，使填充金属与母材熔合良好，并应防止与母材交界处形成夹角，以免不易清渣。焊条与试板夹角为 90°，与焊接方向夹角为 70°～80°。

焊接要点：第一，要采用短弧施焊，利用电弧吹力把铁液托住，并将一部分铁液送到试件背面；第二，要使新熔池覆盖前一熔池的 1/2，并适当加快焊接速度以减小熔池面积，形成薄焊肉，达到减轻焊缝金属自重的目的；第三，焊层表面要平直，避免下凸，否则会给下一层焊接带来困难，并易产生夹渣、未熔合等缺陷。收弧时，先在熔池前方做一熔孔，然后将电弧向后回带 10mm 左右，再熄弧，并使其形成斜坡。

采用断弧焊手法时，在定位焊缝上引弧，然后焊条在始焊部位坡口内做轻微横向快速摆动，当焊至定位焊缝尾部时，应稍做预热，并将焊条向上顶一下，听到"噗、噗"声后，表明坡口根部已被熔透，第一个熔池已形成，并使熔池前方形成向坡口两侧各深入 0.5～1mm 的熔孔，然后将焊条向斜下方灭弧。焊条与焊接方向的夹角为 70°～80℃。

焊接要点：采用两点击穿法，左、右两侧钝边应完全熔化并深入每侧母材 0.5～1mm；灭弧动作要快，应干净利落，并使焊条总是向上探，利用电弧吹力可有效地防止背面焊缝内凹；灭弧与接弧时间要短，灭弧频率为 30～50 次/min；每次接弧位置要准确，焊条中心要对准熔池前端与母材的交界处。更换焊条接头、换焊条前应在熔池前方做上熔孔，然后回带 10mm 左右再熄弧；迅速更换焊条后，在弧坑后部 10～15mm 坡口内引弧，用连弧手法运条到弧根部时，将焊条沿着预先做好的熔孔，向坡口根部顶一下，听到"噗、噗"声后，稍停，在熔池中部斜下方灭弧，随即恢复原来的断弧手法。

打底层焊道要细而均匀，外形平缓，避免焊缝中部过分下坠，否则易给第 2 道焊缝带来困难，易产生夹渣和未熔合等缺陷。

填充层焊接分两层 2 道进行施焊。应对前一道焊缝仔细清理熔渣和飞溅物。在距焊缝始端 10mm 左右处引弧，而后将电弧拉回始焊处施焊。每次接头都应如此。一般采用短弧、月牙形或锯齿形运条，焊条与焊接方向夹角为 85°～90°。焊条摆动到两侧坡口处时，应稍做停顿；摆动到中间时，应快些以形成较薄的焊道。应让熔池始终呈椭圆形，并保证其大小一致。

盖面层焊接时，引弧方法同填充层。采用短弧、月牙形或锯齿形运条。焊条与焊接方向夹角为 90°。焊条摆动到坡口边缘时，要稍做停顿，以坡口边缘熔化 1～2m 为准，以防止咬边。焊接速度要均匀一致，使焊缝表面平整。接头采用热接法。换焊条前，应对熔池稍填铁液，且迅速换焊条后，在弧坑前 10mm 左右处引弧，然后把电弧拉到弧坑处划一小圆圈，使弧坑重新熔化，随后进行正常焊接。

3.4.4 管子焊接技术举例

（1）水平固定管焊条电弧焊操作要点

水平固定管焊条电弧焊操作要点见表 3-11。

表 3-11 水平固定管焊条电弧焊操作要点

项目	内容
焊接特点	① 环形焊缝不能两面施焊，必须从工艺上保证第一层焊透，且背面成形良好 ② 管件的空间焊接位置沿环形连续变化，要求施焊者站立的高度和运条角度必须随之相应变化 ③ 熔池温度和形状不易控制，焊缝成形不均匀 ④ 焊接根部时，处在仰焊和平焊位置的根部焊缝常出现焊不透、焊瘤及塌腰等缺陷
装配定位要求	① 必须使管子轴线对正，以免中心线偏斜，管子上部间隙应放大 0.5 ～ 2.0mm 作为反变形量（管径小时取下限，管径大时取上限，补偿先焊管子下部造成的收缩） ② 为保证根部焊缝的反面成形，不开坡口薄壁管的对口间隙取壁厚的一半；开坡口管子的对口间隙，采用酸性焊条时以等于焊条直径为宜，采用碱性焊条时以等于焊条直径的一半为宜 ③ 管径（φ）≤ 42m 时，在一处进行定位焊；管径为 42 ～ 76mm 时，在两处进行定位焊；管径为 76 ～ 133mm 时，可在三处进行定位焊，如下图（a）、图（b）、图（c）所示 (a) φ≤42mm　　　　(b) φ=42～76mm　　　　(c) φ=76～133mm ④ 对直径较大的管子，尽量采用将筋板焊到管子外壁定位的方法临时固定管子对口，以避免定位焊处可能存在的缺陷 ⑤ 带垫圈的管子应在坡口根部定位焊，定位焊缝应是交错分布的[见图（d）] 1 2 3 **(d) 定位焊缝的分布位置** 1—水平固定管；2—垫圈；3—定位焊缝
引弧	用碱性焊条焊接时，引弧多采用划擦法。碱性焊条允许用电流比同直径的酸性焊条要小 10% 左右，所以引弧过程容易出现粘焊条现象，为此，引弧过程要求工手稳、技术水平高，引弧及回弧动作要快、准。在始焊处（时针 6 点位置）前 10mm 处引弧后，把电弧拉至始焊处（时针 6 点位置）进行电弧预热，当发现坡口根部有"出汗"现象时，将焊条向坡口间隙内顶送，听到"噗、噗"声后，稍停，使钝边每侧熔化 1 ～ 2mm 并形成第一个熔孔，这时引弧工作完成

项目	内容
焊条角度	 **(e) 焊条角度** ① 起弧点（时针 5～6 点位置），焊条与焊接方向管切线夹角为 80°～85° ② 在时针 7～8 点位置，为仰焊爬坡焊，焊条与焊接方向管切线夹角为 100°～105° ③ 在时针 9 点位置立焊时，焊条与焊接方向管切线夹角为 90° ④ 在立位爬坡焊（时针 10～11 点位置）施焊过程中，焊条与焊接方向管切线夹角为 85°～90° ⑤ 在时针 12 点位置焊接时，为平焊，焊条与焊接方向管切线夹角为 75°～85° ⑥ 前半圈与后半圈相对应的焊接位置、焊条角度相同 [图（e）]
运条方法	① 电弧在时针 5～6 点位置 A 处引燃后，以稍长的电弧加热该处 2～3s，待引弧处坡口两侧金属有"出汗"现象时，迅速压低电弧至坡口根部间隙；通过护目镜看到有熔滴过渡并出现熔孔时，焊条稍微左右摆动并向后上方稍推；观察到熔滴金属把已与钝边金属连成金属小桥后，焊条稍拉开，恢复正常焊接。焊接过程中必须采用短弧把熔滴送到坡口根部 ② 爬坡仰焊位置焊接时，电弧以月牙形运动并在两侧钝边处稍做停顿，看到熔化的金属已挂在坡口根部间隙并熔入坡口两侧各 1～2mm 时再移弧 ③ 时针 9～12 点、3～12 点位置用水平管立焊爬坡焊的焊接手法与时针 6～9 点、3 点位置大体相同，所不同的是管子温度开始升高，加上焊接熔滴、熔池的重力和电弧吹力等作用，在爬坡焊时极容易出现焊瘤，所以，要保持短弧快速运条 ④ 在管平焊位置（时针 12 点位置）焊接时，前半圈焊缝收弧点在 B 点
与定位焊缝接头	焊接过程中，焊缝要与定位焊缝相接时，焊条要向根部间隙位置顶一下；当听到"噗、噗"声后，将焊条快速运条到定位焊缝的另一端根部预热；看到端部定位焊缝有"出汗"现象时，焊条要往根部间隙处压弧；听到"噗、噗"声后，稍做停顿仍用原先焊接手法继续施焊
收弧	当焊接接近收弧处时，焊条应该在收弧处稍停一下预热，然后将焊条向坡口间隙处压弧，让电弧击穿坡口根部，听到"噗、噗"声后稍做停顿，然后继续施焊 10～15mm，至填满弧坑即可
焊接操作要点	水平固定管的焊接通常按照管子垂直中心线将环形焊口分成对称的两个半圆形焊口，按仰→立→平的顺序焊接 （1）V 形坡口的第一层焊接 ① 前半部的焊接　前半部的起焊点应从仰焊部位中心线提前 5～15mm，从仰位坡口面上引弧至始焊处；长弧预热到坡口内有似汗珠状的钢水时，迅速压短电弧，用力将焊条往坡口根部顶；当电弧击穿钝边后，再进行断弧焊或连弧焊操作按仰焊、仰立焊、立焊、上坡焊、平焊顺序焊接，熄弧处应超过垂直中心线 5～15mm ② 后半部的焊接　起弧后，长弧预热先焊的焊缝端头，待其熔化后，迅速将焊条转成水平位置，用焊条端头将熔融钢水推掉，形成缓坡形割槽，随后焊条转成与垂直中心线约 30° 从割槽后端开始焊接；熄弧时，当运条到斜平焊位置时，将焊条前倾，稍做前后摆动，焊至接头封闭时，将焊条稍压一下，可听到电弧击穿根部的"噗、噗"声，在接头处来回摆动，以延长停留时间，保证充分熔合，填满弧坑后熄弧

项目	内容
焊接操作要点	（2）带垫圈的 V 形坡口对接焊 ① 壁厚 < 10mm 的管子的第一条焊道采用单道焊。开始采用长弧，从坡口侧引弧，直线移至管子中线后做横向摆动，以两边慢、中间快的运条方式焊接，注意坡口两侧的充分熔合和避免烧穿垫圈 ② 壁厚 ≥ 10mm 的管子采用双道焊，其要点是先将垫圈焊于坡口侧［见图（f）］。第一道焊缝愈薄愈窄愈好，以便于装配。对口时，将渣壳和飞溅物清理干净，再将另一管套在垫圈上进行第二条焊道的焊接，焊接时应注意与第一条焊道的熔合 （3）多层焊双道焊对口焊接方式 多层焊时，其他各层的焊接也应分为两半进行施焊，但在外层施焊时，应选用较大的电流，并适当控制运条；当焊接外部第二层焊缝时，仰焊时运条速度要快，平焊时运条应缓慢；当对口间隙较窄时，仰焊起焊点可以选择在焊道中央，如果对口间隙很宽，则应从坡口一侧起焊	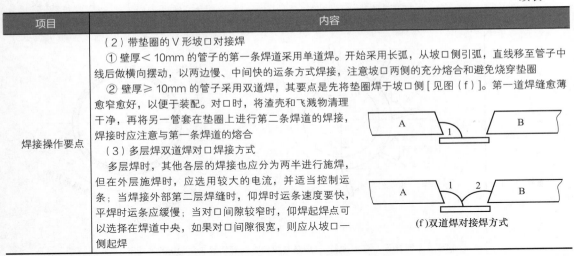 (f)双道焊对接焊方式

（2）水平转动管焊条电弧焊操作要点

水平转动管焊条电弧焊操作要点见表 3-12。

表 3-12　水平转动管焊条电弧焊操作要点

项目	内容
焊接特点	① 与固定管相比，操作容易，焊缝质量易保证 ② 可以连续施焊，工作效率高 ③ 需附加转动装置
焊接位置	单面焊双面成形推荐以下两个焊接位置［见图（a）］ 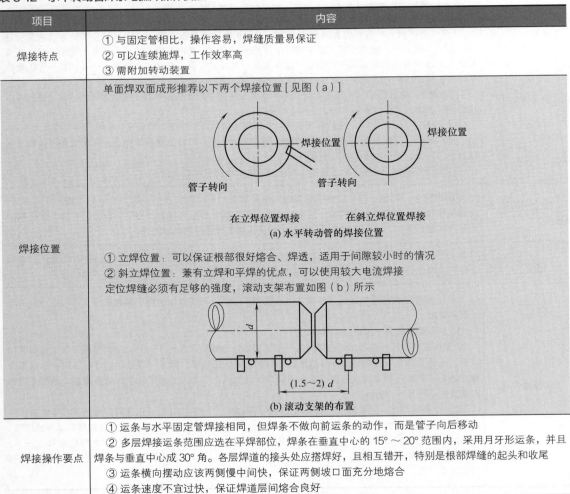 ① 立焊位置：可以保证根部很好熔合、焊透，适用于间隙较小时的情况 ② 斜立焊位置：兼有立焊和平焊的优点，可以使用较大电流焊接 定位焊缝必须有足够的强度，滚动支架布置如图（b）所示
焊接操作要点	① 运条与水平固定管焊接相同，但焊条不做向前运条的动作，而是管子向后移动 ② 多层焊接运条范围应选在平焊部位，焊条在垂直中心的 15° ～ 20° 范围内，采用月牙形运条，并且焊条与垂直中心成 30° 角。各层焊道的接头处应搭焊好，且相互错开，特别是根部焊缝的起头和收尾 ③ 运条横向摆动应该两侧慢中间快，保证两侧坡口面充分地熔合 ④ 运条速度不宜过快，保证焊道层间熔合良好

（3）垂直固定管焊条电弧焊操作要点

垂直固定管焊条电弧焊操作要点见表 3-13。

表 3-13　垂直固定管焊条电弧焊操作要点

项目	内容
焊接特点	① 钢水因自重下淌易造成坡口边缘咬边 ② 焊条角度变化小，运条易掌握 ③ 多道焊时易引起层间夹渣和未焊透，表面层焊接易出现凹凸不平的缺陷，不易焊得美观
装配定位要求	参见水平固定管的装配定位要求
引弧	引弧位置应在坡口的上侧，当上侧钝边熔化后，再把电弧引至钝边的间隙处，这时焊条应往下压，焊条与下管壁夹角可适当增大，当听到电弧击穿坡口根部发出"噗、噗"的声音后，并且钝边每侧熔化 0.5～1mm 形成了第一个熔孔时，引弧工作完成
焊条角度	垂直固定管道的焊接时焊条的角度见下图（a）、图（b） (a) 水平倾斜　60°～70°　焊接方向　始焊位置　60°～70° (b) 向下倾斜　80°～85°
运条方法	① 焊接方向为从左向右，采用斜椭圆形运条，始终保持短弧施焊 ② 焊接过程中，为防止熔池金属产生泪滴形下坠，电弧在上坡口侧停留的时应略长，同时要有 1/3 电弧通过坡口间隙在管内燃烧；电弧在下坡口侧只是稍停留，并有 2/3 的电弧通过坡口间隙在管内燃烧 ③ 打底层焊道应在坡口正中偏下，焊缝上部不要有尖角，下部不允许出现熔不良等缺陷
与定位焊缝接头	施焊到定位焊缝根部时，焊条要向根部间隙位置顶一下；当听到"噗、噗"声后将焊条快速运条到定位焊缝的另一端根部预热；看到端部定位焊缝有"出汗"现象时，焊条要往下压；听到"噗、噗"声后，稍做停顿预热处理，即可以采用椭圆形运条继续焊接
收弧	当焊条接近始焊端起弧点时，焊条在始焊端收回处稍做停顿预热；看到有"出汗"现象时，将焊条向坡口根部间隙处下压，让电弧击穿坡口根部；听到"噗、噗"声后稍做停顿，然后继续向前施焊 10～15mm，填满弧坑即可
焊接操作要点	（1）根部焊接 ① 无衬垫 V 形坡口第一层的焊接　运条角度应尽量控制熔池形状为斜椭圆形。间隙小时，使用增大电流或将焊条端头紧靠坡口钝边，以短弧击穿法进行断弧焊或连弧焊；间隙大时，先在下坡口直线堆焊 1～2 条焊道，然后进行断弧焊或连弧焊 ② 带垫圈的 V 形坡口焊接　先将垫圈用单道焊缝焊于坡口的一侧，焊后仔细清理，然后再把另一侧管子套在垫圈上，焊第二道焊缝。对间隙≤6mm 时，亦可用单道焊法焊根部第一层，采用斜折线运条，运条在坡口下缘停留时间应比上缘长些 （2）表面多道焊时应注意的事项 ① 焊接电流应大些，运条不宜过快，熔池形状应控制为斜椭圆形；运条到凸处可稍快，凹处可稍慢 ② 焊道要紧密排列，焊条垂直倾角要随焊道的位置不同而变化，下部焊道倾角大，上部焊道倾角小。通常采用直线及斜折线运条方法来完成盖面及多层焊 ③ 单人焊接较大直径管道时，沿四周连续施焊则变形较大，这时必须采用反向分段跳焊法焊接，如下图所示 反向分段跳焊法

（4）倾斜 45° 固定管焊条电弧焊操作要点

在电站锅炉管子的安装过程中，经常会出现倾斜 45° 固定管的焊接，管子的焊接位置介于水平固定管和垂直固定管之间，见图 3-23。

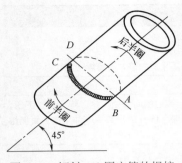

图 3-23　倾斜 45° 固定管的焊接

打底层的焊接为达到单面焊双面成形，打底层仍应采用断弧焊法。倾斜管击穿焊接时，要始终保持熔池处于水平状态。选用直径为 3.2mm 的焊条，焊接电流为 90 ～ 120A。由于焊缝的几何形状不易控制，因此内壁易出现上凸下凹、上侧焊缝易咬边、焊缝表面成形粗糙不平的缺陷。

操作时，同样将整圈焊缝分为前、后两半圈进行，引弧点在仰焊部位，先用长弧预热坡口根部，然后压低电弧，穿透钝边，形成熔孔。当听到"噗、噗"的击穿声后，给足液态金属，然后运条施焊。如熔池因温度过高导致液态金属下坠，则应适当摆动焊条加以控制。

其余各层次的焊接采用斜椭圆形运条法，运条时将上坡口面斜拉划椭圆形圆圈的电弧拉到下坡口面边缘，再返回上坡口面边缘进行运条，保持熔池压上、下坡口各 2 ～ 3mm，如此反复，一直到焊完为止，见图 3-24。

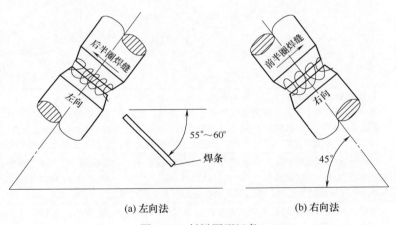

(a) 左向法　　　　　　　(b) 右向法

图 3-24　斜椭圆形运条

接头处的施焊方法：上接头焊接方法类似于水平固定管平焊位置的接头焊接方法，下接头焊接方法有下述三种。

① 第一种接头方法　前半圈焊缝从下接头正斜仰位置的前焊层焊道中间引弧；再将电弧拉向下坡口面或边缘（盖面层焊接时）并越过中心线 10 ～ 15mm，右向划圈，小椭圆形运条，逐渐增大椭圆形向上坡口面或边缘过渡，使前半圈焊缝下起头呈斜三角形，并使其形成下坡口处高和上坡口处低的斜坡形；然后进行右向椭圆形运条、焊接，保持熔池呈水平椭圆状，一直焊到上接头。到上接头时要使焊缝呈斜三角形，并越过中心线 10 ～ 15m。下接头焊接法（一）见图 3-25。

后半圈焊缝从前半圈焊缝下起头处前层焊道中间引弧，引弧后加热焊道 1 ～ 2s，然后在上坡口用斜椭圆形运条法拉

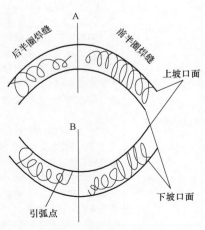

图 3-25　下接头焊接法（一）

薄熔敷金属至下坡口面或边缘，将前半圈焊缝的斜三角形起头完全盖住，然后一直用左向斜椭圆形运条法焊接使熔池呈水平状。焊到上接头时，逐渐减小椭圆形进行运条，并与前半圈焊缝收尾处圆滑相接。

　　② 第二种接头方法　前半圈焊缝下起头从上坡口开始过中心线 10 ～ 15mm，然后向右斜拉至下坡口，以斜椭圆形运条法使起头呈上尖角形斜坡状。后半圈焊缝从尖角下部开始，用从小到大的左向划斜椭圆形运条法施焊，一直焊到上接头为止，下接头焊接法（二）见图 3-26。

　　③ 第三种接头方法　该方法适用于大直径、厚壁管子的接头。先在下坡口面引弧，连弧操作，压坡口边缘进行焊接，使边缘熔化 2 ～ 3mm。然后横拉焊条运条至上坡口，使上坡口面边缘熔化 1.5 ～ 2mm，焊成 1 个三角形或梯形底座。前半圈、后半圈两焊缝均从上坡口面至下坡口面用斜椭圆形运条施焊，将三角形底座边缘盖住，然后再一直焊到上部接头为止，见图 3-27。

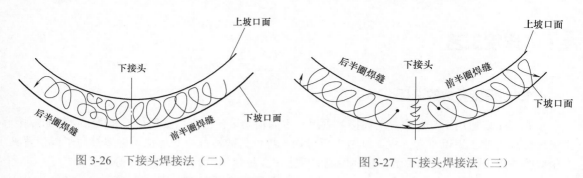

图 3-26　下接头焊接法（二）　　　　　图 3-27　下接头焊接法（三）

（5）骑坐式管子的焊条电弧焊操作要点

　　骑坐式管子的焊接是指两根管子正式连接，见图 3-28。

　　其交线（焊接线）是一条空间马鞍形曲线，将管子分成前、后两半圈，半圈焊缝焊接位置由下坡焊和上坡焊两部分组成。

　　① 组装及定位焊　由于竖管管端的曲线部分及坡口加工较困难，因此需要有专用设备，如果用手工样板划线、手工切割，则切口显得粗糙，精度往往达不到要求。可用锉刀进行整修，不然，组装后会间隙不均，造成施焊困难。定位焊缝沿圆周均布 3 点。

　　② 操作要领　将管子分两半圈进行焊接。首先完成焊缝 1 的焊接，焊接时始焊点在焊缝最高处，焊条与水平线倾角成

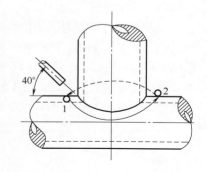

图 3-28　焊条与水平线成 40° 倾角

40°，见图 3-41。始焊处应拉长电弧，待稍微预热后再压低电弧焊接，使始焊处熔合良好。施焊过程中，由于焊缝位置不断地变化，因此焊条角度也要相应地变化。为避免焊件烧穿，应采用灭弧焊，收弧处也在前半圈的最高点。焊接焊缝 2 时的操作方法与焊缝 1 相同。焊缝连接时，重叠10 ～ 15mm，但应保持接头处平整圆滑。

第4章 埋弧焊

4.1 焊接工艺

4.1.1 焊接参数的选择

埋弧焊主要适用于平焊位置的焊接，采用一定的辅助设备也可以实现角焊和横焊位置的焊接。由于埋弧焊工业应用以平焊为主，本节主要讨论平焊位置的情况，其他位置的焊接与平焊位置具有相似的规律。影响埋弧焊焊缝形状和性能的因素主要是焊接参数、工艺条件等。

埋弧焊的焊接参数有焊接电流、电弧电压、焊接速度等。

（1）焊接电流

当其他条件不变时，增加焊接电流对焊缝形状和尺寸的影响如图4-1所示。无论是带钝边V形坡口还是I形坡口，正常焊接条件下，熔深与焊接电流变化成正比，即$H=k_m I$，k_m为电流系数，随电源种类、极性、焊丝直径以及焊剂的化学成分不同而异。各种条件下k_m值见表4-1。焊接电流对焊缝断面形状的影响，如图4-2所示。电流小，熔深浅，余高和宽度不足；电流过大，熔深大，余高过大，易产生高温裂纹。

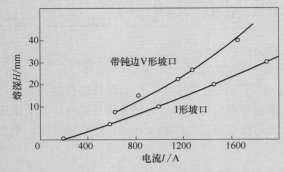

图4-1 焊接电流与熔深的关系（焊丝 $\phi=4.8\text{mm}$）

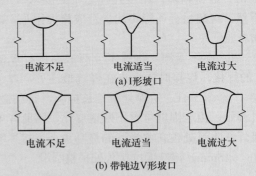

图4-2 焊接电流对焊缝断面形状的影响

表4-1 k_m 值与焊丝牌号、电源种类、极性及焊剂的关系

牌号	电源种类和极性	焊剂牌号	k_m 值 / （mm/100A）	
			T形焊缝和开坡口的对接焊缝	堆焊和不开坡口的对接焊缝
5	交流	HJ431	1.5	1.1
2	交流		2.0	1.0

续表

牌号	电源种类和极性	焊剂牌号	k_m 值 /（mm/100A）	
			T 形焊缝和开坡口的对接焊缝	堆焊和不开坡口的对接焊缝
5	直流反接	HJ431	1.75	1.1
5	直流正接		1.25	1.0
5	交流	HJ430	1.55	1.15

同样焊接电流条件下，焊丝直径不同（电流密度不同），焊缝形状和尺寸会发生变化。表 4-2 表示平均电流密度对焊缝形状和尺寸的影响。

表 4-2　平均电流密度对焊缝形状、尺寸的影响

焊接电流 /A	700 ～ 750			1000 ～ 1100			1300 ～ 1400	
焊丝直径 /mm	6	5	4	6	5	4	6	5
平均电流密度 /（A/mm²）	26	36	58	38	52	84	48	68
熔深 H/mm	7.0	8.5	11.5	10.5	12.0	16.5	17.5	19.0
熔宽 B/mm	22	31	19	26	24	22	27	24
成形系数 B/H	3.1	2.5	1.7	2.5	2.0	1.3	1.5	1.3

注：电弧电压 30 ～ 32V，焊接速度 33cm/min。

从表 4-2 中可见，其他条件不变时，熔深与焊丝直径成反比关系，但这种关系随电流密度的增加而减弱，这是由于随着电流密度的增加，熔池熔化金属量不断增加，熔融金属后排困难，熔深增加较慢，并随着熔化金属量的增加，余高增加，焊缝成形变差，所以埋弧焊时增加焊接电流的同时要增加电弧电压，以保证焊缝成形质量。

（2）电弧电压

电弧电压和电弧长度成正比，在相同的电弧电压和焊接电流时，如果选用的焊剂不同，电弧空间电场强度不同，则电弧长度不同。如果其他条件不变，改变电弧电压对焊缝断面形状的影响如图 4-3 所示。电弧电压低时，熔深大，焊缝宽度窄，易产生热裂纹；电弧电压高时，焊缝宽度增加，余高不够。埋弧焊时，电弧电压是依据焊接电流调整的，即一定焊接电流要保持一定的弧长才可能保证焊接电弧的稳定燃烧，所以电弧电压的变化范围是有限的。

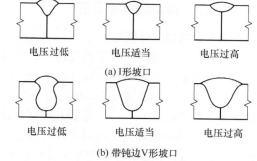

图 4-3　电弧电压对焊缝断面形状的影响

极性不同时，电弧电压对熔宽的影响不同。表 4-3 为采用 HJ431 焊剂时，正极性和反极性条件下电弧电压对熔宽的影响。

表 4-3　不同极性埋弧焊时，电弧电压对熔宽的影响

电弧电压 /V	熔宽 B/mm	
	正极性	反极性
30 ～ 32	21	22
40 ～ 42	25	28
53 ～ 55	25	33

注：焊丝直径 5mm，焊接电流 550A，焊接速度 40cm/min。

（3）焊接速度

焊接速度对熔深和熔宽都有明显的影响，通常焊接速度小，焊接熔池大，焊缝熔深和熔宽均较大。随着焊接速度增加，焊缝熔深和熔宽都将减小，即熔深和熔宽与焊接速度成反比，如图4-4所示。焊接速度对焊缝断面形状的影响，如图4-5所示。焊接速度过小，熔化金属量多，焊缝成形差；焊接速度较大，熔化金属量不足，容易产生咬边。实际焊接中为了提高生产率同时保持一定的热输入，在增加焊接速度的同时必须加大电弧功率，才能保证一定的熔深和熔宽。

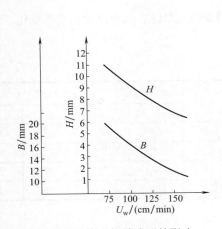

图 4-4　焊接速度对焊缝成形的影响
H—熔深；B—熔宽

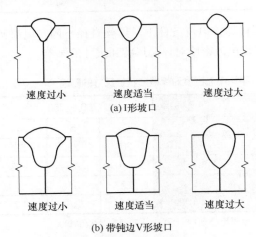

图 4-5　焊接速度对焊缝断面形状的影响

4.1.2　自动埋弧焊工艺

（1）对接接头单面焊

对接接头埋弧焊时，工件可以开坡口或不开坡口。开坡口不仅为了保证熔深，而且有时还为了达到其他的工艺目的。如焊合金钢时，可以控制熔合比；在焊接低碳钢时，可以控制焊缝余高等。在不开坡口的情况下，埋弧焊可以一次焊透20mm以下的工件，但要求预留 5～6mm 的间隙，否则厚度超过 14～16mm 的板料必须开坡口才能用单面焊一次焊透。

对接接头单面焊可采用以下几种方法：在焊剂垫上焊，在焊剂铜垫板上焊，在永久性垫板或锁底接头上焊，以及在临时衬垫上焊和悬空焊等。下面以在焊剂垫上焊接为例进行说明。

用在焊剂垫上焊接这种方法时，焊缝成形的质量主要取决于焊剂垫托力的大小和均匀性，以及装配间隙的均匀性。图4-6说明焊剂垫托力与焊缝成形的关系。

（2）对接接头双面焊

工件厚度超过12mm的对接接头，通常采用双面焊。接头形式根据板厚、材料、接头性能要求的不同，可采用图4-7所示的I形、带钝边V形、双V形坡口三种形式。

① 悬空焊　装配时不留间隙或只留很小的间隙（一般不超过1mm）。第一面焊接达到的熔深一般小于工件厚度的一半。反面焊接的熔深要求达到工件厚度的60%～70%，以保证工件完全焊透。不开坡

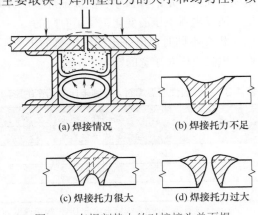

图 4-6　在焊剂垫上的对接接头单面焊

口的对接接头悬空双面焊的焊接参数见表 4-4。

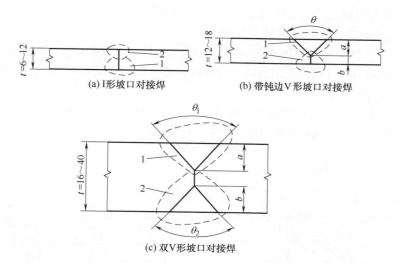

(a) I形坡口对接焊   (b) 带钝边V形坡口对接焊

(c) 双V形坡口对接焊

图 4-7 不同板厚的接头形式

1，2—焊道顺序

表 4-4 不开坡口对接接头悬空双面焊的焊接参数

工件厚度 /mm	焊丝直径 / mm	焊接顺序	焊接电流 /A	电弧电压 /V	焊接速度 / (cm/min)
6	4	正	380 ～ 420	30	58
		反	430 ～ 470	30	55
8	4	正	440 ～ 480	30	50
		反	480 ～ 530	31	50
10	4	正	530 ～ 570	31	46
		反	590 ～ 640	33	46
12	4	正	620 ～ 660	35	42
		反	680 ～ 720	35	41
14	4	正	680 ～ 720	37	41
		反	730 ～ 770	40	38
16	5	正	800 ～ 850	34 ～ 36	63
		反	850 ～ 900	36 ～ 38	43
17	5	正	850 ～ 900	35 ～ 37	60
		反	900 ～ 950	37 ～ 39	48
18	5	正	850 ～ 900	36 ～ 38	60
		反	900 ～ 950	38 ～ 40	40
20	5	正	850 ～ 900	36 ～ 38	42
		反	900 ～ 950	38 ～ 40	40
22	5	正	900 ～ 950	37 ～ 39	53
		反	1000 ～ 1050	38 ～ 40	40

注：装配间隙 0 ～ 1mm，MZ-1000 直流电。

② 在焊剂垫上焊接　如图 4-8 所示，焊接第一面时采用预留间隙不开坡口的方法最为经济。第一面的焊接参数应保证熔深达到工件厚度的 60% ～ 70%。焊完第一面后翻转工件，进行反面焊接，其参数可以与正面的相同以保证工件完全焊透。

预留间隙双面焊的焊接参数依工件的不同而异，表 4-5、表 4-6 分别为两组数据，可供参考。在预留间隙的 I 形坡口内，焊前均匀塞填干净焊剂，然后在焊剂垫上施焊，可减少产生夹渣的可能，并可改善焊缝成形质量。

第一面焊道焊接后，是否需要清根，视第一道焊缝的质量而定。如果工件需要开坡口，坡口形式按工件厚度决定（工件坡口形式及焊接参数另行规定）。

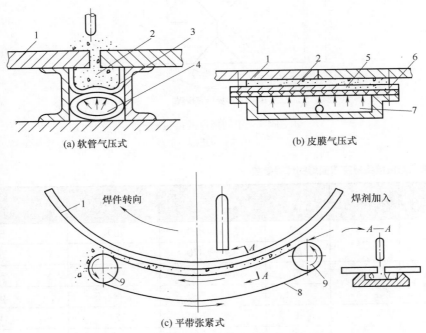

(a) 软管气压式　　　(b) 皮膜气压式

(c) 平带张紧式

图 4-8　在焊剂垫上的对接接头双面焊

1—工件；2—焊剂；3—帆布；4—充气软管；5—橡胶膜；6—压板；7—气室；
8—平带；9—带轮

表 4-5　对接接头预留间隙双面焊的焊接参数（一）

工件厚度 /mm	装配间隙 /mm	焊接电流 /A	电弧电压 /V	焊接速度 / (cm/min)
14	3 ～ 4	700 ～ 750	34 ～ 36	50
16	3 ～ 4	700 ～ 750	28 ～ 32	45
18	4 ～ 5	750 ～ 800	30 ～ 32	45
20	4 ～ 5	850 ～ 900	30 ～ 32	45
24	4 ～ 5	900 ～ 950	36 ～ 40	42
28	5 ～ 6	900 ～ 950	34 ～ 38	33
30	6 ～ 7	950 ～ 1000	38 ～ 40	27
40	8 ～ 9	1100 ～ 1200	34 ～ 38	20
50	10 ～ 11	1200 ～ 1300	38 ～ 42	17

注：采用交流电，HJ431，第一面在焊剂垫上焊，焊丝直径 5mm。

表 4-6　对接接头预留间隙双面焊的焊接参数（二）

工件厚度 /mm	装配间隙 /mm	焊丝直径 /mm	焊接电流 /A	电弧电压 /V	焊接速度 /（cm/min）
6	0+1	3	380 ～ 420	30 ～ 32	57 ～ 60
		4	400 ～ 550	28 ～ 32	63 ～ 73
8	0+1	3	400 ～ 420	30 ～ 32	53 ～ 57
		4	500 ～ 600	30 ～ 32	63 ～ 67
10	2 ± 1	4	500 ～ 600	36 ～ 40	50 ～ 60
		5	600 ～ 700	34 ～ 38	58 ～ 67
12	2 ± 1	4	550 ～ 580	38 ～ 40	50 ～ 57
		5	600 ～ 700	34 ～ 38	58 ～ 67
14	3 ± 0.5	4	550 ～ 720	38 ～ 42	50 ～ 53
		5	650 ～ 750	36 ～ 40	50 ～ 57
16	3 ± 0.5	5	650 ～ 850	36 ～ 40	50 ～ 57

③ 在临时衬垫上焊接　采用此法焊接第一面时，一般都要求接头处留有一定装配间隙，用以保证焊剂填满其中。临时衬垫的作用是托住间隙中的焊剂。平板对接接头的临时衬垫常用厚 3 ～ 4mm、宽 30 ～ 50mm 的薄钢带，也可采用石棉绳或石棉板，如图 4-9 所示。焊完第一面后，去除临时衬垫及间隙中的焊剂和焊缝底层的渣壳，用同样参数焊接第二面。要求每面熔深均达到板厚的 60% ～ 70%。

| (a) 薄钢带垫 | (b) 石棉绳垫 | (c) 石棉板垫 |

图 4-9　在临时衬垫上的焊接

④ 多层焊　当板厚超过 40 ～ 50mm 时，往往需要采用多层焊。多层焊时坡口形状一般采用 V 形和双 V 形，而且坡口角度比较窄。图 4-10（b）所示的焊道宽度比焊缝深度小得多，此时在焊缝中心容易产生梨形焊道裂纹。另外多层焊结束时，在焊道端部需加衬板。由于背面初始焊道不能全部铲除造成坡口角度变窄，如图 4-11 所示，此时形成的梨形焊道更增加裂纹产生倾向，因而需要特别注意。

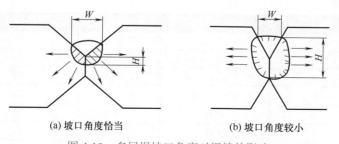

| (a) 坡口角度恰当 | (b) 坡口角度较小 |

图 4-10　多层焊坡口角度对焊缝的影响

（3）角焊缝焊接

焊接 T 形接头或搭接接头的角焊缝时，采用船形焊和平角焊两种焊接位置。

① 船形焊　将工件角焊缝的两边置于与垂直线成 45° 的位置（图 4-12），可为焊缝成形提供最有利的条件。在这种焊接位置，接头的装配间隙不超过 1～1.5mm，否则，必须采取措施以防止液态金属流失。船形焊的焊接参数见表 4-7。

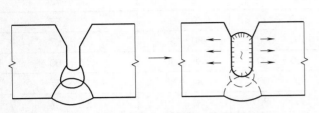

图 4-11　坡口狭小产生焊缝内部初始裂纹

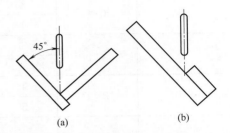

图 4-12　工件角焊缝的两边置于与垂直线成 45°的位置

表 4-7　船形焊焊接参数

焊脚长度 /mm	焊丝直径 /mm	焊接电流 /A	电弧电压 /V	焊接速度 /（cm/min）
6	2	450～475	34～36	67
	3	550～600	34～36	50
8	4	575～625	34～36	50
	3	600～650	34～36	38
10	4	650～700	34～36	38
	3	600～650	34～36	25
12	4	725～775	36～38	33
	5	775～825	36～38	30

注：采用交流电焊接。

② 平角焊　当工件不便于采用船形焊时，可采用平角焊来焊接角焊缝（图 4-13）。

这种焊接方法对接头装配间隙较不敏感，即使间隙达到 2～3mm，也不必采取防止液态金属流失的措施。焊丝与焊缝的相对位置，对于角焊的质量有重大影响。焊丝偏角 α 一般在 20°～30° 之间。每一单道平角焊缝的断面积不得超过 40～50mm²，当焊脚长度超过 8mm×8mm 时，会产生金属溢流和咬边。平角焊的焊接参数见表 4-8。

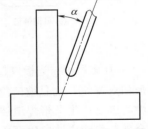

图 4-13　平角焊焊接角焊缝

表 4-8　平角焊焊接参数

焊脚长度 /mm	焊丝直径 /mm	焊接电流 /A	电弧电压 /V	焊接速度 /（cm/min）	电源种类
3	2	200～220	25～28	100	直流
4	2	280～300	28～30	92	交流
	3	350	28～30	92	
5	2	375～400	30～32	92	交流
	3	450	28～30	92	
	4	450	28～30	100	
7	2	375～400	30～32	47	交流
	3	500	30～32	80	
	4	675	32～35	83	

注：用细颗粒 HJ431 焊剂。

4.1.3　半自动埋弧焊工艺

　　半自动埋弧焊时，焊接速度及其均匀程度完全由焊工控制。焊接较长的接头时，可在焊枪上加支托装置，以减轻焊工的体力负担并易于保证焊接质量。焊接短而不规则的接头时，焊枪通常没有支托。装配间隙较大、堆焊或上坡焊时，焊枪除沿接缝移动外还可以做横向摆动。

　　焊接对接接头时，可以采用单面焊也可以采用双面焊。表 4-9 为用直径 2mm 的焊丝在焊剂垫上进行对接接头单面半自动埋弧焊的焊接参数。表 4-10 为用直径 2mm 的焊丝进行对接接头双面半自动埋弧焊的焊接参数。双面焊时，工件不开坡口，装配间隙可参考表 4-5 和表 4-6。用这种方法可焊接厚 3 ~ 24mm 的工件。

表 4-9　在焊接垫上进行对接接头单面半自动埋弧焊的焊接参数

板厚 /mm	焊接电流 /A	电弧电压 /V	焊接速度 /（cm/min）	允许装配间隙 /mm	允许错边 /mm
3	275 ~ 300	28 ~ 30	67 ~ 83	≤ 1.5	≤ 0.5
4	375 ~ 400	28 ~ 30	58 ~ 67	≤ 2	≤ 0.5
5	425 ~ 450	32 ~ 34	50 ~ 58	≤ 3	≤ 1.0
6	475	32 ~ 34	50 ~ 58	≤ 2	≤ 1.0

　　注：采用交流电焊接，焊丝直径 2mm。

表 4-10　对接接头双面半自动埋弧焊的焊接参数

板厚 /mm	焊接电流 /A	电弧电压 /V	焊接速度 /（cm/min）
4	220 ~ 240	32 ~ 34	30 ~ 40
5	275 ~ 300	32 ~ 34	30 ~ 40
8	450 ~ 470	34 ~ 36	30 ~ 40
12	500 ~ 550	36 ~ 40	30 ~ 40

　　角焊缝不论用船形焊或平角焊缝都可采用半自动焊，表 4-11 为角焊缝半自动埋弧焊横焊的焊接参数。

表 4-11　角焊缝半自动埋弧焊横焊的焊接参数

板厚 /mm	焊脚长度 /mm	焊接电流 /A	电弧电压 /V	焊接速度 /（cm/min）
4	4	220 ~ 240	32 ~ 34	40 ~ 50
5	5	275 ~ 300	32 ~ 34	40 ~ 50
8	8	380 ~ 420	32 ~ 38	30 ~ 40

4.2　基本操作技术

4.2.1　对接接头的焊接

（1）单面焊双面成形

　　适用于厚度在 20mm 以下的中、薄板焊接。焊件开 I 形坡口，留一定间隙，其关键是采用结构可靠的衬垫装置，防止液态金属从熔池底部流失。背面常用的衬垫有以下几种。

　　① 焊剂垫　用焊件自重或充气橡皮软管衬托焊剂垫（图 4-14），应用较广泛。它的结构简单，使用灵活方便。为防止焊件变形以及焊缝悬空，造成衬垫不紧而焊穿，须用压力架和电磁平台等压紧。

② 铜垫　在一定宽度和厚度的紫铜板上，加工成形槽，用机械的方法使之贴紧在焊缝坡口下面。用铜垫时，对接缝的装配精度要求高，反面焊缝成形比焊剂垫好，但焊缝背面严重氧化无光泽，且由于焊接变形，因此较长的焊缝要保证铜垫和铜板贴紧较难。表 4-12 所示是铜垫成形槽尺寸，图 4-15 所示是埋弧焊铜衬垫。

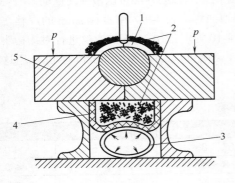

图 4-14　焊剂垫　　　　　　　　图 4-15　埋弧焊铜衬垫

1—熔渣；2—焊剂；3—充气橡胶软管；4—石棉布；5—焊件；p—压力

③ 焊剂铜垫　它集焊剂垫、铜垫的优点于一身，弥补其缺点。在铜垫上铺一层宽约 100mm，厚约 5mm，颗粒均匀的焊剂，这样焊缝成形就较稳定，但对焊接参数不敏感。

表 4-12　铜垫成形槽尺寸

焊件厚度 /mm	槽宽 b/mm	槽深 /mm	槽曲率半径 r/mm
4～6	10	2.5	7
>6～8	12	3	7.5
>8～10	14	3.5	9.5
12～14	18	4	12

（2）双面焊

焊件厚度大于等于 12mm 时采用双面焊。

① 采用焊剂垫的双面埋弧焊焊件厚度≤14mm 时可以不开坡口。第一面焊缝在焊剂垫上，见图 4-16。焊接过程中保持工艺参数稳定和焊丝对中。第一面焊缝的熔深必须保证超过焊件厚度的 50%～60%，反面焊缝使用的规范可与正面相同，或适当减小，但必须保证完全焊透。在焊第二面焊缝前可用碳弧气刨挑焊根进行焊缝根部清理（是否清根，需视第一层焊缝质量而定），这样还可以减小余高。

② 悬空焊对坡口和装配要求较高，焊件边缘必须平直，装配间隙≤1mm。正面焊缝熔深为焊件厚度的 40%～50%，反面焊缝熔深应达到焊件厚度的 50%～60%，以保证焊件完全焊透。

现场估计熔深的一种方法是焊接时观察焊缝反面焊接热场，由颜色深浅和形状大小来判断熔深。对于 6～14mm 厚的工件，熔池反面热场应显红到大红色，长度要大于 80mm，才能达到需要的熔深；如果热场颜色由淡红色到淡黄色就表明接近焊穿了；如果热场颜色呈紫红色或不出现暗红色，则说明工艺参数过小，热输入量不足，达不到规定的熔深。

4.2.2　角接接头的焊接

角接接头的焊接技术见表 4-13。

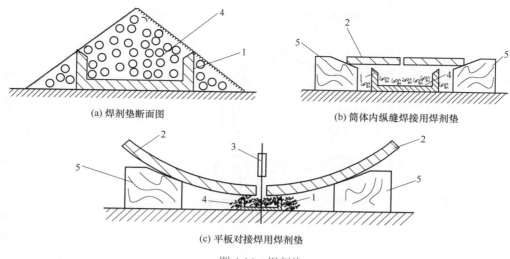

(a) 焊剂垫断面图   (b) 筒体内纵缝焊接用焊剂垫

(c) 平板对接焊用焊剂垫

图 4-16　焊剂垫

1—槽钢；2—焊件；3—焊丝；4—焊剂；5—木块

表 4-13　角接接头的焊接技术

工艺方法	焊接技术及简图	
船形焊	焊丝处于垂直位置，熔池处于水平位置，熔化金属流入间隙，常用垫板（焊后去掉）或焊剂垫衬托。控制对焊间隙不超过 1mm	
平角焊	每一道焊缝的焊脚高度在 10mm 以下，对焊脚大于 10mm 的焊缝必须进行多层焊	

4.2.3　环缝的焊接

① 焊接顺序　一般先焊内环缝，后焊外环缝，焊缝起点和终点要有 30mm 的重叠量。

② 偏移量的选择　环缝自动焊时，焊丝应逆焊件旋转方向相对于焊件中心有一个偏移量（图 4-17），以保证焊缝有良好成形质量。

偏移量 a 值的大小，可参照表 4-14 选择。不过最佳 a 值还应根据焊缝成形的好坏做相应调整。

表 4-14　焊丝偏移量的选用

筒体直径 /mm	偏移 a 值 /mm	筒体直径 /mm	偏移 a 值 /mm
800 ～ 1000	20 ～ 25	> 1500 ～ 2000	35
> 1000 ～ 1500	30	> 2000 ～ 3000	40

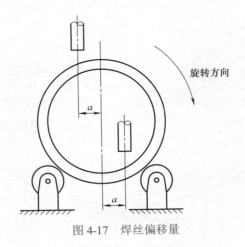

图 4-17　焊丝偏移量

4.2.4　窄间隙埋弧焊

窄间隙埋弧焊适用于结构厚度大的工件的焊接，其技术要点是：

① 采用 1°～3°的斜坡口或 U 形坡口（图 4-18），坡口最好用机械加工而成。

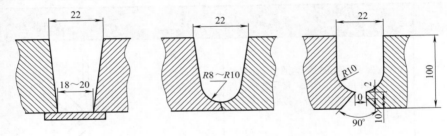

图 4-18　窄间隙埋弧焊坡口形式

② 要选择脱渣性好的焊剂，在焊接过程中要及时回收。

③ 采用双道多层焊。单丝焊时，导电嘴有一定的偏摆角度（≤ 6°），导电嘴的偏摆如图 4-19 所示；双丝焊时，前丝偏摆，后丝为直丝。

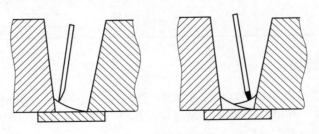

图 4-19　导电嘴的偏摆

平焊位置的埋弧自动焊，板厚小于 14mm 的可不开坡口对接焊，大于或等于 14mm 的可开 V 形坡口和 X 形坡口，重要件可开 U 形坡口，根据不同材质的产品来选择不同的焊接材料。焊带、焊丝使用前应做好除锈、除油处理，焊剂应烘焙 1～2h，温度为 250～300℃，随用随取。调整埋弧焊机工艺参数，装好焊丝盘，使焊机处于工作状态，进行正常焊接。焊接时，首先将焊丝送至焊件表面微接触，然后推拉焊车，使得丝端与工件表面接触轻微摩擦，保证良好的接触。对好焊道与焊丝的位置，然后打开焊剂漏斗闸板，使焊剂敷在起焊端，启动开关，引燃电弧，再合上离合器，小车行走，开始焊接。

　　焊接中随时注意焊接工艺参数的变化，若焊丝偏离焊道则要随时调整，保证焊接过程正常进行。随时清扫覆盖的残余焊剂，清除焊渣，但必须待渣池凝固后来进行，防止渣池未凝固时的液态熔渣受挤压使焊缝表面成形不良。

　　收尾时，先将停止按钮按下一半使焊丝送进停止，手不要离开，随即断开离合器，小车停止，电弧自动拉长；待填满弧坑电弧熄灭，再继续将按钮按到底断开电源；待焊机停止工作后，彻底清扫焊剂和渣壳，检查焊缝质量。

4.3　各种焊接位置的操作要点

4.3.1　中厚板对接

（1）中厚板对接、V 形坡口、平焊位置双面焊

　　对于短小焊缝可采用手工操作的埋弧焊（半自动焊），焊接速度靠焊工手工移动焊把调节。这种焊接方法灵活方便，但受操作者的技术和情绪影响较大。一般用直径在 2mm 以下的小盘焊丝，焊较薄工件的不规则短焊缝。

　　① 焊前准备

　　a. 焊接设备：MZ-1000 型或 MZ1-1000 型。

　　b. 焊接材料：焊丝 H10Mn2（H08A），直径 4mm；焊剂 H30（HJ431）；定位焊用焊条 E4315，直径 4mm。

　　c. 焊件材料牌号：16Mn 或 20g、Q235。

　　d. 试件及坡口尺寸：见图 4-20。

　　e. 焊接位置：平焊。

　　f. 低碳钢引弧板尺寸为 100mm×100mm×10mm，两块；引板两侧挡板尺寸为 100mm×100mm×6mm，四块。

　　g. 碳弧气创设备和直径 6mm 镀铜实心炭棒。

　　h. 紫铜垫槽如图 4-20 所示。图中 a 为 40 ～ 50mm，b=14mm，r=9.5mm，h 为 3.5 ～ 4mm，c=20mm。

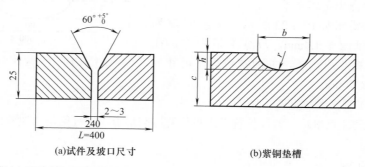

（a）试件及坡口尺寸　　　　（b）紫铜垫槽

图 4-20　中厚板对接焊前准备

　　② 焊件装配要求

　　a. 清除焊件坡口面及正反两侧 20mm 范围内油、锈和其他污物，至露出金属光泽。

　　b. 焊件装配要求装配间隙为 2 ～ 3mm，错边量小于或等于 1mm，反变形量为 3°～ 4°。

　　③ 焊接参数　　焊接参数见表 4-15。

表 4-15　中厚板对接埋弧焊双面焊工艺参数

焊接位置	焊丝直径 /mm	焊接电流 /A	电弧电压 /V	焊接速度 /（m/h）	间隙 /mm
正面	4	600 ～ 700	34 ～ 38	25 ～ 30	2 ～ 3
背面		650 ～ 750	36 ～ 38		

④ 操作要点及注意事项

a. 焊 V 形坡口的正面焊缝时，应将焊件水平置于焊剂垫上，并采用多层多道焊。焊完正面焊缝后清渣，将焊件翻转，再焊接反面焊缝，反面焊缝为单层单道焊。

b. 正面焊时，调试好焊接参数，在间隙小端 2mm 起焊，操作步骤为焊丝对中、引弧焊接、收弧、清渣。焊完每一层焊道后，必须清除渣壳，检查焊道，不得有缺陷，焊道表面应平整或稍下凹，与两坡口面的熔合应均匀，焊道表面不能上凸，特别是在两坡口面处不得有死角，否则易产生未熔合或夹渣等缺陷。

当发现层间焊道熔合不良时，应调整焊丝对中，增加焊接电流或降低焊接速度。施焊时层间温度不得过高，一般应＜ 200℃。

盖面焊道的余高应为 0 ～ 4mm，每侧的熔宽为（3±1）mm。

c. 反面焊的步骤和要求同正面焊。为保证反面焊焊缝焊透，焊接电流应大些，或使焊接速度稍慢一些，焊接参数的调整既要保证焊透，又要使焊缝尺寸符合规定要求。

（2）中厚板对接、I 形坡口、不清根的平焊位置双面焊

① 焊件尺寸及要求

a. 焊件材料牌号：16Mn 或 20g。

b. 焊件及坡口尺寸：如图 4-21 所示。

c. 焊接位置：平焊。

d. 焊接要求：双面焊、焊透。

e. 焊接材料：焊丝 H08MnA（H08A），直径为 5mm，焊剂 HJ301（原 HJ431）；定位焊用焊条 E5015，直径为 4mm。

② 焊件装配要求

a. 清除焊件坡口面及其正反两侧 20mm 范围内油、锈及其他污物，至露出金属光泽。

b. 焊件装配要求如图 4-22 所示。装配间隙为 2 ～ 3mm，错边量应≤ 1.4mm，反变形量为 3°，在焊件两端焊引弧板与引出板，并做定位焊，尺寸为 100mm×100mm×14mm。

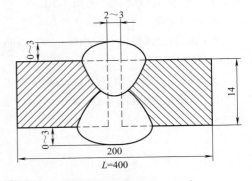

图 4-21　焊件及坡口尺寸

③ 焊接参数　焊接参数见表 4-16。

④ 操作要求及注意事项　将焊件置于水平位置熔剂垫上，进行两层 2 道双面焊，先焊背面焊道，后焊正面焊道。

a. 背面焊道的焊接：

（a）垫熔剂垫。必须垫好熔剂垫，以防熔渣和熔池金属流失，所用焊剂必须与焊件焊接用的相同，使用前必须烘干。

（b）对中焊丝。将焊接小车轨道中线与焊件中线相平行（或相一致），往返拉动焊接小车，使焊丝

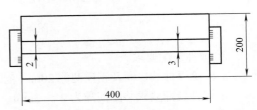

图 4-22　焊件装配要求

都处于整条焊缝的间隙中心。

表 4-16　焊接参数

焊接位置	焊丝直径 /mm	焊接电流 /A	电弧电压 /V	焊接速度 /（m/h）
正面	5	700 ～ 750	交流　36 ～ 38	30
背面		800 ～ 850	直流反接 36 ～ 38	

（c）引弧及焊接。将小车推至引弧板端，锁紧小车行走离合器，按动送丝按钮，使焊丝与引弧板可靠接触，给送焊剂，覆盖住焊丝伸出部分。

按启动按钮开始焊接，观察焊接电流表与电压表的读数，应随时调整至焊接参数。焊剂在焊接过程中必须覆盖均匀，不应过厚，也不应过薄而漏出弧光。小车行走速度应均匀，防止电缆缠绕阻碍小车的行走。

（d）收弧。当熔池全部达到引出板后开始收弧，先关闭焊剂漏斗再按一下半停止按钮，使焊丝停止给送，小车停止前进，但电弧仍在燃烧，以使焊丝继续熔化来填满弧坑，并以按下这一半停止按钮的时间长短来控制弧坑填满的程度，然后继续将停止开关按到底，熄灭电弧结束焊接。

（e）清渣。松开小车离合器，将小车推离焊件，回收焊剂，清除渣壳，检查焊缝外观质量，要求背面焊缝的熔深应达 40% ～ 50%，否则用加大间隙或增大电流、减小焊接速度的方式来解决。

b. 正面焊道的焊接：

将焊件翻面，焊接正面焊道，其方法和步骤与背面焊道完全相同，但需注意以下两点。

（a）为防止产生未焊透或夹渣缺陷，要求正面焊道的熔深达 60% ～ 70%，通常以加大电流的方法来实现。

（b）焊正面焊道时，可不再用焊剂垫，而采用悬空焊接，通过在焊接过程中观察背面焊道的加热颜色来估计熔深，也可仍在焊剂垫上进行。

4.3.2　双面焊

厚板的板 - 板对接、X 形或 V 形坡口，一般采用埋弧焊的双面焊。双面焊对焊件对接装配要求和规范参数波动的敏感性较低。双面焊对接的主要问题是进行第一面焊接时要保证一定的熔深且防止熔化金属的流溢和烧穿。因此，常采用悬空焊、焊剂垫上焊等措施来保证第一层焊接过程稳定。

（1）焊接方法

① 悬空焊法　悬空焊法不用衬托，要求焊件在装配时不留间隙或间隙很小（一般不超过1mm），焊第一面时，熔深要小，焊 I 形坡口时，熔深应小于焊件厚度的一半；焊 X 形、V 形坡口时，熔深应略小于钝边厚度。焊反面时，I 形坡口对接，熔深应达到焊件厚度的 60% ～ 70%，以保证熔透；焊 X 形、V 形坡口时，可采用碳弧气刨清根后再进行焊接。

② 焊剂垫法　用焊剂垫施焊时，要求焊剂在焊缝全长与焊件贴合，且压力均匀，这样不会引起漏渣、铁水下淌及烧穿。I 形坡口对接装配时要求有一定的间隙，焊第一面的装配间隙及规范如表 4-17 所示；焊 X 形或 V 形坡口时，其规范如表 4-18 所示。

（2）焊接坡口

埋弧焊焊缝坡口的基本形式和尺寸，参见 GB/T 958.2—2008。

（3）焊接规范

① I 形坡口对接双面焊焊接规范见表 4-17。

② X 形、V 形坡口对接双面焊焊接规范见表 4-18。

表4-17 Ⅰ形坡口对接双面焊焊接规范

板厚/mm	装配间隙/mm	焊丝直径/mm	焊接电流/A	电弧电压/V	焊接速度/（m/h）
28	5～6	5	900～950	38～42	20
30	6～7	5	950～1000	40～44	16
40	8～9	5	1100～1200	40～44	12
50	10～11	5	1200～1300	44～48	10

表4-18 Ｘ形、Ｖ形坡口对接双面焊焊接规范

板厚/mm	坡口形式	坡口尺寸			说明
		α、α_1 或 β、β_1	b/mm	p/mm	
24～60	<图>	α=50°～80° α_1=50°～60°	0～2.5	5～10	1.α=α_1，只标出 α 值。 2. 允许采用角度不对称，高度不对称，角度高度都不对称的双Y形坡口
50～160	<图>	β（β_1）=5°～12°	0～2.5	6～10	1.β=β_1，只标出 β 值。 2. 允许采用角度不对称，高度不对称，角度高度都不对称的双U形坡口

板厚/mm	坡口形式 s	焊丝直径/mm	焊接顺序	焊接电流/A	电弧电压/V	焊接速度/（m/h）
24～60	<图>	5	正	830～850	36～38	20
			反	600～620	36～38	45
		6	正	1050～1150	38～40	18
		5	反	600～620	36～38	45
50～160	<图>	6	正	900～1000	38～40	24
		5	反	900～1000	36～38	28
		6	正	1000～1100	36～40	18
		6	反	900～1000	36～38	20

4.3.3 碳钢对接纵缝自动埋弧焊

以 20mm 厚低碳钢（20 钢）对接纵缝的自动埋弧焊为例，操作要点如下。

① 为保证焊透，采用 Y 形坡口，双面自动埋弧焊坡口尺寸及焊接参数见表4-19。

表 4-19　双面自动埋弧焊坡口尺寸及焊接参数

板厚 /mm	坡口形式	焊丝直径 / mm	焊接顺序	焊接电流 /A	电弧电压 /V	焊接速度 /（m/h）
14		5	Ⅰ	830 ～ 850	36 ～ 38	20
			Ⅱ	600 ～ 850		45
16		5	Ⅰ	830 ～ 850	36 ～ 38	20
			Ⅱ	600 ～ 620		45
18		5	Ⅰ	830 ～ 860	36 ～ 38	20
			Ⅱ	600 ～ 620		45
22		6	Ⅰ	1050 ～ 1150	38 ～ 40	18
		5	Ⅱ	600 ～ 620	36 ～ 38	45
24		6	Ⅰ	1050 ～ 1150	38 ～ 40	24
		5	Ⅱ	800 ～ 840	36 ～ 38	24
30		6	Ⅰ	1000 ～ 1100	38 ～ 40	18
			Ⅱ	900 ～ 1000		20

注：Ⅰ为正面焊缝，在焊剂垫上施焊；Ⅱ为反面焊缝。每面焊一层。

② 清除坡口及其边缘的油污、氧化皮及铁锈等，对重要产品应在距坡口边缘 30mm 内打磨出金属光泽。

③ 用 J427 焊条在坡口面两端预焊长约 40mm 的装搭定位焊大工件还应增加若干中间定位焊缝。装搭焊缝需有一定的熔深，以便于整个工件的安全起吊。

④ 在焊缝两端焊上与坡口截面相似的 100mm×100mm 的引弧板和引出板。

⑤ 将干燥纯净的 HJ431 焊剂撒在槽钢上，做成简易的焊剂垫并用刮板将焊剂堆成尖顶，纵向呈直线。

⑥ 将装搭好的焊件起吊、翻身、置于焊剂垫上，起吊点应尽量接近接缝处，以免接缝因起吊点远而增大力矩造成断裂，焊件的起吊、翻身及就位如图 4-23 所示，钢板安放时，应使接缝对准焊剂的尖顶线，轻轻放下，并用手锤轻击钢板，使焊剂垫实，为避免焊时焊件发生倾斜，在其两侧轻轻垫上木楔，如图 4-23（c）所示。

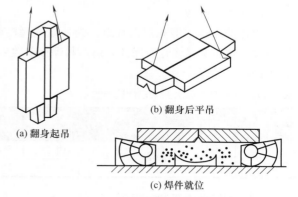

图 4-23　焊件的起吊、翻身及就位

⑦ 在工件焊接位置上安置轨道及焊车，装上直径为 5mm 的 H08MnA（或 H08A）焊丝，放入经 250℃烘干的 HJ431 焊剂，焊件接电源的负极。

⑧ 调整好焊丝和指针，按表 4-19 选择好所需的焊接参数，从引弧板上起弧，起弧后对焊接参数仍可做适当调整。焊接过程中，要保证焊丝始终指向焊缝中心，要防止因焊件受热变形而造成焊件与焊剂垫脱空以致烧穿的现象，尤其是焊缝末端更易出现这种现象。因此在焊接过程中，应适时将焊件两侧所垫木楔适当退出，从而保证焊缝背面始终紧贴焊剂垫。焊接过程必须在引弧板上结束。

⑨ 将单面焊妥的焊件吊起翻身，用碳弧气刨或快速砂轮去焊根，特别要注意挑清装搭焊缝，并清理焊道。

⑩ 按前述方法进行坡口面的焊接，通常坡口面焊两层。第一层尽量使焊缝呈圆滑下凹形，并保留坡口边缘线；第二层必须盖住第一道焊缝。焊接结束后，割去引弧板和引出板。

4.4 工程实例

4.4.1 板厚 < 38mm 的低碳钢板直缝和筒体环缝的自动埋弧焊

自动埋弧焊由于生产效率高、焊接质量好，广泛用于中厚钢板的焊接。如大型无缝钢管厂制造的直环铁回转窑，水泥厂的水泥回转窑等，都属于筒体的焊接，可采用自动埋弧焊来完成各纵、环焊缝的焊接。其筒体材质为 Q235C 板，板厚为 22 ～ 60mm。

（1）坡口加工

半自动切割机下料，用刨边机刨双 X 形坡口双边 60°，要求表面平直，宽窄均匀。坡口及附近表面上的铁锈、氧化皮和油污一定要清除干净。

（2）焊机及焊接材料的选用

① 选择埋弧焊机，焊前应检查焊机各接线处是否正确、可靠，接地是否良好。然后，启动电机查看运行情况，并调节电流、电弧电压、焊接速度，检查送丝是否正常。

② 选用 H08A 焊丝，直径为 5mm，盘丝前，首先用汽油清除焊丝表面上的油污，并用砂纸打磨铁锈；选用 HJ431 焊剂，使用前将焊剂进行烘干，烘干温度为 250 ～ 300℃，烘干 1 ～ 2h，随用随取。

（3）焊件装配

装配前，各筒节应进行校正找圆，合格后进行组对，组对应在铸梁平台上进行。装配间隙应 < 2mm，错边量 < 2mm，两端口平面度应 < 1.5mm，采用手工定位焊。

（4）焊接参数

筒体的焊接一般先焊内环缝，为使熔深为板厚的 40% ～ 50% 并防止烧穿，要选择适当的焊接参数。外环缝焊接时为保证焊透，其焊接参数应适量加大些。自动埋弧焊 X 形坡口焊接参数见表 4-20。

表 4-20　自动埋弧焊 X 形坡口焊接参数

焊件厚度 / mm	焊剂牌号	焊丝牌号	焊丝直径 / mm	焊接部位	焊接电流 /A	焊接电压 /V	焊接速度 / （m/h）	电源种类
14	HJ431	H08A	5	内环缝	650 ～ 680	34 ～ 36	27 ～ 28	直流反接
				外环缝	700 ～ 720	34 ～ 36	29 ～ 32	

（5）焊接要点及注意事项

① 先进行内环缝的焊接，由于埋弧焊的电弧功率很大，因此在焊接内环缝第一道时，外部必须加焊剂垫，以防电流过大烧穿。常用的焊剂垫有带式焊剂垫和圆盘式焊剂垫。焊接内环缝时，可采用内伸式焊接小车，配合转胎使用，如图 4-24 所示。

② 外环缝焊接前应进行碳弧气刨清根，采用 48mm 炭棒，刨槽宽为 8 ～ 10mm，刨槽深为 5 ～ 6mm，刨削电流为 280 ～ 320A，压缩空气压力为 5MPa，刨削速度控制为 30 ～ 35m/h，刨后清除焊渣。

③ 外环缝的焊接机头要在筒体上方，焊接参数见表 4-23。焊接外环缝时，可采用悬臂式焊接升降架，配合转胎进行。悬臂式焊接升降架如图 4-25 所示。

④ 自动埋弧焊应由 3 人来完成，一人操纵焊机，一人续送焊剂，一人清渣扫焊药。

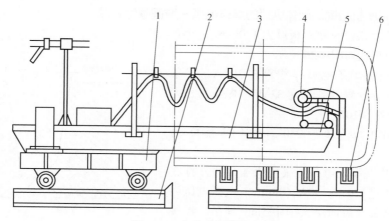

图 4-24　内伸式焊接小车
1—小车；2—地轨；3—悬臂架；4—自动焊接小车；5—导轨；6—滚轮转胎

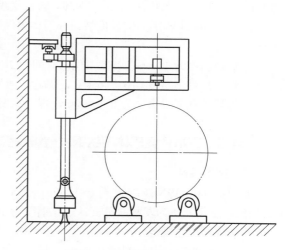

⑤ 焊接外环缝时，操作位置较高，要预防摔伤。吊装筒体时，动作要稳。筒体放置在滚轮架上时，应仔细调节，将焊件的重心调到两个滚轮中心至焊件中心连线夹角允许范围内，防止筒体轴向窜动。

⑥ 气候、环境对焊接质量也有一定的影响。焊接应在相对湿度小于 90% 的环境下进行；室外作业时，风速应小于 2m/s；雨雪天气时，不宜施焊；环境温度低于 0℃时，焊接区域 100mm 范围内应预热才能进行焊接。

⑦ 焊接结束时，焊缝的始端与尾端应重合 30～50mm。

图 4-25　悬臂式焊接升降架

4.4.2　锅炉筒体纵缝双面埋弧焊

采用焊车式焊机，焊接锅炉筒体纵缝的操作和焊接平板对接直缝是相同的。焊接时，将筒体放在支承架上，使焊缝轴线保持水平位置，将焊车及导轨等用焊接升降台支于焊缝上部。利用升降台行走或焊车沿导轨的行走，实现电弧相对工件的运动，此种方法属于焊接电弧移动、工件固定不动。另一种方法是将筒体放在一平板拖车的支承架上，平板拖车由电动机带动沿地轨移动，移动速度可以调节，将焊车支承于焊缝上部，焊接时焊车固定不动，由拖车带动工件移动进行焊接。

（1）20 钢钢板、厚度为 14mm 的锅炉筒体纵缝双面埋弧焊

① 坡口形式为 I 形坡口。

② 装配间隙为 0～1mm。

③ 焊接材料：焊丝牌号为 H08MnA，焊丝直径为 3mm，焊剂牌号为 HJ431。

④ 电流种类和极性为直流反接。

⑤ 焊接参数：焊接电流为 400～500A，电弧电压为 34～36V，焊接速度为 27.5m/h。

⑥ 操作要求为正反两面各焊一层，先焊反面一层（筒体内），在正面（筒体外）用碳弧气刨清根后焊一层。

⑦ 焊后外观要求余高为 0～3mm，焊缝宽度为 10～20mm，其他无超标缺陷。

（2）60万kW机组锅炉筒体纵缝的焊条电弧 + 窄间隙埋弧焊

① 母材牌号为SA299钢，板厚为170mm。

② 接头坡口形式如图4-26所示。

③ 焊接材料：焊条电弧牌号为E7018-A，焊条直径为4mm、5mm，焊丝牌号为S3Mo，焊丝直径为4mm，焊剂牌号为SJ101。

④ 预热温度为150～250℃，层间温度为150～250℃。

⑤ 焊接参数：焊条电弧焊采用直流反接，打底焊时，焊接电流为170～190A（4mm），电弧电压为22～24V；填充层及盖面层采用中5mm焊条，焊接电流为220～240A，电弧电压为23～25V；埋弧焊时，第一层焊接电流为550～580A，其他层焊接电流为500～550A，电弧电压为29～31V，焊接速度为29～31m/h。

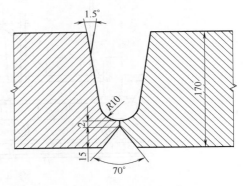

图4-26　接头坡口形式

⑥ 焊条电弧焊焊接70°反面坡口（筒体内纵缝焊缝），在正面（筒体外）清根后用埋弧焊焊满U形坡口。

⑦ 后热温度为150～200℃，保温时间为2h。

⑧ 焊后热处理温度610～630℃，保温时间为2.5h。

⑨ 焊后外观要求余高为0～3mm，焊缝宽度盖过坡口2～7mm。

4.4.3　30m³奥氏体不锈钢发酵罐埋弧焊

（1）技术条件

板材为06Cr19Ni10，板厚δ=10mm；筒体直径为2400m，长为L=9896mm；工作压力为0.25MPa；工作介质为发酵液蒸气；工作温度为145℃。

（2）焊接工艺规范

采用I形坡口，根部间隙为4mm，坡口及两侧50mm以内应清理干净，不得有油污及杂质；焊丝为H0Cr21Ni10，并清理干净，直径为4mm；焊剂为HJ260，烘干规范为250℃保温2h；电源为直流反接；焊接参数见表4-21。

表4-21　30m³奥氏体不锈钢发酵罐埋弧焊焊接参数

正面焊缝			反面焊缝		
焊接电流 /A	焊接电压 /V	焊接速度 /（cm/min）	焊接电流 /A	焊接电压 /V	焊接速度 /（cm/min）
550	29	70	600	30	69

为防止475℃脆化及σ脆性相析出，焊接过程中，采用反面吹风及正面及时水冷的措施，快速冷却焊缝。焊后进行焊缝外观检验，外观合格则进行20%的X射线探伤且符合JB/T 4730.2—2005《承压设备无损检测　第2部分：射线检测》Ⅱ级要求，同时对工艺进行检查。试板进行X射线探伤和力学性能试验，合格后进行整体水压试验，试验压力为0.31MPa。

4.4.4　板厚10mm的Q235A低碳钢板I形坡口对接双面焊（带焊剂垫）

（1）焊前准备

① 焊件技术要求

a. 首先将待焊接钢板板边擀平，从而保证钢板的平面度，防止两块钢板组对时发生错边。然后将待焊接钢板板边刨边或铣边，通过机加工保证钢板边缘的直线度，从而才能保证焊缝的组对间隙均匀，防止因局部焊缝间隙过大而导致焊漏。

b. 对焊接接头进行清理，将焊缝两侧 20 ～ 30mm 范围内的铁锈、油污、氧化皮清除干净，使其露出金属光泽，以防止产生气孔。

c. 将钢板组对，要求组对间隙和错边量见表 4-22。

表 4-22 焊接参数

板厚 /mm	坡口形式	组对间隙 b/mm	错边量 Δ/mm
10		0 ～ 1	0 ～ 0.5

d. 采用焊条电弧焊进行定位焊。定位焊焊缝距离正式焊缝端部 30mm，定位焊间距 400 ～ 600mm，定位焊焊缝长度为 50 ～ 100mm。

② 焊接材料

a. 定位焊采用的焊条型号为 E4315 或 E4303，直径为 4mm 或 3.2mm。

b. 埋弧焊采用 H08A 焊丝，焊丝直径为 5mm 或 4mm，焊剂牌号为 HJ431。

c. 焊条、焊剂按照规定烘干后使用。

（2）焊接操作

① 焊接顺序 首先将焊缝背面衬焊剂垫，焊接一面焊缝，然后将钢板翻身，焊接另一面焊缝。

② 焊接参数 焊接参数见表 4-23。

表 4-23 焊接参数

板厚 /mm	坡口形式	焊丝直径 /mm	焊接顺序	焊接电流 /A	焊接电压 /V	焊接速度 /（m/h）
10		4	1	500 ～ 550	34 ～ 38	30 ～ 36
			2	550 ～ 600		
		5	1	600 ～ 650	34 ～ 38	34 ～ 40
			2	650 ～ 700	34 ～ 38	

第5章 氩弧焊

5.1 焊接工艺

手工钨极氩弧焊在焊接领域应用最为广泛。焊件的焊接质量除了与设备状况、焊接参数、待焊处的焊前清理情况、焊接材料等因素有关外，还与焊工的操作技术有关。

5.1.1 手工钨极氩弧焊操作程序及方法

氩弧焊的引弧方法有两种，即接触式和击穿式。接触式还分直击式和划擦式，都是使电极与工件瞬间接触，并快速拉开个短的距离，从而引燃电弧。这种方法主要用于简易的氩弧焊接设备，一般只用于焊接黑色金属及其根层焊道的打底焊等。击穿式又分高频式和脉冲式。高频式是利用高频振荡器产生的高频引弧，高频的高电压、低电流，使电极和工件之间的保护气体电离，从而使气体导电引燃电弧。脉冲式是在钨极和工件之间加一个高压脉冲，使两极间气体电离而引弧，是一种较好的引弧方法。用直流焊接时，在电弧引燃后便切断高频电压；当使用交流焊接时，特别是焊接铝及铝合金时，在焊接过程中，通常也要继续保持高频电压。

对于手工氩弧焊来说，电弧一旦引燃，焊炬要保持一个 15°的行走角度。自动焊时，焊炬一般与焊件表面垂直。手工焊开始时，常常使电弧做小的圆形运动，直到获得一个尺寸合适的熔池为止。随着电弧沿接头前进，熔融金属发生凝固而完成焊接循环。

熄弧前，应将焊炬垂直于工件，并填充焊丝，以免形成弧坑。熄弧后，不要立即移开焊炬，应待滞后气体停止时再移开，以免高温的焊缝被氧化。通常，使用手控开关切断电流来停止焊接。

母材的厚度和接头设计决定着是否需要向接头中填充焊丝。当手工焊填充焊丝时，应将焊丝送入电弧前端的熔池中。焊丝与焊炬必须平稳地移动，以使焊接熔池、热焊丝端头和已经凝固的熔池不暴露于空气中。

通常，焊丝与工件保持 10°～ 15°的夹角，并缓慢地送入熔池前沿。在焊接过程中，热的焊丝端部不应离开气体保护区。在 V 形坡口多道焊时，也可将焊丝沿焊缝放好，使焊丝与坡口钝边一起熔化。在宽坡口的焊接中，采用摆动填充焊丝法，焊丝左右摆动的同时，连续送入熔池中。焊丝与焊炬的摆动方向相反，但焊丝总是靠近电弧并均匀地送入熔池中。焊接位置的选择由焊件的可动性、工具和夹具的可用性来决定。平焊的时间最短，质量最好；向上立焊可以获得较好的熔深，但由于重力的影响，焊接速度较慢。平焊和向上立焊时，焊炬与焊缝表面夹角为 75°。其操作方法见表 5-1。

手工钨极氩弧焊常用熄弧方法及适用场合见表 5-2。

表5-1　手工钨极氩弧焊操作程序及方法

序号	名称	内容
1	焊炬、焊丝的握法	通常，是由左手握焊丝右手握焊炬。由于受焊接位置的限制，焊工还应具备右手握焊丝和左手握焊炬的操作技能。在焊接过程中，焊炬与焊件的角度为70°～85°，焊丝与焊件角度为15°～20°
2	焊接操作	引弧后，将电弧移至始焊处，对焊件加热，待母材出现"出汗"现象时，填加焊丝。初始焊接时，焊接速度应慢些，多填加焊丝，使焊缝增厚，防止产生起弧裂纹 焊接时用左手拇指、食指和中指捏焊丝，让焊丝末端始终处于氩气保护区内，随着焊接过程的进行，可通过拇指和中指按一定的频率往前均匀串焊丝，使焊接过程平稳进行，不扰动熔池和保护气流罩
3	焊丝长度与接头质量	焊接接头质量是整个焊缝的关键环节，为了保证焊接质量，应尽量减少接头数量，所以焊丝要长些。但实践表明，焊丝较长时，焊接过程中向电弧区送丝容易发生因焊丝抖动而送不到位现象，还有可能因电磁场作用而出现粘丝现象，所以焊丝的长短要适量 停弧后，需在熄弧点重新引燃电弧时，电弧要在熄弧处加直接加热，直至收弧处开始熔化形成熔池，再向熔池填加焊丝，继续焊接
4	填丝方法	焊接打底层焊时，有不填丝法和填丝法两种。不填丝法又称自熔法，由于焊件坡口根部没有间隙或间隙很小，同时可能会没有钝边或钝边很小，可通过母材熔化形成打底层焊缝 填丝法是在焊接过程中，由焊工均匀送入焊丝，形成焊缝的方法。在焊接小直径管子固定位置打底焊时，视焊道根部间隙的大小，可采用内填丝法和外填丝法。当焊道根部间隙小于焊丝直径，电弧在焊件壁燃烧，焊丝自外壁填入的方法称为外填丝法。当焊道根部间隙大于焊丝直径，电弧在焊道外壁燃烧，而焊丝自内壁通过间隙送至熔池上方，这种方法称为内填丝法 在实际焊接生产中，很难保证坡口间隙均匀一致，所以焊工应熟练掌握内、外填丝操作技术，才能获得良好的焊缝
5	焊接方向	手工钨极氩弧焊的电弧束细、热量集中，焊接过程中无熔渣，熔池容易控制，所以对焊接方向没有限制，要求焊工根据焊缝的位置，在焊接过程中能左、右手握焊炬进行焊接

表5-2　手工钨极氩弧焊常用熄弧方法及适用场合

熄弧方法	操作要领	适用场合
焊接速度增加法	焊接将要终止时，焊炬前移的速度逐渐加快，焊丝送入量减少，逐渐停止	对焊工操作技术要求高，适用于管子焊接
焊缝增高法	焊接将要终止时，焊炬杆子向右倾斜度增大，移动速度减慢，此时，送丝量增加，当熔池填满时再熄弧	一般结构都能适用，应用较广泛
采用熄弧板法	在焊件收尾处接一块熄弧板，当焊缝焊完后，将电弧引至熄弧板上熄弧，然后清除熄弧板	操作简单，适用于平板及纵缝的焊接
电流衰减法	焊接将要终止时，首先切断电源，使焊接电流逐渐减慢，实行限电流，衰减熄弧	应具有电流衰减装置

5.1.2　钨极和保护气

（1）钨极

钨极氩弧焊是采用钨棒作为电极，在电极与工件之间形成焊接电弧。钨的熔点为3410℃，沸点高达5900℃，在各种金属中是熔点最高的一种。钨在焊接过程中一般不易熔化，所以是较理想的 TIG 焊电极材料。

目前，国产氩弧焊或等离子弧焊所用的钨极的型号、规格及化学成分见表5-3。

① 纯钨极　纯钨的熔点为3410℃，在焊接过程中，纯钨极端部为球形尖头，能在小电流时保持电弧稳定，当电流低至5A时，仍可很好地焊接铝、镁及其合金。但纯钨极在发射电子时要求电压较高，所以要求焊机具有较高的空载电压。此外，当采用大电流或进行长时间焊接时，纯钨的烧损较明显，熔化后落入熔池中使焊缝形成夹钨；熔化后的钨极末端变为大圆球状，造成电弧飘

移不稳。因而，纯钨极只能作为焊接某些黑色金属的焊接电极。使用纯钨极时，最好选择直流焊接电源，并采用正接法，即便这样，其载流能力还是不佳。

表5-3　钨极型号、规格及化学成分

型号	直径 /mm		化学成分 /%						
	最大	最小	ThO	CeO	Fe_2O_3+ Al_2O_3	Mo	SiO_2	CaO	W
W1	—	—	—	—	0.03	0.01	0.03	0.01	> 99.92
W2	—	—	—	—	总量 ≤ 0.15				> 99.85
WTh-10	0.8	11.0	1.0 ~ 1.49	—	0.02	0.01	0.06	0.01	余量
WTh-15	0.8	11.0	1.5 ~ 2.0	—	0.02	0.01	0.06	0.01	
WTh-30	0.8	11.0	3.0 ~ 3.5	—	0.02	0.01	0.06	0.01	
WCe-13	1.0	10.0	—	—		0.01	0.06	0.01	
WCe-20	1.0	10.0	—	—		0.01	0.06	0.01	
WZr	1.0	10.0	ZrO 0.15 ~ 0.1，其他 < 0.5						≥ 99.2

　　② 钍钨极　钍钨极含氧化钍 1.0% ~ 1.3%，其熔点为 3477℃。钍均匀地分布在钨中，但其成本要比纯钨提高许多；在焊接过程中，钍钨极能较好地保持球状端头，比纯钨极具有更大的载流能力（约比纯钨极大 50%），从而增加了焊缝金属的熔透性。采用 WTh-10 钍钨极，可焊接铜及铜合金。为满足铜合金具有低熔点和较快的热传递能力的要求，焊接时，钍钨极端部需要修磨成尖头状，并在更高温度下保持尖头形状。采用直流电源时，可焊接较多种类的金属材料。但钍钨极中的氧化钍，是一种放射性物质，所以近年来已经很少使用。

　　③ 铈钨极　铈钨极是近年研发的一种新型电极材料。铈钨极是在纯钨极的基础上，加入了质量分数为 1.8% ~ 2.2% 的氧化铈，其他杂质含量不超过 0.1%。铈钨极的最大优点是没有放射性及抗氧化能力强。铈钨极的电子逸出功比钍钨极的低，如表 5-4 所示。所以铈钨极引弧更容易，电弧的稳定性好，化学稳定性强，阴极斑点小，压降低，电极的烧损少，是目前应用最为广泛的焊接用电极。

表5-4　不同电极金属材料的电子逸出功比较

金属材料	镍	钨	锆	钍	铈
电子溢出功 W/eV	4.6	4.5	3.6	3.4	2.84

（2）钨极的许用电流和电弧电压

　　在钨极氩弧焊时，约有 2/3 的电弧热作用在阳极上，1/3 的电弧热作用在阴极上。因此，相同直径的钨极在直流正接条件下，可承受的电流要比直流反接时大得多，也比交流电承载的能力大。另外，钨极的电流承载能力，还受焊枪形式、电极伸出长度、焊接位置、保护气体种类等的影响。各种规格的钨极的许用电流值见表 5-5。

表5-5　钨极的许用电流

直径 /mm	直流正接 /A	直流反接 /A	不对称交流 /A		对称交流 /A	
			纯钨极	铈钨极	纯钨极	铈钨极
0.5	5 ~ 20	—	5 ~ 15	5 ~ 20	10 ~ 20	5 ~ 20
1.0	15 ~ 80	—	10 ~ 60	15 ~ 80	20 ~ 30	20 ~ 60
1.6	70 ~ 150	10 ~ 20	50 ~ 100	70 ~ 150	30 ~ 80	60 ~ 120
2.4	150 ~ 250	15 ~ 30	100 ~ 160	140 ~ 235	60 ~ 130	100 ~ 180
3.2	250 ~ 400	25 ~ 40	150 ~ 210	225 ~ 325	100 ~ 180	160 ~ 250

续表

直径 /mm	直流正接 /A	直流反接 /A	不对称交流 /A		对称交流 /A	
			纯钨极	铈钨极	纯钨极	铈钨极
4.0	400～500	40～55	200～275	300～400	160～240	200～320
4.8	500～750	55～80	250～350	400～500	190～300	290～390
6.4	750～1000	80～125	325～450	500～630	250～400	340～525

由表 5-5 可看出，尽管在钨极材料中增添了铈等抗氧化材料，提高了电子的发射能力，降低了钨极端部温度，但承载电流能力还是没有得到太多的提高。这是由于承载能力受到电阻热的限制。当电流过大时，钨极就要产生过热而熔化。

此外，钨极的引弧还对焊机的空载电压有一定的要求，如果不能满足，将会影响引弧的质量。不同电极材料对引弧电压的要求见表 5-6。

表 5-6 不同电极材料对引弧电压的要求

名称	型号	所需空载电压 /V		
		铜	不锈钢	硅钢
纯钨极	W1、W2	95	95	95
钍钨极	WTh-10	40～60	55～70	70～75
	WTh-15	35	40	40
铈钨极	WTh-20	比钍钨极低 10%		

（3）钨极的形状及制备

钨极氩弧焊的电弧电压，主要受焊接电流、保护气体和钨极端头形状的影响。为了在焊接过程中控制电弧电压的相对稳定，一般都要认真修整钨极端头形状。各种钨极端头形状对电弧电压的影响见表 5-7。

表 5-7 钨极端头形状对电弧电压的影响（直流时）

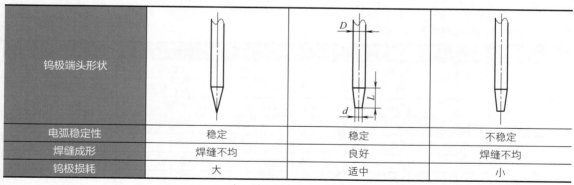

钨极端头形状			
电弧稳定性	稳定	稳定	不稳定
焊缝成形	焊缝不均	良好	焊缝不均
钨极损耗	大	适中	小

注：表中钨极尺寸为 $L = (2～4)D$，$d = (\frac{1}{4}～\frac{1}{3})D$。

钨极的端头形状是一个很重要的工艺参数。当采用直流电时，端头应为圆锥形；采用交流电源时，端头应为球形。端头的角度太小，还会影响钨极的许用电流、引弧及稳弧性能等工艺参数。小电流焊接时，选用小的钨极直径和小的端头角度，使电弧易燃和稳定；大电流时，用大的钨极直极和大的端头角度，这样可避免钨极端头过热、烧损，影响阴极斑点的飘移，防止电弧向上扩展。此外，端头的角度也会影响熔深和熔宽，减小锥角能使焊缝的熔深减小，熔宽增大。钨极端头形状和电流范围见表 5-8。

表 5-8　钨极端头形状和电流范围

钨极 /mm	端头直径 /mm	端头角度 / (°)	恒定电流 /A	脉冲电流 /A
1.0	0.126	12	2 ～ 15	2 ～ 25
1.0	0.25	20	5 ～ 30	5 ～ 60
1.6	0.5	25	8 ～ 50	8 ～ 100
1.6	0.8	30	10 ～ 70	10 ～ 140
2.4	0.8	35	12 ～ 90	12 ～ 180
2.4	1.1	45	15 ～ 150	15 ～ 250
3.2	1.1	60	20 ～ 200	20 ～ 300
3.2	1.5	90	25 ～ 250	25 ～ 350

注：此表电源为直流正接。

　　在采用大电流焊接厚工件或采用交流电源焊接铝、镁等合金时，焊前应预热钨极，使其端头球化。球化后的钨极端头直径，应不大于钨极直径的 1.5 倍，太大时端头的球状体容易坠落，造成夹钨缺陷。球面形成后要观察表面颜色，正常时应发出亮光，无光则是已经被氧化；若呈蓝色或紫色甚至黑色时则表示保护气体滞后或流量不足。

　　铈钨极及钍钨极的耐热性和载流能量比纯钨极好，其端头可采用圆锥形，使电弧集中。一般锥角要在 30°～ 120°之间，以获得较窄的焊缝和更深的熔透性。修磨钨极端头应采用砂轮打磨。打磨时，切记应使钨极处于纵向，绝不应采用横向打磨，这样会使焊接电流受到一定的约束，使电弧飘移。打磨所用的砂轮应为优质的氧化铝或氧化硅砂轮。

　　（4）钨极的选用

　　钨极氩弧焊在实用过程中，焊接各种金属材料选用什么样的钨极比较合适，是人们最关注的问题。钨极选用的型号、规格和端头形状等，要取决于被焊材料种类和厚度规格。钨极太细，容易被电弧熔化造成焊缝夹钨；钨极太粗会使电弧不稳定。所以，选择钨极直径首先是根据焊接电流的大小，然后根据焊接接头的设计和电流种类来确定钨极端头形状。各种金属材料氩弧焊时应配置的钨极见表 5-9。

表 5-9　各种金属材料氩弧焊时应配置的钨极

母材	厚度	电流	钨极	
铝及铝合金	所有	交流	纯钨极	锆钨极
	薄	直流反接	钍钨极	锆钨极
铜及铜合金	所有	直流正接	纯钨极	钍钨极
	薄	交流	纯钨极	锆钨极
镁合金	所有	交流	纯钨极	锆钨极
	薄	直流反接	锆钨极	钍钨极
镍及镍合金	所有	直流正接	钍钨极	铈钨极
碳钢和低合金钢	所有	直流正接	钍钨极	铈钨极
	薄	交流	纯钨极	锆钨极
不锈钢	所有	直流正接	钍钨极	铈钨极
	薄	交流	纯钨极	锆钨极
钛	所有	直流正接	钍钨极	铈钨极

　　在生产中使用手工钨极氩弧焊时，对选用的钨极，还应注意以下几点。

　　① 按要求打磨钨极端头，防止钨极端头形成锯齿形而引起双弧或电弧飘移、过热。

　　② 焊后不要急于抬起焊枪，使钨极保持在氩气保护中，冷却后才能切断供气。

③ 一般应减小钨极伸出长度，以减少钨极接触的空气，受到污染。

④ 经常检查钨极的对中和直度，发现弯曲时可采用热矫正法矫直。

⑤ 钨极、夹头和喷嘴的规格应相匹配，喷嘴内径一般约为钨极的 3 倍。

⑥ 钨极表面必须光洁，无裂纹或划痕、缺损等，否则将使导电、导热性能变差。

5.1.3　工艺参数的选择

（1）钨极直径和伸出长度

正确选用钨极直径，既可保证生产效率，又能满足工艺的要求和减少钨极的烧损。钨极直径选择过小，则使钨极熔化和蒸发，或引起电弧不稳定和产生夹钨现象。钨极直径选择过大，在采用交流电源焊接时，会出现电弧飘移，使电弧分散或出现偏弧现象，如果钨极直径选用合适，交流焊接时，一般端头会熔化成球状，钨极直径一般应等于或大于焊丝直径。焊接薄工件或熔点较低的铝合金时，钨极直径要略小于焊丝直径；焊接中厚工件时，钨极直径要等于焊丝直径；焊接厚工件时，钨极直径应大于焊丝直径。

钨极伸出长度越大，保护效果越差；反之就越好。钨极伸出长度应根据坡口形式和焊接规范来调整，原则上是在便于操作的情况下，尽可能保护好熔池和焊缝。一般的钨极伸出长度，T 形填角接头时为 6～9mm，端接填角接头时应为 3mm，对接开坡口焊缝时可大于 4mm。焊接铜、铝等有色金属时为 2mm，管道打底层焊时为 5～7mm，一般可按所选钨极直径的 1.5～2 倍来确定。

（2）焊丝直径

焊丝的直径选择可根据经验公式 $d=(t/2\pm1)$ mm。t 为工件厚度，薄加厚减，但不要过大。一般打底层焊接时，多选择 2～2.5mm 的焊丝；填充层焊接时，可选用 3～4mm 的焊丝，太粗的焊丝很少使用。

选用的焊丝太细，不但生产效率低，而且由于熔入焊丝表面积的增大，相应带入焊缝中的杂质也较多。

选用焊丝直径的另一种经验，是观察熔池的形状和大小。

当焊炬与工件的夹角为 75°～85° 时，所选的焊丝直径不宜大于熔池椭圆短轴的 2/3，如图 5-1 所示。

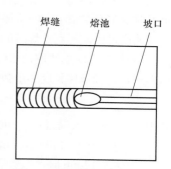

图 5-1　熔池椭圆形状示意图

（3）喷嘴至工件距离和电弧长度

喷嘴距工件越远，保护效果越差；距离太近，则会影响操作者视线。为确保气体保护可靠，在实际生产中一般取 8～14mm，大多以 10mm 为宜。

电弧越长，保护效果越差；反之则越好。但电弧过短容易使焊丝碰撞到钨极，使焊缝产生夹钨现象，钨极损耗快。喷嘴和钨极至工件的距离太小，电弧过短，会由于操作者观察不便，难以用电弧控制熔池形状和大小，所以，应在避免碰撞钨极和便于控制熔池形状的前提下，尽量采用短弧焊。添加焊丝时，电弧长度一般为 3～5mm；不添加焊丝自熔焊时，电弧长度不大于 1.5mm 即可。

（4）焊接电流

焊接电流是 GTAW 最重要的工艺参数，取决于钨极种类和规格。电流太小，难以控制焊道的成形，容易形成未熔合和未焊透等缺陷，同时，电流过小会降低生产效率以及浪费氩气。电流过大，容易形成凸瘤和烧穿，熔池温度过高时，还会出现咬边、焊道成形不美观缺陷。

焊接电流的大小要适当，根据经验，电流一般应为钨极直径数值的 30～50 倍。使用交流电源时，选用下限；直流电源正接时，选用上限。当钨极直径小于 3mm 时，从计算值中减去 5～10A；如果钨极直径大于 4mm，可在计算值上再加上 10～15A。另外，在选用电流时，还要注意焊接电流不要大于钨极的许用值。

不同钨极允许的最大电流值见表 5-10。

表 5-10　不同钨极允许的最大电流值

电源种类	钨极直径 /mm	钨极种类	允许的最大电流 /A
交流	1.0	钍钨极	50～60
	2.0		100～140
	3.0		150～230
直流正接	1.0		75～90
	1.6		150～190
	2.4		250～340
	3.2		350～750
直流反接	1.0	铈钨极	15
	2.0		30
	3.0		50
	4.0		75

（5）气体流量

在保证保护效果的前提下，应尽量减小氩气流量，以降低焊接成本。但流量太小，喷出来的气流挺度差，容易受外界气流的干扰，影响保护效果。同时，电弧也不能稳定燃烧，焊接过程中，可看到有氧化物在熔池表面飘移，焊缝发黑而无光泽。流量过大，不但浪费保护气，还会使焊缝冷却速度过快，不利于焊缝的成形，同时气流容易形成紊流，引入了空气，破坏了保护效果。

气体流量 Q 主要取决于喷嘴直径和保护气体种类，其次也与被焊金属的性质、焊接速度、坡口形式、钨极外伸长度和电弧长度等有关。手工钨极氩弧焊时，可采用经验公式：

$$Q=（0.8～1.2）D$$

式中　　D——喷嘴直径，mm；

　　　　Q——气体流量，L/min。

当 $D \geqslant 12mm$ 时，系数取 1.2；当 $D < 12mm$ 时系数取 0.8，以使气流的挺度基本一致。

自动焊时，焊接速度快，气体流量应大些，焊缝背面保护气的流量应是正面的 1/2。并应保持背面保护气体流畅，否则会形成背面气流的正压力，造成焊缝根部未焊透。

（6）焊接速度

焊接速度取决于工件的材质和厚度，还与焊接电流和预热温度有关。自动焊时，要考虑焊接速度对气体保护的影响。焊接速度过大，保护气流滞后，会使钨极、弧柱和熔池暴露在空气中，这时应加大电流或将焊枪向后倾斜一定角度，以使保护效果良好。

焊接过程中，改变焊接速度时，一般不会影响保护效果，但焊接化学活泼性强的金属时，焊接速度不宜过快，否则容易使正在凝固和冷却的焊缝母材因被氧化而变色。

（7）接头形式与焊件结构

氩弧焊的接头形式，一般是平焊、船形焊和角焊缝的气体保护效果较好；端头平焊和端头角焊的保护效果最差。如图 5-2 所示。

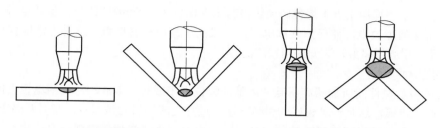

(a) 保护效果较好的接头形式　　　　　　(b) 保护效果较差的接头形式

图 5-2　接头形式与保护效果示意图

5.2 基本操作技能

初学手工氩弧焊时，首先要学会握持焊枪、引燃电弧、握持焊丝、移动焊枪、送进焊丝、填充焊丝、接头和收弧等操作手法。掌握了这些要点，才能进行正常的焊接。

5.2.1 引弧

手工氩弧焊时，根据不同的焊枪类型，可采用不同的握持方法，如表 5-11 所示。

表 5-11　手工氩弧焊的焊枪握持方法

焊枪类型	笔式焊枪		T 形焊枪	
握持方法				
应用范围	100A 或 150A 型焊枪，适用于小电流、薄板焊接	100 ～ 300A 型焊枪，适用于 I 形坡口焊接，此握法应用较广	150 ～ 200A 型焊枪，此握法手晃动较小，适用于焊缝质量要求高的薄板焊接	500A 的大型焊枪，多用于大电流、厚板的立焊、仰焊等

引弧的方法主要有接触短路引弧、高频高压引弧和高压脉冲引弧等几种。

（1）接触短路引弧

接触短路引弧法多用于简易氩弧焊设备。引弧前用引弧板、铜板或炭棒，在钨极和工件之间，以接触短路形式直接引燃电弧。然后将电弧转向焊缝进行焊接。这也是气冷式焊炬常用的引弧方法。但这种方法在钨极与工件接触的瞬间，会产生很大的短路电流，钨极端部容易烧损或容易造成母材电弧擦伤。但由于设备简单，不需要高频高压、脉冲引弧或稳弧装置，所以在氩弧焊打底及薄板焊接中常有应用。

电弧引燃后，焊炬停留在引弧处不动，当获得一定大小、明亮清晰和保护良好的熔池后（约 3 ～ 5s）就可以添加焊丝开始焊接过程。

这种引弧法的缺点是在引弧过程中钨极损耗大，容易在焊缝中产生夹钨，同时，钨极形状容易被破坏，增加了磨削钨极的次数和时间，这不仅降低了焊接质量，而且降低了氩弧焊的效率。

（2）高频高压引弧

在焊接开始前，利用高频振荡器所产生的高频（150 ～ 200kHz）、高压（2000 ～ 3000V），来击穿焊件与钨极之间的间隙（2 ～ 5mm）而引燃电弧。现代普通氩弧焊电源均设有高频或脉冲引弧和稳弧装置。手握焊炬垂直于焊件，使钨极与工件保持 3 ～ 5mm 的距离，接通电源，在高频高压作用下，击穿间隙放电，使保护气体电离，形成离子流而引燃电弧。这种方法能保证钨极端头完好，烧损小，引弧质量好，因此应用较广泛。

（3）高压脉冲引弧

利用在钨极与焊件间所加的高压脉冲（脉冲幅值大于或等于 800V），使两电极之间气体介质电离，然后产生电弧，这是一种较好的引弧方法。进行交流钨极氩弧焊时，既需要高压脉冲引弧，又需要高压脉冲稳弧。引弧和稳弧脉冲由共同的主电路产生，当焊接电弧一旦产生，主电路就只产生稳弧脉冲，引弧脉冲自动消失。手工氩弧焊的引弧方法，通常使用高频高压引弧和高频脉冲引弧。开始引弧时，先使钨极和焊件之间保持一定的距离，然后接通引弧器，在高频电流和高压脉冲电流的作用下，保护气体被电离而引燃电弧，开始进行焊接操作。

5.2.2　送丝方法

（1）焊丝握持方法

手工氩弧焊时，根据不同的焊炬类型、焊丝直径、焊缝所处的空间位置等，焊丝的握持方法也有所不同，焊丝握持方法有如图 5-3 所示几种。

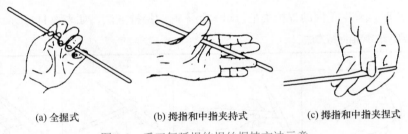

(a) 全握式　　　　(b) 拇指和中指夹持式　　　　(c) 拇指和中指夹捏式

图 5-3　手工氩弧焊的焊丝握持方法示意

（2）焊丝送进方式

氩弧焊的焊丝送进方式对保证焊缝的质量有很大的作用。采用哪种送丝方式，与焊件的厚度、焊缝的空间位置、连续送丝还是断续送丝等有关。常用的手工氩弧焊送丝方式见图 5-4。

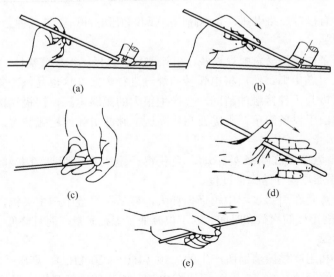

(a)　　　　　　　　(b)

(c)　　　　　　　　(d)

(e)

图 5-4　常用的手工氩弧焊送丝方式

① 连续送丝　连续送丝对焊接保护区的扰动较小，但送丝技术较难掌握。一般有以下几种连续送丝方法。

a. 用左手的拇指、食指捏住焊丝并用中指和虎口配合，托住焊丝。送丝时，捏住焊丝的拇指和食指伸直，即可将焊丝端头送入电弧直接加热区。然后，借助中指和虎口托住焊丝，迅速弯曲拇指和食指，向上弯曲捏住焊丝的位置。如此反复动作，直至完成焊缝的焊接。在整个焊接过程中，注意焊丝的端头既不要碰到钨极，也不能脱离氩气的保护区。连续送丝的手法如图 5-4（a）所示。

b. 连续送丝的另一种方法，是用左手的拇指、食指、中指配合动作送丝，一般送丝比较平直，无名指和小指夹住焊丝，控制送丝的方向。此时的手臂动作不大，待焊丝快用完时，才向前移动，如图 5-4（b）所示。

c. 焊丝在拇指和中指、无名指中间，用拇指捻送焊丝向前连续送丝，如图 5-4（c）所示。

d. 焊丝夹持在左手大拇指虎口处，前端夹持在中指和无名指之间，靠大拇指来回反复均匀用力，推动焊丝向前送进到熔池中，中指和无名指的作用是夹稳焊丝和控制、调节焊接方向，如图 5-4（d）所示。

② 断续送丝　断续送丝又称为点滴送丝，焊接时，送丝的末端应始终处于氩气保护区内，将焊丝端部熔滴送入熔池内，是靠手臂和手腕的上、下反复动作，把焊丝端部熔滴，一滴一滴的送入熔池中。为防止空气侵入熔池，送丝的动作要轻，并且，焊丝动作时要处于氩气保护区内，不得扰乱氩气的保护层。全位置焊接时，多用此法送丝。

③ 通用送丝　焊丝握在左手中间，焊丝的端部应始终处于氩气保护区内，用手臂带动焊丝送进熔池内，如图 5-4（e）所示。

（3）焊丝紧贴坡口或钝边填丝法

焊前，将焊丝弯成弧形，紧贴坡口间隙，焊丝的直径要大于坡口间隙。焊接过程中，焊丝和坡口的钝边同时熔化形成打底层焊缝。此法可避免焊丝妨碍操作者视线，多用于可焊性能较差位置的焊接。

（4）送丝操作的注意事项

① 填丝时，焊丝与焊件表面成 15° 夹角，焊丝准确地从熔池前送进。熔滴滴入熔池后，迅速撤出焊丝。但要注意焊丝端部要始终处于氩气保护区域内，如此反复进行，直至完成焊缝。

② 焊接过程中，要仔细观察坡口两侧熔化情况，熔化后再进行填丝，以免出现未熔合、未焊透等缺陷。

③ 焊接过程中填丝时，送丝的速度要均匀，快慢应适当。速丝速度过快，焊缝的余高加大；过慢使焊缝背面出现下凹或咬边缺陷。

④ 当坡口间隙大于焊丝直径时，焊丝应与焊接电弧同步横向摆动。而且，送丝速度与焊接速度也要同步。

⑤ 焊接过程中填丝操作时，不应把焊丝直接放在电弧下面，不要出现熔滴向熔池"滴渡"现象，填丝的位置如图 5-5 所示。

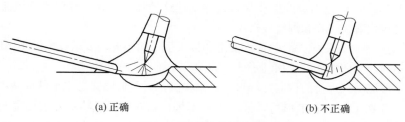

(a) 正确　　　　　　　　　　　　　(b) 不正确

图 5-5　填丝的位置示意

⑥ 在填丝过程中，如果出现焊丝与电极相碰而产生短路，会在焊缝中造成夹钨和焊缝污染。此时，应立即停止焊接，将被污染的焊缝打磨光亮，露出金属光泽。同时，还要重新修磨钨极端部的形状。

5.2.3 焊枪移动方法

手工氩弧焊焊接时，焊枪的移动方式有左焊法和右焊法之分，如图 5-6 所示。

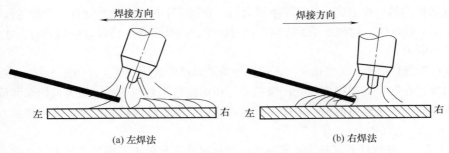

(a) 左焊法　　　　　　　　　(b) 右焊法

图 5-6　左焊法和右焊法操作示意

（1）左焊法

左焊法也叫顺手焊。这种方法应用较普遍。在焊接过程中，焊枪从右向左移动，电弧指向未焊部分，焊丝位于电弧前面，由于操作者容易观察和控制熔池温度，焊丝以点移法和点滴法填入，焊波排列均匀、整齐，焊缝成形良好，操作也较容易。

左焊法适宜于焊接较薄和对质量要求较高的不锈钢、高温合金。因为电弧指向未焊部分，有预热作用，故焊接速度快、焊道窄、焊缝高温停留时间短，对细化金属结晶有利。左焊法焊丝以点滴法加入熔池前部边缘，有利于气孔的逸出和熔池表面氧化膜的去除，从而获得无氧化的焊缝。

（2）右焊法

右焊法又称为反手焊。在焊接过程中，焊枪从左向右移动，电弧指向已焊部分，焊丝位于电弧后面，焊丝按填入方法伸入熔池中，操作者观察熔池不如左焊法清楚，控制熔池温度较困难，尤其对薄工件的焊接更不易掌握。右焊法比左焊法熔透深、焊道宽，适宜焊接较厚的接头。厚度在 3mm 以上的铝合金、青铜、黄铜和大于 5mm 的铸造镁合金，多采用右焊法。

（3）焊枪的运动形式

钨极氩弧焊的焊枪，一般只做直线移动，为了保证氩气的保护效果，焊枪的移动速度不能太快。

① 直线移动　根据所焊材料和厚度的不同，可有三种直线移动。

a. 直线均匀移动：焊枪沿焊缝做直线、平稳、匀速移动，适合高温合金、不锈钢、耐热钢薄件的焊接。其优点是电弧稳定、避免重复加热、氩气保护效果好、焊接质量稳定。

b. 直线断续移动：主要用于中等厚度材料（3～6mm）的焊接。在焊接过程中，焊枪停留一定时间，当焊透后加入焊丝，沿焊缝纵向断断续续地做直线移动。

c. 直线往复移动：焊枪沿焊缝做往复直线移动。这种移动方式主要用于小电流焊接铝及铝合金薄板材料，可防止薄板烧穿和焊缝成形不良。

② 横向摆动　有时，根据焊缝的特殊要求和接头形式的不同，要求焊枪做小幅度的横向摆动。按摆动的方法不同，可归纳为三种摆动形式，如图 5-7 所示。

a. 圆弧之字形运动：焊枪的横向摆动过程是画半圆，呈类似圆弧之字形往前移动，如图 5-7（a）所示。这种运动适用于较大的 T 形角焊缝、开 V 形坡口的对接焊或特殊要求加宽的搭接焊缝，在厚板多层堆焊或补焊时，采用此法也较广泛。这种接头特点是：焊缝中心温度较高，两边热量由于向基体金属导散，温度较低。所以焊枪在焊缝两边停留时间稍长，在通过焊缝中心时运动速度可适当加快，以保持熔池温度正常，从而获得熔透均匀、成形良好的焊缝。

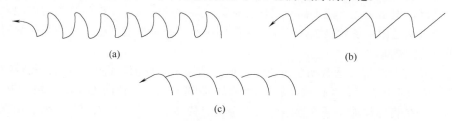

图 5-7　焊枪横向摆动示意图

b. 圆弧之字形侧移运动：焊接过程中，焊枪不仅画圆弧，且呈斜的之字形移动，如图 5-7（b）所示。这种运动适用于不平齐的角焊缝和端接头焊缝。这种接头的特点是，一个接头凸出于另一接头之上，凸出部分恰可作为加入焊丝用。操作特点是：焊接时，使焊枪的电弧偏向凸出部分，焊枪做之字形侧移运动，使电弧在凸出部分停留时间延长，熔化掉凸出部分，不加或少加焊丝，沿对接接头的端部进行焊接。

c. r 形运动：焊枪的横向摆动呈类似 r 形运动，如图 5-7（c）所示。这种运动适用于厚度相差很大的平对接焊。例如，厚度 2mm 与 0.8mm 材料的对接，焊枪做 r 形运动。根据薄厚接头所放的位置不同，也有反向 r 形运动。这种运动的特点是：焊枪不仅做 r 形运动，且电弧要稍微偏向厚件一边，其目的是在厚件一边停留时间长些，在薄板一边停留时间短，以此控制厚、薄两工件的熔化温度，防止出现薄焊件烧穿、厚焊件未焊透等现象。

（4）摇把焊（跳弧焊法）

摇把焊是近年发展起来的一种新型焊接方法。

摇把焊又称为跳弧焊法，其操作步骤为：当形成熔池后，立即抬起焊枪，让熔池冷却；然后焊枪又马上回到原来形成弧坑的地方，重新熔化，形成熔池；如此不间断地跳动电弧，让每个熔池连续形成焊缝。这种方法类似于焊条电弧焊时的挑弧焊。采用摇把焊时，可适当提高焊接电流，让熔池金属充分熔化，能有效地保证焊缝熔透，从而提高焊接质量，所以既适用于大直径长输管道的单面焊双面成形工艺，也适用于小直径固定管道安装的全位置焊接。

由于摇把焊的上述优点，目前，我国援外工程施工的钨极氩弧焊工，大都采用摇把焊操作工艺。摇把焊的操作方法很像气焊的焊法，但要特别注意的是，氩弧焊是靠氩气保护进行焊接的，所以不论如何摇动焊枪，一定不能让外界空气进入保护区。如果摇动焊枪的距离过大，破坏了气体的保护效果，就无法保证焊接质量了。

摇把焊时，焊枪的跳动要有节律，且不能距离过大和频率过快。焊接过程中，操作者始终要注意观察熔池的熔透情况，使熔化金属的背面熔缝高度和宽度保持一致，所以要掌握摇把焊技术，必须有熟练的操作技能。

5.2.4　焊丝填充方法

（1）外填丝法

外填丝法是电弧在管壁外侧燃烧，焊丝从坡口一侧添加的操作方法。管子对口间隙要随焊丝的动作、管径的大小、管壁的厚度而定。对于大直径管道（管径大于或等 219mm、厚度大于或等于 18mm）的间隙，应稍大于焊丝。焊接过程中，焊丝连续地送入熔池，稍做横向摆动。

这样可适当地多填些焊丝，在保证坡口两侧熔合良好的情况下，使焊缝具有一定厚度。对于小直径薄壁管，间隙一般要求小于或等于焊丝直径，焊丝在坡口中，沿管壁送给，不做横向摆动。

焊速稍快，焊缝不必太厚，采用断续和连续送丝均可。

断续送丝法有时也称点滴送入法，是靠手的反复送拉动作，将焊丝端头的熔滴送入熔池，熔化后将焊丝拉回，退出熔池，但不离开气体保护区。焊丝拉回时，靠电弧吹力将熔池表面的氧化膜除掉。这种方法适用于各种接头，特别是装配间隙小、有垫板的薄板焊缝或角接焊缝，焊后表面呈清晰均匀的鱼鳞状。

断续送丝法容易掌握，适合初学者练习，但只适用于小电流、慢焊速、表面波纹粗的焊道。当间隙过大或电流不适合时，用断续送丝法就难以控制焊接熔池，背面还容易产生凹陷。

连续送丝法是将焊丝端头插入熔池，利用手指交替移动，连续送入焊丝，随着电弧向前不断移动，熔池逐渐形成。这种方法与自动焊的送丝法相类似，其特点是电流大、焊速快、波纹细、成形美观。但需手指连续而稳定地交替移动焊丝，需要熟练的送丝技能。用连续送丝法焊接间隙较大的工件时，如果掌握得好，可以在快速送丝时也不产生凸瘤，仰焊时不产生凹陷，焊接质量好、速度快。

（2）内填丝法

内填丝法是电弧在管壁外侧燃烧，焊丝从坡口间隙伸入管内，向熔池送入的操作方法。焊接过程中，要求焊接坡口间隙始终大于焊丝直径 0.5 ～ 1.0mm，否则会造成卡丝现象，影响焊接的顺利进行。为防止间隙缩小，应采取相应的措施，如采用刚性固定法、合理地安排焊接顺序、加大间隙等。

外填丝法与内填丝法相比间隙小，所以焊接速度快，填充金属少，操作者容易掌握；而内填丝法适用于操作困难的焊接位置。输油管道有时要求采用内填丝法，因为这种方法只要焊枪能达到，无论怎样困难的焊接位置都可以施焊。而且对坡口要求不十分严格，即使在局部间隙不均匀或少量错边的情况下，也能得到质量较满意的焊缝。由于操作者从间隙中可直接观察到焊道的成形，故可保证焊缝根部熔透良好。其最大优点是能预防仰焊部位的凹陷。

作为氩弧焊工，应掌握这两种基本操作技术，以便在不同的焊接部位，根据实际情况进行应用。一般选择的原则是：凡焊接操作的空间开阔、送丝没有障碍、视线不受影响的管道焊接，宜采用外填丝法；反之，则宜用内填丝法。在实际应用中，内填丝法也不可能用在整条焊缝上，通常只有在困难位置才采用。内、外填丝的操作方法应相互结合使用，视焊接的操作方法而定。

（3）依丝法

采用依丝法时，将焊丝弯成弧形，紧贴在坡口间隙处，电弧同时熔化坡口的钝边和焊丝，这时要求坡口间隙小于焊丝的直径。这种方法可避免焊丝遮住操作者的视线，适合于困难位置的焊接。

依丝法送丝要熟练，速度要均匀，快慢要适当。过快，焊缝堆积过高；过慢，焊缝会产生凹陷或咬边。

在焊接操作过程中，由于操作手法不稳，焊丝与钨极相碰，会造成瞬间短路，发生打钨现象，熔池被炸开，出现片烟雾，造成焊缝表面污染和内部夹钨，破坏了电弧的稳定燃烧。此时，必须立即停止焊接，进行处理。将污染处用角向磨光机打磨干净，露出光亮的金属光泽。被污染的钨极应在引弧板上引燃电弧，熔化掉钨极表面的氧化物，使电弧光照射的斑痕光亮无黑色，熔池清晰，之后方可继续进行焊接。采用直流电源焊接时，发生打钨现象后，应重新修磨钨极端头。

为了便于送丝，观察熔池和焊缝，防止喷嘴烧损，钨极应伸出喷嘴端面 2 ～ 3mm。钨极端部与熔池表面的距离（弧长）要保持在 3mm 左右。这样，可使操作者视线开阔，送丝方便，避免打钨，从而减少焊缝被污染的可能性。

5.2.5　接头和收弧

（1）接头

焊接时，一条焊缝最好一次性焊完，中间不停顿。当长焊缝或中间更换焊丝、修磨钨极必须停弧时，重新起弧点要在与焊缝重叠 20～30mm 处引弧，熔池要注意熔透，然后再向前进行焊接。重叠处不加焊丝或少加焊丝，以保证焊缝的宽度一致，到了原熄弧处，再加入适量焊丝，进行正常焊接。

焊缝接头处如果操作不当，往往不容易保证质量，所以要尽量减少接头。初学氩弧焊的焊工，一时难以掌握焊丝的正确握法，不会用左手拇指作为送丝的动力，而是靠左手的前后移动来送进焊丝，这样势必要经常变换焊丝位置，会增加接头的次数。另外，为避免焊丝的抖动，握丝处距焊丝的末端又不宜过长，每用完一段焊丝，就要停下来移动手，这也会增加接头的次数。

为了解决这个问题，可以采用不停弧的热接法，即当需要变换焊丝位置时，先将焊丝末端和熔池相接触，同时将电弧稍向后移，或引向坡口的一边。待焊接熔池凝固并与焊丝粘在一起的瞬间，迅速变换焊丝位置。完成这一动作后，将电弧立即恢复原位，继续焊接。采用这种方法既能保证焊接接头质量，又可提高生产效率，但操作者需要技术熟练，动作快而准确。

焊接过程中，由于位置变换，必须要停弧，从而出现焊缝相交的接头。接头处由于温度的差别和填充金属的变化，容易出现未焊透、夹渣、气孔等缺陷。所以接头处一般要修磨成斜坡，不留死角，熔池要熔透接头根部，保证接头质量。

（2）收弧

焊接结束时，常由于收弧的方法不正确，在焊缝结尾处产生弧坑和弧坑裂纹、气孔、烧穿等缺陷。因此，在正式焊接平焊缝时，常采用引弧板，将弧坑引出到引弧板上，然后再熄弧。在没有引弧板又没有电流衰减装置条件下，收弧时，不要突然拉断电弧，应往熔池内多填入一些焊丝，以填满弧坑，然后缓慢提起电弧。若还存在弧坑缺陷时，可重复上述收弧动作。

为了确保焊缝收尾处的质量，可以采取以下几种收弧方法。

① 利用焊枪手柄上的按钮开关，采用断续送、停电的方法使弧坑填满。

② 可在焊机的焊接电流调节电位器上，连接一个脚踏开关，当收弧时迅速断开和连接开关，从而达到衰减电流的目的。

③ 当焊接电源采用交流电源时，可控制调节铁芯间隙的电动机，达到电流衰减的目的。

④ 使用带有电流衰减功能的焊机时，先将熔池填满，然后按动电流衰减按钮，使焊接电流逐渐减小，最后熄灭电弧。

5.3 各种焊接位置操作要点

通过前面的学习，初学者对氩弧焊的安全生产、氩弧焊机、焊接材料以及引燃电弧焊接等基础知识，有了一定的了解，并掌握了引弧焊接的基本要求。但是在生产中应用时，还需要继续勤学苦练，在练习中取得感知经验，提高操作技能，才能掌握氩弧焊接的技巧。本节用案例引导有一定基础的焊工进一步继续深入学习，同时让初学者能快速地掌握各种位置的焊接操作技术。

5.3.1 平敷焊

平焊是比较容易掌握的焊接位置，效率高，质量好，生产中应用比较广泛。

氩弧焊时，首先运弧要稳，钨极端头离工件 3～5mm，约为钨极直径的 1.5～2 倍。运弧时应多为直线形，较少摆动，最好不要跳动；焊丝与工件间的夹角为 10°～15°，焊丝与焊枪互相垂直。引燃电弧形成熔池后，要仔细观察，视熔池的形状和大小控制焊接速度，若熔池表面呈凹形，并与母材熔合良好，则说明已经熔透；若熔池表面呈凸形，且与母材之间有死角，则是未焊透的现象，应继续加温。当熔池稍有下沉的趋势时，应及时添加焊丝，逐渐缓慢而有规律地朝焊接方向移动电弧，要尽量保持弧长不变，焊丝可在熔池前沿内侧一送一收。每次都要停放在熔池前方，停放时间长短，要视母材坡口形式而定。焊接的全过程中，均应保持这种状态，焊丝加入过早，会造成未焊透，加晚了又容易造成焊瘤或烧穿。

熄弧后不可马上将焊枪提起，应在原位置保持数秒不动，以滞后气流保护高温下的焊缝金属和钨极不被氧化。

焊完后检查焊缝质量：几何尺寸、熔透情况、焊缝是否氧化或咬边等。焊接结束后，先关掉保护气，后停水，最后关闭焊接电源。

（1）不锈钢板的平敷焊

手工氩弧焊操作的常规方法是用右手握焊枪，用食指和拇指夹住焊枪的前部，其余三指可触及焊件上，作为支承点，也可用其中的两指或一指作为支承点。焊枪要稍用力握住，这样能使电弧稳定。左手持焊丝，要严防焊丝与钨极接触，若是焊丝与钨极接触，会产生飞溅、夹钨，影响气体保护效果和焊道的成形。

调整氩气流量时，先开启氩气瓶的手轮，再调节减压器上的螺钉。

在焊接过程中，通过观察焊缝颜色来判断氩气的保护效果，如果焊缝表面有光泽，呈银白色或金黄色，则保护效果好；若焊缝表面无光泽，发黑，表明保护效果差。还可以通过观察电弧来判断氩气的保护效果，当电弧晃动并有"呼呼"声响时，说明氩气流量过大，保护效果不好，选择焊接电流应在 60～80A 之间。由于初学操作手法还不熟练，因此，在一定范围内，电流要选用小一些的为好。

调整焊枪与焊丝之间的相对位置，是为了使氩气能很好地保护熔池。焊枪的喷嘴与焊件表面，应成较大的夹角，如图 5-8 所示。

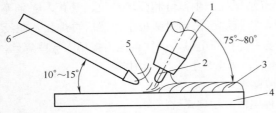

图 5-8 焊枪、焊件与焊丝的相对位置示意图
1—喷嘴；2—钨极；3—焊缝；4—工件；5—电弧；6—焊丝

平敷焊时，普遍采用左焊法进行焊接。在焊接过程中，焊枪应保持均匀的直线运动。焊丝的送入方法，是对焊丝做往复运动。

填充焊丝时，必须等待母材充分熔融后，才能填丝，以免造成基体金属未熔合。填丝过程是在与工件表面成 10°～15°角的位置，敏捷地从熔池前沿点进焊丝（此时喷嘴可向后平移一下），随后焊丝撤回到原位置，如此重复动作，如图 5-9 所示。

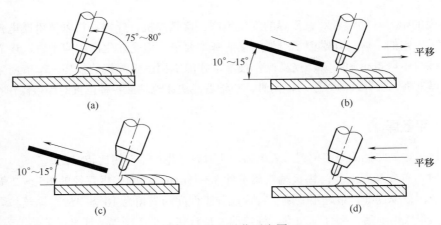

图 5-9 填丝动作示意图

填丝时，不应把焊丝直接放在电弧下面 [图 5-10 (a)]，但把焊丝抬得过高也是不适宜的；填

丝时不能让熔滴向熔池内滴渡 [图 5-10（b）]，更不允许在焊缝的横向上来回摆动，因为这样会影响母材熔化，增加焊丝和母材氧化的可能性，破坏氩气的保护。正确的填丝方法，是由电弧前沿熔池边缘点进，如图 5-10（c）所示。

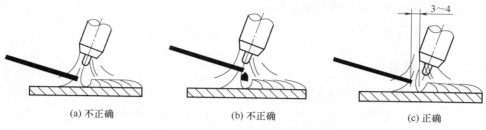

(a) 不正确　　　　　　(b) 不正确　　　　　　(c) 正确

图 5-10　焊丝点进的位置示意图

电弧引燃后，不要急于送入填充焊丝，要稍停留一定时间，使基体金属形成熔池后，再立即填充焊丝，以保证熔敷金属和基本金属能很好地熔合。

在焊接过程中，要注意观察熔池的大小、焊接速度和填充焊丝，应根据具体情况密切配合好，应尽量减少接头；要计划好焊丝长度，接头时，用电弧把原来熔池的焊道金属重新熔化，形成新的熔池后再加入焊丝，并要与前焊道重叠 5mm 左右，在重叠处要少加焊丝，使接头处圆滑过渡。

焊接时，为了练习手法的稳定，先焊第一道焊道，焊到工件边缘处终止后，再焊第二道焊道。焊道与焊道之间的距离为 30mm 左右，在每块试焊板上，可焊三道焊道。

（2）铝板的平敷焊

氩弧焊有保护效果好、电弧稳定、热量集中、焊缝成形美观、焊接质量好等优点，所以是焊接铝及铝合金的常用方法。

铝及铝合金手工钨极氩弧焊，通常使用交流焊接电源。采用交流焊接电源时，电弧极性是不断变化的，当焊件为负半波时，具有阴极破碎作用；当焊件为正半波时，在氩气有效保护下，熔池表面不易氧化，焊接过程能正常进行。

① 焊接工艺参数的选择　练习焊件选择厚度为 2.5mm 的工业铝板，钨极直径为 2.0mm，焊丝直径 2.5mm，焊接电流为 70～200A。氩气的保护情况可通过观察焊缝表面颜色进行判断和调整。

② 操作方法　采用左焊法。焊接时，焊丝、焊枪与焊件间的相对位置如图 5-11 所示。

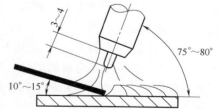

图 5-11　焊丝、焊枪与焊件间的相对位置示意图

通常，焊枪与焊件的夹角为 75°～80°，填充焊丝与焊件的夹角不大于 15°。夹角过大时，一方面对氩气流产生阻力，引起紊流，破坏保护效果；另一方面电弧吹力会造成填丝过多熔化。焊丝与焊枪操作的相互配合程度，是决定焊接质量的一个重要因素。

在焊接过程中，要求焊枪运行平稳，送丝均匀，保持电弧稳定燃烧，以保证焊接质量。焊枪采用等速运行，这样，能使电弧稳定，焊缝平直均匀。常用的送丝方法是点滴法，焊丝在氩气保护层内往复断续地送入熔池，但焊丝不能触及钨极或直接伸入电弧柱内，否则，钨极将被氧化烧损或焊丝在高温弧柱作用下，瞬间熔化，产生飞溅（有"啪啪"声），从而破坏电弧的稳定燃烧和氩气的保护，污染熔池和引起夹钨缺陷。所以，焊丝与钨极端头要保持一定距离，焊丝应在熔池前缘熔化。在焊接结束或中断时，要注意保证焊缝收弧的质量，采取有效的收弧措施。

采用上述方法焊后，焊缝表面呈清晰和均匀的鱼鳞波纹。

钨极手工氩弧焊练习提高过程中，要注意以下几点：

a. 要求操作姿势正确。

b. 钨极端部严禁与焊丝相接触，避免短路。

c. 要求焊道成形美观，均匀一致，焊缝平直，波纹清晰。

d. 注意氩气保护效果，使焊缝表面有光泽。

e. 要求焊道无粗大的焊瘤。

5.3.2 平对接焊

平对接焊不同于平敷焊，它需要在焊接时熔透工件，保证单面焊双面成形，并要求背面的焊缝成形符合标准规定。这要焊工有一定的操作水平，所以难度相对要大得多。

（1）焊接准备

① 交流手工钨极氩弧焊机（型号不限）。

② QD-1 型单级反作用式减压器。

③ 氩气瓶。

④ LZB 型转子流量计。

⑤ 气冷式焊枪，铈钨电极，直径 2.0mm。

⑥ 铝合金焊件：长 200mm，宽 100mm，厚 2mm，每组 2 块。

⑦ 铝合金焊丝，直径 2.0mm。

⑧ 面罩。黑玻璃选用 9# 淡色的。

（2）操作要领

① 焊件和焊丝表面清理　将焊件和焊丝用汽油或丙酮清洗干净，然后再将焊件和焊丝放在硝酸溶液中进行中和，使表面光洁，再用热水冲洗干净。使用前须将水分除掉，保持干燥。

② 定位焊　为了保证两焊件间的相对位置，防止焊件变形，必须进行定位焊。定位焊的顺序是先焊焊件的中间，再点焊两端，然后再在中间增加定位焊点；也可以在两端先定位，然后增加中间的焊点。定位焊时采用短弧焊。定位焊的焊缝不要大于正式焊缝宽度和高度的 75%。定位焊后，将焊件弯曲一个角度（反变形），以防止焊接变形，还可使焊缝背面容易焊透。焊件弯曲时，必须校正，以保证焊件对口不错位。在校正焊件过程中，要求所用的手锤、平台表面光滑，防止校正时压伤焊件。

③ 焊接铝合金材料　在高温下容易氧化，生成一层难熔的三氧化二铝膜，其熔点高达 2050℃，它能阻碍基体金属的熔合。铝合金热胀冷缩现象比较严重，会产生较大的内应力和变形，导致裂纹的产生。铝合金由固态转变成液态时，无颜色变化，给焊接操作者掌握焊接温度带来一定困难。

手工钨极氩弧焊的操作，一般采用左焊法，焊丝、焊枪与焊件之间的相对位置参见图 5-20。钨极的伸出长度以 3～4mm 为宜。焊丝与焊嘴的中心线的夹角为 10°～15°。钨极端部要对准焊件接缝的中心，防止焊缝偏移或熔合不良。焊丝端部应始终放在氩气保护范围内，以免氧化；焊丝端部位于钨极端部的下方，切不可触及钨极，以免产生飞溅，造成焊缝夹钨或夹杂等缺陷。

在起焊处要先停留一段时间，待焊件开始熔化时，立即添加焊丝，焊丝添加和焊枪运行动作要配合适当。焊枪应均匀而平稳地向前移动，并要保持均匀的电弧长度。若发现局部有较大的间隙，应快速向熔池中添加焊丝，然后移动焊枪。当看到有烧穿的危险时，必须立即停弧，待温度下降后，再重新起弧继续焊接。对焊缝的背面，应增加氩气保护或采用垫板等专用工具，使背面不发生氧化，焊透均匀。氩弧焊机上有电流衰减装置，一旦断开焊枪上的开关，焊接电流会自动逐渐减小，此时，向弧坑处再补充少量焊丝填满弧坑即可。

（3）焊接要求

① 不允许电弧打伤焊件基体。

② 要求焊缝正面高度、宽度一致，背面焊缝焊透均匀，不允许有未焊透、焊瘤等缺陷存在。

③ 焊缝表面鱼鳞波纹清晰，表面应呈银白色，并具有明亮的色泽。

④ 要求焊缝笔直，成形美观。

⑤ 焊缝表面不允许有气孔、裂纹和夹钨等缺陷存在。

⑥ 焊缝应与基体金属圆滑过渡。

5.3.3 平角焊

平角焊虽然与平对接焊相差不多，但在施焊过程中也有焊缝成形的特殊要求和技巧。

（1）焊接准备

① NSA4300 型普通钨极手工氩弧焊机。

② 气冷式焊枪。

③ 练习焊件：304 型不锈钢板，长 200mn，宽 50mm，厚度为 2～4mm。

④ H0Cr21Ni10 不锈钢焊丝，直径 2mm。

⑤ 铈钨电极，直径 2.0mm。

（2）操作要领

① 焊件表面清理 采用机械抛光轮或砂布轮，将待焊处两侧各 20～30mm 内的氧化皮清除干净。

② 定位焊 定位焊的焊缝距离由焊件板厚及焊缝长度来决定。焊件越薄，焊缝越长，定位焊缝距离越小。焊件厚度在 2～4mm 范围内时，定位焊缝间距一般为 20～40mm，定位焊缝距两边缘 5～10mm，也可以根据焊缝位置的具体情况灵活选择。

定位焊缝的宽度和余高，不应大于正式焊缝的宽度和余高。定位焊点的顺序如图 5-12 所示。从焊件两端开始定位焊时，开始两点应距边缘 5mm 以上，第三点在整条焊缝的中间处，第四点、第五点在边缘和中心点之间，以此类推。

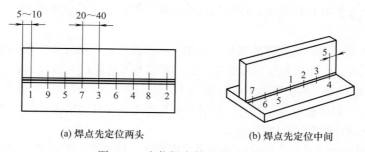

(a) 焊点先定位两头　　　　　　　(b) 焊点先定位中间

图 5-12 定位焊点的顺序示意图

从焊件中心开始定位点焊时，要从中心点开始，先向一个方向进行定位焊，再向相反方向定位其他各点。定位焊时所用的焊丝直径，应等于正常焊接的焊丝直径。定位焊的电流可适当增大一些。

③ 校正 定位焊后，要进行校正，这是焊接过程中不可缺少的工序，它对焊接质量起着重要的作用，是保证焊件尺寸、形状和间隙大小以及防止烧穿等的关键所在。

（3）焊接要求

焊接采用左焊法。焊丝、焊枪与焊件之间的相对位置如图 5-13 所示。

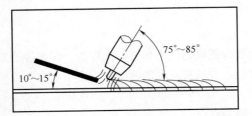
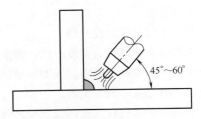

图 5-13　平角焊时，焊丝、焊枪与焊件之间的相对位置

进行内平角焊时，由于液体金属容易向水平面流淌，很容易使垂直面产生咬边。因此，焊枪与水平板夹角应大一些，一般为 45°～ 60°。钨极端部要偏向水平面，使熔池温度均匀。焊丝与水平面成 10°～ 15°夹角。焊丝端部应偏向垂直板；若两焊件厚度不相同时，焊枪角度要偏向厚板一边，使两板受热均匀。

在焊接过程中，要求焊枪运行平稳，送丝均匀，保持焊接电弧稳定燃烧，这样才能保证焊接质量。在相同条件下，选择焊接电流时，角焊缝所用的焊接电流比平对接焊时稍大些。如果电流过大，容易产生咬边；而电流过小，会产生未焊透等缺陷。

5.3.4　其他各种位置的焊接要领

（1）氩弧焊的横焊操作

将平焊位置的工件绕焊缝轴线旋转 90°，即是横焊（2G）的位置。它与平焊位置有许多相似之处，所以焊接没有多大困难。

单层单道焊时，焊枪要掌握好两个角度，即水平方向角度与平焊相似，垂直方向呈直角或与下侧板面夹角为 85°。如果是多层多道焊，这个角度随着焊道的层数和道数而变化，焊下侧的焊道时，焊枪应稍垂直于下侧的坡口面，所以焊枪与下侧板面的夹角应是钝角。钝角的大小取决于坡口的角度和深度。焊上侧的焊道时，焊枪要稍垂直于上侧坡口面，因此与上侧板面的夹角是钝角。

引弧形成熔池后，最好采用直线形运弧，如果需要较宽的焊道时，也可采用斜圆弧形摆动，但摆动不当时，焊丝熔化速度控制不好，上侧容易产生咬边，下侧成形不良，或是出现满溢，焊肉下坠。关键是要掌握好焊枪角度、焊丝的送给位置、焊接速度和温度控制等，才能焊出圆滑美观的焊缝。

其次还有横焊角焊缝，主要有搭接和 T 形接头。搭接时，焊枪与上侧板的垂直面夹角为 40°；如果是不等厚的工件，焊枪应稍指向厚工件一侧，焊枪与焊缝面的夹角为 60°～ 70°。焊丝与上侧板垂直面夹角为 10°，与下侧板平面夹角为 20°。

引弧施焊时，一般薄板可不加焊丝，利用电弧热使两块母材熔化在一起。对 2mm 以上的较厚板，焊丝要在熔池的前缘内侧以滴状加入。

搭接焊的上侧边缘容易产生咬边，其原因是电流大、电弧长、焊速慢、焊枪或焊丝的角度不正确。

T 形接头时，焊枪与立板的垂直夹角为 40°，与焊缝表面夹角为 70°，焊丝与立板的垂直夹角为 20°，与下侧板平面夹角为 30°。多层多道焊时，焊枪、焊丝、工件的相对位置应有变化，其基本要点与横焊法相同，引弧施焊也与搭接时相似。

还应注意的是内侧角焊时，钨极外伸长度不是钨极直径的 2 倍，而应为 4 ～ 6 倍，以利于电弧达到焊缝的根部。

（2）氩弧焊的立焊操作

立焊比平焊难得多，特点是熔池金属容易向下溢，焊缝成形不平整，坡口边缘咬边等。焊接时，除了要具有平焊的操作技能外，还应选用较细的焊丝、较小的焊接电流，焊枪的摆动采用月牙形，并应随时调整焊枪角度，以控制熔池凝固。

立焊有向上立焊和向下立焊两种，向上立焊容易保证焊透，手工钨极氩弧焊很少采用向下立焊。

向上立焊时，采用正确的焊枪角度和电弧长度（便于观察熔池和送进焊丝）以及合适的焊接速度。焊枪与焊缝表面的夹角为 $75° \sim 85°$，一般不小于 $70°$，电弧长度不大于 5mm，焊丝与坡口面夹角为 $25° \sim 40°$。焊接时，焊枪角度倾斜太大或电弧过长，都会使焊缝中间增高和两侧咬边。移动焊枪时更要注意熔池温度和熔化情况，及时控制焊接速度的快慢，避免焊缝烧穿或熔池金属塌陷等不良现象。

其他相关步骤与平焊时相同。

（3）氩弧焊的仰焊操作

平焊位置绕焊缝轴线旋转 180° 即为仰焊位置。因此，焊枪、焊丝和工件的位置与平焊相对称，只是翻了个，是难度最大的焊接位置。因为该位置下熔池金属和焊丝熔化后的熔滴下坠比立焊时要严重得多，所以焊接时必须控制焊接热输入和冷却速度。焊接的电流要小，保护气体流量要比平焊时大 $10\% \sim 30\%$；焊接速度稍快，尽量直线匀速运弧，必须要摆动时，焊枪呈月牙形运弧；焊枪角度要调整准确，才能焊出熔合好、成形美观的焊缝。

施焊时，电弧要保持短弧，注意熔池情况，配合焊丝的送给和运弧速度。焊丝的送给位置要准确，时机要及时，为了省力和不抖动，焊丝可稍向身边靠近，要特别注意熔池的熔化情况以及保持双手操作的平稳和均匀。调节身体位置达到比较舒适的视线角度，并保持身和手操作轻松，尽量减少体能的消耗。焊接固定管道时，可将焊丝弯成与管外径相符的弯度，以便于加入焊丝。仰焊部位最容易产生根部凹陷，主要原因就是电弧过长、温度高、焊丝的送给不及时或送丝后焊枪前移速度太慢等。

（4）管子水平固定焊和 45° 固定焊的操作

管子水平固定焊难度较大，它由平焊、立焊和仰焊三种位置组成，但只要能熟练地掌握平、立、仰位的焊接操作要领，就不难焊好。

45° 固定焊比水平固定焊位置还要稍难些，基本要点是相似的。45° 位置的焊接应采用多层多道焊，从管子的最低处焊道起始，逐道向上施焊，与横焊有些类似，它综合了平、横、立、仰四种焊接位置的特点。

对于困难位置的焊接，操作时应注意以下几点。

① 要从最困难的部位起弧，在障碍最少的地方收弧封口，以免焊接过程影响操作和视线。

② 合理地分布焊工，避免焊接接头温度过低，最好采用双人对称焊的方式进行焊接。

③ 在有障碍的焊件部位，很难做到焊枪、焊丝与工件保持规定的夹角，可根据实际情况进行调整，待有障碍的部位焊过后，立即恢复正常的角度继续焊接。上、下排列的多层管排，应由上至下逐排焊接。例如，锅炉水冷壁由轧制的鳍片管组成，管子规格 $\phi63.5mm \times 6.4mm$，管壁间距为 12mm，整排管子的焊接均为水平固定焊，位于对口处附近的鳍片断开，留有一定的空隙。将每个焊口分为四段，用时钟的时针位置来表示焊接位置，如图 5-14 所示。

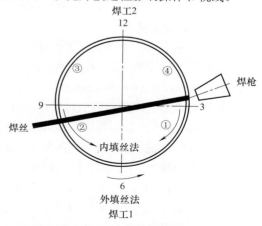

图 5-14　焊接位置和顺序示意图

管子在 12 点处点固，由两名焊工同时对称焊，焊工 1 在仰焊位置，负责①、②段焊接；焊工 2 在俯位焊接，负责③、④段的焊接。

焊工 1 仰视焊口，右手握焊枪，左手拿焊丝，从左边间隙内填丝。第一段焊缝从 3 点位置始焊，尽可能将起弧点提到 3 点以上，为焊工 2 避开障碍接头创造有利条件，也容易保证质量。焊接过程中，可透过坡口间隙观察焊缝根部成形情况。施焊方向为顺时针，用内填丝法，焊至 5 点位置收弧，不要延续至 6 点处，以免妨碍第二段焊缝焊接时的视线和焊丝伸入角度。焊接第二段焊缝时，焊工可原地不动，保持原来的姿势，只是改为左手握焊枪，右手拿焊丝，从右边的间隙填入（5 点到 6 点处还有间隙）。从 9 点（最好稍过 9 点）处起弧，逆时针方向施焊。先用内填丝法焊至 7 点左右，这时，视孔越来越小（指 5 点到 7 点处间隙），从间隙观察焊缝成形很困难，同时焊丝角度也不能适应要求，应逐渐由内填丝过渡到外填丝，直至与第一段的焊缝在 5 点位置处接头封口。

③、④段的操作要领与①、②段基本相同。焊工 2 位于管子上方，俯视焊口，由于 12 点处有一段点固焊缝对于焊丝放置角度和视线都有障碍。因此，焊工 2 要从 3 点处用内填丝法引弧并接好焊工 1 的焊缝接头，然后开始焊接。始焊后不久要立即过渡为外填丝，最后以同样的方法焊接③、④段，最后在点固焊处收弧。

5.4 工程实例

5.4.1 管道安装工手工氩弧打底焊

打底层焊接是指焊件较厚时，先用氩弧焊打底，然后按工作图的要求，再焊接其他各层。当前，电站锅炉、石油化工管道的各种类型管子对接，焊缝质量要求极高，且管道空间位置、两管的间距狭窄等，造成焊接时难度大，操作技术要求较高，一般焊条电弧焊接很难满足质量要求。有时，为提高焊接效率，打底层焊完后，其他层焊道改用焊条电弧焊完成。所以打底层一定要保证单面焊双面成形，且焊缝不允许存在缺陷，否则难以进行缺陷的返修。

（1）操作方法

打底焊是采用手工钨极氩弧焊封底，然后再用焊条电弧焊焊接盖面的焊接方法。板材和管子的打底焊，一般有填丝和不填丝两种方法，这要根据板厚或管子的直径大小来选择。管道安装操作时，有经验的焊工可不用移动位置，焊接时左手和右手轮换握焊枪，填加焊丝可用管内送丝或管外送丝方法。

（2）打底焊工艺

① 焊丝的选择   常用的低碳钢焊丝有 H08Mn2SiA、H08MnSiTiRe（TIG-J50）等，这些焊丝都含有锰和少量的硅，能防止熔池沸腾，脱氧效果好。通常，焊丝直径要尽量选小些，一般选用 1.2mm、1.6mm、2.0mm 和 2.5mm。

② 坡口准备   不留间隙的打底焊，板厚小于 16mm 时，开 V 形坡口，留 2mm 钝边；板厚大于等于 16mm 时，开 U 形坡口，留 3mm 钝边。

对于有间隙的打底焊，必须填充焊丝。这时，坡口的准备十分重要。坡口的形状和尺寸决定于管子的壁厚。当壁厚小于 13mm 时，可开成单面 V 形坡口，角度为 30°～35°，钝边为 1.5～2mm，坡口间隙为 3～4mm；对于壁厚大于等于 13mm 的管子，可开成双 V 形坡口，下面开 30°～40°，上面开 8°～13°，钝边为 2mm，坡口间隙为 3～4mm。另外，坡口两侧各 10～20mm 范围内的铁锈、油污等应清理干净。

③ 点固焊　在管道组对时，首先要找平、垫稳，防止焊接时承受外力，焊口不得强行组对。当点固焊缝为整条焊缝的一部分时，应仔细检查点固焊缝质量，如发现有缺陷，应将缺陷部分清除掉，重新点固焊。焊点的两端应加工成缓坡，以利于接头。

中小直径（外径小于或等于 159mm）管子的点固焊，可在坡口内直接焊接；直径小于 57mm 的管子在平焊处点焊 1 处即可；直径为 57 ～ 108mm 的管子，在立焊处对称点固 2 处；直径为 > 108 ～ 159mm 的管子，在平焊、立焊处点焊 3 处。点固焊缝的长度为 15 ～ 25mm，高度为 2 ～ 3mm。焊点不应在有障碍处或操作困难的位置上，对于大直径（外径大于 159mm）的管子，要采用坡口样板或过桥等方法点固在母材上，如图 5-15 所示。

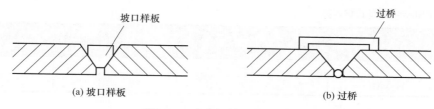

图 5-15　大直径管子装配示意

施焊过程中，碰到点固焊处连接样板或过桥障碍时，将它们逐个敲掉。待打底层焊完后，应仔细检查点固焊处及其附近是否有裂纹，并磨去残存的焊疤。有特殊要求的母材不宜采用过桥方式。

④ 打底层厚度　壁厚小于或等于 10mm 的管道，其打底层厚度不小于 2 ～ 3mm；壁厚大于 10mm 的管道，其打底层厚度不小于 4 ～ 5mm。进行下一层的焊条电弧焊时，应注意不得将打底层烧穿，否则会产生内凹或背面氧化等缺陷。与底层相邻的填充层所用焊条，直径不宜过大，一般直径为 2.5 ～ 3.2mm。电流要小，焊接速度要快。

⑤ 手工 TIG 焊　常用焊接规范见表 5-12。

表 5-12　手工 TIG 焊常用焊接规范

焊件尺寸 / (mm×mm)	常规氩弧焊规范			脉冲氩弧焊规范		
	焊接电流 /A	电弧电压 /V	焊接速度 / (mm/min)	脉冲电流 /A	基值电流 /A	焊接速度 / (mm/min)
$\phi 57 \times 5$	110	13	165	150	75	165

（3）示例

下面以 $\phi 63.5 \text{mm} \times 6.4 \text{mm}$ 的锅炉水冷壁管为例，说明打底层手工氩弧焊的工艺方法。

① 点固焊的位置应视焊接的位置而定。对于全位置焊缝，点固焊在平焊位置处，点固焊长度为 20mm。如果是横焊缝，应点固焊在正面，其长度也是 20mm。

② 焊接时，因为氩弧焊枪比较小巧、轻便，焊工握焊枪时，用食指钩住前枪体，将大拇指按在钨极夹帽上。用其余手指或小指按到管壁上，并以此为支点，手腕带动焊枪围绕管子移动。焊接的顺序如图 5-16 所示。

③ 先从 3 点位置开始焊接，用右手握焊枪，引弧后，沿坡口自下而上转动。同时，左手悬空，用拇指与食指捏住焊丝，由起焊点对面坡口间隙中穿到管内，到达起焊点的两钝边位置。拇指和食指要不停地捻动焊丝，送入熔池。

④ 到 4 ～ 5 点位置后，将电弧引到坡口上熄灭。然后左右手交替，焊接 9 点到 6 点位置。由于 3 ～ 5 点位置已经焊完，焊到

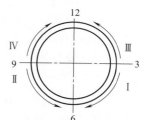

图 5-16　小直径管的焊接顺序

7 点左右位置，可将焊丝改为外送丝。焊到 4～5 点位置后，把电弧引到坡口边缘熄灭。接着焊接 3～12 点，也用右手握焊枪，左手送丝，这时焊丝通过坡口间隙送到焊接处，在 12 点处熄弧。最后，左右手交替，完成 9～12 点的 1/4 管子的焊接。

当焊接较大直径管子时，如 $\phi318mm\times33mm$、$\phi457mm\times12mm$ 等类型的大管道，点固焊要分布在 3 点、9 点和 12 点 3 处，焊缝长度为 25～30mm。打底焊时的操作方法类似于小管工艺。例如，右手握焊枪时，以中指、无名指和小指为支点，手腕由仰焊位置（6 点）向立焊位置（3 点或 9 点）移动，左手捻动焊丝送入坡口熔池中。

上述方法也适用于横焊。TIG 焊横焊打底层焊接规范见表 5-13。

表 5-13　TIG 焊横焊打底层焊接规范

管子规格	焊接电流 /A	钨极伸出长度 / mm	钨极直径 /mm	喷嘴直径 /mm	填充焊丝直径 /mm	气体流量 /（L/min）
小直径薄壁管	90～110	5～6	2.5	8	2.4	8～12
大直径厚壁管	110～130	6～8	2.5	8	2.4	10～15

5.4.2　2A12 铝合金冷凝器 TIG 焊

（1）焊件分析

① 焊接接头形式　冷凝器主要由直筒、封帽、隔板、法兰网板和 78 根冷却管组成，如图 5-17 所示。材质为均为 2A12 铝合金。筒体采用 60° V 形坡口对接接头，筒体、封帽与法兰网板采用 55° 单 V 形 T 形接头，冷却管与法兰网板采用卷边接头。

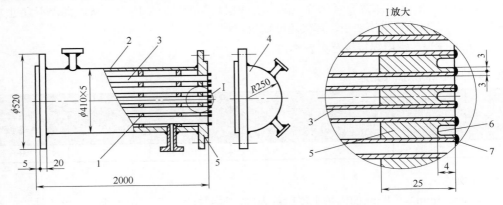

图 5-17　冷凝器尺寸结构

1—隔板（5 块）；2—直筒；3—$\phi25mm\times3mm$ 冷却管（78 根）；4—封帽；

5—法兰网板；6—$R1.5mm$ 应力槽；7—冷却管与法兰网板卷边接头

② 焊接性分析　因为产品设计需要，选用 2A12 做焊接结构。2A12 属于热处理强化铝合金，具有密度小、质量轻、抗腐蚀、导电导热性好、有一定的强度等特点。但是，该材料的焊接性很差。广义上说，在焊接结构中一般很少应用，其主要表现在焊接时易出现热裂纹。另外，该材料焊接时还存在易氧化、热容量和线胀系数大、熔点低以及高温强度小、容易产生氢气孔的变形等特性。

③ 焊缝检验要求　容器除焊后保证尺寸外，焊缝表面不允许有裂纹、气孔、未熔合、弧坑、咬边等缺陷。容器致密性检验采用水压试验，压力要求为 0.5MPa，保压 5min 后不降压为合格。

（2）焊接工艺要点

针对 2A12 铝合金材料焊接性差的分析，在焊接工艺上采取的措施有以下几点。

① 采用手工 TIG 焊　TIG 焊具有焊缝质量高、电弧热量集中、气体保护效果好、焊缝美观、热影响区小、操作灵活、焊件变形量小等特点。

② 容器的焊前清理和焊后清理　焊件和焊接材料的焊前清理是铝合金焊接质量的重要保证。采用化学清洗和机械清理相结合的方法，主要有打磨、除油、冲洗、中和光化、干燥等。最后清理主要是细钢丝刷洗刷、热水冲洗、烘干。

③ 减少焊接应力　容器焊接应力最大的焊接部位在 78 根冷却管两端口与法兰网板面的焊接。该部位热量集中、焊口密集厚薄不等、焊缝与焊缝之间相距仅 4mm，且该材料焊接热容量和线胀系数、热裂纹倾向都很大，可以说该部位是焊件焊接最大的难题。为解决该难题，首先应从减少焊接应力、降低焊接热输入等方面着手。经过对焊接性的试验摸索，采取了在 78 根冷却管与法兰网板接缝处开一定尺寸的环形应力槽的方法，如图 5-17 中的Ⅰ处放大所示。开这环形应力槽的主要目的是减少焊接之间的相互应力，解决接缝的厚薄不均，减少焊接应力和变形，同时可适当降低焊接热输入及材料的热膨胀系数，最终达到防止产生热裂纹的效果。

（3）焊接参数

手工 TIG 焊的焊接设备采用美国米勒公司生产的 SYNGRO-WAV.E300（S）AC/DC 两用氩弧焊机。冷凝器各接头焊接选用的焊丝牌号为 HS311。冷凝器手工 TIG 焊焊接参数见表 5-14。

表 5-14　冷凝器手工 TIG 焊焊接参数

接头形式	电源种类	焊接电流 /A	焊丝直径 /mm	钨极直径 /mm	焊嘴直径 /mm	氩气流量 /（L/min）	焊接速度 /（cm/min）	衰减时间 /s	滞后停气 /s
V 形对接接头	AC	170	3	3.5	12	8	7	5	20
单边 V 形、T 形接头	AC	280	4	3.5	14	10	4	10	30
卷边接头	AC	130	2	2.5	10	8	10	5	15

（4）焊接操作要领及注意事项

以法兰网板卷边接头为例。

① 预热　法兰网板由于厚度大，焊前必须预热，温度在 150℃左右。

② 钨极　钨极磨成锥形后，用大于焊接电流 1/3 的电流把钨极端熔化成小球状。钨极端伸出焊嘴口 7mm 左右为宜。焊接时始终保持钨极清洁无氧化。

③ 引弧　调整所需焊接参数；摁下焊炬手控开关 2s，小电弧高频起弧；对中焊点位置 1s 后自动升到焊接所需电流，开始正常的焊接。在引弧时注意钨极不允许接触焊缝区，以免产生夹钨而使焊接区污染。

④ 焊接　采用左焊法和等速的送丝技术；利用支点倚靠保持电弧长度的稳定性，提高气体保护效果；控制焊炬角度；焊接顺序按中间向外扩展原则，交叉分区进行焊接。

⑤ 收弧　关闭焊炬手控开关，焊接电流按预先调节顺序自动进行衰减，降至零位，保护气体在规定时间内滞后停气。衰减时注意焊缝收弧处填满弧坑，并使焊缝在保护气氛中保护一定时间，以防止空气侵入熔池。

⑥ 目视检查　焊接完毕要严格进行目视检查，对缺陷等应及时进行返修补焊，保证焊接质量。

5.4.3　自行车 AZ61A 镁合金 TIG 焊

AZ61A 镁合金相当于国产牌号 MB5，属于 MgAl-Zn 系变形镁合金，重量轻，并有一定的强度，具有良好的耐蚀性、导热性，在汽车、航空航天等领域广泛应用。

（1）焊接方法的选择

手工填丝 TIG 焊是目前在自行车行业应用最广泛的焊接方法。镁合金填丝焊焊接接头的母材区由较粗大的等轴晶粒构成，焊缝区由于冷却速度快，产生的晶粒较小，而热量影响区近缝区的晶粒则由于受热而有所长大。但是，拉伸性能测试表明，采用填丝交流方法焊接镁合金可以获得高质量的焊缝，其焊接接头强度可以达到母材的 93.5% 左右，高于不填丝焊接接头。

焊接镁合金自行车的工艺技术与焊接铝合金自行车的技术相似，焊工操作技能稍加改进，即能达到合格质量标准，目前常用的操作方法有两种。

① 焊工脚踏开关控制的脉冲式焊接　焊接过程中脉冲电流和基值电流及脉冲频率、脉冲宽度是由焊工脚踏开关的大小、频率踩下的次数来决定的，每踩一下，脉冲电流给定一次，焊丝送进一次，手脚共同配合，控制热输出量，焊接出鱼鳞纹。

② 焊机自动控制的脉冲焊接　焊接过程中脉冲电流和基值电流及脉冲频率、脉冲宽度由焊机设定。由脉冲电流决定熔化热量，脉冲频率一般设定为 1.0 ～ 1.5Hz，脉冲宽度为 50%。焊工随着脉冲节奏填丝，控制总体热输出量，使焊缝成形美观。

（2）焊接工艺过程

① 试件清洗　试件首先进行严格的化学清洗，以去除油脂和氧化膜，然后用不锈钢丝轮仔细清理坡口及两侧 25 ～ 30mm 范围内的氧化膜，使之露出金属光泽。

② 焊材清理　焊接材料采用与母材同质焊丝（化学成分相同或相近），焊丝必须经化学和机械清理，以去除油污、氧化膜等污物。

焊丝化学清洗采用 20% ～ 25% 硝酸水溶液，浸蚀 1 ～ 2min，再放入 70 ～ 90℃的热水中冲洗干净，烘干后使用，在 12h 内焊完。

③ 焊接电源的选择　镁合金在空气中易氧化，故采用交流 TIG 焊机。

④ 焊接工艺参数的选择　因镁合金熔池的颜色基本无变化，使得接头结合不易被察觉，故工艺技术要点是：配装脚踏开关，灵活调整焊接电流；起始焊接电流要大，焊接过程电流要稳定，收弧电流要小；电弧长度要短（2mm 左右），焊缝速度要快；控制焊接热输入。

焊丝牌号 ERAZ61A，电极选用铈钨极（镧钨极更好），氩气纯度不低于 99.99%，工艺参数见表 5-15。

表 5-15　焊接工艺参数

板厚 / mm	焊丝直径 / mm	焊接电流 / A	钨极直径 / mm	钨极伸出长度 / mm	钨极尖端至试件距离 / mm	喷嘴直径 / mm	氩气流量 / (L/min)
1.0 ～ 3.0	2.0 ～ 3.0	60 ～ 160	2.4	4 ～ 5	1.5 ～ 2.5	10 ～ 16	10 ～ 16

（3）焊接质量分析

焊后发现工件存在的主要缺陷是焊瘤、未熔合、弧坑裂纹和表面麻点等，其质量分析见表 5-16。

表 5-16　镁合金 TIG 焊焊接质量分析

主要缺陷	产生原因	控制措施
焊瘤	焊接速度与焊接电流匹配不当、熔池温度过高	调整焊接顺序，熟练掌握操作技能；使焊接速度和焊接电流匹配得当，保证焊缝成形良好的基础上，尽量加快焊接速度，以 15 ～ 30cm/min 为宜
未熔合	一般发生在始焊端，由于焊接速度过快、工件熔池温度过低	采用大电流施焊，尽量避免中途停弧

续表

主要缺陷	产生原因	控制措施
弧坑裂纹	弧坑未填满，焊后冷却速度过快	收弧时填满弧坑，且熄弧 30～50s 后再移开焊枪
麻点	母材表面氧化膜清理不净或在焊接过程中保护不良使焊缝表面氧化，交流电弧具有阴极破碎特性，正离子在击碎氧化膜的同时，也在凝固的焊缝及热影响区表面留下了凹坑	加强母材表面清理及焊接过程中氩气保护，减少氧化膜的产生

（4）总结

镁合金母材和焊丝焊前必须经过严格的化学和机械清理，去除油污、氧化膜等，选用性能优良、电弧稳定的交流钨极氩弧焊方法，采用大电流、快速焊焊接参数和刚性固定等措施，可以获得优质的镁合金焊接接头。

第6章 CO$_2$ 气体保护焊

6.1 焊接工艺

6.1.1 熔滴过渡

CO$_2$ 气体保护焊的焊接过程中,电弧燃烧的稳定性和焊缝成形的好坏取决于熔滴过渡形式。此外,熔滴过渡对焊接工艺和冶金特点也有影响。CO$_2$ 气体保护焊熔滴过渡大致可分为三种形式,即短路过渡、颗粒过渡和射滴(射流)过渡。

(1)短路过渡

短路过渡时,在其他条件不变的情况下,熔滴质量和过渡周期主要取决于电弧长度。随着电弧长度(电弧电压)的增加,熔滴质量和过渡周期增大。如果保持电弧长度不变并增加电流,则过渡频率增高,熔滴变细。短路过渡具有电弧燃烧、熄灭和熔滴过渡过程稳定,飞溅小,焊缝质量较高的特点。多用于焊丝直径1.4mm以下细焊丝的焊接,以较小的电流在低的电弧电压下进行焊接。短路过渡在薄板焊接中应用广泛,适用于全位置焊接。

如图6-1所示,在电弧引燃的初期,焊丝受到电弧的加热而逐渐熔化,端部形成熔滴并逐渐长大(图中1、2),此时电弧向未熔化的焊丝中传递的热量在逐渐减小,焊丝熔化速度下降,而焊丝仍然以一定的速度送进,在熔滴积聚到某一尺寸时,由于过分靠近熔池而发生短路(图中3),这时电弧熄灭,电压急剧下降。熔滴短路在焊丝端头与熔池间形成短路液柱,短路电流开始增大,但由于焊机回路中串联有电感,短路电流逐渐增加。在熔池金属表面张力和液柱中电流形成的电磁收缩力的作用下,液柱靠近焊丝端头的部位迅速产生颈缩,称作颈缩小桥(图中4)。当短路电流增加到一定数值时,在熔池金属和焊丝端部表面张力的拉伸配合下,颈缩小桥迅速断开,此时作用电压很快恢复到电源空载电压,并且由于断开的空间仍然具有较高的温度,电弧又重新引燃(相当于接触引弧),而后电流逐渐降低(向稳定值靠近),又重新开始上述过程。

(2)颗粒过渡

当电弧长度超过一定值时,熔滴依靠表面张力的作用,可以在焊丝端部自由长大。当促使熔滴下落的力大于表面张力时,熔滴就离开焊丝落到熔池中且不发生短路,如图6-2所示。颗粒过渡分为大颗粒过渡和小颗粒过渡。

① 大颗粒过渡 当电弧电压较高,电弧长度较长但焊接电流较小时,焊丝端部形成的熔滴不仅会左右摆动还会上下跳动,最后落入熔池形成大颗粒过渡。由于焊接电弧长,熔滴过渡轴向性差,飞溅严重,工艺过程不稳定,因此在生产中的应用很少。

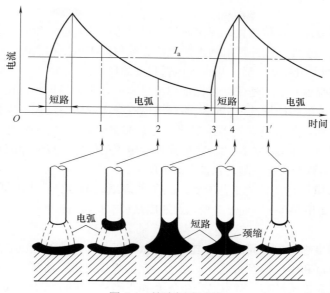

图 6-1　熔滴短路过渡

② 小颗粒过渡　对于焊丝直径大于 1.2mm 的焊丝,当焊接电流超过 400A 时,熔滴较小,过渡频率增大,飞溅少,焊接过程稳定。焊丝熔化效率高,焊缝成形良好,这种过渡形式常用于中厚板的焊接。

（3）射滴（射流）过渡

射滴过渡和射流过渡形式如图 6-3 所示。对于直径 1.6mm 的焊丝,电流大于 700A 时,发生喷射过渡。射滴过渡时,过渡熔滴的直径与焊丝直径相近,并沿焊丝轴线方向过渡到熔池中。这时的电弧呈钟罩形,焊丝端部熔滴的大部分或全部被弧根所笼罩。射流过渡在一定条件下形成,其焊丝端部的液态金属呈铅笔尖状,细小的熔滴从焊丝尖端一个接一个地向熔池过渡。

射流过渡的速度极快,脱离焊丝端部的熔滴加速度可达到重力加速度的几十倍。如果获得射滴（射流）过渡以后继续增加电流到某一值时,则熔滴做高速螺旋运动,叫作旋转喷射过渡。

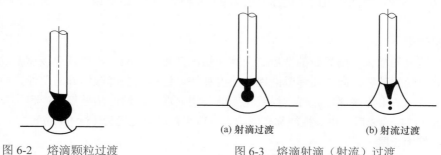

图 6-2　熔滴颗粒过渡　　　　　图 6-3　熔滴射滴（射流）过渡

射滴过渡和射流过渡形式具有电弧稳定、没有飞溅、电弧熔深大、焊缝成形好、生产效率高等优点,适用于大电流粗丝焊,主要用于中厚板平焊位置的焊接。

6.1.2　焊接规范

CO_2 气体保护焊的规范参数包括焊接电流、电弧电压、焊接速度、焊丝伸出长度、气体流量、直流回路电感、电源极性等。

（1）焊接电流

根据焊接条件（板厚、焊接位置、焊接速度、材质等参数）选定相应的焊接电流。焊机调电流实际上是在调整送丝速度。因此焊机的焊接电流必须与焊接电压相匹配，即一定要保证送丝速度与焊接电压对焊丝的熔化能力一致，以保证电弧长度的稳定。

焊接电流必须与焊丝直径相适应，以保证焊接过程的稳定。当焊丝直径一定时，随着焊接电流的增加，焊丝熔化速度相应提高，但过大的焊接电流会造成熔池过大，较大的电弧吹力会对熔池产生强烈的冲刷作用，使焊缝成形严重恶化，尤其在粗丝焊接厚板时，会造成窄而深的熔池，焊缝收缩应力大，极易产生裂纹。因此，在增大焊接电流的同时，也应相应地提高焊接电压。但焊接电压不能过高，否则会引起飞溅及元素烧损等现象。

焊接电流与电弧电压是关键的工艺参数。为了使焊缝成形良好、飞溅减少、减少焊接缺陷，电弧电压和焊接电流要相互匹配，通过改变送丝速度来调节焊接电流。

（2）电弧电压

电弧电压是在导电嘴与焊件间测得的电压，焊接电压是焊机上的电压表所显示的电压。电弧电压主要依据焊接电流和焊丝直径来选择。对于一定的焊接电流，通常有一范围很窄的（约3V）最佳电弧电压。若电弧电压过高，就容易产生气孔和飞溅。若电弧电压过低，就会影响焊缝的成形。电弧电压增加，容宽也显著增加，熔深有所减少。

电压偏高时，弧长变长，飞溅颗粒变大，易产生气孔，焊道变宽，熔深和余高变小。焊丝直径一定时，随着电流的增大，电弧电压也要相应提高；焊接电流一定时，随选用焊丝直径的增大，电弧电压相应降低。电压偏低时，焊丝插向母材，飞溅增加，焊道变窄，熔深和余高大。根据焊接条件选定相应板厚的焊接电流，然后根据下列公式计算焊接电压：

焊接电流＜300A时：焊接电压＝（0.04倍焊接电流+16±1.5）V

焊接电流＞300A时：焊接电压＝（0.04倍焊接电流+20±2）V

举例1：选定焊接电流120A，则焊接电压计算如下。

焊接电压＝（0.04×120+16±1.5）V

　　　　＝（4.8+16±1.5）V≈（21±1.5）V

焊接电压应与焊接电流配合选择。随焊接电流增加，焊接电压也应相应加大。短路过渡时，电压一般为16～24V。射滴过渡时，电压一般为25～45V。电压过高或过低，都会影响电弧的稳定性和使飞溅增加。

（3）焊接速度

随着焊接速度的增大，则焊缝的宽度、余高和熔深都相应地减小。如果焊接速度过快，气体的保护作用就会受到破坏，同时使焊缝的冷却速度加快，这样就会降低焊缝的塑性，而且使焊缝成形不良。反之，如果焊接速度太慢，焊缝宽度就会明显增加，熔池热量集中，容易发生烧穿等缺陷。焊接速度对焊缝成形、接头性能都有影响。一般半自动焊速度为15～40m/h。

（4）焊丝伸出长度

焊丝伸出长度是指从导电嘴端部到焊件的距离，也称干伸长。保持焊丝伸出长度不变是保证焊接过程稳定的基本条件之一。这是因为 CO_2 气体保护焊采用的电流密度较高，焊丝伸出长度越大，则焊丝的预热作用越强，反之亦然。

预热作用的强弱还将影响焊接参数和焊接质量。当送丝速度不变时，若焊丝伸出长度增加，因预热作用强，焊丝熔化快，电弧电压升高，使焊接电流减小，熔滴与熔池温度降低，将造成热量不足，容易引起未焊透、未熔合等缺陷。相反，若焊丝伸出长度减小，将使熔滴与熔池温度提高，在全位置焊时可能会引起熔池铁液流失。

预热作用的大小与焊丝的电阻率、焊接电流和焊丝直径有关。对于不同直径、不同材料的焊丝，允许使用的焊丝伸出长度是不同的，通常不锈钢焊丝的伸出长度比碳钢焊丝的伸出长度要短 1 ～ 3mm，见表 6-1。干伸长度一般为焊丝直径的 10 ～ 12 倍。

表 6-1　焊丝伸出长度允许值　　　　　　　　　　　　　　　　　　　　　　　　　单位：mm

焊丝直径	ER50-6	H06Cr19Ni9Ti
0.8	6 ～ 12	5 ～ 9
1.0	7 ～ 13	6 ～ 11
1.2	8 ～ 15	7 ～ 12

焊接过程中，保持焊丝伸出长度不变是保证焊接过程稳定性的重要因素之一。干伸长度过大，焊丝会成段熔断，飞溅严重；气体保护效果差，将使焊缝成形不好，容易产生缺陷。过小会妨碍观察电弧，影响操作；喷嘴易被飞溅物堵塞，焊丝易与导电嘴粘连；还容易因导电嘴过热夹焊丝，甚至烧毁导电嘴，破坏焊接过程正常进行。

（5）气体流量及纯度

气体流量过大，会产生不规则紊流，保护效果反而变差。通常焊接电流在 200A 以下时，气体流量选用 10 ～ 15L/min；焊接电流大于 200A 时，气体流量选用 15 ～ 25L/min。CO_2 气体保护焊气体纯度不得低于 99.5%。

（6）直流回路电感

在焊接回路中，为使焊接电弧稳定和减少飞溅，一般需串联合适的电感，用以调节短路电流的增长速度。通常对于细丝 CO_2 气体保护焊，焊丝的熔化速度快，熔滴过渡周期短，需要较大的焊接电流增长速度；反之，对于粗丝 CO_2 气体保护焊，则需要较小的焊接电流增长速度。表 6-2 给出了不同直径焊丝的焊接回路电感参考值。

当电感值太大时，短路电流增长速度太慢，就会引起大颗粒的金属飞溅和焊丝成段炸断，造成熄弧或使起弧变得困难；当电感值太小时，短路电流增长速度太快，会造成很细颗粒的金属飞溅，使焊缝边缘不齐，成形不良。

此外，通过调节焊接回路电感，还可以调节电弧燃烧时间，进而控制母材的熔深。增大电感则过渡频率降低，燃烧时间增长，熔深增大。

表 6-2　不同直径焊丝的焊接回路电感参考值

焊丝直径 /mm	焊接电流 /A	电弧电压 /V	电感 /mH
0.8	100	18	0.01 ～ 0.08
1.2	130	19	0.02 ～ 0.20
1.6	150	20	0.30 ～ 0.70

（7）电源极性

CO_2 气体保护焊通常采用直流反接。反接具有电弧稳定性好、飞溅及熔深大等特点。在焊接电源相同时，直流正接焊丝熔化快（其熔化速度是反接的 1.6 倍），熔深较浅，堆高大，稀释率较小，飞溅较大。根据这些特点，正极性焊接主要用于堆焊、铸铁补焊及大电流高速 CO_2 气体保护焊。

6.1.3　焊接飞溅

在焊接过程中，大部分焊丝熔化金属可以过渡到熔池，有一部分焊丝熔化金属（也包括少量的熔池金属）飞到熔池以外的地方，这种现象称作焊接飞溅。焊接飞溅造成焊接材料的损失，恶化了操作环境，增加了焊接清理工序，严重时对电弧稳定性及焊接过程构成影响。用飞溅率（Ψ）

表示焊接飞溅量的大小，定义为飞溅损失的金属与熔化焊丝质量的比值，它与焊接规范工艺参数及熔滴过渡形式有密切的关系。

飞溅是二氧化碳气体保护焊的主要缺点。产生飞溅的原因有以下几方面。

① 由 CO 气体造成的飞溅　CO_2 气体分解后具有强烈的氧化性，使碳氧化成 CO 气体，CO 气体受热急剧膨胀，造成熔滴爆破，产生大量细粒飞溅。减少这种飞溅的方法可采用脱氧元素多、含碳量低的脱氧焊丝，以减少 CO 气体的生成。

② 斑点压力引起的飞溅　用正极性焊接时，熔滴受斑点压力大，飞溅也大。采用反极性焊接可减少飞溅。

③ 短路时引起的飞溅　发生短路时，焊丝与熔池间形成液体小桥，由于短路电流的强烈加热及电磁收缩力作用，使小桥爆断而产生细颗粒飞溅。在焊接回路中串联合适的电感可减少这种飞溅。

6.2　基本操作技能

6.2.1　焊接方法及操作姿势

（1）左焊法与右焊法

CO_2 气体保护焊的操作方法，按其焊枪的移动方向（向左或向右）可分为左焊法和右焊法两种。

采用右焊法时，熔池可见度及气体保护效果都比较好，但焊接时不便观察接缝的间隙，容易焊偏，尤其是对接焊时更明显。而且由于焊丝直指熔池，由于电弧吹力的作用，将熔池金属推向后方，如果操作不当，会使焊波高度过大，影响焊缝成形。

采用左焊法时，电弧对焊件金属有预热作用，能得到较大的熔宽，焊缝成形平整美观。虽然观察熔池困难，但能清楚地掌握焊接方向，不易焊偏，因此一般都采用左向焊法。同时，焊工必须正确控制焊枪与焊件间的倾角和喷嘴高度，使焊枪和焊件保持合适的相对位置。

（2）操作姿势

进行 CO_2 气体保护焊操作时，要保证持焊枪手臂处于自然状态，手腕能够灵活自由地带动焊枪进行各种操作。CO_2 气体保护焊常用操作姿势如图 6-4 所示。

半自动 CO_2 电弧焊平焊位置的基本操作姿势包括站立操作、坐在椅子上操作、蹲下操作等。各种姿势下都需要对控制盒、焊枪电缆（含导气、导丝管）、控制电缆进行适当的吊挂，并注意焊枪的正确移动。

与焊条电弧焊一样，引弧、运弧及收弧是 CO_2 气体保护焊最基本的操作，但操作手法与焊条电弧焊有所不同。

6.2.2　引弧

CO_2 气体保护焊通常采用短路接触法引弧。引弧的具体操作步骤为：首先按遥控盒上的点动开关或按焊枪上的控制开关送出一段焊丝，伸出长度小于喷嘴与工件间应保持的距离；然后将焊枪按要求（保持合适的倾角和喷嘴高度）放在引弧处（此时焊丝端部与工件未接触），喷嘴高度由焊接电流决定，若操作不熟练，最好双手持枪；最后按焊枪上的控制开关，焊机自动提前送气，延时接通电源，保持高电压，当焊丝碰撞工件短路后，自动引燃电弧。短路时，焊枪有自动顶起的倾向，引弧时要稍用力下压焊枪，防止因焊枪抬高，电弧太长而熄灭。整个引弧过程如图 6-5所示。

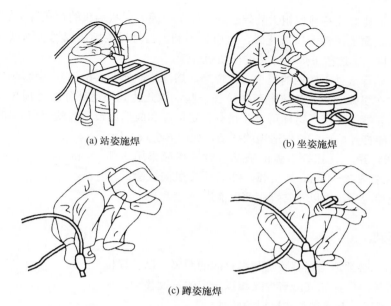

(a) 站姿施焊　　　　　　　　(b) 坐姿施焊

(c) 蹲姿施焊

图 6-4　CO$_2$ 气体保护焊常用操作姿势

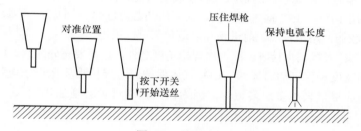

对准位置　　　　　压住焊枪　　　保持电弧长度

按下开关
开始送丝

图 6-5　引弧过程

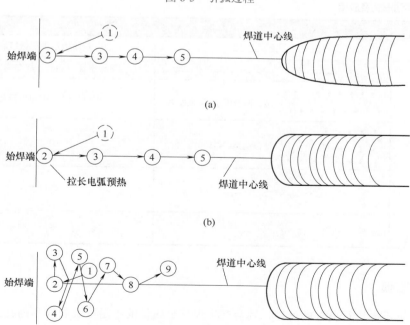

(a)

始焊端

焊道中心线

(b)

始焊端

拉长电弧预热

焊道中心线

(c)

始焊端

焊道中心线

图 6-6　起始端运丝法对焊道成形的影响

再次引弧时，还要注意剪掉粗大的焊丝球状端头，因为球状端头的存在等于加粗了焊丝直径，并在该球面端头表面上覆盖一层氧化膜，对引弧不利。当对焊接操作较为熟练以后，可以一边用焊丝前端划动母材，一边按下焊枪开关进行划动引弧。

因为焊件在始焊端处于较低的温度，焊道高，熔深浅，如图 6-6（a），会影响焊缝的强度。为了克服这一点，在引弧之后，先将电弧稍拉长一些，以此达到焊道部分适当预热的目的，然后再压缩电弧进行始焊端的焊接，这样可以获得有一定熔深和成形比较整齐的焊道，如图 6-6（b）。如果拉长电弧仍不能打开熔池，可作适当的摆动，如图 6-6（c）所示。

为了消除未焊透、气孔等引弧的缺陷，对接焊应采用引弧板，或在距板材端部 2～4mm 处引弧，然后缓慢引向接缝的端头，待焊缝金属熔合后，再以正常焊接速度前进。

（a）后退角　　　（b）前进角

图 6-7　前进角和后退角（焊接方向均为从右往左）

6.2.3　运弧

电弧引燃后，必须适当保持喷嘴与母材间的距离，以及焊枪角度、瞄准位置等，使其能够沿着焊接线以一定的速度移动。焊枪角度如图 6-7 所示，有前进角和后退角两种。

在使用实心焊丝时，从观察焊缝形状、焊接线的可见性及保护效果考虑，可采用 10°～15° 前进角焊接。在采用药芯焊丝焊接时，由于电弧力较弱，熔深较浅，前进角和后退角都可以采用。在进行水平角焊缝焊接及横向焊接时，除考虑焊枪角度之外，还需要充分注意焊枪的瞄准位置。

为控制焊缝的宽度和保证熔合质量，CO_2 气体保护焊时焊枪也要像焊条电弧焊那样作横向摆动。焊接厚板时，应尽量采用多层多道焊，因为横向摆动过大会增加热输入，使热影响区增大，变形增大。焊枪的摆动形式及应用见表 6-3。

表 6-3　焊枪的摆动形式及应用

焊枪摆动形式	焊枪摆动示意图	应用
直线摆动		薄板及中厚板打底
直线往复摆动		薄板根部有间隙；坡口有钢垫板时
锯齿形摆动	坡口两侧需停留0.5s左右	坡口小时；中厚板打底焊道
月牙形摆动	坡口两侧需停留0.5s左右	坡口大时
8字形摆动		坡口大时
划圆圈摆动		角焊缝；多层焊时的第一层

6.2.4　收弧

如果对弧坑不能进行良好的处理，则会产生焊缝金属量的不足以及裂纹和缩孔，作为缺陷残存下来。弧坑处理有多种方法，比如回转焊枪、断续燃弧、使用收弧板、快速移动焊枪、摆动收弧等。

由于焊接结束时的焊接电流越大所形成的弧坑也越大，所以对大容量焊机（500A 型）有弧坑控制电路，一般通过焊枪开关的动作把输出切换到低电流、低电压上进行弧坑处理。焊枪在收弧处停止前进的同时接通此电路，焊接电流与电弧电压自动变小，待熔池填满时断电。如果焊机没有弧坑控制电路，或因焊接电流小没有使用弧坑控制电路时，在收弧处焊枪停止前进，并在熔池未凝固时反复断引弧几次，直至弧坑填满为止。操作时动作要快，如果熔池已凝固才引弧，则可能产生未熔合及气孔等缺陷。

　　收弧时应在弧坑处稍作停留，然后慢慢抬起焊枪，这样可以使熔滴金属填满弧坑，并使熔池金属在未凝固前仍受到气体的保护。若收弧过快，容易在弧坑处产生裂纹和气孔。

6.3 各种焊接位置的操作要点

6.3.1　平敷焊

　　（1）焊前准备

　　① 设备：NBC-350 型半自动 CO₂ 焊焊机、CO₂ 气瓶、301-1 型浮子式流量计、QD2 型减压器、一体式预热干燥器（功率为 100 ～ 120W）。

　　② 焊件：低碳钢板，每组两块，250mm×120mm×8mm。

　　③ 焊丝：H08Mn2Si，ϕ1.2mm。

　　④ CO₂ 气体：纯度为 > 99.5%。

　　（2）焊前检查

　　CO₂ 焊的设备，尤其是控制线路比较复杂，如果焊接过程中机械或电气部分出现故障就不能正常进行焊接。因此，要对焊机进行经常性的检查维护，尤其是在焊前要着重进行以下几项检查。

　　① 送丝机械是容易出故障的机构，要仔细检查送丝滚轮压力是否合适、焊丝与导电嘴接触是否良好、送丝软管是否畅通等。

　　② 检查焊枪喷嘴的清理。CO₂ 焊的飞溅较大，所以喷嘴在使用过程中，必然会粘上许多飞溅金属，这将影响气体的保护效果。为防止飞溅金属黏附到喷嘴上，可在喷嘴上涂点硅油或者采用机械方法清理。

　　③ 为了保证继电器触点接触良好，焊接之前应检查触点。若有烧伤则应仔细打磨烧伤处，使其接触良好，同时应注意防尘。

　　（3）焊接参数

　　① 焊丝直径：1.2mm。

　　② 焊接电流：130 ～ 140A。

　　③ 电弧速度：18 ～ 30m/h（供参考）。

　　④ CO₂ 气体流量：10 ～ 12L/min。

　　（4）操作要点及注意事项

　　① 引弧　采用直接短路引弧。由于电源空载电压低，因此引弧比较困难。引弧时焊丝与焊件不要接触太紧，如果接触太紧或接触不良则都会引起焊丝成段烧断，因此引弧时要求焊丝端头与焊件保持 2 ～ 3mm 的距离。通常起弧部分母材的熔深比较浅，处理上比较麻烦，并容易产生焊接缺陷，需要注意这些问题的出现。

　　② 运丝

　　a. 直线移动运丝法：所谓直线移动是指焊丝只沿准线（钢板上的划线）做直线运动而不做摆

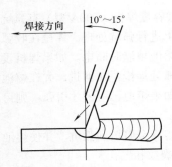

焊接方向 ← 10°～15°

图 6-8 带有前倾角的左焊法

动，焊出的焊道宽度稍窄。

引弧并使焊道的起始端充分熔合后，要使焊丝保持一定的高度和角度并以稳定的速度沿着准线（即钢板上的划线）向前移动。一般半自动 CO_2 焊时都采用带有前倾角的左焊法，如图 6-8 所示。

一条焊道焊完后，应注意将收尾处的弧坑填满，如果收尾时立即断弧则会形成低于焊件表面的弧坑。过深的弧坑会使焊道收尾处的强度减小，并且容易造成应力集中而产生裂纹。

本例由于采用细丝 CO_2 气体保护短路过渡焊接，其电弧长度短，弧坑较小，因此不需做专门的处理，只要按焊机的操作程序收弧即可。当采用粗丝大电流（直径＞1.6mm）长弧焊时，由于电弧电流及电弧吹力都较大，如果收弧过快，就会像前面分析的一样，产生弧坑缺陷，所以在收弧时应在弧坑处稍作停留，然后缓慢地抬起焊炬，在熔池凝固前必须继续送气。

焊道接头一般采用退焊法，其操作要领与焊条电弧焊接头相似。

b. 横向摆动运丝法：CO_2 焊时，为了获得较宽的焊道，往往采用横向摆动运丝法。这种运丝方式下沿焊接方向，在焊道中心线（准线）两侧做横向交叉摆动，可获得较宽的焊道。半自动 CO_2 焊时，焊炬的摆动方式有锯齿形、月牙形、正三角形、划圆圈形等，如表 6-3 所示。

横向摆动运丝时，以手腕控制运丝角度和左右摆动幅度为主，手臂动作为辅。一般左右摆动幅度要一致，且在摆动至两端时要稍作停留，而运丝经过中间时要快速通过，以避免焊道中心过热，出现焊缝中间凸起、两侧低的缺陷。

c. 往复摆动运丝法：为降低熔池温度，可使焊丝做小幅度的前后摆动，要注意摆幅均匀。

6.3.2 T形角接立焊

半自动 CO_2 气体保护焊 T 形角接立焊分为向下立焊和向上立焊两种。

（1）向下立焊

向下立焊多采用较快的焊速，熔深浅，成形美观，焊波均匀，适用于焊接板厚在 6mm 以下的薄板。焊枪与焊接方向夹角一般为 70°～90°。焊接时，焊枪一般不摆动，有时微摆，有坡口或厚板焊接时，可做月牙形摆动。

① 焊枪的操作方法　向下立焊焊枪的角度如图 6-9（a）所示。

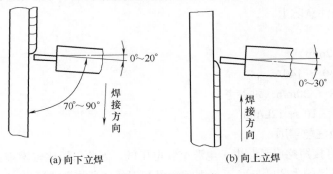

0～20°　焊接方向　70°～90°

0～30°　焊接方向

(a) 向下立焊　(b) 向上立焊

图 6-9　焊枪的角度

② 焊接参数　焊接参数见表 6-4。

（2）向上立焊

向上立焊时，熔深大，熔化金属容易下淌，成形好。为了改善成形，一般可采用横向摆动的方法，如图 6-10 所示。向上立焊适用于厚板的焊接，操作时焊枪的角度如图 6-9（b）所示。

表 6-4　直线移动和横向摆动立焊焊接参数

运丝方式	电流 /A	电压 /V	焊接速度 / (m/h)	CO₂ 气体流量 / (L/min)
直线移动运丝法	110 ~ 120	22 ~ 24	20 ~ 22	0.5 ~ 0.8
小月牙形横向摆动运丝法	130	22 ~ 24	20 ~ 22	0.4 ~ 0.7
正三角形摆动运丝法	140 ~ 150	26 ~ 28	15 ~ 20	0.3 ~ 0.6

图 6-10　CO₂ 气体保护焊向上立焊的运条方法

（3）操作要点及注意事项

T 形接头立焊板厚为 8mm，采用直径为 1.2mm 的 H08Mn2Si 焊丝，参照表 6-4 中所示的焊接参数，可适当增大。操作时应面对焊缝，上身站稳，脚呈半开步，右手握住焊枪后，手腕能自由活动，肘关节不能贴住身体，左手持面罩。注意焊道成形要整齐，宽度要均匀，高度要合适。

运丝时，第一层采用直线移动运丝法，向下立焊，如图 6-11 中的 1 所示；第二层采用小月牙形摆动运丝法，向下立焊，如图 6-11 中的 2 所示；第三层采用正三角形摆动运丝法，向上立焊，如图 6-11 中的 3 所示。

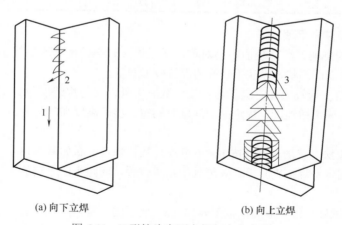

图 6-11　T 形接头向下立焊与向上立焊

焊接时要注意每层焊道中的焊脚要均匀一致，并应充分注意水平板与立板的熔深要合适，不要出现咬边等缺陷。

6.3.3　V 形坡口对接横焊

（1）试件尺寸及要求

① 材料：20。

② 试件及坡口尺寸：试件 300mm×100mm×12mm，坡口尺寸见图 6-12。

③ 焊接位置及要求：横位置焊接，单面焊双面成形。

④ 焊接材料：H8Mn2SiA，ϕ1.0mm 或 ϕ1.2mm。

⑤ 焊机：NBC-350。

（2）试件装配

① 焊前清理　除垢，清除坡口内及坡口正反两侧 20mm 范围内油、锈、水分及其他污物，至露出金属光泽。

② 定位焊　采用与焊试件相同牌号的焊丝，在坡口两端进行定位焊接，焊点长度约为 10 ～ 15mm。始端装配间隙为 3mm，终端为 4mm。

③ 反变形　预置反变形量为 56°。

④ 错边量　≤ 1.2mm。

（3）焊接参数

焊接参数见表 6-5。

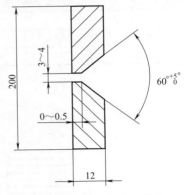

图 6-12　试件及坡口尺寸

表 6-5　V 形坡口对接横焊焊接参数

焊丝直径 /mm	焊接层次	焊接电流 /A	电弧电压 /V	气体流量 /（L/min）	焊丝伸出长度 /mm
1.0	打底焊	90 ～ 100	18 ～ 20	10	10 ～ 15
	填充焊	110 ～ 120	20 ～ 22		
	盖面焊	110 ～ 120	20 ～ 22		
1.2	打底焊	100 ～ 110	20 ～ 22	10	20 ～ 25
	填充焊	130 ～ 150	20 ～ 22		
	盖面焊	130 ～ 150	20 ～ 24		

（4）操作要点及注意事项

横焊由于重力的影响，焊道表面不易对称，所以焊接时必须使熔池尽量小，另外采用多焊道的方法来调整焊道外表面形状，以获得较好的焊缝成形质量。

横焊时的试件角变形较大，它除了与焊接参数有关外，又与焊缝层数、每层焊道数目及焊道间的间歇时间有关，通常熔池大、焊道间的间歇时间短、层间温度高时角变形大，反之则小。

横焊时采用左焊法，三层 6 道，按 1 ～ 6 顺序焊接，焊道分布如图 6-13 所示。将试板垂直固定于焊接夹具上，焊缝处于水平位置，间隙小的一端放于右侧。

① 打底焊　调试好焊接参数后，按图 6-14（a）所示的焊枪角度，从右向左进行焊接。在试件定位焊缝上引弧，采用小幅度锯齿形摆动，当遇焊点左侧形成熔孔后，保持熔孔边缘超过坡口上、下棱边 0.5 ～ 1mm。焊接过程中要仔细观察熔池和熔孔，根据间隙调整焊接速度及焊枪摆幅，尽可能地维持熔孔直径不变，焊至左端收弧。

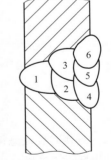

图 6-13　焊道分布

若打底焊过程中电弧中断，则应按下述步骤接头：将接头处焊道打磨成斜坡；在打磨了的焊道最高处引弧，并采用小幅度锯齿形摆动，当接头区前端形成熔孔后，继续焊完打底焊道。焊完打底焊道后，先除净飞溅及焊道表面杂质，然后用角向磨光机将局部凸起的焊道磨平。

② 填充焊　调试好填充参数后，按图 6-14（b）所示的焊枪对中位置及角度进行填充焊道 2 与 3 的焊接。整个填充焊层厚度应低于母材 1.5 ～ 2mm，且不得熔化坡口棱边。

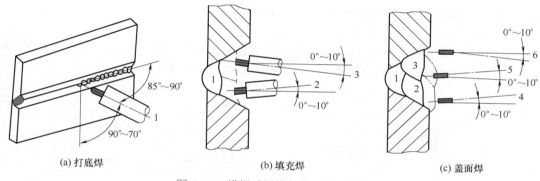

图6-14 横焊时焊枪角度及对中位置

焊填充焊道2时，焊枪成0°～10°俯角，电弧以打底焊道的下边缘为中心做横向摆动，保证下坡口熔合好。焊填充焊道3时，焊枪成0°～10°仰角，电弧以打底焊道的上边缘为中心，在焊道2和上坡口面间摆动，保证熔合良好。清除填充焊道的表面飞溅物，并用角向磨光机打磨局部凸起处。

③ 盖面焊 调试好盖面焊参数，按图6-14（c）所示的焊枪对中位置及角度进行盖面的焊接，操作要领基本同填充焊。收弧时必须填满弧坑，并使弧坑尽量短。

6.4 工程实例

6.4.1 车辆骨架及车身的 CO$_2$ 气体保护焊

（1）焊件分析

车辆骨架及车身构件的材料是普通碳素钢，厚度为 1 ～ 3mm，结构见图6-15。

（2）焊接工艺要点

① 焊接结构的接头与坡口形式见JB/T 9186—1999《二氧化碳气体保护焊工艺规程》。

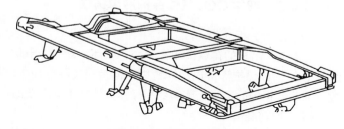

图6-15 车辆骨架结构

② 选用 H08Mn2SiA 焊丝，焊丝表面镀铜，若用不镀铜焊丝，则应用砂纸、丙酮严格擦洗。焊件施焊区应清除水、锈、油等污物。

③ 采用 NBC-160 半自动 CO$_2$ 焊机和拉丝式焊枪。焊机软管宜搁置在高处，以便使用时灵活拖动，同时可减轻焊工的劳动强度。焊接场地要避风和避雨。

④ 骨架及车身的焊接工艺参数，见 JB/T 9186—1999《二氧化碳气体保护焊工艺规程》。

⑤ 骨架及车身焊接时的关键是控制好焊接变形，通常先进行分段焊接，再进行组装。施焊采用对称焊、跳焊等措施。

此工艺具有焊接变形小、生产率高等优点，尤其适用于梁、柱、架等薄板结构的焊接。

6.4.2 鳍片管的半自动 CO$_2$ 气体保护焊

（1）焊件分析

鳍片管是一种光管与扁钢的焊接结构，鳞片管接头形式如图6-16所示。管子材料为 20 钢，规格为中 60mm×5mm；扁钢材料为 Q235，厚度为 6mm。

（2）焊接工艺

① 装夹　为了控制鳍片管的焊接变形，采用压板式焊接夹具。鳍片管焊接夹具如图 6-17 所示，底板长度与管子长度相似，底板上每相距 300～500mm 装一副压板。

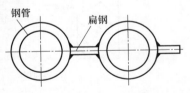

图 6-16　鳍片管接头形式

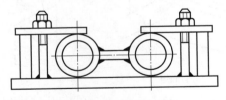

图 6-17　鳍片管焊接夹具

② 点固　先将鳍片管组装点固，每隔 200mm 点焊 10mm。管子与扁钢间的装配间隙为 0～0.5mm，装配后将焊件夹紧在夹具上。

③ 焊丝　采用 H08Mn2SiA 焊丝，工件表面及焊丝必须清理干净。

④ 焊接　鳍片管半自动 CO_2 焊焊接参数见表 6-6。施焊时采用对称焊、跳焊等措施。鳍片管一面焊毕后，松开压板翻身，再焊另一面。若将焊炬改为小车式，则可使半自动焊变成自动焊。如果小车同时具有两个焊炬，则使用效果更佳。

表 6-6　鳍片管半自动 CO_2 焊焊接参数

焊丝直径 / mm	焊接电流 /A	电弧电压 /V	焊接速度 /（m/h）	气体压力 /MPa
1.0	220～230	30	23～25	0.15
1.2	290～300	30	33	0.2

6.4.3　细丝 CO_2 气体保护冷焊铸铁

（1）焊件分析

一台 10t 吊车的铸铁滑轮在工作中损坏，断裂成五块，用细丝 CO_2 气体保护焊进行组焊修复。细丝 CO_2 气体保护焊可以冷焊铸铁，但是在实际操作中，如果焊接工艺选择不当，则将会导致失败。因此，正确的选择工艺参数和操作方法是十分重要的。

（2）焊前准备

首先将破碎的滑轮片用汽油进行清洗、擦净，并将断裂处用砂轮磨成单边 40°坡口，然后按零件原型组装定位焊。

（3）焊接工艺

所用焊机是自制的硒整流三相桥式 CO_2 气体保护焊机，具有平硬外特性，空载电压为 20～21V。采用直流反接，焊丝为 H08Mn2SiA，直径为 0.8mm，焊丝送进速度为 6～8m/min。焊接参数见表 6-7。

表 6-7　细丝 CO_2 气体保护冷焊铸铁焊接参数

焊丝直径 /mm	焊接电流 /A	电弧电压 /V	焊接速度 /（m/h）	气体压力 /MPa	气体流量 /（L/min）	焊丝伸出长度 /mm
0.8	75～90	18.5～19.5	23～25	0.2～0.3	8～10	8～10

施焊时选择工艺参数应遵守的原则：

① 选用 H08Mn2SiA 焊丝，焊丝直径为 0.6～1.0mm。

② 电弧电压为 18.5～19.5V；焊接电流为 75～90A，最大不超过 110A；焊接速度应快；气

体流量比焊碳钢时大些。

③ 焊接层次越多越好，每层焊缝应控制为浅而薄。

（4）操作要领及注意事项

① 定位焊　定位焊缝安排在接缝的中间位置，其动作要迅速，每焊一段定位焊缝后，应仔细观察是否有裂纹存在。定位焊缝的厚薄要适当，焊缝太薄，易发生裂纹；焊缝太厚，则影响正常焊道的填充。有时还易产生颗粒状的焊点，不易与基体金属结合，只要一受力，就会与基体金属脱开。如果发现此情况，应根据焊接熔池冶金反应的情况及焊点成形情况，适当地提高电弧电压值，以满足规范的要求。

② 焊接　在施焊过程中，应使焊缝及焊缝周围铸铁基体部分的温度保持低温状态，最高不超过 60℃，即以不烫手为宜。焊缝的焊接层次分为三层，第一层填补高低、宽窄不平之处，修正焊缝，焊缝最厚不可超过 3mm，自然冷却到室温。施焊第一层时，最好将铸铁基体的焊接部分完全覆盖，形成焊接过渡层，然后再依次填充焊缝。

然后焊第二层，再冷至 15～20℃；最后施焊第三层，始终保持每层焊缝所需的厚薄程度，使焊道成形美观。焊后在室温下自然冷却。其他方面可按常规铸铁冷焊方法操作，如工件大时可采用分段施焊或对称循环施焊的方法，以减少应力集中和变形。每层焊后应进行锤击。

第7章 气焊与气割

7.1 焊接工艺

7.1.1 气焊接头及坡口形式

（1）气焊接头种类

焊接接头指由两个或两个以上零件用焊接组合或已经焊合的接点。一般常用的气焊接头有对接接头、角接接头、T形（十字）接头、搭接接头和端接接头等，如图7-1所示。

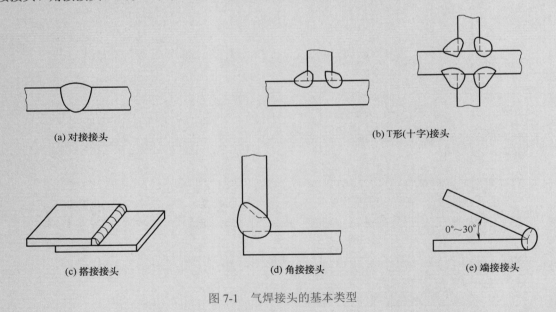

(a) 对接接头　　　　　　　　　　　　(b) T形(十字)接头

(c) 搭接接头　　　　　　(d) 角接接头　　　　　　(e) 端接接头

图 7-1　气焊接头的基本类型

（2）气焊接头的坡口形式

焊接时，根据设计和工艺的需要，在焊件的待焊部位加工出的有一定几何形状的沟槽称为坡口。气焊接头坡口的最基本形式有：不开坡口、I形坡口、V形坡口、U形坡口及X形坡口等。

坡口的基本尺寸由坡口角度 α、坡口面角度 β、根部间隙 b、钝边 p 等组成，如图7-2所示。

当坡口形式选择不合理时，对焊接质量的影响表现为：使母材在焊缝金属中的比例不当，引起焊接接头的力学性能变差；容易造成焊缝夹渣、未焊透和应力集中等缺陷，甚至使焊缝金属脆化、产生裂纹。气焊钢板、铜及其合金时，对接接头坡口形式与尺寸分别见表7-1、表7-2。

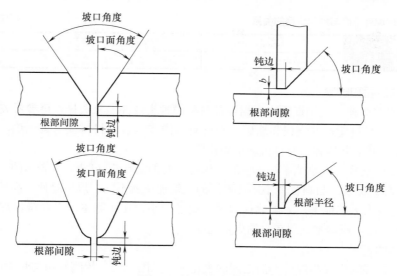

图 7-2　坡口的基本尺寸

表 7-1　气焊钢板时的对接接头坡口形式与尺寸

接头名称	板厚 δ/mm	钝边 p/mm	间隙 b/mm	坡口角度 α		焊丝直径/mm
				左焊法	右焊法	
I 形坡口对接	1.0～5.0	—	1.0～4.0	—	—	2.0～4.0
V 形坡口对接	> 5.0	1.5～3.0	2.0～4.0	80°	60°	3.6～6.0

表 7-2　气焊铜及其合金时的对接接头坡口形式与尺寸

接头名称		板厚 δ/mm	钝边 p/mm	间隙 c/mm	坡口角度 α
I 形坡口对接	紫铜	2.0～3.0	—	0.5～2.0	—
	黄铜	1.0～6.0	—	1.0～4.0	—
V 形坡口对接	紫铜	4.0～6.0	1.0～2.0	2.0～3.0	60°～90°
	黄铜	6.0～15	1.0～3.0	3.0～4.0	70°～90°

　　气焊铝及铝合金时，一般厚度为 3～5mm 的铝板不需要开坡口，在接头处留 1mm 左右的间隙即可；当铝板厚度为 5～8mm 时，可开单面 U 形坡口，坡口角度为 60°～70°，钝边小于或等于 1.5～2mm，其间隙为 3mm 左右；铝板厚度大于 8mm 时，可开 X 形或 V 形坡口，坡口角度为 60°～70°，钝边小于或等于 1.5～2.5mm，间隙小于 3mm。

7.1.2　气焊工艺参数的选择

　　焊接的工艺参数，是指焊接时为保证焊接质量而选定的各项参数的总称。气焊工艺参数包括焊丝直径、火焰性质、火焰能率、焊嘴倾角和焊接速度等。

　　（1）焊丝直径

　　焊丝直径应根据焊件的厚度和坡口形式、焊接位置、火焰能率等因素来决定。焊丝直径过细易造成未熔合和焊缝高低不平、宽窄不一；过粗易使热影响区过热。一般平焊应比其他焊接位置粗，右焊法比左焊法粗；多层焊时第一、二层应比以后各层细。低碳钢气焊时焊件厚度与焊丝直径的关系见表 7-3。

表 7-3　低碳钢气焊焊件厚度与焊丝直径的关系　　　　　　　　　　　　　　　　单位：mm

焊件厚度	1～2	>2～3	>3～5
焊丝直径	不用或1～2	2	3～4

（2）火焰的性质和能率

① 火焰性质的选择　火焰性质应根据焊件材料的种类及性能来选择，可参看表 7-15。通常中性焰可以减少被焊材料元素的烧损和增碳；对含有低沸点元素的材料选用氧化焰，可防止这些元素的蒸发；对允许和需要增碳的材料可选用碳化焰。

② 火焰能率的选择　火焰能率是以可燃气体每小时的消耗量（L/h）来表示的。它主要取决于氧-乙炔混合气体的流量。材料性能不同，选用的火焰能率就不同。焊接厚件、高熔点、导热性好的金属材料应选较大火焰能率，才能确保焊透，反之应小。在实际生产中在确保焊接质量的前提下，为了提高生产率，应尽量选用较大的火焰能率。

（3）焊嘴倾角

焊嘴倾角是指焊嘴中线与焊件平面之间的夹角 α，见图 7-26。焊嘴倾角与焊件的熔点、厚度、导热性以及焊接位置有关。倾角越大，热量散失越少，升温越快。焊嘴倾角在气焊焊接过程中是要经常改变的，起焊时大，结束时小。焊接碳素钢时，焊嘴倾角与焊接厚度的关系见 7-3。

（4）焊接速度

焊接速度的快慢将影响产品的质量与生产率。通常焊件厚度大、熔点高则焊接速度应慢，以免产生未熔合缺陷，反之则要快，以免烧穿和过热。

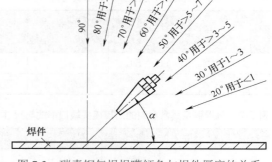

图 7-3　碳素钢气焊焊嘴倾角与焊件厚度的关系

7.1.3　气焊工艺过程

气焊的工艺过程包括焊前准备、确定焊接工艺参数（工艺规范）、定位焊、焊前预热、焊接方法、焊接顺序以及焊后热处理等。此外，还包括对焊缝的检验、试验及验收等。

（1）焊前准备

① 应根据被焊工件的材质和批量，确定焊件坡口的清理方法。一般，批量小的焊件可采用机械清理，批量大的焊件应采用化学清理。

② 根据被焊工件的材质选择焊丝和气焊熔剂。

③ 根据设计要求对焊接接头进行坡口加工并进行组对。

（2）确定焊接工艺规范

① 根据被焊工件的材质及厚度，正确选择气焊火焰性质、火焰能率、焊炬型号、焊嘴号码、氧气和乙炔气压力、焊丝牌号、焊丝直径、气焊熔剂牌号和焊接速度。

② 为了固定焊接的相对位置和防止焊件变形，对组对好的焊件进行定位焊。在定位焊时，应确定定位焊的长度和间距以及定位焊的注意事项。

③ 对焊前需要预热的焊件，明确预热的温度范围。

④ 在焊接过程中，明确气焊的焊接方法（左焊法或右焊法）、焊接顺序和基本操作方法以及各种位置的操作要点。

⑤ 需要焊后热处理的焊件，应在焊接工艺规范中说明加热和保温的温度、方法、时间和冷却方式等，对焊后需做表面处理的焊件，应注明表面处理方法，包括油漆电镀和氧化发黑等。

（3）定位焊

定位焊的作用是装配和固定焊件接头的位置。定位焊缝的长度和间距，视焊件的厚度和长度而定，焊件越薄，定位焊缝的长度和间距越小；反之，则应越大。焊件较薄时，定位焊可由焊件中间开始，向两头进行点焊，如图 7-4（a）所示，定位焊缝的长度约为 5 ～ 7mm，间隔50 ～ 100mm。焊件较厚时，定位焊由两边开始，向中间进行，定位焊缝的长度为 20 ～ 30mm，间隔 200 ～ 300mm，如图 7-4（b）所示。

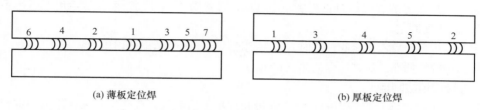

(a) 薄板定位焊　　　　　　　(b) 厚板定位焊

图 7-4　定位焊

定位焊点的横截面厚度由焊件板厚来决定，并随厚度的增加而增大。定位焊点不宜过长，更不能过宽或过高，但要保证熔透，以免正式焊接时出现高低不平、宽窄不一和熔合不良等缺陷。定位焊缝的横截面形状如图 7-5 所示。

图 7-5　定位焊缝的横截面形状

定位焊后，为了防止变形，并使焊缝背面焊透，可采用焊件预先反变形法，将焊件沿焊缝向下折成 10°左右，然后用木槌将焊件的焊缝处校正平齐，如图 7-6 所示。

定位焊注意事项：

① 气焊定位焊时，使用的焊接工艺规范和焊工操作技术的熟练程度，应与正式焊缝时的一样。

② 在定位焊时，容易产生未焊透现象，当发现定位焊缝有缺陷时，应及时除去缺陷，重新焊接。

③ 如果焊件需预热，应加热到规定温度后进行定位焊。

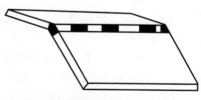

图 7-6　焊件预先反变形法示意

④ 不能在焊缝交叉处和方向急剧变化处进行定位焊。

⑤ 为防止开裂，应尽量避免强行组装后进行定位焊。

7.2 基本操作技能

7.2.1　气焊设备的连接

（1）氧气瓶和乙炔瓶的放置

氧气瓶和乙炔瓶必须竖立放置，两者之间的距离应不小于 5m。氧气瓶、乙炔瓶距操作者位置应大于 5m。

（2）安装氧气减压器

① 用手或专用工具取下瓶帽。

② 右手扶住氧气瓶的瓶体，左手握住瓶阀上的手轮，先缓慢开启瓶阀，让氧气从瓶嘴中吹出，以便清除瓶口内的水分、沙尘等污物。

③ 左手持氧气减压器，右手持氧气减压器的连接螺母，将氧气减压器和氧气瓶连接好，再用专用扳手拧紧螺母。

④ 左手持氧气胶管的一端，右手将连接螺母拧紧在氧气减压器上的出气口上。

（3）安装乙炔减压器

① 将乙炔减压器的进气口对正乙炔瓶出气口，顶丝对正瓶嘴的背面，然后用专用扳手旋转顶丝，将乙炔减压器固定。

② 用专用扳手开启乙炔瓶阀，这时，能见到乙炔高压表指示出瓶内压力。

③ 将乙炔胶管插在乙炔减压器的出气口上。

（4）连接焊炬或割炬

① 连接割炬时，将氧气胶管的另一个螺母和割炬上的氧气接头连接起来，用扳手拧紧，防止漏气。然后将乙炔胶管插在割炬的乙炔接头上。

② 连接焊炬时，分别把氧气与乙炔胶管插在焊炬的氧气与乙炔接头上即可。

7.2.2　气焊火焰的调节

（1）火焰种类

焊接火焰中氧与乙炔混合燃烧所形成的火焰称为氧-乙炔焰，由于它的火焰温度高（约3200℃），加热集中，是气焊中主要采用的火焰。根据氧和乙炔在焊炬混合室内混合比例的不同，燃烧后的火焰可分为三种。

① 中性焰　当氧气与乙炔的混合比 β=1.1～1.2 时，乙炔可充分燃烧，无过剩的氧和乙炔，称为中性焰。

中性焰的外形和构造见图7-7（a），其结构分为焰心、内焰和外焰三部分，但内焰和外焰没有明显的界限，只从颜色上可略加区别，中性焰的最高温度位于离焰心尖端2～4mm处，可达3100～3150℃。

② 碳化焰　氧气与乙炔的混合比 β < 1.1 时燃烧所形成的火焰称为碳化焰。火焰中含有游离碳，具有较强的还原作用和一定的渗碳作用。

碳化焰的外形和构造见图7-7（b），火焰明显分为焰心、内焰和外焰三部分，整个火焰比中性焰长而柔软。乙炔供给量越多，火焰越长越柔软，挺直度越差。当乙炔过剩量很大时，由于缺乏使乙炔充分燃烧所必需的氧气，火焰开始冒黑烟。碳化焰的最高温度为2700～3000℃。

③ 氧化焰　氧气与乙炔的混合比 β > 1.2 时，燃烧所形成的火焰称为氧化焰。氧化焰中有过量的氧气，在焰心外形成氧化性的富氧区。

氧化焰的外形和构造见图7-7（c），整个火焰长度较短，供氧的比例越大，则火焰越短。且内焰和外焰层次极为不清，故可看成由焰心和外焰两部分组成。火焰挺直，燃烧时发出急剧的"嘶、嘶"噪声。氧化焰的最高温度可达3100～3300℃。

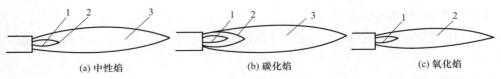

(a) 中性焰　　　　　　　(b) 碳化焰　　　　　　　(c) 氧化焰

图 7-7　氧-乙炔焰的构造和形状

1—焰心；2—内焰；3—外焰

不同金属材料气焊时所采用的火焰见表 7-4。

表7-4　不同金属材料气焊时应选用的焊接火焰

焊件材料	应用火焰	焊件材料	应用火焰
低碳钢	中性焰或轻微碳化焰	铬镍不锈钢	中性焰或轻微碳化焰
中碳钢	中性焰或轻微碳化焰	紫铜	中性焰
低合金钢	中性焰	锡青铜	轻微碳化焰
高碳钢	轻微碳化焰	黄铜	氧化焰
灰铸钢	碳化焰或轻微碳化焰	铝及其合金	中性焰或轻微碳化焰
高锰钢	碳化焰	铅、锡	碳化焰或轻微碳化焰
锰钢	轻微碳化焰	镍	碳化焰或轻微碳化焰
镀锌铁皮	轻微碳化焰	蒙乃尔合金	碳化焰
铬不锈钢	中性焰或轻微碳化焰	硬质合金	碳化焰

（2）操作要领

① 焊炬的握法　右手持焊炬，将拇指放在乙炔阀处，食指位于氧气阀处，以便于随时调节气体流量。用其他三指握住焊炬柄。

② 火焰的点燃　先逆时针方向转动乙炔阀放出乙炔，用 7～8s 的时间将不纯的乙炔放出。再逆时针打开预热氧气阀（约 1/4 圈），然后左手持点火枪，按下阀门开关不要松手，将焊嘴靠近火源上方 40～80mm 的位置点火。

开始练习时，如果点火太急没有放出纯净的乙炔，可能出现连续的"放炮"声，原因是乙炔不纯，这时，应排出不纯的乙炔，然后重新点火。有时也会出现不易点燃的现象，原因可能是氧气量过大，这时需微关氧气阀，或者将氧气阀关闭，只是点燃后会冒黑烟。

点火时，拿火源的手不得正对焊嘴，也不要将焊嘴指向他人，以防烧伤。

③ 火焰的调节　开始点燃的火焰多数为碳化焰，如要调成中性焰，则应逐渐增加氧气的供给量，直到火焰的焰心、内焰、外焰界限明显时，即为中性焰。若继续增加氧气或减少乙炔，就得到氧化焰，若增加乙炔或减少氧气，即可得到碳化焰。

通过同时调节氧气与乙炔的流量大小，可得到不同的火焰能率。调节的方法是：如果减小火焰能率，应先减少氧气，后减少乙炔；如果增大火焰能率，应先增加乙炔，后增加氧气。由于乙炔发生器供给的乙炔量经常增减，导致火焰性质的不稳定，中性焰经常自动地变为氧化焰或碳化焰。中性焰变为碳化焰较容易发现，但变为氧化焰经常不易被察觉，所以要随时注意观察火焰变化，并及时调整。

④ 火焰的熄灭　焊接工作结束或中途停止时，应熄灭火焰。正确的灭火方法是：先顺时针方向旋转乙炔阀门，直到关闭乙炔，再顺时针方向旋转氧气阀门关闭氧气。这样可以防止出现黑烟。此外，关闭阀门至不漏气即可，不要关得太紧，以免阀门磨损过快，降低焊炬的使用寿命。

（3）注意事项

点火、火焰调节、火焰熄灭操作时，应注意下列几个方面。

① 点火的姿势要正确。点火应用专用的点火枪点火，最好不用火柴和打火机。千万注意不要烧伤手或烧伤他人。

② 火焰调节时旋转阀门旋钮要缓慢，否则容易熄火。

③ 点火后的焊炬不得任意放置，短时停止焊接时应熄灭火焰。

④ 关闭焊炬开关不要太用力，以不漏气为准，防止损坏开关。

⑤ 调节火焰能率的方法要正确，减小时乙炔优先，增大时氧气优先。

7.2.3 焊接方法与焊炬、焊丝的摆动

（1）左焊法与右焊法

① 左焊法　焊接过程自右向左，焊炬跟着焊丝前进，如图7-8（a）所示。在薄板焊接时效率很高。左焊法火焰指向未焊金属，有预热作用。更容易观察坡口，操作简便，容易掌握，平时最常采用。

② 右焊法　焊接过程自左向右，焊炬在焊丝前面移动，如图7-8（b）所示。右焊法火焰指向焊缝，更容易观察熔池，适合焊接厚工件及熔点及导热性高的工件。焊接难度大，不易掌握，一般应用较少。

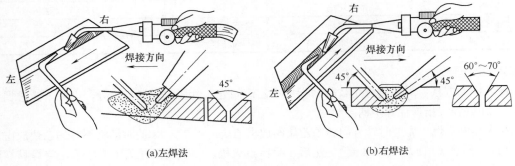

(a)左焊法　　　　　　　　　　(b)右焊法

图 7-8　焊炬移动方向

右焊法的优缺点：

a. 右焊法火焰指向焊缝，能很好地保护熔池金属，防止它受到周围空气的影响，使焊缝缓慢地冷却。

b. 由于热量集中，所以焊接时钢板坡口角度可以开得小，焊件收缩量小，减少变形。

c. 由于火焰对着焊缝，起到焊后的回火作用，使其冷却迟缓，所以焊缝组织细密，质量优良。

d. 由于热利用率高，可以节省氧-乙炔的耗量约10%～15%（与左焊法对比），提高焊接速度约10%～20%。

e. 缺点是技术较难掌握，工人不习惯此法。

（2）焊炬、焊丝的摆动

焊炬和焊丝摆动的作用，在于使焊件边缘很好地熔化，便于焊缝金属熔透熔匀，并控制液体金属的流动，从而使焊缝很好地成形。焊炬和焊丝的摆动必须是均匀而协调的，否则焊缝就会出现高低不平、宽窄不一的不良现象。焊炬和焊丝的摆动方法与幅度取决于焊缝的空间位置、焊件的厚度、材料的性能和焊缝宽度。

平焊时，常用的摆动方式如图7-9所示。

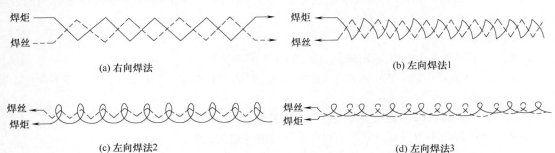

(a) 右向焊法　　　　　　　　　　(b) 左向焊法1

(c) 左向焊法2　　　　　　　　　　(d) 左向焊法3

图 7-9　焊炬和焊丝的摆动方法

7.2.4 起焊、接头与收尾

（1）起焊

① 焊前清理 气焊前必须清理工件坡口及其两侧和焊丝表面的油污、氧化物等脏物。去油污可用汽油、丙酮、煤油等溶剂清洗，也可用火焰烘烤；除氧化物可用砂纸、钢丝刷、锉刀、刮刀、角向砂轮机等机械方法清理，也可用酸或碱溶解金属表面氧化物。清理后用清水冲洗干净，用火焰烘干。

② 持炬 一般是右手拿焊炬，左手拿焊丝，右手大拇指位于乙炔阀处，食指位于氧气阀处，便于随时调节气体的流量，其他三指握住焊炬柄，便于焊嘴摆动、调节输入到熔池中的热量、变更焊接的位置，以及改变焊嘴与焊件的夹角。

③ 预热 在焊接开始时，由于焊件的温度低，因此要对焊件进行预热。预热时，应将火焰对准接头起点进行加热，为了缩短加热时间，且尽快形成熔池，可将火焰中心（焊炬喷嘴中心）垂直于工件并使火焰往复移动，以保证起焊处加热均匀。如果焊件厚度不同，焊炬应稍微偏向厚板，使温度保持基本一致。加热过程中，应注意观察熔池的形成，在焊件表面开始发红时将焊丝端部置于火焰中进行预热，当熔池即将形成时，将焊丝伸向熔池同时进行加热，如图 7-10（a）所示。

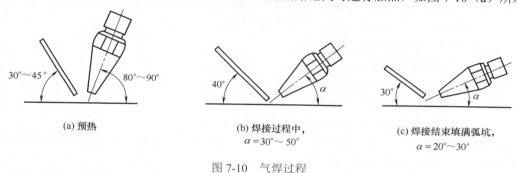

图 7-10 气焊过程

（2）接头

焊接至中途停顿后再续焊时，应用火焰把原熔池和接近熔池的焊缝重新熔化，在形成新熔池后再送入焊丝。焊接重要工件时，每次续焊应与前次焊重叠 8 ～ 10mm，以得到优质的接头。焊道接头的操作方法有热接法和冷接法两种。

① 热接法 焊接时，当焊丝变短，迅速扔掉焊丝头，立即取出事先准备好的焊丝送入熔池，转入正常焊接，这一过程火焰不能离开熔池。

② 冷接法 焊接时，当焊丝变短，不要扔掉焊丝头，将焊丝头粘在熔池上，将火焰离开熔池，取出新的焊丝与原来的焊丝头对接焊，然后将火焰移向原来熔池前的 10mm 处，边预热边向前移动或摆动，当形成新的液态熔池后转入正常焊接。

（3）收尾

当焊接结束时，为了使焊缝成形良好，要将最终的弧坑填满。这时由于焊件温度高，应减小焊嘴的倾斜角度，并使火焰摆动，以防止烧坏焊件，同时要增加焊接速度并多添加一些焊丝，直到填满弧坑为止，如图 7-10（c）所示。为了防止氧气和氮气等进入熔池，可用外焰对熔池保护一定的时间，见其表面已不发红后再移开。

7.2.5 气焊操作中应注意的问题

（1）焊后处理

焊后残存在焊缝及其附近的熔剂和焊渣要及时清理干净，否则会腐蚀焊件。清理的方法为先在 60 ～ 80℃热水中用硬毛刷洗刷焊接接头，重要构件洗刷后再放入 60 ～ 80℃、质量分数为

2%～3% 的铬酸水溶液中浸泡 5～10min，然后再用硬毛刷仔细洗刷，最后用热水冲洗干净。

　　清理后若焊接接头表面无白色附着物，即可认为合格；或用质量分数为 2% 硝酸银溶液滴在焊接接头上，若没有产生白色沉淀物，即说明已清洗干净。铸造合金补焊后消除内应力，可在 300～350℃进行退火处理。

　　（2）初学者气焊操作中应注意的问题

　　① 随着焊接的继续，初学者在操作中会不自然地抬高焊炬，使焰芯离熔池距离增大，导致热量分散、不集中，使得熔池失去保护甚至失去熔池。因此，在正常焊接中，必须使焰芯的焰尖始终处于熔池表面中心的位置，否则千万不要送丝。

　　② 操作中，初学者往往把注意力分散到焊丝头上，甚至不顾及被焊处的熔池是否存在，而用火焰去加热焊丝头。熔滴滴在被焊件上，形成未熔合现象。所以，初学者对熔池的观察必须精神集中，让焊丝自如轻松地靠近熔池和焰尖。

　　③ 送丝时，焊丝有时会粘在熔池及其边缘，此时，不要硬拉，应把焊炬正常向前移动，焊丝会自然熔化分离。随着操作技能的提高，这种现象就会自然减少和消失。

　　④ 当焊缝需要充填焊丝量较大时，焊丝端头不必频繁上下移动，保持其与熔池中心 2～3mm 的距离及与熔池表面 1～2mm 的距离，让其自动连续送丝。

　　⑤ 焊接过程中，最关键的是以下几点：

　　a. 要保持熔池形状为圆形。

　　b. 操作中要随时注意焊嘴的倾角，应为 40°～45°。

　　c. 焊丝与焊嘴夹角应为 100°～110°。

　　d. 送丝要及时，送丝速度均匀、稳定、准确。

　　⑥ 采用锯齿形或月牙形运动焊炬时，要注意在焊道两侧稍作停留，使焊缝两侧得到充足的热量。摆动的速度不宜太快或太慢。

　　⑦ 如果熔池不清晰且有气泡，出现火花、飞溅大或有熔池内产生沸腾现象时，说明火焰性质不合适，应及时调整氧气和乙炔的配比。

　　⑧ 如果熔池内液体被火焰吹出，说明焰芯离熔池太近或气体流量过大，此时，应立即调整距离和火焰的大小。

　　⑨ 发现火焰形状不规则或焊嘴沾污较多时，应及时刮除并用通针清理焊嘴。

　　⑩ 在操作技术水平允许的前提下，要尽量采用较大的火焰能率，加快熔池及焊道的形成，以减小母材热影响区和焊接变形。

　　总之，在气焊操作时，双手要协调统一、配合得当，在使用正确工艺参数前提下，焊接时一定要学会观察熔池形状大小与温度的关系，始终保持正确的焊嘴角度，焰芯尖端与熔池、焊丝之间的距离要恰到好处，焊炬和送丝稳定，速度合理均匀。

7.3　各种焊接位置的操作要点

7.3.1　平板各种位置的焊接

（1）平焊

　　平焊是气焊最常用的一种焊接方法。平焊时，多采用左焊法，焊丝与焊炬和工件的相对位置如图 7-11 所示。焊接时，火焰焰芯的末端与焊件表面保持 2～6mm 的距离，焊丝位于焰芯前 2～4mm。如果焊接过程中，焊丝被熔池边缘粘住，不要用力拔焊丝，可用火焰加热焊丝与焊件接触处，焊丝即可自然脱离。

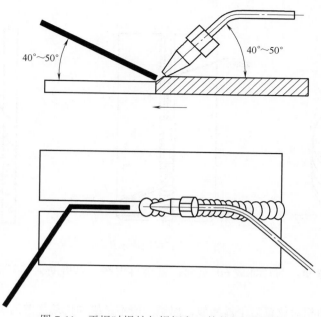

图 7-11　平焊时焊丝与焊炬和工件的相对位置

开始焊接时，可从接缝的一端 30mm 处施焊，目的是使焊缝处于板内，传热面积大，基体金属熔化时，周围温度已升高，冷凝时不易产生裂纹。

在施焊过程中，火焰要始终笼罩熔池和焊丝的末端，以免熔化金属被氧化，施焊时应将焊件和焊丝同时熔化，使焊丝金属与焊件金属在液态下均匀地熔合成焊缝。由于焊丝比较容易熔化，所以火焰应较多地集中在焊件上，否则会产生未焊透现象。

焊接过程中焊炬和焊丝要做上下往复相对运动。其目的是调节熔池的温度，使焊缝熔合良好，并控制液体金属的流动，使焊缝成形美观。

如果发现熔池金属被吹出，说明气体的流量过大，应立即调节火焰能率，使氧气和乙炔同时减小；如发现焊缝过高，与基体金属熔合不良，说明火焰能率过低，应立即调节增加火焰能率，使氧气和乙炔同时增大；如发现熔池不清晰、有气泡、火花飞溅严重，或熔池出现沸腾现象，应及时调节火焰至中性焰。

焊接时应始终保持熔池的大小一致。这可通过改变焊炬角度、高度和焊接速度来调节。如果发现熔池过小，焊丝不能与焊件很好地熔合，仅浮于焊件表面，表明热量不足，应增加焊嘴倾斜角，减慢焊接速度；如果发现熔池过大，金属不流动，说明焊件可能被烧穿，应加快焊速，减小焊嘴倾斜角；如果还是达不到要求，应提起焊炬，熔池降温至正常后再继续焊接。

焊接结束时，将焊炬缓慢提起，使熔池逐渐减小，为防止收尾时产生气孔、裂纹和凹坑，可在收尾时多填些焊丝。

（2）立焊

立焊的操作示意图如图 7-12 所示。立焊操作比平焊操作要困难一些。原因是熔池中的液态金属容易往下流，焊缝表面不容易形成均匀的焊波。为此，立焊一般采用自下而上的操作方法，操作时应注意以下几点。

① 采用火焰能率比平焊小一些的火焰进行焊接。与平焊相比，同样的板厚，立焊时的火焰能率比平焊时小 5%。

② 应严格控制熔池温度，熔池面积不能过大，熔池深度也应减小。要随时掌握熔池温度的变化，控制熔池形状，使熔池金属受热适当，防止液态金属下淌。

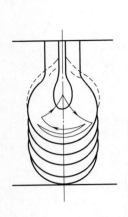
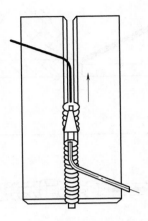
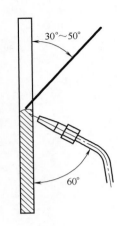

图 7-12　立焊操作示意图

③ 焊嘴要向上倾斜，与焊件成 60°夹角，甚至再大些，以借助火焰气流的压力来支承熔池，阻止熔池金属下淌。

④ 焊炬与焊丝的相对位置与平焊相似，焊炬一般不做横向摆动，但为了控制熔池温度，焊炬可以随时做上下运动，使熔池有冷却的机会，从而避免熔化金属下淌，保证熔池受热适当。焊丝则在火焰的范围内环形运动，使熔化的焊丝金属一层层均匀地熔敷在焊缝上。

⑤ 在焊接过程中，当发现熔池温度过高、熔化金属即将下流时，应立即将焊炬向上抬起，待熔池温度降低后，再继续进行焊接。一般为了避免熔池温度过高，可以把火焰较多地集中在焊丝上，同时增加焊接速度，以保证焊接过程的正常进行。

⑥ 当焊接 2～4mm 厚的 I 形坡口焊件时，为保证熔透，应在起焊处熔出一个直径接近焊件厚度的小孔，并用火焰加热小孔边缘和焊丝，然后，一方面使小孔不断向上扩展，另一方面要不断地向圆孔下面的熔池加焊丝，从而完成焊接过程。

⑦ 当焊接厚度在 5mm 以下的开坡口焊件时，也最好要熔出一个小圆孔，将钝边熔化掉，以保证焊透。

⑧ 当焊接厚度在 2mm 以下的薄件时，切记不可采用上述穿孔焊接，以防止焊件过热变成大洞，难以补焊。

（3）横焊

横焊的操作示意如图 7-13 所示。横焊操作的主要难度也是熔化金属的下淌，其易使焊缝上方形成咬边，下方形成焊瘤，如图 7-14 所示。

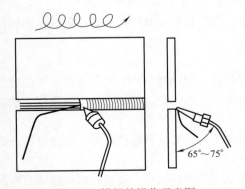

图 7-13　横焊的操作示意图

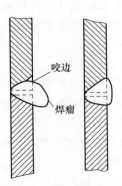

图 7-14　横焊缝易产生的缺陷示意图

横焊操作时应注意以下几点：

① 应使用较小的火焰能率来控制熔池温度。

② 采用左焊法焊接，同时焊炬也要向上倾斜。焊炬与工件间夹角保持为 65°～75°，使火焰直接朝向焊缝，利用火焰吹力托住熔化金属，阻止熔化金属从熔池流出。

③ 焊接时，焊炬一般不摆动，但在焊较厚焊件时，可做小环形摆动。焊丝要始终浸在熔池中，并不断地把熔化金属向熔池上方推去，焊丝做斜环形运动，使熔池略带倾斜，这样焊缝容易形成，并防止熔化金属堆积于熔池下方，形成咬边及焊瘤等缺陷。

（4）仰焊

仰焊是空间各种位置中焊接难度最大的一种，其操作示意如图 7-15 所示。

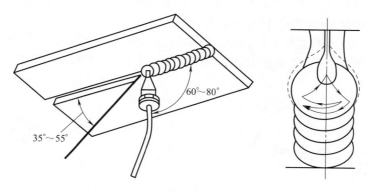

图 7-15　仰焊操作示意图

仰焊由于熔池朝下，熔池金属受重力下坠，难以形成令人满意的熔池及理想的焊缝。仰焊时操作的基本要领是：

① 采用较小的火焰能率进行焊接。

② 严格掌握熔池的大小和温度，使液体金属始终处于较黏稠的状态，防止下淌。

③ 焊接时采用较细的焊丝，以薄层堆敷上去，有利于控制熔池温度。

④ 仰焊可用左焊法，也可用右焊法。采用右焊法时，焊缝成形较好，因为焊丝末端与火焰气流的压力能阻止熔化金属下淌。

⑤ 焊嘴应不间断地做圆形横向摆动，焊丝则做月牙形运动，并始终浸在熔池内。

⑥ 当焊件有坡口或较厚时，应采用多层焊。第一层保证焊透，第二层或最后一层要控制焊缝两侧熔合良好，并均匀地过渡到母材，使焊缝成形美观。采用多层焊，还有利于防止熔化金属下淌。

⑦ 仰焊时要注意操作姿势，同时应选择较轻便的焊炬和细软的胶管，以减轻焊接过程的劳动强度。特别要注意采取适当的防护措施，防止飞溅金属烫伤面部和身体。

7.3.2　薄壁钢板平角焊

（1）薄壁钢板的平角焊焊前准备

① 准备好焊件、焊丝、设备及工具，焊丝牌号 H08，直径 2～3mm。

② 焊件清理　将工件一侧板料边缘 5～20mm 内的表面氧化皮、铁锈等用钢丝刷或砂布清理干净，使其表面露出金属光泽。

③ 制订焊接工艺参数　根据被焊材料的材质、厚度、技术要求等，制订气焊工艺参数，见表 7-5。

表 7-5　气焊工艺参数

板厚 /mm	焊炬型号	氧气压力 /MPa	乙炔压力 /MPa	焊炬移动 方式	火焰能率	火焰性能	焊缝层数
1 ~ 3	H01-62 号	0.2 ~ 0.25	0.001 ~ 0.1	直线形	适中	中性焰	单层
> 3 ~ 5	H01-63 号	0.25 ~ 0.3	0.002 ~ 0.1	斜圆圈或斜锯齿形	稍大	轻微碳化焰	单层

（2）外平角焊操作方法及要领

① 焊件的形状及装配与点固焊　外平角工件及起焊时的焊嘴倾斜角如图 7-16 所示。

② 焊道的起头方法采用左焊法（较厚板可采用右焊法），将火焰焰芯的前端对准工件的右端起头处进行预热，由于起头或接头处的温度较低，焊嘴倾斜角应大一些，以利于集中热量快速加热进入施焊状态。焊嘴倾斜角如图 7-16 所示，为 70°～80°。

③ 正常焊接时如果焊件厚度小于 3mm，焊接时火焰要均匀向前移动，一般不做横向摆动，焊丝的一端应均匀地向熔池送进，否则会出现焊道高低不平、宽窄不一的现象。操作方法如图 7-17 所示。

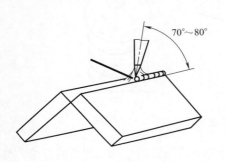

图 7-16　外平角工件及起焊时的焊嘴倾斜角

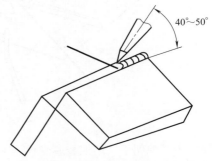

图 7-17　外平角焊正式焊接时的焊嘴倾斜角

若焊件厚度大于 4mm，可采用右焊法，焊接时，焊炬要轻微地向前移动，焊丝也要一下一下地送进熔池，这样才能获得良好的焊缝外观。

④ 操作注意事项

a. 熔池下塌：发现熔池有下塌现象，要加快送丝速度，同时需要减小焊嘴倾斜角，并采用跳焰法，以减小熔池的受热，特别是在间隙过大或已出现焊穿的情况下，更有必要这样操作。跳焰法如图 7-18 所示。

b. 焊缝两侧温度过低：当发现焊缝两侧温度过低、熔池温度不够时，应减慢送丝速度，适当加大火焰能率，增加焊嘴倾斜角，如图 7-19 所示。

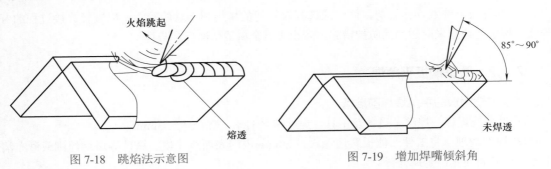

图 7-18　跳焰法示意图　　　　　　　图 7-19　增加焊嘴倾斜角

（3）内平角焊操作方法及要领

① 焊件的形态及装配、点固焊　内平角焊件焊接时的焊嘴倾斜角如图 7-20 所示。

② 正常焊接

a. 焊嘴倾斜角：如果两焊件厚度相同，底板的位置位于水平位置时，焊嘴火焰与水平面之间的角度要大一些；如果底板的位置位于立面上，此时，焊嘴火焰与水平面之间的角度要小一些，如图 7-20 所示，这样能使焊道两侧的温度相接近，可获得良好的成形焊缝。

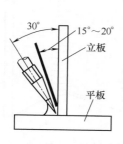
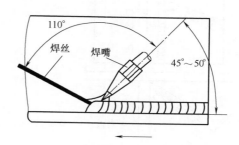

图 7-20　内平角焊件焊接时的焊嘴倾斜角

b. 焊嘴的运动：焊接时，焊嘴做螺旋形摆动，是为了利用火焰的吹力把一部分液体金属吹到熔池上部，使焊缝金属上、下均匀，同时，使上部液体金属的温度快速下降和凝固，以防止焊缝出现上薄下厚的现象，如图 7-21 所示。

对于船形焊位置的内平角焊，焊丝和焊嘴要做锯齿形运动，如图 7-22 所示。

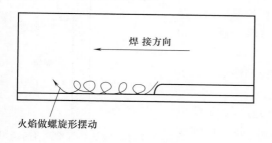
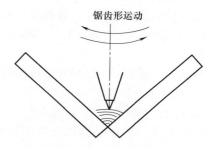

图 7-21　焊嘴火焰做螺旋形摆动　　　　图 7-22　焊丝和焊嘴的锯齿形运动

c. 焊丝角度：焊接中，熔池要对称地存在于焊口两侧，不能一边大一边小，形成熔池后火焰除做螺旋形摆动外，还应均匀地向前移动，焊丝的熔滴要加在熔池的上半部，焊丝与立面焊件之间的角度要小些，以便挡住熔池上方的液态金属，阻止液态金属下淌造成咬边。

7.3.3　T 形接头立焊、仰焊

（1）T 形接头的立焊

T 形接头一般也是采用由下向上的操作方法。其操作要领如下：

① 起焊时，先用火焰交替加热起焊处两板夹角的底部，待形成熔池后再添加焊丝。同时，应迅速将焊嘴向上抬起，等熔池温度降低后再继续焊接。

② 焊接过程中，焊嘴向上倾斜，并与焊缝形成 60° 左右的夹角，与两板成 45° ～ 50° 的夹角，焊丝与焊缝成 20° ～ 25° 的夹角。为了操作方便，可将焊丝前端 10mm 处弯成 140° ～ 150° 的夹角，如图 7-23 所示。

③ 焊接过程中，焊嘴和焊丝应做交叉的横向摆动，并使焊嘴在熔池两侧稍停，如图 7-24 所示，这样可以避免产生中间高、两侧低的不良现象。

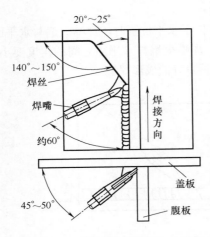

图 7-23　T 形接头的立焊操作示意图

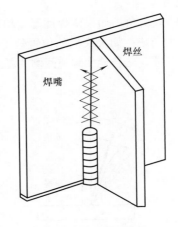

图 7-24　焊嘴和焊丝的运动示意图

④ 熔池金属将要下淌时，应迅速将焊嘴向上抬起，待熔池温度降低后再继续焊接。

⑤ 为防止产生咬边，一般应在熔池两侧适当增添焊丝。

⑥ 收尾时，焊炬要稍抬起，用外焰保护熔池，同时不断添加焊丝，直到将收尾处填满，方可撤离焊炬。

（2）T 形接头的仰焊

① 选择较大的火焰能率，并熟练掌握焊炬和焊丝的运动，是 T 形接头仰焊的关键。否则，将产生咬边和焊瘤等焊接缺陷，如图 7-25 所示。

② 焊接时，通常采用左焊法，这样既有利于控制熔池的大小和温度，也便于添加焊丝。

③ 施焊时，焊嘴与焊缝成 50°～60° 的倾角，与腹板成 40°～45° 的夹角，焊丝的端部应置于熔池的前端，并与焊嘴成 80°～90° 的夹角，如图 7-26 所示。

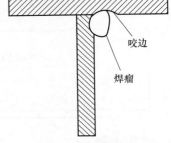

图 7-25　咬边和焊瘤缺陷示意图

④ 焊接过程中，火焰应偏向腹板，焊嘴要上、下摆动，同时还要做向前的移动。

⑤ 焊丝的送进要随着焊件被加热的情况进行，当焊件表面形成熔池后，应立即向熔池添加焊丝。如此反复操作，直至焊完整条焊缝。焊丝和焊炬的运动如图 7-27 所示。

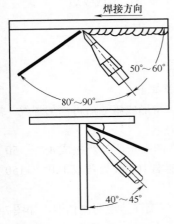

图 7-26　焊嘴与焊丝的角度

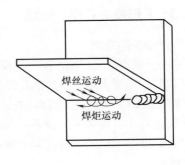

图 7-27　焊丝和焊炬的运动

7.3.4 钢管的气焊

（1）低碳钢管的转动焊

由于管子可以转动，因此焊接熔池可以控制在上坡或水平位置上。这种转动焊有两种基本焊接方法：一种是将管子焊一个定位点，从该点相对称的位置开始焊接，焊接时中间不停顿，边焊边转动，一直焊到与起始点重合为止，如图 7-28 所示；另一种焊法是分多次焊完，即从某点开始焊接，焊一段转动一下，直到焊完。

① 焊接方法　具体操作方法可用左焊法，也可用右焊法。用左焊法时，熔池要控制在与水平中心线成 50°～70°的夹角范围内，如图 7-28（a）所示。这样有利于控制熔池形状和使接头均匀熔透。如果采用右焊法，火焰指向已熔化的金属部分，为防止熔化金属被火焰吹成焊瘤，熔池要控制在与管子竖直中心线成 10°～30°的夹角范围内，如图 7-28（b）所示。

② 焊接层数　整个接头可分为三层焊完，第一层焊嘴和管子表面的夹角为 45°左右，火焰焰芯末端距熔池 3～5mm，当看到坡口钝边熔化形成熔池后，马上把焊丝送入熔池前沿，使其熔化并填充熔池。焊第二层时，焊距要做适当的横向摆动。焊第三层时，火焰能率要小些，这样有利于控制焊缝的表面成形。

③ 操作注意事项

a. 在整个焊接过程中，每一层焊道应一次焊完，各层的起焊点相互错开 20～30mm，以保证接头质量。每次焊接结束时，要填满熔坑，火焰慢慢离开熔池，以免出现气孔、夹渣等缺陷。

b. 收尾时，应在管子焊缝接头处熔化后，方可使火焰离开熔池。

（2）水平固定管的焊接

水平固定管的气焊，包括所有空间位置的焊接操作，如图 7-29 所示，其要求气焊工有较高的操作技能，熟练掌握各种空间位置的操作技能，其操作要领如下。

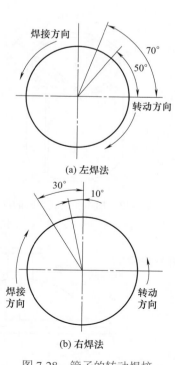

(a) 左焊法

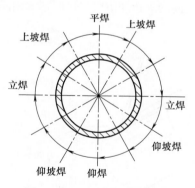

图 7-29　水平固定管的气焊

(b) 右焊法

图 7-28　管子的转动焊接

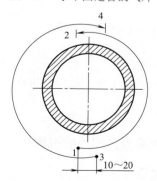

图 7-30　起焊点和终焊点

① 水平固定管应分成两个半圆进行焊接　当焊前半部分时，起点和终点都要超过管子的竖直中心线，超出长度一般为 5 ～ 10mm。焊后半部分时，起点和终点都要和前段焊缝搭接 10 ～ 20mm，如图 7-30 所示。

② 焊嘴和焊丝角度　一般，应使焊嘴和焊丝的夹角始终保持在 90° 左右、焊嘴、焊丝和接头处切线的夹角为 45°，还应根据管壁的厚度和熔池形状变化，随时进行调整和掌握。

③ 仰焊操作　焊嘴和焊丝要配合得当，焊丝不宜添加过多，应根据熔池形状的变化，不断调整气焊火焰对熔池的加热时间。若熔池过大，应立即将焊炬移开，待熔池温度稍冷后再继续焊接。

7.4　工程实例

7.4.1　水桶的气焊

（1）焊前准备

某水桶高为 1m，直径为 0.5m，用板厚为 1.5mm 的低碳钢板制成。气焊时选用 H01-6 型焊炬，配 2 号焊嘴，采用直径为 2mm 的 H08A 低碳钢焊丝，焊接方法选择左焊法。

（2）焊接操作要点

① 桶体纵缝的焊接　考虑到焊接变形，采用退焊法焊接。如图 7-31 所示，纵缝气焊时，焊炬和焊缝夹角为 20° ～ 30°，焊炬和焊丝之间夹角为 100° ～ 110°。焊接时焊嘴做上下摆动，可防止气焊时将薄板烧穿。

② 桶体和桶底环缝的焊接　桶底采用卷边形式，卷边高度 h 可选为 2mm。焊接时，焊嘴做轻微摆动，卷边熔化后可加入少许焊丝，为避免桶体热量过大，焊接火焰应略微偏向外侧。焊嘴、焊丝、焊缝之间的夹角和纵缝焊接时基本相同，桶体和桶底环缝的焊接如图 7-32 所示。

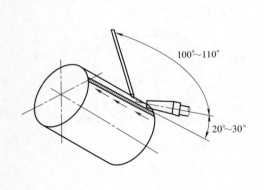

图 7-31　桶体纵缝焊接

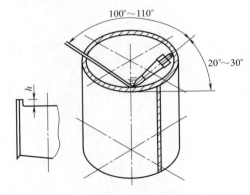

图 7-32　桶体和桶底环缝的焊接

（3）焊后处理

焊后用温水刷洗 3 次，将焊缝表面残留的熔剂和熔渣洗刷干净。

7.4.2　铝冷凝器端盖的气焊

（1）焊前准备

① 铝冷凝器端盖如图 7-33，材料牌号为 LF6，采用化学清

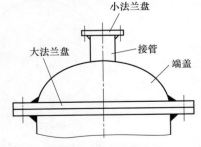

图 7-33　铝冷凝器端盖

洗的办法将接管、端盖、大小法兰、焊丝清洗干净。若用机械法清理，即先用丙酮或汽油进行表面涂油，随后用 0.15mm 的铜丝或不锈钢丝刷子刷洗，直至露出金属光泽为止，也可以用刮刀清理焊件表面。

② 焊丝选用 SAMg5Ti，ϕ4mm。熔剂选用 CJ401。焊炬选用 H01-12，选用 3 号焊嘴。用气焊火焰将焊丝加热，在溶剂槽内将焊丝蘸满 CJ401 备用。

（2）焊接操作要点

① 采用中性焰、右焊法焊接。

② 小法兰盘与接管的焊接　用气焊火焰对小法兰盘均匀加热，待温度达 250℃ 左右时组焊接管。定位焊两处，从第三点进行焊接。为避免变形和隔热，在预热和焊接时将小法兰盘放在耐火砖上。

③ 端盖与大法兰盘的焊接　切割一块与大法兰盘等径、厚度为 20mm 的钢板，并将其加热到红热状态，将大法兰盘放在钢板上，用两把焊炬将其预热到 300℃ 左右，快速将端盖组合到大法兰盘上。定位三处，从第四点施焊。焊接过程中保持大法兰盘的温度，并不间断焊接。

④ 接管与端盖的焊接　预热温度为 250℃。

（3）焊后清理

先在 60 ～ 80℃ 的热水中用硬毛刷刷洗焊缝及热影响区，再放入 60 ～ 80℃、质量分数为 2% ～ 3% 的铬酐水溶液中浸泡 5 ～ 10min，再用毛刷刷洗，然后用热水冲洗干净并风干。

7.4.3　三通管的气焊

（1）焊件分析

主管与支管的连接件通常称为三通管。图 7-34 左图为主管水平放置、支管垂直向上的等径固定三通管，图 7-34 右图为主管垂直、支管水平放置的异径固定三通管。

（2）焊接工艺要点

① 等径三通管和不等径三通管的定位焊位置见图 7-34，采用这种对称焊顺序可以避免焊接变形。

② 管壁厚度不等时，火焰应偏向较厚的管壁一侧。

③ 选用的焊嘴要比焊同样厚度的接头时大一号。

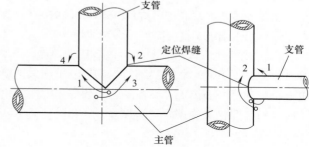

图 7-34　三通管及其焊接顺序

④ 焊接中碳钢管时，要先预热到 150 ～ 200℃，当与低碳钢管厚度相同时，应选比焊接低碳钢管小一号的焊嘴。

第8章 特种焊接方法

8.1 概述

8.1.1 焊接方法的发展

焊接技术是通过适当的手段，使两个分离的物体（同种或异种材料）产生原子或分子间结合面，成为一体的连接方法，特种焊接技术是除了焊条电弧焊、埋弧焊、气体保护焊等常规焊接方法之外的一些先进的焊接方法，如激光焊、电子束焊、等离子弧焊、扩散焊、搅拌摩擦焊等。特种焊接技术对于一些特殊材料及结构的连接具有重要的作用，在航空航天、电子、核动力等高新技术领域得到广泛应用，并日益受到人们的关注。

科学技术的发展和焊接技术进步使新的焊接方法不断产生，特别是20世纪50年代以后，焊接方法得到更快的发展。1956年，出现了以超声波和电子束作为热源的超声波焊和电子束焊；1957年出现了等离子弧焊和扩散焊；1965年和1970年出现了以激光束为热源的脉冲激光焊和连续激光焊；20世纪末出现了搅拌摩擦焊和微波焊。

焊接技术几乎运用了一切可以利用的热源，其中包括火焰、电弧、电阻热、超声波、摩擦、等离子弧、电子束、激光、微波等。从19世纪末出现碳弧到20世纪末出现微波焊的发展来看，历史上每一种热源的出现，都伴随着新的焊接方法的出现并推动了焊接技术的发展。至今焊接热源的研究与开发仍未终止，新的焊接方法和新工艺不断涌现，焊接技术已经渗透到国民经济的各个领域并呈现新的发展特点。

① 提高生产率是推动焊接技术发展的重要驱动力　随着科学技术的发展，焊接技术不断进步。提高焊接生产率的途径，一是提高焊接速度，二是提高焊接熔敷效率，三是减少坡口断面及熔敷金属量。为了提高焊接生产率，焊接工作者从提高焊接熔敷效率和减少填充金属两方面做了许多努力，如熔化极气体保护焊中采用电流成形控制或多丝焊，以使焊接速度从0.5m/min提高到1～6m/min。窄间隙焊接利用单丝、双丝或三丝进行焊接，所需熔敷金属量成倍地降低。电子束焊、等离子弧焊能够一次焊透很深的厚度，对接接头可以不开坡口，有更为广阔的应用前景。

② 提高焊接机械化、自动化水平是世界先进工业化国家的发展方向　机械化、自动化是提高焊接生产率、保证产品质量、改善劳动条件的重要手段。焊接生产自动化是焊接技术发展的方向。特种焊接技术由于工艺参数的控制要求严格，使得对机械化、自动化的要求更为迫切。焊接自动化的主要标志是焊接控制系统的智能化、焊接生产系统的柔性化和集成化。全部焊接工序（钢板划线、切割、装配、焊接）机械化、自动化的优势不仅在于提高了生产率，更重要的是提高了产品的质量。钢板划线、切割、开坡口全部采用计算机数字控制技术以后，零部件尺寸精度大大提

高，焊接坡口表面粗糙度大幅度降低。坡口几何尺寸和装配质量相当准确，在自动施焊之后，整个焊接结构工整、精确、美观，完全改变了过去焊接车间人工操作的落后现象。电子及计算机技术的发展，尤其是计算机控制技术的发展，为特种焊接技术自动化打下了良好基础。

③ 焊接过程智能化是提高焊接质量稳定性的重要方向　工业机器人作为现代制造技术发展的重要标志之一和新技术产业，对现代高技术产业各领域产生了重要影响。由于焊接制造工艺的复杂性和焊接质量要求严格，而焊接技术水平和劳动条件相对较差，因而焊接过程的智能化受到特殊重视，实现智能机器人焊接成为几代焊接工作者追求的目标。智能机器人的出现迅速得到焊接界的热烈响应。目前，全世界机器人中有 30% 以上用在焊接技术上。焊接机器人最初多应用于汽车工业中的点焊生产流水线上，近年来已经拓展到弧焊技术领域。

机器人虽然是一个高度自动化的系统，但从自动控制的角度来看，它仍是一个程序控制的开环控制系统，不能根据焊接时的具体情况进行适当调节。为此智能化机器人焊接成为当前焊接发展的重要方向之一。智能化焊接的第一个发展重点是视觉系统，目前已开发出的视觉系统可使机器人根据焊接过程中的具体情况自动修改焊枪运动路线，有的还能根据坡口尺寸适时地调节工艺参数。国内已有大量的焊接机器人应用于各类自动化生产线上，但我国的焊接机器人发展与生产总体需求仍有差距。目前智能化焊接机器人技术仍处在初级阶段，这方面的研究及发展将是一个长期的任务。

④ 新热源的研究与开发是推动焊接技术发展的根本动力　焊接新热源的开发将推动特种焊接技术的发展，促进新的焊接方法的产生。焊接工成功地利用电弧、等离子弧、电子束、激光、超声波、摩擦、微波等热源形成相应的焊接法。今后的发展将从改善现有热源和开发新的更有效的热源两方面着手。

在改善现有热源、提高焊接效率方面，如扩大激光器的能量、有效利用电子束能量、改善焊接设备性能、提高能量利用率都取得了进展。在开发焊接新能源方面，为了获得更高的能量密度，可采用叠加和复合热源，如在等离子弧中加激光，在电弧中加激光等。有些预热焊也是出于这种考虑，进行太阳能焊接试验也是为了寻求新的焊接热源。

⑤ 新兴工业的发展不断推动焊接技术前进　焊接技术是一项与新兴学科发展密切相关的先进制造技术，计算机技术、信息技术、电子技术、人工智能技术、数控及机器人技术的发展为焊接自动化与智能化提供了十分有利的技术基础，已取得许多研究与应用成果并已渗透到众多的应用领域中。高新技术、新材料的不断发展与应用以及各种特殊环境对产品性能要求的不断提高，对特种焊接技术及设备提出了更高的要求。在新兴产业和基础学科的带动下，半自动焊、专机设备以及自动化焊接得到迅速发展。

逆变焊机的出现是推动焊接技术和装备前进的一个成功例子。逆变焊机体积小、重量轻，具有较高的技术特性，及显著的节能、节材等优点，受到国内外焊接界的重视，发展很快。目前世界上的主要焊接设备生产厂商基本上完成了全系列逆变焊机的商品化，使之成为先进技术的标志之一。

从 20 世纪 80 年代初的晶闸管逆变焊机开始，到场效应晶体管逆变焊机、大功率晶体管逆变焊机、IGBT 逆变焊机等不断推入市场，焊接设备制造呈现出一个崭新的景象。但是逆变焊机输入电流产生畸变，存在较大的谐波，一些元器件的稳定性有待提高，焊机的功率因数并不很高。为此人们正在研究谐波控制技术，以便取得更好的效果。

8.1.2　特种焊接方法的选择

（1）特种焊接方法分类

国内外文献有多种焊接方法的分类法，各有差异，传统意义上是将焊接方法划分为三大类，即熔焊（fusion welding）、压焊（pressure welding）和钎焊（brazing and soldering）（见 1.1.1 小节）。也可以分为熔化焊和非熔化焊（固相焊）。

在各种焊接方法中，近年来特种焊接技术所占的比例也在发生着变化，其应用范围正在扩大。在熔焊方法中，气焊的比例减小明显，电弧焊仍然是主角，而高能束流焊接技术（如电子束、激光束、等离子弧焊等）的比重在不断增大。固相焊（如扩散焊、摩擦焊等）则以其独具的优势在高科技产品迅猛发展的年代显现出生机。

① 高能束流焊接现状　高能束流加工技术是利用功率密度大于 $10^5W/cm^2$ 的热源（激光束、电子束、等离子弧等）对材料或结构进行的特种加工技术。工业上常见的几种热源的功率密度见表 8-1，用在焊接领域的高功率密度的热源有等离子弧、电子束、激光束、复合热源（激光束＋电弧）等。

表 8-1　工业几种常见热源的功率密度

	热源	最小加热面积 /cm²	功率密度 /（W/cm²）	正常温度 /K
光	聚焦的太阳光束	—	$(1～2)×10^3$	—
	聚焦的氙灯光束	—	$(1～5)×10^3$	—
	聚焦的激光	—	$10^7～10^9$	—
电弧	电弧（0.1MPa）	10^{-3}	$1.5×10^4$	6000
	钨极氩弧	10^{-3}	$1.5×10^4$	8000
	熔化极氩弧	10^{-4}	$10^4～10^5$	8000～9000
高能束流	等离子弧	10^{-5}	$(0.5～1)×10^5$	18000～24000
	电子束	10^{-7}	$>10^6$	19000～25000
	激光束（0.1MPa）	10^{-8}	$>10^6$	—

在高能束流焊接过程中，由于热源能量密度高，在极短作用时间内，随着热源与被焊材料的相对运动形成连续的而且完全熔透的焊缝。小孔效应是高能束流焊接过程的显著特征，改变了能量传递方式，与常规电弧焊方法相比有明显的优点。高能束流焊接时基本不需要开坡口和填丝，焊缝熔深大于熔宽，焊接速度快，热影响区小，焊缝组织细化，焊接变形小，如图 8-1 所示。

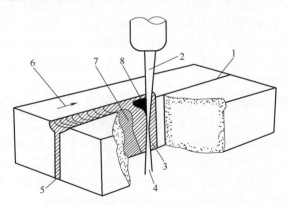

图 8-1　高能束焊接过程的小孔效应特征

1—紧密对接线；2—高能束流；3—熔融金属；4—穿过小孔的能量；5—焊缝（全熔透）；
6—焊接方向；7—凝固的焊缝；8—液态金属

由于有上述优势，高能束流焊接技术可以焊接难焊的材料，并且具有较高的生产率。在核工业及航空航天、汽车等工业得到广泛的应用。随着高能束流加工技术的不断推广应用，它也被越来越多的工业部门所选用。表 8-2 是高能束流加工技术的特点及其应用领域。

表 8-2 高能束流加工技术的特点及其应用领域

特点	用途	适用性	应用示例
穿透性	重型结构的焊接	一次可焊透 300mm	核装置、压力容器、反应堆潜艇、飞行器、运载火箭、空间站、航天飞机、重武器、坦克、火炮、厚壁件
精密控制、微焦点	微电子与精密器件制造	—	超大规模集成元器件、航天（空、海）仪表、膜盒、精密陀螺、核燃料棒封装
高能密度、高速扫描	特殊功能结构件制造	扫描速度 10^3 孔 /s，400m/s	动力装置封严、高温耐磨涂层、沉积层、切割、气膜冷却层板结构、小孔结构、高温部件
全方位加工	特殊环境加工制造	—	太空及微重力条件、真空、充气、水下及高压条件
高速加热、快速冷却	新型材料制备、特殊及异种材料连接	速率 10^5K/s	超高纯材料、超细材料、非金属复合材料、陶瓷、非晶态

② 束流的复合 新产品、新构件和新器件对连接技术提出了新的要求，促进特种连接技术的不断发展，以适应发展的要求。近年来，国内外关于束流复合焊接新工艺、新技术的研究报道，推动束流复合焊接技术的发展。其中最主要的是采用激光 - 电弧复合热源的高效焊接技术。

高能束流焊接的优势很明显，但目前高能束流焊接的成本仍较高。因此以激光为核心的复合技术受到人们的关注。激光 - 电弧复合技术在 20 世纪 70 年代就已提出，然而稳定的加工应用直至近十几年才出现，这主要得益于激光技术以及弧焊设备的发展，尤其是激光功率和电弧控制技术的提高。

束流复合加工时，激光产生的等离子体有利于电弧的稳定；复合加工可提高加工效率，提高焊接性差的材料（如铝合金、双相钢等）的焊接性，可增加焊接稳定性；激光填丝焊对参数变化很敏感，通过与电弧的复合，则变得容易而可靠。

激光 - 电弧复合主要是激光与钨极氩弧、等离子弧以及活性电弧的复合。通过激光与电弧的相互影响，可克服每一种焊接方法自身的不足，产生良好的复合效应。

此外，激光复合焊接技术还有激光 - 高频焊、激光 - 压焊等。激光 - 高频焊是在高频焊管的同时，采用激光对熔焊处叠加热量，使待焊件在整个焊缝厚度上的加热更均匀，有利于提高焊管的接头质量和生产率。激光 - 压焊是将聚焦的激光束照射到被连接工件的接合面上，利用材料表面对垂直偏振光的高反射将激光导向焊接区。由于接头特定的几何形状，激光能量在焊接区被完全吸收，工件表层的金属加热或熔化，然后工件在压力作用下实现材料的连接。这样不仅焊缝强度高，焊接速度也得到大幅度提高。

近年来，通过激光 - 电弧复合而诞生的复合焊接技术获得了长足的发展，其在航空、军工等部门复杂构件上的应用日益受到重视。目前，高能束流与不同电弧的复合焊接技术已成为高能束流焊接领域发展的热点之一。

③ 固相焊接技术 固相焊接（solid phase welding）是 21 世纪有重大发展的连接技术。许多新材料，如耐热合金、陶瓷、金属间化合物、复合材料等的连接，特别是异种材料之间的连接，采用普通的焊接方法难以完成，扩散焊、摩擦焊、超塑成形扩散连接等方法应运而生，解决了许多过去无法解决的材料连接问题。固相焊接的优越性日益显现。

固相焊接可分为两大类，一类是温度低、压力大、时间短的连接方法，通过塑性变形促使工件表面紧密接触和氧化膜破裂，塑性变形是形成连接接头的主导因素。这类连接方法有摩擦焊、爆炸焊、冷压焊和热压焊等，属于压焊连接。另一类是温度高、压力小、时间相对较长的扩散连接方法，一般是在保护气氛或真空中进行。这种连接方法仅产生微量的塑性变形，界面扩散是形成接头的主导因素。属于这一类的连接方法主要是扩散连接，如真空扩散焊、过渡液相扩散焊、热等静压扩散焊、超塑性成形扩散焊等。

以搅拌摩擦焊（friction stir welding）为例，它是 20 世纪 90 年代初由英国焊接研究所开发出的一种先进焊接技术，它可以焊接用熔焊方法较难焊接的铝、镁等轻金属。搅拌摩擦焊已在欧、美等发达国家的航空航天工业中应用，并已成功应用于在低温下工作的铝合金薄壁压力容器的焊接，完成了纵向焊缝的直线对接和环形焊缝沿圆周的对接。该技术已在新型运载工具的新结构设计中应用，在航空航天、交通和车辆制造等工业也得到应用。搅拌摩擦焊的主要应用示例见表 8-3。

表 8-3　搅拌摩擦焊的主要应用示例

领域	应用示例
船舶和海洋工业	快艇，游船的甲板、侧板、防水隔板、船体外壳、主体结构件，直升机平台，离岸水上观测站，船用冷冻器，帆船桅杆和结构件
航空、航天	运载火箭燃料储箱、发动机承力框架、铝合金容器、航天飞机外储箱、载人返回舱、飞机蒙皮、桁条、加强件之间的连接、框架连接、飞机壁板和地板连接、飞机门预形成结构件、起落架舱盖、外挂燃料箱
铁道车辆	高速列车、轨道货车、地铁车厢、轻轨电车
汽车工业	
其他工业部门	

（2）特种焊接方法的选择依据

生产中选用焊接方法时，不但要了解各种焊接方法的特点和适用范围，还要考虑产品的要求，然后根据所焊产品的结构、材料以及生产技术等做出选择。选择焊接方法应在保证焊接产品质量优良可靠的前提下，有良好的经济效益，即生产率高、成本低、劳动条件好、综合经济指标好。为此选择焊接方法应考虑下列因素。

① 产品结构类型　焊接产品的结构类型可归纳为以下四类：

a. 结构件类：如桥梁、建筑、锅炉及压力容器、造船、金属结构件等。结构件类焊缝一般较长，可选用埋弧自动焊、气体保护焊，其中短焊缝、打底焊缝宜选用焊条电弧焊，氩弧焊。重要的焊接结构可选用电子束焊、等离子弧焊等。

b. 机械零部件类：如各种类型的机械零部件。对于机械零部件类产品，一般焊缝不会太长，可根据对焊接精度的要求，选用不同的焊接方法。一般精度和厚度的零件多用气体保护焊，重型件用电渣焊、等离子弧焊，圆截面件可选用摩擦焊，精度高的工件可选用电子束焊、激光焊。

c. 半成品类：如工字钢、螺旋钢管、有缝钢管等。半成品件的焊缝是规则的、大批量的，可选用易于机械化、自动化的埋弧焊、气体保护焊、高频焊等。

d. 微电子器件类：如电路板、半导体元器件等。微电子器件接头一般要求密封、导电定位准确，常选用电子束焊、激光焊、超声波焊、扩散焊等方法。

不同类型的产品有数种焊接方法可供选择，采用哪种方法更为适宜，除了考虑产品类型之外，还应考虑工件厚度、接头形式、焊缝位置、母材性能、生产技术条件、经济效益等。

② 工件厚度　不同焊接方法采用的热源各异，各有最适宜的焊接厚度范围。在限定的厚度范围内，要求保证焊缝质量并获得较高的生产率。

③ 接头形式、位置　接头形式、位置是根据产品使用要求和母材厚度、形状、性能等因素设计的，有搭接、角接、对接等形式。产品结构不同，接头位置可能需要平焊、立焊、仰焊等，这些因素都影响焊接方法的选择。平对接焊是最易于焊接的位置，适合于多种焊接方法，可以选用生产率高、接头质量好的焊接方法。不同焊接方法对接头形式、焊接位置的适应能力是不同的。

④ 母材性能　被焊母材的物理、化学、力学和冶金性能不同，直接影响焊接方法的选择，对热传导快的金属，如铜，铝及其合金等，应选择热输入大、焊透能力强的焊接方法。对热敏感材料宜用激光焊、超声波焊等热输入较小的焊接方法，对难熔材料，如钼、钽等，直选用电子束等高能束流的焊接方法。

对物理性能差异较大的异种材料的连接，宜选用不易形成中间胞性相的固相焊接和激光焊接；对塑性区间宽的材料宜选用电阻焊；对母材强度和伸长率足够大的材料才能进行爆炸焊；对活性金属宜选用惰性气体保护焊、等离子弧焊、真空电子束焊等焊接方法；钛和锆因为对气体溶解度大，焊后易变脆，对这些金属宜选用高真空电子束焊和真空扩散焊；对沉淀硬化不锈钢，用电子束焊可以获得力学性能优良的接头；对于冶金相容性差的异种材料，宜选用扩散焊、钎焊、爆炸焊等非液相结合的焊接方法。

⑤ 生产技术条件　技术水平、生产设备和材料消耗均影响焊接方法的选用。在能满足生产需要的情况下，应尽量选用技术水平要求低、生产设备简单、便宜和焊接材料消耗少的焊接方法，以便提高经济效益。电子束焊、激光焊、等离子弧焊等，由于设备相对较复杂，要求更多的基础知识和较高操作技术水平。真空电子束焊要有专用的真空室、电子枪和高压电源，还需要对 X 射线的防护设施。激光焊需要大功率激光器以及专用工装和辅助装置。设备复杂程度直接影响经济效益，是选择焊接方法时要考虑的重要因素之一。材料消耗的类型和数量也直接影响经济效益，在选择焊接方法时应给予充分重视。

8.2　激光焊及激光切割

8.2.1　激光焊原理、分类及特点

（1）原理

激光焊（laser welding，简称 LW）是利用高能量密度的激光束作为热源的一种高效精密的焊接方法。激光 laser 是英文 light amplification by stimulated emission of radiation 的缩写，意为通过受激辐射实现光的放大。经透射或反射镜聚焦后可获得功率密度高达 $10^{18}W/m^2$ 的能束，可用作焊接、切割及材料表面处理的热源。

激光除了与其他光源一样是一种电磁波外，还具有其他光源不具备的特性，如高方向性、高亮度（光子强度）、高单色性和高相干性。金属对激光的吸收，主要与激光波长、材料的性质、温度、表面状况以及激光功率密度等因素有关。一般来说，金属对激光的吸收率随温度的上升而增大，随电阻率的增加而增大。

激光焊对于一些特殊材料及精细结构的焊接具有非常重要的作用，这种焊接方法在航空航天、电子、汽车制造、核动力等高新技术领域中得到应用，并逐渐受到人们的重视。

（2）分类及应用

① 根据激光对工件的作用方式和激光器输出能量的不同，激光焊可分为脉冲激光焊和连续激光焊。

脉冲激光焊输入到工件上的能量是断续的、脉冲的，每个激光脉冲在焊接过程中形成一个圆形焊点。脉冲激光焊主要用于微型件、精密元件和微电子元件的焊接。低功率脉冲激光焊常用于直径 0.5mm 以下金属丝与丝（或薄膜）之间的点焊。

连续激光焊在焊接过程中形成一条连续的焊缝。连续激光焊主要用于厚板深熔焊（锁孔焊），部分应用见表 8-4。

表 8-4　CO_2 激光焊的部分应用实例

应用部门	应用实例
航空	发动机壳体、机翼隔架、膜盒等
电子仪表	集成电路内引线、显像管电子枪、全钽电容、调速管、仪表游丝等
机械	精密弹簧、针式打印机零件、金属薄壁波纹管、热电偶、电液伺服阀等
钢铁冶金	焊接厚度 0.2～8mm、宽度 0.15～1.8mm 的硅钢片，及高中低碳钢和不锈钢，焊接速度为 100～1000cm/min
汽车	汽车车身、传动装置、齿轮、点火器中轴与拨板组合件等
医疗	心脏起搏器以及心脏起搏器所用的锂碘电池等
食品	食品罐（用激光焊代替传统的锡焊或接触高频焊，具有无毒、焊速快、节省材料以及接头美观、性能优良等特点）等
其他	燃气轮机、换热器、干电池锌筒外壳、核反应堆零件等

② 根据激光发生器工作性质的不同，激光有固体、半导体、液体、气体激光之分。

③ 根据激光聚焦后光斑作用在工件上的功率密度，激光焊可分为传热焊和深熔焊两种。

传热焊时，激光光斑功率密度小于 $10^5W/cm^2$ 时，激光将金属表面加热到熔点与沸点之间，工件吸收的光能转变为热能后通过热传导将工件熔化，熔池形状近似为半球形，这种方法称为传热焊。传热焊的特点是激光光斑的功率密度小，很大一部分激光被金属表面所反射，激光的吸收率较低，焊接熔深浅，焊接速度慢，主要用于薄（厚度＜1mm）、小工件的焊接。

深熔焊时，激光光斑的功率密度足够大（≥$10^6W/cm^2$），金属表面在激光束的照射下被迅速加热，其表面温度在极短的时间内（10^{-8}～10^{-6}s）升高到沸点，使金属熔化和气化。产生的金属蒸气以一定的速度离开熔池，逸出的蒸气对熔化的液态金属产生一个附加压力，使熔池金属表面向下凹陷，在激光光斑下产生一个小孔，当光束在小孔底部继续加热时，产生的金属蒸气一方面压迫孔底的液态金属使小孔进一步加深；另一方面，向孔外飞出的蒸气将熔化的金属挤向熔池四周，在液态金属中形成一个细长的孔洞。当光束能量所产生的金属蒸气的反冲压力与液态金属的表面张力和重力平衡后，小孔不再继续加深，形成一个深度稳定的孔而进行焊接，称为深熔焊（也称锁孔焊）。

深熔焊的激光束可深入到焊件内部，形成深宽比较大的焊缝。如果激光功率足够大而材料相对较薄，激光焊形成的小孔贯穿整个板厚且背面可接收到部分激光，这种方法也可称为薄板激光小孔效应焊。图 8-2 为不同功率密度激光束的加热现象。小孔周围为熔池金属所包围，熔化金属的重力及表面张力使小孔有弥合的趋势，而连续产生的金属蒸气则力图维持小孔的存在。焊接时，小孔将随着光束运动，但其形状和尺寸却是稳定的。

小孔的前方形成一个倾斜的烧蚀前沿，在这个区域，小孔的周围存在压力梯度和温度梯度。在压力梯度的作用下，熔化材料绕小孔的周边由前沿向后沿流动。温度梯度沿小孔的周边建立了一个前面大后面小的表面张力，这就进一步驱使熔化材料绕小孔周边由前沿向后沿流动，最后在小孔后方凝固形成连续焊缝。

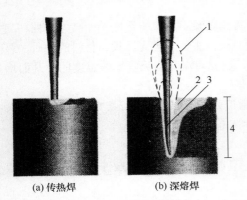

(a) 传热焊　　(b) 深熔焊

图 8-2　激光束加热现象分类

1—等离子体云；2—熔化材料；3—匙孔；4—熔深

激光焊接还有其他形式的应用，如激光钎焊、激光 - 电弧复合焊接、激光填丝焊、激光压焊等。激光钎焊主要用于印制电路板的焊接，激光压焊可用于薄板或薄钢带的焊接。

（3）特点

采用激光焊，不仅生产率高于传统焊接方法的生产率，而且焊接质量也显著提高。与一般焊接方法相比，激光焊具有以下特点。

① 焊接热影响区、焊接应力和焊接变形小　聚焦后的激光束具有很高的功率密度（$10^5 \sim 10^7 \text{W/cm}^2$ 或更高），加热速度快，加热范围小（$< 1\text{mm}$），可实现深熔焊和高速焊。

② 可实现远距离、难接近部位或小微型零件的焊接　这是由于激光能发射、透射，能在空间传播相当距离而衰减很小，可通过光导纤维、棱镜等光学方法进行弯曲传输、偏转、聚焦。

③ 一机多用　一台激光器可供多个工作台进行不同的工作，既可用于焊接，又可用于切割、合金化和热处理。

④ 无需特别防护，方便焊接铍合金等剧毒材料　激光不受电磁场影响，不存在 X 射线防护，也不需要真空保护。激光在大气中损耗不大，可穿过玻璃等透明物体，适于在玻璃制成的密封容器里焊接。

⑤ 可焊接一般方法难以焊接的材料　如高熔点金属、非金属材料（如陶瓷、有机玻璃等）、对热输入敏感的材料。且焊后无须热处理。

但针对大功率激光焊的推广应用，主要存在以下问题：

① 价格昂贵　激光器，尤其是大功率连续激光器的报价较高。

② 焊接板厚局限　目前工业用激光器的最大功率为 30kW，可焊接的最大厚度约 20mm，比电子束焊小得多。

③ 对焊件加工、组装、定位要求很高。

④ 运行效率较低　激光器的光束能量转换率仅为 $10\% \sim 20\%$。

8.2.2　激光焊设备及工艺

（1）激光焊设备

完整的激光焊接设备由激光器、光束传输和聚焦系统、焊炬、工作台、电源及控制装置、气源、水源、操作盘、数控装置等组成。

① 激光器　是激光设备的核心部分，常见的焊接用激光器见表 8-5，其中 CO_2 激光器按照气冷方式分为封闭式、低速轴流式、高速轴流式和横流式。不同 CO_2 激光器的性能特征见表 8-6。

表 8-5　焊接用激光器

激光器		波长 / μm	工作方式	重复频率 /Hz	输出功率或能量范围	主要用途
红宝石激光器		0.6943	脉冲	0 ~ 1	1 ~ 1000J	点焊、打孔
钕玻璃激光器		1.06	脉冲	0 ~ 1/10	1 ~ 1000J	点焊、打孔
固体 YAG 激光器		1.06	脉冲	0 ~ 400	1 ~ 1000J	点焊、打孔
			连续		0 ~ 2kW	焊接、切割、表面处理
CO_2 激光器	封闭式	10.6	连续	—	0 ~ 1kW	焊接、切割、表面处理
	横流式	10.6	连续	—	0 ~ 25kW	焊接、表面处理
	高速轴流式	10.6	连续	0 ~ 5000	0 ~ 6kW	焊接、切割
			脉冲			

焊接领域目前主要采用以下两种激光器：

固体 YAG（yttrium aluminium garnet，YAG）激光器和 CO_2 激光器可以互相弥补彼此的不足。脉冲 YAG 激光器和连续 CO_2 激光焊接应用的一些例子见表 8-7。

表8-6　CO_2 激光器的性能特征

种类	低速轴流式	高速轴流式	横流式	封闭式
优点	可获得稳定单模	小型高输出，易维修，可获得单模及多模	易获得高输出功率	—
缺点	尺寸大、维修难	压气机稳定性要求高，气耗量大	只能获得多模，效率低	输出功率低
气流速度 /（m/s）	1	500	10 ~ 1000	0
气体压力 /kPa	0.66 ~ 2.67	6.56	13.33	0.66 ~ 1.33
单位长度输出功率 /（W/m）	50 ~ 100	1000	5000	50
实际输出功率 /W	1000	5000	15000	100

表8-7　脉冲 YAG 激光器和连接 CO_2 激光焊接应用示例

应用类型	材料	厚度 /mm	焊接速度 /（m/min）	焊缝类型	备注
脉冲 YAG 激光器	钢	< 0.6	2.5（或 8 点 /s）	点焊	适用于受到限制的复杂件
	不锈钢	1.5	0.5 ~ 1.5	对接	最大厚度 1.5cm
	钛	1.3	0.2 ~ 10	对接	适用于反射材料（如 Al、Cu）的焊接；以脉冲提供能量，特别适于点焊
连续 CO_2 激光器	钢	0.8	1 ~ 2	对接	最大厚度：0.5mm，300W；5mm，1kW；7mm，2.5kW；10mm，5kW
		2.0	0.3 ~ 1	对接	
		> 2	2 ~ 3	小孔	

② 光束传输和聚焦系统　又称为外部光学系统，用来把激光束传输并聚焦在工件上，其端部安装提供保护或辅助气流的焊炬。

③ 气源　目前的 CO_2 激光器大多采用 He、N_2、CO_2 混合气体作为工作介质，其配比为 60%、33%、7%。He 气价格昂贵，因此高速轴流型 CO_2 激光器运行成本较高，选用时应考虑其成本。

④ 电源　为保证激光器稳定运行，均采用响应快、恒稳性高的固态电子控制电源。

⑤ 工作台　伺服电机驱动的工作台可供安放工件实现焊接。

⑥ 控制系统　多采用数控系统。

选购激光焊设备时，应根据焊件尺寸、形状、材质和设备的特点、技术指标、适用范围以及经济效益等综合考虑。表8-8列出了部分国产激光焊设备的主要技术参数。

表8-8　部分国产激光焊设备的主要技术参数

型号	NJH-30	JKG	DH-WM01	GD-10-1
名称	钕玻璃脉冲激光焊机	钕玻璃数控脉冲激光焊机	全自动电池壳 YAG 激光焊机	红宝石激光点焊机
激光波长 /μm	1.06	1.06	1.06	0.69
最大输出能量 /J	130	97	40	13
重复率	1 ~ 5Hz	30 次 /min（额定输出时）	1 ~ 100Hz（分 7 档）	16 次 /min
脉冲宽度 /ms	0.5（最大输出时）6（额定输出时）	2 ~ 8	0.3 ~ 10（分 7 档）	6（最大）
激光工作物质尺寸 /（mm×mm）	—	φ12×350	—	φ10×165
用途	点焊、打孔	线材、薄板的焊接、搭接和叠焊，熔深可达 1mm	焊接电池壳；双重工作台，焊接过程全部自动化	点焊和打孔；适用板厚小于 0.4mm、线材 φ < 0.6mm

　　微型件、精密件的焊接可选用小功率焊机，中厚件的焊接应选用功率较大的焊机。点焊可选用脉冲激光焊机，要获得连续焊缝则应选用连续激光焊机或高频脉冲连续激光焊机。此外，还应注意激光焊机是否具有监控保护等功能。小功率脉冲激光焊机适合于直径 0.5mm 以下金属丝与丝、丝与板（或薄膜）之间的点焊，特别是微米级细丝、薄膜的点焊。连续激光焊机特别是高功率连续激光焊机大多是 CO_2 激光焊机，可用于形成连续焊缝以及厚板的深熔焊。

（2）激光焊工艺

　　① 脉冲激光焊工艺参数　脉冲激光焊类似于点焊，其加热斑点很小，约为微米级，每个激光脉冲在金属上形成一个焊点。主要用于微型、精密元件和微电子元件的焊接，它是以点焊或由点焊点搭接成的缝焊方式进行的。常用于脉冲激光焊的激光器有红宝石、钕玻璃和 YAG 等几种。

　　脉冲激光焊有四个主要焊接参数：脉冲能量、脉冲宽度、功率密度和离焦量。

　　a. 脉冲能量和脉冲宽度：脉冲激光焊时，脉冲能量决定加热能量大小，主要影响金属的熔化量。脉冲宽度决定焊接加热时间，影响熔深及热影响区的大小。如图 8-3 表示出脉冲宽度对熔深的影响。脉冲加宽，熔深逐渐增加，当脉冲宽度超过某一临界值时，熔深反而下

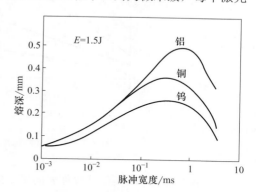

图 8-3　脉冲宽度对熔深的影响

降。脉冲能量一定时，对于不同的材料，各存在一个最佳脉冲宽度，此时焊接熔深最大。钢的最佳脉冲宽度为（5～8）$\times 10^{-3}$s。

　　脉冲能量大小主要取决于材料的热物理性能，特别是热导率和熔点。导热性好、熔点低的金属易获得较大的熔深。脉冲能量和脉冲宽度在焊接时有一定的关系，随着材料厚度与性质的不同而变化。

　　激光的平均功率 P 由下式确定：

$$P=E/\tau$$

式中　P——激光功率，W；

　　　　E——激光脉冲能量，J；

　　　　τ——脉冲宽度，s。

　　为了维持一定的功率，随着脉冲能量的增加，脉冲宽度必须相应增加，才能得到较好的焊接质量。如图 8-4 所示不同厚度材料脉冲激光焊所需的脉冲能量和脉冲宽度。脉冲能量 E 和脉冲宽度 τ 成线性关系，随着焊件厚度的增加，激光功率密度相应增大。

　　b. 功率密度 P_d：激光斑点的功率密度较小时，焊接以传热焊的方式进行，焊点的直径和熔深由热传导决定。当功率密度达到一定值（10^6W/cm²）后，焊接过程中产生小孔效应，形成深宽比大于 1 的深熔焊点，这时金属虽有少量蒸发，并不影响焊点的形成。但功率密度过大后，金属蒸发剧烈，导致气化金属过多，形成一个不能被液态金属填满的小孔，难以形成牢固的焊点。

　　脉冲激光焊时，功率密度 P_d 由下式确定：

$$P_d=4E/(\pi d^2\tau)$$

式中　P_d——激光光斑上的功率密度，W/cm²；

　　　　E——激光脉冲能量，J；

　　　　d——光斑直径，cm；

　　　　τ——脉冲宽度，s。

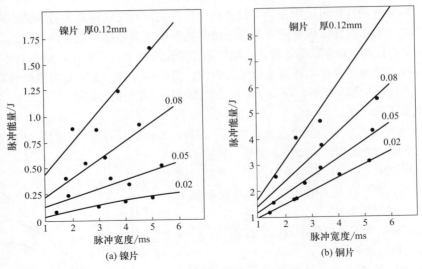

图 8-4　不同材料脉冲激光焊时脉冲能量和脉冲宽度的关系

c. 离焦量 F：离焦量是焊件表面离聚焦激光束最小斑点的距离（也称为入焦量）。激光束通过透镜聚焦后，有一个最小光斑直径。如果焊件表面与之重合，则 $F=0$；如果焊件表面在它下面，则 $F>0$，称为正离焦量，反之则 $F<0$，称为负离焦量。改变离焦量，可以改变激光加热斑点的大小和光束入射状况。焊接较厚板时，采用适当的负离焦量可以获得最大熔深。但离焦量太大会使光斑直径变大。降低光斑上的功率密度，可使熔深减小。

脉冲激光焊时通常把反射率低、热导率大、厚度较小的金属选为上片。细丝与薄膜焊接前可先在丝端熔结直径为丝径 $2 \sim 3$ 倍的球，以增大接触面和便于激光束对准。脉冲激光焊也可用于薄板缝焊，这时焊接速度 $v=df(1-K)$，式中 d 为焊点直径，f 为脉冲频率，K 为重叠系数，根据板厚取 $0.3 \sim 0.9$。

表 8-9 为丝与丝脉冲激光焊的工艺参数及接头性能。不同材料焊件脉冲激光焊接的工艺参数示例见表 8-10。

表 8-9　丝与丝脉冲激光焊的工艺参数及接头性能

材料	直径 /mm	接头形式	工艺参数		接头性能	
			输出功 /J	脉冲宽度 /ms	最大载荷 /N	电阻 /Ω
301 不锈钢（1Cr17Ni7）	0.33	对接	8	3.0	97	0.003
		重叠	8	3.0	103	0.003
		十字	8	3.0	113	0.003
		T 形	8	3.0	106	0.003
	0.79	对接	10	3.4	145	0.002
		重叠	10	3.4	157	0.002
		十字	10	3.4	181	0.002
		T 形	11	3.6	182	0.002
	0.38+0.79	对接	10	3.4	106	0.002
		重叠	10	3.4	113	0.003
		十字	10	3.4	116	0.003
		T 形	11	3.6	102（120）	0.003（0.001）

续表

材料	直径 /mm	接头形式	工艺参数		接头性能	
			输出功 /J	脉冲宽度 /ms	最大载荷 /N	电阻 /Ω
铜	0.38	对接、重叠	10	3.4	23	0.001
		十字	10	3.4	19	0.001
		T 形	11	3.6	14	0.001
镍	0.51	对接	10	3.4	55	0.001
		重叠	7	2.8	35	0.001
		十字	9	3.2	30	0.001
		T 形	11	3.6	57	0.001
钽	0.38	对接	8	3.0	52	0.001
		重叠	8	3.0	40	0.001
		十字	9	3.2	42	0.001
		T 形	8	3.0	50	0.001
	0.63	对接	11	3.5	67	0.001
		重叠	11	3.5	58	0.001
		十字	11	3.5	77	0.001
	0.38+0.63	T 形	11	3.6	51	0.001
铜和钽	0.38	对接	10	3.4	17	0.001
		重叠	10	3.4	24	0.001
		十字、T 形	10	3.4	18	0.001

表 8-10　不同材料焊件脉冲激光焊接的工艺参数示例

材料	厚度（直径） /mm	脉冲能量 /J	脉冲宽度 /ms	激光器类别
镀金磷青铜 + 铝箔	0.30+0.20	3.5	4.3	钕玻璃激光器
不锈钢片	0.15+0.15	1.21	3.7	钕玻璃激光器
纯铜箔	0.05+0.05	2.3	4.0	钕玻璃激光器
镍铬丝 + 铜片	0.10+0.15	1.0	3.4	—
不锈钢片 + 镍铬丝	0.15+0.10	1.4	3.2	红宝石激光器
硅铝丝 + 不锈钢片	0.10+0.15	1.4	3.2	红宝石激光器

② 连续 CO_2 激光焊工艺参数　不同金属的反射率及熔点、热导率等性能差异使连续激光焊所需输出功率差异很大，一般为数千瓦至数十千瓦。各种金属连续激光焊所需输出功率的差异，主要是吸收率不同造成的。连续激光焊主要采用 CO_2 激光器，焊缝成形主要由激光功率及焊接速度确定。CO_2 激光器因结构简单、输出功率范围大和能量转换率高而被广泛应用于连续激光焊。

连续 CO_2 激光焊的工艺参数包括激光功率、焊接速度、光斑直径、离焦量和保护气体的种类及流量。

a. 激光功率 P：激光功率是激光器的输出功率，没有考虑导光和聚焦系统所引起的损失。连续工作的低功率激光器可在薄板上以低速产生有限的传热焊缝。高功率激光器可用小孔法在薄板上以高速产生窄的焊缝，也可用小孔法在中厚板上以低速（但不能低于 0.6m/s）产生深宽比大的焊缝。

激光焊熔深与输出功率密切相关。对一定的光斑直径，焊接熔深随着激光功率的增加而增大。激光焊的高功率密度及高焊接速，使激光焊焊缝及热影响区窄，变形小。用 10 ～ 15kW 的激光功率，单道焊缝熔深可达 15 ～ 20mm。

b. 光斑直径 d_0：根据光的衍射理论，聚焦后最小光斑直径 d_0 可以通过下式计算：

$$d_0 = 2.4\,\frac{f\lambda}{D}\,(3m+1)$$

式中　d_0——最小光斑直径，mm；

　　　f——透镜的焦距，mm；

　　　λ——激光波长，mm；

　　　D——聚焦前光束直径，mm；

　　　m——激光振动模的阶数。

对于一定波长的光束，f/D 和 m 值越小，光斑直径越小，焊接时为了获得深熔焊缝，要求激光光斑上的功率密度高。为了进行熔孔型加热，焊接时激光焦点上的功率密度必须大于 $10^6\mathrm{W/cm^2}$。

提高功率密度的方式有两个：一是提高激光功率 P，它和功率密度成正比；二是减小光斑直径 d_0，功率密度与直径的平方成反比。因此，通过减小光斑直径比增加功率的效果更明显。减小光斑直径 d_0，可以使用短焦距透镜和降低激光束横模阶数，低价模聚焦后可以获得更小的光斑。

c. 焊接速度 v：在一定激光功率下，提高焊接速度，热输入下降，焊缝熔深减小。适当降低焊接速度可加大熔深，但若焊接速度过低，熔深却不会继续增加，反而使熔宽增大。当激光功率和其他参数保持不变时，焊缝熔深随着焊接速度加快而减少。

熔深与激光功率和焊接速度的关系可用下式表示：

$$h=\beta P^{1/2}v^{-\gamma}$$

式中　h——焊接熔深，mm；

　　　P——激光功率，W；

　　　v——焊接速度，m/s；

　　　β，γ——取决于激光源、聚焦系统和焊接材料的常数。

采用不同功率的激光焊，焊接速度与熔深的关系如图8-5、图8-6、图8-7所示。激光深熔焊时，维持小孔存在的主要动力是金属蒸气的反冲压力。在焊接速度低到一定程度后，热输入增加，熔化金属越来越多，当金属蒸气所产生的反冲压力不足以维持小孔的存在时，小孔不仅不再加深，甚至会崩溃，焊接过程转变为传热焊，熔深不会再加大。随着金属气化的增加，小孔区温度上升，等离子体的浓度增加，对激光的吸收增加。这些原因使得低速焊时激光焊熔深有一个最大值。

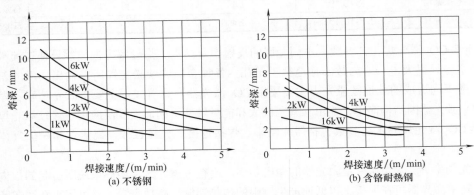

图 8-5　焊接速度对熔深的影响

d. 离焦量 F：离焦量不仅影响焊件表面激光光斑大小，而且影响光束的入射方向，对焊接熔深、焊缝宽度和焊缝横截面形状有较大影响。离焦量 F 很大时，熔深很小，属于传热焊；当离焦量 F 减小到某一值后，熔深发生跳跃性增加，此处标志着小孔产生。也就是说，焦距减小到某一值后，熔深突变，即为产生穿透小孔建立了必要的条件。激光深熔焊时，熔深最大时的焦点位置是位于焊件表面下方，此时焊缝成形最好。

e. 保护气体：激光焊时采用保护气体有两个作用：一是保护焊缝金属不受有害气体侵袭，防止氧化污染，提高接头的性能；二是影响焊接过程中的等离子体，抑制等离子云的形成。深熔焊时，高功率激光束使金属被加热气化，在熔池上方形成金属蒸气云，在电磁场的作用下发生离解形成等离子体，它对激光束起着阻隔作用，影响激光束被焊件吸收的效果。

为了排除等离子体，通常用高速喷嘴向焊接区喷送惰性气体，迫使等离子体偏移，同时又对熔化金属起到隔绝大气的保护作用。保护气体多用 Ar 或 He。He 具有优良保护和抑制等离子体的效果，焊接时熔深较大。若在 He 里加入少量 Ar 或 O_2，可进一步提高熔深。

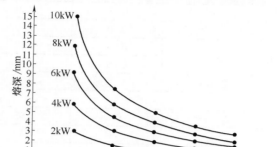

图 8-6　焊接速度对碳钢熔深的影响

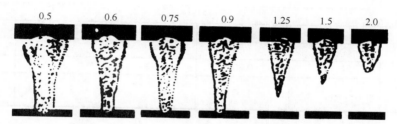

图 8-7　不同焊接速度（m/min）下的熔深（板厚 12mm，P=8.7kW）

气体流量大小对熔深也有一定的影响，熔深随气体流量的增加而增大，但过大的气体流量会造成熔池表面下陷，严重时还会产生烧穿现象。喷嘴与焊件的距离不同，熔深也不同。表 8-11 为连续 CO_2 激光焊的工艺参数示例。

表 8-11　连续 CO_2 激光焊的工艺参数示例

材料	厚度 /mm	焊接速度 /（cm/s）	焊缝宽度 /mm	熔宽比	激光功率 /kW
对接焊缝					
321 不锈钢 （1Cr18Ni9Ti）	0.13	3.81	0.45	全焊透	5
	0.25	1.48	0.71	全焊透	5
	0.42	0.47	0.76	部分焊透	5
17-7 不锈钢 （0Cr17Ni7Al）	0.13	4.65	0.45	全焊透	5
302 不锈钢 （1Cr18Ni9）	0.13	2.12	0.50	全焊透	5
	0.20	1.27	0.50	全焊透	5
	0.25	0.42	1.00	全焊透	5
	6.35	2.14	0.70	7	3.5
	8.90	1.27	1.00	3	8
	12.7	0.42	1.00	5	20
	20.3	21.1	1.00	5	20
因康镍合金 600	0.10	6.35	0.25	全焊透	5
	0.25	1.69	0.45	全焊透	5

材料	厚度 /mm	焊接速度 /(cm/s)	焊缝宽度 /mm	熔宽比	激光功率 /kW
镍合金 200	0.13	1.48	0.45	全焊透	5
蒙乃尔合金 400	0.25	0.60	0.60	全焊透	5
工业纯钛	0.13	5.92	0.38	全焊透	5
	0.25	2.12	0.55	全焊透	5
低碳钢	1.19	0.32	—	—	—
搭接焊缝					
镀锡钢	0.30	0.85	0.76	全焊透	5
302 不锈钢 （1Cr18Ni9）	0.40	7.45	0.76	部分焊透	5
	0.76	1.27	0.60	部分焊透	5
	0.25	0.60	0.60	全焊透	5
角焊缝					
321 不锈钢 （1Cr18Ni9Ti）	0.25	0.85	—	—	5
端接焊缝					
321 不锈钢 （1Cr18Ni9Ti）	0.13	3.60	—	—	5
	0.25	1.06	—	—	5
	0.42	0.60	—	—	5
17-7 不锈钢 （0Cr17Ni7Al）	0.13	1.90	—	—	5

8.2.3　激光切割

　　激光切割是利用高能量密度的激光束作为"切割刀具"对材料进行热切割的一种加工方法。1971 年，CO_2 激光切割包装用夹板开辟了激光切割在工业领域中的应用。随着激光切割设备的不断更新和切割工艺的日益先进，激光切割技术可实现各种金属、非金属板材及众多复杂零件的切割，在汽车工业、航空航天、国防等领域获得了广泛应用。

　　（1）激光切割的分类、特点及应用

　　① 分类　激光切割可分为激光气化切割、激光熔化切割、激光氧气切割、激光划片与断裂控制四类。

　　a. 激光气化切割：利用高能量密度的激光束加热工件，使温度迅速上升，在非常短的时间内达到材料的沸点，材料开始气化，形成蒸气。这些蒸气的喷出速度很大，在蒸气喷出的同时，在材料上形成切口。材料的气化热很大，所以激光气化切割时需要很大的功率和功率密度。激光气化切割多用于极薄金属材料和非金属材料（如纸、布、木材、塑料和橡皮等）的切割。

　　b. 激光熔化切割：激光加热使金属材料熔化，然后通过与光束同轴的喷嘴吹出非氧化性气体（Ar、He、N_2 等），依靠气体的强大压力使液态金属排出，形成切口。激光熔化切割不需要使金属完全气化，所需能量只有气化切割的 1/10。激光熔化切割主要用于一些不易氧化的材料或活性金属的切割，如不锈钢、钛、铝及其合金等。

　　c. 激光氧气切割：原理类似于氧 - 乙炔气割，是用激光作为预热热源，用氧气等活性气体作为切割气体。一方面吹出的气体与切割金属作用，发生氧化反应，放出大量的氧化热；另一方面把熔融的氧化物和熔化物从反应区吹出，在金属中形成切口。由于切割过程中的氧化反应产生了大量的热，所以激光氧气切割所需要的能量只是熔化切割的 1/2，而切割速度远远大于激光气化切割和熔化切割。激光氧气切割主要用于碳钢、钛钢以及热处理钢等易氧化的金属材料。

d. 激光划片与断裂控制：激光划片与断裂控制是利用高能量密度的激光束在脆性材料的表面进行扫描，使材料受热蒸发出一条小槽，然后施加一定的压力，脆性材料就会沿小槽处裂开。激光划片与断裂控制用的激光器一般为 Q 开关激光器和 CO_2 激光器。

　　② 特点　表 8-12 是激光切割、氧 - 乙炔气割和等离子弧切割方法的比较，切割材料为 6.2mm 厚的低碳钢板。与其他切割方式相比，激光切割具有如下特点。

表 8-12　激光切割、氧 - 乙炔气割和等离子弧切割方法的比较

切割方法	切缝宽度 /mm	热影响区宽度 / mm	切缝形态	切割速度	设备费用
激光切割	0.2 ~ 0.3	0.04 ~ 0.06	平行	快	高
氧 – 乙炔气割	0.9 ~ 1.2	0.6 ~ 1.2	比较平行	慢	低
等离子弧切割	3.0 ~ 4.0	0.5 ~ 1.0	楔形且倾斜	快	中高

　　a. 切割质量好：由于激光光斑小，激光切割切口细窄、切割表面光洁、热影响区宽度很小、变形小、切割精度高，切割零件的尺寸精度可达 ±0.05mm，表面粗糙度只有几十微米，甚至激光切割可以作为最后一道工序。

　　b. 切割效率高：由于激光的传输特性，激光切割机上一般配有数控工作台，整个切割过程可全部实现数控。操作时，只需改变数控程序，就可适用于不同形状零件的切割，既可进行二维切割，又可实现三维切割。材料在激光切割时不需要装夹固定，既可节省工装夹具，又节省了上下料的辅助时间。

　　c. 非接触式切割：激光切割时割炬与工件无接触，不存在工具的磨损。加工不同形状的零件，不需要更换"刀具"，只需改变激光器的输出参数。激光切割过程噪声低、振动小、无污染。

　　d. 切割材料的种类多：激光切割几乎可以切割所有的材料，包括金属、非金属、金属基和非金属基复合材料、皮革、木材及纤维等。对于不同的材料，由于自身的热物理性能及对激光的吸收率不同，表现出不同的激光切割适应性。采用 CO_2 激光器，各种材料的激光切割性见表 8-13。

表 8-13　各种材料的激光切割性

	材料	吸收激光的能力	切割性能
金属	Au、Ag、Cu、Al	对激光的吸收量小	一般来说，较难加工，1 ~ 2mm 的 Cu 和 Al 的薄板可进行激光切割
	Mo、Cr、Ta、Zr、Ti（高熔点材料）	对激光的吸收量大	若用低速加工，薄板能进行切割。但 Ti、Zr 等金属需用 Ar 作辅助气体
	Fe、Ni、Pb、Sn		比较容易加工
非金属　有机材料	丙烯酰、聚乙烯、聚丙烯、聚酯、聚四氟乙烯	可透过白热光	大多数材料都能用小功率激光器进行切割。但因这些材料是可燃的，切割面易被碳化。丙烯酰、聚四氟乙烯不易被碳化。一般可用氩气或干燥空气作辅助气体
	皮革、木材、布、橡胶、纸、玻璃、环氧树脂、酚醛塑料	透不过白热光	
无机材料	玻璃、玻璃纤维	热膨胀大	玻璃、陶瓷、瓷器等在加工过程中或加工后易发生开裂。厚度小于 2mm 的石英玻璃切割性良好
	陶瓷、石英玻璃、石棉、云母、瓷器	热膨胀小	

　　e. 可切割板厚局限：受激光器功率和设备体积的限制，激光切割只能切割中小厚度的板材和管材，而且随着工件厚度的增加，切割速度明显下降。

　　f. 设备投入大：激光切割设备相对费用更高，一次性投资大。

　　③ 应用　大多数激光切割机都由数控程序控制操作或做成切割机器人。激光切割作为一种精

密的加工方法，主要用于各种金属薄板的二维或三维切割，如在汽车制造领域，汽车顶窗等空间曲线的切割技术已经获得广泛应用。德国大众汽车公司用功率为 500W 的激光器切割形状复杂的车身薄板及各种曲面件。在航空航天领域，激光切割技术主要用于特种航空材料的切割，用激光切割加工的航空航天零部件有发动机火焰筒、钛合金薄壁机匣、飞机框架、钛合金蒙皮、机翼长桁、尾翼壁板、直升机主旋翼、航天飞机陶瓷隔热瓦等。

激光切割成形技术在非金属材料领域也有着较为广泛的应用。不仅可以切割硬度高、脆性大的材料，如氮化硅、陶瓷、石英等；还能切割加工柔性材料，如布料、纸张、塑料板、橡胶等。

（2）激光切割设备

激光切割设备与激光焊设备基本类似，区别是焊接需要使用激光焊枪，而切割需要使用激光割炬（又称割枪）。激光切割大都采用 CO_2 激光切割设备，主要由激光器、导光系统、数控运动系统、割炬及抽烟系统组成。

激光器由激光电源提供高压电源，产生的激光经反射镜、导光系统把激光导向切割工件所需要的方向；数控运动系统主要用于调节割炬的移动方向，割炬与工件间的相对移动有以下三种情况：

① 割炬不动，工件通过工作台运动，主要用于尺寸较小的工件。

② 工件不动，割炬移动。

③ 割炬和工作台同时运动。

割炬主要包括枪体、聚焦透镜和辅助气体喷嘴等零件。激光切割时，割炬必须满足下列要求：

① 能够喷射出足够的气流。

② 割炬内气体的喷射方向必须和反射镜的光轴同轴。

③ 割炬的焦距能够方便调节。

④ 切割时，保证金属蒸气和切割金属的飞溅不会损伤反射镜。

激光切割时，要求激光器输出的光束经聚焦后的光斑直径最小，功率密度最高。喷嘴用于向切割区喷射辅助气体，其结构形状对切割效率和质量有一定影响。喷嘴孔的形状有圆柱形、锥形和缩放形等，一般根据切割工件的材质、厚度、辅助气体压力等经试验后选用。

（3）激光切割工艺参数

① 激光功率　激光切割所需要的激光功率主要取决于切割类型以及被切割材料的性质。气化切割所需要的激光功率最大，熔化切割次之，氧气切割最小。激光功率对切割厚度、切割速度和切口宽度等有很大影响。一般激光功率增大，所能切割材料的厚度也增加，切割速度加快，切口宽度也有所增大。

② 光束横模　普通激光器的模式可以分为横模和纵模。

在激光器谐振腔中，把垂直于传播方向上某一横截面上的稳定场分布称为横模，即横截面上光强的分布。换句话说，就是人对着激光发射口看到的激光光场分布。

纵模是指在激光腔内若干可以起振的激光，笼统上讲，每一个可以在腔内稳定振荡的频率光都是一个纵模，纵模就是这些频率的叠加，所谓单纵模可以大致等效于单频，就是单色性很好，频率很单一的激光。

当激光器内部只有一个泵浦模块时，就称之为单模激光器，而多个泵浦模块组合在一起，通过合束器让多束泵浦光进入有源光纤中，这样可以得到更高功率的光束，这种多模块组合的激光器就是多模激光器。主流的光纤激光器产品中，单模激光器大都为中小功率，而大功率产品则多是多模激光器。

单模的纤芯比较细，发出的是典型的高斯光束，能量非常集中，类似陡峭的山峰，光束质量也要优于多模；多模相当于是多束高斯光束的组合，所以能量分布近似一个倒扣的杯子，比较平均，当然光束质量较单模也要差一些。常用材料的单模激光切割工艺参数见表 8-14，多模激光切割工艺参数见表 8-15。

表 8-14 常用材料的单模激光切割工艺参数

材料	厚度/mm	辅助气体	切割速度/(cm/min)	切缝宽度/mm	激光功率/W
低碳钢	3	O_2	60	0.2	
不锈钢	1	O_2	150	0.1	
钛合金	10（40）	O_2	280（50）	1.5（3.5）	
有机透明玻璃	10	N_2	80	0.7	
氧化铝	1	O_2	300	0.1	
聚酯地毯	10	N_2	260	0.5	
棉织品（多层）	15	N_2	90	0.5	250
纸板	0.5	N_2	300	0.4	
波纹纸板	8	N_2	300	0.4	
石英玻璃	1.9	O_2	60	0.2	
聚乙烯	5.5	N_2	70	0.5	
聚苯乙烯	3.2	N_2	420	0.4	
硬质聚氯乙烯	7	N_2	120	0.5	
纤维增强塑料	3	N_2	60	0.3	
木材	18	N_2	20	0.7	
低碳钢	1	N_2	450	—	
	3	N_2	150	—	
	6	N_2	50	0.15	
	1.2	O_2	600	0.15	500
	2	O_2	400	0.2	
	3	O_2	250		
不锈钢	1	O_2	300	—	
	3	O_2	120		
胶合板	18	N_2	350		

表 8-15 常用材料多模激光切割工艺参数

材料	板厚/mm	切割速度/(cm/min)	切缝宽度/mm	激光功率/kW
铝	12	230	1	15
碳钢	6	230	1	15
304 不锈钢（0Cr18Ni9）	4.6	130	2	20
硼/环氧复合材料	8	165	1	15
纤维/环氧复合材料	12	460	0.6	20
胶合板	25.4	150	1.5	8
有机玻璃	25.4	150	1.5	8
玻璃	9.4	150	1	20
混凝土	38	5	6	8

③ 离焦量（焦点位置） 离焦量对切口宽度和切割深度影响较大。一般选择焦点位于材料表面下方约 1/3 板厚处，切割深度最大，切口宽度最小。

④ 焦点深度　激光切割较厚钢板时应采用焦点深度大的光束，以获得垂直度良好的切割面。焦点深度大，光斑直径也增大，功率密度随之减小，使切割速度降低。要保持一定的切割速度需要增大激光功率。切割薄板宜采用较小的焦点深度，这样光斑直径小、功率密度高、切割速度快。

⑤ 切割速度　切割速度直接影响切口宽度和切口表面粗糙度。对于不同材料的板厚，不同的切割气体压力，切割速度有一个最佳值，这个最佳值约为最大切割速度的80%。

⑥ 辅助气体的种类和压力　切割低碳钢多采用 O_2 作辅助气体，以利用铁-氧燃烧反应热促进切割过程，而且切割速度快，切口质量好，可以获得无挂渣的切口。切割不锈钢时，常使用 O_2+N_2 混合气体或双层气流，单用 O_2 在切口底边会发生挂渣。气体压力增大，动量增加，排渣能力增强，因此可以使无挂渣的切割速度增加。但压力过大，切割面反而会粗糙。

激光氧气切割时，氧气压力对切割速度的影响见图8-8。氧气纯度对切割速度有一定的影响，研究表明，氧气纯度每降低2%，切割速度就会降低50%。

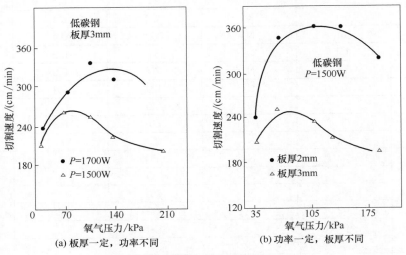

图 8-8　氧气压力对切割速度的影响

⑦ 喷嘴形状　不同切割机采用不同形状的喷嘴，图8-9为激光切割机常用的喷嘴形状，有圆柱形、锥形和缩放形等。激光切割一般采用同轴（气流与光轴同心）喷嘴，若气流与光束不同轴，则在切割时易产生大量飞溅。为了保证切割过程的稳定性，一般应尽量减小喷嘴端面至工件表面的距离，常取 0.5～2.0mm。

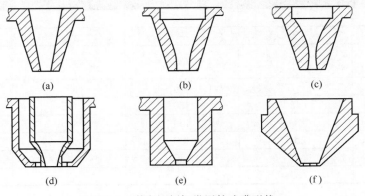

图 8-9　激光切割机常用的喷嘴形状

常用金属材料激光切割工艺参数示例见表8-16。

表 8-16　常用金属材料激光切割工艺参数示例

材料	板厚 /mm	辅助气体	切割速度 /（cm/min）	激光功率 /W
低碳钢	1.0	O_2	900	1000
	1.5		300	300
	3.0		200	300
	6.0		100	1000
	16.2		114	4000
	35.0		50	4000
30CrMnSi	1.5		200	500
	3.0		120	500
	6.0		50	500
不锈钢	0.5		450	250
	1.0		800	1000
	1.6		456	1000
	3.2		180	500
	4.8		400	2000
	6.0		80	1000
	6.3		150	2000
	12.0		40	2000
钛合金	3.0		1300	250
	8.0		300	250
	10.0		280	250
	40.0		50	250

8.2.4　不同材料的激光焊

（1）钢的激光焊

① 碳素钢　激光焊加热速度和冷却速度非常快，焊接碳素钢时，随着含碳量的增加，焊接裂纹和缺口敏感性也会增加。目前对民用船体结构钢 A、B、C 级的激光焊已趋成熟。试验用钢的厚度范围分别为 A 级 9.5 ～ 12.7mm、B 级 12.7 ～ 19.0mm、C 级 25.4 ～ 28.6mm。其成分中碳的质量分数不大于 0.25%，Mn 为 0.6% ～ 1.03%，脱氧程度和钢的纯度从 A 级到 C 级递增，焊接时的激光功率为 10kW，焊接速度为 0.6 ～ 1.2m/min，焊缝除 20mm 以上厚板需双道焊外均为单道焊，船体用 A、B、C 级钢的焊接接头力学性能很好，均断在母材处，并具有足够的韧性。

例如，板厚为 0.4 ～ 2.3mm，宽度为 500 ～ 1280mm 的冷轧低碳钢板，用功率 1.5kW 的 CO_2 激光器焊接，最大焊接速度为 10m/min，投资成本为闪光对焊的 2/3。

镀锡板（俗称马口铁）主要特点是表层有锡和涂料，是制作小型喷雾罐身和食品罐身的常用材料。用高频电阻焊工艺，设备投资成本高，并且电阻焊焊缝是搭接，耗材也多。小型喷雾罐身由厚度 0.2mm 的镀锡板制成，用 1.5kW 激光器，焊接速度可达 26m/min，厚度为 0.25mm 的镀锡板食品罐身，用 700W 的激光功率，焊接速度为 8m/min 以上，接头的强度不低于母材，没有脆化倾向，具有良好的韧性，英国某公司用激光焊方法焊接罐头盒纵缝，每秒可焊 10 条，每条焊缝长120mm，并可对焊接质量进行实时监测。

② 低合金高强度钢　低合金高强度钢的激光焊，只要所选择的工艺参数适当，就可得到与母

材力学性能相当的接头，HY-130钢是一种经过调质处理的低合金高强度钢，具有很高的强度。采用常规焊接方法时，焊缝和热影响区组织是粗晶、部分细晶及原始组织的混合体，焊接接头的韧性和抗裂性比母材要差得多，而且焊态下焊缝和热影响区组织对冷裂纹很敏感。激光焊后，沿着焊缝横向制作拉伸试样，使焊缝金属位于试样中心，拉伸结果表明激光焊的接头强度不低于母材，塑性和韧性比焊条电弧焊和气体保护焊接头好，接近于母材的性能。低合金高强度钢激光焊接头具有高的强度、良好的韧性和抗裂性，原因如下。

a. 激光焊焊缝细、热影响区窄。焊接裂纹不总是沿着焊缝或热影响区扩展，常常是扩展进母材。冲击断口上大部分区域是未受热影响的母材，因此整个接头的抗裂性实际上很大部分是由母材所提供的。

b. 从焊接接头的硬度和显微组织的分布看，激光焊有较高的硬度和较陡的硬度梯度，这表明可能有较大的应力集中。但是，在硬度较高的区域，对应于细小的组织，高的硬度和细小组织的共生效应使得接头既有高的强度，又有足够的韧性。

c. 低合金钢激光焊热影响区的组织主要为低碳马氏体，这是由它的焊接速度快、热输入小造成的。

d. 低合金钢激光焊时，焊缝中的有害杂质元素大大减少，产生了净化效应，提高了接头的韧性。

③ 不锈钢　对Ni-Cr系不锈钢进行激光焊时，材料具有很高的能量吸收率和熔化效率。用CO_2激光焊焊接奥氏体不锈钢时，在功率为5kW、焊接速度为1m/min、光斑直径为0.6mm的条件下，激光的吸收率为85%，熔化效率为71%。由于焊接速度快，减轻了不锈钢焊接时的过热现象和线胀系数大的不良影响，焊缝无气孔、夹杂等缺陷，接头强度和母材相当。

不锈钢激光焊的另一个特点是，用小功率CO_2激光焊焊接不锈钢薄板，可以获得外观成形良好、焊缝平滑美观的接头。不锈钢的激光焊可用于核电站中不锈钢管、核燃料包等的焊接，也可用于石油、化工等其他工业部门。

④ 硅钢　硅钢片是应用广泛的电磁材料，但采用常规的焊接方法难以进行焊接。目前采用TIG焊的主要问题是接头脆化，焊态下接头的反复弯曲次数低或者不能弯曲，因而焊后不得不增加一道火焰退火工序，增加了工艺流程的复杂性。

用CO_2激光焊焊接硅钢片中焊接性最差的Q112B高硅取向变压器钢（板厚0.35mm），获得了满意的结果。硅钢片焊接接头的反复弯曲次数越高，接头的塑、韧性越好。几种焊接方法（TIG焊、光束焊和激光焊）的接头反复弯曲次数的比较表明，激光焊接头最为优良，焊后不经过热处理即可满足生产上对接头韧性的要求。

生产中半成品硅钢片，一般厚度为0.2～0.7mm，幅宽为50～500mm，如采用TIG焊，焊后接头脆性大，用1kW的CO_2激光焊焊接这类硅钢薄板，焊接速度可达10m/min，焊后接头的性能得到了很大改善。

（2）有色金属的激光焊

① 铝及其合金的激光焊　铝及铝合金激光焊的主要困难是它对激光束的反射率较高。铝是热和电的良导体，高密度的自由电子使它成为光的良好反射体，起始表面反射率超过90%。也就是说，深熔焊必须在小于10%的输入能量开始，这就要求很高的输入功率以保证焊接开始时必需的功率密度。而小孔一旦生成，它对光束的吸收率迅速提高，甚至可达90%，从而使焊接过程顺利进行。

铝及铝合金激光焊时，随温度的升高，氢在铝中的溶解度急剧升高，溶解于其中的氢成为焊缝的缺陷源。铝合金激光焊缝中多存在气孔，深熔焊时根部可能出现空洞，焊道成形较差。为此，必须提高激光的功率密度和焊接速度。

铝及其合金对输入能量强度和焊接参数很敏感，要获得良好的无缺陷焊缝，必须严格选择焊接参数，并对等离子体进行控制。铝合金激光焊时，用8kW的激光功率可焊透厚度12.7mm的材料，焊透率大约为1.5mm/kW。连续激光焊可以对铝及铝合金进行从薄板精密焊到板厚50mm深熔焊的各种焊接。铝及铝合金 CO_2 激光焊的工艺参数示例见表 8-17。

表 8-17　铝及铝合金 CO_2 激光焊的工艺参数示例

材料	板厚 /mm	焊接速度 /（cm/s）	激光功率 /kW
铝及其合金	2	4.17	5

　　② 钛及其合金的激光焊　钛及钛合金由于具有许多独特的优良性能，如抗拉强度高、耐腐蚀性强及比强度和比刚度高，在飞机制造业中所占的比例不断扩大。钛合金轧制后表面覆盖了一层氧化膜，在氧化膜下面，局部可能吸收较多的氧和氮，这个区域称为富气层。激光焊前清理焊件时不仅要清除氧化膜，还必须将富气层除掉。清理焊件可用机械方法，也可用化学方法。用化学方法清洗时所用的酸洗溶液成分和工艺见表 8-18。

表 8-18　钛合金激光焊前酸洗液的成分和工艺

编号	酸洗成分	浸蚀时间	
1	氢氟酸（浓度为 40%），硝酸（浓度为 60%）17%，水（按体积计算）78.5%	基体金属 3min	焊丝 1min
2	盐酸（二级）200mL/L，硝酸（二级）350mL/L 氯化钠（二级）40g/L	基体金属 7min	焊丝 3min

　　由于钛合金激光焊接时接头区域的温度远远高于 600℃，为避免接头脆化，产生气孔，钛合金激光焊接时必须采取惰性气体保护措施或将焊件置于真空室中。通常情况下，钛合金激光焊接时多采用高纯氩气保护。钛合金板材对接焊时，为了更好地从激光加热处、焊缝后部高温区及焊缝背面进行保护，须设计专用夹具和气体保护拖罩。

　　铜垫板和冷却板起散热作用。焊接时，在铜垫板的方形槽中通入氩气来保护钛合金板的焊缝背面，而且应在焊前 8～10min 预先使方形槽中充满氩气。拖罩长度应大于 120mm，以保证焊缝区处于氩气保护之内，宽度 40～50mm。氩气由进气管导入，经气体均布管上端的排气孔导出，并将拖罩中的空气挤出，再经过气体透镜（100 目[1]纯铜网）使氩气均匀地覆盖在接头区域。

　　对焊缝正反面进行氩气保护时应注意通入氩气的流速不能过大，否则会产生紊流现象而使氩气与空气混合，反而造成不良后果。焊后可以从焊缝及热影响区金属表面的颜色判断接头质量的优劣。氩气保护效果好时，焊缝表面呈光亮的银白色，金属的塑性最好，产品合格。氩气保护不良时，随着有害气体污染的加剧，焊缝表面的颜色由浅黄色向深黄色、浅蓝色、深蓝色和蓝灰色变化，接头塑性也相应地降低。

　　对工业纯钛和 Ti-6A1-4V 合金的 CO_2 激光焊研究表明，使用 4.7kW 的激光功率，焊接厚度 1mm 的 Ti-6A1-4V 合金，焊接速度可达 15m/min。检测表明，接头组织致密，无气孔、裂纹和夹杂，也没有明显的咬边。接头的屈服强度、抗拉强度与母材相当，塑性不降低。在适当的焊接参数下，Ti-6A-4V 合金激光焊接头具有与母材同等的弯曲疲劳性能。

　　钛及其合金焊接时，氧气的溶入对接头的性能有不良影响。激光焊时只要使用了保护气体，焊缝中的氧就不会有显著变化。激光焊焊接高温钛合金，也可以获得强度和塑性良好的接头。

（3）高温合金的激光焊

　　激光焊可以焊接各类高温合金，包括电弧焊难以焊接的含 A1、Ti 的时效处理高温合金。用于焊接的激光器一般为 CO_2 连续或脉冲激光器，功率为 1～50kW。激光焊焊接高温合金时易出现裂纹和气孔。

　　激光焊高温合金推荐采用 He 或 He+ 少量 Ar 的混合气体作为保护气体。使用 He 成本较高，但是

---

❶ 一般来说，目数 × 孔径（单位：μm）=15000，100 目筛网的孔径约 150μm。

He 可以抑制离子云，增加焊缝熔深。高温合金激光焊的接头形式一般为对接和搭接接头，母材厚度可达 10mm，接头制备和装配要求很高。激光焊高温合金的主要参数是输出功率和焊接速度，它是根据母材厚度和物理性能通过试验确定的。例如，采用 2kW 快速轴向流动式激光器，对厚度 2mm 的 Ni 基合金进行焊接，焊接速度为 8.3mm/s；对厚度 1mm 的 Ni 基合金进行焊接，焊接速度为 34mm/s。

高温合金激光焊接头的力学性能较高，接头强度系数为 90%～100%。表 8-19 列出几种高温合金激光焊接头的力学性能。

表 8-19　高温合金激光焊接头的力学性能

母材型号	厚度 /mm	状态	试验温度 /℃	拉伸性能			强度系数 /%
				抗拉强度 R_m/MPa	屈服强度 /MPa	伸长率 δ_5/%	
GH141	0.13	焊态	室温	859	552	16.0	99.0
			540	668	515	8.5	93.0
			760	685	593	2.5	91.0
			990	292	259	3.3	99.0
GH3030	1.0	焊态	室温	714	—	13.0	88.5
	2.0			729	—	13.0	90.3
GH163	1.0	固溶 + 时效		1000	—	31.0	100
	2.0			973	—	23.0	98.5
GH4169	6.4			1387	1210	16.4	100

镍基高温合金以及 Ni-Ti 异种材料焊接熔合区主要由高分散度的微细组织组成，并有少量金属间化合物分布在熔合区。对于可伐合金（Ni29-Co17-Fe54）/铜的激光焊，接头强度为退火态铜的 92%，并有较好的塑性，但焊缝金属呈化学成分不均匀性。

在一定条件下，Cu/Ni、Ni/Ti、Cu/Ti、Ti/Mo、黄铜/铜、低碳钢/铜、不锈钢/铜及其他一些异种金属材料，都可以进行激光焊。此外，激光焊不仅可以焊接金属与金属，还可以用于焊接金属与陶瓷、玻璃、复合材料及金属基复合材料等非金属。

8.2.5　激光焊的应用实例

（1）不锈钢超薄板的脉冲激光焊

316L 不锈钢因其良好的力学性能，成为最常用的医疗器械材料。脉冲激光焊作为一种精密的连接方法，在医疗器械的制造中发挥着很大的作用。而奥氏体不锈钢热导率小、线胀系数大、焊接过程中由热收缩而引起的工件横向位移、对接缝间隙过大或过小等原因，难以保证焊接质量。薄板对接焊中最易产生的缺陷是烧穿，而且激光焊时在焊缝起焊和收尾处易出现半椭圆形缺口等缺陷。大连理工大学刘黎明等针对上述问题试验研究了厚度 0.1mm 的 316L 不锈钢超薄板脉冲激光焊的工艺参数，分析了焊接接头的组织特征和力学性能。

① 焊接工艺特点　母材为厚度仅 0.1mm 的 316L 不锈钢超薄板，采用平板对接焊的方式。焊机为国产 500W 脉冲激光焊机，最小电流 100A，最大频率 100Hz，脉冲宽度 0.1～12ms 连续可调。试板尺寸为 25mm×12mm×0.1mm。对接接头用砂纸打磨平整，用丙酮清洗，除去表面油污。

采用脉冲激光焊时，在选择工艺参数时应遵循小电流、大脉宽、高速度、高频率的原则。因为其既可以防止因功率密度大造成的局部气化，又可以降低液态熔池的温度梯度，减小表面张力的不良影响，有利于焊缝成形和接头强度的提高。提高焊接速度，有利于减小焊缝起焊和收尾处的半椭圆形缺口尺寸。但对于脉冲激光焊，提高焊接速度，单个焊点之间的重叠率会降低，这样很容易出现焊接缺陷。所以在提高焊接速度的同时必须提高脉冲频率，从而提高单个焊点之间的重叠率，保证焊接质量。

② 接头的组织特征　焊接接头完全是奥氏体组织，中心是等轴晶而边缘是柱状晶。等轴晶和柱状晶交界处局部有明显分界线。而且焊接热影响区非常窄，几乎看不到。在焊缝中没有发现 δ 铁素体，这与激光焊时熔池的冷却速度快慢及合金元素含量有关。

③ 接头的力学性能　图 8-10 示出了 316L 不锈钢激光焊接头的显微硬度分布。焊缝的硬度较母材的硬度高，焊缝边缘（细小柱状晶区）的硬度比焊缝中心部位（细小等轴晶区）的硬度高。激光焊接头拉伸试验表明，母材的抗拉强度为 778MPa，焊缝的抗拉强度为 739MPa，焊缝抗拉强度可达到母材的 95%；母材的伸长率为 14%，焊缝的伸长率为 12%，焊缝伸长率可达到母材的 85%。激光焊接头力学性能降低的原因可能与焊缝中等轴晶和柱状晶交界处产生的分界线有关。

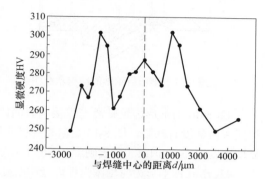

图 8-10　316L 不锈钢激光焊接头的显微硬度分布

（2）42CrMo 钢伞形齿轮轴的窄间隙激光焊

齿轮作为机械传动的重要部件，受加工条件限制，大直径铸造齿轮的整体制造存在很大困难，甚至必须分体加工后通过焊接实现连接。焊接结构齿轮已在很大程度上取代了大尺寸的铸造齿轮以及镶圈式结构齿轮，焊接成为其经济可行的制造方法之一。激光焊接由于焊接速度快、热输入量小、热影响区小，避免了热影响区的软化，接头强度好，焊态下的接头一般具有相当或优于母材的性能，同时激光焊接受工件空间的约束较小，因此，激光焊接正逐步成为齿轮连接的主要方法。

伞形齿轮轴采用的是 42CrMo 中碳高强度钢，其化学成分见表 8-20。它具有良好的综合力学性能和较高的淬透性，但由于含碳量高，合金元素含量也较高，淬硬倾向比较大。为了避免裂纹的形成，采用窄间隙激光填丝法进行焊接。伞形齿轮轴的结构如图 8-11 所示。

表 8-20　42CrMo 钢及填充材料的化学成分　　　　　　　　　　　单位：%

材料	C	Si	Mn	Cr	Mo	Ni	P	S	Fe
42CrMo	0.38 ~ 0.45	0.17 ~ 0.37	0.5 ~ 0.8	0.9 ~ 1.2	0.15 ~ 0.25	≤ 0.030	≤ 0.030	≤ 0.030	余量
TCS-2CM	0.09	0.32	0.71	2.26	1.04	—	≤ 0.033	≤ 0.005	余量

焊接设备采用德国某公司的 CO_2 激光器，最大输出功率为 3.5kW，焊接工作台为五轴联动工作台。光束采用抛物铜镜反射聚焦系统，焦距为 300mm，聚焦光斑直径为 0.26mm。焊接时，装卡好的齿轮轴在回转工作台的带动下旋转，双层喷嘴侧吹保护气体。填充材料为日本 TCS-2CM 焊丝（相当于 ER62-B3），化学成分见表 8-20。

由于受激光器输出功率限制，为了实现完全焊透，同时兼顾送丝速度对焊接过程稳定性的影响，采用窄间隙激光填丝多层焊接技术，其中第一层为自熔焊，焊接装置如图 8-12 所示。42CrMo 钢伞形齿轮轴激光焊的工艺参数见表 8-21。

表 8-21　42CrMo 钢伞形齿轮轴激光焊的工艺参数

焊层	功率/kW	焊接速度/（m/min）	送丝速度/（m/min）	保护气流量/（L/min）
第一层	3.5	1	—	2.5Ar+15He
第二层	3.5	0.7	2.5	2.5Ar+15He
第三层	3.5	0.5	2.5	2.5Ar+15He

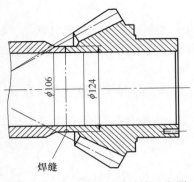

图 8-11　伞形齿轮轴的结构示意图

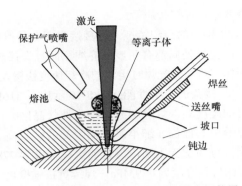

图 8-12　42CrMo 钢伞形齿轮轴的激光焊装置

42CrMo 钢伞形齿轮轴激光焊接头表面成形良好，采用金相分析，42CrMo 钢伞形齿轮轴激光焊接头内部没有缺陷。图 8-13 是激光焊接头附近各区域显微硬度的分布图。齿轮轴激光焊熔合区显微硬度约为 580HM（莫氏硬度），母材约为 300HM，在热影响区中不存在软化现象。

42CrMo 钢伞形齿轮轴激光焊焊缝中心处纵向显微硬度分布见图 8-14。从焊缝上部到根部，硬度逐渐升高。焊缝下部的底层焊缝为自熔焊接，没有焊丝输入。焊缝中较高的碳含量使硬度维持在一个较高的水平上。而上层焊道中，在低碳 TCS-2CM 焊丝的中和作用下，焊缝中碳含量降低，造成硬度降低。但是较低的碳含量，减少了高碳马氏体的形成，降低了焊缝的冷裂倾向。

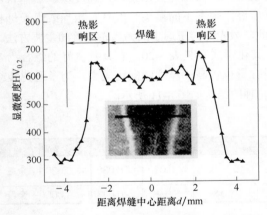

图 8-13　42CrMo 钢伞形齿轮轴激光焊接头的横向
显微硬度分布

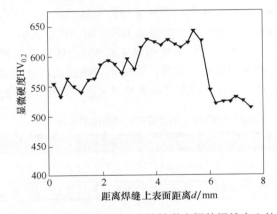

图 8-14　42CrMo 钢伞形齿轮轴激光焊的焊缝中心处
纵向显微硬度分布

采用激光窄间隙填丝焊接的 42CrMo 钢伞形齿轮轴焊接接头抗拉强度为 980～1080MPa，断裂发生在母材，断口呈现典型的韧性断裂。接头强度与母材相当（42CrMo 钢调质态的抗拉强度约为 1000MPa）。金相组织分析，获得的焊缝组织为细小的针状贝氏体，热影响区为贝氏体及少量的板条马氏体的混合组织，避免了过热区的脆化。

（3）镁合金中厚板的 CO_2 激光深熔焊

镁合金具有密度轻、比强度高、回收性能好、无污染和资源丰富等优点，已得到广泛应用。镁合金易氧化、线胀系数及热导率高，这导致镁合金在焊接过程中易出现氧化燃烧、裂纹以及晶粒粗大等问题，并且这些问题随着焊接板厚的增加，变得更加严重。中国兵器科学研究院谭兵等采用 CO_2 激光焊对厚度 10mm 的 AZ31 镁合金进行 CO_2 激光深熔焊，分析它的焊接特性。

① 焊接工艺特点　AZ31 镁合金板材尺寸为 200mm×100mm×10mm，经过固溶处理，其化学成分见表 8-22。焊接采用的激光焊机为德国 Rofin-Sinar TRO50 的 CO_2 轴流激光器，最大焊接功率

为 5kW，激光头光路经 4 块平面反射镜后反射聚焦，焦距为 280mm，光斑直径为 0.6mm。焊接接头不开坡口。采用对接方式固定在工装夹具上，两板之间不留间隙，背部采用带半圆形槽的钢质支承板，采用 He 气作为保护气体。焊接工艺参数为激光功率 3.5kW、焊接速度 1.67cm/s、离焦量为零、保护气体流量 25L/min。

表 8-22　AZ31 镁合金板材的化学成分（质量分数）　　　　　　　　　　　　　　　　　　单位：%

Al	Zn	Mn	Ca	Si	Cu	Ni	Fe	Mg
2.5 ~ 3.5	0.5 ~ 1.5	0.2 ~ 0.5	0.04	0.10	0.05	0.005	0.005	余量

② 焊缝形貌及微观组织　焊后对焊缝形貌观察表明，该焊接工艺能保证厚度 10mm 的 AZ31 镁合金板全部焊透，并且焊缝背部成形均匀、良好。但焊缝表面纹理均匀性较差，并存在少量的圆形凹坑，原因如下：

a. 焊缝金属流到焊缝根部和两板之间，其中存在一定间隙，造成焊缝金属量不足。

b. 镁合金表面张力小，在高功率密度脉冲电流的冲击过程中，易造成气化物和熔化物的溅出。

c. 由于镁合金蒸发点低，焊接过程中焊缝金属气化，一部分会蒸发掉。

焊接形成的焊缝截面深宽比约为 5 : 1，焊缝截面的上部约为 4mm，中部和下部宽度约为 2mm，为典型的激光深熔焊的焊缝截面形貌。

由于激光焊的能量密度高，且镁合金的热导率大，焊缝在快速冷却过程中，焊缝晶粒尺寸小于母材的晶粒尺寸。而焊缝上部为激光与等离子体热量同时集中作用的区域，因此该区域中焊缝宽度、熔池温度最高，从而冷却速度也最慢，这导致该区域晶粒尺寸大于焊缝其他区域。热影响区宽度为 0.6 ~ 0.7mm，与母材组织对比，热影响区的晶粒有一定的长大，并且从焊缝到母材，晶粒长大得越来越不明显。

③ 焊接接头性能　AZ31 镁合金母材及激光焊接头的抗拉强度和伸长率见表 8-23。

表 8-23　大厚度不锈钢的激光焊抗拉强度和伸长率

试样	抗拉强度 /MPa	伸长率
母材（AZ31）	255	8.2
焊接接头	212（205，215）	3.9（3.8，4.0）

焊缝强度平均值和断后伸长率都小于母材。在镁合金激光深熔焊过程中，会形成小孔，但小孔的形成会造成镁元素的蒸发，容易产生气孔。虽然中厚板镁合金激光焊缝晶粒优于母材，但由于激光深熔焊过程中存在较多的微气孔，从而造成接头的强度低于母材强度。

（4）汽车桥壳的激光切割

某厂原汽车桥壳的上桥片是用厚度 5mm 的 Q345（16Mn）钢板，通过冲裁下料模具和成形模具两次加工完成的。然后，将其与加工工艺相同的下桥片对接，中间再用两个三角块填补，最后焊接成桥壳，如图 8-15 所示。

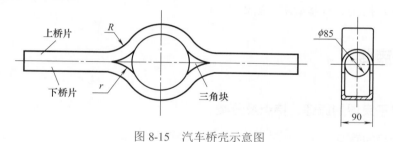

图 8-15　汽车桥壳示意图

这种制造工艺中板材毛坯冲裁的轮廓和精度不高，造成上、下桥片成形后与三角块一起对接时，割缝宽窄不一，高低不齐，为后续桥壳的自动焊接带来装配、加工和质量问题。车桥成品检验时，在三角区常出现漏气现象。而激光切割光斑小，切口细窄，切缝两边平行并且与表面垂直，切割零件的尺寸精度可达 ±0.05mm，切割表面光洁美观，表面粗糙度只有几十微米。因此，采用激光切割代替传统的板材毛坯冲裁可以避免三角区的漏气现象。

采用 CO_2 激光切割设备，激光器功率 1.2kW，加工范围 1.25m×2m，切口宽度 0.18mm，加工精度 ±0.1mm，切口表面粗糙度 Ra=20 ～ 30μm。

首先，将原桥壳上、下桥片的边缘尺寸 r 圆弧改为直线（图 8-16），使得三角块的两个焊接边缘也成为直线，这样桥壳上焊接路径变成 3 段直线，便于全程自动焊接。针对上、下桥片的成形尺寸，初步设计出桥片毛坯轮廓（图 8-17）。通过修正 R_1、R_2、R_3 这 3 个半径尺寸和 L_1、L_2 长度尺寸，确保图 8-16 中 1 区域平、2 区域直、3 区域与 $R109$ 圆弧尺寸相吻合。采用激光切割设备进行桥片毛坯的下料。

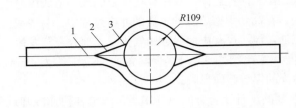

图 8-16　改进后桥壳示意图

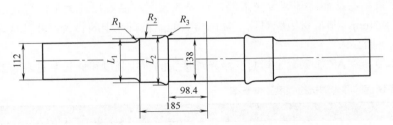

图 8-17　桥片改进后毛坯示意图

将激光切割下来的桥片毛坯在成形模具上试压成形，再将成形后的上、下桥片和三角块放在一起进行对缝检查，割缝宽度要求为 0 ～ 1mm。对 3 个区域中不合格的边缘，通过激光切割进行修正。激光切割加工精度很高，而且调整尺寸很方便，只需修改上次激光切割参数控制程序中需调整的数据。修正后的桥片毛坯再次试压成形后，检查割缝情况。重复上述过程，直到满足割缝要求。割缝宽度应控制在 1mm 以内，并保证割缝平直。

由于激光切割得到理想的板材毛坯轮廓，上、下桥壳和三角块的连接能够采用全程自动焊接，所以桥壳的外观和内在质量良好。焊接后试漏返修率由原来的 20% 以上降低到 1% 以下，焊接操作人员比原来减少了 2/3，焊接效率也提高了 2 倍。

8.3　电子束焊

8.3.1　电子束焊的原理、特点及分类

（1）电子束焊的原理

电子束焊（electronic beam welding，简称 EBW）是一种先进的焊接方法，被用于原子能及航空航

天、汽车、电子电器、机械、石油化工、造船、能源等工业。电子束焊是利用加速和聚焦的电子束轰击置于真空或非真空中的焊件，产生热能进行焊接的方法。电子束撞击工件时，其动能的 96% 可转化为焊接所需的热能，能量密度高达 $10^3 \sim 10^5 kW/cm^2$，焦点处的最高温度达 5930℃左右。

电子束焊是高能量密度的焊接方法，它利用空间定向高速运动的电子束，撞击工件表面并将部分动能转化成热能，使被焊金属迅速熔化和蒸发，如图 8-18（a）。在高压金属蒸气的作用下，熔化的金属被排开，如图 8-18（b）。电子束能继续撞击深处的固态金属，很快在被焊工件上钻出一个锁形小孔，如图 8-18（c）。表层的高温还可以向焊件深层传导，随着电子束与工件的相对移动，液态金属沿小孔周围流向熔池后部，冷却结晶后形成焊缝，如图 8-18（d）。

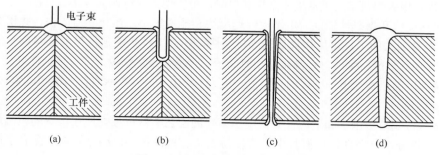

图 8-18 电子束焊焊缝形成原理

电子束焊中存在小孔效应，小孔的形成是一个复杂的高温流体动力学过程。形成小孔效应或深熔焊的主要原因是金属蒸气的反作用力，接头表面蒸发走的原子的反作用使液态金属表面压凹。随着电子束功率密度的增加，金属蒸气量增多，液面被压凹的程度也增大，并形成一个通道。电子束经过通道轰击底部的待熔金属，使通道逐渐向纵深发展。液态金属的表面张力和流体静压力力图拉平液面，达到力的平衡状态时，通道的发展才停止，并形成小孔。电子束焊小孔和熔池的形状与焊接参数有关，如图 8-19 所示。

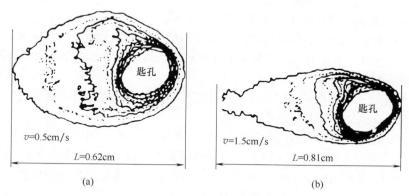

图 8-19 小孔与熔池形貌

（CCD 摄像结果，P=3.6kW，I_f=512mA，I_b=60mA）

小孔的大小与电子束的功率大小成正比。电子功率密度低于 $10^5 W/cm^2$ 时，金属表面不产生大量蒸发现象，电子束的穿透能力很小。大功率电子束的功率密度可达 $10^8 W/cm^2$ 以上，足以获得很深的穿透效应和很大的深宽比。在大厚度件的焊接中，电子束焊缝的深宽比可高达 60 ∶ 1，焊缝两边缘基本平行。

但是电子束在轰击路途上会与金属蒸气和二次发射的粒子碰撞，造成功率密度下降。液态金属在重力和表面张力的作用下对通道有浸灌和封口作用，从而使通道变窄，甚至被切断，干扰和阻断了电子束对熔池底部待熔金属的轰击。焊接过程中，通道不断被切断和恢复，达到一个动态平衡。为了获得电子束焊的深熔焊效应，除了要增加电子束的功率密度外，还要设法减轻二次发射和液态金属对电子束通道的干扰。

（2）电子束焊的特点

① 加热功率密度大　焊接用电子束加速电压为几十到几百千伏；电流为几十到几百毫安，最大可达 1000mA 以上；电子束功率从几十千瓦到数百千瓦，电子束焦点直径小于 1mm。电子束焦点处的功率密度达 $10^3 \sim 10^5 kW/cm^2$，比普通电弧功率密度高 100 ～ 1000 倍。

② 焊缝深宽比（H/B）大　通常电弧焊的深宽比很难超过 2，电子束焊的深宽比在 50 : 1 以上。电子束焊比电弧焊可节约大量填充金属和电能，可实现大深宽比的焊接。

③ 焊接速度快和焊缝性能好　电子束焊速度快和能量集中，熔化和凝固快，热影响区小，焊接变形小。对精加工的工件可用作最后的连接工序，焊后工件仍能保持足够的精度。能避免晶粒长大，使焊接接头性能得到改善；高温作用时间短，合金元素烧损少，焊缝抗蚀性好。

④ 焊缝纯度高　真空电子束焊的真空度一般为 $5 \times 10^{-4} Pa$，这种焊接方式尤其适合焊接钛及钛合金等活性材料。

⑤ 工艺参数调节范围广和适应性强　电子束焊的工艺参数可独立地在很宽的范围内调节，控制灵活，适应性强，再现性好；而且电子束焊易于实现机械化、自动化控制，提高了产品质量的稳定性。

⑥ 可焊材料多　不仅能焊接钢铁材料、有色金属和异种金属材料的接头，也可焊接无机非金属材料和复合材料，如陶瓷、石英玻璃等。

⑦ 可用于焊前清理　电子束也可以用来在焊前对金属进行清理。这项工作是用较宽的、不聚焦的电子束扫过金属表面实现的。把氧化物气化，同时把杂质和气体生成物清除掉，给控制栅极以脉冲电流就能精确地控制电子束的热量。

在电子束焊接的推广应用过程中，存在以下不足之处：

① 设备复杂，价格贵，使用维护技术要求高。

② 焊接装备要求高，焊件尺寸受真空室大小的限制。

③ 需防护 X 射线。电子束焊接时约有 1% 以下的射线能量转变为 X 射线辐射。我国规定，对无监护的工作人员允许的 X 射线剂量不应大于 0.25mR/h。因此必须加强对 X 射线的防护措施。

（3）电子束焊的分类

电子束焊是通过高能密度的电子束轰击焊件使其局部加热和熔化而实现焊接的。电子束按被焊工件所处环境的真空度可分为以下三类：

① 高真空电子束焊　焊接是在高真空（$10^{-4} \sim 10^{-1} Pa$）工作室的压强下进行。工作室和电子枪可用一套真空机组抽真空，也可用两套机组分别抽真空。为了防止扩散泵油污染工作室，工作室和电子枪室通道口处设有隔离阀。良好的高真空环境，可以保证对熔池的保护，防止金属元素的氧化和烧损，适用于活泼金属、难熔金属的焊接。

② 低真空电子束焊　焊接是在低真空（$10^{-1} \sim 10 Pa$）工作室内进行，但电子枪仍在高真空（$10^{-3} Pa$）条件下工作。电子束通过隔离阀和气阻通道进入工作室，电子枪和工作室各用一套独立的抽气机组单独抽真空。低真空电子束焊也具有束流密度和功率密度高的特点。由于只需要抽到低真空，缩短了抽真空的时间，提高了生产效率，适用于批量大的零部件的焊接和生产线。

③ 非真空电子束焊　没有真空工作室，电子束仍是在高真空条件下产生的，然后通过一组光阑、气阻通道和若干级真空小室，引入到大气环境中对工件进行焊接。在大气压下电子束散射强烈，即使电子枪的工作距离限制在 20 ～ 50mm，焊缝深宽比最大也只能达到 5 : 1。非真空电子束焊各真空室采用独立的抽真空系统，在电子枪和大气间形成压力依次增大的真空梯度。

目前，非真空电子束焊接能够达到的最大熔深为 30mm。这种方法的优点是不需要真空工作室，可以焊接尺寸大的工件，生产效率高。近年来发展起来的移动式真空工作室或局部真空电子束焊接方法，既保留了真空电子束焊高功率的优点，又不需要真空工作室，在大型工件的焊接工程上有应用前景。

8.3.2　电子束焊设备及工艺

（1）电子束焊机的分类

电子束焊设备可按真空状态（焊接环境）和加速电压分类。按真空状态可分为高真空型、低真空型、非真空型；根据电子枪加速电压的高低，电子束焊机可分为高压型（> 60 ～ 150kV）、中压型（40 ～ 60kV）、低压型（< 40kV）。

我国目前有数百台真空电子束焊设备在生产、科研中使用，大部分高压电子束设备是从国外进口的。国内生产的中低压真空电子束设备和装置逐步完善，在科研和生产中发挥了重要的作用。

（2）电子束焊机的组成

真空电子束焊机通常由电子枪、高压电源及控制系统、真空工作室、真空系统、工作台以及辅助装置等几大部分组成。

① 电子枪　电子枪是电子束焊机的核心部件。电子枪是发射电子，并使其加速和聚焦的装置，主要由阴极、阳极、栅极、聚焦透镜等组成。电子枪的稳定性、重复性直接影响焊接质量。在电子枪中使电子束偏转，避免金属蒸气对束源段产生直接的影响。在大功率焊接时，将电子枪中心轴线上的通道关闭，被偏转的电子束从旁边通道通过。还可采用电子枪倾斜或焊件倾斜的方法避免焊接时产生的金属蒸气对束源段的污染。

电子枪一般安装在真空室的外部，垂直焊接时，放在真空室顶部；水平焊接时，放在真空室侧面。根据需要可使电子枪沿真空室在一定范围内移动。

② 高压电源及控制系统　高压电源为电子枪提供加速电压、控制电压及灯丝加热电流。高压电源应密封在油箱内，以防止其对人体的伤害及对设备其他控制部分的干扰。近年来，半导体高频大功率开关电源已应用到电子束焊机中，工作频率大幅度提高，用很小的滤波电容器即可获得很小的纹波系数；放电时所释放出来的电能很少，减少了其危害性。另外，开关电源通断时间比接触器要短得多，与高灵敏度微放电传感器联用，为抑制放电现象提供了有力的手段。

早期电子束焊机的控制系统仅限于控制束流的递减、电子束流的扫描及真空泵阀的开关。目前可编程控制器及计算机数控系统等已在电子束焊机上得到应用，使之控制范围和精度大大提高。

③ 真空工作室　真空电子束焊机的工作室尺寸由焊件大小或应用范围而定。真空工作室的设计一方面应满足气密性要求，另一方面应满足刚度要求，此外还要满足 X 射线防护需要。真空工作室上通常开一个或几个窗口用以观察内部焊件及焊接情况。

④ 真空系统　电子束焊机的真空系统一般分为两部分：电子枪真空系统和工作室真空系统。电子枪的高真空系统可通过机械泵与扩散泵配合获得。目前的新趋势是采用涡轮分子泵，其极限真空度更高，没有油蒸气污染，不需要预热，节省了抽真空时间。工作室真空度可在 10^{-3} ～ 10^{-1}Pa 之间。较低的真空度可用机械泵获得，较高的真空度则采用机械泵及扩散泵系统。

⑤ 工作台和辅助装置　工作台、夹具、转台等对于在焊接过程中保持电子束与接缝的位置准确、焊接速度稳定、焊缝位置的精度都是非常重要的。大多数电子束焊机采用固定电子枪，让工件做直线移动或旋转运动来实现焊接。对大型真空室，也可采用工件不动而移动电子枪的方法进行焊接。为了提高生产效率，可采用多工位夹具，抽一次真空工作室可以焊接多个零件。

国外生产的电子束焊设备的品种较多，真空电子束设备已商品化。我国真空电子束焊机的研制自 20 世纪 80 年代以来取得了较大进展。中等功率的真空电子束焊机已形成了系列，50kV、

60kV 的焊机已在生产中得到应用，一些焊接设备采用了微机控制等先进技术。

选用电子束焊设备应综合考虑被焊材料、板厚、形状、产品批量等因素。一般来说，焊接化学性能活泼的金属（如 W、Ta、Mo、Nb、Ti 等）及其合金应选用高真空焊机；焊接易蒸发的金属及其合金应选用低真空焊机；厚大工件选用高压型焊机，中等厚度工件选用中压型焊机；成批量生产时选用专用焊机，品种多、批量小或单件生产选用通用型焊机。

（3）电子束焊的焊接工艺

① 工艺参数　电子束焊的工艺参数主要是加速电压 U_a、电子束电流 I_b、聚焦电流 I_f、焊接速度 v 和工作距离。电子束焊的工艺参数主要按板厚来选择。板厚越大，所要求的热量输入越高。

a. 加速电压 U_a：加速电压是电子枪中用以加速电子运动的阴极和阳极之间的电压。在大多数电子束焊中，加速电压参数往往不变，根据电子枪的类型通常选取某一数值。在相同的功率、不同的加速电压下，所得焊缝深度和形状是不同的。提高加速电压可增加焊缝的熔深，焊缝横断面深宽比与加速电压成正比例。当焊接大厚度件并要求得到窄而平的焊缝或电子枪与焊件的距离较大时可提高加速电压。

b. 电子束电流 I_b：为由电子枪阴极发射流向阳极的电子束电流（也称为束流），与加速电压一起决定着电子束的功率。电子束功率是指电子束在单位时间内放出的能量，用加速电压与束流的乘积表示。增加电子束电流，熔深和熔宽都会增加。在电子束焊中，由于加速电压基本不变，所以为满足不同的焊接工艺要求，常常要调整电子束电流。这些调整包括以下几方面：

焊接环缝时，要控制电子束电流的递增、递减，以获得良好的起始、收尾搭接处的焊接质量。

焊接各种不同厚度的材料时，要调整电子束电流，以得到不同的熔深。

焊接大厚度件时，由于焊接速度较低，随焊件温度增加，电子束电流需逐渐减小。

c. 聚焦电流 I_f：电子束焊时，相对于焊件表面而言，电子束的聚焦位置有上焦点、下焦点和表面焦点三种，焦点处的电流即为聚焦电流。焦点的位置对焊缝成形影响很大。根据被焊材料的焊接速度、接头间隙等可以决定聚焦位置，进而确定电子束斑点大小。当被焊工件的厚度大于 10mm 时，通常采用下焦点焊（即焦点处于焊件表面的下层），且焦点在焊缝熔深的 30% 处。当焊接厚度大于 50mm 的工件时，焦点在焊缝熔深的 50% ～ 70% 之间更合适。

d. 焊接速度 v：焊接速度和电子束功率一起决定着焊缝的熔深、宽度以及被焊材料熔池行为（冷却、凝固及焊缝熔合形状）。增加焊接速度会使焊缝变窄，熔深减小。

e. 工作距离：焊件表面至电子枪的工作距离影响到电子束的聚焦程度。工作距离变小时，电子束的压缩比增大，使电子束斑点直径变小，增加了电子束功率密度。但工作距离太小会使过多的金属蒸气进入枪体进入发电。在不影响电子枪稳定工作的前提下，可以采用尽可能短的工作距离。表 8-24 为常用材料电子束焊的工艺参数示例。

表 8-24　常用材料电子束焊的工艺参数示例

材质	板厚 /mm	加速电压 U_a/kV	电子束电流 I_b/mA	焊接速度 v/（cm/s）
低碳钢及 低合金钢	3	28	120	1.67
	3	50	130	2.67
	12	50	80	0.50
	15	30	350	0.50
不锈钢	1.3	25	28	0.86
	2.0	55	17	2.83
	5.5	50	140	4.17
	8.7	50	125	1.67

材质	板厚 /mm	加速电压 U_a/kV	电子束电流 I_b/mA	焊接速度 v/(cm/s)
奥氏体钢	15	30 30 30	140 230 330	0.56 1.39 2.22
纯钛	0.13 3.2	5.1 18	18 80	0.67 0.33
钛合金 Ti6Al4V	6.4 12.7 19.1 25.4	40 45 50 50	180 270 500 330	2.53 2.12 2.12 1.90
铝及铝合金	6.4 12.7 12.7 19.1 25.4 25.4	35 25.9 40 40 29 50	95 235 150 180 250 270	1.48 1.17 1.70 1.70 0.33 2.53
纯铜	10 18	50 55	190 240	1.67 0.37
钨	1.52 2.54	23 15	250 160	0.58 0.83
钼	0.13 1.0	30 21	260 130	1.67 0.67
钼0.5钛	0.76 2 2.54 3	25 90 135 90	57 60 12 60	0.75 2.57 1.13 2.57
铌	2.5	28.2	170	0.92
钽0.1钨	3.2	30	250	0.50

② 焊接操作过程

a. 焊前准备：

（a）接合面的加工与清理。电子束焊接头属紧密配合无坡口对接形式，一般不加填充金属，仅在焊接异种金属或合金，又确有必要时才使用填充金属。要求接合面经机械加工。表面粗糙度一般为 1.5 ～ 25μm。宽焊缝相比窄焊缝对接合面要求可放宽，搭接接头质量要求也不必过严。

焊前须对焊件表面进行严格清理，否则易产生焊缝缺陷，力学性能变坏，还影响抽气时间。对非真空电子束焊的焊件清理，不必像真空电子束焊那样严格。清理时可用丙酮，若为了强力去油而使用含有氯化烃类溶剂，随后须将工件放在丙酮内彻底清洗。清理完毕后不能再用手或工具触及接头区，以免污染。

（b）接头装配。电子束焊接头要紧密接合，不留间隙，尽量使接合面平行，以便窄小的电子束能均匀熔化接头两边的母材。装配公差取决于焊件厚度、接头设计和焊接工艺要求，装配间隙宜小不宜大。焊薄工件时装配间隙要小于 0.13mm。随板厚增加，可用稍大一些的间隙。焊铝合金时的间隙比焊钢时大一些。若采用偏转或摆动电子束使熔化区变宽时，可以用较大的间隙。非真空电子束焊有时用到 0.75mm 的间隙。深熔焊时，装配不良或间隙大，会导致过量收缩、咬边、漏焊等，大多数情况下装配间隙不应大于 0.25mm。

电子束焊常见的接头形式如图 8-20 所示，有对接、角接、搭接和卷边接头等，均可进行无坡口全熔透或给定熔深的单道焊。这些接头原则上可以用于电子束焊接的一次穿透完成。如果电子束的功率不足以穿透接头的全厚度，也可采取正反两面焊的方法来完成。电子束焊的焊缝非常狭窄，在焊缝宽度方向上必须具有很高的尺寸精度。

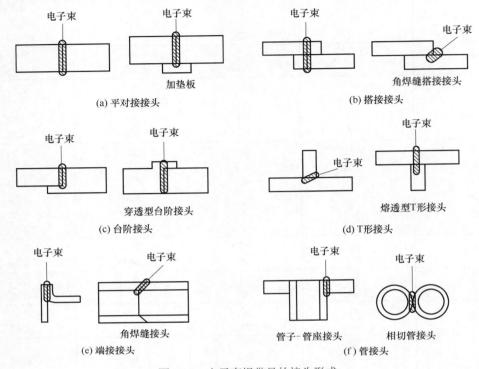

图 8-20　电子束焊常见的接头形式

（c）夹紧。电子束焊是机械或自动操作的，如果零件不是设计成自紧式的，必须用夹具进行定位与夹紧，然后移动工作台或电子枪体完成焊接。要使用无磁性的金属制造所有的夹具和工具，以免电子束发生磁偏转。对夹具的强度和刚度要求不必像电弧焊那样高，但要制造精确，因为电子束焊要求工件装配和对中极为严格。非真空电子束焊可用一般焊接变位机械，其定位、夹紧较为简便。

（d）退磁。所有的磁性金属材料在电子束焊之前应先退磁。剩磁可能因磁粉探伤、电磁卡盘或电化学加工等造成，即使剩磁不大，也足以引起电子束偏转。焊件退磁可放在工频应磁场中，靠慢移出进行退磁，也可用磁粉探伤设备进行退磁。对于极窄焊缝，剩余磁感应强度为 0.5×10^{-4}T；对于较宽焊缝为 $(2\sim4)\times10^{-4}$T。

（e）抽真空。抽真空程序一般自动进行，这样避免人为的误操作而发生事故。真空工作室的清洁和干燥是抽真空速度的保证，因此被焊工件应清理干净并按期更换真空油泵。

（f）焊前预热。焊前预热被焊件，可减少焊接时热量沿焊缝横向的热传导损失，有利于增加熔深。高强度钢焊前预热还可以减小裂纹倾向。在深熔焊时，往往有一定量的金属堆积在焊缝表面，如果预开坡口，这些金属会填充坡口，相当于增加了熔深。结构允许时尽量采用穿透焊，因为液态金属的一部分可以在焊件的下表面流出，以减少熔化金属在接头表面的堆积，减小液态金属的封口效应，增加熔深，减少焊根缺陷。

b. 定位焊：用电子束进行定位焊是装配工件的有效措施。其优点是节约装配时间和经费。可以采用焊接束流或弱束流进行定位焊，对于搭接接头可用电子束熔透法定位焊。有时先用弱束流定位焊，再用焊接束流完成焊接过程。

c.焊接操作：

（a）启动。真空室内的被焊工件安装就绪后，关闭真空室门，然后接通冷却水，闭合总电源开关。按真空系统的操作顺序启动机械泵和扩散泵，待真空室内的真空度达到预定值时，便可进入施焊阶段。

（b）焊接。将电子枪的供电电源接通，并逐渐升高加速电压使之达到所需的数值，然后相应地调节灯丝电流和轰击电压，使有适当小的电子束流射出，且在工件上能看出电子束焦点。再调节聚焦电流，使电子束的焦点达到最佳状态。假如焦点偏离接缝，可调节偏转线圈电流或电子枪做横向移动使其对中。此时调节轰击电源使电子束电流达到预定数值。按下启动按钮，工件即按预定速度移动，进入正常焊接过程。

电子束焊添加填充金属的方法是在接头处放置填充金属，箔状填充金属可夹在接缝的间隙处，丝状填充金属可用送丝机构送入或用定位焊固定。只有对接头有特殊要求或者受焊接条件的限制不能得到足够的熔化金属时，才添加填充金属。

（c）停止。焊接结束时，必须先逐渐减小偏转电压使电子束焦点离开焊缝，然后把加速电压降低到零，并把灯丝电源及传动装置的电源降到零，此后切断高压电源、聚焦偏转电源和传动装置的电源，这样就完成了一次焊接。待工件冷却后，按真空操作程序从真空室中取出工件。

和其他熔化焊一样，电子束焊接头也会出现未熔合、咬边、焊缝下陷、气孔、裂纹等。此外电子束焊焊缝特有的缺陷有熔深不均、长孔洞、中部裂纹和由于剩磁或干扰造成的焊道偏离接缝等。熔深不均出现在非穿透焊缝中，这种缺陷是高能束流焊接所特有的。它与电子束焊焊接熔池的形成和金属的流动有密切的关系。加大小孔直径可消除这种缺陷。改变电子束焦点在工件内的位置也会影响熔深和均匀程度。适当的散焦可以加宽焊缝，有利于消除和减小熔深不均的缺陷。

8.3.3　不同材料的电子束焊

电子束焊有极强的熔透能力，同样板厚下可采用较低的热输入，因此热影响区比电弧焊方法小得多。此外，电子束焊的焊缝两侧熔合区几乎是平行的，焊接变形小。电子束焊的冷却速度很快，这对于大部分金属来说是有利的，但对于高强淬硬材料却是不利的，因为其容易产生裂纹。

（1）钢铁材料的电子束焊

① 低碳钢电子束焊　与电弧焊相比，低碳钢易于电子束焊接，焊缝和热影响区晶粒细小。焊接沸腾钢时，应在接头间隙处夹一厚度为 $0.2 \sim 0.3mm$ 的铝箔，以消除气孔。半镇静钢焊接有时也会产生气孔，降低焊接速度、加宽熔池有利于消除气孔。

② 低合金钢电子束焊　低合金钢电子束焊的焊接性与电弧焊类似。非热处理强化钢易于用电子束焊进行焊接，接头性能接近退火基体。经热处理强化的钢材，焊接热影响区的硬度会下降，采用焊后回火处理可使其硬度回升。焊接刚性大的工件时，特别是基体金属已处于热处理强化状态时，焊缝易出现裂纹。焊前预热、焊后缓冷以及合理选择焊接条件等可以减轻淬硬钢的裂纹倾向。

对于需进行表面渗碳、渗氮处理的零部件，一般应在表面处理前进行焊接。如果必须在表面处理后进行焊接，应先将焊缝区的表面处理层除去。

③ 不锈钢电子束焊　奥氏体不锈钢、沉淀硬化不锈钢、马氏体不锈钢都可以电子束焊。电子束焊极高的冷却速度有助于抑制奥氏体中碳化物析出，奥氏体、半奥氏体类不锈钢的电子束焊都能获得性能良好的接头，具有较高的抗晶间腐蚀能力。马氏体不锈钢可以在热处理状态下进行电子束焊接，但焊后接头区会产生淬硬的马氏体组织，增加了裂纹敏感性。而且随着含碳量的增加和焊接速度的加快，马氏体的硬度将提高，开裂敏感性也增强。必要时可用散焦电子束预热的方

法来加以预防。

（2）有色金属的电子束焊

① 铝及铝合金电子束焊　高强铝合金具有比强度高、比刚度大、耐热性好、无低温脆性等特点，在航空航天、国防军工、能源等领域得到广泛应用，但高强铝合金薄板的焊接难度很大。热处理强化铝合金进行电子束焊时，可用添加适当成分的填充金属、降低焊接速度、焊后固溶时效处理等方法来改善接头性能。对于热处理强化铝合金、铸造铝合金，只要焊接参数选择合适，就可以明显减少热裂纹和气孔等缺陷。

电子束焊接铝及铝合金时，为了防止产生气孔和改善焊缝成形，对于厚度 ≤ 40mm 的铝板，焊接速度应为 1 ～ 2cm/s；对于 40mm 以上的厚铝板，焊接速度应在 1cm/s 以下。不同厚度铝合金电子束焊的工艺参数示例见表 8-25。

② 铜及铜合金电子束焊　电子束的能量密度和穿透能力比等离子弧还强，利用电子束对铜及铜合金进行穿透性焊接有很大的优越性。铜及铜合金电子束焊接时一般不加填充焊丝，冷却速度快、晶粒细、热影响区小，在真空下焊接可以避免接头的氧化，还能对接头除气。铜及铜合金真空电子束焊缝的气体含量远远低于母材，焊缝的力学性能与热物理性能接近于母材。

含 Zn、Sn、P 等低熔点元素的黄铜和青铜电子束焊时，这些元素的蒸发会造成焊缝合金元素的损失。此时应避免电子束直接长时间聚焦在焊缝处，如使电子束聚焦在高于工件表面的位置，或采用摆动电子束的措施。厚大铜件电子束焊时，会出现因电子束冲击发生熔化金属的飞溅问题，导致焊缝成形变坏。此时可采用散射电子束修饰焊缝的办法加以改善。铜电子束焊的工艺参数见表 8-24。

铜及铜合金电子束焊接一般采用不开坡口、不留间隙的对接接头，可用穿透式，也可用锁边式（或称镶嵌式）。对一些非受力件接头也可直接采用塞焊接头。

③ 钛及钛合金电子束焊　钛在高温时会迅速吸收 O_2 和 N_2，从而降低韧性，采用真空电子束焊可获得优质焊缝。与其他熔焊方法相比，钛及钛合金真空电子束焊具有独特的优势。首先其真空度通常为 10^{-3}Pa，污染程度仅为 0.0006%，比含量为 99.99% 的高纯度氩气的纯度高出 3 个数量级，对液态和高温固态金属不会导致污染，焊接接头的氢、氧、氮含量比钨极氩弧焊时低得多。其次，由于真空电子束的能量密度比等离子弧的高，焊缝和热影响区很窄，过热倾向相当微弱，晶粒不致显著粗化，因而抑制了焊接接头区域的脆化倾向，能够保证良好的力学性能。

由 TC4 钛合金电子束焊接头的力学性能（表 8-25）可见，采用同质焊丝钨极氩弧焊的 TC4 钛合金接头，其强度和塑性都比母材低，尤其塑性的下降更为显著，由于焊接冶金和热作用的结果，断裂发生在焊缝或热影响区。而电子束焊接头的断裂发生在母材上，因此真空电子束焊的接头力学性能不逊于母材。

表 8-25　TC4 钛合金电子束焊接头的力学性能

焊接方法及材料	抗拉强度 /MPa	屈服强度 /MPa	伸长率 /%	强度系数 /%	断裂位置
电子束焊	1117.2	1046.6	12.5	96.8	母材
钨极氩弧焊（TC4 焊丝）	964.4	909.4	4.4	84.0	焊缝或热影响区
TC4 母材	1150.5	1102.5	11.8	—	—

真空电子束焊比钨极氩弧焊能量密度高，焊缝的深宽比大，几百毫米厚的钛及钛合金板材不开坡口可一次焊成，而且焊缝窄、热影响区小、晶粒细、接头性能好。电子束焊对钛及钛合金薄壁工件的装配要求高，否则焊接中易产生塌陷。为了防止焊缝中出现气孔，焊前要认真清理焊件坡口两侧的油锈，尽量降低母材中的气体来源。对焊缝进行二次重熔，可使直径 0.3 ～ 0.6mm 的

气孔完全消失，可使更小的气孔明显减少。

防止钛及钛合金电子束焊缺陷的措施：选择合适的焊接工艺参数，使电子束沿焊缝做频率为 20 ~ 50Hz 的纵向摆动，加焊一道修饰焊缝。钛合金电子束焊的工艺参数见表 8-25。

8.3.4 电子束焊的应用实例

（1）斯太尔汽车后桥壳体的真空电子束焊

后桥壳体是重型汽车的重要部件，特别是桥壳中段与半轴的焊接质量至关重要，不仅要求焊缝强度高、刚度大、冲击韧性好，而且要求加工精度高，耐疲劳性能好。我国某汽车制造公司采用真空电子束焊焊接斯太尔汽车后桥壳中段与半轴，取得了良好的效果。

斯太尔汽车后桥壳采用先进的锻 - 焊工艺制造，板厚为 16mm 的斯太尔汽车后桥壳中段与半轴装焊结构如图 8-21 所示。

桥壳中段材质为 16Mn，半轴材质为 30Mn2，焊接状态是淬火 - 回火的调质态。内部衬环采用 20 钢，它将 16Mn 与 30Mn2 连接在一起，对异种钢的焊接起一个过渡作用，可减小焊缝金属下沉和咬边。

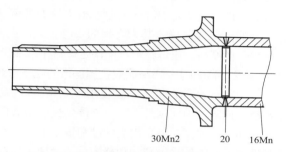

30Mn2　20　16Mn

图 8-21　斯太尔汽车后桥壳中段与半轴装焊
结构示意图

焊接工艺性试验采用德国 EBW15/60-701 型真空电子束焊机，该焊机的加速电压为 60kV，焊接室容积为 701L，最大焊接速度 50mm/s。

① 焊接性分析　桥壳中段 16Mn 与半轴 30Mn2 的装焊结构属异种钢焊接，两种钢的化学成分及力学性能见表 8-26。异种钢焊接除了材质本身的化学成分对焊接性有影响外，两种钢性能的差异在很大程度上也影响它们之间的焊接性，即 16Mn 与 30Mn2 异种钢焊接时，会产生一层化学成分、组织和性能与母材不同的过渡层。

表 8-26　16Mn 和 30Mn2 的化学成分及力学性能

钢种	化学成分 /%				抗拉强度 /MPa	热处理状态
	C	Si	Mn	S、P		
16Mn	0.12 ~ 0.20	0.25 ~ 0.35	1.20 ~ 1.60	≤ 0.045	≥ 490	热轧
30Mn2	0.27 ~ 0.34	0.17 ~ 0.37	1.40 ~ 1.80	≤ 0.035	≥ 860	调质

由于 16Mn 钢碳当量 C_{eq}=0.41%，30Mn2 钢碳当量 C_{eq}=0.58%，因此 30Mn2 钢淬硬倾向大，热影响区中易形成脆硬的马氏体组织，具有较大的冷裂纹敏感性。30Mn2 钢在调质状态下焊接还要考虑热影响区软化问题。

采用焊前预热和焊后缓冷措施，降低接头区的冷却速度，可减少冷裂纹的产生。采用热量集中、能量密度大及小热量输入的电子束焊接工艺，可以减小热影响区的软化。由于后桥壳中段与半轴的电子束焊是后桥壳总成的最后一道工序，要求焊接变形小、精度高，所以组对间隙的两侧母材应尽可能平行，金属飞溅应最小，熔化区应准确定位，保证部件冷却时不产生弯曲变形。

② 焊接工艺要点　为避免产生气孔，应降低焊缝氢含量，焊前对焊接处进行严格清理，装配前用砂纸将氧化膜及锈蚀打磨干净，直至露出金属光泽；然后用汽油洗去油污，最后用丙酮清洗干净，放入烘干箱进行 200 ~ 250℃预热，保温待焊。

真空电子束焊是通过高压加速装置形成的高功率电子束流，经过磁透镜汇聚，得到很小的焦点。轰击置于真空室中的焊件时，电子动能迅速转变为热能，使金属熔化，实现焊接过程。由于焦点小、电子运行速度快，因而产生的热量相当集中，具有很高的穿透能力，可得到焊缝深宽比大、热影响区小的焊缝。这对于细化焊缝晶粒、减小焊接变形、控制热影响区软化十分有利。在真空状态下焊接时，可以杜绝空气对焊缝的影响，特别是阻止氢进入熔池，减少氢致冷裂倾向。

考虑到 30Mn2 钢的碳当量较高，应采取预热措施，预热温度为 200 ～ 250℃。通过试板模拟和工艺性试验，最终确定焊接参数：加速电压 60kV，电子束电流 120mA，焊接速度 0.2cm/s，聚焦电流 488mA，真空度 2×10^{-2}Pa。爬坡时间为工件旋转 40°，下降时间为工件旋转 20°，焊接时间为工件旋转 380°，重合度为 20°。

③ 焊后检验　将所焊的试板接头剖开进行检验，焊缝中未发现气孔、夹渣和微裂纹。对所焊接的后桥壳焊缝进行外观检查、超声波和 100% X 射线探伤。均未发现焊接缺陷。最后将装焊的后桥壳体进行载荷为 18.75t，重复 80 万次的疲劳试验，焊缝处也未出现疲劳裂纹。

通过试验，确定其为合理的焊接工艺，表明采用真空电子束焊焊接的斯太尔汽车后桥壳体变形小、精度高、质量稳定，能满足焊后不经加工处理就可应用的要求。

（2）高速钢＋弹簧钢双金属锯带的电子束焊

以往的高速钢锯带一直使用单一材质，由于在切割过程中锯带受到交变载荷的作用，存在着断裂的危险，因此锯带不能被淬硬到最佳耐磨程度。对于难切金属的切割，要同时满足齿尖的硬和锯带的韧。双金属锯带就是把弹性性能好的弹簧钢和切削能力强的高速钢通过电子束焊接而获得的一种新型锯带，如图 8-22 所示。以齿宽为 6.35mm、厚度为 1.57mm 的双金属锯带的焊接为例介绍其焊接工艺。

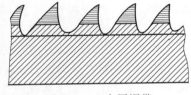

图 8-22　双金属锯带

① 焊前清理　去掉工件上的氧化物和油污，使工件露出金属光泽。清理后的工件不可用手接触。

② 装配间隙　为 0 ～ 0.015mm，装配采用专用夹具进行装配。

③ 焊接工艺参数　见表 8-27。焊缝表面修饰是采用散焦的电子束，目的为消除一些焊缝表面缺陷，如咬边、高低不平。

表 8-27　双金属带锯焊接工艺参数

工艺参数	加速电压 /kV	电子束电流 /mA	聚焦电流 /A	焊接速度 /（m/min）	电子束真空度 /Pa	真空室真空度 /Pa
焊接	100	9.0 ～ 9.5	1.7	9	10^{-3}	10^{-2}
焊缝表面修饰	100	4.3	1.8	9	10^{-3}	10^{-2}

（3）陶瓷＋不锈钢传感器的电子束焊

在石油化工等部门使用的一些传感器需要在强烈侵蚀性的介质中工作。这些传感器常常选用氧化铝系列的陶瓷作为绝缘材料，导体选用 18-8 不锈钢。不锈钢与陶瓷之间应有可靠的连接，焊缝必须耐热、耐蚀、牢固可靠和致密不漏。

陶瓷管套在不锈钢管之中，陶瓷管与不锈钢管之间采用间隙配合。陶瓷管长 15mm、外径 10mm、壁厚 3mm。陶瓷管两端各留有一个 0.3 ～ 1.0mm 的加热膨胀间隙，防止加热时产生很大的切应力。接头为搭接焊缝，采用真空电子束焊，其工艺参数如表 8-28 所示。

18-8 不锈钢与陶瓷电子束焊的工艺步骤如下：

① 焊前清理　将 18-8 不锈钢管和陶瓷管分别进行仔细清理和酸洗，去除表面油污及氧化物杂质，然后以 40 ～ 50℃/min 的加热速度将工件加热到 1200℃，保温 4 ～ 5min，然后关掉预热电源，以便陶瓷管预热均匀。

表 8-28　18-8 不锈钢管与陶瓷管真空电子束焊的工艺参数

材料	母材厚度 /mm	工艺参数				
		加速电压 /kV	电子束电流 /mA	焊接速度 /(cm/s)	预热温度 /℃	冷却速度 /(℃/min)
18-8 不锈钢 + 陶瓷	4+4	10	8	10.3	1250	20
18-8 不锈钢 + 陶瓷	5+5	11	8	10.3	1200	22
18-8 不锈钢 + 陶瓷	6+6	12	8	10.0	1200	22
18-8 不锈钢 + 陶瓷	8+8	13	10	9.67	1200	23
18-8 不锈钢 + 陶瓷	10+10	14	12	9.17	1200	25

② 焊第一道焊缝　对工件的其中一端进行电子束焊，焊接速度应均匀。因陶瓷的熔点高，所以焊接时电子束应偏离接头中心线一定距离（偏向陶瓷一侧）。距离大小根据陶瓷的熔点确定，两种母材熔点相差越大，偏向陶瓷一侧的偏离距离越大。

③ 焊第二道焊缝　第一道焊缝焊好后，要重新将工件加热到 1200℃，以防止产生裂纹。然后才能进行第二道焊缝的焊接。

④ 冷却速度控制　接头全部焊完后，以 20～25℃/min 的冷却速度随炉缓冷。冷却过程中由于收缩力的作用，陶瓷管中首先产生轴向挤压力。所以工件要缓慢冷却到 300℃以下时才可以从加热炉中取出在空气中缓冷，以防挤压力过大，挤裂陶瓷。

⑤ 焊缝检验　对焊后接头进行质量检验，如发现焊接缺陷，应重新焊接，直至质量合格。

8.4　等离子弧焊接与切割

8.4.1　等离子弧的原理、类型及应用

（1）等离子弧的原理

将阴极和阳极之间的自由电弧压缩成高温、高电离度、高能量密度及高焰流速度的电弧即为等离子弧。等离子弧焊（plasma arc welding）是在钨极氩弧焊的基础上发展起来的一种焊接方法，它是将自由钨极氩弧压缩强化之后获得电离度更高的等离子体，称为等离子弧，又称压缩电弧。等离子弧与钨极氩弧焊的自由电弧在物理本质上没有区别，仅是弧柱中电离程度不同。

等离子弧是一种被压缩的钨极氩弧，具有能量集中（能量密度可达 10^5～$10^6 W/cm^2$）、温度高（弧柱中心可达 18000～24000K 以上）、焰流速度大（可达 300m/s 以上）、刚直性好等特点。等离子弧的压缩是依靠水冷铜喷嘴的拘束作用实现的，等离子弧通过水冷铜喷嘴时受到下列三种压缩作用。

① 机械压缩　水冷铜喷嘴孔径限制了弧柱截面积的自由扩大，这种拘束作用就是机械压缩。

② 热压缩　喷嘴中的冷却水使喷嘴内壁附近形成一层冷气膜，进一步减小了弧柱的有效导电面积，从而提高了电弧弧柱的能量密度及温度。这种依靠水冷使弧柱温度及能量密度进一步提高的作用就是热压缩。

③ 电磁压缩　以上两种压缩效应使得电弧电流密度增大，电弧电流自身磁场产生的电磁收缩力增大，使电弧又受到进一步的压缩，这就是电磁压缩。

（2）等离子弧的基本类型

根据电源的连接方式，等离子弧分为非转移型电弧、转移型电弧及联合型电弧三种。产生这三种形态等离子弧的共同点是等离子枪的结构是一样的，钨极都接电源的负极，不同点在于电弧

正极接的位置不同。

① 非转移型电弧　非转移型电弧（也叫维持电弧，简称维弧）的正极接在焊枪的喷嘴上，电弧燃烧在钨极与喷嘴之间。焊接时电源正极接水冷铜喷嘴，负极接钨极，工件不接到焊接回路上，见图 8-23（a）。依靠高速喷出的等离子气将电弧带出，这种电弧适用于焊接或切割较薄的金属及非金属。

② 转移型电弧　转移型电弧（也叫工作电弧或焊接电弧）正极接工件，电弧直接燃烧在钨极与工件之间，焊接时首先引燃钨极与喷嘴间的非转移弧，然后将电弧转移到钨极与工件之间。在工作状态下，喷嘴不接到焊接回路中，见图 8-23（b）。转移型电弧的产生要经过两步：先在钨极与喷嘴之间产生非转移弧，使其电弧焰流从喷嘴喷出并接触工件；然后进行电路转换，将电源的正极从喷嘴电路转移到工件电路，转移弧便立即产生（非转移弧同时熄灭）。这种电弧用于焊接较厚的金属。

③ 联合型电弧　转移弧及非转移弧同时并存的电弧称为联合型电弧，见图 8-23（c）。联合型电弧在很小的电流下就能保持稳定，微束等离子弧采用了联合弧的形态，因此特别适合于薄板及超薄板的焊接。联合弧的获得方法是先获得非转移弧，然后产生转移弧，但是在转移弧产生的同时，不要切断非转移弧（不切断喷嘴的正极电路），这样就可得到非转移弧和转移弧同时存在的联合弧。

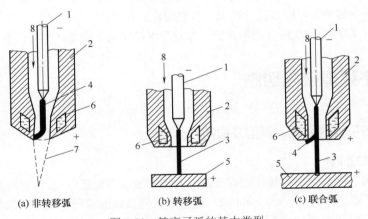

图 8-23　等离子弧的基本类型

(a) 非转移弧　　(b) 转移弧　　(c) 联合弧

1—钨极；2—喷嘴；3—转移弧；4—非转移弧；5—工件；6—冷却水；7—弧焰；8—离子气

（3）等离子弧的应用特点

等离子电弧具有较高的能量密度、温度及刚直性，既可用于焊接，又可用于切割、堆焊及喷涂，在工业中得到广泛的应用。

① 等离子弧焊　根据所适用的焊接工艺可分为穿孔型等离子弧焊、熔透型等离子弧焊、微束等离子弧焊、熔化极等离子弧焊、热丝等离子弧焊及脉冲等离子弧焊等。根据操作方式，等离子弧焊可分为手工及自动两种。

采用等离子弧焊可以焊接的金属有不锈钢、铝及铝合金、钛及钛合金、镍、铜、蒙乃尔合金等，可用钨极氩弧焊焊接的金属均可用等离子弧进行焊接。等离子弧焊可用于航天航空、核能、电子、造船、机械及其他工业部门中。

② 等离子弧堆焊和喷涂　等离子弧堆焊和喷涂是两种相关的加工方法。堆焊是指在一种金属表面堆上另一种金属，堆焊层厚度一般都比较大（毫米到厘米数量级）；喷涂则是指在一种金属或非金属表面涂上另一种金属或非金属，涂层厚度一般较薄（微米级）。两者目的都是使材料或零件获得耐磨、耐腐蚀、耐热、耐氧化、导电、绝缘等特殊使用性能。

气体火焰和普通电弧都可以用来堆焊和喷涂。等离子弧堆焊和喷涂的优点是生产效率和质量高,尤其是涂层的结合强度和致密性高于火焰和一般电弧的堆焊和喷涂。此外,采用非转移弧的等离子弧喷涂时,工件不必接电源,特别适合喷涂不导电的非金属材料,这是等离子弧喷涂获得广泛应用的重要原因之一。

不同应用条件下对等离子弧堆焊和喷涂的性能有不同的要求,可以通过喷嘴结构、离子气种类和流量的选择以及电能的输入条件加以控制。

③ 等离子弧切割 碳钢和低合金结构钢普遍采用氧-乙炔火焰进行切割。但是对于不锈钢、铝、铜等,氧-乙炔切割方法却难以获得切割效果。等离子弧作为切割热源,利用它的温度高和能量密度大的特点,以及高速等离子弧带电质点的冲刷作用,可以把熔化金属从切口中排出,因此切割厚度大、切割速度很快、切口较窄、切口质量很高(切口平直、变形小、热影响区小)。目前,等离子弧切割已成为切割不锈钢、耐热钢、铝、铜、钛、铸铁以及钨、锆等难熔金属的主要方法。

随着空气等离子弧切割工艺的研究成功和推广应用,在碳钢和低合金结构钢中应用等离子弧切割技术的经济合理性已显示出来。此外,非转移型等离子弧还可以用来切割非金属材料,如花岗岩、碳化硅、耐火砖、混凝土等。

8.4.2 等离子弧焊接设备及工艺

(1)等离子弧焊接设备的组成

等离子弧焊接设备由焊接电源、等离子弧发生器(焊枪)、控制电路、供气系统及水冷系统等组成。自动等离子弧焊接系统还包括焊接小车、转动夹具的行走机构和控制电路等。图8-24为典型手工等离子弧焊接系统(大电流等离子弧、微束等离子弧)的示意图。

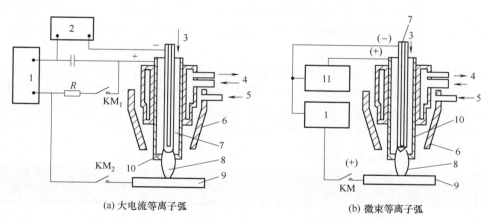

图 8-24 典型手工等离子弧焊接系统示意图

1—焊接电源;2—高频振荡器;3—离子气;4—冷却水;5—保护气;6—保护气罩;
7—钨极;8—等离子弧;9—工件;10—喷嘴;11—维弧电源;KM—接触器触头

① 弧焊电源 目前广泛采用具有陡降外特性的直流电源作为等离子弧焊接和切割的电源。进行微束等离子弧焊接时,采用垂直下降外特性电源最为适宜。电源极性一般采用直流正极性。焊接铝及铝合金等金属采用方波交流电源。

与钨极氩弧焊相比,等离子弧焊所需的电源空载电压较高。采用氩气作等离子气时,电源空载电压应为 $60 \sim 85V$;采用 $Ar+H_2$ 或 Ar 与其他双原子的混合气体作等离子气时,电源的空载电压应为 $110 \sim 120V$。采用联合型电弧焊接时,由于转移弧与非转移弧同时存在,需要两套独立的电源供电。利用转移型电弧焊焊接时,可以采用一套电源,也可以采用两套电源。

一般采用高频振荡器引弧,当使用混合气体作等离子气时,应先用纯氩引弧,然后再将等离子气转变为混合气体,这样可降低对电源空载电压的要求。

② 等离子弧发生器(焊枪) 等离子弧焊枪是等离子弧发生器,对等离子弧的性能及焊接过程的稳定性起着决定性作用。主要由电极、电极夹头、压缩喷嘴、中间绝缘体、上枪体、下枪体及冷却套等组成。其中关键的部件为喷嘴和电极。

a. 喷嘴:等离子弧焊枪的典型喷嘴结构如图 8-25 所示。根据喷嘴孔道的数量,等离子弧焊喷嘴分为单孔型 [图 8-25 (a)、(c)] 和三孔型 [图 8-25 (b)、(d)、(e)]。根据孔道的形状,喷嘴分为圆柱型 [图 8-25(a)、(b)] 及收敛扩散型 [图 8-25(c)~(e)]。大部分焊枪采用圆柱型压缩孔道,而收敛扩散型压缩孔道有利于电弧的稳定。

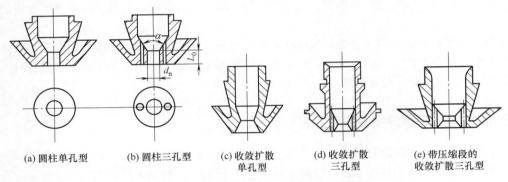

| (a) 圆柱单孔型 | (b) 圆柱三孔型 | (c) 收敛扩散 单孔型 | (d) 收敛扩散 三孔型 | (e) 带压缩段的 收敛扩散三孔型 |

图 8-25 等离子弧焊枪的典型喷嘴结构

三孔型喷嘴除了中心主孔外,主孔左右还有两个小孔。从这两个小孔中喷出的等离子气对等离子弧有附加压缩作用,使等离子弧的截面变为椭圆形,当椭圆的长轴平行于焊接方向时,可显著提高焊接速度,减小焊接热影响区的宽度。最重要的喷嘴形状参数为压缩角、喷嘴孔径及喷嘴孔道长度。

(a) 喷嘴孔径 d_n。喷嘴孔径 d_n 决定等离子弧的直径及能量密度,应根据焊接电流大小及等离子气种类及流量来选择。对于给定的电流和等离子气流量,直径越小,对电弧的压缩作用越大;但太小时,等离子弧的稳定性下降,甚至导致双弧现象,易烧坏喷嘴。对于一定的喷嘴孔径,有一个合理的电流范围,表 8-29 列出了各种尺寸的喷嘴孔径及其许用电流。

表 8-29 各种尺寸的喷嘴孔径及其许用电流

喷嘴孔径 d_n/mm	许用电流 /A		喷嘴孔径 d_n/mm	许用电流 /A	
	焊接	切割		焊接	切割
0.6	≤ 5	–	2.8	180	240
0.8	1 ~ 25	14	3.0	210	280
1.2	20 ~ 60	80	3.5	300	380
1.4	30 ~ 70	100	4.0	—	400
2.0	40 ~ 100	140	4.5	—	450
2.5	140	180	5.0	—	—

对于相同的喷嘴孔径,切割作业时电流可以用得更大一些,这是因为切割离子气流量远大于焊接的缘故。

(b) 喷嘴孔道长度 L_0。在一定的压缩孔径下,孔道长度 L_0 越长,对等离子弧的压缩作用越强;但 L_0 太大时,等离子弧不稳定。常以 L_0/d_n 表示喷嘴孔道压缩特征,称为孔道比。通常要求孔道比

L_0/d_n 在一定的范围之内，见表 8-30。

表 8-30 喷嘴孔道比及压缩角

喷嘴用途	喷嘴孔径 d_n/mm	孔道比 L_0/d_n	压缩角 a/(°)	等离子弧类型
焊接	0.6 ~ 1.2	2.0 ~ 6.0	25 ~ 45	联合型电弧
	1.6 ~ 3.5	1.0 ~ 1.2	60 ~ 90	转移型电弧
切割	0.8 ~ 2.0	2.0 ~ 2.5		转移型电弧
	2.5 ~ 5.0	1.5 ~ 1.8		转移型电弧
堆焊	—	0.6 ~ 0.98	60 ~ 75	转移型电弧

（c）压缩角 a。又称锥角，实际上对等离子弧的压缩影响不大，特别是当离子气流量较小，孔道比 L_0/d_n 较小时，压缩角 300°～ 180° 范围内均可以用。但最好与钨极的端部形状配合来选择，保证将阳极斑点稳定在电极的顶端，以免等离子弧不是在钨极顶端引燃而是缩在喷嘴内。

b. 电极：等离子弧焊接一般采用钍钨极或铈钨极，有时也采用锆钨极或锆电极。钨极一般需要进行水冷。小电流时采用间接水冷方式，钨极为棒状电极；大电流时采用直接水冷，钨极为镶嵌式结构。

棒状电极端头一般磨成尖锥形或尖锥平台形，电流较大时可磨成球形，以减少烧损。表 8-31 给出了棒状电极的许用电流。镶嵌式电极的端部一般磨成平面形。为了保证焊接电弧稳定，不产生双弧，钨极应与喷嘴保持同心，钨极的内缩长度 L_g 要合适（$L_g=L_0\pm0.2mm$）。

表 8-31 棒状电极的许用电流

电极直径 /mm	许用电流 /A	电极直径 /mm	许用电流 /A
0.25	< 15	2.4	150 ~ 250
0.50	5 ~ 20	3.2	250 ~ 400
1.0	15 ~ 80	4.0	400 ~ 500
1.6	70 ~ 150	5.0 ~ 9.0	500 ~ 1000

③ 控制系统　整个设备的控制电路通常由高频发生器控制电路、送丝电动机拖动电路、焊接小车或专用工装控制电路以及程控电路等组成。控制系统的作用是控制焊接设备的各个部分按照预定的程序进入、退出工作状态。程控电路控制等离子气预通时间、等离子气流递增时间、保护气预通时间、高频引弧及电弧转移、焊件预热时间、电流衰减熄弧、延迟停气等。

④ 供气系统　等离子弧焊接设备的气路系统较复杂，由等离子气路、正面保护气路及反面保护气路等组成，等离子气路还必须能够进行衰减控制。为此，等离子气路一般采用两路供给，其中一路可经气阀放空，以实现等离子气的衰减控制。采用氩气与氢气的混合气体作等离子气时，气路中应设有专门的引弧气路，以降低对电源空载电压的要求。

表 8-32 列出了大电流等离子弧焊接各种金属时常采用的气体。表 8-33 列出了小电流（通常 ≤ 30A）等离子弧焊常用保护气体，等离子气均为氩气。

表 8-32 大电流等离子弧焊接常采用的气体（等离子气和保护气）

母材	板厚 /mm	焊接工艺	
		穿孔法	熔透法
碳钢（铝镇静钢）	< 3.2	Ar	Ar
	> 3.2	Ar	25%Ar+75%He
低合金钢	< 3.2	Ar	Ar
	> 3.2	Ar	25%Ar+75%He

续表

母材	板厚 /mm	焊接工艺	
		穿孔法	熔透法
不锈钢	< 3.2	Ar 或 92.5%Ar+7.5%H₂	Ar
	> 3.2	Ar 或 95%Ar+5%H₂	25%Ar+75%He
铜	< 2.4	Ar	He 或 25%Ar+75%He
	> 2.4	不推荐①	He
镍合金	< 3.2	Ar 或 92.5%Ar+7.5%H₂	Ar
	> 3.2	Ar 或 95%Ar+5%H₂	25%Ar+75%He
活性金属	< 6.4	Ar	Ar
	> 6.4	Ar+（50% ～ 70%）He	25%Ar+75%He

注：①由于底部焊道成形不良，这种方法只适用于铜锌合金的焊接。

表 8-33 小电流（通常≤ 30A）等离子弧焊常用保护气体（等离子气为氩气）

母材	板厚 /mm	焊接工艺	
		穿孔法	熔透法
铝	< 1.6	不推荐	Ar 或 He
	> 1.6	He	He
碳钢（铝镇静钢）	< 1.6	不推荐	Ar 或 75%Ar+25%He
	> 1.6	Ar 或 25%Ar+75%He	Ar 或 25%Ar+75%He
低合金钢	< 1.6	不推荐	Ar、He 或 Ar+（1% ～ 5%）H₂
	> 1.6	25%Ar+75%He 或 Ar+（1% ～ 5%）H₂	Ar、He 或 Ar+（1% ～ 5%）H₂
不锈钢	所有厚度	Ar、25%Ar+75%He 或 Ar+（1% ～ 5%）H₂	Ar、He 或 Ar+（1% ～ 5%）H₂
铜	< 1.6	不推荐	75%Ar+25%He 或 He 或 75% H₂+25%Ar
	> 1.6	He 或 25%Ar+75%He	He
镍合金	所有厚度	Ar、25%Ar+75%He 或 Ar+（1% ～ 5%）H₂	Ar、He 或 Ar+（1% ～ 5%）H₂
活性金属	< 1.6	Ar、He 或 25%Ar+75%He	Ar
	> 1.6	Ar、He 或 25%Ar+75%He	Ar 或 25%Ar+75%He

⑤ 水冷系统　由于等离子弧的温度可达 10000℃ 以上，为了防止烧坏喷嘴并增加对电弧的压缩作用，必须对电极及喷嘴进行有效的水冷却。冷却水的流量不得小于 3L/min，水压不小于 0.15 ～ 0.2MPa。水路中应设有水压开关，在水压达不到要求时，切断供电回路。

（2）等离子弧焊的工艺参数

① 焊接电流　焊接电流根据板厚或熔透要求来选定。焊接电流过小，难于形成小孔效应；焊接电流增大，等离子弧穿透能力增大，但电流过大会造成熔池金属因小孔直径过大而坠落，难以形成合格焊缝，甚至引起双弧，损伤喷嘴并破坏焊接过程的稳定性。因此，在喷嘴结构确定后，为了获得稳定的小孔焊接过程，焊接电流只能在某一个合适的范围内选择，而且这个范围与等离子气的流量有关。

② 等离子气及流量　等离子气及保护气体根据被焊金属及电流大小来选择。大电流等离子弧焊接时，等离子气及保护气体通常采用相同的气体，否则电弧的稳定性变差。小电流等离子弧焊接时通常采用纯氩气作等离子气，因为氩气的电离电压较低，可保证电弧引燃容易。

等离子气流量大小决定了等离子流力和熔透能力。等离子气的流量越大，熔透能力越大。但等离子气流量过大会使小孔直径过大而不能保证焊缝成形。应根据喷嘴直径、等离子气的种类、焊接电流及焊接速度选择适当的等离子气流量。利用熔入法焊接时应适当降低等离子气流量，以减小等离子流力。

保护气体流量应根据焊接电流及等离子气流量来选择。小孔型等离子弧焊保护气体流量一般为 15～30L/min。保护气体流量太大会导致气流的紊乱，影响电弧稳定性和保护效果；而保护气流量太小，保护效果也不好。因此，保护气体流量应与等离子气流量保持适当的比例。

③ 喷嘴离工件的距离　喷嘴离工件的距离过大，熔透能力降低；距离过小，易造成喷嘴堵塞，影响喷嘴正常工作。喷嘴离工件的距离一般取 3～8mm。和钨极氩弧焊相比，等离子弧焊喷嘴距离变化对焊接质量的影响不那么敏感。

④ 焊接速度　焊接速度应根据等离子气流量及焊接电流来选择。如果焊接速度增大，焊接热输入减小，小孔直径随之减小，直至消失，失去小孔效应。如果焊接速度太低，母材过热，小孔扩大，熔池金属容易坠落，甚至造成焊缝凹陷或焊穿、熔池泄漏现象。因此，焊接速度、等离子气流量及焊接电流这三个工艺参数应相互匹配。

⑤ 引弧和收弧　板厚小于 3mm 时，可直接在工件上引弧和收弧。利用穿孔法焊接厚板时，引弧及收弧处容易产生气孔、下凹等缺陷。对于直缝，可采用引弧板及收弧板来解决这个问题。先在引弧板上形成小孔，然后再过渡到工件上去，最后将小孔闭合在收弧板上。大厚度的环缝不便加引弧板和收弧板时，应采取焊接电流和等离子气递增和递减的办法在工件上起弧，完成引弧建立小孔并利用电流和等离子气流量衰减法来收弧闭合小孔。

⑥ 接头形式和装配要求　穿孔型等离子弧焊接最适于焊接厚度 3～8mm 不锈钢、厚度 12mm 以下钛合金、板厚 2～6mm 低碳或低合金结构钢以及铜、黄铜、镍及镍合金的对接焊缝。这一厚度范围内可在不开坡口，不加填充金属，不用衬垫的条件下实现单面焊双面成形。厚度大于上述范围时，根据厚度不同，可开 V、U 形或双 V、双 U 形坡口。工件厚度小于 1.6mm 采用微束等离子弧焊时，接头形式有卷边对接、卷边角接、端面接头三种。厚度小于 0.8mm 时，接头装配要求列于表 8-34。

表 8-34　厚度 δ ＜ 0.8mm 接头装配要求

接头形式	对接间隙 /mm	错边 /mm	压板间距 /mm	衬垫槽宽 /mm
平对接	≤ 0.2δ	≤ 0.4δ	（10～20）δ	（4～16）δ
卷边对接	≤ 0.6δ	≤ δ	（15～30）δ	（10～24）δ
端接	≤ δ	≤ 3δ	—	—

注：1. 板厚小于 0.25mm 时推荐采用卷边接头。

2. 衬垫槽中通 Ar 或 He。

8.4.3　不同材料的等离子弧焊接

（1）钢的等离子弧焊接

厚度 3～8mm 不锈钢、板厚 2～6mm 低碳或低合金结构钢最适用于穿孔型等离子弧焊接，具体参数见表 8-35。这一厚度范围内可不开坡口、不加填充金属实现单面焊双面成形，厚度大于表中所述范围时可采用 V 形坡口多层焊。

表 8-35　钢穿孔型等离子弧焊接工艺参数

母材	板厚 /mm	焊接速度 /（cm/s）	电流 /A	电压 /V	气体流量 /（L/min）			坡口形式
					气体种类	等离子气	保护气	
低碳钢	3.2	0.51	185	28	Ar	6	28	I 形
低合金钢	4.2	0.42	200	29	Ar	5.6	28	I 形
	6.4	0.59	275	33	Ar	7	28	I 形

续表

母材	板厚/mm	焊接速度/(cm/s)	电流/A	电压/V	气体流量/(L/min)			坡口形式
					气体种类	等离子气	保护气	
不锈钢	2.5	1.01	115	30	Ar+5%H₂	2.8	16	I形
	3.2	1.19	145	32	Ar+5%H₂	4.6	16	I形
	4.2	0.60	165	36	Ar+5%H₂	6	21	I形
	6.4	0.59	240	38	Ar+5%H₂	8.4	23	I形
	12.7	0.45	320	26	Ar+5%H₂	—	—	I形

（2）高温合金的等离子弧焊接

高温合金等离子弧焊的工艺参数与焊接奥氏体不锈钢的基本相同，应注意控制焊接热输入。一般厚板采用穿孔型等离子弧焊，薄板采用熔透型等离子弧焊，箔材用微束等离子弧焊。焊接电源采用陡降外特性的直流正接，高频引弧，焊枪加工、装配和同心度的要求精度较高。等离子气流和焊接电流要求能递增和衰减控制。

焊接时，采用氩气和氦气中加适量氢气作为保护气体和等离子气体，加入氢气可以使电弧功率增加，提高焊接速度。氢气加入量约为5%。焊接时是否采用填充焊丝根据需要确定。选用填充焊丝的牌号时有与钨极惰性气体保护焊相同的选用原则。

典型镍基高温合金等离子弧焊的工艺参数列于表8-36。在焊接过程中应控制焊接速度，速度过快会产生气孔，还应注意电极与压缩喷嘴的同心度。高温合金等离子弧焊的焊接接头力学性能较高，接头强度系数一般大于90%。

表8-36　镍基高温合金小孔法等离子弧焊的工艺参数

高温合金	板厚/mm	电流/A	电压/V	焊接速度/(cm/s)	等离子气流量/(L/min)
76Ni-16Cr-8Fe	5.0	155	31	0.72	6.0
	6.6	210	31	0.72	6.0
46Fe-33Ni-1Cr	3.2	115	30	0.77	4.7
	4.8	185	27	0.68	4.7
	5.8	185	32	0.72	6.0

（3）铝及铝合金的等离子弧焊接

铝及铝合金等离子弧焊，采用直流反接或交流电源。铝及铝合金交流等离子弧焊接多采用矩形波交流焊接电源，用氩气作为等离子气和保护气体。纯铝、防锈铝等离子弧焊的焊接性良好；硬铝的等离子弧焊接性尚可。表8-37为纯铝交流等离子弧焊的工艺参数示例。表8-38为铝合金直流等离子弧焊的工艺参数示例。

为了获得高质量的焊缝应注意以下几点：

① 焊前要加强对焊件、焊丝的清理，防止氢气进入产生气孔，还应加强对焊缝和焊丝的保护。多道焊时，焊完前一道焊道后应用钢丝或铜丝洗刷清理焊道表面至露出纯净的铝表面，然后再焊下一道。

② 交流等离子弧焊的许用等离子气流量较小，流量大时等离子弧的吹力过大，铝液态金属被向上吹起，形成凸凹不平或不连续的凸状焊缝。为了加强钨极的冷却效果，可以适当加大喷嘴孔径或选用多孔型喷嘴。

③ 当板厚大于6mm时，可焊前预热100～200℃。板厚较大时用氦气作等离子气或保护气可增加熔深或提高效率。

④ 板厚不大于10mm时，在对接的坡口上每间隔150mm点固焊一点；板厚大于10mm时，

每间隔 300mm 点固焊一点。点固焊采用与正常焊接相同的电流。

⑤ 使用的垫板和压板用导热性不好的材料制造（如不锈钢）。垫板上加工出深度 1mm、宽度 20 ~ 40mm 的凹槽，使待焊铝板近坡口处不与垫板接触，防止散热过快。

表 8-37　纯铝交流等离子弧焊的工艺参数

板厚 /mm	钨极为负极		钨极为正极		气体流量 /（L/min）		焊接速度 /（cm/s）
	焊接电流 /A	时间 /ms	焊接电流 /A	时间 /ms	等离子气	保护气	
0.3	10 ~ 12	20	8 ~ 10	40	0.15 ~ 0.20	2 ~ 3	0.70 ~ 0.83
0.5	20 ~ 25	30	15 ~ 20	30	0.20 ~ 0.25	2 ~ 3	0.70 ~ 0.83
1.3	40 ~ 50	40	18 ~ 20	40	0.25 ~ 0.30	3 ~ 4	0.56 ~ 0.70
1.5	70 ~ 80	60	25 ~ 30	60	0.30 ~ 0.35	3 ~ 4	0.56 ~ 0.70
2.0	110 ~ 130	80	30 ~ 40	80	0.35 ~ 0.40	4 ~ 5	0.42 ~ 0.56

表 8-38　铝合金直流等离子弧焊的工艺参数

板厚 /mm	接头形式	维弧电流 /A	焊接电流 /A	喷嘴孔径 /mm	钨极直径 /mm	等离子气流量 Ar /（L/min）	保护气流量 He /（L/min）	填充金属	点固焊
0.4	卷边	4	6	0.8	1.0	0.4	0	无	无
0.5	平对接	4	10	1.0	1.0	0.5	0	无	无
0.8	平对接	4	10	1.0	1.0	0.5	9	有	有
1.6	平对接	4	20	1.2	1.0	0.7	9	有	有
2	平对接	4	25	1.2	1.0	0.7	12	有	有
3	平对接	20	30	1.6	1.6	1.2	15	有	有
2	外（内）角接	4	20（25）	1.2	1.0	1.0（1.6）	12	有	有
5	内角接	20	80	1.6	1.6	25	15	有	有

注：电源极性为直流反接。

（4）钛及钛合金的等离子弧焊接

钛的弹性模量相当于铁的 1/2，因此在焊接应力相同的条件下，钛及钛合金焊接接头将发生比较显著的变形。等离子弧的能量密度介于钨极氩弧和电子束之间，用等离子弧焊接钛及钛合金时，热影响区较窄，焊接变形也较易控制。

厚度 2 ~ 15mm 的钛及钛合金板材采用穿孔型等离子弧焊可一次焊透，并可有效地防止产生气孔；熔透型等离子弧焊适用于厚板多层焊，但一次焊透的厚度较小，3mm 以上厚度的板一般需开坡口。微束等离子弧焊已经成功地应用于钛合金薄板的焊接，用 3 ~ 10A 的焊接电流可以焊接厚度为 0.08 ~ 0.6mm 的板材。钛板等离子弧焊的工艺参数示例见表 8-39。

表 8-39　钛板等离子弧焊的工艺参数

板厚 /mm	喷嘴孔径 /mm	焊接电流 /A	焊接电压 /V	焊接速度 /（cm/s）	焊丝直径 /mm	送丝速度 /（m/min）	Ar 流量 /（L/min）			
							等离子气	保护气	拖罩	背面
0.2	0.8	5	—	1.3	—	—	0.25	10		2
0.4	0.8	6	—	1.3	—	—	0.25	10		2
1	1.5	35	18	2.0	—	—	0.5	12	15	2
3	3.5	150	24	3.8	1.5	60	4	15	20	6
6	3.5	160	30	3.0	1.5	68	7	20	25	15
8	3.5	172	30	1.5	1.5	72	7	20	25	15
10	3.5	250	25	1.5	1.5	46	7	20	25	15

注：电源极性为直流正接。

纯钛等离子弧焊的气体保护方式与钨极氩弧焊相似，可采用氩弧焊拖罩，但随着板厚的增加、焊速的提高，拖罩要加长，使处于 350℃ 以上的金属得到良好保护。背面垫板上的沟槽尺寸一般宽度和深度各为 2～3mm，同时背面保护气体的流量也要增加。厚度 15mm 以上的钛板焊接时，开 V 形或 U 形坡口，6～8mm 钝边，用穿孔型等离子弧焊封底，然后用熔透型等离子弧焊填满坡口。用等离子弧焊封底可以减少焊道层数、填丝量和焊接角变形，提高生产率。

8.4.4　等离子弧堆焊与切割

（1）等离子弧堆焊

　　等离子弧堆焊具有熔深浅、熔敷效率高、稀释率低等优点。根据堆焊时所使用的填充材料，等离子弧堆焊可分为熔化极和粉末等离子弧堆焊两大类。

　　① 熔化极等离子弧堆焊　熔化极等离子弧堆焊通过一种特殊的等离子弧焊枪将等离子弧焊和熔化极气体保护焊组合起来。焊接过程中产生两个电弧，一个为等离子弧，另一个为熔化极电弧。根据等离子弧的产生方式，分为水冷铜喷嘴式及钨极式两种。前者等离子弧产生在水冷铜喷嘴与工件之间，如图 8-26（a）所示；后者等离子弧产生在钨极与工件之间，如图 8-26（b）所示。

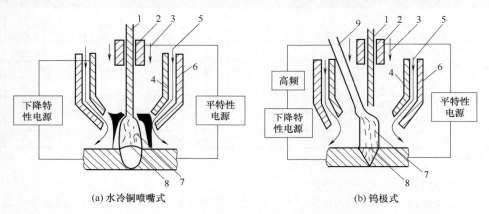

(a) 水冷铜喷嘴式　　　　　　　　　　(b) 钨极式

图 8-26　熔化极等离子弧堆焊示意图

1—焊丝；2—导电嘴；3—等离子气；4—铜喷嘴；5—保护气体；

6—保护罩；7—等离子气；8—过渡金属；9—钨极

　　熔化极电弧产生在焊丝与工件之间，并在等离子弧中间燃烧。整个焊机需要两台电源。其中一台为陡降特性的电源，负极接钨极或水冷铜喷嘴，正极接工件；另一台为平特性电源，正极接焊丝，负极接工件。熔化极堆焊机既可用于焊接，也可用于堆焊。焊接时选用较小的电流，此时熔滴过渡为大滴过渡；堆焊时选用较大的电流，熔滴过渡为旋转射流过渡。

　　与一般等离子弧焊及熔化极气体保护焊相比，熔化极等离子弧堆焊具有下列优点：

　　焊丝受到等离子弧的预热，熔化功率大，堆焊速度快；由于等离子流力的作用，进行大滴过渡及旋转射流过渡时均不会产生飞溅；熔化功率和工件上的热量输入可单独调节。

　　熔化极等离子弧堆焊又可细分为冷丝等离子弧堆焊、热丝等离子弧堆焊或单丝和双丝等离子弧堆焊等。

　　a. 冷丝等离子弧堆焊：冷丝等离子弧堆焊与填充焊丝的熔入型等离子弧焊接相同，其设备也与填充焊丝的强流等离子弧焊设备相似。由于这种方法的效率低，目前已很少使用。

　　b. 热丝等离子弧堆焊：热丝等离子弧堆焊结合了热丝钨极氩弧焊及等离子弧焊的特点。焊机由一台直流电源、一台交流电源和送丝机、控制箱、焊枪和机架等组成。直流电源用作焊接电源，用于产生等离子弧，加热并熔化母材和填充焊丝。交流电源作为预热电源，在自动送入的焊丝中通加热电流，以产生电阻热、提高熔敷效率和降低对熔敷金属的稀释程度。此外，热丝等离子弧堆焊还有利于消除堆焊层中的气孔。热丝等离子弧堆焊主要用于在表面积较大的工件上堆焊不锈钢、镍基合金、铜及铜合金等。

c. 单丝和双丝等离子弧堆焊：对于单丝等离子弧堆焊焊机，预热电源的两极分别接焊丝和工件；对于双丝等离子弧堆焊焊机，电源的两个电极分别接两根焊丝，堆焊时选择合适的预热电流，使焊丝在恰好送进到熔池时被电阻热所熔化，同时两根焊丝间又不产生电弧。这样可减小焊接电流，从而降低熔敷金属的稀释率。

② 粉末等离子弧堆焊　粉末等离子弧堆焊是将合金粉末自动送入等离子弧区实现堆焊的方法。堆焊时合金成分的要求易于满足，堆焊工作易于实现自动化，能获得稀释率低的薄堆焊层，且平滑整齐，不加工或稍加工即可使用，因而可以降低贵重材料的消耗。适合在低熔点材质的工件上进行堆焊，特别是大批量和高效率地堆焊新零件时更为方便。

粉末等离子弧堆焊机与一般等离子弧焊机大体相同，只不过用粉末堆焊焊枪代替等离子弧焊中的焊枪。粉末堆焊焊枪一般采用直接水冷并带有送粉通道，所用喷嘴的压缩孔道比一般不超过 1。粉末等离子弧堆焊时，一般采用转移弧或联合型弧。除了等离子气及保护气外，还需要送粉气。送粉气一般采用氩气。粉末堆焊具有生产率高、堆焊层质量高、便于自动化等特点，是目前应用最广泛的一种等离子弧堆焊方法。特别适合于轴承、轴颈、阀门板、涡轮叶片等零部件的堆焊。

国产粉末等离子弧堆焊机有几种型号，例如 LUF4-250 型粉末等离子弧堆焊机可以用来堆焊各种圆形焊件的外圆或端面，也可进行直接堆焊。最大焊件直径达 500mm，直线长度达 800mm，一次堆焊的最大宽度为 50mm。可用于各种阀门密封面的堆焊、高温排气阀门的堆焊以及对轧辊、轴磨损后的修复等。

根据堆焊合金的成分，等离子弧堆焊用的合金粉末有镍基、钴基和铁基三类。镍基合金粉末主要是镍铬硼硅合金，熔点低、流动性好，具有良好的耐磨、耐蚀、耐热和抗氧化等综合性能，主要用于堆焊阀门、泵柱塞、转子、密封环、刮板等耐高温、耐磨零件。钴基合金粉末耐磨、耐腐蚀，比镍基合金粉末具有更好的红硬性、耐热性和抗氧化性，但价格昂贵，主要用于高温高压阀门锻模、热剪切刀具、轧钢机导轨等堆焊。铁基合金粉末成本较低、耐磨性好，并有一定的耐蚀、耐热性能，主要用于堆焊受强烈磨损的零件如破碎机辊、挖掘机铲齿、泵套、排气叶片、高温中压阀门等。

（2）等离子弧切割

等离子弧切割利用高能量密度的等离子弧和高速等离子流，将熔化金属从割口吹走，形成连续割口。等离子弧切割速度快，没有氧-乙炔切割时对工件产生的燃烧，因此工件获得的热量相对较小，工件变形也小，适合于切割各种金属材料，见表 8-40。但由于等离子弧流速高，噪声、烟气和烟尘严重，工作环境卫生条件较差。

表 8-40　等离子弧切割的分类及用途

切割方法	工作气体	主要用途	切割厚度 /mm
氩等离子弧	Ar，Ar+H$_2$	切割不锈钢、有色金属及其合金	4 ~ 150
	Ar+N$_2$		
	Ar+N$_2$+H$_2$		
氮等离子弧	N$_2$，N$_2$+H$_2$		0.5 ~ 100
空气等离子弧	压缩空气	切割碳钢和低合金钢、不锈钢、铝及铝合金	0.1 ~ 40（碳钢和低合金钢）
氧等离子弧	O$_2$ 或非纯氧		0.5 ~ 40

续表

切割方法	工作气体	主要用途	切割厚度 /mm
双气流等离子弧	N_2（工作气体），CO_2（保护气）	切割不锈钢、铝和碳钢，但不常用	≤ 25
水压缩等离子弧	N_2（工作气体），H_2O（压缩电弧用）	切割碳钢和低合金钢、不锈钢、铝合金等有色金属	0.5 ~ 100

① 等离子弧切割的特点　等离子弧切割是利用非常热的高速射流来进行的，将电弧和惰性气体强行穿过小孔以产生这种高速射流。电弧能量集中使板材熔化，高温膨胀的气体射流迫使熔化金属穿透切口。切割碳钢或铸铁时在气流中加入氧气还可以提供额外的切割能量。

等离子弧切割方法具有很大的灵活性，能切割几乎所有的金属，而且其切割碳钢的速度比氧气切割得快。但是由于割口较宽，被熔化掉的金属较多，而且板材较厚时切口不像氧 - 乙炔切割得那样光滑平整。为了保证切口的侧面平行，需要用专门的割嘴。为了获得一定的坡口形状，还需要专门的切割技术。

等离子弧切割要求很高的电弧电压，需要很高空载电压的专用电源。根据被切割的材料及厚度，所需的功率在 25 ~ 200kW 之间。通常使用氩气或氮气与氢气的混合气体，割炬必须用水冷却。手工等离子弧切割的技术要求与氧 - 乙炔切割时相似，但为了能调节更多的参数，需要较多的训练。切割薄板时，因为不用仔细地控制移动速度，切割质量较好。

等离子弧切割用得更多的是机械和自动化设备，割炬和其他附件与手工等离子弧切割所用的相同，行走系统是自动化的。割炬的移动机构与氧 - 乙炔切割时所用的相似，但要求有较高的移动速度。多割炬设备需要为每个割炬附加电源和控制箱。此外，为了吸收噪声和烟尘，可以使用水套或水箱。

② 等离子弧切割的方法

a. 双气流等离子弧切割：图 8-27 为双气流等离子弧切割原理示意图。在等离子弧周围通有第二路气，中间的等离子气通常为氮气。外围的第二路气根据切割工件材料选用，可以是 CO_2、空气、Ar 或 H_2。第二路气可以使等离子弧进一步压缩，提高能量密度。切割碳钢时，第二路气可选用压缩空气以提高切割速度。

b. 水压缩等离子弧切割：水压缩等离子弧是利用水代替冷气流来压缩等离子弧的，这种特殊的喷嘴，设计专用的压缩水通路形成环状对称地射向从喷嘴喷出的等离子流。也有用附加外喷嘴的办法，压缩水从内外喷嘴间的环状间隙里射出。水压缩等离子弧可提高切口质量和切割速度并降低成本。还能有效地防止切割时产生的金属蒸气和粉尘等，改善劳动保护条件。

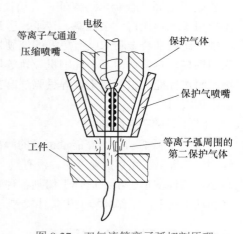

图 8-27　双气流等离子弧切割原理

图 8-28 为水压缩等离子弧切割原理示意图。高压水从枪体径向通入，由喷嘴孔道喷出，与等离子弧直接接触。该方法一方面强烈压缩等离子弧，使其能量密度提高；另一方面由于等离子弧的高温而分解成氢气和氧气，构成切割气体的一部分。分解成的氧气对切割碳钢更有利，加强了碳钢切口的燃烧。高速水流冲刷切割处，对工件有强烈冷却作用。割口倾斜角度小、割口质量好。这种方法应用于水中工件的切割可以大大降低切割噪声、烟尘和烟气。枪体下部可用陶瓷加工，减少双弧危险。

c. 空气等离子弧切割：利用压缩空气作为等离子弧切割的气体，为在普通结构钢切割中应用等离子弧切割技术开创了道路。不少厂家已定型生产空气等离子弧切割机。图 8-29 为空气等离子弧切割的原理示意图。这种方法将空气压缩后直接通入喷嘴，经电弧加热分解出氧，未分解的空气以高速冲刷割口。分解出的氧与切割金属产生强烈化学放热反应，加快了切割速度。充分电离了的空气等离子弧的热焓值高，因而电弧的能量大，切割速度快，切割质量好，特别适于切割厚度 30mm 以下的碳钢，也可以切割铜、不锈钢、铝及其他材料。

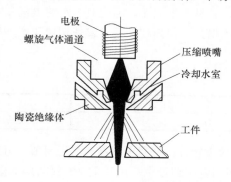

图 8-28　水压缩等离子弧切割原理

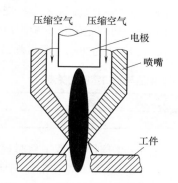

图 8-29　空气等离子弧切割原理

　　容量为 200A 的空气等离子弧切割机，可以切割厚度 4～60mm 的碳素结构钢，对厚度 10mm 的低碳钢切割速度可达 3m/min。电源空载电压为 300V，功率为 45kW，电流为 50～200A，切割电压为 140～200V。

　　空气等离子弧切割存在的问题是作为阴极的钨棒氧化烧损严重。这种切割方法的电极受到强烈的氧化腐蚀，因为空气对高温状态的钨会产生氧化反应，为此一般采用镶嵌式锆、铪或其合金作为电极，不能采用纯钨电极或氧化物钨电极。如果把钨换成锆，在空气中工作时表面将形成一层锆的氧化物和氮化物，两者均易发射电子，可作为阴极，有利于电弧的稳定。

　　为了提高电极工作寿命，电极一般做成直接水冷的镶嵌式形状，小电流切割时也可不用水冷。采用铜、锆镶嵌电极时，阴极端面的直径应大于阴极镶嵌件直径的 2～5 倍，而镶嵌件的直径应小于喷嘴孔径，镶嵌件的长度为其直径的 0.8～4 倍。但是，即使采用锆、铪电极，它的工作寿命一般也只有 5～10h。

　　③ 等离子弧切割设备

　　a. 切割电源：大多数切割采用转移弧，电源选用陡降或垂降外特性。与等离子弧焊电源相比，切割电源的空载电压更高。国产切割电源的空载电压都在 200V 以上，水压缩等离子弧切割电源的空载电压为 400V。

　　b. 割枪：割枪喷嘴的孔道直径更小，有利于压缩等离子弧。进气方式最好径向通入，有利于提高割枪喷嘴的使用寿命。由于孔道直径小，割枪要求电极和割嘴同心度高。

　　c. 电极：空气等离子弧切割时，空气对电极氧化作用大，不能选用钨作电极，只能选用铪或锆及其合金作电极。电极形式为镶嵌式，表 8-41 为电极材料及适用气体的选配。

表 8-41　等离子弧切割电极材料及适用气体

电极材料	适用气体	电极材料	适用气体
钍钨	氩、氮、氢氮、氢氩、氮	纯钨	氩、氢氩
锆钨	氩、氮、氢氮、氢氩、氮氩	锆及其合金	氮、压缩空气
铈钨	氩、氮、氢氮、氢氩、氮氩	石墨	空气、氮、氩或压缩空气
铪及其合金	氮、压缩空气		

④ 等离子弧切割工艺　等离子弧切割适合于所有金属材料和部分非金属材料，是切割不锈钢、铝及铝合金、铜及铜合金等有色金属的有效方法。最大切割厚度可达到 180 ～ 200mm。也可用来切割厚度 35mm 以下的低碳钢和低合金结构钢。切割厚度 25mm 以下的碳钢板时，采用等离子弧切割比氧 - 乙炔切割快 5 倍左右；切割大于 25mm 的碳钢板时，氧 - 乙炔切割速度快些。等离子弧切割的工艺参数有以下几个。

a. 切割电流：电流和电压决定了等离子弧的功率。随等离子弧功率的提高，切割速度和切割厚度相应增加。但切割电流过大，易烧损电极和喷嘴，且易产生双弧，因此对一定的电极和喷嘴有一合适的电流。切割电流也影响割口宽度，切割电流增大会使弧柱变粗，致使切口变宽，易形成 V 形割口。表 8-42 为切割电流与割口宽度的关系。

表 8-42　切割电流与割口宽度的关系

切割电流 /A	20	60	120	250	500
割口宽度 /mm	1.0	2.0	3.0	4.5	9.0

b. 空载电压：切割大厚度工件时提高切割电压的效果较好。空载电压高，易于引弧。可通过增加气体流量和改变气体成分来提高切割电压，但切割电压超过空载电压的 2/3 后电弧不稳定。为了提高切割电压，必须选用空载电压较高的电源。所以等离子弧切割电源的空载电压不得低于 150V。切割大厚度板材和采用双原子气体时，空载电压相应要高。空载电压还与割枪结构、喷嘴至工件距离、气体流量等有关。

c. 切割速度：切割速度是切割生产率的主要指标，对切割质量有较大影响，合适的切割速度是切口表面平直的重要条件。提高切割速度能使切口窄，热影响区小，但速度太快时不能割穿工件。切割速度太慢，生产率降低，并造成切口表面粗糙不平直，使切口底部熔瘤增多，清理较困难，同时热影响区及切口宽度增加。

切割速度决定于板厚、切割电流、切割气体种类及流量、喷嘴结构和后拖量等，增加切割速度将导致切口变斜。切割时割炬应垂直工件表面，但有时为了有利于排除熔渣，也可稍带一定的后倾角。一般情况下倾斜角不大于 3°。为提高生产率，应在保证切透的情况下尽可能选用大的切割速度。

d. 气体的选择及流量的确定：等离子弧切割在生产中通常采用的气体有 N_2、N_2+H_2、N_2+Ar。也有用压缩空气、水蒸气或水作为产生等离子弧的介质。氮气的热压缩效应比较强，携带性好，价廉易得，是一种被广泛应用的切割气体。但氮气的引弧性和稳弧性较差，需要有较高的空载电压，一般在 165V 以上。氢气的携热性、导热性都很好，分解热较大，要求更高的空载电压（350V 以上）才能产生稳定的等离子弧。表 8-43 为等离子弧切割常用气体的选择。

表 8-43　等离子弧切割常用气体

工件厚度 /mm	气体种类	空载电压 /V	切割电压 /V
≤ 120	N_2	250 ～ 350	150 ～ 200
≤ 150	（ 10% ～ 80% ）N_2+Ar	200 ～ 350	120 ～ 200
≤ 200	（ 50% ～ 80% ）N_2+H_2	300 ～ 500	180 ～ 300
≤ 200	Ar+（ 0 ～ 35% ）H_2	250 ～ 500	150 ～ 300

氢 - 氩混合气体切割效果最好，氩 - 氮混合气体次之。切割较大厚度时，用氢 - 氮混合气体。实际生产中由于氮气价廉，所以大多用氮气作为切割气体。

采用上述气体时应注意以下几点：氮气中常含有氧气等杂质，随气体纯度的降低，钨极的烧损增加，氮气的纯度应在 99.5% 以上；用氢气作为切割气体时，一般使非转移弧在纯 N_2 或纯 Ar

中激发，等到转移弧激发产生后 3 ~ 6s 再开始供应 H_2 为好，否则非转移弧不易引燃，影响切割顺利进行；H_2 是一种易燃气体，与空气混合后易爆炸，所以储存 H_2 的钢瓶应设为专用，严禁用装氧气的气瓶来改装，通氢气的管路、接头、阀门等一定不能漏气，切割结束应先关闭氢气。

气体流量要与喷嘴孔径相适应。气体流量大有利于压缩电弧，使等离子弧的能量更为集中，有利于提高切割速度和及时吹除熔化金属。但当气体流量过大时，因冷却气流带走大量热量，反而使切割能力下降，电弧燃烧不稳定，甚至使切割过程无法正常进行。适当地增大气体流量，可加强电弧的热压缩效应，使等离子弧更加集中，同时由于气体流量的增加，切割电压也会随之增加，这对提高切割能力和切割质量是有利的。

e.喷嘴距工件高度：喷嘴到工件表面的距离增加时，电弧电压升高，即电弧的有效功率提高，等离子弧柱显露在空间的长度增加，弧柱散失在空间的能量增加。结果有效热量减少，对熔融金属的吹力减弱，引起切口下部熔瘤增多，切割质量变坏，同时还增加了出现双弧的可能性。当距离过小时，喷嘴与工件间易短路而烧坏喷嘴，破坏切割过程的正常进行。在电极内缩量一定（通常为 2 ~ 4mm）时，喷嘴距离工件的高度一般在 6 ~ 8mm，空气等离子弧切割和水压缩等离子弧切割的喷嘴距离工件高度可略小于 6 ~ 8mm。

不同厚度材料的等离子弧切割工艺参数见表 8-44。

表 8-44　不同厚度材料的等离子弧切割工艺参数

母材	厚度/mm	喷嘴孔径/mm	空载电压/V	切割电流/A	切割电压/V	气体流量/(L/min)	切割速度/(cm/min)
不锈钢	8	3.0	160	185	120	35 ~ 38	75 ~ 83
	20	3.0	160	220	120 ~ 125	32 ~ 36	53 ~ 66
	30	3.0	230	280	135 ~ 140	45	58 ~ 66
	45	3.5	240	340	145	42	33 ~ 42
铝及铝合金	12	2.8	215	250	125	73	130
	21	3.0	230	300	130	73	125 ~ 133
	34	3.2	240	350	140	73	58
	80	3.5	245	350	150	73	16
紫铜	5	—	—	310	70	24	156
	18	3.2	180	340	84	28	50
	38	3.2	252	340	106	26	19
铸铁	5	—	—	300	70	24	100
	18	—	—	360	73	25	42
	35	—	—	370	100	25	14

采用 LG8-25 型空气等离子弧切割机时，小电流和大电流空气等离子弧切割的工艺参数见表 8-45 和表 8-46。

表 8-45　小电流空气等离子弧切割的工艺参数

母材	厚度/mm	切割电流/A	空气压力/MPa	空气流量/(L/min)	喷嘴孔径/mm	切割速度/(cm/min)
碳钢	2	25	343	8	1.0	< 100
	4					70
	6					40
	8					22

续表

母材	厚度 /mm	切割电流 /A	空气压力 /MPa	空气流量 /（L/min）	喷嘴孔径 /mm	切割速度 /（cm/min）
不锈钢	2	25	343	8	1.0	100
	4					61
	6					40
	8					20
铝	2					102
	4					35

表 8-46　大电流空气等离子弧切割的工艺参数（低碳钢）

切割电流 /A	厚度 /mm	切割速度 /（cm/min）	喷嘴孔径 /mm	气体流量 /（L/min）	割缝宽度 /mm		切割面斜度 /（°）	
					上口	下口	左	右
150	4.5	580～600	1.8	35	3.4	2.0	10.0	6.3
	6	430～450	1.8	35	3.5	2.0	9.1	4.5
	9	240～270	1.8	35	3.6	2.1	6.2	3.2
	12	200～220	1.8	35	3.7	2.1	4.1	2.7
	16	140～170	1.8～2.3	35～40	3.7	2.2	2.8	2.1
	19	90～110	2.3	40	4.0	2.3	2.2	1.7
250	6	500	2.3	40	4.3	2.1	5.5	4.3
	9	380			4.4	2.3	4.8	3.6
	12	310			4.4	2.4	4.3	3.1
	16	200			4.5	2.6	3.5	2.6
	19	160			4.6	2.8	3.2	2.2
	25	110			4.7	3.1	2.8	1.6

注：喷嘴高度为6mm，后两种工艺难以获得无粘渣切口。

8.4.5 等离子弧焊接的应用实例

（1）超薄壁管子的微束等离子弧焊工艺

超薄壁管在工业部门中有着广泛的应用，可用来制造金属软管、波纹管、扭力管、热交换器的换热管、仪器仪表的谐振筒等，有时还在高温高压、复杂振动和交变载荷条件下用来输送各种腐蚀性介质。用焊接工艺制造超薄壁有缝管是把带材卷成圆管，然后焊接起来。这种方法工艺简单、生产率高、成本低（为无缝管的50%左右），受到国内外生产厂家的极大重视。

微束等离子弧是一种能量高度集中的热源。电弧经过压缩，稳定性比自由电弧好得多，并且工作弧长比自由电弧长，因此观察焊接过程比较方便。超薄壁管子微束等离子弧焊接具有以下优点：

① 焊接的带材厚度比氩弧焊小，厚度为0.1～0.5mm，不需卷边就能焊接，焊接质量好。

② 在管子连续自动焊接时，等离子弧长的变化对焊接质量影响不大，而氩弧焊弧长变化对焊接质量影响很大。

③ 焊接电流小（<3A）时，微束等离子弧稳定性好，而氩弧有时游动，稳定性较差。

④ 微束等离子弧由于热量集中，焊接速度高于氩弧焊，生产率高。

⑤ 能焊接多种金属，包括不锈钢、有色金属和难熔金属等。

超薄壁管子连续自动微束等离子弧焊，类似于封闭压缩弧焊过程。在焊接模套和焊枪之间安装绝缘套，使等离子弧焊枪与金属零件可靠绝缘，同时把保护氩气封闭在一个小室中，相当于建立了近似可控气氛的焊接条件，提高了保护效果。超薄壁管子微束等离子弧焊工艺参数较氩弧焊多，除了焊接电流、焊接速度、保护气体流量外，还有工作气体流量、保护气体成分、保护气体流量与工作气体流量之比等，这些参数均影响焊接质量。

工作气体流量大，电弧挺度好，电弧很容易引出喷嘴，转移弧建立容易；工作气体流量小，电弧挺度差，转移弧建立较困难。但工作气体流量不能过大，太大对焊缝成形不良。保护气体用氢氩混合气体保护效果好，一般用 5% 的氢气，其余为氩气。有时也加氦气，但氦气价格贵，只在对某些有色金属焊接时才用。保护气体流量与工作气体流量有一个最佳比值，这要通过试验确定。

表 8-47 给出 12Cr18Ni10Ti 不锈钢超薄壁管自动微束等离子弧焊的工艺参数。影响超薄壁管子生产率最主要的工艺参数是焊接电流、工作气体的流量和喷嘴小孔直径等。

表 8-47　12Cr18Ni10Ti 不锈钢超薄壁管自动微束等离子弧焊的工艺参数

管子直径 /mm	管子壁厚 /mm	焊接电流 /A	焊接速度 /（cm/s）
8.8	0.15	5 ~ 6	1.66 ~ 1.80
8.8	0.20	8 ~ 9	1.94 ~ 2.08
10.8	0.20	8 ~ 9	1.94 ~ 2.08
13.0	0.20	8 ~ 9	1.94 ~ 2.08

铜及其合金超薄壁管子的焊接工艺与不锈钢管子的焊接工艺有许多共同点。但是，由于彼此的物理性能不同，如线胀系数和导热性高、焊缝形成气孔倾向大、合金元素锌（黄铜）、铍（铍青铜）容易烧损等，焊接时必须采取以下附加措施：

① 焊接处须建立起封闭小室，用氦气作为保护气体以避免熔池氧化，提高保护效果。

② 用钼喷嘴代替铜喷嘴　由于钼喷嘴的热导率相当低（比铜小 2.7 倍），加热到高温时呈炽热的桃红色，妨碍锌和铍的蒸发和沉积，可以减少锌和铍的烧损。

③ 必须用软态带材制造超薄壁管子　在封闭小室中用氦气作保护气体也能够用微束等离子弧焊接钛和锆的超薄壁管子。

（2）GH132 高温合金等离子弧焊接工艺

航空器上很多零部件在高温和复杂的载荷条件下工作，如飞机发动机涡轮盘、加力燃烧室、尾喷管等，这些零部件通常采用高温合金来制造。虽然高温合金具有良好的热稳定性和高的热强度，但在应用过程中，由于种种原因，也经常会产生裂纹、腐蚀、烧伤等缺陷。针对 GH132 高温合金燃烧室燃气腐蚀损伤，采用了等离子弧焊接技术进行修复，不仅大大缩短了修复工期，而且经等离子弧焊接修复后，焊缝质量能够满足使用要求。

GH132 合金是一种时效强化的铁基高温合金，含有的 Ti、Al、Mo 等元素焊接时容易被氧化烧损，使焊接接头强度性能降低。该合金具有单相奥氏体组织，导热性差，线胀系数大，焊接时有较大的焊接应力产生。另外，合金中含有 Mn、Si、Ti 和 B 等元素，在焊接过程中容易形成低熔点共晶偏析，增加了焊接热裂纹倾向。此外，锻造、热处理及焊接等工艺参数不当也会成为产生裂纹的原因。

焊接设备采用 LH-300 型等离子弧焊机。焊枪为对中可调焊枪，使用的喷嘴为有压缩段的收敛扩散三孔型喷嘴。焊枪对等离子弧的性能和焊接过程的稳定性起着决定性的作用。LH-300 型等离子弧焊枪能保证电弧的稳定，引弧转弧方便，电弧压缩性能良好，电极与喷嘴的对中性准确。GH132 高温合金等离子弧焊接的工艺参数见表 8-48。

高温合金焊接时须注意以下几个特点：一是合金元素在高温状态下易氧化；二是其线胀系数大、导热性差，容易引起焊接变形；三是合金组元复杂，要注意防止产生热裂纹。另外要注意的是焊缝的化学成分对接头性能的影响，如焊接接头的耐腐蚀性、耐晶间腐蚀性和热强性等。

表 8-48 GH132 高温合金等离子弧焊接的工艺参数

厚度 /mm	喷嘴孔径 /mm	焊接电流 /A	焊接电压 /V	焊接速度 /(cm/s)	喷嘴端面至工件距离 /mm	焊丝直径 /mm	氩气流量 /(L/min)		
							等离子气	保护气	拖罩保护气
6	3	280	30	0.33	6.5 ~ 7.0	1.5	4.5	23	15

① 焊前准备 焊接前，焊口两侧必须清除一切油污及表面氧化层，可采用酸洗或机械清理。例如，用丙酮除去焊口两侧 100mm 内的油污，用细砂布除去两侧 50mm 内的氧化层，直至露出光洁的金属，再用棉纱蘸丙酮擦洗 2 ~ 3 遍，即可进行焊接。接头间隙应在 0.5 ~ 1.0mm 之内。

② 焊缝区域的保护 为保证焊接质量和合理使用保护气体，焊缝背面采用分段跟踪通气保护，正面附加弧形拖罩保护，弧形拖罩长度为 150mm，弧形拖罩的半径为工件半径再加 5 ~ 8mm。

③ 焊接工艺要点 焊接时不开坡口，用穿孔法单面焊双面成形。焊接时不加填充焊丝，收弧时填加 0.8mm 的 GH113 焊丝。焊接接头处应有 30mm 左右的重叠，熄弧时电流、气流同时衰减（电流衰减稍慢），并送进焊丝至填满弧坑，防止产生收弧缺陷。

收弧是等离子弧焊接的"小孔效应"逐渐消失直至电弧熄灭的过程。收弧参数不适当可能造成气孔、裂纹、弧坑等缺陷。合理地选择电流、离子气流量、焊接速度的衰减及焊枪与工件的位置等参数，气孔是可以消除的。应使熔池由穿透到不穿透直至熔池消失这个过程圆滑均匀过渡。收弧时，不填满熔池会出现弧坑或裂纹，为此应增加填充金属，减慢焊接速度来消除。

高温合金的等离子弧焊接过程稳定，焊接速度快，热影响区小，变形小，熔池保护效果好，焊缝正反面成形美观，生产效率高。试验表明，厚度为 6mm 的高温合金等离子弧焊接头的力学性能与氩弧焊接头基本相同，但热稳定性和抗腐蚀能力明显高于氩弧焊接头。

（3）内燃机车柴油机气门等离子弧喷焊

内燃机车柴油机气门的等离子弧喷焊质量不仅影响钴基合金喷焊材料的消耗量，而且影响工厂生产进度及装车。喷焊质量不稳定成为柴油机气门生产中的关键技术难题之一。

① 喷焊材料及设备 内燃机车柴油机气门锥面喷焊材料为 Stellite158 钴基自熔性合金粉末，其化学成分和物理性能见表 8-49 和表 8-50。

表 8-49 Stellite158 钴基自熔性合金粉末的化学成分　　　　　　　　　　单位：%

C	Cr	Si	W	Fe	Mn	Mo	Ni	B	Co
0.8	26	2	5.5	3	0.1	0.5	3	0.7	（余量）

表 8-50 Stellite158 钴基自熔性合金粉末的物理性能

熔点 /℃	喷焊层硬度 HRC	粒度 / 目	线胀系数 /$10^{-5}℃^{-1}$
1182	38 ~ 43	60 ~ 200	17.4

柴油机气门喷焊设备为 DP-500 型控制柜 + 两台 ZXG-250 硅整流直流弧焊电源 + 高频振荡器 + 喷焊机床，其中喷焊机床采用顶尖压装方式，以蜗轮机构调节气门装夹后的倾斜角度。喷焊机床前面板设有调节焊枪前后左右位置的调节手轮，可在焊接过程中根据焊枪弧焰状态适当调节焊枪与气门之间的相对位置。

以上设备存在一些不足，武汉材料保护研究所采用 PTA-400 型通用喷焊控制柜取代原有的旧式控制柜。该控制柜采用 PLC 控制方式，数字显示，其显示精度为 1V（A），调速输出精度为 ±1V。根据柴油机气门喷焊工艺要求编制操作程序，同时用 QLB-200 型气门喷焊专用焊枪替代原有的通用焊枪，其良好的电弧特性及较长的易损件使用寿命基本满足长时间大批量气门喷焊的要求。

② 喷焊工艺要点　采用焊前预热，预热温度 400 ～ 500℃，保温时间为 30min。可采用箱式炉预热，保证每根气门预热时间相同，也可采用开放式电热丝加热板预热，预热程度以气门锥面颜色刚发蓝为准。后一种方式加热速度快，但不如前一种方式加热均匀。根据试验结果，采用较高的加热温度、较短的加热时间效果较好，此时气门表面的氧化膜明显薄一些，喷焊时液态金属的浸润性更好。

程序形式为自动：从起弧到衰减均自动完成。非弧形式为连续；在喷焊过程中非弧始终建立。动作顺序为：非弧建立→摆动→送粉→转弧建立→转动→喷焊→一圈喷焊完后停粉→转弧开始衰减并切断→转动→摆动停止。等离子弧喷焊的工艺参数见表 8-51。

表 8-51　等离子弧喷焊的工艺参数

非弧电压 /V	非弧电流 /A	转弧电压 /V	转弧电流 /A	摆幅 /mm	摆动频率 /Hz	送粉量 /(g/min)	等离子气流量 /(L/h)	送粉气流量 /(L/h)	保护气流量 /(L/h)
15 ~ 18	30 ~ 40	22 ~ 24	105 ~ 115	6 ~ 8	45	25	200	200	600

喷焊后的气门一般以 560℃保温 1h 后随炉冷却，以消除钴基合金在 417℃晶型转变时产生的组织应力。

③ 缺陷分析及解决措施　柴油机气门喷焊后采用涡流探伤，并在报警处进行着色探伤，可发现呈细丝状或细小斑点的团块缺陷，有时缺陷也表现为裂纹形状。这是由于当合金粉末中 C、Si、B 三种元素的成分波动较大，导致粉末熔点升高时，粉末在熔池中熔化不充分。尤其是粉末粒度较粗，表面氧化层较厚，在弧焰中飞行时间较短而不能充分预热时，如果粉末进入弧柱的方向控制不好，会促使缺陷产生。未充分熔化的粉末之间形成细微的间隙，在极端情况下可发展成裂纹。根据缺陷产生的原因，在喷焊过程中可采取如下措施：

a. 提高预热温度。

b. 适当增大转弧电流。

c. 选用细的喷焊粉末，如 140 ～ 280 目。

d. 尽量延长粉末在弧柱中的飞行时间，使其充分预热，同时控制粉末进入熔池的方向，延长其在熔池中受热熔化的时间。

e. 适当减慢转动速度。

内燃机车柴油机气门等离子弧喷焊影响因素众多，涉及喷焊程序、控制喷焊参数、喷枪设计、喷焊粉末质量、毛坯设计、氩气纯度等多个方面，这就要求技术人员综合考虑各个影响因素，找出影响喷焊质量的根本原因。采用适当措施后，气门喷焊一次成品率可稳定在 90% 以上，该技术已应用于某内燃机车大修厂，取得了满意的效果。

8.5　其他特种焊接方法

8.5.1　真空扩散焊

（1）扩散焊的原理

扩散焊（diffusion welding）是在固态下靠元素扩散实现材料界面结合的焊接方法，是指在一定的温度和压力下，被连接表面相互接触，通过使界面局部发生微观塑性变形，或通过被连接表面产生的微观液相而扩大被连接表面的物理接触，然后界面原子间经过一定时间的相互扩散，形成整体可靠连接的过程。扩散焊过程分为三个阶段：

第一阶段为物理接触阶段，高温下微观不平的接触表面，在外加压力的作用下，通过屈服和蠕变使一些点首先达到塑性状态，在持续压力的作用下，接触面积逐渐扩大，最终达到整个面的可靠接触。在这一阶段最后，界面之间还有空隙，但其接触部分则基本上已是晶粒间的连接。

第二阶段是接触界面固态条件下原子间的相互扩散，形成牢固的结合层。这一阶段中，由于晶界处原子持续扩散，许多空隙消失。同时，界面处的晶界迁移离开了接头的原始界面，但界面附近仍有许多显微孔洞。

第三阶段是在接触部分形成的结合层，逐渐向体积方向发展，形成可靠的连接接头。在此阶段，遗留下的显微孔洞完全消失了。

这三个阶段是相互交叉进行的，最终在接头处由于扩散、再结晶等过程而形成固态冶金结合，它可以生成固溶体及共晶体，有时生成金属间化合物，形成可靠连接。

（2）扩散焊的特点

扩散焊与熔焊、钎焊方法相比，在以下几个方面具有明显的优点：

① 接头质量好　扩散焊接头的显微组织和性能与母材接近或相同，不存在各种熔化焊缺陷，也不存在具有过热组织的热影响区。工艺参数易于精确控制，在批量生产时接头质量稳定。

② 适用范围广　可以进行内部及多点、大面积构件的连接，以及实现电弧可达性不好或用熔焊方法不能实现的连接；可焊接其他方法难于焊接的具有特殊性能的材料，适合于耐热材料（耐热合金、钨、钼、铌、钛等）、陶瓷、磁性材料及活性金属的连接。

③ 焊件变形小　是一种高精密的连接方法，工件变形小，可以实现机械加工后的精密装配连接，获得较大的经济效益。

扩散焊的缺点如下：

① 零件被连接表面的制备和装配质量的要求较高。

② 焊接过程的加热和冷却时间长，在某些情况下会产生晶粒长大等副作用。

③ 设备一次性投资较大，被连接工件的尺寸受到设备的限制。

（3）扩散焊的应用

一些高性能构件的制造要求把特殊合金或性能差别很大的异种材料，如高温合金、金属与陶瓷、钢与钛等连接在一起，这用传统的熔焊方法难以实现。为了适应这种要求，作为固相连接方法之一的扩散焊技术引起了人们的重视。扩散焊技术发展很快，已被应用于航空航天、仪表及电子核工业等部门，并已经扩展到能源、石油化工及机械制造等众多领域。在扩散焊研究与应用中，有70%涉及异种材料的连接。

（4）扩散焊设备

扩散焊时须保证连接面及被连接金属不受空气的影响，必须在真空或惰性气体介质中进行。采用最多的方法是真空扩散焊。真空扩散焊可以用高频、辐射、接触电阻、电子束及光放电等方法，对工件进行局部或整体加热。工业生产中应用的扩散焊设备，主要采用感应和辐射加热的方法。

扩散焊设备种类繁多。扩散焊设备包括真空室、真空系统、加热系统、加压系统、对温度和真空度的检测以及控制装置等。无论何种加热方式的扩散焊设备都主要由以下几部分组成。

① 真空室和真空系统　真空室越大，要达到和保持一定的真空度对所需真空系统要求越高。真空室中应有由耐高温材料围成的均匀加热区，以保持设定的温度稳定；真空室外壳需要冷却。真空系统一般由扩散泵和机械泵组成。按真空度可分为低真空（$< 1.33 \times 10^{-2}$Pa）、中真空（$1.33 \times 10^{-3} \sim 1.33 \times 10^{-4}$Pa）、高真空（$> 1.33 \times 10^{-5}$Pa）。

② 加热系统　一般由感应线圈和高频电源组成。根据不同的加热要求，辐射加热可选用钨、钼或石墨作加热体，经过高温辐射对工件进行加热。按加热方式分为感应加热、辐射加热、接触加热等。

③ 加压系统 扩散焊过程一般要施加一定的压力。在高温下材料的屈服强度较低，为避免构件的整体变形，加压只是使接触面产生微观的局部塑性变形。扩散焊所施加的压力较小，压强可在 1～100MPa 范围内变化。目前主要采用液压和机械加压系统。

④ 测量与控制系统 现在应用的扩散焊机都具有对温度、压力、真空度及时间的控制系统。可实现对温度从 20～2300℃ 的测量与控制，温度控制的精度为 ±（5～10）℃。压力的测量与控制一般是通过压力传感器进行的。

⑤ 水冷系统 一般通过水循环系统进行冷却。扩散焊设备启动前应接通水冷循环。

（5）真空扩散焊工艺流程

真空扩散焊工艺流程一般包括以下几个阶段：

工件表面处理—装配—装炉（将装配好的工件放置于真空室）—扩散焊接（包括抽真空、加热、加压等）—炉冷

8.5.2 摩擦焊

（1）摩擦焊的原理

摩擦焊是在外力作用下，利用焊件接触面之间的相对摩擦所产生的热量，使接触面金属相互扩散、塑性流动和动态再结晶而完成的固态焊接方法。将两个圆形截面工件进行对接焊，首先使一个工件以中心线为轴高速旋转，见图 8-30（a）；然后将另一个工件向旋转工件施加轴向压力 F_1，见图 8-30（b）；接触端面开始摩擦加热，达到给定的摩擦时间或规定的摩擦变形量时，停止工件转动，见图 8-30（c）；同时施加更大的顶锻压力 F_2，接头处在顶锻压力的作用下产生一定的塑性变形，即顶锻变形量，见图 8-30（d）。在保持一段时间后，松开两个夹头，取出焊件，结束焊接过程。

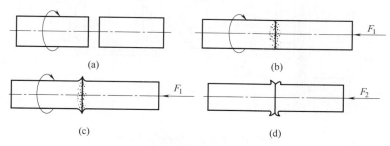

图 8-30 摩擦焊过程

两焊件接合面之间在压力下高速相对摩擦产生两个重要的效果：一是破坏了接合面上的氧化膜或其他污染层，使纯金属暴露出来；二是发热，使接合面很快形成热塑性层。在随后的摩擦转矩和轴向压力作用下这些破碎的氧化物和部分塑性层被挤出接合面外而形成飞边，剩余的塑性变形金属构成焊缝金属。最后的顶锻使焊缝金属获得进一步锻压，形成质量良好的焊接接头。

（2）摩擦焊的特点

摩擦焊有许多特征与闪光对焊和电阻对焊相似，如焊接接头多为圆形截面对接。不同之处是，闪光对焊和电阻对焊焊接热源是利用电阻热，而摩擦焊是利用摩擦热的固态焊接。与闪光焊、电阻对焊相比较，摩擦焊有如下优点：

① 接头质量好 摩擦焊正常情况下接合面不发生熔化，熔合区金属为锻造组织，不产生与熔化和凝固相关的焊接缺陷；压力与转矩的力学冶金效应使晶粒细化、组织致密。

② 适合异种材料的连接 不同组合的金属材料（如铝／钢、铝／铜、钛／铜等）都可以进行摩擦焊接。大多数可锻造的金属材料都可以进行摩擦焊接。

③ 生产效率高　发动机排气门双头自动摩擦焊机的生产效率可达 $800 \sim 1200$ 件 /h，对于外径 127mm，内径 95mm 的石油钻杆的焊接，连续驱动摩擦焊仅需十几秒，如采用惯性摩擦焊，所需时间还要短。

④ 尺寸精度高　用摩擦焊生产的柴油发动机预燃烧室，全长误差为 $\pm 0.1mm$；专用机可保证焊后的长度公差为 $\pm 0.2mm$，偏心度为 0.2mm。

⑤ 操作简单　设备易于机械化、自动化。

⑥ 环境清洁　工作时不产生烟雾、弧光及有害气体等。

摩擦焊的缺点与局限性如下：

① 对焊件结构要求高　对非圆形截面焊接时所需设备复杂；对盘状薄零件和管件不易夹固，施焊也很困难；受摩擦焊机主轴电动机功率和压力的限制，目前最大焊接截面约为 $200cm^2$。

② 设备一次性投资大　大批量生产时才能降低生产成本。

（3）摩擦焊的应用

摩擦焊方法以优质、高效、节能、无污染的技术特点受到制造业的重视，特别是近年来开发的搅拌摩擦焊、超塑性摩擦焊等新技术，使其在航空航天、能源、海洋开发等技术领域及石油化工、机械和车辆制造等产业部门得到了广泛的应用。

（4）摩擦焊的设备

摩擦焊设备比较复杂，最常用的是连续驱动摩擦焊机和惯性摩擦焊机。连续驱动摩擦焊机通常由主轴系统、加压系统、机身、夹头、控制系统及辅助装置等部分组成，如图 8-31 所示。惯性摩擦焊机由电动机、主轴、飞轮、夹盘、移动夹具、液压缸等组成，如图 8-32 所示。

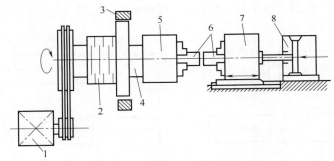

图 8-31　连续驱动摩擦焊机结构

1—主轴电动机；2—离合器；3—制动器；4—主轴；

5—旋转夹头；6—工件；7—移动夹头；8—轴向加压油缸

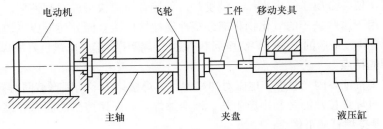

图 8-32　惯性摩擦焊机结构

（5）摩擦焊工艺参数

摩擦焊通常由程序控制自动完成焊接，焊前根据焊件工艺进行编程。摩擦焊主要工艺参数如下：

① 转速　根据被焊材料和连接界面处焊缝直径选择。

② 工件之间的压力 在焊接过程中是变化的。工件之间的压力由低到高，以产生足够大的摩擦热，到停止旋转时，压力迅速增大。

③ 焊接时间 焊接时间通常几秒到几十秒，根据焊件类型、形状及接触面积大小等选择。

8.5.3 冷压焊与热压焊

（1）冷压焊与热压焊原理

冷压焊和热压焊都是压力焊的一种形式。冷压焊时，被焊接件在强大的外压下，工件接触表面的氧化膜破裂并被塑性流动的金属挤出界面，使洁净金属紧密接触，达到原子间的结合，最后形成牢固的焊接接头。热压焊的焊接本质与冷压焊基本相同，但在工件加热条件下施加压力，使被焊界面金属产生塑性流变，形成界面金属原子间的结合。

（2）冷压焊的特点

① 变形程度大、施焊压力大 冷压焊的整个过程是在室温下进行的，冷压焊的压力一般高于材料的屈服强度，以产生 60% ～ 90% 的变形量。加压时可以缓慢挤压、滚压或加冲击力，也可以分几次加压达到所需的变形量。

② 焊接温度低 在几十种焊接方法中，冷压焊是焊接温度最低的焊接方法。实践表明，冷压焊过程中的变形速度不会引起焊接接头的升温，也不存在界面原子的明显扩散。

③ 接头强度大 在冷压焊过程中，由于焊接接头的形变硬化可以使接头强化，其结合界面呈现复杂的山谷和犬牙交错的形貌，接合面面积比简单的几何截面积大。冷压焊接头强度大，又无中间相生成，所以冷压焊接头具有优良的导电性和抗腐蚀性能。

④ 生产率高，成本低 冷压焊由于不需加热、不需填料，焊接的主要工艺参数已由模具尺寸确定，故易于操作和实现自动化，焊接质量稳定，生产率高，成本低。

⑤ 适用异种材料焊接 焊接时接头温度不升高，材料组织状态不变，适用于异种金属和热焊法无法实现的一些金属材料和产品的焊接。

（3）冷压焊的应用

目前，冷压焊已成为电气行业、铝制品业和太空焊接领域中重要的焊接方法之一。冷压焊特别适用于在焊接中要求必须避免母材软化、退火和不允许烧坏绝缘的一些材料或产品的焊接。例如，某高强度变形时效铝合金导体，当温度超过 150℃时，强度成倍下降；某些铝合金通信电缆或铝壳电力电缆，在焊接铝管之前就已经装入了电绝缘材料，焊接时的温度升高不允许超过 120℃。石英谐振器及铝质电容器的封盖工序、Nb-Ti 超导线的连接都可采用冷压焊。

（4）冷压焊工艺参数

冷压焊焊接质量主要取决于焊接件的清洁程度和被焊部位塑性变形的大小，而焊接压力则是冷压焊过程中产生塑性变形的必要条件。

① 焊接件的表面状态 冷压焊工艺要求焊接件待焊表面具有良好的状态，包括表面清洁度和粗糙度。

② 塑性变形程度 塑性变形程度是指实现冷压焊所需要的最小塑性变形量，它是判断材料冷压焊接性和控制焊接质量的关键参数之一。材料的塑性变形程度越小，冷压焊接性越好，但是对于不同的金属材料，最小塑性变形量是不一样的，例如纯铝的塑性变形程度最小，表明其冷压焊接性最好，纯钛次之。

③ 焊接压力 焊接压力是冷压焊过程中唯一的外加能量，通过模具传递到待焊部位，使被焊金属表面产生塑性变形。对接冷压焊时，焊接件随变形的进行被锻粗，使焊接件的名义截面积不断增大，因此，冷压焊后期所需的焊接压力比焊接初始时的焊接压力大得多。

在冷压焊生产中，由于形成冷压焊接头所必需的塑性变形程度是由模具决定的，只要焊接压力足够大，焊接件表面清洁度和粗糙度满足冷压焊要求，焊接质量就可以保证，而与焊接施工人员的技能无直接关系。

（5）热压焊

热压焊是在焊接过程中，对焊件加热和施加压力来实现冶金结合的固相焊方法的统称，包括气压焊、锻焊和滚焊等，气压焊又分为塑性气压焊（如图8-33）和熔化气压焊两种。一般是施加足够大的压力，以使母材产生明显的宏观塑性变形，有时需要使用真空或保护气体。热压焊的一种改进形式是热等静压焊接，这种焊接在一个压力容器中进行，通过高温惰性气体施加压力。

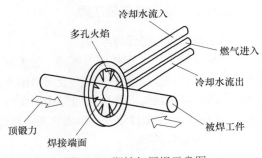

图8-33　塑性气压焊示意图

热压焊按加热方式可分为工作台加热、压头加热、工作台和压头同时加热三种形式。热压焊最早应用于钢轨焊接，后来多用在钢轨的现场联合接头的焊接，并逐步朝多功能轻型化方向发展。

8.5.4　超声波焊

（1）超声波焊的原理

超声波焊是利用超声波的高频振荡对焊件接头进行表面清理和局部加热，然后施加压力实现焊接的方法。

在夹紧工件的情况下，其通过局部施加高频振荡能来实现焊接。超声波焊时，由高频发生器产生16～80kHz的高频电流，通过激磁线圈产生交变磁场，使铁磁材料在交变磁场中发生长度交变伸缩，超声频率的电磁能便转换成振动能，再由传送器传至声极。同时通过声极对焊件加压，平行于连接面的机械振动起着破碎和清除焊件表面氧化膜的作用，并加速界面扩散和再结晶过程。

超声波焊接时既不向焊件输送电流，也不向焊件引入高温热源，只是在静压力作用下将弹性振动能量转变为焊件间的摩擦功、变形能及随后有限的温升。接头之间的冶金结合是在母材不发生熔化的情况下实现的，因而是一种固态焊接方法。超声波焊接的原理如图8-34所示。

由上声极传输的弹性振动能量是经过一系列的能量转换及传递环节产生的，这些环节中，超声波发生器是一个变频装置，它将工频电流转变为超声波频率（16～80kHz）的振荡电流，换能器则利用逆压电效应将其转换成弹性振动机械能。传动杆、聚能器用来放大振幅，并通过耦合杆、上声极传递到焊件。换能器、传动杆、聚能器、耦合杆及上声极构成一个整体，称之为声学系统。声学系统中各个组元的自振动频率，将按同一频率设计。当发生器的振荡电流频率与声学系统的自振动频率一致时，系统即产生了谐振（共振），并向焊件输出弹性振动能。

（2）超声波焊的分类

根据接头形式，超声波焊可分为点焊、缝焊、环焊和线焊等。不同类型的超声波焊得到的焊缝形状不同，分别为焊点、密封连续焊缝、环焊缝和平直连续焊缝。

（3）超声波焊的特点

超声波焊属于固态焊接，不受冶金焊接性的约束，不需熔焊中的热输入。超声波焊具有以下优点：

① 焊接时对焊件不加热、不通电，对高热导率和高电导率的材料如铝、铜、银等容易焊接。能实现同种、异种金属，金属与非金属以及塑料之间的焊接。

② 特别适用于金属箔片、细丝以及微型器件的焊接。可焊接厚度只有 0.002mm 的金箔及铝箔。由于是固态焊接，不会氧化、污染和损伤微电子器件，所以半导体硅片与金属丝（Au、Ag、Al、Pt、Ta 等）的精密焊接最为适用。可以焊接厚薄相差悬殊以及多层箔片叠置等焊件，如热电偶丝焊接、电阻应变片引线以及电子管灯丝的焊接，还可以焊接多层叠合的铝箔和银箔等。

③ 与电阻焊相比，耗用电功率小，焊件变形小，接头强度高且稳定性好。

④ 对焊件表面的清洁度要求不高，允许少量氧化膜及油污存在。因为超声波焊本身具有对焊件表面氧化膜破碎和清理作用，焊接表面状态对焊接质量影响较小，甚至可以焊接涂有油漆或塑料薄膜的金属。

超声波焊的缺点如下：

① 受大功率超声波点焊机制造成本的限制，大多仅限于焊接丝、箔、片等细薄件。

② 接头形式目前只限于搭接接头。

③ 焊点表面容易因高频机械振动而引起边缘的疲劳破坏，不利于焊接硬而脆的材料。

④ 对焊接质量难以进行在线无损检测，大批量生产困难。

（4）超声波焊的应用

超声波焊接以其独特的技术特点应用于各行各业，包括机械仪表、微电子电器、石油化工、包装工业及航空航天等领域。

还可用于生产包装袋、薄壁容器和对包装袋进行封口焊。目前，超声波焊接主要用于小型薄件的焊接，较多是铝、铜、金的超声波焊；也可用于钢铁材料、钨、钛、钼等金属以及其他材料的焊接，如塑料、异种材料等。对于物理性质相差悬殊的异种金属，甚至金属与半导体、金属与陶瓷等，也可采用超声波焊接。

（5）超声波焊设备

超声波电焊机主要由超声波发生器、声学系统、加压机构、控制装置组成，如图 8-34 所示。

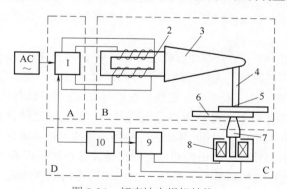

图 8-34　超声波电焊机结构

A—超声波发生器；B—声学系统；C—加压机构；D—控制装置；

1—超声波发生器；2—换能器；3—聚能器；4—耦合杆；5—上声极；

6—焊件；7—下声极；8—电磁加压装置；9—控制加压电源；10—程控器

（6）超声波焊工艺参数

超声波焊接主要工艺参数由焊接功率 P、振动频率 f、振幅 A、静压力 F、焊接时间 t 等组成。

第9章 焊接修复技术

9.1 焊接修复的特点

（1）修复破损或磨损的部件

机械产品的损坏往往是个别零部件失效造成的，而零部件失效往往是由于局部表面破坏造成的。将机械产品中那些易损零部件进行焊接修复，可以恢复机械零部件或设备的整体生产运行。与一般焊接制造工艺不同的是，焊接修复是采用焊接方法，对破损或报废零部件进行修复的加工工艺过程。焊接修复的目的在于恢复零部件的尺寸或增加零部件表面耐磨、耐热、耐腐蚀等方面的性能。因此，焊接修复除了具有一般焊接方法的特点外，还有其特殊性。

几乎所有的焊接方法都可用于焊接修复。但目前应用最为广泛的修复方法是手工电弧焊和气体保护焊。随着焊接材料的发展和焊接工艺的改进，自动化焊接方法在修复中的应用范围日益广泛。如药芯焊丝 CO_2 气体保护焊大大提高了焊接修复的工作效率，明显改善了焊接工艺性能和操作者的工作条件；应用手工电弧自熔性合金粉末可获得熔深浅、表面光整、性能优异的表面堆焊层。

我国目前每年的铸铁件产量为 5000 万吨左右，其中 10% ～ 15% 具有不同形状的铸造缺陷，需要用焊接修复。焊接修复挽救了大量铸铁件并节约了大量资金。在工程和机械零部件中，已经损坏或磨损的铸铁件很多（如机床床身、底座、导轨等），这些铸铁件已经过机械加工，价格昂贵，采用焊接技术对其进行修复的经济效益是很明显的。此外，把铸铁件与其他金属进行焊接，生产的各种配件可具有各自的优势，因此其成为焊接界与铸造界许多研究者共同关注的热点课题。

铸铁焊补在农机制造与修理、矿山机械、交通运输及其他许多产业部门中具有十分重要的作用。在机床制造业中，铸铁的使用量约占 50% ～ 80%，用于制造各种机床的床身、工作台、变速箱体、导轨等；在农机制造中，铸铁的用量约占 40% ～ 60%，用来制造拖拉机的气缸体、气缸盖、差速器、曲轴，以及排灌机械、脱粒机等；在交通运输业中铸铁主要用于制造汽车、机车、轮船的柴油机气缸等。汽车、农机铸铁零部件焊接修复的方法见表 9-1。

表 9-1 汽车、农机铸铁零部件焊接修复的方法

零部件名称	焊接修复部位	焊接修复方法	备注
气缸体、较大的气缸盖	气缸平面正中部位、气门导管内的裂缝；长裂缝或断裂；缸盖平面上的裂缝	预热气焊；镍基铸铁焊条电弧冷焊	也可用 Z208 焊条，电弧热焊
气缸体、小气缸盖、变速箱体、磨壳	气缸平面上裂缝或缸孔间全开裂；孔间裂缝；边角处的裂缝；破裂	用加热减应区法气焊	也可用 Z208 焊条，加热减应区法电弧热焊及半热焊

续表

零部件名称	焊接修复部位	焊接修复方法	备注
气缸体、气缸盖、变速箱体、拖拉机后桥壳	非加工面上的裂缝、破洞	采用铜－钢焊条，电弧冷焊；破洞处可以用低碳钢薄板补板	也可用 Z116、Z117、Z100、J422、J506 焊条，电弧冷焊
拖拉机、柴油机上的铸铁件，如前桥梁、平衡臂、牵引鼻、箱盖、机座	断裂	采用 Z208 焊条，不预热或半预热焊	—
变速箱、吊耳、变速箱拨叉等	裂缝或断裂	采用 Z116、Z117、Z408、不锈钢焊条、J422、J506 焊条，小电流、多层电弧冷焊	磨损面可用黄铜钎焊
球墨铸铁曲轴	键槽损坏	采用 Z116、Z117、J422、J506 焊条，电弧冷焊	—

在铸铁生产过程中，铸铁件不可避免会产生气孔、夹渣、缩孔、裂缝等缺陷，而且有缺陷的铸铁件所占的比例通常还是比较高的，使铸造成品率大为降低。以重型机床的床身为例，它的质量达数十吨，若因铸造缺陷而报废，不仅损失巨大，还会给重新熔炼带来很大困难。有的铸铁件已经进行机械加工，在接近完成时才发现缺陷，若这时报废，既浪费了材料、工时，又提高了成本。因此在机械制造中将铸铁焊补作为一道工序，既可保证铸铁件质量、提高成品率、降低成本，又能减少铸铁报废所造成的损失。

有些大型设备是工厂的关键设备，当铸铁件在使用过程中出现裂纹或损坏时，会严重影响正常生产。在这种情况下，焊接修复技术将发挥它独到的作用，花费最小的代价，在最短的时间内予以修复并恢复正常生产。

国内采用修复技术解决了许多设备零部件失效难题并取得重大经济效益。由于采用了新技术，维修后不仅恢复了失效零部件原来的性能，而且恢复后的性能还会大大超过新产品。例如，重载汽车的轴承内外圈配合面修复后，相对耐磨性比新品高好几倍，变速箱的输出法兰盘采用超音速火焰喷涂修复后，使用寿命是新产品的 2 倍多，长江三峡工程中挖泥船的发动机曲轴因局部磨损，不能工作，如从日本购买新轴，从订购到交货需三个多月时间，停产损失更为严重，采用电弧喷涂技术修复，总费用仅为曲轴价格的 3%。

（2）修复－制造新部件：再制造技术

现代工业的发展对各种机械设备零部件的性能要求越来越高，一些在高速、高温、高压、重载荷、腐蚀介质等条件下工作的零部件，往往因其局部损坏而使整个零部件报废，最终导致设备或装备停用。

机械零部件的修复伴随着机械制造，有制造就要有零部件修复。近 20 多年来，由于人们环保意识的增强，"用后丢弃"的观念开始向"再制造"的观念转变。另外，随着先进制造技术的不断发展，原先的原样修复变成为可实现超过原始性能的改进性修复。原先的被动修复变为制造与修复纳入设备和零部件的设计、制造与运行全过程的系统工程。未来的制造与维修工程将是一个考虑设备和零部件的设计、制造、运行直至报废的全过程，以优质、高效、节能为目标的系统工程。

早在 1984 年，美国《技术评论》就提倡旧品翻新或再生（称为重新制造），在重新制造中大量采用各种先进技术，把因损坏、磨损或腐蚀等而失效的可能维修的机械零部件翻新如初。日本也提出了再生工厂技术的概念。1990 年 10 月在法国召开的欧洲国家维修团体联盟第 10 次会议的主题是"维修——对未来的投资"，反映了发达国家对维修的新认识。我国现在需要对再制造技术从可持续发展的战略高度进行再认识。制造技术将统筹考虑整个设备寿命周期内的维修策略，而修复技术也将渗透到产品的制造工艺中。维修已被赋予了更广泛的含义。随着先进制造技术及设备的不断发展，制造与维修将越来越趋于统一。

　　工程结构件修复 - 再制造的费用虽然一般只占产品价格的 5% ～ 10%，却可以大幅度地提高产品的性能及附加值，从而获得更高的利润。据统计，采用焊接修复措施的平均效益可达原零部件的几倍或十几倍以上，再制造技术（例如采用表面工程措施）的效益甚至可达 20 倍以上。

　　用堆焊修复的方法提高工件耐磨性的重要意义在于它符合再制造工程发展的要求。再制造工程技术属于绿色先进制造技术，是对先进制造技术的补充和发展。报废产品的再制造是其产品全寿命周期管理的延伸和创新，是实现可持续发展的重要技术途径。

9.2　焊接修复方法及适用性

9.2.1　常用的焊接修复方法

　　工程构件的焊接修复方法很多，常用的有手工电弧焊、埋弧焊、气体保护焊和金属喷涂修复等。这些修复方法都有各自的特点和适用范围，焊接修复时，必须根据工程构件的材质、失效部位和破坏形式选择合适的修复方法。

　　（1）手工电弧焊

　　手工电弧焊是最常用的焊接修复方法，主要用于工件缺陷的修复，如裂纹、气孔等。工件缺陷焊接修复时，必须先将缺陷去除，然后根据工件的材质选用合适的焊条，进行手工焊补，此外，零部件磨损或腐蚀部位的修复也可以采用手工电弧堆焊实现。

　　根据所用焊接设备的不同，手工电弧焊修复可分为交流电源手工电弧焊和直流电源手工电弧焊。交流电源手工电弧焊是指焊接修复流过电弧的电流为交流电，一般用于采用酸性焊条和低氢钾型焊条焊接修复普通零部件的场合。直流电源手工电弧焊是指焊接修复流过电弧的电流为直流电，一般用于采用碱性焊条焊接修复重要零部件的场合。

　　手工电弧焊修复设备简单，操作灵活、方便，无论是现场修复，还是在生产单位修复均可使用。手工电弧焊可以在任何位置焊接修复，特别是能通过各种性能类型的焊条获得满意的焊接修复质量。手工电弧焊修复的缺点是生产效率低、劳动条件差、稀释率高。当焊接修复工艺参数不稳定时，易造成修复部位的化学成分和性能发生波动，同时不易获得表面均匀的修复层。

　　手工电弧焊修复用焊条的药皮类型主要有钛钙型、低氢型和石墨型三种。焊芯多以冷拔焊丝为主，也可用铸芯或管芯。为了减少合金元素的烧损和提高熔敷金属的抗裂性能，一般多采用低氢型药皮焊条。手工电弧焊修复时，一般通过调节焊接电流、焊接电压、焊接速度、运条方式以及弧长等工艺参数控制熔深以降低稀释率、保持电弧稳定、获得稳定均匀的焊接修复质量。

　　低氢型药皮焊条修复时推荐采用直流反接。因合金元素易烧损，弧长不能太大。大面积修复时，注意调整焊接顺序，以控制焊接变形。由于手工电弧焊修复获得的熔深较大，稀释率较高，熔敷金属的硬度和耐磨性下降，所以一般需焊接 2 ～ 3 层。但焊道层数较多时，易导致开裂和剥离，为此常对焊接修复件采取预热和缓冷措施，预热温度由修复部位的刚性、结构等因素确定。

　　手工电弧焊修复成本低、灵活性强。就其焊接修复的材料种类而言，手工电弧焊既可以直接对碳钢、低合金钢、不锈钢、铸铁、镍及镍合金、铜及铜合金等结构件进行焊补，又可以在这些结构件的基体上堆焊耐磨或耐蚀焊条，以提高工件的使用寿命。就其应用范围而言，手工电弧焊修复遍及各种机械工程和制造部门，广泛应用于工程机械、矿山机械、动力机械、石油、化工设备、电力、建筑、运输设备以及模具的制造与修复中。例如，水轮机叶片、阀门密封面、铲斗齿、混凝土搅拌机叶片、履带板、锅炉压力容器、高炉料钟、铸铁炉底盘的焊接修复，都可使用手工电弧焊技术。

　　采用手工电弧堆焊修复轧辊目前已占有很大比重，仅现有的用于轧辊堆焊修复的材料就有几十种。例如，30CrMnSi、40CrMn 等低合金钢，由于合金含量低，所以具有良好的塑性、韧性和抗裂性，在修复轧辊尺寸和打底层方面具有重要的作用；3Cr2W8、3Cr5Mn2MoSi 等热作模具钢，具有良好的耐磨性和抗热疲劳能力，已广泛应用于轧机、板带及各种类型轧机的轧辊堆焊修复；Cr18Ni8Mn6、Cr16Ni8Mn6、Cr20Ni10Mn6 等奥氏体加工硬化不锈钢，由于加工硬化效果显著，在使用过程中硬度大大增加，加之它的热稳定性和抗氧化性均较高，因此，在深孔轧辊的孔型堆焊修复中取得了很好的效果。

　　模具作为机械制造业的重要装备，采用手工电弧堆焊技术进行模具修复及预保护取得了显著的经济效益。模具钢具有较高的碳和合金元素含量，堆焊修复时往往需要先堆焊一层过渡层。目前常用的过渡层材料有 00Cr24Ni13，该材料适用于 400℃ 以下作业的淬火敏感性钢种。对使用温度高、堆焊修复难度更大的模具，常采用镍基作过渡层材料。堆焊修复基体为 5CrMnMo、5CrNiMo、3Cr2W8 的锻模时，常采用 10Mn2 和 08Mn2Si 等材料作为过渡层。

　　（2）埋弧自动焊

　　埋弧自动焊又称为焊剂层下电弧焊，是一种利用焊剂进行保护的焊接修复方法。焊接过程中，焊剂通过焊接漏斗预先送至焊接修复部位，在电弧热量的作用下，焊丝、焊剂及母材熔化并产生蒸气，金属及焊剂蒸气形成了一个气泡，气泡的上面是一层熔渣，这层熔渣覆盖在电弧及熔池上面，有效地隔离空气，形成良好的保护。焊接修复过程中，焊丝通过送丝滚轮及导电嘴不断送至修复部位，以补偿熔化的焊丝，保持弧长的稳定。电弧前移时熔池结晶，形成焊补金属。

　　采用埋弧自动堆焊进行修复时，为增加熔敷效率，降低母材稀释率，要求在不降低修复效率的条件下获得最小的熔深。埋弧堆焊修复有多种形式，如单丝埋弧堆焊、多丝埋弧堆焊、带极埋弧堆焊、串联埋弧堆焊等，其工艺如图 9-1 所示。

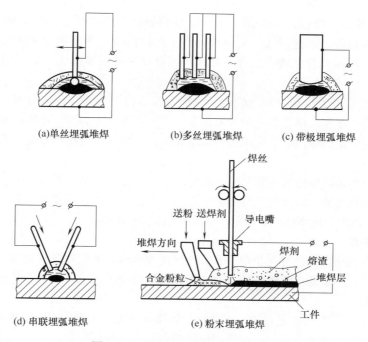

(a)单丝埋弧堆焊　　(b)多丝埋弧堆焊　　(c)带极埋弧堆焊

(d)串联埋弧堆焊　　(e)粉末埋弧堆焊

图 9-1　几种埋弧堆焊修复工艺示意

　　与手工电弧焊修复相比，埋弧自动焊修复具有如下特点。

① 焊接修复质量好　埋弧焊修复时电弧及熔池由熔渣层保护，熔渣隔绝空气的保护效果非常好，电弧区的主要成分是 CO_2，因此焊补金属中的含氮量非常低。并且埋弧自动焊修复时的工艺参数可自动调节，对操作者操作技能的依赖程度较低，获得的焊缝性能与修复质量比较稳定。

② 生产效率高　埋弧自动焊修复时，焊接电流从导电嘴经焊丝流向工件，焊丝的伸出长度基本为一定值，且其值远小于焊条长度，所以埋弧自动焊时焊接电流和焊丝中的电流密度都比手工电弧焊大得多，见表9-2。并且埋弧自动焊焊剂层的保温效果较好，电弧的辐射散热与熔滴的飞溅损失都比手工电弧焊少。因此埋弧自动焊的生产效率明显高于手工电弧焊。

表9-2　手工电弧焊与埋弧自动焊修复焊接电流和电流密度的比较

焊条（焊丝）直径 /mm	手工电弧焊修复		埋弧自动焊修复	
	焊接电流 /A	电流密度 /A·mm⁻²	焊接电流 /A	电流密度 /A·mm⁻²
2.0	50 ~ 65	16 ~ 25	200 ~ 400	63 ~ 125
3.0	80 ~ 130	11 ~ 18	350 ~ 600	50 ~ 75
4.0	125 ~ 200	10 ~ 16	500 ~ 800	40 ~ 63
5.0	190 ~ 250	10 ~ 18	700 ~ 1000	35 ~ 50

③ 节约焊接材料和电能　由于埋弧自动焊的热量集中，利用率高，单位长度焊缝上所消耗的电能大为降低。埋弧焊修复焊接电流大、熔深大，可以不开坡口或少开坡口，减少了焊丝的填充量。并且由于焊剂的保护，金属的烧损和飞溅明显减少，并完全消除了手工电弧焊修复时焊条头的损失，节约了焊接材料。

④ 工件变形小　与手工电弧焊修复比较，热量比较集中，焊接速度快，焊缝热影响区较小，减小了修复后工件的变形。

⑤ 劳动条件好　埋弧自动焊由于焊剂层的覆盖，无弧光辐射，热辐射也少，因此劳动条件较好。

⑥ 适用范围较小　埋弧自动焊仅适用于平焊位置，不能进行空间位置的焊接修复；只能焊接修复较厚大零部件，不能焊接修复薄件；适于焊接修复损坏面积较大的工件，不适于焊接修复短焊缝；不能焊接修复活泼金属件，如铝、钛金属制造的零部件不能采用埋弧自动焊进行修复。

埋弧自动焊主要用于修复各种钢结构，包括碳素结构钢、低合金结构钢、耐热钢、不锈钢及复合钢等钢种的中厚及大厚零部件的焊接修复，在锅炉及压力容器、造船、重型机械与化工装备生产等方面有着广泛的应用。采用埋弧自动堆焊耐磨、耐蚀合金进行零部件的修复也是非常合适的。

埋弧自动焊可焊接修复的工件厚度范围很大，除了厚度 5mm 以下的结构件由于容易烧穿，不宜采用埋弧自动焊修复外，较厚的工件都可采用多层焊的方法进行埋弧焊修复。尤其是埋弧焊窄间隙焊接方法，可以大大提高修复生产率，节约填充金属和电能。

（3）气体保护焊

用外加气体作为电弧介质并保护电弧和焊补区的电弧焊称为气体保护焊。气体保护焊是利用特制的焊炬或焊枪，不断通以某种气体，使电弧和熔池与周围的空气隔离，从而获得优质焊接接头的焊接修复方法。

① 气体保护焊修复的分类及特点　气体保护焊修复在工业生产中的应用种类很多，可以根据保护气体、电极、焊丝等进行分类。如果按选用的保护气体进行分类，可分为非熔化极惰性气体保护焊（TIG）、CO_2 气体保护焊、熔化极惰性气体保护焊（MIG）、混合气体保护焊（包括 MAG）等。按采用的电极类型进行分类，可分为熔化极气体保护焊和非熔化极气体保护焊，熔化极气体

保护焊和非熔化极气体保护焊修复方法如图 9-2 所示。

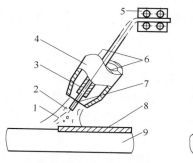
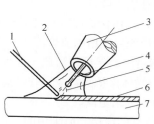

(a) 熔化极气体保护焊

1— 电弧；2— 保护气体；3— 导电嘴；
4— 喷嘴；5— 送丝机；6— 保护气体；
7— 焊丝；8— 焊缝；9— 工件

(b) 非熔化极气体保护焊

1— 焊丝；2— 氩气；3— 喷嘴；4— 钨极；
5— 电弧；6— 焊缝；7— 工件

图 9-2　气体保护焊修复方法

按采用的焊丝类型进行分类，可分为实芯焊丝气体保护焊和药芯焊丝气体保护焊等。按气体保护焊的焊接操作方式可以分为手工气体保护焊、半自动气体保护焊和自动气体保护焊，其中手工气体保护焊主要用于非熔化极焊接，在焊接修复过程中焊炬移动和添加焊丝金属均由手工操作，是焊接修复中常用的气体保护焊方法。各种气体保护焊修复的原理及工艺特点见表 9-3。

表 9-3　各种气体保护焊修复的原理及工艺特点

焊接修复方法		原理	工艺特点
活性气体保护焊	实芯焊丝 CO_2 气体保护焊	CO_2 气体保护焊是利用 CO_2 作为保护气体的熔化极气体保护电弧焊修复方法	CO_2 电弧的穿透力强、焊缝抗腐蚀能力强，适合于全位置焊接修复，焊接飞溅少、成本低等
	药芯焊丝 CO_2 气体保护焊	焊接过程中利用药芯焊丝熔化时产生的气体和熔渣进行保护，并且需要另加保护气体进行焊接修复	焊接飞溅少、焊缝成形良好、焊接速度较高、可以焊接修复不同的钢种、对焊接电源无特殊要求等
	混合气体保护焊	混合气体保护焊是在惰性气体（Ar）中加入一定量的氧化性气体（例如 CO_2、O_2）作为保护气体	良好的焊缝成形和外观、焊接飞溅少、可实现不同的熔滴过渡形式及成本较低等
惰性气体保护焊	熔化极惰性气体保护焊	熔化极气体保护焊（MIG）是采用 Ar 或 He 或二者的混合气体作为保护气体进行焊接修复的方法	对电弧区和熔池的保护效果好、焊接中不产生熔渣、可实现各种熔滴过渡方式、喷射过渡时基本无飞溅产生等
	非熔化极（钨极）惰性气体保护焊	在惰性气体的保护下，利用钨电极与工件之间产生的电弧热熔化母材和填充焊丝的焊接修复方法	焊接修复时钨极不熔化、电弧比较稳定、焊接修复质量易于控制、易于实现机械化和自动化焊接，并可进行全位置焊接修复
等离子弧焊		等离子弧焊是利用自由钨弧压缩得到的等离子弧进行焊接修复的工艺方法	能量密度大、电弧方向性强、焊接速度快、工件变形小，可以修复薄板及精密零部件等

与手工电弧焊、埋弧焊等焊接修复方法相比较，气体保护焊修复在工艺性、接头质量、焊接过程自动化控制、生产率与经济效益等方面具有以下特点。

a. 在明弧下进行焊接修复，修复过程中易于观察电弧与熔池情况，便于发现问题并及时调整，有利于控制焊接修复过程和焊缝成形质量。

b. 不需要采用焊条或焊剂，焊后不需要对焊补表面清渣，提高劳动生产率、降低修复成本。

c. 气体保护焊修复类型较多，其只要改变电极材料、焊丝直径、保护气体成分和气体保护焊修复工艺参数等，就可以用于修复薄壁结构和零部件，也可实现厚大结构件的焊接修复。

d. CO_2 气体保护焊焊丝有效利用率可达 95% 以上，而手工电弧焊焊条的利用率一般只能达到 65%。气体保护焊修复中厚件时，由于坡口角度的减小，减少了焊缝金属的填充量，不但节省了焊接材料，也使能源消耗大大降低。

e. 焊丝连续送进，气体保护焊修复过程易于实现机械化和智能控制。

f. 由于气体保护焊修复采用明弧焊接和大电流密度，电弧光辐射较强，因此要加强对操作者的劳动保护。焊枪喷嘴喷出的保护气流属于柔性体，易受侧风干扰而破坏其保护效果，不宜在露天或有风的条件下进行气体保护焊修复操作。此外，气体保护焊修复设备比手工电弧焊修复设备复杂，对焊工的操作技术要求更高。

② 气体保护焊修复的应用　所采用的保护气体不同，气体保护焊适用于焊接修复不同的金属结构。CO_2 气体保护焊一般用于汽车、船舶、管道、机车车辆、集装箱、矿山及工程机械、电站设备、建筑等金属结构的焊接修复。CO_2 气体保护焊可以焊接修复碳钢和低合金钢，并可以焊接修复从薄板到厚板不同的工件。采用细丝、短路过渡的方法可以焊接修复薄板件；采用粗丝、射流过渡可以焊接修复中厚板件。CO_2 气体保护焊可以进行全位置焊接修复，也可以进行平焊、横焊及其他空间位置的焊接修复。

熔化极气体保护焊可以对各种材料的破损工件进行焊接修复。碳钢和低合金钢工件较多采用富氩混合气体保护焊进行修复，因此熔化极气体保护焊一般常用于铝、镁、铜、钛及其合金和不锈钢件的焊接修复。熔化极气体保护焊可以焊接修复各种厚度的工件，但实际生产中一般焊接修复较薄的板件，如厚度 2mm 以下的薄板件采用熔化极气体保护焊修复效果好。

熔化极活性气体保护焊（MAG）电弧气氛具有一定的氧化性，不能用于活泼金属件（如 Al、Mg、Cu 及其合金）的焊接修复，多应用于碳钢和某些低合金钢件的焊接修复。熔化极活性气体保护焊修复技术在汽车制造、化工机械、工程机械、矿山机械、电站锅炉等行业得到了广泛的应用。

除熔点较低的铅、锌等金属件外，大多数金属及其合金件都可以采用非熔化极惰性气体保护焊（TIG）进行修复。非熔化极惰性气体保护焊可以焊接修复质量要求较高的薄壁件，如薄壁管件、阀门、法兰盘等。非熔化极惰性气体保护焊适用于焊接修复各种类型的坡口，特别是管接头，最适用于焊接修复厚度 1.6～10mm 的板材和直径 25～100m 的管子。非熔化极惰性气体保护焊可以焊接修复形状复杂而焊补焊缝较短的工件，并且通常采用半自动非熔化极惰性气体保护焊工艺。

等离子弧焊焊接修复时可添加或不添加填充金属，一般非熔化极惰性气体保护焊能焊接修复的大多数金属件，均可采用等离子弧焊进行修复，如碳钢、低合金钢、不锈钢、铜合金、镍及镍合金、钛及钛合金件等。低熔点和沸点的金属件（如铅、锌结构件等）的焊接修复不适合采用等离子弧焊方法。

（4）金属喷涂修复

金属喷涂修复是利用气体火焰、电弧或等离子弧等热源将喷涂材料加热至熔融状态，并通过气流吹动使其雾化高速喷射到零件的破损表面，形成具有特殊表面性能的喷涂层。与其他表面修复技术相比，喷涂修复法在实用性方面有以下主要特点。

a. 喷涂方法多：喷涂修复细分有几十种，根据工件的性能要求，选择喷涂修复方法的余地较大。各种喷涂修复技术的优势相互补充，扩大了喷涂修复的应用范围。

b. 修复涂层功能多：适用于喷涂修复的材料有金属及其合金、陶瓷、塑料及复合材料等。采用喷涂修复技术可以获得耐磨损、耐腐蚀、耐高温、抗氧化、隔热、导电、绝缘、密封、润滑等多种功能的修复涂层。

c. 适用范围广：喷涂修复时，零件受热小，基材不发生组织变化，因此喷涂修复的工件基体可以是金属、陶瓷、玻璃等无机材料，也可以是塑料、木材、纸等有机材料。尤其是薄壁零件、细长杆结构修复时，在防止变形方面有很大的优越性。

d. 设备简单、生产效率高：常用的火焰喷涂、电弧喷涂以及等离子弧喷涂设备都可以运到现场进行修复。喷涂修复的涂层沉积率仅次于电弧堆焊。

e. 操作环境较差，需加以保护：喷涂修复前常需要进行喷砂处理，因此，在喷砂及喷涂过程中伴有噪声和粉尘等，需采取劳动防护及环境防护措施。

f. 喷涂修复层与基体之间主要是机械结合，喷涂技术不适用于重载交变负荷的工件表面的修复，但可以适用于各种摩擦表面、防腐表面、装饰表面、特殊功能表面的修复。

喷涂修复与其他表面修复技术的比较见表 9-4。

表 9-4 喷涂修复与其他表面修复技术的比较

工艺参数	喷涂修复	堆焊修复	电镀修复
零件尺寸	几乎不受限制	易变形件除外	受电镀槽尺寸限制
零件几何形状	一般适用于简单尺寸	对小孔有困难	范围广
零件的材料	几乎不受限制	金属	导电材料或经过导电化处理的材料
表面材料	几乎不受限制	金属	金属、简单合金
涂层厚度 /mm	1 ~ 25	< 25	< 1
涂层孔隙率 /%	1 ~ 15	无	无
涂层结合强度	一般	高	良好
热输入	低	很高	无
预处理	喷砂	机械清洁	化学清洁
后处理	不需要	消除应力	不需要
表面粗糙度	较小	较粗	极细
沉积速率 /kg·h^{-1}	1 ~ 30	1 ~ 70	0.25 ~ 0.5

① 火焰喷涂修复　火焰喷涂修复是利用气体燃烧放出的热量实现喷涂修复的方法，目前应用广泛是氧-乙炔火焰线材喷涂和粉末喷涂。一般情况下，在 2760℃ 以下温度区内升华。能熔化的零部件均可采用火焰喷涂进行修复。根据所采用的喷涂修复材料，火焰喷涂修复包括火焰线材喷涂和火焰粉末喷涂修复。

火焰线材喷涂修复是将线材送入氧-乙炔火焰中，受热的线材端部熔化，并由压缩空气对熔流喷射雾化、加速，然后喷射到预先处理的零件损坏表面形成涂层。火焰线材喷涂过程见图 9-3。

火焰线材喷涂由于熔融微粒所携带的热量有限，涂层与零件表面以机械结合为主，结合强度偏低；另外，线材的熔断、喷射不均匀会造成涂层的性质不均，使喷涂层组织疏松、多孔，内应力较大，主要用于工作条件不很苛刻、要求不严格的零部件的修复。

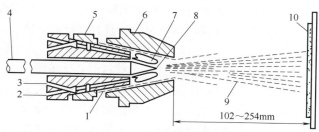

图 9-3　火焰线材喷涂示意图

1—雾化器；2—燃料器；3—氧气；4—线材；5—气体喷嘴；
6—空气帽；7—燃烧气体；8—熔融材料；9—喷涂束流；10—基体

火焰粉末喷涂是焊接结构件修复应用较广的喷涂方法。它是通过火焰粉末喷枪来实现的。喷枪通过气阀引入乙炔和氧气，乙炔和氧气混合后在环形或梅花形喷嘴出口处产生燃烧火焰。喷枪上设有粉斗或进粉管，利用送粉气流产生的负压抽吸粉末，使粉末随气流进入火焰，粉末被加热熔化或软化，气流及焰流将熔粒喷射到零件表面形成涂层。粉末火焰喷涂过程见图 9-4。

粉粒在被加热过程中，从表面向心部逐渐熔化，熔融的表层在表面张力作用下趋于球状，因此粉末喷涂过程中不存在线材喷涂的破碎和雾化过程，粉末粒度决定了涂层中颗粒的大小和涂层表面的粗糙度。进入火焰的粉末及随后被喷射的飞行过程中，由于处在火焰中的位置不同，被加热的程度也不同，易出现部分粉末未熔融，部分粉末仅被软化或存在少数完全未熔颗粒的现象，造成涂层的结合强度和致密性不如火焰线材喷涂。

② 电弧喷涂修复　电弧喷涂是将两根被喷涂的金属丝作为自耗性电极，输送直流或交流电，利用丝材端部产生的电弧作热源来熔化金属，用压缩气流雾化熔滴并喷射到零件表面形成涂层来进行修复的。电弧喷涂过程如图9-5所示。

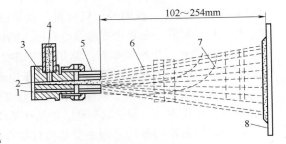

图9-4　火焰粉末喷涂示意图

1—氧气；2—燃料器；3—喷枪；4—粉末；5—喷嘴；

6—火焰；7—喷涂束流；8—基体

电弧喷涂与火焰线材喷涂修复相比较，具有以下特点。

a.热能效率高：火焰喷涂修复时，燃烧的火焰产生热量大部分散失到大气和冷却系统中，热能利用率只有5%～15%。电弧喷涂修复是将电能直接转化为热能来熔化金属，热能利用率可高达60%～70%。

b.生产率高：电弧喷涂修复时两根金属丝同时给进，喷涂效率较高，对于喷涂同样的金属丝材，电弧喷涂的喷涂速度可达火焰喷涂修复的3倍以上。

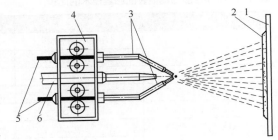

图9-5　电弧喷涂示意图

1—工件；2—喷涂层；3—金属丝导管；4—送丝机构；

5—金属丝；6—压缩空气导管

c.喷涂成本低：火焰喷涂修复所消耗燃气的价格是电弧喷涂消耗电价格的几十倍。电弧喷涂的施工成本比火焰喷涂修复要降低30%以上。

d.涂层结合强度高：在不用贵重金属打底的情况下，喷涂修复层的结合强度比采用火焰丝材喷涂修复高。

f.合金涂层制备方便：电弧喷涂修复只需要利用两根成分不同的金属丝便可制备出合金涂层，获得特殊性能，如铜-钢合金涂层具有良好的耐磨和导热性能。

电弧喷涂修复只能喷涂导电材料，并且在线材的熔断处易产生积垢，使喷涂颗粒大小悬殊，造成涂层质地不均；另外，由于电弧热源温度高，造成元素的烧损量比采用火焰喷涂大，易导致涂层硬度降低。但由于熔粒温度高，粒子变形量大，使喷涂修复层的结合强度高于火焰喷涂修复层强度。

③ 等离子弧喷涂修复　等离子弧喷涂修复是以电弧放电产生的等离子体作为高温热源，以喷涂粉末材料为主，将喷涂粉末加热至熔化或熔融状态，在等离子弧射流加速下获得很高速度，喷射到零件修复表面形成涂层。等离子弧喷涂过程如图9-6所示。

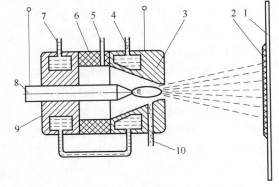

图9-6　等离子弧喷涂原理

1—工件；2—喷涂层；3—前枪体；4—冷却水出口；

5—等离子气进口；6—绝缘套；7—冷却水进口；

8—钨电极；9—后枪体；10—送粉口

送粉气体将喷涂粉末送入等离子火焰中熔化、加速并喷射到基材修复表面形成涂层。工作气体可用氩气、氮气等。等离子弧温度高，焰心温度可达 2727℃，喷嘴出口的温度也高达 14727 ～ 19727℃，可喷涂修复几乎所有的高熔点和高硬度材料。等离子弧速度很快，在喷嘴出口处达 1000 ～ 2000m/s，但衰竭迅速。另外，等离子弧具有的能量集中，喷涂修复时基体的热影响区小，并且等离子弧稳定性好、可控性佳，形成的喷射涂层结合强度高、修复质量好。

等离子弧喷涂可喷涂几乎所有难熔的金属和非金属粉末，具有喷涂效率高、涂层致密、结合强度高、耐磨、耐蚀及耐热等优点，且基材表面的热影响区很小。因此，近二十几年来等离子弧喷涂技术在工业生产中被广泛采用。

此外，为获得高性能涂层，还大力发展了超声速喷涂、激光喷涂和爆炸喷涂等金属修复方法。超声速喷涂修复时将燃料气体（丙烷、丙烯或氢气）和助燃剂（氧气）以一定的比例输入燃烧室内爆炸或燃烧，产生高速热气流；同时喷涂粉末送入高温射流、被加热熔化、喷射到修复表面形成涂层。超声速喷涂层致密，孔隙率很小，结合强度高，涂层表面光滑，焰流温度高、速度大。可喷涂高熔点材料，熔粒与周围大气接触时间短，涂层硬度高，在获得高质量的金属和碳化物涂层上显示出突出的优越性。

激光喷涂修复是采用激光为热源进行喷涂修复的方法。激光喷涂时，从激光发生器射出的激光束，经透镜聚焦，焦点落在喷枪出口的喷嘴旁。喷涂粉末或线材输送到焦点位置，被激光束熔融。压缩气体从环状喷嘴喷出，将熔融的材料雾化，喷射到基材上形成涂层。喷枪中的透镜通过保护气体保护。

9.2.2　焊接修复方法的适用性

破损零件进行修复时，合理选择焊接修复方法是关系到修复质量和零件使用寿命的一个重要问题。特别是对于当零件存在多种损坏形式，或一种损坏形式可用几种修复方法进行维修时，怎样选择焊接修复方法显得尤为重要。选择焊接修复方法应遵循的基本原则是工艺方法简单合理、质量可靠、经济合理。

① 工艺合理　选择修复工艺要根据损坏形式进行有的放矢，能够满足待修复零件的使用要求，即采用的焊接修复方法应满足待修复零部件的工作条件和技术要求，并能充分发挥该修复方法的特点。

a. 修复工艺应满足零部件的工作条件：零部件的工作条件包括承受载荷的性质和大小、工作温度、运转速度、润滑条件、工作面间的介质和环境介质等，选择的焊接修复方法必须满足零部件工作条件的要求。

b. 修复工艺应满足零部件的技术要求和特征：零部件的技术要求和特征包括材料成分、尺寸、结构、形状、热处理和金相组织、力学和物理性能、加工精度和表面质量等。焊接修复方法选择时，必须满足零部件的这些技术和特征要求。几种焊接修复方法对常用材料的适用范围见表 9-5。

表 9-5　几种焊接修复方法对常用材料的适用范围

修复方法	低碳钢	中碳钢	高碳钢	合金结构钢	不锈钢	铸铁	铜及其合金	铝及其合金
手工电弧焊	++	++	+	++	++	+	-	-
埋弧焊	++	++	-	+	-	-	-	-
气焊	++	++	-	++	-	+	+	+
等离子弧堆焊	++	++	+	++	++	+	-	-
电弧喷涂	++	++	++	++	++	++	++	++
氧-乙炔火焰喷涂	++	++	+	++	+	+	+	+

注："++"表示修复效果好；"+"表示能修复，但需采取一些特殊措施；"-"表示不适用。

表 9-6　不同金属基体工件的堆焊修复适用性

基体金属类型	堆焊修复适用性
碳当量 $C_{eq} \leq 0.4\%$ 的低、中碳钢及低合金钢	易于堆焊修复，除厚大件外，一般不进行预热和焊后热处理
碳当量 $C_{eq} \geq 0.4\%$ 的中、高碳钢	可以堆焊修复，但要焊前退火，焊接时需预热、焊后缓冷、回火
纯镍	容易堆焊修复，但最好采用氩弧堆焊
铬镍不锈钢	0Cr18Ni9、1Cr18Ni9、1Cr18Ni11Nb 等铬镍不锈钢件易于堆焊修复
含钛不锈钢	1Cr18Ni9Ti 等不锈钢件宜采用氩弧堆焊修复，不宜采用氧－乙炔火焰堆焊修复
铁素体类不锈钢	不宜采用堆焊修复工艺。堆焊修复时易引起裂纹和晶粒长大，需严格控制预热温度和层间温度
马氏体类不锈钢	不宜采用堆焊修复工艺。堆焊修复时有淬火倾向，热处理过的零件堆焊修复前应退火，堆焊修复过程中要严格控制预热温度和层间温度，焊后要立即回火
高锰钢	可以堆焊修复。但应注意堆焊层碳、锰含量以及冷却速度。宜采用断续堆焊修复，焊后需进行水韧处理
镍基合金	易堆焊修复。但堆焊前要预热，堆焊后应消除应力退火
工具钢、模具钢	经热处理的工、模具堆焊修复前应退火，堆焊时预热，并要特别注意层间温度的控制。堆焊后应立即退火
铸铁	对于小件可用氧－乙炔火焰堆焊修复，焊后缓冷退火，大件堆焊修复时应预热，尽量避免多层堆焊修复

　　注：碳当量 C_{eq} 一般按公式 $C_{eq}=C+Mn/6+（Cr+Mo+V）/5+（Ni+Cu）/15$，计算式中，C、Mn、Cr、Mo、V、Ni、Cu 为金属中该元素的含量。

　　c. 修复工艺应满足修复层的力学性能：在充分了解待修复零件的使用性能和工作条件之后，还要对各种修复方法获得的修复层的性能和特点进行综合的分析和比较，选出比较合适的修复方法，修复层的力学性能主要是指修复层与基体的结合强度、加工性能、耐磨性、硬度以及零部件修复后表面强度的变化情况等。不同金属基体工件的堆焊修复适用性见表 9-6。

　　d. 修复层的厚度应满足使用要求：每个零部件由于磨损等损伤情况不一样，修复时要求的修复层厚度也不一样，而各种修复方法所能够达到的修复层厚度有一定的限制，超过这一限度，修复层的力学性能和应力状态会发生不良变化，与基体结合强度下降，因此，选择焊接修复方法时，必须了解各种修复方法所能达到的修复层厚度。例如，手工电弧堆焊层厚度一般为 0.1～3mm、埋弧堆焊层厚度为 0.5～20mm、电弧喷涂厚度为 0.1～3mm、氧-乙炔火焰喷涂层厚度为 0.05～2mm。

　　e. 考虑修复工艺过程对基体的影响：某些修复工艺过程中的表面处理和加热会对零部件基体产生不同程度的影响，导致零件的形状、应力状态、组织及力学性能发生变化。如曲轴进行堆焊修复后，其轴颈和圆角部位将产生残留拉应力，当工作载荷叠加时，会使圆角处萌生裂纹，降低疲劳强度。金属喷涂前的拉毛处理往往会使被处理的基体表面粗糙度值增大，并形成一层薄而不均匀的淬火组织，造成应力集中，削弱基体的疲劳强度。

　　② 经济性好　在保证零部件修复工艺合理的前提下，应进一步对修复工艺的经济性进行分析和评定。评定单个零部件修复的经济合理性，主要是用修复所花的费用与更换新件所花的费用进行比较，选择费用较低的方案。单纯用修复工艺的直接消耗，往往不很合理，因为大多数情况下修复费用比更换新零件费用低，但修复后零部件的使用寿命比新零件短，因此，还需考虑用某种焊接修复工艺修复后零部件的使用寿命，即必须两方面结合起来考虑、综合评价。同时还应注意尽量组织批量修复，有利于降低修复成本，提高修复质量。

　　一般情况下，衡量零部件修复的经济性经常用单位寿命费用来确定，表达式为

$$C_{修}/T_{修} < C_{新}/T_{新}$$

式中　$C_修$——修复旧件的费用，元；

　　　$T_修$——旧件修复后的使用寿命，h 或 km；

　　　$C_新$——新件的制造费用，元；

　　　$T_新$——新件的使用寿命，h 或 km。

只要旧件修复后的单位使用寿命的修复费用低于新件的单位使用寿命的制造费用，即可认为采用的焊接修复方法是经济的。

在实际生产中，还必须考虑到会出现因备件或零部件短缺而停机所造成的经济损失情况。这时即使所采用的修复工艺使得修复旧件的单位使用寿命费用较大，但从整体经济效益方面考虑还是可取的。有的修复方法虽然修复成本高，但其使用寿命却高出新件，也可认为是经济合理的修复工艺。

③ 效率要高　修复工艺的生产效率可用自始至终各道工序所用时间的总和表示。总时间越长，修复工艺效率越低。以车轮轮缘修复为例，如采用手工焊条电弧焊制成的钢圈，从制圈到装配焊成需要多道工序、多种设备，生产效率低；而采用堆焊法修复，可以节省气割和焊接钢圈工艺，直接将焊丝熔化在轮缘上，不仅提高修复效率，而且车轮的力学性能也得到较大程度的改善。常用电弧焊修复方法的比较见表 9-7。

表 9-7　常用电弧焊修复方法的比较

修复方法	手工电弧焊	埋弧焊	CO_2 气体保护焊	MIG 焊	TIG 焊	等离子弧焊
所用设备	交、直流电弧焊机	埋弧焊机	CO_2 半自动焊机	MIG 焊机	TIG 焊机	等离子弧焊机
工件材质	低碳钢、高强度钢、不锈钢、特种钢、铜合金	低碳钢、不锈钢	低碳钢、高强度钢、特种钢	高强度钢、特种钢	低碳钢、不锈钢、特种钢、铝及其合金、铜及其合金	低碳钢、高强度钢、不锈钢、铜合金
修复部位的厚度	1.6mm 以上	6mm 以上	1.6mm 以上	3.2mm 以上	0.5mm 以上	0.2mm 以上
焊接修复位置	平、立、横、仰焊	平焊	平、立、横、仰焊	平、立焊	平、立、仰焊	平、立焊
操作范围	焊钳和焊机间距 50m 以下	焊接小车与焊机间距 25m 以下	焊炬与送丝装置间距 3m；送丝装置与焊机间距 25m 以下	焊炬与送丝装置间距 3m；送丝装置与焊机间距 25m 以下	焊炬与焊机间距 4～8m	焊炬与焊机间距 5～10m
焊机价格比	交流焊机为 1，直流焊机 3～4	20～30	5～7	8～10	4～6	10～20
焊接修复材料	焊条	焊丝和焊剂	CO_2 焊用焊丝和 CO_2 气体	MIG 焊用焊丝和氩气	焊丝和氩气	焊丝和氩气
修复焊缝外观	良	良	稍差	良	良	良
受操作技术的影响	大	小	中	中	大	小
主要焊接辅具	焊钳	导电嘴	导电嘴、喷嘴	导电嘴、喷嘴	喷嘴、钨极	喷嘴、钨极
备注	灵活性高，既能焊接修复较薄件，也能修复厚件	适于直线或环形部位的焊接修复，坡口精度要求高，修复效率高	薄件、厚件均可修复，修复效率高	主要用于有色金属工件的焊接修复	适于大多数金属零部件的焊接修复，质量好，修复效率低	适于直线或环形部位的焊接修复，要求坡口精度高

根据焊接修复方法的工艺性、经济性和修复效率，确定零部件焊接修复方法和工艺的步骤如下：

a. 首先要了解和掌握：待修复零部件的损伤形式、损伤部位和程度；零部件的材质、物理性能、力学性能和技术条件；零部件在机械设备上的功能和工作条件。

b. 考虑和对照单位的修复工艺装备状况、技术水平和经验，并估算旧件修复的数量和成本。

c. 按照选择修复工艺的基本原则，对需焊接修复零部件的各个损伤部位选择相应的修复工艺，如果待修复零部件只有一个损伤部位，则可以完成修复工艺方法的选择。

d. 如果存在多处损伤部位，则应全面权衡整个零部件各损伤部位的修复工艺，确定全面修复方案。

9.3 焊接修复所用的材料

焊接修复是为了恢复机械零部件尺寸或使焊件表面获得具有特殊性能的堆焊合金层。焊接修复常与设备的整体维修联系在一起，焊接修复所用材料涉及的合金系统广泛，包括各类焊条、焊丝和焊剂等。每一种焊接材料只有在特定的工作环境下，针对特定的焊接工艺才表现出较高的使用性能，了解和正确选择焊接材料和合金系统是焊接修复工作能否达到预期目的的关键。

9.3.1 用于修复的常用焊接材料

（1）常用修复焊条的特点

我国现行的焊条分类方法，主要是根据焊条国家标准和原机械工业部编制的《焊接材料产品样本》。焊条型号按国家标准分为8类，焊条牌号按用途分为10类，见表9-8。各大类焊条按主要性能的不同还可分为若干小类，有些焊条同时可以有多种用途。这些焊条主要用于焊接结构的制造，但绝大多数也可用于焊接修复。

表9-8 电焊条种类的划分

焊条型号				焊条牌号		
序号	焊条分类	代号	国家标准	序号	焊条分类	汉字代号（字母）
1	碳钢焊条	E	GB/T 5117—2012	1	结构钢焊条	结（J）
2	低合金钢焊条	E	GB/T 5118—1995	2	钼及铬钼耐热钢焊条	热（R）
				3	低温钢焊条	温（W）
3	不锈钢焊条	E	GB/T 983—2012	4	不锈钢焊条 （1）铬不锈钢焊条 （2）铬镍不锈钢焊条	铬（G） 奥（A）
4	堆焊焊条	ED	GB/T 984—2001	5	堆焊焊条	堆（D）
5	铸铁焊条	EZ	GB/T 10044—2006	6	铸铁焊条	铸（Z）
6	镍及镍合金焊条	ENi	GB/T 13814—2008	7	镍及镍合金焊条	镍（Ni）
7	铜及铜合金焊条	ECu	GB/T 3670—1995	8	铜及铜合金焊条	铜（T）
8	铝及铝合金焊条	E	GB/T 3669—2001	9	铝及铝合金焊条	铝（L）
				10	特殊用途焊条	特（TS）

焊接修复常采用碱性低氢型焊条。碱性焊条药皮中含有大量的碱性造渣物（大理石、萤石等），并含有脱氧剂和渗合金剂。药皮萤石中的氟化钙高温时与氢结合成氟化氢（HF），降低了焊缝中的合氢量。碱性渣中 CaO 数量多，熔渣脱硫能力强，熔敷金属的抗热裂能力较强。碱性焊条由于焊缝金属中氧和氢含量低，非金属夹杂物较少，具有较高的塑性和冲击韧性。又由于药皮中

含有较多的萤石，电弧稳定性差，一般多采用直流反接。只有当药皮中含有较多量的稳弧剂时，才可以交、直流两用。

（2）修复焊条的型号和牌号

用于焊接修复和堆焊的焊条主要包括结构钢焊条、耐热钢焊条、堆焊焊条、铸铁焊条、镍及镍合金焊条和特殊用途焊条等。

① 焊条的型号　焊条型号是以焊条国家标准为依据，反映焊条主要特性的一种表示方法。焊条型号包括以下含义：焊条类别、焊条特点（如焊芯金属类型、使用温度、熔敷金属化学组成或抗拉强度等）、药皮类型及焊接电源。不同类型焊条的型号表示方法也不同。

a. 碳钢焊条型号：根据 GB/T 5117—1995《碳钢焊条》标准规定，碳钢焊条型号根据熔敷金属的力学性能、药皮类型、焊接位置和焊接电流种类进行划分。详见前文 1.5.2 小节。

b. 低合金钢焊条型号：根据 GB/T 5118—1995《低合金钢焊条》标准规定，低合金钢焊条型号根据熔敷金属的力学性能、化学成分、药皮类型、焊接位置及电流种类划分。详见前文 1.5.2 小节。

c. 不锈钢焊条型号：根据 GB/T 983—2012《不锈钢焊条》标准规定，不锈钢焊条根据熔敷金属的化学成分、药皮类型、焊接位置及焊接电流种类划分型号。首字母"E"表示焊条，"E"后面的数字表示熔敷金属化学成分分类代号，有特殊要求的化学成分用元素符号表示放在数字的后面。短划"-"后面的两位数字表示焊条药皮类型、焊接位置及焊接电流种类。

不锈钢焊条型号后面附加的后缀（15、16、17、25、26）表示焊条药皮类型及焊接电源种类。后缀 15 表示碱性药皮，直流反极性焊接；后缀 16 表示可以是碱性药皮，也可以是钛钙或钛钙型药皮，交直流两用；后缀 17 是药皮类型 16 的变型，表示钛酸型药皮（用 SiO_2 代替药皮类型 16 中的一些 TiO_2），焊接熔化速度快，抗发红性能优良，交直流两用。后级 25 和 26 的药皮成分和操作特征与药皮类型 15 和 16 的焊条类似，药皮类型 15 和 16 焊条的说明也适合于药皮类型 25 和 26。

d. 堆焊焊条型号：根据 GB/T 984—2001《堆焊焊条》标准规定，堆焊焊条型号按熔敷金属化学成分及药皮类型划分。字母"ED"表示堆焊焊条，型号中第三位至倒数第三位表示焊条特点，用拼音字母或化学元素符号表示堆焊焊条的型号分类，见表 9-9。

表 9-9　堆焊焊条的型号分类

型号分类	熔敷金属类型	型号分类	熔敷金属类型
EDP × ×－× ×	普通低中合金钢	EDD × ×－× ×	高速工具钢
EDR × ×－× ×	热强合金钢	EDZ × ×－× ×	合金铸铁
EDCr × ×－× ×	高铬钢	EDZCr × ×－× ×	高铬铸铁
EDMn × ×－× ×	高锰钢	EDCoCr × ×－× ×	钴基合金
EDCrMn × ×－× ×	高铬锰钢	EDW × ×－× ×	碳化钨
EDCrNi × ×－× ×	高铬镍钢	EDT × ×－× ×	特殊型

堆焊焊条型号中最后二位数字表示焊条药皮类型及焊接电源种类，用短划"-"与前面符号分开，见表 9-10。在同一基本型号内有几个分型时，可用字母 A、B、C 等表示，如再细分加注下角数字 1、2、3…，如 A_1、A_2、A_3…，用短划"-"与前面符号分开。

堆焊焊条的工艺性能试验可在堆焊硬度试样的过程中进行。观察焊条熔化及堆焊层形成情况，冷却后除去熔渣，检查堆焊表面质量，然后除去表层约 1～2mm，检查堆焊金属内部缺陷。熔敷金属硬度试验应在厚度不小于 16mm 钢板上按平焊位置堆焊至少 4 层，每道焊道宽度不得大于焊条直径的 4 倍。每堆焊完一道，焊缝应冷却至（100±10）℃再开始堆焊下一道。对于要求预热或需进行焊后热处理的焊条，按焊条说明书推荐的预热和焊后热处理规范进行。堆焊金属顶面尺寸不得小于 15mm×70mm。

表 9-10　堆焊焊条型号中药皮类型的数字表示

焊条型号	药皮类型	焊接电源
ED××-00	特殊型	AC 或 DC
ED××-03	钛钙型	AC 或 DC
ED××-15	低氢钠型	DC
ED××-16	低氢钾型	AC 或 DC
ED××-08	石墨型	AC 或 DC

　　不同的堆焊工件和堆焊焊条要采用不同的堆焊工艺，才能获得满意的堆焊效果。堆焊中最常碰到的问题是裂纹，防止开裂的方法主要是焊前预热、焊后缓冷，焊接过程中还可采用锤击等方法消除焊接应力。堆焊焊条的药皮类型一般有钛钙型、低氢型和石墨型三种。为了使堆焊金属具有良好的抗裂性及减少焊条中合金元素的烧损，大多数堆焊焊条采用低氢型药皮。

　　e. 铸铁焊条型号：根据 GB/T 10044—2006《铸铁焊条及焊丝》标准规定，铸铁焊条型号根据熔敷金属的化学成分及用途划分。字母"EZ"表示用于铸铁的焊条；在"EZ"后面用熔敷金属主要化学元素符号或金属类型代号表示，见表 9-11；再细分时用数字表示。

表 9-11　铸铁焊条类别及型号

类别	名称	型号	类别	名称	型号
铁基焊条	灰铸铁焊条	EZC	镍基焊条	镍铜铸铁焊条	EZNiCu
	球墨铸铁焊条	EZCQ		镍铁铜铸铁焊条	EZNiFeCu
镍基焊条	纯镍铸铁焊条	EZNi	其他焊条	纯铁及碳钢焊条	EZFe
	镍铁铸铁焊条	EZNiFe		高钒焊条	EZV

　　铸铁焊接（或焊补）大致分为冷焊、半热焊和热焊三种，焊材的选择分为同质焊缝和异质焊缝两类。可根据铸铁焊条的特性、对焊补件的要求（如是否切削加工）、铸铁材料的性能以及焊补件的重要性等选用。

　　f. 镍及镍合金焊条型号：根据 GB/T 13814—2008《镍及镍合金焊条》标准规定，首字母"E"表示焊条，E 后面的元素符号 Ni 表示镍及镍合金焊条；在 Ni 后面用熔敷金属主要化学元素符号表示，再细分时用数字表示。

　　镍及镍合金焊条化学分析试验用母材采用 GB 700 中规定的低碳钢，或采用与试验焊条熔敷金属化学成分相当的镍及镍合金。射线探伤检验、拉伸及弯曲试验用母材采用与试验焊条熔敷金属化学成分相当的镍及镍合金。如母材化学成分与试验焊条熔敷金属化学成分不相当时，应先用试验焊条在坡口面及垫板面堆焊隔离层，隔离层厚度加工后不少于 3mm。低氢型焊条试验前应进行（250～300℃）×（1～2h）烘干，对既可用交流又可用直流焊接的焊条，试验时应采用交流焊接。

　　镍及镍合金焊条主要用于焊接镍及高镍合金，也可用于异种金属的焊接、修复及堆焊，焊接接头的坡口尺寸及焊接工艺接近铬镍奥氏体不锈钢焊接工艺。镍及镍合金的导热性差，焊接时容易过热引起晶粒长大和热裂纹，而且焊接时气孔敏感性强。因此焊条中应含有适量的 Al、Ti、Mn、Mg 等脱氧剂，焊接操作时应选用小电流、控制弧长、收弧时注意填满弧坑，保持较低的层间温度。

　　② 焊条的牌号　焊条牌号指的是有关工业部门或生产厂家实际生产的焊条产品。焊条的牌号共分为十大类，如结构钢焊条、耐热钢焊条、不锈钢焊条等，见表 9-8。

　　a. 结构钢焊条（包括低合金钢焊条）牌号：焊条牌号首字母"J"（或汉字"结"）表示结构钢焊条。牌号前两位数字表示熔敷金属抗拉强度的最低值（kgf/mm^2）；牌号第三位数字表示药皮类型和焊接电源种类。药皮中铁粉含量约为 30% 或熔敷效率 105% 以上，在牌号末尾加注 "Fe" 字及二位数字（以效率的 1/10 表示）。有特殊性能和用途的结构钢焊条，在牌号后面加注起主要作用的元素或主要用途的拼音字母，如 J507MoV、J507CuP。

b. 耐热钢焊条牌号：首字母 "R"（或汉字 "热"）表示钼和铬钼耐热钢焊条。牌号第一位数字表示熔敷金属化学成分组成，见表 9-12；第二位数字表示熔敷金属主要化学成分组成等级中的不同牌号，对于同一组成等级的焊条，可有十个序号，按 0、1、2、…、9 顺序编排，以区别铬钼之外的其他成分。牌号第三位数字表示药皮类型和焊接电源种类。

表 9-12 耐热钢焊条熔敷金属主要化学成分组成等级

焊条牌号	熔敷金属主要化学成分组成等级	焊条牌号	熔敷金属主要化学成分组成等级
R1××	含 Mo 量约为 0.5%	R5××	含 Cr 量约为 5%，含 Mo 量约为 0.5%
R2××	含 Cr 量约为 0.5%，含 Mo 量约为 0.5%	R6××	含 Cr 量约为 7%，含 Mo 量约为 1%
R3××	含 Cr 量约为 1%～2%，含 Mo 量约为 0.5%～1%	R7××	含 Cr 量约为 9%，含 Mo 量约为 1%
R4××	含 Cr 量约为 2.5%，含 Mo 量约为 1%	R8××	含 Cr 量约为 11%，含 Mo 量约为 1%

c. 不锈钢焊条牌号：首字母 "G"（或汉字 "铬"）或 "A"（或汉字 "奥"），分别表示铬不锈钢焊条或奥氏体铬镍不锈钢焊条。第一位数字表示熔敷金属化学成分组成，见表 9-13；第二位数字表示同一熔敷金属化学成分组成等级中的不同牌号。对同一组成等级的焊条，可有十个序号，按 0、1、…、9 顺序编排，以区别 Cr、Ni 之外的其他成分。牌号第三位数字表示药皮类型和焊接电源种类。

表 9-13 不锈钢焊条熔敷金属主要化学成分组成等级

焊条牌号	熔敷金属主要化学成分组成	焊条牌号	熔敷金属主要化学成分组成
G2××	含 Cr 量约为 13%	A4××	含 Cr 量约为 26%，含 Ni 量约为 21%
G3××	含 Cr 量约为 17%	A5××	含 Cr 量约为 16%，含 Ni 量约为 25%
A0××	含 C 量 ≤ 0.04%（超低碳）	A6××	含 Cr 量约为 16%，含 Mo 量约为 35% 铬锰氮
A1××	含 Cr 量约为 19%，含 Ni 量约为 10%	A7××	不锈钢
A2××	含 Cr 量约为 18%，含 Ni 量约为 12%	A8××	含 Cr 量约为 18%，含 Ni 量约为 18% 待发展
A3××	含 Cr 量约为 23%，含 Ni 量约为 13%	A9××	

d. 铸铁焊条牌号：首字母 "Z"（或汉字 "铸"）表示铸铁焊条。第一位数字表示熔敷金属化学成分组成类型，见表 9-14；第二位数字表示同一熔敷金属主要化学成分组成类型中的不同序号，对于同一成分组成类型焊条，可有十个牌号，按 0、1、…、9 顺序排列。牌号第三位数字表示药皮类型和焊接电源种类。

对焊后需要为灰口铸铁焊缝的，可选用 Z208、Z248 焊条；对焊缝表面需经加工的，可选用 Z308、Z408、Z418、Z508 焊条，其中 Z308 最易加工；对焊缝表面不需加工的，可选用 Z100、Z116、Z117、Z607、Z612 焊条；对球墨铸铁和高强度铸铁，可选用 Z408、Z418、Z258 焊条。应指出，铸铁焊补是 "三分材料，七分工艺"，除了合理选用焊材外，还必须根据工件要求采取适当的工艺措施，如预热、分段焊、大（小）电流、瞬时点焊、锤击、后热等，才能取得满意的效果。

e. 堆焊焊条牌号：首字母 "D"（或汉字 "堆"）表示堆焊焊条。第一位数字表示堆焊焊条的用途或熔敷金属的主要成分类型，见表 9-15，第二位数字表示同一用途或熔敷金属主要成分中的不同牌号，对同一药皮类型的堆焊焊条按 0、1、2、…、9 顺序排列；牌号第三位数字表示药皮类型和焊接电源种类，见表 9-15。

f. 有色金属焊条牌号：牌号前加 "Ni"（或汉字 "镍"）、"T"（或汉字 "铜"）、"L"（或汉字

"铝"），分别表示镍及镍合金焊条、铜及铜合金焊条、铝及铝合金焊条。第一位数字表示熔敷金属化学成分组成类型，见表9-16；第二位数字表示同一熔敷金属化学成分组成类型中的不同牌号，对于同一组成类型的焊条，可有十个牌号，按0、1、2、…、9顺序编排。牌号第三位数字表示药皮类型和焊接电源种类。

表9-14　铸铁焊条牌号第一位数字含义

焊条牌号	熔敷金属主要化学成分组成类型
Z1××	碳钢或高钒钢
Z2××	铸铁（包括球墨铸铁）
Z3××	纯镍
Z4××	镍铁合金
Z5××	镍铜合金
Z6××	铜铁合金
Z7××	待发展

表9-15　堆焊焊条牌号第一位数字含义

焊条牌号	主要用途或主要成分类型
D0××-×××	不规定
D1××-×××	不同硬度的常温堆焊焊条
D2××-×××	常温高锰钢堆焊焊条
D3××-×××	刀具工具用堆焊焊条
D5××-×××	阀门堆焊焊条
D6××-×××	合金铸铁堆焊焊条
D7××-×××	碳化钨堆焊焊条
D8××-×××	钴基合金堆焊焊条
D9××-×××	待发展的堆焊焊条

（3）常用修复焊丝、焊剂的特点

① 修复用焊丝的特点　用于焊接结构制造的焊丝绝大多数也可用于焊接修复。堆焊修复用焊丝可分为实芯焊丝及药芯焊丝两大类，其中药芯焊丝又分为气体保护或自保护焊丝两种。按采用的堆焊工艺方法，可分为气体保护焊丝（如TIG、MIG、CO_2焊丝等）、埋弧焊焊丝。根据化学成分分为铁基和非铁基堆焊用焊丝。

表9-16　有色金属焊条牌号第一位数字的含义

镍及镍合金焊条		铜及铜合金焊条		铝及铝合金焊条	
焊条牌号	熔敷金属化学成分组成类型	焊条牌号	熔敷金属化学成分组成类型	焊条牌号	熔敷金属化学成分组成类型
Ni1××	纯镍	T1××	纯铜	L1××	纯铝
Ni2××	镍铜合金	T2××	青铜合金	L2××	铝硅合金
Ni3××	因康镍合金	T3××	白铜合金	L3××	铝锰合金
Ni4××	待发展	T4××	待发展	L4××	待发展

a. 堆焊用实芯焊丝：气体保护堆焊用低合金钢焊丝型号的表示方法为ER××-×，字母"ER"表示焊丝，ER后面的两位数字表示熔数金属的抗拉强度最低值，短划"-"后面的字母或数字表示焊丝化学成分分类代号，如还附加其他化学元素时，直接用元素符号表示，并以短划"-"与前面数字分开。例如，镍及镍合金焊丝型号的表示为ERNi××-×，焊丝中的其他主要合金元素用化学符号表示，放在符号Ni的后面。

实芯焊丝牌号的首位字母"H"表示焊接用实芯焊丝，后面的一位或二位数字表示含碳量，其他合金元素含量的表示方法与钢材的表示方法大致相同。化学元素符号及其后的数字表示该元素的近似含量。牌号尾部标有"A"或"E"时，A表示硫、磷含量要求低的优质钢焊丝，E表示硫、磷含量要求特别低的特优质钢焊丝。

为了增加耐磨性，需要从焊丝中过渡一定量的合金元素。实芯焊丝可通过自身的合金，再配合合金焊剂达到所需要的堆焊成分及耐磨性。一些不锈钢焊丝，可以同时作为堆焊用焊丝，如H00Cr21Ni10、H1Cr24Ni13、H1Cr13等。表面堆焊用实芯焊丝因含碳或合金含量较多，难以加工制造。含碳量或合金含量高的特殊焊丝，可通过线材水平连铸提供各种成分的实芯焊丝。对于硬而脆的材质，难以盘状供货，只能以直条状供货。

为了提高冷作模具的耐磨性，可以在模具表面堆焊硬质合金。堆焊用硬质合金焊丝主要有三类：高铬合金铸铁、钴基合金及镍基合金焊丝。硬质合金堆焊焊丝可采用氧 - 乙炔、气电焊等方法堆焊，其中氧 - 乙炔堆焊虽然生产效率低，但设备简单，堆焊时熔深浅，母材熔化量少，堆焊质量高，应用较广泛。

b. 堆焊用药芯焊丝：药芯焊丝是将药粉包在薄钢带内卷成不同截面形状经轧拔加工制成的焊丝，用于气体保护焊、埋弧焊和自保护焊。药芯焊丝粉剂的作用与焊条药皮相似，区别在于焊条的药皮涂敷在焊芯的外层，而药芯焊丝的粉剂被钢带包裹在芯部。焊丝牌号第一个字母"Y"表示药芯焊丝，第二个字母及第一、二、三位数字与焊条编制方法相同；牌号"-"后面的数字表示焊接时的保护方法，见表9-17。药芯焊丝有特殊性能和用途时，在牌号后面加注起主要作用的元素或主要用途的字母。

表9-17 药芯焊丝牌号"-"后面数字的含义

牌号	焊接时保护方法	牌号	焊接时保护方法
YJ×××-1	气体保护	YJ×××-3	气体保护、自保护两用
YJ×××-2	自保护	YJ×××-4	其他保护形式

随着药芯焊丝生产技术的提高，一些合金元素可以加入在药芯中，加工制造方便。目前采用药芯焊丝进行埋弧堆焊获得耐磨表面的方法已得到广泛应用。在烧结焊剂中加入一定量的合金元素，堆焊后也能得到相应成分的堆焊层，焊剂与实芯或药芯焊丝相配合，可以满足不同的堆焊要求。

堆焊药芯焊丝通常分为气体保护焊、自保护焊和埋弧焊三种焊丝。

（a）CO_2 堆焊药芯焊丝。一般采用 CO_2 气体保护焊，有时考虑到稀释及减少烟尘，也使用含20% Ar 的混合气体。焊丝直径 1.2 ～ 3.2mm。熔化极活性气体保护焊（MAG）堆焊药芯焊丝的渣系一般采用钛型渣系，相对于传统的全位置钛型药芯焊丝，熔渣的黏度较小。药芯焊丝堆焊的堆焊效率为手工电弧焊的 3 ～ 4 倍；焊接工艺性能优良，电弧稳定、飞溅小、脱渣容易、堆焊焊道成形美观。这种方法只能通过药芯焊丝过渡合金元素，多用于合金成分不太高的堆焊层。

（b）自保护堆焊药芯焊丝。由于不需要外加气体保护，提高了堆焊的灵活性。自保护堆焊药芯焊丝具有高熔敷效率、低稀释、操作方便等优点，在欧美许多国家常采用高合金的自保护堆焊焊丝。如用于轧辊和阀门堆焊的 Cr13 系列自保护药芯焊丝，用于堆焊磨煤辊、水泥磨辊的 C5Cr25 高铬铸铁堆焊焊丝等。与气体保护药芯焊丝相比，自保护药芯焊丝的工艺性能和力学性能稍差，价格也较高。

（c）埋弧堆焊药芯焊丝。主要用于钢铁制造的轧辊和轮子等大型部件的堆焊。采用大直径（ϕ3.2mm、ϕ4.0mm）的药芯焊丝，焊接电流大，堆焊生产率明显提高。硬面埋弧堆焊所用的焊丝成分大多是加工硬化倾向严重的材料，在这种情况下实芯焊丝的生产和供应受到限制。由于药芯焊丝的成分调整很方便，自动埋弧堆焊成为药芯焊丝应用的又一个扩展领域。

② 堆焊焊剂的特点　埋弧堆焊所用的焊剂大多采用非熔炼焊剂（烧结焊剂）。因为熔炼焊剂在埋弧堆焊过程中对熔化金属只有保护作用，几乎没有过渡合金的作用。采用烧结焊剂时，可通过焊剂过渡合金元素，合金元素含量可在 14% ～ 20% 之间变化，使堆焊层得到不同性能的要求，主要用于堆焊轧制辊、送进辊、连铸辊等耐磨耐蚀部件。

把各种粉料按配方混合后加入黏结剂，制成一定粒度的小颗粒，经烘焙或烧结后得到的焊剂，称为非熔炼焊剂。非熔炼焊剂所采用的原材料与制造焊条的原材料基本相同，对成分和颗粒大小有严格要求。根据烘焙温度的不同，非熔炼焊剂又分为黏结焊剂和烧结焊剂两种。

a. 黏结焊剂（亦称陶质焊剂或低温烧结焊剂）：将一定比例的各种粉状配料加入适量黏结

剂，经混合搅拌、粒化和低温烘干（350～500℃）而制成的焊剂。通常以水玻璃作为黏结剂，经350～500℃低温烘焙或烧结。这种焊剂可以制成高合金的黏结焊剂，配用 H08A 焊丝，在埋弧堆焊过程中，从熔融焊剂向熔化金属过渡大量合金，进行高合金的自动埋弧堆焊。由于烧结温度低，黏结焊剂具有吸潮倾向大、颗粒强度低等缺点。

b. 烧结焊剂：将一定比例的各种粉状配料加入适量的黏结剂，混合搅拌后经 700～1000℃高温烧结成块状，烧结后粉碎成一定尺寸的颗粒，筛选后即可使用。经高温烧结后，焊剂的颗粒强度明显提高，吸潮性大大降低。与熔炼焊剂相比，烧结焊剂熔点较高，松装密度比较小，故这类焊剂适于大线能量焊接。烧结焊剂的碱度可以在较大范围内调节而仍能保持良好的工艺性能，可以根据施焊钢种的需要通过焊剂向焊缝过渡合金元素，特别适用于自动埋弧堆焊；烧结焊剂适用性强、制造简便，近年来发展很快。

9.3.2 堆焊合金的类型及特点

（1）堆焊合金的类型

堆焊合金按形状分为丝状、带状、铸条状、粉粒状和块状堆焊合金等。

① 丝状和带状堆焊合金 由可轧制和拉拔的堆焊材料制成。可做成实心和药芯堆焊材料，有利于实现堆焊的机械化和自动化。丝状堆焊合金可用于气焊、埋弧堆焊、气体保护堆焊和电渣堆焊等；带状堆焊合金尺寸较大，主要用于埋弧堆焊等，熔敷效率高。

② 铸条状堆焊合金 当材料的轧制和拉拔加工性较差，如钴基、镍基合金和合金铸铁等，一般做成铸条状。可直接在气焊、气体保护堆焊和等离子弧堆焊时用作熔敷金属材料。铸条、光焊丝和药芯焊丝等外涂药皮可制成堆焊焊条，供手工电弧堆焊使用，适应性强、灵活方便，可以全位置施焊，应用较为广泛。

③ 粉粒状堆焊合金 将堆焊材料中所需的各种合金制成粉末，按一定配比混合成合金粉末、供等离子弧或氧-乙炔火焰堆焊和喷熔使用。其最大优点是方便了对堆焊层成分的调整，拓宽了堆焊材料的使用范围。

④ 块状堆焊合金 粉料加黏结剂压制而成，可用于碳弧或其他热源进行熔化堆焊。堆焊层成分调整也比较方便。

按堆焊层的化学成分和组织结构可将堆焊合金再细分为铁基堆焊合金、碳化钨堆焊合金、镍基堆焊合金、钴基堆焊合金、铜基堆焊合金等。常用堆焊合金的类型、性能特点及主要用途见表9-18。

① 铁基堆焊合金 是堆焊材料中应用最广泛的一类。由于合金含量、含碳量和冷却速度的不同，铁基合金堆焊层的基体组织有马氏体、奥氏体、珠光体等几种类型。

碳是铁基堆焊合金中最重要的合金元素。Cr、Mo、W、Mn、V、Ni、Ti、B 等作为合金化元素，不但影响堆焊层中硬质相的形成，对基体组织的性能也有影响。合金元素 Cr、Mo、W、V 可以使堆焊层有较好的高温强度，在 480～650℃时发生二次硬化。Cr 还使堆焊层具有较好的抗氧化性，在 1090℃时含有 25%Cr 能提供很好的保护作用。

a. 合金钢类堆焊合金：含碳量较低时，碳对基体组织的硬度有影响。以铁素体为基体的低碳钢，由于硬度太低，不能作为堆焊合金。当含碳量增加到 0.8% 时，堆焊层组织以珠光体为主，硬度高、韧性好，称为珠光体堆焊合金。加入少量合金元素后，堆焊层中的奥氏体在 480℃以下转变成马氏体，强度和硬度都很高，耐磨性好，称为马氏体堆焊合金。随着合金元素含量的增加，残余奥氏体在堆焊层中的比例上升。当稳定奥氏体的合金元素含量很大时，直至冷却到室温，奥氏体也完全不发生转变，称为奥氏体堆焊合金。

（a）低碳低合金钢堆焊合金。其含碳量一般小于 0.3%，合金元素总量在 5% 以下，以 Mn、Cr、Si 为主加合金元素，属于珠光体钢类型。一般冷却速度下，堆焊金属组织以珠光体（索氏体或屈氏体）为主，硬度约 200 ～ 350HB。合金元素较多或冷却速度快时，出现马氏体使硬度提高。这类堆焊合金大多在焊态应用，也可进行淬火、回火提高性能。堆焊前一般不预热，当堆焊碳含量较高或刚性较大的零件时，可进行 250℃ 预热。

（b）中碳低合金钢堆焊合金。其含碳量 0.3% ～ 0.6%，合金元素总量 5% 左右，堆焊金属属于马氏体钢。主加合金元素是 Cr、Mo，也采用 Mn、Si，通过加入较多的碳使合金强化。主合金系有 3Cr2Mo、4Cr2Mo、4Mn4Si、5Cr3Mo2 等。堆焊金属组织是马氏体和残余奥氏体，有时含有少量珠光体，硬度约 350 ～ 550HB。裂纹倾向比低碳低合金钢堆焊合金大，一般应预热 250 ～ 350℃。

表 9-18　常用堆焊合金的类型、性能特点及主要用途

序号	堆焊合金类型	成分特点	性能特点	主要用途	相应堆焊材料
1	低碳低合金钢	C < 0.3%，其他元素在 5% 以下	主要组织为珠光体。堆焊后硬度为 200 ～ 350HB，冲击韧性好，易于切削加工，价格便宜，有较好的抗裂性。经热处理可提高到 400 ～ 500HB 以上	堆焊承受高冲击载荷和金属间摩擦磨损的零件，如车轮、齿轮、拖拉机驱动轮、轴类等	D107（1Mn3Si），D112（2Cr1.5Mn），D127（2Mn4Si）
	中碳低合金钢	C 0.3% ～ 0.6%，其他元素约 5%	主要组织为马氏体，含部分珠光体或残余奥氏体，硬度为 350 ～ 550HB，有时可达 60HRC。具有良好的抗压强度，切削加工困难，经退火才能加工	堆焊承受中等冲击的磨损零件，如齿轮、轴、冲模、冷剪刀刃、车轮、推土机刃板、斗铲牙刀等	D172（4Cr2Mo），D132（Cr3Mo），D167（4Mn4Si），D212（5Cr2Mo2）
	高碳低合金钢	C 0.7% ～ 1.5%，其他元素约 5%	组织为马氏体 + 少量析出碳化物或网状莱氏体共晶碳化物。硬度较高（60HRC），韧性较差，焊后不能切削加工	堆焊不受冲击或受弱冲击的低应力磨料磨损零件，如推土机刃板、铲斗刃板、泵套、挖泥机斗牙、螺旋送料机刃口、混凝土搅拌机叶片等	D207（7Mn2Cr3Si）
2	高铬马氏体钢	C < 0.3%，Cr 约 13%	热处理后组织为针状铁素体，也可能有一部分马氏体、索氏体。如 1Cr13，硬度 40 ～ 50HRC，退火后 25HRC，易于切割加工	堆焊耐磨和磨蚀零件，如曲轴、水轮机叶片、耐气蚀层、搅拌机螺旋桨及中压阀门等	D507（1Cr13），D512（2Cr13），D517（2Cr13）
		C 0.3% ～ 0.6%，Cr 5% ～ 20%	主要组织为马氏体，硬度为 50HRC	用于堆焊受泥沙磨损和汽蚀破坏的水轮机叶片、挖泥斗以及拖拉机齿轮	D217（4Cr9Mo3V），D527（3Cr13）
3	高速钢及热模具钢	—	组织为网状莱氏体共晶和奥氏体，与冷却速度有关。淬火后的组织是马氏体 – 奥氏体 – 断续网状碳化物 – 粒状碳化物，退火后能切削加工。热锻模钢（如 50CrMnMo）组织为索氏体 + 铁素体，硬度 30 ～ 40HRC，3Cr2W8 硬度 42 ～ 48HRC	堆焊切削刀具、剪刃、顶锻模、压铸模、锤锻模	D307（W18Cr4V），D397（50CrMnMo），D332，D337（3Cr2W8）（50Cr5W9Mo2V）高速钢及热模具钢丝或管状焊丝

续表

序号	堆焊合金类型	成分特点	性能特点	主要用途	相应堆焊材料
4	铬镍奥氏体钢	C < 0.2%,Cr ≥ 18%,Ni ≥ 9%	耐腐蚀性能好、抗氧化性、热强性好,耐磨粒磨损性不高。堆焊后不需经过热处理,加工性能良好	堆焊水轮机叶片、轴衬、高压锅炉阀门密封面、开坯轧辊、周期轧管机轧辊、抗高温氧化零件	D532,D537,(1Cr18Ni8Mo3V),D547(1Cr18Ni8Si5),D547MoV,D557(1Cr18Ni8Si7),铬镍奥氏体焊丝及焊带
5	高锰奥氏体钢	C 0.9%~1.3%,Mn 13%~14%	塑性和韧性好,加工硬化性特别高。加工硬化后硬度可提高到450~500HB。适用于岩石、矿石等磨粒强烈冲击下工作的零件	堆焊铁道道岔、破碎机颚板、挖掘机斗牙、拖拉机履带板、热锻模、热轧辊等	D256(Mn13),D266(Mn13Mo2)
5	铬锰奥氏体钢	C 0.3%,Cr 10%~15%,Mn 10%~14%	塑性和韧性好,具有加工硬化性、较好的耐腐蚀、抗氧化、耐高温性能和优良的耐气蚀性能	堆焊水轮机叶片耐气蚀部位、热轧辊、热锻模、中温高中压阀门等	D276(Mn12Cr13),D277(Mn12Cr13Mo)
6	合金铸铁	—	马氏体合金铸铁具有很好的耐高应力与低应力磨粒磨损能力,同时有很高的抗压强度。Cr-Mo、Cr-W马氏体铸铁有较好的耐热性,到650℃时硬度才急剧下降	堆焊矿石料斗、混凝土搅拌机、高速混砂机、螺旋送料机、犁刀、推土机铲刀、破碎机、水泥磨碎机、高炉料钟、剪刀刃等	丝101(高铬铸铁堆焊焊丝),D608(C3Cr4Mo4),D462(C3Cr27),D667(C3Cr30Ni4Si4Mn),D678(C2W2B),D698(C2Cr5W13),铁基堆焊合金或管状焊丝
7	铁铬铝合金	C ≤ 1.5%,Cr 13%~27%,Al 3.5%~6.5%	高温氧化性良好,0Cr25A15合金可耐1400℃高温,具有一定的耐腐蚀性和良好的加工性,但高温冷却后有脆性	炉管等炉子元件的表面堆焊	0Cr25A15焊丝,铬406焊条
8	碳化钨	—	硬度很高,具有良好的耐高应力与低应力磨粒磨损能力,尤其是抗高应力磨粒磨损能力。可在650℃高温下工作,耐冲击力低、脆性较大,堆焊时裂纹倾向大	适用于轻度或中度冲击的强烈磨粒磨损条件下工作,如石油油井钻头、推土机刀刃、加工矿石的设备、螺旋输送机等	D707(C2W45MnSi4),管装粒状硬质合金,粒状铸造碳化钨
9	钴基合金	C 1.0%~5.0%,Cr 30%,W 4%~25%	为奥氏体+碳化物+共晶的混合组织。抗磨粒磨损性能及抗高温氧化性好,含碳、钨低的可用硬质合金刀具加工;含碳高的只能用磨削式电腐蚀加工、易出现裂纹	堆焊内燃机气阀、锅炉阀门、抗硫阀门、其他高温高压阀门、受腐蚀与磨蚀的泵转子、热锻穿孔冲头等	D802钴基(Cr30W5),D81钴基(Cr30W8),丝111(钴基1号),丝112(钴基2号),钴基堆焊合金粉
10	镍基合金	—	镍基合金组织为奥氏体,硬度低、韧性好,能承受冲击载荷,具有优良的高温抗氧化性能	堆焊高温炉元件、高温高压蒸气阀门、泵柱塞、化工设备零部件等	镍基堆焊用合金粉,镍及镍基合金焊丝、焊带

(c) 高碳低合金钢堆焊合金。含碳量0.7%~1.0%,有的高达1.5%,合金元素总量约5%,堆焊金属属于马氏体钢。主强化元素是Cr,因为含Mn过多使钢脆性增加。堆焊金属组织为马氏体和残余奥氏体,有时在柱状晶粒边界析出共晶莱氏体。冲击韧性差,堆焊时易产生热裂纹或冷裂纹,一般应预热350~400℃。若堆焊后需切削加工,应先退火使硬度降低到20~25HRC,加工后再淬火获得硬度50~60HRC。

（d）Cr-W、Cr-Mo 热稳定钢堆焊合金。具有中碳含量（小于 0.6%）和较多的 W、Mo、V 等碳化物形成元素，属于中碳中合金钢，高温时仍能保持较高的硬度和耐磨性，提高抗热疲劳性。堆焊金属具有红硬性、高温耐磨性和较高的冲击韧性。容易产生堆焊裂纹，一般需预热 400℃ 左右，堆焊后缓冷。

（e）高铬马氏体钢堆焊合金。含 Cr 约 13% 左右，含碳量 0.1%～1.5%，属于半马氏体或马氏体高铬不锈钢。2Cr13、3Cr13 堆焊金属主要是马氏体组织，有碳化物析出，硬度为 50HRC 左右。这类堆焊合金脆性较大，堆焊时易产生裂纹，一般需预热 300～400℃。含碳量大于 1% 高铬钢堆焊金属（如 Cr12V）组织为莱氏体＋残余奥氏体。由于存在含铬的合金莱氏体，耐磨性更高，但脆性也更大，易产生裂纹，一般需预热 400～550℃。

（f）高锰奥氏体钢堆焊合金。含 Mn 约 13%，含碳量 0.9%～1.3%，属于奥氏体高锰钢。堆焊金属组织为奥氏体，硬度仅 200HB 左右。但当堆焊合金经受强烈冲击后，转变为马氏体而使表面层硬化，硬度提高为 450～500HB，而硬化层以下仍为韧性很好的奥氏体组织。这类合金具有良好的抗冲击磨损性能，适于堆焊承受强烈冲击的凿削式磨料磨损零件。但对于受冲击作用很小的低应力磨料磨损，由于不能产生冲击加工硬化，所以耐磨性不高。高锰钢耐腐蚀、耐热性都不好，不宜用于高温。但耐低温性能好，冷至 -45℃ 还不会发生脆化。

（g）Cr-Ni 奥氏体钢堆焊合金。以 18-8 奥氏体不锈钢的成分为基础，可加入 Mo、V、Si、Mn、W 等元素提高性能。突出特点是耐腐蚀性、抗氧化和热强性好，但耐磨料磨损能力不高。主要用于石化、核动力等部门中耐腐蚀、抗氧化零部件的表面堆焊。为了提高抗晶间腐蚀能力，这类合金含碳量低（小于 0.2%），堆焊金属硬度不高。但加入 Mn 元素显著提高冷作硬化和力学性能，可用于水轮机叶片抗气蚀层、开坯轧辊等。在合金中加入适量的 Si、W、Mo、V 等可提高其高温硬度，用于高中压阀门密封面的堆焊。

（h）高速钢堆焊合金。C 含量 0.7%～1.0%，W 含量 17%～19%，Cr 含量 3.8%～4.5%，V 含量 1.0%～1.5%，堆焊金属属于莱氏体，组织类似铸造高速钢，由网状莱氏体和奥氏体的转变产物组成。堆焊金属易产生裂纹，一般应预热 500℃ 左右。有很高的红硬性和耐磨性，主要用于堆焊各种切削刀具、刃具等。

b. 合金铸铁类堆焊合金：包括马氏体合金铸铁、奥氏体合金铸铁和高铬合金铸铁三大类。

高铬合金铸铁堆焊层的基体组织是奥氏体或马氏体，而大多数马氏体和奥氏体合金铸铁堆焊层的基体组织是莱氏体碳化物。它们都含有大量的合金碳化物，因而耐磨料磨损性能很高。

（a）马氏体合金铸铁堆焊合金。含碳量 2%～4%，加入 W、Cr、Mo、Mn、Ni 等使之合金化，合金元素总量在 15%～20% 以下。灰口铸铁由于硬度和强度低，抵抗磨料磨损的能力很差。在一般白口铸铁基础上加入合金元素，使碳化物合金化，成为合金渗碳体或复合碳化物；合金元素使合金中的过冷奥氏体稳定性增加，促使产生合金马氏体组织，大大提高堆焊合金的硬度和耐磨性，应用广泛。这类合金有很好的抗高应力和低应力磨料磨损能力，有良好的抗压强度。合金元素的加入改善了耐热、耐腐蚀和抗氧化性。该合金较脆、抗冲击性差，堆焊时有严重的裂纹倾向，一般应预热 300～400℃。

（b）高铬合金铸铁堆焊合金。含碳量 1.5%～4.0%，含铬量 22%～32%，适当加入其他合金元素，如 Ni、Si、Mn、Mo、B、Co 等。是合金铸铁堆焊合金中应用最广泛、效果最好的一种。堆焊组织中含有大量柱状 Cr_7C_3，常见的基体组织是残余奥氏体＋共晶碳化物。由于含有高铬和 Cr_7C_3 高硬度相，所以合金具有很高的抗低应力磨料磨损和耐热、耐蚀性能。这类合金堆焊金属的裂纹倾向大，一般要预热到 400～500℃，常用于在低应力或高应力磨料磨损条件下工作的犁铧、球磨机衬板、推土机铲刃等，也用于高炉料钟料斗、排气机叶片等零件的堆焊。

② 碳化钨堆焊合金　碳化钨堆焊层由胎体材料和嵌在其中的碳化钨颗粒组成。胎体材料可由

铁基、镍基、钴基和铜基合金构成。堆焊金属平均成分是含 W 45% 以上、含 C 1.5% ~ 2%。碳化钨由 WC 和 W_2C 组成（一般含 C 3.5% ~ 4.0%，含 W 95% ~ 96%），有很高的硬度和熔点，含 C 3.8% 的碳化钨硬度达 2500HV，熔点接近 2600℃。

堆焊用的碳化钨有铸造碳化钨和以 Co 为黏结金属的粉末烧结成的粒状碳化钨两类。碳化钨堆焊合金具有非常好的抗磨料磨损性、很好的耐热性、良好的耐腐蚀性和抗低度冲击性。为了发挥碳化钨的耐磨性，应保持碳化钨颗粒的形状，避免其熔化。高频加热和火焰加热不易使碳化钨熔化，堆焊层耐磨性较好。但在电弧堆焊时，会使原始碳化钨颗粒大部分熔化，熔敷金属中重新析出硬度仅 1200HV 左右的含钨复合碳化钨，导致耐磨性下降。这类合金脆性大，易产生裂纹，对结构复杂的零件应进行预热。

③ 钴基堆焊合金 钴基合金又称为司特立（stellite）合金，是以 Co 为基本成分，加入 Cr、W、C 等元素组成的合金，主要成分为：C 0.7% ~ 3.0%，Cr 25% ~ 33%，W 3% ~ 25%，其余为 Co。钴基合金堆焊层的基体组织是奥氏体 + 共晶组织。含碳量低时，堆焊层由呈树枝状晶的 Co-Cr-W 固溶体（奥氏体）初晶和固溶体与 Cr-W 复合碳化物的共晶体组成。随含碳量增加，奥氏体数量减少，共晶体增多。改变碳和钨的含量可改变堆焊合金的硬度和韧性。

含 C、W 较低的钴基合金，主要用于受冲击、高温腐蚀、磨料磨损的零件堆焊，如高温高压阀门、热锻模等。含 C、W 较高的钴基合金，硬度高、耐磨性好，但抗冲击性能低，且不易加工。主要用于受冲击较小，但承受强烈的磨料磨损、高温及腐蚀介质下工作的零件。

这类堆焊合金具有良好的耐各类磨损的性能，特别是在高温耐磨条件下。在各类堆焊合金中，钴基合金的综合性能最好，有很高的红硬性、抗磨料磨损、抗腐蚀、抗冲击、抗热疲劳、抗氧化和抗金属间磨损性能都很好。这类合金易形成冷裂纹或结晶裂纹，在电弧焊和气焊时应预热 200 ~ 500℃，对含碳较多的合金选择较高的预热温度。等离子弧堆焊钴基合金时，一般不预热。尽管钴基堆焊合金价格很贵，仍得到广泛应用。

④ 镍基堆焊合金 在各类堆焊合金中，镍基合金的抗金属间摩擦磨损性能最好，具有很高的耐热性、抗氧化性、耐腐蚀性。镍基合金易熔化，有较好的工艺性能，所以尽管比较贵，仍应用广泛。根据其强化相的不同，镍基堆焊合金又分为含硼化物合金、含碳化物合金和含金属间化合物合金三大类。

a. Ni-Cr-B-Si 合金，即科尔蒙（colomony）合金，在堆焊合金中应用最广。它的成分为：C ≤ 1.0%，Cr 8% ~ 18%，B 2% ~ 5%，Si 2% ~ 5%，其余为 Ni。这种堆焊合金硬度高（50 ~ 60HRC），在 600 ~ 700℃高温下仍能保持较高的硬度；在 950℃以下具有良好的抗氧化性和耐腐蚀性。合金熔点低（约 1000℃）、流动性好，堆焊时易获得稀释率低、成形美观的堆焊层。耐高温性能比钴基合金差，但在 500 ~ 600℃以下工作时，它的红硬性优于钴基合金。这种合金比较脆，不能拔制焊丝，一般制成铸条、管状焊丝或药芯焊丝，采用气焊、电弧焊、等离子弧等方法堆焊。合金堆焊层抗裂性差，堆焊前应高温预热，焊后缓冷。

b. Ni-Cr-Mo-W 合金，即哈斯特洛伊（hastelloy）合金，有很多种。一般采用哈氏 C 型堆焊合金，成分为：C 小于 0.1%，Cr 17%，Mo 17%，W 4.5%，Fe 5%，其余为 Ni。堆焊组织主要是奥氏体 + 金属间化合物。加入 Mo、W、Fe 元素后，合金的热强性和耐腐蚀性明显提高。这种合金有很好的抗热疲劳性能，裂纹倾向较小，但硬度不高，耐磨料磨损性能不好。主要用于耐强腐蚀、耐高温的金属 - 金属间摩擦磨损零件堆焊。

c. Ni-Cu 堆焊合金，即蒙乃尔（monel）合金，一般含 Ni 70%，含 Cu 30%。硬度较低，有很高的耐腐蚀性能，主要用于耐腐蚀零件堆焊。

镍基堆焊合金可取代某些类型的钴基堆焊合金，这样可以降低堆焊材料成本，Ni 具有比 Fe 更好的高温基体强度，与钴基合金有相似的应用范围，而镍基产品可作为钴基合金在耐高温磨损应用中低价的替代品。

⑤ 其他类堆焊合金　如铜基堆焊合金，包括纯铜、黄铜、青铜和白铜四类。这类堆焊合金有良好的耐腐蚀性和低的摩擦系数，适于堆焊轴承等金属-金属间摩擦磨损零件和耐腐蚀零件，一般在钢和铸铁上堆焊制成双金属零件或修复旧件。铜基合金不宜在磨料磨损和温度超过 200℃工况下工作。铜基合金可以拔制成丝进行气焊、电弧堆焊、等离子弧堆焊。

铝青铜强度高、耐腐蚀、耐金属间摩擦磨损性能好，常用于堆焊轴承、齿轮、蜗轮以及耐海水腐蚀零件，如水泵、阀门、船舶螺旋桨等。锡青铜有一定强度，塑性好，能承受较大的冲击载荷，减摩性优良，常用于堆焊轴承、轴瓦、蜗轮、低压阀门及船舶螺旋桨等。硅青铜力学性能较好、冲击韧性高、耐腐蚀性好，但减摩性不好，适用于化工机械、管道等内衬的堆焊。

（2）堆焊合金的应用特点

堆焊合金可分别具有耐磨损、耐腐蚀，耐热和耐冲击等性能，根据堆焊合金层的使用目的，常用堆焊合金可划分为下列类型：

① 耐蚀堆焊　也称为包层堆焊，是为了防止工件在运行过程中发生腐蚀而在其工作表面熔敷一层一定厚度、具有耐腐蚀性合金层的堆焊方法。

② 耐磨堆焊　是为了防止工作过程中工件表面被磨损，使工件表面获得具有特殊性能的合金层、延长工件使用寿命的堆焊方法。

③ 过渡层堆焊　堆焊修复异种材料时，为了防止母材成分对熔敷金属化学成分的不利影响，以保证接头性能和质量，先在母材表面（或接头坡口处）熔敷一定成分的金属过渡层（也称隔离层）。熔敷过渡层的工艺过程也称过渡层堆焊。

各类堆焊合金的主要特征和性能见表 9-19。

表 9-19　各类堆焊合金的主要特征和性能

堆焊合金		硬度 HRC（HB）	主要特征	主要性能						
				耐金属间磨损	耐磨料磨损	耐高温磨损	耐汽蚀性	耐腐蚀性	耐热性	耐冲击性
马氏体型	低合金系	40～60	硬度高、耐磨性好，使用范围广泛	B	B	C	—	D	C	C
	Cr13 系	40～60	耐蚀耐磨性好，适于中温下工作	B	C	B	B	B	B	C
奥氏体型	Mn13 系	（200～500）	韧性好，加工硬化性大	D	B	D	C	D	D	A
	Mn16-Cr16 系	（200～400）	高温硬度大，韧性好	B	C	B	B	B	B	B
	高 Cr-Ni 系	（250～350）	600～650℃下的硬度高，抗蚀性好	B	D	B	B	B	B	A
高铬铸铁合金		50～60	耐磨料磨损性优良，耐蚀耐热性好	C	A	A	D	B	B	D
碳化钨合金		＞50	抗磨料磨损性很好	D	A	D	D	D	D	D
钴基合金		35～58	高温硬度高，耐磨耐热性良好	B	B	A	A	A	A	C

注：A—优；B—良好；C—中等；D—尚可。

多层堆焊时往往会产生粗大铸态组织、相变以及再结晶应力等问题，使接头性能变差，基体材料和堆焊金属相互溶解度有限、物理化学性能差别很大的，堆焊时基体材料的溶入会导致堆焊层金属的化学成分和金相组织不均匀或生成金属间化合物，所以堆焊时应降低熔合比，尽量采用小电流、高焊速。

各种堆焊材料的分类极为繁杂，特别是一些著名的材料不是以通用的标准化方法来分类，而是常以生产厂家的名字命名。不同的工作条件对堆焊合金类型影响很大，应根据堆焊工件的工作条件选择相应的堆焊合金。表 9-20 列出一些特殊工作条件下典型工件适用的堆焊合金类型及堆焊合金系，可供实际应用中参考。

表 9-20　一些特殊工作条件下典型工件适用的堆焊合金类型

工作条件			典型工件	堆焊合金类型	堆焊材料合金系
黏着磨损	常温		轴类、车轮 齿轮 冲模剪刃 轴瓦、低压阀密封面	低碳低合金钢（珠光体钢） 中碳低合金钢（马氏体钢） 中碳中合金钢（马氏体钢） 铜基合金	1Mn3Si，2Mn4Si 4Cr2Mo，4Cr9Mo3V 5CrW9Mo2V，1Cr12V Al8Mn2，Sn8P0.3
	中温		阀门密封面	高铬钢	1Cr13
	高温		热锻模 热剪刃热拔伸模 — 热轧辊 阀门密封面	中碳低合金钢（马氏体钢） 中碳中合金钢（马氏体钢） 钴基合金 中碳中合金钢（马氏体钢） 铬镍合金钢（奥氏体钢） 镍基合金、钴基合金	5CrMnMo 3Cr2W8 Co30W5，Co30W8 3Cr2W8 Cr18Ni8Si5Mn，Cr18Ni12Si4Mo4 NiCrFe，Co30W5，Co30W8
黏着磨损 + 磨粒磨损			压路机链轮 排污阀	低碳低合金钢 高碳低合金钢（马氏体钢）	1Mn3Si，2Cr15Mo 7Mn2Cr3Si，5Cr2Mo2
磨粒磨损	常温	高应力	推土机板 铲斗齿	中碳中合金钢（马氏体钢） 合金铸钢	5Cr3Mo，7CrMn2Si Cr4Mo4，Cr28Ni4Si4
		低应力	混凝土搅拌机 螺旋输送机 水轮机叶片	合金铸钢 碳化钨 中碳中合金钢（马氏体钢）	Cr27，W9B W45MnSi4 4Cr9Mo3V
	高温		高炉装料设备	高铬合金铸铁	Cr27，Cr28Ni4Si4
磨粒磨损 + 冲击磨损			颚式破碎机 挖掘机斗齿	中碳中合金钢（马氏体钢） 高锰钢（奥氏体钢）	7Mn2Cr3Si，5Cr2Mo2 Mn13，Mn13Mo2
冲击磨损	常温		铁路道岔、履带板	高锰钢（奥氏体钢）	Mn13，Mn13Mo2
	高温		热剪机	高锰钢（奥氏体钢）	Mn13，Mn13Mo2
耐腐蚀	低温	海水	船舶螺旋桨	铜基合金	Al8Mn2，Sn8P0.3
	中温	水腐蚀	锅炉、压力容器	铬镍奥氏体钢	0Cr23Ni13
	高温	耐腐蚀	内燃机排气阀	钴基合金、镍基合金	Cr30W8，Cr30W12
		抗氧化	炉子零件	镍基合金	Cr23Ni13
汽蚀	常温		水轮机叶片	铬镍奥氏体钢 钴基合金	Cr18Ni8Si5 Cr30W5

几乎所有可供采用的堆焊合金都是以 Fe、Ni、Co 或 Cu 为基的。其中碳是最重要的元素，堆焊合金的耐磨性能取决于碳的含量。碳能与 Cr、Mo、W、Mn、Si 结合形成硬而脆的化合物，如铬的碳化物、钼的碳化物等。这些碳化物按硬度递减顺序是：钨、铬、钼及铁的碳化物。高含量的 W 或 Cr 与 2%～4% 的碳可形成比石英还硬的特殊碳化物。碳化钨 WC 或 W_2C 的混合物是耐磨堆焊合金中最耐磨损的组分。高铬合金（Cr 20%～30%）中的碳化铬（Cr_7C_3）比 WC 软且便宜。Fe 的碳化物 Fe_3C，即渗碳体，在许多耐磨堆焊合金中应用，而且常通过改变 Cr、MO、W 合金元素的含量来进行调整。

W、Mo、V、Cr 在 482～649℃温度范围能提高堆焊层高温强度。25% 的 Cr 含量可得到高达 1649℃的抗氧化性能。Ni 或 Co 作堆焊合金的基本组分可得到良好的高温强度。以 20%～25% 的 Cr 含量作保护元素并以 5%～15% 的 W 作强化元素构成的钴基合金，在温度高于 649℃时具有最高的红硬性。Ni、Co、Cr 具有耐腐蚀性并可提高抗氧化性能。

（3）堆焊合金的选用

正确选择堆焊合金才能保证堆焊层发挥其最好的工作性能，又能最大限度地节省合金元素。选用堆焊合金时，满足使用条件的性能要求和经济上的合理性是非常重要的，工件材质、批量以及拟采用的堆焊方法及工艺也必须加以考虑。

① 堆焊合金的选用原则

a. 满足零件在工作条件下使用的性能要求：了解被堆焊零件的工作条件（温度、介质、载荷等），明确在运行过程中损伤的类型，选取最适宜抵抗这种损伤类型的堆焊合金。例如，挖掘机斗齿受剧烈冲撞的凿削式磨料磨损，应选用能抗冲击磨损的堆焊合金；推土机铲刀刃板属于低应力磨料磨损，可选用合金铸铁或碳化钨等堆焊合金。

b. 具有良好的焊接性：所选堆焊材料在现场条件下应易于堆焊并获得与基体结合良好、无缺陷的堆焊合金层。注意堆焊合金与母材的相溶性，尤其是在修复工作中，基体很可能原先就是堆焊层，应对其化学成分、组织状态和性能有所了解。母材碳当量较高时，为了防止堆焊修复过程中产生裂纹，可考虑预热、保温、缓冷的工艺措施，也可考虑采用堆焊中间过渡层的工艺方法。

c. 堆焊的经济性：所选用的堆焊合金不仅在使用性能大致相同的多种堆焊合金中是价格最低的一种，同时也应当是堆焊工艺简便、加工费用最少的一种。还应考虑堆焊零部件投入使用后的经济效益。尤其在重大设备的修复中，可能堆焊成本或加工成本高一些，但由于缩短了修复时间，减少了设备停机的经济损失或延长了零部件的使用寿命，因此也会带来巨大的经济和社会效益。

② 堆焊合金的选择步骤　一般根据经验与实验相结合的原则选择堆焊合金。被堆焊零件工作条件的多样性对堆焊层提出各种不同的使用要求，堆焊合金品种多、性能各异，很难一次选择即满足应用要求。实践中选择堆焊合金的一般步骤如下：

a. 分析工作条件，确定可能产生的破坏类型及对堆焊合金的性能要求。

b. 根据一般规律列出几种可供选择的堆焊合金，见表 9-21。

表 9-21　堆焊合金选择的一般规律

工作条件	堆焊合金
高应力金属间磨损	亚共晶钴基合金、含金属间化合物钴基合金
低应力金属间磨损	堆焊用低合金钢或铜基合金
金属间磨损 + 腐蚀或氧化	大多数钴基或镍基合金
低应力磨料磨损、冲击侵蚀、磨料侵蚀	高合金铸铁
低应力严重磨料磨损、切割刃	碳化钨
汽蚀侵蚀	钴基合金
严重冲击	高合金锰钢
严重冲击 + 腐蚀 + 氧化	亚共晶钴基合金
高温下金属间磨损	亚共晶、含金属间化合物钴基合金
凿削式磨料磨损	奥氏体锰钢
热稳定性、高温蠕变强度（540℃）	钴基合金、含碳化物型镍基合金

c. 分析待选堆焊合金与基体材料的相溶性，初步选定堆焊合金和拟订堆焊工艺。

d. 进行样品堆焊，堆焊后的工件在模拟工作条件下运行试验，并进行试验评定。

e. 综合考虑使用寿命和成本，最后选定堆焊合金。

f. 确定堆焊方法和制定堆焊工艺。

正确选用与堆焊修复方法相匹配的堆焊合金还需考虑以下几个因素。

a. 选用何种堆焊工艺方法才是最佳的技术经济方案？不必盲目追求高效率，要根据工件尺寸、数量、堆焊位置及现场施工条件进行综合考虑。

b. 当被堆焊基体的含碳量较高、抗裂性较差时，不仅要考虑采用预热、缓冷等工艺措施，还要考虑是否选用过渡层堆焊合金。

c. 每一种堆焊合金只有在特定的工作环境下，针对特定的磨损条件才表现出较高的耐磨性，它在不同工作条件下表现出不同的耐磨性。必须根据磨损类型及介质环境特点来选用堆焊合金。

d. 对需要进行表面修整的工件，应考虑选用可以机械加工的堆焊合金，或选用可以热处理的合金系统，机械加工后再通过热处理来提高堆焊金属的耐磨性。

堆焊工艺在我国应用越来越广，堆焊合金达数十种。堆焊修复时必须根据堆焊工件及工作条件的不同要求选用合适的堆焊合金。堆焊金属类型很多，反映出堆焊金属化学成分、显微组织及性能的很大差异。堆焊工件及工作条件十分复杂，不同的堆焊工件和堆焊材料要采用特定的堆焊工艺，才能获得满意的堆焊效果。堆焊中最常碰到的问题是裂纹，防止开裂的方法主要是预热、缓冷，堆焊修复过程中可采用锤击等方法消除焊接应力。

9.4 焊接修复技术特点及工艺

手工电弧焊修复是利用电弧加热、熔化焊条对工件损坏部位进行焊接修复的。手工电弧焊修复所用的设备简单、操作方便、适应性强，特别适用于结构复杂工件的焊接修复。采用手工电弧焊修复技术，可以焊接修复碳钢、低合金钢、不锈钢及铸铁件的裂纹、破损及其他形式的破坏等，还可对零部件的磨损或腐蚀表面进行堆焊修复。

9.4.1 手工电弧焊修复的特点及工艺

（1）手工电弧焊修复特点

手工电弧焊修复时，被焊工件和焊条在电弧热量作用下，修复部位的坡口边缘被局部熔化，焊条熔化形成熔滴向工件过渡，熔化金属形成焊接熔池，随着焊接电弧的移动，熔池后边缘的液态金属温度逐渐降低，直至最后凝固结晶，在被修复部位形成熔敷金属。

与其他焊接修复方法相比，被损坏工件手工电弧焊修复及焊缝组织性能具有如下特点。

① 电弧在焊条端部与工件之间燃烧，熔融金属在焊条端部形成熔滴，在电弧力的作用下向熔池中过渡，与母材金属熔合在一起，冷凝后形成焊缝熔敷金属。

② 焊条由焊芯和药皮组成，焊芯是拉制或铸造的实心金属棒，或装入金属粉末的金属管，焊接修复时既是电极又是填充金属。药皮能提高电弧稳定性、减少飞溅、改善熔滴过渡和焊缝成形，还能通过熔渣对熔池中熔化的母材进行脱氧、去硫、去磷、去氢和渗合金等焊接冶金反应，去除有害元素，添加有益元素，获得合适的焊缝金属化学成分，满足修复部位的使用要求。

③ 不采用保护气体，也不采用焊剂保护熔化的焊条和熔池，而是通过焊条药皮熔化或分解后产生的气体和熔渣，隔绝空气，防止熔滴和熔池金属与空气接触，熔渣凝固后形成的渣壳覆盖在被修复处的熔敷金属表面，提高焊接修复质量。

④ 手工电弧焊机由弧焊电源、焊钳和其他辅助工具组成，设备简单，操作灵活，适应性强，但对操作者有一定的技术要求。

手工电弧焊修复的主要缺点是效率低、劳动强度大，焊接修复质量受操作者技术因素的影响较大。

（2）手工电弧焊的应用范围

手工电弧焊是焊接修复中最常用的修复方法，它是通过焊条和手工电弧焊技术完成工件的修复，以恢复工件的使用性能，延长设备或零部件的服役寿命。也可采用手工电弧堆焊技术恢复零部件的尺寸。

焊接修复是焊接技术领域的一个重要的应用，手工电弧焊修复技术在国民经济的各个部门获得广泛应用。机器设备零部件，例如模具、农机零件、轧辊、采掘机零部件、石化设备零部件等，经过一段时间运行后总会发生裂纹、断裂、磨损、腐蚀等，工作性能和工作效率下降，甚至失效。采用手工电弧焊修复技术能很快将这些零部件修复起来继续使用，起到延长设备使用寿命的作用，可以减少设备停机运行的损失。因此，广泛采用手工电弧焊修复损坏零部件，对节约材料、节省资金、弥补配件短缺等具有重要的意义。

手工电弧焊修复技术的应用范围十分广泛，例如挖掘机斗齿、装载机铲刀刃、推土机刃板、破碎机、螺旋输送机、搅拌机叶片、铁路道轨、锻锤、传动齿轮的轮缘、各种模具、碎渣机、球磨机、机床设备等局部发生损坏时，都可采用手工电弧焊进行焊接修复。但是，要充分发挥手工电弧焊修复技术的优势必须正确选用焊接设备和焊条，并制定相应的修复工艺，掌握必要的焊接操作技术。

（3）手工电弧焊修复设备

手工电弧焊修复设备包括由焊接电源和焊钳组成的电焊机，此外，还包括一些不同形状构件、焊接修复时需要的辅助工具，以及安全防护装置等。

① 弧焊电源　手工电弧焊修复用弧焊电源设备，一般包括交流弧焊电源、直流弧焊电源和逆变弧焊电源三大类。电弧能否稳定燃烧是保证获得优质焊接修复质量的主要因素之一。为了使焊接电弧稳定燃烧，弧焊电源必须具有以下几个基本条件。

（a）具有陡降外特性。焊接电源的外特性是指规定范围内，焊接电源稳态输出电流和输出电压的关系。为了达到焊接电弧由引弧到稳定燃烧的目的，手工电弧焊修复要求焊接电源提供较高的空载电压，电弧稳定燃烧后，随着电流增加，电压急剧降低。当焊条与工件短路时，短路电流不应太大，应限制在一定范围内。

（b）具有合适的空载电压和短路电流。空载电压过低时，电弧引燃困难，电弧燃烧也不稳定；而空载电压过高时，容易引弧，但操作者触电危险大，耗材增加。所以在满足修复工艺要求的前提下，空载电压应尽可能低。目前手工电弧焊电源的空载电压一般 ≤ 80V。具有陡降外特性的电源，不但能保证电弧稳定燃烧，而且在短路时不会产生过大电流。一般弧焊电源的短路电流为焊接电流的 120% ～ 150%，最大不超过 200%。

（c）良好的动特性。焊接修复过程中，焊条与工件间会频繁短路和重新引燃，电源的负荷处于不断变化状态中。要求焊机的输出电压和电流能迅速适应电弧焊修复过程中的这些变化，焊接电弧才能稳定燃烧，这种焊机适应焊接电弧变化的特性就是焊接电源的动特性。动特性越好，越容易引弧，焊接过程越稳定，飞溅越小，焊接修复操作时会感到电弧平静、柔和。

（d）良好的调节特性。焊接修复时，工件材质、厚度、坡口形式、修复位置、焊条型号和直径不同，要求焊接电源提供的焊接电流不同。这就要求焊接电源能灵活、均匀、方便地调节焊接电流，并保证有一定的调节范围。一般要求手工电弧焊机的电流调节范围是额定焊接电流的 0.25 ～ 1.20 倍，可调节的最大电流应不小于最小电流的 4 ～ 5 倍。

a. 交流弧焊电源：手工电弧焊修复使用的交流弧焊电源主要是弧焊变压器。弧焊变压器输出正弦交流电。它由初、次级线圈相隔离的主变压器以及所需的调节和指示装置组成，将电网的交流电变成适合于焊接的低压交流电。这种变压器一般为单相供电。电源下降外特性的获得靠在变压器次级回路中串联交流电抗器或增加变压器自身的漏磁实现。

交流弧焊变压器常用的有动铁芯式、动圈式或抽头式弧焊变压器。动铁芯式弧焊变压器的特点是：动铁芯振动较小、引起的电流波动小、电弧较稳定。但由于活动铁芯的存在，磁路内有空气间隙，所以杂散磁通引起的损耗比较大。这类变压器由于内部漏抗足够大，不必用电抗器，节省了原材料的消耗。动铁芯式弧焊变压器的型号是 BX1，它靠在初级绕组、次级绕组间增加一个活动铁芯作为磁分路来增加漏磁，加大电抗，获得陡降外特性的。在变压器窗口中移动动铁芯，可改变漏抗，调节焊接参数。

动圈式弧焊变压器型号是 BX3，它的结构特点是铁芯形状高而窄，两侧设有初级绕组和次级绕组。初级绕组和次级绕组各自分开缠绕。由于铁芯窗口较高，绕组间距可调范围较大，使得初级绕组和次级绕组之间磁的耦合不紧密而有很强的漏磁，由此所产生的漏抗就足以得到下降外特性，而不必附加电抗器。动圈式弧焊变压器突出的优点是没有活动铁芯，避免了由于铁芯振动所引起的小电流时电弧的不稳定。与动铁芯式弧焊变压器相比，调节电流不方便，消耗电工材料较多，经济性较差，一般作为中等容量电源。

抽头式弧焊变压器的型号是 BX6。这种弧焊变压器结构简单，易于制造，无活动部分，避免了电磁力引起振动带来小电流时电流不稳定的弊病，因而电弧稳定，无噪声，使用可靠，成本低廉。由于其空载电压变化大，材料有效利用率低，适宜做成低负载持续率的中小型电源。

b. 直流弧焊电源：手工电弧焊修复使用的直流弧焊电源按结构形式和获得直流输出的原理不同，可分为硅弧焊整流器、磁放大器式弧焊整流器、抽头式硅弧焊整流器和晶闸管式弧焊整流器。

硅弧焊整流器将 50Hz 或 60Hz 的单相或三相交流电网络电压，利用降压变压器降为几千 V 的电压，经硅整流器整流和电抗器滤波获得直流电，对焊接电弧供电。硅弧焊整流器按其外特性调节方式可分为动绕组式、动铁芯式、磁放大器式、抽头式等；按使用可分为单站、多站或交、直两用式等。

动铁芯式弧焊整流器主变压器一般采用单相增强漏磁式形式。通常为交直流两用焊机，它具有动铁芯式弧焊变压器的优点。动圈式弧焊整流器主要由三相动圈式变压器、三相全桥整流电路、浪涌装置组成。依靠改变初、次级绕组的距离，改变变压器的漏磁，实现焊接参数的调节。抽头式弧焊整流器通过主变压器的抽头换挡来调节焊接工艺参数，具有无功功率小、效率高等优点。

c. 逆变弧焊电源：逆变弧焊电源是一种新型、高效、节能的弧焊电源。它是将电网输送来的交流电通过整流电路整流成直流，再通过由电子开关元件组成的逆变电路将直流电变成高频交流电。然后再通过高频变压器将电压降压到适合焊接所需的电压。最后直接输出交流方波电压或通过整流变成直流再输出。在逆变电源中，流过变压器是高频电信号，由于其频率高，从而使变压器铁心的尺寸减小，整个逆变电源体积变小，质量减小，因此，特别适宜用作现场焊接修复的电源。

根据逆变器采用的电子功率开关器件不同，目前生产的逆变电源有晶闸管型、晶体管型、场效应管型和绝缘栅双极晶体管（IGBT）型四类。

晶闸管型弧焊逆变器采用的大功率开关器件是半控型器件晶闸管，调节工艺参数和进行外特性的控制方法通常采用定脉宽、调频率的方式，这类逆变焊机的逆变频率较低，焊机较重。晶体管型弧焊逆变器采用大功率晶体管作为逆变电路的开关器件，工作在开关状态。晶体管是全控型元件，具有自关断能力，有开关时间短、饱和压降低和安全工作区宽等优点。

场效应管型弧焊逆变器采用的大功率开关器件是场效应管，场效应管具有控制功率小、可靠工作范围宽、能承受较大脉冲电流、热击穿可能性较小、关断时间极短、可实现多管并联工作等优点。场效应管式逆变焊机逆变频率最高（已有 100kHz 产品），质量最小，但单只场效应管功率小，允许电流小，往往需要多管并联工作，不便于制造和调试。绝缘栅双极晶体管（IGBT）型弧焊逆变器以绝缘栅双极晶体管作为功率开关元件，最高频率可达 50kHz，具有载流容量大、开通损耗小、饱和电压低的优点，是目前国内生产较多的逆变焊机。

②　焊钳　焊钳是夹持焊条和控制焊条的工具，同时也起着从焊接电缆向焊条传导焊接电流的作用。焊钳上的绝缘手柄将焊工的手与焊接电路隔绝。电流通过焊钳的夹片输送给焊条。为了保证达到最小的接触电阻并避免焊钳过热，夹片必须保持良好的状态。焊钳的过热不仅使焊工使用起来感到不舒适，而且也可能引起焊接电路的电压过大。这都可能对焊工的操作有不良影响，并且还会降低焊接修复质量。

焊钳必须夹紧焊条，并将其保持在良好的电接触状态中。装卡焊条必须迅速而容易。要求焊钳的重量轻且易于掌握，但必须坚固耐用。大多数焊钳的夹片周围都涂有绝缘材料，以防止夹片与工件通电。

焊钳有各种规格，以适应各种标准的焊条直径。每种规格的焊钳是以所要夹持的最大直径焊条需用的电流设计的。采用不致过热的最小规格的焊钳是最合适的，质量较小，并保证修复操作方便。常用焊钳的型号及技术参数见表 9-22。

表 9-22　常用焊钳的型号及技术参数

型号	160A 型		300A 型		500A 型	
额定焊接电流 /A	160		300		500	
负载持续率 /%	60	60	60	35	60	35
焊接电流 /A	160	160	300	400	500	560
适用焊条直径 /mm	1.6～4.0		2.5～5.0		4.0～8.0	
连接电缆截面积 /mm²	25～35		35～40		80～95	
手柄温度 /℃	≤40		≤40		≤40	
外形尺寸 /（mm×mm×mm）	220×70×30		235×80×36		258×86×38	
质量 /g	240		340		400	

③　焊接电缆　焊接电缆是焊接回路的一部分。焊接电缆应具有最大的挠度，以便容易操作，特别是焊钳的操纵。电缆也必须耐磨和耐擦。焊接电缆由许多股绞合在一起的细铜丝或铝丝组成，并且包在软的绝缘包皮内。包皮是用合成橡胶或韧性好、电阻高和耐热性好的塑料制成。在绞合导线和包皮之间缠绕有保护层以使导线和包皮之间有一些活动余地而获得最大的柔软性。

焊接电缆可制成各种规格。每一特定用途所要求的电缆规格取决于焊接所用的最大电流、焊接电路长度（焊接电缆和接地电缆的总和）以及焊机的负载持续率。如使用铝电缆，它应比该种用途的铜电缆大两个规格。电缆直径随着焊接电流增加而增大，以使电缆中的电压降和附带的电能损耗保持在允许的水平上。

如果需要长电缆，可用相配的电缆接头将短电缆连接起来。接头必须保证低电阻的良好接触，其绝缘必须相当于电缆的绝缘。利用每根电缆端头的接线片将电缆接到电源上。电缆和接头或接线片之间的连接必须牢固，而且电阻要小。可采用钎焊接头和机械接头。铝电缆要求良好的机械接头，以避免过热。铝的氧化显著地提高了接头的电阻，这也导致了过热、过大的电能损耗乃至烧坏电缆。

必须注意防止损坏电缆的包皮，特别是接焊条的电缆。与热金属和尖锐边缘接触可能会烧坏和割破包皮和接地电缆。

④　面罩　手工焊修复零件时，必须佩戴防护面罩，保护眼睛、面部等不受电弧的直接辐射与飞出的火星和飞溅物的伤害。防护面罩通常用暗色的压缩纤维或玻璃纤维绝缘材料制成。面罩应

该重量轻而且应设计得使焊工尽可能感到舒适。

焊接面罩上有一放置滤光片的"窗口",标准尺寸为51mm×130mm。也可用大一些的开口。滤光片应能吸收由电弧发射的红外线、紫外线以及大多数可见光线。目前使用的滤光片可吸收由电弧发射的99%以上的红外线和紫外线。使用直径4mm焊条时,滤光片的黑度建议采用第10号。使用直径4～6mm焊条时,应使用黑度第12号的滤光片。使用直径大于6mm的焊条时,应使用黑度第14号的滤光片。

滤光片需加保护,以防止被熔滴飞溅玷污和破碎。因此可在滤光片的每一侧放置一块透明的玻璃片或其他的适当材料。对于焊工或在电弧附近工作的人员,不采取适当的防护措施可能会导致烧伤眼睛。一般说来,这不会永久地损害眼睛,但却令人很不舒服。受电弧照射的未加保护的皮肤也会被烧伤。受电弧烧伤严重时,不管被烧伤的是皮肤还是眼睛,应请医生治疗。如果在通风不好的封闭区域进行焊接修复,应为焊工补给空气。这可通过面罩上的附件来实现,但附件必须不妨碍焊工使用面罩和影响焊工的视野,以免造成施焊困难。

在焊接修复过程中,电弧中会飞出火花或熔滴,特别是在非平焊位置或采用非常大的焊接电流焊接时,这个问题更为突出。在这些条件下为防止烧伤,焊工应戴防护手套、穿防护裙和工作服。也要求防护焊工的踝关节和脚不受熔渣和飞溅物的烧伤,因此建议穿平脚裤或带护脚套。

⑤ 焊条烘干箱和保温筒　焊条烘干箱用于焊接修复前对焊条进行烘干,以去除焊条中的水分,防止因焊条药皮吸湿在修复过程中造成气孔、裂纹等缺陷。常用的烘干箱有自动远红外焊条烘干箱和记录式数控远红外烘干箱。一般烘干箱的最高工作温度可达500℃,温度均匀性为±10℃。

焊条保温筒是用来盛放已烘干的焊条,起到干燥、防潮、防雨淋等作用。焊条保温筒能够避免焊条药皮的含水率上升,这对于低氢型焊条的施焊尤为重要。焊条从烘干箱取出后,应立即放入焊条保温筒内,以供焊接修复时随用随取。

⑥ 其他工具　现场焊接修复时,操作者必须备有尖锤、钢丝刷、扁錾、平锤等,主要用来清理修复部位的熔渣、铁锈、氧化物和锤击焊缝等。此外,焊接修复现场还应配备钢丝钳、螺丝刀、扳手等,以便及时处理焊接装置出现的意外故障。

（4）手工电弧焊修复工艺

① 焊接修复前的准备　手工电弧焊修复前的准备工作,主要包括零部件破损部位的打磨及周围部分的处理、坡口加工、待焊补表面的清理、钻止裂孔、焊条在焊接修复前的烘干等。

a. 待修复部位的处理:为保证零部件的焊接修复质量,避免破损部位的残留焊接缺陷对修复后零部件使用性能的影响,焊接修复前须对破损部位进行必要的处理。常采用的处理方法有碳弧气刨和氧-乙块火焰切割。

（a）碳弧气刨。使用石墨棒或炭棒与工件之间产生电弧将破损部位的金属熔化,并用压缩空气将其吹掉,将零部件破损部位去除。碳弧气刨示意图如图9-7所示。碳弧气刨可以用于挑焊根、清除零部件破损处并开坡口（特别是U形坡口）。采用碳弧气刨去除零部件破损部位时,一般情况下,炭棒既不能横向摆动也不能前后摆动,否则刨出的沟槽表面非常粗糙。如果一次刨槽的宽度不够足以去除破损部位,可增大炭棒直径。如果破损部位的钢板厚度较大或裂纹较深时,可采用分段多层刨削。

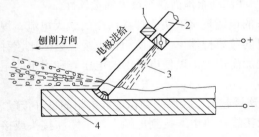

图9-7　碳弧气刨示意

1—焊钳；2—电极；3—压缩空气；4—工件

（b）氧-乙炔火焰切割。利用氧-乙炔火焰的热能将零部件破损部位的金属预热到一定温度后,喷出高速切割氧流,使破损处金属燃烧并放出热量实现局部切割。氧-乙炔火焰切割与现场焊接修复有很好的配套性,又具有分离切割的独立性。氧-乙炔火焰切割效率高、成本低、设备简单,可用于低碳钢、低合金高强度钢、高碳钢等零部件破损部位的局部切割及缺陷清理。

b. 工件的清理:工件上待修复部位表面上的铁锈、水分、油、氧化皮等,焊接修复时容易引起气孔、夹杂等缺陷,所以在焊接修复前必须清理干净。多层焊接修复时,必须使用钢丝刷等工具把每一层修复熔敷金属的焊渣清理干净。如果待修复部位表面有油和水分,可用气焊焊炬进行烘烤,并用钢丝刷清除。

c. 焊条的烘干:为确保手工电弧焊的修复质量,所用焊条在修复前应进行烘干,去除焊条药皮的吸附水分,焊条药皮的脱水量主要取决于烘干温度及保温时间。烘干温度过高,药皮中某些矿物成分会发生分解,降低保护效果;烘干温度过低或烘干时间不够,则受潮药皮的水分去除不彻底,会产生气孔和冷裂纹。焊条烘干一般不能超过 3 次,以免药皮变质或开裂以致影响焊接修复质量。

修复时对于不同类型的焊条其烘干温度不同,具体的烘干温度根据失效零件的材质、焊接性及质量要求由施工单位自行确定。为保证焊接修复质量,焊条烘干温度可偏高一些。手工电弧焊修复常用焊条的烘干措施见表 9-23。

表 9-23　手工电弧焊修复常用焊条的烘干措施

焊条种类	药皮类型	烘干的工艺参数			
		烘干温度 /℃	保温时间 /min	焊后允许存放时间 /h	允许重复烘干次数 / 次
碳钢焊条	纤维素型	70～100	30～60	6	3
	钛型 钛钙型 钛铁矿型	70～150	30～60	8	5
	低氢型	300～350	30～60	4	3
低合金钢焊条(含高强度钢、耐热钢、低温钢)	非低氢型	75～150	30～60	4	3
	低氢型	350～400	60～90	4 (E50××)	3
				2 (E55××)	
				1 (E60××)	
				0.5 (E70～100××)	2
铬不锈钢焊条	低氢型	300～350	30～60	4	3
	钛钙型	200～250			
奥氏体不锈钢焊条	低氢型	250～300	30～60	4	3
	钛型、钛钙型	150～250			
堆焊焊条	钛钙型	150～250	30～60	4	3
	低氢型(碳钢芯)	300～350			
	低氢型(合金钢芯)	150～250			
	石墨型	75～150			
铸铁焊条	低氢型	300～350	30～60	4	3
	石墨型	70～120			
铜、镍及其合金焊条	钛钙型	200～250	30～60	4	3
	低氢型	300～350			
铝及铝合金焊条	盐基型	150	30～60	4	3

注:1. 在焊条使用说明书中有特殊规定时,应按说明书中的规范执行。
　2. 一般情况下,焊条应选温度及保温时间的上限值。

修复时，烘干后的焊条多数情况下应随烘随用，或者立即放在焊条保温筒内，以免再次受潮。在露天大气中存放的时间，对于普通低氢型焊条，一般不超过 4 ～ 8h，对于抗拉强度 590MPa 以上的低氢型高强度钢焊条应在 1.5h 以内。

d. 焊前预热处理：预热是焊接修复开始前对被修复部位局部进行适当加热的工艺措施。一般只对刚性大或焊接性差、容易裂的结构件使用。预热可以减小修复焊后的冷却速度，避免产生淬硬组织，减小焊接应力及变形，防止产生裂纹。预热温度一般根据被修复工件材质的化学成分、板厚和施焊环境温度等条件确定。

② 焊接修复的工艺参数　手工电弧焊修复工艺参数对修复质量和焊接生产率有重要影响，主要包括焊条直径、焊接电流、焊接电压、焊接速度、电源极性及预热温度等。

a. 焊条的选择：焊接修复中主要根据修复工件的材质和使用要求（如强度级别、接头刚性和工作条件等）选择焊条。普通低碳钢和低合金钢工件修复一般按等强度匹配原则选用强度级别相同的焊条。一般结构件的修复选用酸性焊条，重要焊接结构件的修复选用低氢型焊条。焊条直径选择主要考虑修复工件的厚度、损坏位置、施焊方法等。

从提高焊接修复的效率考虑，希望选用大直径的焊条和较大的焊接电流，但由于受焊接结构尺寸、待修复部位的位置和焊接质量要求等条件的限制，焊条直径和焊接电流不允许选得太大，以免造成未焊透或焊缝成形不良等缺陷。

厚度较大的焊接修复件应选用直径较大的焊条。对于小坡口焊接修复件，为了保证根部的熔透，宜采用较细直径的焊条，如打底焊时一般选用 Φ2.5mm 或 Φ3.2mm 的焊条。不同的焊接修复位置，选用的焊条直径也不同，通常平焊时选用较粗的 Φ4.0 ～ 6.0mm 焊条，立焊和仰焊时一般选用 Φ3.2 ～ 4.0mm 的焊条；横焊时选用 Φ3.2 ～ 5.0mm 的焊条。焊条直径与修复工件厚度之间的关系见表 9-24。

表 9-24　焊条直径与修复工件厚度之间的关系

修复工件厚度 /mm	0.5 ～ 1.0	1.0 ～ 2.0	2.0 ～ 5.0	5.0 ～ 10	> 10
焊条直径 Φ/mm	1.0 ～ 1.5	1.5 ～ 2.5	2.5 ～ 4.0	4 ～ 5	> 5

b. 焊接电流：焊条确定后，焊接电源种类和极性要与焊条匹配。低氢钠型焊条必须采用直流反接，低氢钾型焊条可采用直流反接或交流。酸性焊条一般采用交流，也可采用直流。碱性焊条多数选用直流电源，少数碱性焊条可选用交直两用电源。

采用直流电源时要根据工件的修复要求和焊条的性质确定电源极性。工件接电源正极，焊条接电源负极，为正极性接法（正接法）；工件接电源负极，焊条接电源正极，为反极性接法（反接法）。由于直流弧焊机正极部分放出的热量比负极部分高，如果修复工件需要的热量高，应选用直流正接法；反之，选用反接法。

碱性低氢型焊条药皮中含有较多 CaF_2，为了稳定电弧，需采用反极性接法。反极性可以增加母材的熔化量，提高电弧稳定性，减少焊缝中的含氢量。由于正极温度高，正极性接法常用于厚板结构件的焊接修复。由于负极温度较低，反极性接法常用于薄板结构件的焊接修复。采用交流弧焊机时，不必选择极性。

手工电弧焊修复时，焊接电流越大，熔深越大，焊条熔化越快，修复效率越高，在允许的情况下应尽量选用大电流。但过高的焊接电流会造成工件烧穿，在电阻热的作用下焊条会发红，焊条药皮成块脱落，保护效果差，磁偏吹现象严重，焊缝成形不好，容易产生气孔、咬边、焊瘤等缺陷，严重影响焊接修复质量。焊接电流太小，则引弧困难，电弧不稳，容易造成未焊透、未熔合、气孔和夹渣等缺陷，修复效率低。因此，一般情况下在保证焊接修复质量的前提下应尽量选用大电流。

焊接电流一般可根据焊条直径进行初步选择,然后再考虑板厚、接头形式、焊接位置、环境温度、工件材质等因素。例如,当焊接修复导热快的工件时,焊接电流要大一些,而焊接修复热敏感材料时,焊接电流小一些。碳钢和低合金钢零部件用酸性焊条平焊修复时的焊接电流见表 9-25。焊接修复位置改变时焊接电流应作适当调节,采用低氢型焊条焊接修复时,焊接电流也要适当减小。

表 9-25　酸性焊条平焊修复时焊接电流与焊条直径的关系

焊条直径 ϕ/mm	1.6	2	2.5	3.2	> 3.2
焊接电流 I/A	25 ~ 40	40 ~ 65	50 ~ 80	100 ~ 130	$I=(35 \sim 40)\phi$

c. 焊接电压:焊接电压取决于电弧的长度。电弧越长,焊接电压越高,焊缝越宽;但电弧太长,电弧挺度不足,飘忽不定,熔滴过渡时容易产生飞溅,对电弧中的熔滴和熔池金属保护不良,导致焊缝产生气孔;而电弧太短,熔滴向熔池过渡时容易产生短路,导致熄弧,使电弧不稳定,从而影响焊接修复质量。

焊接电压的选择是对弧长的控制。弧长大于焊条直径的称为长弧焊,弧长小于焊条直径的称为短弧焊。电弧长度随焊接电流和修复位置的变化而发生变化。焊接电压增大,在焊缝宽度增加、熔深减小的同时,电弧稳定性变差,飞溅增大。所以一般情况下应尽量采用短弧焊进行修复,常用的焊接电压控制在 18 ~ 26V。

焊接修复时,焊接电流大,焊接电压也相应增大。电弧发生磁偏吹时,电弧长度应尽可能缩短。平焊修复时,根据焊缝修复尺寸的要求,拉长或缩短电弧,以得到合适的焊缝宽度。采用厚药皮焊条焊接修复时,可以将焊条端头轻轻与损坏部位接触。

d. 焊接速度:焊接速度是指单位时间内完成的焊缝长度。焊接速度直接影响焊缝成形、焊补处的组织和修复质量。焊接速度的大小应根据修复件所需的线能量、焊接电流和焊接电压综合考虑确定。

手工电弧焊修复时,如果焊接速度太慢,则焊缝会过高或过宽,外形不整齐,焊接修复较薄结构件时甚至会烧穿;如果焊接速度太快,焊缝较窄,则会发生未焊透缺陷。因此在保证焊缝具有所要求的尺寸和外形、熔合良好的前提下,焊接速度由操作者根据修复件的实际情况灵活调节。

e. 焊接修复层数:厚板件焊接修复时,一般要在破损处开出一定形状的坡口,并采用多层焊或多层多道焊。多层焊或多层多道焊的前一条焊道对后一条焊道起预热作用,而后一条焊道对前一条焊道起后热处理作用,有利于提高焊缝金属的韧性和塑性。

一般情况下,采用多层焊或多层多道焊修复得到的焊接接头区域的显微组织较细,热影响区较窄,出现裂纹的可能性较小。低合金高强度钢结构件手工电弧焊修复时,焊接层数对接头质量影响不大,但焊接层数少。每层焊缝厚度太大时,显微组织粗化将导致焊接接头的塑性和韧性降低。其他材质的结构件修复时,应采用多层多道焊,一般每层焊道的厚度不应大于 4mm。

9.4.2　气焊修复的特点及工艺

（1）气焊修复的特点

气焊修复是利用氧气和燃气混合燃烧产生的火焰作热源的焊接修复方法。气焊修复时,氧和乙炔在焊炬中燃烧,喷射出的氧 - 乙炔火焰将零部件待修复处的局部母材金属和填充焊丝熔化,然后使之熔合、凝固结晶,在零部件上形成修复层金属。气焊修复具有以下工艺特点。

① 气焊设备简单,搬运方便,适用性强,不需要电源,可在没有电源的场所进行焊接修复。

②气焊修复时，易于控制焊接熔池的温度，通过调节氧气和乙炔气体的流量和压力，容易控制火焰的性质和温度，特别适用于手工电弧焊难以修复的体积较小、厚度较薄的焊接件。

③气焊火焰温度较低，采用的热源和填充金属是相互分开的，通过调整焊炬混合气体中氧气和燃气的比例，方便调节热源能率，可用于对零部件进行焊接修复前的预热和后热处理。

气焊修复的缺点主要是气体火焰热量分散、加热面积大，修复时容易造成工件的变形，并且焊缝金属的晶粒较粗、力学性能较差。另外，采用气焊修复，加热速度慢、生产效率低、较多情况下为手工气焊操作，难以实现自动化的焊接修复，而且对操作者的技术水平要求较高。

采用气焊修复工艺既可以焊补零部件的破损部位，也可以通过选用合适成分的合金粉末，对零件表面局部的磨损或腐蚀部位进行气体火焰喷涂修复。气焊修复中应用最普遍的是氧-乙炔气焊，其次是氧-液化石油气气焊。采用氧-乙炔气焊可以修复碳钢件、低合金钢件、铸铁件、铜及其铜合金件、镍合金件、铝合金件等。采用液化石油气、天然气、丙烷等可燃气体时，可以焊接修复熔点较低的金属和贵金属零件，如铝及铝合金、镁、锌、铅等有色金属零部件。气焊最适于薄板件、薄壁管件、箱体件、壳体件以及异种金属零部件的焊接修复。

（2）气焊修复用装置

气焊修复所用的装置主要有焊炬、氧气瓶、乙炔气瓶或乙炔发生器、减压器、回火防止器、胶管等，如图9-8所示。

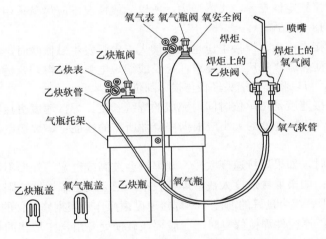

图9-8　气焊修复装置的组成

①焊炬　焊炬是气焊的主要工具。燃气和氧气通过焊炬以一定的比例混合后由焊嘴喷出，实现零件破损部位的焊接修复。按氧气和可燃气体的混合方式，焊炬分为射吸式和等压式两类。射吸式焊炬的可燃气体是靠喷射气流的射吸作用与氧气混合的。射吸式焊炬依靠焊炬喷嘴和射吸管的射吸作用，调节氧气和可燃气体的流量，保证氧气和可燃气体的混合比例，使火焰稳定燃烧。射吸式焊炬的构造见图9-9。

等压式焊炬是氧气和燃气各自以一定的压力和流量进入混合室混合后由焊嘴喷出，点燃形成气焊火焰的。等压式焊炬结构简单，进入焊炬的氧气和燃气压力不变，就可以保证火焰稳定燃烧。等压式焊炬的结构见图9-10。

②气体钢瓶

a.氧气瓶：氧气瓶是存储和运输氧气的高压容器，外部涂有天蓝色油漆，并写有"氧气"字样。氧气瓶容量一般为40L，额定工作压力为15MPa。气焊修复用的氧气一般纯度不低于99.2%。氧气瓶在使用过程中每隔3～5年应检查气瓶的容积、质量，查看气瓶是否发生腐蚀或泄漏。

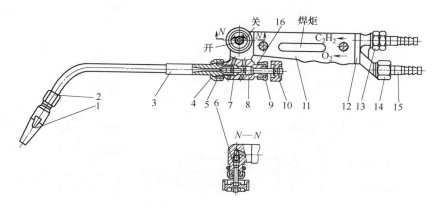

图 9-9　射吸式焊炬的构造

1—焊嘴；2—焊嘴接头；3—射吸管；4—射吸管螺母；5—中部主体；6—乙炔阀杆；
7—喷嘴；8—氧气阀杆；9—密封螺母；10—氧气乙炔枪；11—手柄；12—后部接件；
13—乙炔螺母；14—氧气螺母；15—氧气乙炔接头；16—防松螺母

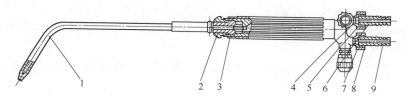

图 9-10　等压式焊炬的结构

1—焊嘴；2—混合管螺母；3—混合管接头；4—氧气接头螺母；5—氧气螺母；
6—氧气软管接头；7—乙炔接头螺母；8—乙炔螺母；9—乙炔软管接头

　　b. 乙炔气瓶：乙炔气瓶是用来存储和运输乙炔的钢瓶。乙炔气瓶内的最高乙炔压力是 1.5MPa。乙炔气瓶口安装专门的乙炔气阀，瓶内充满浸渍了丙酮的多孔物质（硅酸钙颗粒），乙炔溶解在丙酮中。

　　③ 乙炔发生器　乙炔发生器是电石与水相互作用产生乙炔气的装置。乙炔发生器种类很多，按输出压力可以分为中压乙炔发生器（0.2～1.0MPa）和低压乙炔发生器（＜0.2MPa）；按电石与水接触方式可分为排水式、电石入水式、浸离式和联合式乙炔发生器；按位置形式可分为移动式和固定式乙炔发生器，目前应用较多的是中压乙炔发生器。

　　④ 减压器　减压器的作用是将气体钢瓶内的压力调节为焊炬所需的工作压力，并在工作过程中保持工作压力的稳定。减压器按使用气体的种类，可分为氧气减压器、乙炔减压器、丙烷减压器等；按减压次数又分为单级减压器和双级减压器。

　　单级减压器结构简单、使用方便，但输出气体压力的稳定性较差，而且当输出气体流量大时或在冬天使用时容易发生冻结现象。双级减压器是由两个单级减压器串联组合在一个装置内构成的。双级减压器输出气体的压力稳定，同时高压气体经两级膨胀，低压室的温度下降也较缓和，减压器发生冻结情况也少。但双级减压器结构复杂，常用于工作气体流量大和管道供气的场合。

　　⑤ 回火防止器　气焊修复时有时会发生气体火焰进入喷嘴内逆向燃烧的回火现象，如图 9-11 所示。为了防止回火火焰倒流入乙炔发生器，必须在乙炔胶管与乙炔发生器之间安装回火防止器，将倒流的火焰与乙炔发生器隔绝，断绝乙炔来源，使倒流的火焰自行熄灭。

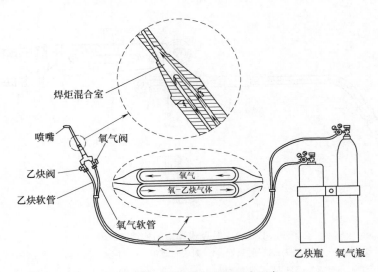

图 9-11 气焊修复时的回火现象

回火防止器按使用压力可分为低压（乙炔压力小于 0.01MPa）和中压（乙炔压力 0.01 ～ 0.15MPa）回火防止器；根据阻火介质又分为干式和湿式（常称水封式）回火防止器。目前国内常用的水封式回火防止器，有低压开式和中压闭式两种类型。常用的干式回火防止器主要有中压防爆膜式等类型。

气焊修复装置及附件还包括输送氧气和乙炔的气体软管、点火工具、保护安全施焊的护目镜、防护服等。

9.4.3 埋弧堆焊修复的特点及工艺

埋弧堆焊修复是利用埋弧焊方法在零件表面堆敷一层具有特殊性能的金属材料的工艺过程，目的是增强金属材料表面的耐磨、耐热、耐腐蚀等性能。埋弧堆焊修复所采用的设备完全是自动埋弧焊的设备，但为了增加熔敷效率，降低母材稀释率，埋弧堆焊修复时希望在不降低生产率的条件下获得最小的熔深。

（1）埋弧堆焊修复的分类

埋弧堆焊是一种堆焊修复效率较高的工艺方法，比手工电弧焊提高效率 3 ～ 6 倍，特别是较大工件的堆焊修复更能显示其优越性。埋弧堆焊修复的应用已由原来的单丝埋弧堆焊发展为多丝埋弧堆焊、带极埋弧堆焊、合金粉粒埋弧堆焊等，大大地提高了堆焊效率和应用范围。

① 丝极埋弧堆焊修复　单丝埋弧堆焊修复的应用比较普遍，主要是用合金焊丝、药芯焊丝或低碳钢焊丝配合烧结焊剂，靠焊丝或焊剂过渡合金。单丝埋弧堆焊修复的缺点是熔深大、稀释率高达 30% ～ 60%，需堆焊 2 ～ 3 层以上才能满足对表面层性能的要求。为了减少稀释率，可采用下坡埋弧堆焊工艺、增大焊丝伸出长度（即增加焊接电压）、降低焊接电流和增大焊丝直径等措施。还可以摆动焊丝，使焊道加宽，稀释率下降。

采用两根或两根以上的焊丝（多丝埋弧堆焊）同时向焊接区送进，电弧周期性地从一根焊丝转移到另一根焊丝。每一次起弧的焊丝都有很高的电流密度，可获得较大的熔敷效率。使双丝埋弧堆焊的电弧位置不断变动，可以获得较浅的熔深和较宽的堆焊焊道。也可采用双丝双弧埋弧堆焊法，即两根焊丝沿堆焊方向前后排列，这两根焊丝可共用一个电源或两个焊接电源分别供电。前一个电弧用较小的焊接电流以熔化少量母材，后一个电弧用较大的焊接电流，起到堆焊作用并能提高熔敷效率。

还可采用串联电弧堆焊，这种方法的电弧是在自动送进的两根焊丝间燃烧，两根焊丝大多成45°，焊丝垂直于堆焊方向，分别连接交流电源两极，空载电压 100V 左右。由于电弧间接加热母材，大部分热量用于熔化焊丝，所以稀释率低，熔敷量大。

　　② 带极埋弧堆焊修复　常规的埋弧堆焊热量输入大，堆焊后冷却速度较慢，堆敷金属和热影响区晶粒粗大，易使在高温高压腐蚀介质中使用的压力容器出现裂纹。为了提高堆焊层的性能，可用合金带极、药芯带极或低碳钢带极代替焊丝，配合烧结焊剂进行堆焊。电弧在带极端部局部引燃，沿带极端部迅速移动，类似于不断摆动的焊丝，因此熔深很浅。采用带极埋弧堆焊工艺，既可以提高堆焊层性能，同时也提高了熔敷效率。

　　带极埋弧堆焊的熔深浅而均匀，稀释率低，焊道宽而平整。一般带极厚度约 0.4～0.8mm，宽度约 30～60mm。带极堆焊所用的设备可以用一般埋弧自动焊机改装，也可采用专用设备。如国产 MU1-1000-1 型自动带极堆焊机，机头行走机构为小车式，堆焊电流 400～1000A，堆焊速度 7.5～35m/h。MU2-1000 型悬臂式带极自动埋弧焊机的技术性能也大体相似，主要用于埋弧堆焊内径大于 1.5m 的管道、化工容器、油罐、锅炉压力容器等大型专用设备。

　　为了获得更高的生产率，可增加带极宽度，如采用外加磁场控制电弧，带极宽度可达 180mm（厚度 0.5mm），堆焊电流为 1800A，每小时熔敷面积可提高到 0.9m²，而稀释率仅 3%～9%。高速带极埋弧堆焊时，由于焊接速度提高（可达 4.2～4.7cm/s），堆焊过程由电渣过程变成电渣、电弧的联合过程，具有高效、低稀释率的优点。高速带极埋弧堆焊速度较高，对母材热量输入小，热影响区晶粒细小。堆焊在氢介质中工作的工件，可以大大提高抗氢致裂纹的能力，而且工件变形小，主要用于堆焊较薄的工件。高速带极埋弧堆焊需要较大的焊接电流，磁收缩现象严重，因此对磁控装置的要求较高。

　　随着堆焊技术的发展，还可采用双带极、多带极或加入冷带等埋弧堆焊工艺，可大大提高熔敷效率。除了实芯带极外，粉末带极也有应用。在石油、化工、原子能等工业的大面积耐腐蚀堆焊修复中，应用最普遍的是堆焊效率比丝极埋弧堆焊高，而稀释率比其低的带极埋弧自动堆焊。随着焊机容量的增大，对熔敷效率要求的日益提高，带极宽度已从 30mm 增大至 60mm 或75mm 等。

　　③ 合金粉粒埋弧堆焊　合金粉粒填充金属埋弧堆焊示意见图 9-12，先将合金粉粒堆铺在工件上，填加合金粉粒埋弧堆焊时，电弧在左右摆动的焊丝与工件之间燃烧，电弧热将焊丝和电弧区附近的合金粉粒、工件和焊剂熔化，熔池凝固后形成堆焊层。对于不能加工成丝极或带极的堆焊合金，可采用这种方法堆焊。

　　由于相当一部分电弧热是消耗在熔化合金粉粒上，所以大大降低了稀释率和提高了熔敷速度。送粉与送丝的质量比由 1.0 增加至 2.3 时，稀释率从 40% 下降至接近 0，一般取粉／丝比值为 1.0～2.0。所添加合金粉粒的质量约为熔化焊丝质量的 1.5～3 倍。

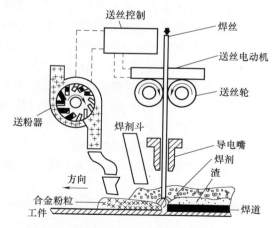

图 9-12　合金粉粒填充金属埋弧堆焊示意

　　合金粉粒埋弧堆焊大多数采用低碳钢 H08A 焊丝。在不增加焊接电流的条件下，熔敷速度约为单丝埋弧焊的 4 倍，一般大于 45kg/h，且熔深浅、稀释率低。但须严格控制堆焊过程，尤其是粉末颗粒堆放量要均匀、工艺参数要稳定。国内外采用这种堆焊工艺制造大面积耐磨合金复合钢板，堆焊合金常采用高铬合金铸铁。

（2）埋弧堆焊修复的特点

在埋弧堆焊修复过程中，工件和焊丝在堆焊电弧的高温作用下被局部或全部熔化。为了保护熔融金属不受周围气体影响和防止金属飞溅，一般采用细颗粒焊剂覆盖在堆焊区上。堆焊电弧使颗粒状焊剂部分熔化，维持电弧在熔融焊剂所形成的隔绝于空气的弹性小空间中燃烧。自动埋弧堆焊修复示意见图9-13。

金属焊丝成圈地放置在附设的焊丝盘中，通过埋弧焊机的送丝机构，以一定的速度连续、均匀地送入堆焊电弧，在堆焊电弧的高温作用下均匀地熔化。金属熔滴通过堆焊电弧与被堆焊工件的熔融金属相混合，形成堆焊熔池。渣壳和未熔化焊剂覆盖下的熔敷金属冷却

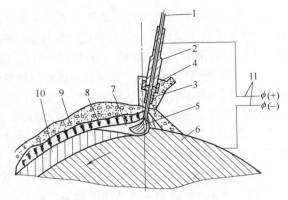

图9-13　自动埋弧堆焊修复示意
1—焊丝；2—导电杆；3—导电嘴；4—焊剂杯；5—堆焊电弧；6—堆焊工件；7—堆焊熔池；8—焊渣壳；9—未熔化的焊剂；10—堆焊层金属；11—堆焊电源

后成为堆焊合金层。未熔化的焊剂被吸入回收箱，以便回收再用。应控制自动埋弧堆焊机机头的行走速度，以保证堆焊焊道逐渐形成螺旋形轨迹。

埋弧堆焊的生产率是以单位时间内消耗的焊丝量测定的。当焊丝直径为3.2mm时，单丝自动埋弧堆焊的生产率约为4～6kg/h。为了提高生产率，可采用几台单丝埋弧焊机同时堆焊，也可改制成为双丝或多丝自动埋弧焊，达到高效率堆焊。由于埋弧堆焊过程是连续进行的，采用大直径焊丝时可使用较大的堆焊电流，因此埋弧堆焊的生产率比手工电弧堆焊高得多。自动埋弧堆焊比手工电弧堆焊能更有效地保护熔融金属不受空气影响，提高堆焊金属的质量。

自动埋弧堆焊的电弧在焊剂层下进行，无飞溅和电弧辐射、劳动条件好，焊丝熔化形成的堆焊层平整光滑、易于实现机械化和自动化、生产率高、堆焊层成分稳定。但埋弧堆焊的热量输入较大、堆焊熔池大，稀释率比其他电弧堆焊方法高。埋弧堆焊需焊剂覆盖，只能在水平位置堆焊，适用于形状规则且堆焊面积大的焊接件，例如，在钢轧辊、车轮轮缘、曲轴、水轮机转轮叶片、化工容器和核反应压力容器衬里等大中型零部件批量堆焊中得到应用。

埋弧堆焊修复时，需要使用焊剂和兼作电极的填充焊丝或带极。焊剂有熔炼焊剂和烧结焊剂两种，埋弧堆焊修复一般采用烧结焊剂。填充金属有丝状和带状两种，而且可制作成实芯和药芯的。

埋弧堆焊层合金过渡的方式有如下几种。

① 通过合金焊丝或焊带向堆焊层过渡（渗入）合金元素，这种方式获得的堆焊层成分均匀、稳定可靠，合金元素损失少，能满足堆焊层性能要求。但这种合金化方式只适用于能轧制和拉拔成丝状或带状的堆焊合金。

② 通过药芯向堆焊层过渡合金元素，这种方式一般采用烧结（或黏结）焊剂。这种方法克服了某些高合金焊丝难以制造或根本不能制造的困难，利用低碳、低合金钢作外皮，中间填加堆焊层所需的合金成分。

③ 也可以将堆焊层所需的合金元素以铁合金粉末形式加入到烧结焊剂内，配合低碳钢或低合金钢焊丝，得到不同成分的堆焊层。但是这种合金化方式得到的堆焊层成分稳定性较差。

④ 堆焊前在焊剂层下先铺设一层合金粉末（也可粘结在钢板表面），堆焊时熔入熔池形成堆焊合金层。这种方式的堆焊层成分的稳定性受粉末量和堆焊工艺参数的影响波动很大，对堆焊工艺条件要求严格。

（3）埋弧堆焊的主要工艺参数

① 堆焊电流　随着堆焊电流的增大，堆焊电弧发出的热量增加，传到工件的热量也增多，焊

缝的深度和高度都显著地增加。采用不同的堆焊电流所得到的堆焊焊缝形状见图 9-14。焊缝宽度在电流不超过 900A 时稍有增加，但不显著。当堆焊电流增大时，电弧的压力也随之增大。电弧可进一步潜入未熔化的基体金属，特别是当电流超过 900A 时，基体金属的熔深显著增加。

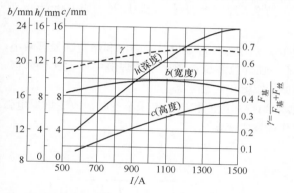

图 9-14　堆焊电流对堆焊焊缝形状尺寸的影响
（焊丝直径 2mm，材料为低碳钢）

堆焊电流对熔深的影响可用下式表示，即

$$h=KI$$

式中　h——熔深，mm；

　　　K——比例系数，mm/A；

　　　I——堆焊电流，A。

比例系数 K 表示当堆焊电流每增加 1A 时熔深 h 的增加量。K 的大小与堆焊电流种类、极性、焊剂种类和焊丝直径有关，通常 $K=0.01 \sim 0.02$；埋弧焊船形位置焊和开坡口对接焊时 $K=0.015 \sim 0.02$；不开坡口的对接焊时 $K=0.010 \sim 0.0115$；自动堆焊时 $K=0.01$。

当堆焊电流增大时，堆焊焊缝的宽度增加不大。由于电流增大使焊丝的熔化速度加快，使堆焊焊缝的堆高部分与基体金属之间缺乏圆滑的过渡，从而引起堆焊焊缝应力集中。在实际生产中当增大堆焊电流时，须相应地提高电弧电压，以达到同时增加堆焊焊缝宽度的目的。增大堆焊电流对堆焊焊缝深度、宽度、高度及基体金属成分在堆焊焊缝中所占的比例 γ 的影响如图 9-15 所示。

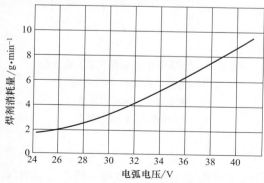

图 9-15　堆焊电流与堆焊焊缝形状尺寸的关系
（焊丝直径 5mm，堆焊电压 36 ~ 38V，焊速 40m/h）

②电弧电压　当电弧长度增大时，电弧电压升高，电弧作用于工件的面积增大；反之，当电弧长度减小时，电弧电压降低，作用于工件的面积也减小。因此，当电弧电压增大或减小时，堆焊焊缝的宽度也随之增大或减小。调整不同的电弧电压可得到不同宽度的堆焊焊道。

当电弧长度伸长时（即电弧电压增加），电弧吹向熔池液态金属的力量减弱，电弧热传递至工件的距离增加，工件的熔透深度略有减小。随着电弧电压的增大，除了堆焊焊缝的宽度增加外，焊剂消耗量也有所增加。埋弧堆焊电弧电压与焊剂消耗量的关系如图 9-16 所示。埋弧堆焊电弧电压与焊缝形状尺寸的关系见图 9-17。

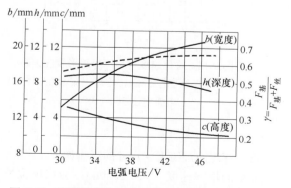

图 9-16　埋弧堆焊电弧电压与焊剂消耗量的关系

图 9-17　埋弧堆焊电弧电压与焊缝形状尺寸的关系
（焊丝直径 5mm，堆焊电流 800A，焊速 40m/h）

如果只是增加堆焊电流或电弧电压，不会得到满意的成形焊缝。在实际生产中，当增加堆焊电流时须相应地增加电弧电压，才能得到比较满意的堆焊焊缝形状。电弧电压过高时，焊剂熔化量太多，以致液体熔渣从熔池中向外流失，还会带走堆焊熔池中的液体金属，造成焊瘤，在堆焊工件的边缘出现这种情况是不允许的。埋弧堆焊电流与电弧电压的配合关系见表9-26。

表9-26　埋弧堆焊电流与电弧电压的配合关系

堆焊电流 /A	电弧电压 /V		堆焊电流 /A	电弧电压 /V	
	焊丝直径 2mm	焊丝直径 5mm		焊丝直径 2mm	焊丝直径 5mm
180 ～ 300	26 ～ 30	—	>700 ～ 850	—	40 ～ 42
>300 ～ 500	30 ～ 34	—	>850 ～ 1000	—	40 ～ 43
>500 ～ 600	34 ～ 38	—	>1000 ～ 12000	—	40 ～ 44
>600 ～ 700	—	38 ～ 40			

③ 堆焊速度　当增加堆焊速度时，单位堆焊焊缝长度受到的电弧热减少，堆焊焊缝的熔深减小。同时，由于单位时间内的焊丝熔敷量减少，堆焊焊缝的截面积也随之减小。具体表现在堆焊焊缝的宽度明显减小，堆焊焊缝就变得窄而浅了。当堆焊速度增加到一定限度时（如100m/h），工件与堆焊焊缝金属相接处会产生咬边现象。

埋弧堆焊速度与堆焊焊缝形状的关系见图9-18。当增加堆焊速度时，熔深和熔宽都显著减小，但堆焊焊缝的堆高量减小很少。堆焊速度增加还会使焊丝金属在整个堆焊焊缝中所占比例降低，即基体金属的成分在堆焊焊缝中所占的比例γ增加，如图9-19所示。

堆焊速度的增加使焊剂的消耗量相应地减少。当堆焊电流和电弧电压不变时，改变堆焊电弧移动速度，将使焊缝上的堆敷金属量以及电弧热作用发生变化。

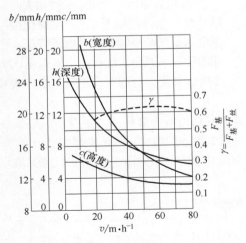

图9-18　堆焊速度与堆焊焊缝形状的关系
（焊丝直径 5mm，堆焊电流 800A，
电弧电压 36 ～ 38V）

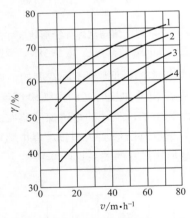

图9-19　堆焊速度 v 与基体金属成分在
堆焊焊缝中所占比例 γ 的关系
1—小线能量；2—较小线能量；
3—中等线能量；4—大线能量

堆焊速度对焊缝形状尺寸的影响如下。

a. 小的堆焊速度（$v < 20$m/h）：会在单位长度焊道上堆敷很多的堆焊金属，减小母材熔深，增加堆焊焊缝的宽度。当堆焊速度极小时（$v < 1$m/h），母材不能充分熔透，熔敷金属会从堆焊工件表面剥落下来。堆焊速度降低还会减小母材在堆焊焊缝中所占的比例。

b. 中等堆焊速度（$v = 20 \sim 40\text{m/h}$）：在这个范围内，当堆焊速度增加时，在单位长度堆焊焊道上受到的电弧热减少，使堆焊焊缝的熔深减小（但变化不大）。而堆焊焊缝的宽度却随着堆焊速度的增加而减小。

c. 大的堆焊速度（$v > 50\text{m/h}$）：当堆焊速度增加时，电弧在单位长度堆焊焊道上的作用时间减少，电弧热也减少，所以堆焊焊缝的熔深和宽度相应地减少。当堆焊速度 $v=80 \sim 100\text{m/h}$ 时，可能出现基体金属未熔化的区域。

④ 焊丝直径　焊丝直径增大使堆焊电弧的弧柱直径增加，熔池范围扩大，堆焊焊缝的宽度增加，熔池深度及堆高量减小。焊丝直径减小时，电流密度增加，加强了电弧吹力，提高了堆焊焊缝的熔深，但熔宽和堆高量减小。焊丝直径对堆焊焊缝熔深和熔宽的影响见图 9-20。

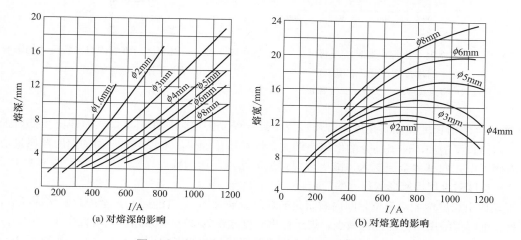

图 9-20　焊丝直径对堆焊焊缝熔深和熔宽的影响

当用直径 6mm 焊丝、600A 电流堆焊时，熔透深度约为 4mm；而用直径 2mm 焊丝堆焊时，熔透深度约达 10mm，较粗焊丝时增加了一倍多。随着焊丝直径的减小，电弧潜入基体金属，电弧波动小，得到的堆焊焊缝窄而深。当堆焊电流 600A 时，采用直径 2mm 及 6mm 焊丝堆焊时，所得到的堆焊焊缝的熔宽相差约 4.5mm。为了得到较好的埋弧堆焊焊缝形状，改变焊丝直径须相应地改变堆焊电流和电弧电压，这样才能得到合适的堆焊焊缝宽度。

（4）影响埋弧堆焊修复质量的因素

① 焊剂成分和颗粒大小　同一类型的焊剂，由于颗粒大小不同，对堆焊焊缝的熔深影响不同。因为焊剂的颗粒大小能改变焊剂的堆积质量，造成堆焊区域受到的压力不同，使堆焊焊缝的熔深发生变化。当采用细颗粒焊剂堆焊时，得到的堆焊焊缝熔深较粗颗粒的焊剂要深一些。

② 堆焊电流种类及极性　低合金钢的自动埋弧堆焊多采用直流电源。直流电源极性对堆焊焊缝形状尺寸的影响主要表现在堆焊焊缝的熔深和堆高量这两个方面。图 9-21 所示为堆焊电源种类及极性对堆焊焊缝熔深的影响，堆焊工艺参数为：焊丝直径 2mm，堆焊速度 30m/h。

采用直流电源反接（工件接负极）堆焊时，得到的堆焊焊缝熔深最大；采用直流正接时，得到的堆焊焊缝熔深最小；采用交流电源堆焊时，得到的堆焊焊缝熔深几乎是直流电源的正接和反接的平均值。电源极性对堆焊焊缝形状尺寸的影响如图 9-22 所示。直流反接的堆焊焊缝熔深比正接时约大一倍，堆焊焊缝的熔宽几乎不变，但直流反接时堆焊焊缝的堆高量却比正接时低。

采用直流电源手工电弧焊时，为了得到较大的熔透深度，通常使用直流反接。但在埋弧堆焊中，因为焊剂中含有较多的氟化钙，在高温电弧作用下 CaF_2 分解出氟，在阴极夺取电子形成负离子，这是一个放热反应。当采用含有 CaF_2 的焊剂堆焊时，堆焊焊缝的熔深变浅。

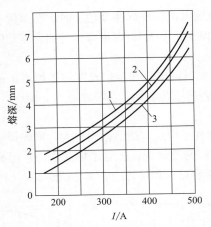

图 9-21　堆焊电源种类及极性
对堆焊焊缝熔深的影响

1—直流反接；2—交流；3—直流正接

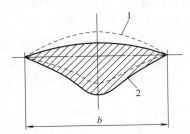

图 9-22　电源极性对堆焊焊缝形状尺寸的影响

1—直流正接；2—直流反接

③ 焊丝伸出长度和倾斜角度　堆焊过程中焊丝受到的电阻热作用与焊丝的伸出长度成正比，即焊丝伸出长度增加，伸出部分的电阻热增大，焊丝熔化加快，堆焊电弧下面的熔融金属量增多。这就阻碍了电弧向基体金属潜入，减少堆焊焊缝的熔深，增加堆焊焊缝的堆高量。图 9-23 所示为焊丝伸出长度对堆焊焊缝形状尺寸的影响。

焊丝伸出长度增加，单位时间内被熔化的焊丝金属量增多（图 9-24），堆焊焊缝熔深减少，导致母材在堆焊焊缝中所占的比例减少。焊丝伸出长度通常为 20 ～ 60mm。采用直径 4 ～ 6mm 焊丝堆焊时，由于焊丝伸出长度变化不大，对堆焊焊缝形状尺寸的影响可以不考虑；采用直径 3mm 焊丝时，焊丝伸出长度不得超出规定偏差 ±（5 ～ 10）mm，否则堆焊焊缝形状尺寸将产生较大的变化。

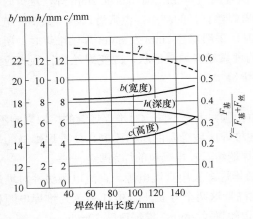

图 9-23　焊丝伸出长度对堆焊焊缝形状尺寸的影响
（焊丝直径 5mm，堆焊电流 800A，
电弧电压 36 ～ 38V，焊速 40m/h）

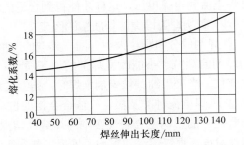

图 9-24　焊丝伸出长度对熔化系数的影响
（焊丝直径 5mm，堆焊电流 800A，
电弧电压 36 ～ 38V，焊速 20m/h）

焊丝倾斜角度是指焊丝沿堆焊方向所倾斜的角度，分为前倾和后倾两种情况，如图 9-25 所示。与焊丝垂直工件堆焊相比，当焊丝在后倾位置堆焊时，由于电弧弧柱倾斜角的关系，堆焊熔池中的液体金属被挤出得更多，得到的堆焊焊缝熔深增加，而堆焊焊缝的宽度稍有减小，这在正常的埋弧堆焊中是不希望出现的。

当焊丝在前倾位置堆焊时，电弧弧柱大部分位于基体金属上，这就增加了堆焊电弧的活动性，电弧不能进一步潜入基体金属。堆焊熔池中被挤出的液态金属减少，堆焊焊缝的熔深减少，而熔宽则有所增加。在一般钢件（如钢轧辊）的自动埋弧堆焊中，常采用焊丝前倾的堆焊法，焊丝的前倾角度约为 $6°\sim8°$。

④ 堆焊工件倾斜位置　根据圆形工件（如容器筒体、钢轧辊等）的倾斜位置，埋弧堆焊分为上坡堆焊和下坡堆焊两种，如图 9-26 所示。当进行上坡堆焊时，除了堆焊电弧的吹力作用外，由于弧坑中液态金属本身的重力作用，使液态金属向下流动，电弧易潜入基体金属，因此增加堆焊焊缝的熔深、减小熔宽、增加堆焊焊缝的堆高量。

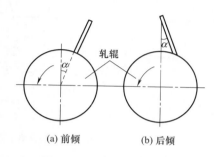

图 9-25　焊丝倾斜位置的示意图

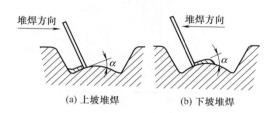

图 9-26　工件倾斜堆焊时的示意

进行下坡堆焊时，熔池中液态金属下淌并积聚在电弧的前方，阻碍电弧向母材的潜入，结果造成堆焊焊缝的熔深变浅，熔宽增加。下坡堆焊时若工件的倾斜角度为 $6°\sim8°$，堆焊焊缝的熔深减小；若工件的倾斜角度继续增加，会出现与母材未熔合的现象。采用上坡堆焊时，若工件的倾斜角度 $\geq8°$，那么堆焊焊道的熔宽减小，堆高量增加，这样将导致整个堆焊焊缝的形状恶化。

当沿倾斜面自上而下的堆焊时，堆焊焊缝的熔深比水平面上堆焊时小，而自下而上堆焊时的熔深较大。保持堆焊熔池成水平状态是堆焊过程正常进行的必要条件，这时液态金属（包括熔融焊剂）的流体静压力与电弧吹力均衡。埋弧堆焊圆形工件（如容器筒体、钢轧辊等）时，希望借助于堆焊机床转动角度和送丝机构的转动角度达到此目的。

埋弧堆焊修复过程中，由于材料、设备、工艺及操作等方面的原因，堆焊焊道有时会出现裂纹、气孔、未焊透等缺陷。改变工艺参数会导致合金元素过渡量的变化，引起堆焊层组织性能变化，使其抗裂性降低。埋弧堆焊过程中应严格遵守操作工艺规程，堆焊前清除工件表面的油、锈等，严禁设备上的润滑油与工件、堆焊材料接触，随时注意工艺参数（特别是堆焊电流、电弧电压等）的变化并及时调整。

9.4.4　气体保护堆焊修复的特点及工艺

（1）钨极氩弧堆焊修复技术

① 工艺特点　钨极氩弧焊采用惰性气体保护，焊接过程中基体金属与填充金属中的合金元素不易氧化烧损。氩气不溶于金属，避免了堆焊层中出现气孔等缺陷。非熔化极（钨极）氩弧堆焊的特点是保护效果好、可见度好、电弧稳定、飞溅少，堆焊层形状容易控制。虽然熔敷速度不高，但堆焊层质量好。适合堆焊修复质量要求高而形状复杂的小件，如在汽轮机叶片上堆焊很薄的钴基合金。还适合在一些焊接性差的工件上堆焊，例如含钛的不锈钢件、含铝的镍基合金件或在氧 - 乙炔火焰加热时容易蒸发的材料。

相同电流条件下的氩气保护的钨极氩弧与等离子弧温度分布的比较如图 9-27 所示。图中左半部是钨极氩弧的温度分布，右半部是等离子弧的温度分布。钨极氩弧堆焊的工艺参数是：电弧电压 14.5V，电流 200A；等离子弧堆焊的工艺参数是：电弧电压 29V，电流 200A，压缩孔内径 4.8mm。

钨极氩弧与等离子弧弧形态的区别见图 9-28。等离子弧的形态接近圆柱形，发散角度很小，约 5° 左右，且挺直度好。自由钨极氩弧呈圆锥形，发散角度约 45°，对工件距离变化敏感性大。

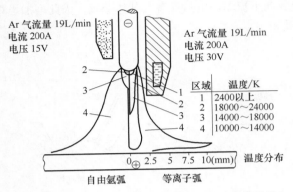

图 9-27　钨极氩弧和等离子弧温度分布的比较

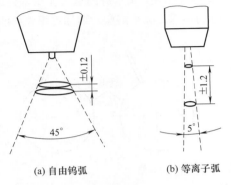

图 9-28　钨极氩弧与等离子弧形态的区别

手工钨极氩弧堆焊修复的工艺参数包括：焊接电流、电弧电压、氩气流量、喷嘴直径、钨极直径及伸出长度、填充焊丝直径等。堆焊修复的工艺参数应根据基体和堆焊材料、堆焊层的几何尺寸等合理地选择。自动钨极氩弧堆焊修复因能控制工艺参数，可获得性能稳定、质量高的堆焊熔敷层，适用于形状规则，堆焊面积较大的零件。堆焊材料有实芯、药芯或铸条等几种，也可采用粉粒状堆焊合金，堆焊修复时将堆焊材料输送到电弧区内。采用粉末状材料，如碳化钨粉末堆焊时，是将其输送到熔池表面，在碳化钨基本不溶解的情况下，随着熔化金属的凝固，得到碳化钨颗粒均匀分布的堆焊层。

为了减少堆焊层内的夹钨，推荐用直流正接。通过严格控制工艺参数和焊枪的摆动，能得到重复性好、质量高的堆焊层。通过焊枪摆动，尽量减小电流或将电弧主要对着熔敷层等降低稀释率。

钨极氩弧堆焊修复的填充焊丝要均匀地加入熔池中，不能扰乱氩气流。焊丝端部应始终处于氩气保护区内，以免氧化。堆焊修复工作即将结束时应多填充焊丝，然后慢慢拉开电弧，直至熄弧，以防止产生过深的弧坑。用衰减电流的办法控制堆焊层末尾的凝固速度，可以减少缩孔和弧坑裂纹。堆焊修复完毕和切断电弧后，不应立刻将焊炬抬起，必须在 3 ~ 5s 内继续送氩气，直到钨极及熔池区稍冷却后再停止输送氩气，并抬起焊炬。若气阀关闭过早，会引起炽热的钨极及堆焊熔敷层表面氧化。

② 应用范围　氩弧焊除了被广泛用于一些有色金属、特殊合金钢的焊接外，还被应用于一些特殊材料的堆焊。由于是惰性气体保护，堆焊层质量优良，因此适用于不锈钢和有色金属的堆焊。

氩弧堆焊按其智能化程度不同分为手工钨极氩弧堆焊和自动钨极氩弧堆焊两种。又按其使用电源的不同，分为钨极交流氩弧堆焊和钨极直流氩弧堆焊。实际工作中根据堆焊材料和基体材料的不同适当选择。钨极氩弧堆焊的应用范围见表 9-27。

手工钨极氩弧堆焊修复的工件吸热少、熔深浅、堆焊层形状易控制，可进行全位置堆焊修复工作，变形小。其常用来代替气焊修复。手工钨极氩弧堆焊修复的稀释率比气焊大，但比其他电弧堆焊修复小。钨极氩弧焊的合金元素过渡系数高，缺点是熔敷效率低、保护气体贵，不适于大批量生产，只适于堆焊修复小件或质量要求高、形状较复杂的零件，如汽轮机叶片上堆焊很薄的钴

表 9-27　钨极氩弧堆焊的应用范围

堆焊材料	基体材料	氩气纯度 /%	电源种类
HS111 焊丝及其他钴基材料	碳素钢、低合金钢、不锈钢等	99.7	直流正接
镍及镍合金	碳素钢、低合金钢、不锈钢等	99.7	直流正接
铝锰青铜等铜合金	碳素钢、不锈钢等	99.8	交流
1Cr18Ni9Ti 等不锈钢	碳素钢、低合金钢等	99.7	直流正接

基合金等。

（2）熔化极气体保护电弧堆焊修复技术

熔化极气体保护电弧堆焊用的气体有 CO_2、Ar 及混合气体，和一般熔化极气体保护焊工艺没有实质区别。CO_2 气体保护电弧堆焊成本低，但堆焊质量较差。自保护电弧堆焊采用专用药芯焊丝，堆焊时，不需外加保护气体。设备简单、操作方便，并可以获得多种成分的堆焊合金。

① 工艺特点及应用范围　利用外加气体作为电弧介质并保护熔滴、熔池和焊接区高温金属的堆焊方法。用氩气保护时，堆焊过程中合金元素不易烧损，堆焊层质量高，常用于钴基合金、镍基合金、低合金钢、铝青铜等的堆焊修复。用 CO_2 气体保护时，堆焊修复成本低，生产率高，但合金元素易烧损，稀释率高，适合堆焊性能要求不高的零部件，如修复球墨铸铁的曲轴和轴瓦等。采用混合气体保护，可改善熔滴过渡特性、堆焊层成形等。

熔化极气体保护电弧堆焊可手工操作，也可自动化操作，熔池可见度好，不需要清渣，特别适合被堆焊区域小、形状不规则的零部件或小工件的堆焊。堆焊同样大小的工件，熔敷速度比焊条电弧堆焊快 1 倍以上。

② 堆焊材料及工艺　过去多采用较细的实芯焊丝（直径 1.6mm 以下），焊丝材料只限于低碳合金钢、不锈钢、铝青铜等少数几种。近年来，药芯焊丝的发展使得堆焊材料的种类越来越多。熔化极气体保护堆焊一般采用平特性的直流电源，氩气保护的采用直流反接，CO_2 气体保护的采用直流正接。当熔滴以喷射过渡时，电流大，生产率高，但稀释率也高。采用直径 0.8 ～ 1.2mm 较细焊丝使熔滴以短路过渡时，可降低稀释率，而且工件变形小。如果加入辅助焊丝，可以减小熔深，降低稀释率及提高熔敷速度。

a. 实芯焊丝气体保护堆焊：实芯焊丝气体保护堆焊采用 CO_2 气体或 CO_2+Ar 混合气体，具有较高的熔敷速度，但稀释率也较高（约 15% ～ 25%）。由于高合金成分焊丝的拉拔受到限制，实芯焊丝气体保护堆焊主要用于合金元素含量较低、金属与金属摩擦磨损类型的机械零部件。对于合金元素含量较高的材料和合金含量高的堆焊合金，可采用药芯焊丝气体保护堆焊工艺。

CO_2 气体保护电弧堆焊（图 9-29）是采用 CO_2 气体作为保护介质的一种堆焊工艺。CO_2 气体以一定的速度从焊枪喷嘴中吹向电弧区形成了一个可靠的保护区，把熔池与空气隔开，防止 N_2、H_2、O_2 等有害气体侵入熔池，从而提高了堆焊熔敷层的质量，达到所要求的使用性能。

采用低碳低合金钢焊丝，如 H08Mn2SiA、H10MnSi、H04Mn2SiTiA、H08MnSiCrMo 等焊丝的 CO_2 气体保护电弧堆焊应用广泛。还可以采用 CO_2 气体保护焊，在自动送进 H08Mn2SiA 焊丝的同时，向熔池送入 YG8（WC 占 92%，Co 占 8%）合金粉末，得到了 $WC+\alpha$ 固溶体的堆焊层。外送颗粒合金的 CO_2 气体保护电弧堆焊如图 9-30 所示。

CO_2 气体保护电弧堆焊的主要优点是：堆焊时对工件表面的油锈不敏感，堆焊层质量稳定，堆焊层硬度高，生产效率高且成本低，不需要清渣，CO_2 气体容易供应等。缺点是堆焊时飞溅大、合金元素烧损严重。

实芯焊丝振动电弧堆焊是将工件夹持在专用机床上，以一定的速度旋转，堆焊机头沿工件轴向移动。焊丝一方面自动送进，同时以一定的频率和振幅振动，堆焊时不断向堆焊区加 4% ～ 6% 碳酸钠水冷却液。实芯焊丝振动电弧堆焊示意见图 9-31。

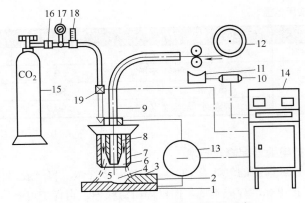

图 9-29　CO_2 气体保护电弧堆焊示意

1—工件；2—堆焊层；3—熔池；4—电弧；5—焊丝；6—CO_2 保护气体；7—喷嘴；8—导电嘴；

9—软管；10—送丝电动机；11—送丝机构；12—焊丝盘；13—焊接电源；14—控制箱；

15—CO_2 气瓶；16—干燥预热器；17—压力表；18—流量表；19—电磁阀

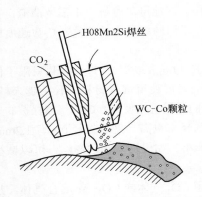

图 9-30　外送颗粒合金的 CO_2 气体保护电弧堆焊

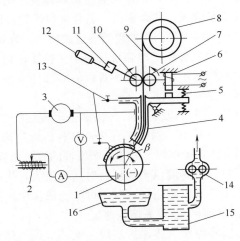

图 9-31　实芯焊丝振动电弧堆焊示意

1—堆焊工件；2—电感调节器；3—直流电源；4—焊嘴；

5—弹簧；6—电磁振动器；7—压紧滚轮；8—焊丝盘；

9—焊丝；10—送丝滚轮；11—减速器；12—送丝电动机；

13—调节阀；14—水泵；15—沉淀箱；16—冷却液接盘

　　振动电弧堆焊实际是等速送进焊丝自动电弧焊的一种特殊形式，焊丝端部相对于工件表面进行有规律的振动。堆焊过程很稳定，飞溅小，堆焊层厚度可控制在 0.5 ～ 3.0mm。实芯焊丝振动电弧堆焊的主要特点如下：

　　采用细焊丝（直径 1.0 ～ 2.0mm）、低电压（14 ～ 18V）、脉冲引弧和有规律的小熔滴短路过渡，能得到薄而均匀的堆焊层。

　　电弧功率小，使工件变形小、熔深浅，堆焊热影响区小。

　　在堆焊区加冷却液可以减小变形、硬化表面层和增加耐磨性、减小热影响区宽度和降低稀释率。

　　堆焊过程自动化，生产效率高，劳动条件好。

　　振动电弧堆焊方法适合于直径较小、要求变形小的旋转体零件（如轴类、轮类），目前已在我国农机、拖拉机、汽车、工程机械等零部件的焊接修复工作中普遍应用。高熔不锈钢实芯焊丝气体保护堆焊的工艺参数见表 9-28。

表 9-28　高铬不锈钢实芯焊丝气体保护堆焊的工艺参数

焊丝直径 /mm	0.8	1.0	1.2	1.6
堆焊电流 /A	80 ～ 180	120 ～ 200	180 ～ 250	250 ～ 330
电弧电压 /V	18 ～ 19	18 ～ 32	18 ～ 32	18 ～ 32

注：直流缓降特性电源，采用直流正接。

采用中碳或高碳钢焊丝，在冷却液下堆焊时，堆焊层中容易产生裂纹，这将大大降低零件的疲劳强度，为了改善堆焊层质量、防止裂纹、提高零件的疲劳强度，又发展了加入 CO_2 气体、水蒸气、惰性气体、熔剂层等保护介质的振动电弧堆焊。

b. 药芯焊丝气体保护堆焊：药芯焊丝气体保护堆焊是一种气体 - 焊剂联合保护的堆焊方法，堆焊时焊丝的药芯受热熔化，在堆焊层表面覆盖一层薄薄的熔渣。药芯焊丝气体保护堆焊可以采用自保护焊、气体保护焊或表面喷焊完成堆焊过程。药芯焊丝气体保护堆焊材料的品种十分丰富，可根据被堆焊零部件的使用要求选用。药芯焊丝填充率可在 10% ～ 60% 的范围内进行调整，只要通过调整药芯焊丝填充率和药芯合金成分，便可选择适合于各种场合的堆焊药芯焊丝。

采用药芯焊丝气体保护堆焊的生产效率为手工电弧堆焊的 3 ～ 7 倍，同时由于其高效率、低能耗、低劳动力成本、高材料利用率及好的堆焊质量等特点，比手工电弧堆焊具有明显低的综合成本。而实芯焊丝气体保护堆焊材料需要经过冶炼、轧制及拉拔等工序，它仅适合于大批量且合金含量低的品种。对于合金含量高而批量少的实芯焊丝，因造价较高，无法与药芯焊丝相比拟。因此，表面堆焊药芯焊丝几乎可以替代绝大部分堆焊焊条及实芯焊丝来完成堆焊。

药芯焊丝气体保护堆焊多采用直流平特性电源，小面积堆焊时可采用单丝堆焊设备，大面积堆焊或是为了改善热循环可选用多丝焊，用 CO_2 气体保护时采用直流正接。目前采用药芯焊丝、自保护焊丝的自动或半自动堆焊的应用已日趋广泛，主要用于机械、冶金、汽车、农机、电力、矿山等工业领域易磨损零部件的制造与修复等。

用于熔化极气体保护堆焊的药芯焊丝主要有两类：一类药芯中只装有合金粉末，焊接修复和堆焊时仍需要气体保护；另一类药芯中还装有造气剂等，堆焊时不需要外加气体保护（自保护）。

（3）自保护管状焊丝堆焊修复技术

不加保护气体的自保护药芯焊丝明弧堆焊修复，在国外应用很广，我国也有采用，其中半自动明弧堆焊修复用得较多。这种方法的突出优点是设备简单、操作方便灵活，并可堆焊多种成分的合金，是一种值得推广的焊接修复与堆焊方法。

① 工艺特点　采用药芯焊丝，焊芯中含有造气剂、造渣剂和脱氧剂，不需外加气体或焊剂保护。因工艺性好，一般情况下不用预热即可堆焊，合金过渡系数高，通常用来堆焊铁基合金、碳化钨、也可堆焊镍基合金、钴基合金，主要用于大工件的水平位置堆焊。

自保护电弧堆焊多采用小直径焊丝，一般采用直流反接，交流电源也可用。小面积堆焊修复时，采用单根焊丝手工堆焊；大面积堆焊修复时，采用多至 6 根焊丝或药芯带极自动堆焊。由于稀释率低，药芯焊丝中可加入含碳量很低的材料，所以堆焊层中的含碳量较低而合金成分较高，这对不锈钢堆焊修复很重要。

连续送丝堆焊修复工艺除了要有特殊的管状焊丝外，还应有相应的焊接设备才能实现半自动堆焊工艺。这种堆焊修复方法采用的焊接电源是一种用电动风扇冷却的、具有下降特性的硅整流电弧焊电源，负载率为 100% 时，焊接电流可达 400A。连续焊接电流能达到 400A 的下降特性直流电源（不管是旋转式的还是整流式的）都可采用。

半自动送丝机是自保护管状焊丝电弧堆焊修复的主要设备，其中还包括大功率空气冷却的焊枪。焊枪与送丝机之间用长度 5m 的导电软管相连。管状焊丝盘装在焊机机壳内，这样能防止积灰，保证送丝系统清洁和导电良好。另外还附有远距离控制线路，以便于现场灵活操作。不锈钢自保护管状焊丝堆焊的工艺参数见表 9-29。

表 9-29　不锈钢自保护管状焊丝堆焊的工艺参数

焊丝数 （直径 2.4mm）	平特性电源 （额定电流）/A	堆焊电流 / A	电弧电压 / V	堆焊速度 / （cm·min⁻¹）	熔敷速度 / （kg·h⁻¹）	稀释率 /%	摆动频率 / （次·min⁻¹）
1	400	300	27	51	5.4	20	0
2	800	600	27	11	13.6	12	20
3	1200	900	27	10	20.4	12	20
6	2400	1800	27	9	38.6	12	20

注：负载持续率 100%。

送丝电机的励磁电流是以电弧电压作为调节信号的。操作中电弧长度的改变（即电弧电压的变化）直接控制了送丝电机的转速，从而自动地补偿弧长的变化，使电弧燃烧得以恢复正常状态。在送丝系统中还装有一个动力制动器，当电弧熄灭后，能马上刹住送丝电机旋转，以保持焊丝一定的伸出长度。

② 操作工艺要点　首先应了解堆焊修复零部件的工作条件及磨损情况，分析磨损原因，根据零部件的服役要求，选择合适的自保护管状焊丝。具体操作时，先把工件磨损表面已毁坏和疲劳的金属层用开槽焊条除去。必要时开出合适的槽口，然后装上所需要堆焊修复的焊丝。直径 2.8mm 的管状焊丝，一般适用的焊接电流为 250 ～ 400A。大电流适用于大件和要求熔敷速度高的地方，小电流适用于不希望有变形和稀释的小件。

在引弧前，调整好焊丝伸出长度，靠焊丝擦划堆焊表面来实现引弧。焊丝与工件表面呈 70° 夹角，堆焊修复时以圆圈形运条方式比较合适。焊丝的伸出长度（焊枪导电嘴端部到焊丝端部的距离）直接影响堆焊修复的熔敷速度和堆焊层的稀释率。同等焊接电流情况下，焊丝伸出长度大，堆焊修复的熔敷速度就大，而堆焊熔敷层的稀释率就越小。影响自保护管状焊丝送丝稳定性的因素主要如下：

a. 焊丝：检查焊丝端部是否锉圆、倒角，焊丝有无弯曲，焊丝表面是否有阻轧处（如接头等）。

b. 电缆导管：主要是检查焊丝电缆导管内有无堵塞，缆线是否过于弯曲。

c. 导电嘴：检查导电嘴是否被焊渣或金属熔滴堵塞，导电嘴内径是否与焊丝直径相匹配。

d. 送丝机构：检查送丝滚轮是否压丝过紧，送丝轮槽口宽度是否与焊丝直径相匹配，电缆导管进口是否与送丝轮槽口在同一水平线上。

e. 焊丝盘：检查绕在焊丝盘上的焊丝是否搞乱轧住。

③ 影响堆焊层质量的因素

a. 焊丝应存放妥当，不能受潮、生锈；焊件表面不能有油污、杂质或受潮等。

b. 堆焊时送丝量应正常。

c. 焊枪与工件的距离应正常，一般应为 50mm。

d. 焊接参数应符合规定的要求。

e. 焊枪与焊件平面应保持 70° 夹角，不能太小。

9.4.5　等离子弧堆焊修复的特点及工艺

（1）等离子弧堆焊的工艺特点

等离子弧是由特殊结构的等离子体发生器产生的，用于堆焊的等离子弧是由特制的等离子枪体产生的。等离子弧与一般电弧的最大区别是，等离子弧在喷嘴内受到压缩，而一般电弧是自由电弧。等离子弧具有热压缩效应、机械压缩效应和电磁压缩效应的特点。这三种压缩效应对电弧的作用使电弧受到强制压缩而产生等离子弧。不同应用条件下对等离子弧的性能有不同的要求，可以通过喷嘴结构、离子气种类和流量的选择以及电能的输入条件加以控制。等离子弧的温度分布存在很大的温度梯度。因为气体离开电源后吸收热量减少，同时受到周围大气影响，使气体电离度急剧减少。等离子弧射流的温度分布见图 9-32。等离子弧轴心温度下降的现象对非转移弧尤为突出。但是在转移弧情况下，气体一直处于弧柱加热状态下，温度下降较为缓慢，如图 9-33所示。

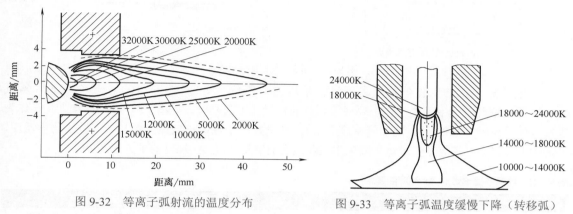

图 9-32 等离子弧射流的温度分布　　　　图 9-33 等离子弧温度缓慢下降（转移弧）

等离子弧堆焊有如下几个方面的优点：

① 等离子弧温度高、热量集中　等离子弧具有压缩作用，中心温度可达 16000 ~ 32000K。熔化极氩弧焊中心温度为 10000 ~ 14000K，钨极氩弧焊为 9000 ~ 10000K。由于等离子弧温度高、热量集中，被加工材料不受其熔点高低的限制。

② 等离子弧热稳定性好　等离子弧中的气体是充分电离的，所以电弧更稳定。等离子弧堆焊电流和电弧电压相对于弧长在一定范围内的变化不敏感，即使在弧柱较长时仍能保持稳定燃烧，没有自由电弧易飘动的缺点。

③ 等离子弧具有可控性

a. 可以在很大范围内调节热效应，除了改变输入功率外，还可以通过改变气体的种类、流量以及喷嘴结构尺寸来调节等离子弧的热能和温度。

b. 等离子弧气氛可以调整，通过选择不同的工作气体可获得惰性气氛、还原性气氛、氧化性气氛。

c. 等离子弧射流的刚柔度，即电弧的刚柔度，可以通过改变电弧电流、气体流量和喷嘴压缩比等来调节。

等离子弧堆焊温度高，热量集中，可以堆焊难熔材料并提高堆焊速度。由于堆焊材料的送进和等离子弧的工艺参数是分别独立控制的，所以熔深和表面形状容易控制。改变电流、送丝（粉）速度、堆焊速度、等离子弧摆动幅度等就可以使稀释率、堆焊层尺寸在较大范围内变化。稀释率最低可达 5%，堆焊层厚度在 0.8 ~ 6.4mm，宽度为 4.8 ~ 38mm。

在目前各类自动化堆焊方法中，等离子弧堆焊属于稀释率最低的，但常规等离子弧的堆焊效率也几乎是最低的。为了保证其低稀释率的优点，又克服低效率的弱点，发展了高能等离子弧堆焊技术。

等离子弧堆焊按堆焊材料形状分主要有填丝和粉末两种堆焊形式。双热丝填丝和粉末等离子弧堆焊的示意如图 9-34 所示。其中粉末等离子弧堆焊发展较快，应用更广泛。

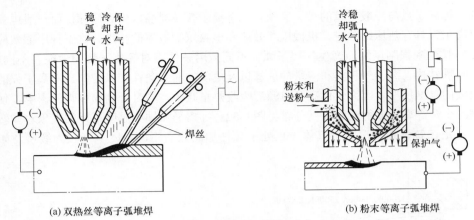

(a) 双热丝等离子弧堆焊　　　　　　　　(b) 粉末等离子弧堆焊

图 9-34　等离子弧堆焊示意

　　产生等离子弧的工作气体（离子气）常用的有氮气（N_2）、氢气（H_2）、氩气（Ar）、氦气（He）。选用哪种气体或混合气体，要根据具体的材料和工艺要求。等离子弧堆焊时，选用 Ar 作为工作气体是比较理想的。Ar 比空气密度大 1/4，是良好的惰性保护气体且不与金属发生化学反应，不溶解于金属中。等离子弧堆焊一般采用工业纯度的 Ar，其对 Ar 纯度要求见表 9-30。

表 9-30　等离子弧堆焊对 Ar 纯度的要求

Ar/%	N_2/%	O_2/%	H_2/%	CO_2/%	C_nH_n/%	H_2O/(mg·m^{-3})
> 99.99	< 0.001	< 0.00015	< 0.0005	< 0.0005	< 0.0005	< 30

（2）等离子弧堆焊方法及材料

　　等离子弧堆焊是一种较新的堆焊工艺，具有熔深浅、熔敷效率高、稀释率低等优点。根据堆焊时所使用的填充材料，等离子弧堆焊大致可分为：填丝等离子弧堆焊、熔化极等离子弧堆焊和粉末等离子弧堆焊。几种等离子弧堆焊方法的熔敷效率、稀释率比较见表 9-31。

表 9-31　几种等离子弧堆焊方法的熔敷效率、稀释率比较

方法	熔敷效率/（kg·h^{-1}）	稀释率/%
冷丝等离子弧堆焊	0.5～3.6	5～10
热丝等离子弧堆焊	0.5～6.5	5～15
熔化极等离子弧堆焊	0.8～6.5	5～15
粉末等离子弧堆焊	0.5～6.8	5～15

（3）等离子弧堆焊设备及附件

　　等离子弧堆焊设备主要由等离子弧焊枪、支持焊枪及使其相对于工件移动的机械装置、产生等离子弧的电源、控制装置、气路系统和冷却水路系统组成。手工等离子弧焊设备的组成见图 9-35。常用等离子弧堆焊机型及用途见表 9-32。

表 9-32　常用等离子弧堆焊机型及用途

类型	型号	主要用途
粉末等离子弧堆焊机	LU-150	堆焊直径小于 320mm 的圆形工件，如阀门的端面、斜面和轴的外面
	LU-500	堆焊圆形平面、矩形平面，配靠模还可以堆焊椭圆形平面
	LUP-300	与辅助机械配合，可以堆焊各种形状的几何表面
	LUP-500	
空气等离子弧堆焊机	KLZ-400	在运煤机零件上堆焊自熔性耐磨合金，已取得优良效果
双热丝等离子弧堆焊机	LS-500-2	用于丝极材料的等离子弧堆焊

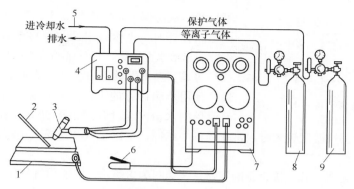

图 9-35　手工等离子弧焊设备的组成

1—工件；2—填充焊丝；3—焊枪；4—控制系统；5—水冷系统；

6—启动开关（常安装在焊枪上）；7—焊接电源；8、9—供气系统

① 堆焊焊枪　用于等离子弧堆焊的焊枪有多种形式，但无论是通用焊枪，还是专用焊枪，其基本结构都是由上枪体、下枪体、电极、喷嘴及绝缘套等部件组成。喷嘴是等离子弧堆焊焊枪的关键元件，整个焊枪的结构都是为喷嘴配套的。喷嘴材料选用紫铜棒料加工而成。紫铜具有良好的导热性、导电性，加工容易，在水冷条件下制作阳极可满足工作要求。

喷嘴的结构形式很多，主要体现在压缩比、送粉通道的位置、冷却及密封方式的不同。喷嘴中电弧通道的长度与直径之比，称为压缩比。粉末等离子弧堆焊喷嘴的压缩比一般为 1.0 ～ 1.4；填丝等离子弧堆焊为了得到较小的熔深，喷嘴压缩比一般为 0.8 左右。

等离子弧堆焊焊枪在使用时最重要的是保证水冷系统的密封要求。一般采用橡胶 O 形密封圈，可保证良好的密封性。

② 机械装置　等离子弧堆焊设备的机械装置主要有枪体摆动机构、送粉器、零件旋转机构以及枪体悬挂机构和防护罩等。DP-300 型等离子弧堆焊设备的机械结构示意如图 9-36 所示。

摆动方式有偏心轮式及凸轮式两种。偏心轮式摆动机构的枪体相对于焊道堆焊轨迹呈正弦式运动，市场销售的等离子弧堆焊设备大多采用这种结构。

送粉器有多种形式，如自重式、滚轮式、电磁振动式、刮板式等，刮板式应用较普遍。刮板式送粉器的特点是送粉量可无级调节，可调范围宽，送粉量稳定，受工艺因素影响小。

③ 电路控制系统　等离子弧堆焊主电路指焊接电流从电源流出，经过焊枪、工件而后回到电源的电回路。主电路可分为单电源电路和双电源电路。双电源电路与单电源电路相比，增加了一个电源，虽然增加了设备的成本，但控制较方便。

④ 水路系统　等离子弧堆焊设备的水冷系统主要用于冷却焊枪，其次用于冷却电缆。为了保证焊枪在工作时不致因未给水而烧毁，通常在电源的控制回路内加设水流开关，即有水流动时，电源接通；有水但不流动或无水时，电源开关

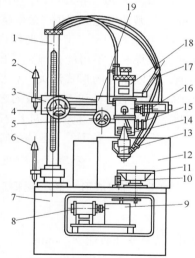

图 9-36　DP-300 型等离子弧堆焊设备的机械结构示意

1—立柱；2—转动手柄；3—升降支承座；

4—升降转动手轮；5—横向转动手轮；

6—手把；7—机座；8—减速箱电机；9—减速箱；10—行程开关；11—转盘；12—护罩；

13—焊枪；14—摆动机构；15—摆动电机；

16—送粉电机；17—横向止动手柄；

18—送粉器；19—横向进给部分

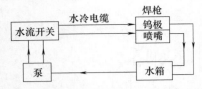

图9-37　等离子弧堆焊设备的水冷系统

不接通，从而保证了喷嘴的安全。有的等离子弧焊接设备在电路设计时，把水泵电源与焊接电源设计成连动开关，不致因未给水而烧毁，以保证喷嘴的正常使用。

等离子弧堆焊设备的水冷系统如图9-37所示。冷却水最好使用水箱储存的水，因其水温与环境温度相差不大，但要控制水箱内温度升高小于50℃。若使用一般自来水，由于水温较低，在空气湿度较大时，常在喷嘴中结露，使离子气和送粉气中湿度过大，而在堆焊层中产生气孔缺陷。

⑤气路系统　等离子弧堆焊设备的气路系统如图9-38所示，一般用氩气作为离子气及送粉气。氩气一般采用瓶装氩气，经过减压器、控制气路通断的电磁气阀及流量计，送至焊枪，从而实现产生等离子电弧及保护熔池的作用。

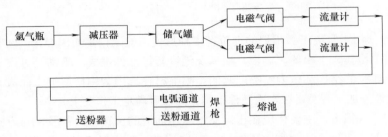

图9-38　等离子弧堆焊设备的气路系统

（4）等离子弧堆焊的主要工艺指标

①熔敷速度　指单位时间内熔焊在工件上的合金粉末重量，熔敷速度的计量单位是kg/h或g/min。熔敷速度越高则生产效率越高。目前等离子弧粉末堆焊的熔敷速度一般在1.2～9kg/h。

②粉末利用率　指单位时间内从焊枪送出的合金粉末量和熔敷金属量之比，用分数表示。等离子弧堆焊时，不可能使焊枪送出的合金粉末全部熔敷在工件上，部分粉末由于飞散而未落入熔池，或以熔珠的形式流失，有少量粉末在堆焊过程中氧化，所以合金粉末的利用率很难达到100%。焊枪的设计和工艺参数的选定，应使粉末利用率越高越好，一般应在90%以上。这样不仅减少合金粉末损耗，而且有利于提高堆焊层质量。

③稀释率　指工件（基体金属）熔化后混入堆焊层，对堆焊层合金的冲淡程度，即

稀释率γ=（堆焊层中基体金属总量）/（堆焊层金属总量）

由于堆焊层成形平整，熔深基本一致，稀释率γ还可用下式计算，即

$$\gamma=h_e/H$$

式中　h_e——工件熔深，mm；

　　　H——堆焊层厚度，mm。

稀释率大，基体金属混入堆焊层中的量多，改变了堆焊合金的化学成分，将直接影响堆焊层的性能，如硬度、耐腐蚀性、耐磨性、耐热性等．

④堆焊层质量　包括外观质量和内部质量。外观质量指成形好坏，宏观上有无明显弧坑、缩孔、裂纹、缺肉等；内部质量指堆焊层有无气孔、夹渣、裂纹、未熔合等缺陷。堆焊层质量主要受堆焊工艺参数的影响。

（5）等离子弧堆焊的工艺参数

等离子弧堆焊工艺参数包括：转移弧电压和电流、非转移弧电流、送粉量、离子气和送粉气

流量、焊枪摆动频率和幅度、喷嘴与工件之间的距离等。

① 转移弧电压和电流　转移弧是等离子弧堆焊的主要热源，堆焊电流和电弧电压是影响工艺指标最重要的参数。在堆焊过程中，转移弧电压随堆焊电流的增加近似呈线性上升。在焊枪和其他参数确定的情况下，堆焊电流在较大范围内变动时，电弧电压的变化却不大。虽然堆焊过程中电弧电压变化较小，但电弧电压的基数值却是很重要的，它影响电弧功率的大小。电弧电压的基数值主要取决于喷嘴结构和喷嘴与工件之间的距离。

在等离子弧堆焊过程中，转移弧电流变化主要影响到以下几方面。

a. 工件熔深和堆焊层稀释率：随着堆焊电流的增加，过渡到工件堆焊面的热功率增加，熔池温度升高，热量增加，使工件熔深和稀释率增大。

b. 熔敷效率和粉末利用率：送粉量确定之后，要使粉末充分熔化，需要足够的热量，因此等离子弧堆焊的转移弧电流不能低于一定的数值。转移弧电流对粉末熔化状况的影响见表 9-33。该实验结果表明，转移弧电流小于一定数值时，未熔化的合金粉末飞散多，粉末利用率很低。

表 9-33　转移弧电流对粉末熔化状况的影响

转移弧电流 /A	粉末熔化及成形情况	转移弧电流 /A	粉末熔化及成形情况
< 120	合金粉末严重飞散，焊道成形很差	160 ～ 210	合金粉末充分熔化，焊道成形良好
120 ～ 140	合金粉末有飞散，焊道成形不好	> 210	熔深过大，熔池翻泡，焊道成形不好

注：母材为 25 钢，堆焊材料为 F326，送粉量为 75g/min。

c. 堆焊层质量：转移弧电流过小时，熔池热量不够，工件表面不能很好熔合，粉末熔化不充分，造成未熔透、气孔、夹渣等缺陷，同时焊道宽厚比小、成形差；电流过大时，稀释率过大使堆焊层合金成分变化，堆焊层性能显著降低。

② 非转移弧电流　非转移弧首先起过渡引燃转移弧的作用。在等离子弧堆焊中，一种情况是保留非转移弧，采用联合弧工作；另一种情况是当转移弧引燃后，将非转移弧衰减并去除。采用联合弧工作时，保留非转移弧的目的是使非转移弧作为辅助热源，同时有利于转移弧的稳定。非转移弧的存在不利于喷嘴的冷却。非转移弧电流一般为 60 ～ 100A，而作为联合弧中的非转移弧电流应更小些，须根据转移弧电流大小适当选择。

③ 堆焊速度　是表示堆焊过程进行快慢的参数。堆焊速度和熔敷速度是直接联系在一起的。在保持堆焊层宽度和厚度一定的条件下，堆焊速度快，熔敷速度就高。提高堆焊速度使堆焊层减薄、变窄，工件熔深减小，堆焊层稀释率降低；当堆焊速度增加到一定程度时，成形恶化，易出现未焊透、气孔等缺陷。一般根据堆焊工件的大小、电弧功率、送粉量等合理选择堆焊速度。

④ 送粉量　是指单位时间内从焊枪送出的合金粉末量，一般用 g/min 表示。在等离子弧堆焊过程中，其他参数不变的情况下，改变堆焊速度和送粉量，熔池的热状态发生变化，从而影响堆焊层质量。增加送粉量，工件熔深减小，当送粉量增加到一定程度时，粉末熔化不好、飞溅严重，易出现未焊透。

在保证堆焊层成形尺寸一致的条件下，增加送粉量要相应的提高堆焊速度。为了使合金粉末熔化良好，保证堆焊质量，要相应加大堆焊电流，使熔池的热状态维持不变，以便提高熔敷速度。

堆焊速度和送粉量的大小反映堆焊生产率，从提高生产率角度出发，希望采用高速度、大送粉量、大电流堆焊，但堆焊速度和送粉量受到焊枪性能、电源输出功率等因素的制约，因此对具体工件，要合理选择堆焊速度和送粉量。

⑤ 离子气和送粉气流量

a. 离子气流量：离子气是形成等离子弧的工作气体，对电弧起压缩作用，并对熔池起保护作用。气流量大小直接影响电弧稳定性和压缩效果。气流量过小，对电弧压缩弱，造成电弧不稳定；气流量过大，对电弧压缩过强，增加电弧刚度，致使熔深加大。离子气的流量要根据喷嘴孔径大小、非转移弧和转移弧的工作电流大小来选择。喷嘴孔径大，工作电流大，气流量要偏大；离子气流量一般以 300 ～ 500L/h 为宜。

b. 送粉气流量：送粉气主要起输送合金粉末作用，同时也对熔池起保护作用。合金粉末借助于送粉气的吹力，能顺利地通过管道和焊枪被送入电弧。气流量过小，粉末易堵塞；气流量过大，对电弧有干扰。送粉气流量主要根据送粉量的大小和合金粉末的粒度、松装密度来选择。送粉量大、粒度大、松装密度大时，气流量应偏大。送粉气流量一般在 300 ～ 700L/h 范围内调节。

⑥ 焊枪摆动频率和幅度　焊枪摆动是为了一次堆焊获得较宽的堆焊层，摆动幅度一般依据堆焊层宽度的要求而定。单位时间内焊枪摆动次数称为焊枪摆动频率（次 /min）。摆动频率应保证电弧对堆焊面的均匀加热，避免焊道边缘出现锯齿状。摆动频率和摆幅要配合好，一般摆幅宽，摆频要适当减慢；摆幅窄摆频可适当加快，以保证基体受热均匀，避免未焊透的现象。

⑦ 喷嘴与工件之间的距离　喷嘴与工件之间的距离反映转移弧的电压。距离过高，电弧电压偏高，电弧拉长，使电弧在这段距离内未经受喷嘴的压缩，而弧柱直径扩张，受周围空气影响使得电弧稳定性和熔池保护变差。距离过低，粉末在弧柱中停留时间短，不利于粉末在弧柱中预先加热，熔粒飞溅粘接在喷嘴端面现象较严重。喷嘴与工件之间的距离根据堆焊层厚薄及堆焊电流大小，在 10 ～ 20mm 范围内调整。

（6）等离子弧堆焊的应用范围

统计资料表明，美国工业生产中因磨损和腐蚀每年造成的经济损失高达上千亿美元，约占国民经济总产值的 2% ～ 4%。我国电力、冶金、采矿、化工、建材、石油钻井和机器制造业每年仅备件磨损消耗的钢材在 200 万吨以上，加上能源消耗及零部件更换停工造成的经济损失也高达数百亿元人民币。因此，采用焊接修复技术来提高设备的使用寿命，可有效地避免相当一部分因零部件损坏而造成的经济损失。

等离子弧堆焊修复具有生产率高，堆焊层稀释率低、质量稳定，便于实现自动化等特点。粉末堆焊是目前应用最广泛的一种等离子弧堆焊方法，特别适合于轴承、轴颈、阀门板和座、涡轮叶片等零部件的堆焊。

国产粉末等离子弧堆焊机有几种型号，例如 LUF4-250 型粉末等离子弧堆焊机可以用来堆焊各种圆形焊件的外圆或端面，也可进行直接堆焊。最大焊件直径达 500mm，直线长度达 800mm。一次堆焊的最大宽度为 50mm。可用于各种阀门密封面的堆焊，高温排气阀门堆焊，以及对轧辊、轴磨损后的修复等。

根据堆焊合金的成分，等离子弧堆焊用的合金粉末有镍基、钴基和铁基三类。

镍基合金粉末主要是镍铬硼硅合金，熔点低，流动性好，具有良好的耐磨、耐蚀、耐热和抗氧化等综合性能。主要用于堆焊阀门、泵柱塞、转子、密封环、刮板等耐高温、耐磨零件。

钴基合金粉末耐磨，耐腐蚀，比镍基合金粉末具有更好的红硬性、耐热性和抗氧化性，但价格昂贵，主要用于高温高压阀门锻模、热剪切刀具、轧钢机导轨等堆焊。

铁基合金粉末成本较低、耐磨性好，并有一定的耐蚀、耐热性能。用于堆焊受强烈磨损的零件如破碎机辊、挖掘机铲齿、泵套、排气叶片、高温中压阀门等。

现代工业的发展对各种机械零部件的使用寿命要求越来越高，采用等离子弧堆焊技术可提高机械零部件表面的抗磨损性能，这越来越受到各工业生产部门的重视。等离子弧堆焊修复的主要优点是生产效率高和质量稳定，尤其是表面堆焊层的结合强度和致密性高于火焰堆焊或喷涂以及一般电弧堆焊或喷涂。这是等离子弧堆焊修复获得广泛应用的一个重要原因。

可利用等离子弧堆焊技术获得具有高耐磨性的复合堆焊层，这种方法是将高硬度颗粒均匀地镶嵌于堆焊层金属中，硬质颗粒不产生熔化或很少熔化，形成复合堆焊层。这种复合堆焊层是由两种以上在宏观上具有不同性质的异种材料组成。一种是在堆焊层中起耐磨作用的碳化物硬质颗粒，一般为铸造碳化钨、碳化铬、碳化钛、烧结碳化钨等，目前采用较多的硬质颗粒是铸造碳化钨，它是由 WC 和 W_2C 的共晶组成，硬度为 $2500 \sim 3000HV$。堆焊层的另一种组成金属是起黏结作用的基体金属，也称为胎体金属。

采用等离子弧堆焊技术获得的复合堆焊层质量稳定可靠，可使堆焊层达到无气孔、裂纹以及没有碳化物烧损、溶解等缺陷，碳化物颗粒在堆焊层中分布均匀、耐磨性高。在磨损严重的工况条件下，复合堆焊层的耐磨性尤为突出，可以比通常的铁基、钴基、镍基合金表面保护层耐磨使用寿命高几倍甚至十几倍，堆焊合金层结合强度是热喷涂层结合强度的 $3 \sim 8$ 倍。

9.4.6　金属喷涂修复的特点及工艺

金属喷涂修复是用金属喷枪，将熔融状态的喷涂材料通过高速气流雾化并喷射到被修复工件表面上，形成喷涂层。这种喷涂层能够使零部件表面具有良好的耐磨性、耐蚀性及抗氧化等性能。从雾化金属到工件上结合成涂层所用时间短，工件表面温度较低，不会引起金属零部件变形，特别适用于细长或截面悬殊的工件的修复，如曲轴、液压缸柱塞和细长轴杆等。

（1）金属喷涂修复的特点

金属喷涂修复一般是采用氧 - 乙炔火焰、电弧或等离子弧将熔融状态的喷涂材料，通过高速气流使其雾化，喷射在被净化及粗化的零部件表面上，形成所要求性能的喷涂层的一种表面修复方法。金属喷涂修复工艺过程示意如图 9-39 所示。

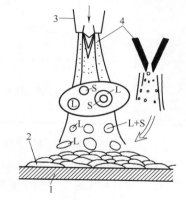

图 9-39　金属喷涂修复工艺过程示意

1—工件；2—涂层；3—热源；4—喷涂
修复用材料；L—熔体；S—固体

喷涂合金颗粒通过受热加速后，在撞击到工件表面形成涂层的过程中，熔融状态或高塑性状态的粉末颗粒，以一定的飞行速度撞击在工件待修复表面与基体相互作用，是形成涂层的重要阶段。

当熔融颗粒以一定的速度撞击到工件表面的瞬间，颗粒先发生变形，并从碰撞点沿径向朝四周流动。同时，由于熔融颗粒和基体间的温度梯度较大，颗粒将会迅速冷却。当第一层颗粒正在冷却时，第二层颗粒又被喷到新的基体表面（第一层颗粒）上，这个过程属于不平衡过程。然后第一层颗粒的外表表面又被第二层熔融颗粒和焰流或电弧所加热，碰撞在已经黏附于基体表面的第一层颗粒上并发生变形。随着塑性颗粒大量重叠式连续沉积，逐渐形成具有层状结构的表面修复喷涂层。

修复喷涂层与工件基体的结合、涂层自身颗粒之间的结合，主要是以机械结合为主，同时存在冶金结合。影响涂层与基体结合强度的因素很多，最主要的是喷涂修复的工艺方法、喷涂前工件表面的预处理、预热温度及喷涂修复工艺参数的选择等。

根据喷涂热源及涂层材料的种类和形式，金属喷涂修复工艺方法可分为：火焰喷涂（包括火焰线材或棒材喷涂、火焰粉末喷涂、火焰爆炸喷涂）、电弧喷涂和等离子弧喷涂。它们所利用的热能形式有气体燃烧火焰、爆炸火焰、电弧、低温等离子体焰流等。各种金属喷涂修复方法的特性见表 9-34。

表 9-34　各种金属喷涂修复方法的特性

修复方法	线材喷涂	棒材喷涂	粉末喷涂	粉末喷熔	爆炸喷涂	电弧喷涂	等离子弧喷涂
工作气体	氧气和燃气（如乙炔、氢气等）				氧气和乙炔	—	氩气、氮气等
热源	燃烧火焰				爆炸燃烧火焰	电弧	等离子焰流
喷涂颗粒加速力源	压缩空气等		燃烧火焰		热压力波	压缩空气	焰流
材料　形状	线材	棒材	粉末		粉末	线材	粉末
材料　种类	Al、Zn、Cu、Mo、Ni-Cr 合金、不锈钢、黄（青）铜等	Al_2O_3、Cr_2O_3、Zr_2O_3 等陶瓷材料	Ni 基、Co 基和 Fe 基自熔合金、Cu 基合金、镍包铝、Al_2O_3 等	自熔合金或自熔合金中加部分陶瓷材料	Al_2O_3 和 Cr_2O_3 等陶瓷材料、Ni/Al、Co/WC 等复合材料	Al、Zn、碳素钢、不锈钢、铅青铜合金	Ni、Mo、Ta、W、Al、自熔合金、Al_2O_3、Zr_2O_3 等陶瓷材料、Ni/Al、Co/WC 等复合材料
结合强度/MPa	5～10		80～100		10～20	10～20	30～70
修复层孔隙率/%	10～15		1～2		10～15	10～15	1～10
优点	设备简单、工艺灵活		孔隙率很低，结合强度高		—	成本低，效率高，基体温度低，污染小	孔隙率较低，结合强度较高，用途多，工件温度低，污染小
缺点	孔隙率高，结合差，工件修复前须预热		成本高、效率低		—	只适用于导电喷涂材料，孔隙率较高	成本较高

（2）金属喷涂修复所用的设备

① 电弧喷涂修复设备　电弧喷涂修复设备的组成如图 9-40 所示，主要包括电源、喷枪、控制装置、送丝装置和压缩空气供给系统等。

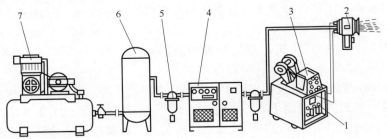

图 9-40　电弧喷涂修复设备组成

1—电弧喷枪；2—送丝装置；3—油水分离器；4—冷却设备；
5—储气罐；6—空气压缩机；7—电源

a. 电源：电弧喷涂修复时，金属丝熔化-雾化过程中，弧长以很高的频率波动，送丝速度也不断发生变化。为保证电弧的稳定，要求电弧电流能够根据弧长的微小变化迅速增减。因此，电源外特性选用平特性或略带上升的外特性，动特性应有足够大的电流上升速度，电源输出电压应能在一定范围内调节。

b. 喷枪：电弧喷涂的喷枪结构原理示意见图 9-41。引入喷枪的两根金属丝 7 与导电嘴 1 接触形成两个电极。引入的压缩空气通过空气喷嘴形成高速气流，雾化已熔化的金属。由导电嘴、空气喷嘴、绝缘块和弧光罩等组成的雾化头是喷枪的关键部分，能够提高电弧温度和空气流的喷射速度，增强熔化金属的雾化效果。

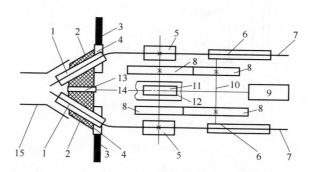

图 9-41　电弧喷涂的喷枪结构原理示意

1—导电嘴；2—绝缘块；3—电缆；4—接电块；5—送丝滚轮；6—导丝管；7—金属丝；8—齿轮；9—电动机；
10—减速齿轮轴；11—蜗杆；12—蜗轮；13—空气喷嘴；14—压缩空气；15—弧光罩

c.送丝装置：根据金属丝驱动源的不同，送丝装置分为电动式和气动式两种，气动式又分为空气马达式和气动蜗轮式。其中电动式适用于固定喷枪，空气马达式适用于手持式喷枪。根据推动金属丝的方式，送丝装置又可分为推丝式、拉丝式和推拉丝式三种。推丝式是由喷枪外的动力装置送丝，可减小喷枪的质量，但推丝距离受到一定限制；拉丝式是由喷枪上的动力带动金属丝。

② 塑料粉末火焰喷涂修复设备　塑料粉末火焰喷涂修复设备一般由塑料火焰喷枪、送粉器和控制部分组成，如图 9-42 所示。火焰喷枪以中心送粉式为主，利用燃气（乙炔、氢气、煤气等）与助燃气（氧气、空气）燃烧产生的热量将塑料粉末加热至熔融状态及半熔融状态，在压缩空气的作用下喷向工件表面形成涂层。

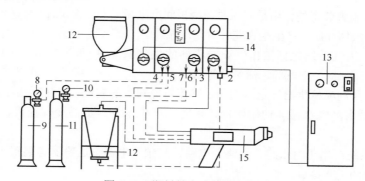

图 9-42　塑料粉末喷涂设备组成

1—控制板；2—粉末罐用空气出口；3—喷枪用空气出口；4—氧气出口；5—喷枪用氧气出口；
6—燃气入口；7—喷枪用燃气出口；8—氧气表；9—氧气瓶；10—燃气表；11—燃气瓶；
12—送粉罐；13—空气压缩机；14—输送气体开关；15—喷枪

塑料粉末送粉器主要有专用大容量流动式粉末压力送给罐和金属、陶瓷、塑料粉末通用的小容量吸引式送粉罐（带振动器）。压力送粉罐送粉平稳、调节性好，可以大容量送粉。控制部分是调整和控制喷涂修复用各种气体的专用装置，以获得最佳的修复工艺参数。控制装置一般配备流量计、减压器、气动阀门和压力计、运载气体开关等。

③ 等离子弧喷涂修复设备　等离子弧喷涂修复设备主要包括电源、喷枪、送粉器、引弧装置、供气系统、冷却系统以及电气控制系统，等离子弧喷涂设备示意如图 9-43 所示。

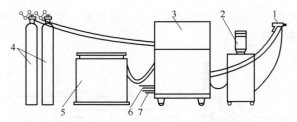

图 9-43 等离子弧喷涂修复设备示意

1—喷枪；2—送粉器；3—控制箱；4—等离子气和送粉气瓶；

5—直流电源；6—冷却水进口；7—冷却水出口

a. 电源：等离子弧喷涂修复设备均采用直流电源，其外特性、动特性及供电参数应满足喷枪产生等离子弧的要求。目前采用的电源主要为饱和电抗器式、硅整流式电源或晶闸管电源，其中晶闸管电源的陡降外特性是靠电流负反馈调节实现的，具有起弧平稳、输出电流稳定、耗电少等特点。

b. 喷枪：喷枪是形成修复喷涂层的关键设备，由阴极、喷嘴（阳极）、进气道与气室、送粉道、水冷密封、绝缘体及枪体构成，如图 9-44 所示。通过喷枪可以产生高温、高速等离子弧焰流，将喷涂粉末送入焰流中，然后熔化、加速，最终喷射在被修复的工件表面。

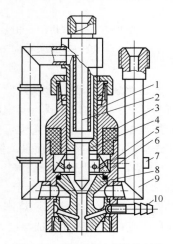

c. 送粉器：是储存喷涂粉末和根据修复工艺要求输送粉末的装置。送粉器的种类很多，包括自重式送粉器、射吸式送粉器、刮板式送粉器及电磁振动式送粉器等。评价送粉器的性能指标主要是送粉率的稳定性、选粉量的调节范围和灵敏度等。

d. 引弧装置：引弧装置的作用是起弧时在两极间产生高频电压，击穿极间气体介质，产生电火花并引燃电弧。

图 9-44 等离子弧喷枪的结构

1—后枪体；2—钨极夹头；3—绝缘套；
4—钨极；5—隔热气环；6—前枪体；7—排
气管；8—喷嘴；9—进水管；10—送粉管

e. 供气系统：供气系统包括工作气和送粉器的供气系统，主要由气瓶、减压阀、储气筒、流量计等组成。

f. 冷却系统：是向喷枪供给一定压力和足够流量冷却水的装置，它包括增压水泵和热交换器。喷涂修复时最好采用蒸馏水循环使用水冷，以防止产生水垢，提高冷却速度，延长喷嘴的使用寿命。

g. 电气控制系统：用于对水路、气路、电路、高频发生器、送粉器等装置进行控制，还可以调节喷涂修复过程的工艺参数。

（3）金属喷涂修复常用丝材及粉末

① 丝材　金属喷涂修复用丝材主要有碳钢、不锈钢、铝及铝合金、铜及铜合金、镍及镍合金、锌及锌合金及复合喷涂丝等。

a. 碳钢及不锈钢丝：喷涂修复常用碳钢丝有高碳钢丝和碳素工具钢丝，主要用于常温下工作的机械零件滑动表面磨损部位的修复，如曲轴、柱塞、机床导轨和机床主轴等。但碳钢丝的红硬性差，温度高于 250℃时硬度和耐磨性会有所降低，影响使用性能。

喷涂修复不锈钢丝有马氏体、铁素体和奥氏体不锈钢丝。马氏体不锈钢丝 1Cr13、2Cr13、3Cr13 主要用于强度和硬度较高、耐蚀性不太强的零件修复，喷涂工艺较好，不易开裂。铁素体不锈钢丝 Cr17 与 Cr17Ti 在氧化性酸类、多数有机酸、有机酸盐的水溶液中有良好的耐蚀性。18-8 奥氏体不锈钢钢丝有良好的工艺性，在多数氧化性介质和某些还原性介质中有较好的耐蚀性。用于喷涂修复水泵轴、造纸烘缸等。但涂层收缩率大，适于喷较薄的涂层。

b. 铝及铝合金丝：铝熔点为 660℃，与氧的亲和力较强，易形成致密而坚固的氧化膜。铝用作防腐蚀喷涂层，在含有二氧化硫的气体中耐腐蚀效果较好。此外，铝在高温作用下，能在铁基体上扩散，与铁发生作用形成抗高温氧化的 Fe_3Al，提高钢材表面的耐热性，因此铝还可以用作耐热喷涂层。目前铝及铝合金丝已广泛应用于储水容器、硫磺气体包围中的钢铁结构件、碳化塔、石油储罐、燃烧室、船体等结构件的喷涂修复。

c. 铜及铜合金丝：纯铜丝具有良好的塑性和导电、导热性，能耐大气腐蚀，主要用于电器开关的导电涂层以及塑像、水泥等建筑表面的装饰修复。黄铜涂层广泛应用于修复铸造砂眼、气孔及加工超差工件。铝青铜的强度比一般黄铜高，它耐海水、硫酸及盐酸腐蚀，有很好的腐蚀疲劳性能和耐磨性。铝青铜采用电弧喷涂时与基体有很好的结合强度，既可以形成理想的粗糙表面，又可以作为打底涂层。铜及铜合金丝主要用于喷涂修复水泵叶片、气闸阀门、活塞、轴瓦表面等，磷青铜涂层较其他青铜涂层致密、耐磨，主要用于修复轴类和轴承等。

d. 镍及镍合金丝：镍具有良好的化学稳定性，在空气中不会氧化，加热到 500℃时，表面仅氧化一薄层。镍合金中用作喷涂材料的主要为镍铬合金，这类合金具有较好的抗高温氧化性能，可在 880℃高温下使用。镍铬合金还可耐水蒸气、二氧化碳、一氧化碳、醋酸及碱等介质的腐蚀，因此镍铬合金被大量用作耐腐蚀及耐高温喷涂层。

e. 锌及锌合金丝：锌熔点为 419℃，具有较好的耐大气、耐海水腐蚀性能，主要用于喷涂修复钢铁构件，如大型桥梁、塔架、钢窗、水闸门及各种容器等。喷涂修复时，为避免有害元素对锌涂层耐蚀性的影响，最好使用纯度在 99.8% 以上的纯锌丝，表面不应沾有油污等，更不能生成氧化膜。此外，锌中加入铝可提高涂层的耐腐蚀性能，若铝含量为 30%，则锌铝合金涂层的耐蚀性最佳。

f. 复合喷涂丝：复合喷涂丝是将两种或更多种材料复合压制成的喷涂修复材料，主要有镍铝、不锈钢复合喷涂丝和铜铝复合喷涂丝等。镍铝复合喷涂丝属于放热型喷涂材料，主要用于火焰喷涂，得到的涂层性能基本上与镍包铝复合粉末相同。铜铝复合喷涂丝是一种自结合型青铜材料，涂层含有氧化物和铝铜化合物等硬质点，具有良好的耐磨性，主要用于铜及铜合金零部件的修复。

不锈钢复合喷涂丝是由不锈钢、镍、铝等组成，喷涂修复时既利用镍铝放热效应，使涂层与母材金属形成牢固结合，又复合其他强化元素，改善了涂层的性能。这种复合涂层主要用于油泵转子、轴承、汽缸衬里和机械导轨表面的喷涂修复，也用于修补碳钢或耐蚀钢的磨损件。

常用热喷涂修复丝材的化学成分及主要性能见表 9-35。

表 9-35 常用热喷涂修复丝材的化学成分及主要性能

类型	牌号	主要化学成分 /%	丝材直径 /mm	主要性能及应用
碳钢	Q215	C 0.09 ～ 0.22，Si 0.12 ～ 0.30，Mn 0.25 ～ 0.65，Fe 余量	1.6 ～ 2.3	滑动磨损的轴承面超差修补涂层
	Q235		1.6 ～ 2.3	
	45 钢	C 0.45，Si 0.32，Mn 0.65，Fe 余量	1.6 ～ 2.3	轴类修复、复合涂层的底层、表面耐磨涂层
	T10	C 1.0，Si 0.35，Mn 0.4，Fe 余量	1.6 ～ 2.3	高耐磨零件表面强化修复
不锈钢	2Cr13	C 0.16 ～ 0.24，Cr 12 ～ 14，Fe 余量	1.6 ～ 2.3	耐磨、耐蚀涂层
	1Cr18Ni9Ti	C 0.12，Cr 18 ～ 20，Ni 9 ～ 13，Ti 1	1.6 ～ 2.3	耐酸、盐、碱溶液腐蚀涂层
铜及其合金	T2	Cu 99.9	1.6 ～ 2.3	导电、导热、装饰涂层
	HSn60-1	Cu 60，Sn 1 ～ 1.5，Zn 余量	1.6 ～ 2.3	黄铜件修复、耐蚀涂层
	QAl9-2	Al 9，Mn 2，Cu 余量	1.6 ～ 2.3	耐磨、耐蚀、耐热涂层、黏结底层
	QSn4-4-2.5	Sn 4，P 0.03，Zn 4，Cu 余量	1.6 ～ 2.3	青铜件、轴承的减摩、耐磨、耐蚀涂层

续表

类型	牌号	主要化学成分 /%	丝材直径 /mm	主要性能及应用
锌及其合金	Zn-2	Zn ≥ 99.9	1.0 ~ 3.0	耐大气、淡水、海水等环境，长效防腐
	ZnAl15	Al 15，Zn 余量	1.0 ~ 3.0	耐大气、淡水、海水等环境，长效防腐，铝涂层亦可作导电、耐热、装饰等涂层
	L1	Al ≥ 99.7	1.0 ~ 3.0	
	Al-Mg-R	Mg 0.5 ~ 0.6，RE 微量，Al 余量	1.0 ~ 3.0	
镍及其合金	N6	C 0.1，Ni 99.5	1.6 ~ 2.3	非氧化性酸、碱气氛和化学药品耐蚀涂层
	Cr20Ni80	C 0.1，Ni 80，Cr 20	1.6 ~ 2.3	抗 980℃高温氧化涂层和陶瓷黏结底层
	Cr15Ni60	Ni 60，Cr 15，Fe 余量	1.6 ~ 2.3	耐硫酸、硝酸、醋酸、氨、氢氧化钠腐蚀涂层
	蒙乃尔合金	Cu 30，Fe 1.7，Mn 1.1，Ni 余量	1.6 ~ 2.3	非氧化性酸、氢氟酸、热浓碱、有机酸、海水耐蚀涂层
其他金属	Sn-2	Sn ≥ 99.8	3.0	耐食品及有机酸腐蚀涂层、石膏、玻璃黏结底层
	CH-A10	Sb 7.5，Cu 3.5，Pb 0.25，Sn 余量	3.0 ~ 3.2	耐磨、减摩涂层
	Pb1、Pb2	Pb ≥ 99.9	3.0	耐硫酸腐蚀、X 射线防护涂层
	W1	W 99.95	1.6	抗高温、电触点抗烧蚀涂层
	Ta1	Ta 99.95	1.6	超高温打底涂层、特殊耐酸蚀涂层

② 合金粉末　喷涂修复用合金粉末包括自熔性合金粉末、喷涂复合粉末、金属合金粉末和陶瓷合金粉末等。

a. 自熔性合金粉末：自熔性合金粉末有镍基、钴基、铁基和铜基四类。自熔性合金粉末熔点低，喷涂后，可在普通大气下再对图层进行加热重熔。这种合金在熔融过程中，合金中的某些元素能与氧化合，生成低熔点的熔渣，熔渣上浮，覆盖于涂层的表面，防止涂层氧化。

（a）镍基自熔性合金粉末。镍基自熔性合金粉末是在镍中加入适量的硼和硅制成的。这类合金熔点较低（约 950 ~ 1150℃），成渣性好，对多种基体材料的润湿能力强，喷熔工艺性好。可用于运送机螺旋、粉碎设备部件、混合机叶片、轧钢导板、轧辊、积压机冲头、泵柱塞、泵套、轴承套、农业机械零部件的喷涂修复。

（b）钴基自熔性合金粉末。钴基自熔性合金是在钴铬钨系合金基础上添加硼、硅元素制成。钴基自熔性合金粉末具有良好的耐热、抗蠕变、抗磨损和耐腐蚀性能，在温度高达 800℃时仍能保持较高的硬度和温度高达 1080℃的抗氧化性能。钴基自熔性合金粉末主要用于高压泵柱塞、内燃机进排气阀、高温高压阀门密封面、排风机叶片、飞机发动机零件的喷涂修复等。

（c）铁基自熔性合金粉末。在铁基合金中加入硼、硅元素后，能起到降低熔点、增加自熔性的作用。铁基自熔性合金粉末价格便宜，在民用工业上获得广泛应用，如农业机械、矿山机械、建筑机械磨损件的喷涂修复。

（d）铜基自熔性合金粉末。主要有铝青铜、锡青铜、锰青铜、硅青铜和锰硅青铜等。铜基自熔性合金粉末所形成的涂层力学性能好，塑性高，易于加工，耐蚀性好，摩擦系数低，适用于各种轴瓦、轴承、机床导轨的喷涂修复等。

b. 喷涂复合粉末：根据使用性能，复合粉末涂层大致可分为硬质耐磨复合粉末、抗高温耐热和隔热复合粉末、减摩密封复合粉末及放热型复合粉末等。

（a）硬质耐磨复合粉末。硬质耐磨复合粉末主要是钴包碳化钨和镍包碳化钨等，用这种粉末制成的涂层具有很高的硬度和耐磨性能。如果在这类合金中加入具有自黏结能力的镍包铝复合粉末，可以增强涂层与基体的结合强度，提高涂层的致密性和抗氧化能力。如果将硬质耐磨复合粉末中与自熔性合金粉末按一定比例混合进行喷涂，涂层表面硬度会大大提高。

（b）抗高温耐热和隔热复合粉末。为满足一种粉末材料不能同时满足高温下耐热和绝热的要求，利用复合粉末材料，制成逐步过渡的阶梯涂层，减小外层、底层、坯料基体的热胀系数和热导率的梯度差，达到耐热和隔热的目的。抗高温耐热和隔热复合粉末打底层一般采用耐热复合粉末，中间采用金属陶瓷型复合粉末材料，外层采用导热率低的耐高温陶瓷粉末。

（c）减摩密封复合粉末。常用的有镍包石墨、镍包硅藻土、镍包二硫化钼、镍包氟化钙等。这种复合粉末涂层具有良好的减摩、润滑和密封性能，可在 500℃ 以上高温工作。

（d）放热型复合粉末。常用放热型复合粉末是镍包铝复合粉末，其镍铝比为 80 ∶ 20、90 ∶ 10 和 95 ∶ 5。喷涂修复过程中，复合粉末加热到一定温度，并高速喷射到工件表面时，产生镍铝反应和铝的氧化反应，放出热量，使粉末与基体表面产生微观冶金结合。镍包铝复合粉末常用作涂层的打底材料。

c. 金属合金粉末：与自熔性合金粉末相比，金属合金粉末不需或不能进行重熔处理，以喷涂状态使用。根据合金粉末的化学成分，喷涂合金粉末主要有镍基、钴基、铁基和铜基合金粉末。喷涂合金粉末的牌号用 F××× 表示，其中"F"表示喷涂合金粉末，"F"后面第一位数字表示合金粉末的化学组成类型，其中 F1×× 表示镍基；F2×× 表示钴基；F3×× 表示铁基；F4×× 表示铜基。

d. 陶瓷合金粉末：陶瓷属于高温无机材料，是金属氧化物、碳化物、硼化物、硅化物和氮化物的总称。陶瓷具有熔点高、硬度高、性能脆等特点，用热喷涂技术能得到性能良好的喷涂修复层。热喷涂陶瓷粉末应用较多的是氧化物和碳化物，也少量应用硼化物和硅化物。

（a）氧化铝。氧化铝中，白刚玉具有最小的化学活性，加热至高温也是稳定的，具有良好的 NaOH、Na_2CO_3 和熔融玻璃的腐蚀作用。氧化铝可广泛用作隔热涂层和绝缘涂层，也可用作耐滑动摩擦磨损的涂层材料。但氧化铝涂层不能承受冲击载荷和局部碰撞，否则会造成涂层的损伤和脱落。

氧化铝常与氧化钛混合或与镍铝复合，提高涂层的韧性和耐冲击性能。氧化铝作为隔热涂层时，涂层中的气孔率允许高些；作为耐磨涂层时，喷涂功率应在 30kW 以上，保证粉末充分熔化，降低涂层的气孔率，提高涂层硬度，以便磨削加工出粗糙度低的表面。氧化铝涂层已经广泛应用于喷涂修复泵类密封面和轴类表面、高炉风口、电子器件等。

（b）氧化锆。具有较高的耐热性和绝热性，高温稳定性好，常用作重要零件的隔热涂层，氧化锆在低压条件下挥发很慢，也可在真空中使用。氧化锆属于惰性物质，熔融金属、硅酸盐、熔融玻璃和各种酸（浓硫酸和氢氟酸除外）等都不与氧化锆发生作用。

（c）氧化镁。在等离子焰流的快速加热和淬火冷却条件下，很难形成氧化镁涂层。为改善氧化镁的喷涂工艺性能，可采用二氧化硅包覆氧化镁粉粒，阻止高温下氧化镁的挥发，大大提高粉末的沉积效率。氧化镁涂层与钢基体的结合强度高，作为一种碱性耐火氧化物涂层，特别在冶金工业中得到广泛应用。

（d）氧化铬。用等离子喷涂氧化铬所得的涂层致密。氧化铬是一种耐高温、耐磨的涂层材料，化学稳定性好，既可在碱性介质中，也可在酸性介质中使用。氧化铬涂层已经在化工工业和轻纺工业中获得了应用。例如，对化肥工业中氨泵的柱塞、轴套以及化纤工业中绕丝辊等磨损表面的修复。

（e）碳化物。主要有碳化钨、碳化铬、碳化硅等，很少单独使用，而是采用钴包碳化物或镍包碳化物，以防止喷涂时产生严重的脱碳现象。采用碳化物喷涂修复时，必须严格控制喷涂工艺参数，或在含碳的保护气氛中进行喷涂，以获得良好的喷涂修复层。

e.喷涂塑料粉末：喷涂塑料粉末分为热塑性和热固性两类。热塑性粉末喷涂层的工作温度一般在100℃以下，喷涂温度一般低于250℃；热固性粉末喷涂层的工作温度一般在260℃以下。塑料粉末涂层具有耐蚀、绝缘、减摩等性能，可以作为钢板、钢管和钢结构的保护涂层，也可以作为储槽、泵体、叶轮、阀门、轴承和密封环的防蚀喷涂修复层。

（4）喷涂修复材料的选用

喷涂修复材料应根据损坏零件的使用要求、采用的喷涂工艺以及喷涂材料的类型来选用。选择喷涂修复材料应遵循以下原则：

a.根据损坏零件的工作条件、使用要求和喷涂材料的性能，选择最适合的材料进行喷涂修复。

b.应尽量使喷涂材料与待修复工件的线胀系数、热导率等热物理性能接近，以获得结合强度较高的喷涂修复层。

c.选用的喷涂修复材料应与现有的喷涂工艺方法及设备相匹配。

d.喷涂修复材料来源广，并尽可能降低喷涂修复成本。

① 根据修复工件的使用要求选用　喷涂修复时，如工件表面要求耐磨，常选用自熔性合金粉末（镍基、钴基和铁基合金）和陶瓷粉末，或者将二者混合。高碳钢、马氏体不锈钢、钼、镍铬合金等喷涂材料形成的喷涂层特别适合于滑动磨损情况下工件的修复。碳化物与镍基自熔性合金的混合物等喷涂材料适合于不要求耐高温而只要求耐磨的场合。如喷涂层的工作温度超过480℃时，最好选用碳化钛、碳化铬或陶瓷材料。

如修复工件要求耐大气腐蚀，常选用锌、铝、奥氏体不锈钢、铝青铜、钴基和镍基合金等材料，其中使用最广泛的是锌和铝。喷涂修复时，要保证涂层的致密度和厚度，并要对喷涂层进行封孔处理，以免涂层中存在孔隙，渗透腐蚀介质，降低喷涂修复质量。

② 根据喷涂修复方法选用　喷涂修复材料的选用，应考虑喷涂工艺、方法，以及不同喷涂材料的特性进行选择。有时为使修复工件和喷涂层之间形成良好的结合，可以黏结底层喷涂材料使其在工件和喷涂层之间产生过渡作用。常用黏结底层的喷涂材料有钼、镍铬复合材料和镍铝复合材料等。

（5）金属喷涂修复前的准备

采用金属喷涂工艺对零部件进行修复时，要先去除待喷涂工件表面上的疲劳层、氧化膜、硬化层、渗层或喷漆层等，还要对表面进行预处理。金属喷涂修复前的准备工作主要包括表面清洗、表面预加工、表面粗化处理和黏结底层。

① 表面清洗　金属喷涂修复前，必须除去破损部位的所有污垢，如铁锈、油渍和油脂等。表面清洗方法主要有蒸汽除油、蒸汽吹洗、超声波清洗以及烘烤等。蒸汽除油可以去除较多的油脂、蜡类和焦油等，并能同时冲刷掉附着在油污中的杂质。但是三氯乙烯、三氯乙烷等溶剂属于危险品，使用时必须应遵照厂家的说明。氯化物溶剂清洗表面时，会留有轻微的残渣，可通过浸没洗涤法或用乙丙醇及丁酯擦拭。

蒸汽吹洗是将稀砂浆介质用空气喷枪喷射到工件待清洗表面。所用磨削介质是粒度200～1200目的氧化铝、致密石英岩或金刚石磨料。蒸汽吹洗主要用于去除轻微的毛刺、锈蚀物、油漆、先前的涂层材料等，有时可以起到粗化表面以适应等离子或电弧喷涂要求的作用。工件蒸汽吹洗后，要彻底用水冲洗。

采用工业汽油、溶剂汽油、四氯化碳等进行清洗。工艺简单，适用于大型工件表面清洗。清洗时可以擦洗、浸洗、刷洗和喷洗。酸浸或稀酸浸洗，是一种比蒸汽吹洗反应更为强烈的过程。酸浸时，要求将工件全部浸泡在酸液中。根据工件表面的污垢情况及对坯料表面的要求决定浸泡的时间和周期。酸浸之后，用热水冲洗、碱水浸泡，最后再用热水或蒸汽彻底清洗或吹洗。碱液清洗主要用于除油，同时也可以除掉附着在工件表面上的金属碎屑及混在油脂中的研磨料、残渣等杂质。

污垢积聚在狭窄破损处的工件可采用超声波清洗。对于许多机器零件往往是用多孔材料制造的，例如砂型铸件，这类零件吸附大量的油脂。喷涂修复之前，应先将这些油脂去除，一般在315℃的炉中烘烤 4h，即可达到除油效果。有时也可用金属丝刷擦光。

零件待喷涂修复表面去除污垢之后，应小心保护，不能沾染灰尘和手印，清洁度应一直保持到喷涂完毕为止。

② 表面预加工　表面预加工的目的是去除工件表面的各种损伤，如疲劳层、腐蚀层和表面氧化层等，修整不均匀磨损面和预留喷涂层厚度等。表面预加工的方法主要有车削和磨削。

喷涂前工件表面的预加工量由涂层设计规定的涂层厚度决定。零件修复时，切去该零件最大磨损量以下 0.1 ~ 0.2mm。当工件强度较低，喷涂层又需要承受较大的局部压力时，要求喷涂层的厚度较大，相应的预加工量也应略大。

预加工时，要特别注意边角过渡，这是因为涂层中存在着内应力，在涂层边缘，特别是锐角处，有剥离的倾向。在边角处有较大的圆角或倒角能防止涂层的剥离。

③ 表面粗化处理　工件修复部位清洗和预处理后，为使涂层与涂层以及涂层与基体之间强化结合，对基体修复表面进行粗化处理。主要作用是提供表面正压力、构成涂层连锁的叠层、增大结合面积、净化表面等。常用的表面粗化方法主要是喷砂处理。

根据喷砂设备，可分为用压缩空气的干喷砂和用水的湿喷砂两大类。干喷砂又有压力式和吸入式两种，干喷砂设备的工作原理示意如图 9-45 所示。

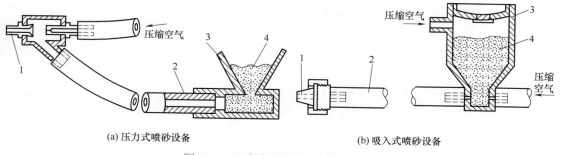

图 9-45　干喷砂设备的工作原理示意

1—喷嘴；2—软管；3—料斗；4—砂粒

喷砂砂粒主要有多角冷硬铸铁砂、白刚玉砂和石英砂等。其中多角冷硬铸铁砂适用于硬度值为 50HRC 的工件表面；白刚玉（Al_2O_3）砂适用于硬度值为 40HRC 的工件表面；石英砂适用于硬度值为 30HRC 的工件表面。

喷砂砂粒主要根据工件的材料及其硬度、喷砂部位的结构和厚度、工件的大小、工作环境以及修复率要求来选择。其中锋利、坚硬及有棱角的砂粒可提供最好的喷砂效果。一般不要采用球形或圆形砂粒，所有砂粒都应清洁而干燥，不应含油、长石等其他杂物。

工件表面的粗糙度取决于喷砂颗粒的大小，因此，砂粒具有不同的粒度。较小颗粒的砂粒适用于单位时间内处理较大的基体表面。较大颗粒的砂粒可以更迅速地从基体表面去除不需要的物质，并获得合适的粗糙面。

喷砂用空气压力取决于基体材质、要求的表面粗糙度、砂粒的流动性、质量、粒度以及所用喷嘴和喷砂设备的类型，一般空气压力取为 0.34 ~ 0.88MPa。喷砂束流与基体表面应成 75°~ 90°

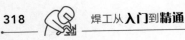

喷射角。喷砂要从一端移动到另一端进行。喷嘴到基体表面的距离，一般在 102 ～ 304mm 范围内波动。表面喷砂处理过程中，应对喷砂表面的结构及均匀程度进行目视检查。

喷砂后要用压缩空气将黏附在工件表面的碎砂粒清除干净。采用喷砂进行粗化后所暴露的新鲜表面，极易受外界的污染，要避免用手触摸。喷涂修复应在新鲜表面没有被氧化之前完成。

④ 黏结底层　黏结底层可以提高工作层与工件之间的结合强度。修复工件较薄、喷砂处理容易产生变形的情况下，特别适合于采用喷涂黏结底层的方法。喷涂黏结底层的厚度应控制在 0.1 ～ 0.15mm 以下，如果太厚反而会降低工作层的结合强度。

第10章 典型材料焊接工程应用

10.1 铸铁件的焊接

10.1.1 概述

　　铸铁是 $\omega(C) > 2.14\%$ 的铁碳合金。与钢不同，铸铁的结晶过程要经历共晶转变。工业用铸铁实际上是以铁、碳、硅为主的多元铁合金。

　　工业中应用最早的铸铁是碳以片状石墨存在于金属基体中的灰铸铁。由于其成本低廉，并具有铸造性、可加工性、耐磨性及减振性均优良的特点，迄今仍是工业应用最广泛的一种铸铁。但由于其石墨以片状存在，力学性能不高，为提高铸铁的力学性能，铸造工作者一直努力改变其石墨形态。其第一个进展是开发成功了石墨以团絮状存在的可锻铸铁，这使铸铁的力学性能明显提高。但可锻铸铁是由一定成分的白口铸铁经过长期退火并使莱氏体分解后获得的，为此需要消耗大量的能源，这是其不足之处。1947 年，人们发明了以球化剂处理高温铁液使石墨球化的新方法，于是诞生了球墨铸铁，使铸铁的力学性能提高到一个新的高度。20 世纪 60 年代，铸造工作者发现，以比处理球墨铸铁铁液少的球化剂处理铁液后，其石墨呈蠕虫状，于是蠕虫状石墨铸铁（简称蠕墨铸铁）问世了。它具有比灰铸铁强度高，比球墨铸铁铸造性能及耐热疲劳性能好的优点，在工业中迅速获得了一定的应用。以往的铸铁基体组织通常为珠光体、铁素体或者二者不同比例的混合组织。以珠光体为基体的球墨铸铁，其最高抗拉强度可达 800MPa，但断后伸长率只有 2%。以铁素体为基体的球墨铸铁，其断后伸长率可高达 18%，但其抗拉强度则下降为 400MPa。这说明尚未能使铸铁达到同时具有高强度与高塑性。为达到这一目的，铸造工作者又深入地进行了探索。20 世纪 70 年代，这方面的研究取得了重大进展，即以奥氏体加贝氏体为基体的球墨铸铁（简称奥-贝球铁）问世。当抗拉强度为 860 ～ 1035MPa 时，其断后伸长率仍可高达 7% ～ 10%。此外，为满足某些特殊性能的需要，人们还研究出了耐磨白口铸铁等。铸铁是一个庞大的家族，它包括由不同石墨形态与不同基体组织组成的庞大的铸铁合金系列材料。

10.1.2 铸铁的种类、标准和性能

（1）灰铸铁

　　灰铸铁中的碳以片状石墨的形态存在于珠光体或铁素体或二者按不同比例混合的基体组织中。其断口呈灰色，因此而得名。石墨的力学性能很低，使金属基体承受负荷的有效截面积减少，而且片状石墨使应力集中严重，因而灰铸铁的力学性能不高。灰铸铁的石墨形态如图 10-1 所示。石墨片可以不同的数量、长短及粗细分布于基体中，因而对灰铸铁的力学性能产生很大影

响。普通灰铸铁的金属基体是由珠光体与铁素体按不同比例组成。珠光体量越高的灰铸铁，其抗拉强度也越高，其硬度也相应有所提高。灰铸铁单铸试棒的力学性能见表 10-1。常用灰铸铁化学成分为 $\omega(C)$=2.6% ～ 3.8%，$\omega(Si)$=1.2% ～ 3.0%，$\omega(Mn)$=0.4% ～ 1.2%，$\omega(P)$ ≤ 0.4%，$\omega(S)$ ≤ 0.15%。同一牌号的灰铸铁，薄壁件（＜ 10mm）的碳、硅量高于厚壁件。

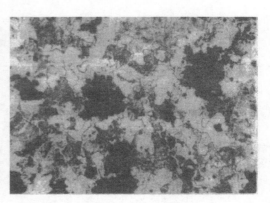

图 10-1　灰铸铁的片状石墨（400×）　　图 10-2　可锻铸铁的团絮状石墨（250×）

表 10-1　灰铸铁单铸试棒的力学性能（GB/T 9439—2010）

牌号	抗拉强度 /MPa	牌号	抗拉强度 /MPa
HT100	≥ 100	HT250	≥ 250
HT150	≥ 150	HT275	≥ 275
HT200	≥ 200	HT300	≥ 300
HT225	≥ 250	HT350	≥ 350

牌号中 HT 表示灰铸铁，是"灰铁"二字汉语拼音的字头，随后的数字表示以 MPa 为单位的抗拉强度。灰铸铁几乎无塑性。

（2）可锻铸铁

可锻铸铁是由一定成分的白口铸铁经高温退火处理使共晶渗碳体分解而形成的团絮状石墨，随后通过不同的热处理可使其基体组织为珠光体或铁素体。与灰铸铁相比，可锻铸铁石墨形态的改善使其具有较高的强度性能，并兼有较高的塑性与韧性。可锻铸铁的石墨形态如图 10-2 所示。

国内过去生产的可锻铸铁中，90% 以上都是以铁素体为基体的墨心可锻铸铁，这种铸铁是在中性炉气氛条件下将白口铸铁中的共晶渗碳体在高温退火过程中分解成团絮状石墨，随后在 700 ～ 740℃保温一定时间，并进行第二阶段石墨化后而获得的。其塑性较高，并兼有较高的强度。由于铁素体基体的可锻铸铁中有较多石墨析出，因而断面呈暗灰色，故称为墨心可锻铸铁。而珠光体可锻铸铁则以基体命名。

当将白口铸铁毛坯在氧化性气氛条件下进行高温退火时，铸铁断面从外层到内部会发生强烈的氧化及脱碳。经这样处理的可锻铸铁由于其内部区域有发亮的光泽，故称之为白心可锻铸铁。这种白心可锻铸铁的组织从外层到内部不均匀，韧性较差。此外，其热处理温度较高，时间也较长，能源消耗更大，因此我国基本不生产白心可锻铸铁。

由于可锻铸铁生产时首先要保证铸件毛坯整个断面上在铸态时能得到全白口，否则会降低可锻铸铁的力学性能。为此要降低其碳、硅含量。常用墨心可锻铸铁的化学成分为 $\omega(C)$=2.2% ～ 3.0%，$\omega(Si)$=0.7% ～ 1.4%，$\omega(Mn)$=0.3% ～ 0.65%，$\omega(S)$ ≤ 0.2%，$\omega(P)$ ≤ 0.2%。

近年来，由于铸造技术的进步，可在铸态下直接获得铁素体球墨铸铁，其消耗的能量比可锻铸铁大为降低，且其力学性能还优于铁素体可锻铸铁，故许多可锻铸铁件已被铸态铁素体球墨铸铁所代替。

（3）球墨铸铁

球墨铸铁的正常组织是细小圆整的石墨球加金属基体，如图 10-3 所示。在铸造条件下获得的金属基体通常是铁素体加珠光体的混合组织。为使石墨球化，需向高温铁液加入适量的球化剂。工业上常用的球化剂是以 Mg、Ce 或 Y 三种元素为基本成分而制成的。我国使用最多的球化剂为稀土镁合金。由于经球化剂处理后的球墨铸铁铁液的结晶过冷倾向较灰铸铁大，因此有较大的白口倾向。所以球墨铸铁需经孕育处理，通过孕育处理使铁液形成异质晶核，促进石墨化过程的进行，从而消除白口组织。

由于在铸造条件下获得的金属基体组织通常为铁素体加珠光体的混合组织，要获得铁素体球墨铸铁需经低温石墨化退火，使珠光体分解为铁素体加石墨。如果铸态组织中有共晶渗碳体，则需经高温石墨化退火及低温石墨化退火才能获得铁素体球墨铸铁。退火是一种消耗能源量较多的工艺，使铸件成本增加。只要严格控制铁液中 ω（Mn）$\leqslant$ 0.4%，ω（P）$\leqslant$ 0.07%，适当限制球化元素含量，并加强孕育处理，就可获得铸态铁素体球墨铸铁。铸态铁素体球墨铸铁现已在工业中获得了很广泛的应用。

对铸态下获得的铁素体加珠光体的球墨铸铁，要改变其组织成为单一的珠光体，需进行正火热处理。这同样需要消耗能源。经铸造工作者的探索，现可直接获得铸态珠光体球墨铸铁，其途径是适当提高其含锰量及含铜量。锰、铜等均为稳定珠光体元素。

奥 - 贝球墨铸铁（图 10-4）是兼有高强度与高塑性的新型球墨铸铁，目前仍主要通过等温热处理获得，即先将球墨铸铁加热到奥氏体化温度并适当保温一定时间，使其基体组织转变为高温奥氏体，然后快冷到贝氏体化温度，并适当保温一定时间，空冷后组织则为奥氏体＋贝氏体＋球状石墨。在铸态下直接获得奥 - 贝球墨铸铁的力学性能与通过等温热处理获得的奥 - 贝球墨铸铁相比仍存在一定差距。

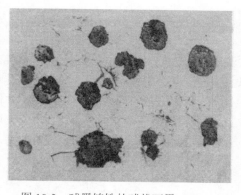

图 10-3　球墨铸铁的球状石墨（200×）

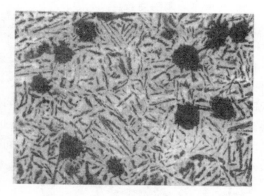

图 10-4　奥 - 贝球墨铸铁的组织（5000×）

球墨铸铁的力学性能见表 10-2。奥 - 贝球墨铸铁在我国的应用尚处于起步状况，目前尚未制定出标准。

表 10-2　球墨铸铁单铸试样的力学性能（GB/T 1348—2009）

材料牌号	抗拉强度 R_m /MPa（min）	屈服强度 /MPa（min）	伸长率 A/%（min）	布氏硬度 HBW	主要基体组织
QT350-22	350	220	22	$\leqslant$ 160	铁素体
QT400-18	400	250	18	120～175	铁素体

续表

材料牌号	抗拉强度 R_m /MPa（min）	屈服强度 /MPa （min）	伸长率 A/% （min）	布氏硬度 HBW	主要基体组织
QT450-10	450	310	10	160～210	铁素体
QT500-7	500	320	7	170～230	铁素体＋珠光体
QT550-5	550	350	5	180～250	铁素体＋珠光体
QT600-3	600	370	3	190～270	铁素体＋珠光体
QT700-2	700	420	2	225～305	珠光体
QT800-2	800	480	2	245～335	珠光体或索氏体
QT900-2	900	600	2	280～360	回火马氏体或屈氏体＋索氏体

注：伸长率是从原始标距 $L_0=5d$ 上测得的，d 是试样上原始标距处的直径。

（4）蠕墨铸铁

蠕虫状石墨铸铁简称蠕墨铸铁，与片状石墨相比，蠕虫状石墨头部较圆。其长度与厚度之比一般为 2～10，比片状石墨长度与厚度之比（一般大于 50）小得多，也就是说蠕虫状石墨短而厚，如图 10-5 所示。

这种石墨形态特征使蠕墨铸铁的力学性能介于相同基体组织的灰铸铁与球墨铸铁之间。蠕墨铸铁是通过对高温铁液加入适量的蠕化剂处理后而获得的。

在蠕墨铸铁中，由于高的含碳量易促进球状石墨的形成，故蠕墨铸铁的含碳量通常较球墨铸铁低。其残余的稀土和镁总量亦较球墨铸铁低。

为了正确地评定石墨的形状及蠕化程度，通用采用石墨形状系数 K 来表示，其定义为

$$K=4\pi A/L^2$$

式中　A——单个石墨的实际面积；

L——单个石墨的周长。

当 $K<0.15$ 时为片状石墨；当 $0.15\leqslant K\leqslant 0.8$ 时为蠕虫状石墨；当 $K>0.8$ 时为球状石墨。

（5）白口铸铁

白口铸铁中不含石墨，主要由共晶渗碳体、二次渗碳体和珠光体组成，其断口具有白亮特点。白口铸铁组织如图 10-6 所示。白口铸铁硬而脆，主要用来制造各种耐磨件。普通白口铸铁具有高碳低硅的特点。增加含碳量，可提高白口铸铁的硬度。增加含硅量会降低共晶点含碳量，并促进石墨形成，故白口铸铁中硅的质量分数一般为 1.0% 左右。在白口铸铁中常加入一些合金元素以提高其硬度，增强其耐磨性。冷硬铸铁轧辊的辊面是一层较厚的白口铸铁，使用到一定时间后，辊

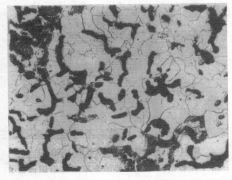
图 10-5　蠕墨铸铁的蠕虫状石墨（200×）

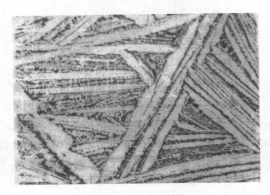
图 10-6　白口铸铁的组织（200×）

面白口铸铁层发生剥落，其焊接修复实质上是白口铸铁的焊接问题。

10.1.3　灰铸铁的焊接性

灰铸铁应用最为广泛，其焊接性研究工作进行得较多，因此主要以灰铸铁焊接性来进行分析。

灰铸铁化学成分上的特点是碳与硫、磷杂质高，这就增大了其焊接接头对冷却速度变化与冷、热裂纹发生的敏感性。其力学性能的特点是强度低，基本无塑性，使其焊接接头发生裂纹的敏感性增大。这两方面的特点，决定了灰铸铁焊接性不良。其主要问题有两点：一是焊接接头易形成白口铸铁与高碳马氏体（即片状马氏体）组织；二是焊接接头易形成裂纹。

（1）焊接接头形成白口铸铁与高碳马氏体的敏感性

以 ω（C）为 3.0%，ω（Si）为 2.5% 的灰铸铁为例，分析电弧冷焊后焊接接头上组织变化的规律。图 10-7 中 L 表示液相，γ 表示奥氏体，G 表示石墨，C 表示渗碳体，α 表示铁素体。图中未加括号时表示介稳定系转变，加括号时表示稳定系转变。整个焊接接头可分为六个区域。

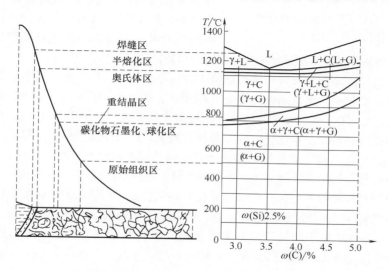

图 10-7　灰铸铁焊接接头各区组织变化图

① 焊缝区　当焊缝化学成分与灰铸铁母材成分相同时，在一般电弧冷焊情况下，由于焊缝金属冷却速度远大于铸件在砂型中的冷却速度，焊缝主要为白口铸铁组织，其硬度可高达 600HBW（压头为硬质合金的布式硬度）左右。用最常见的低碳钢焊条焊接铸铁时，即使采用较小的焊接电流，母材在第一层中所占的百分比也将为 25%～30%，当铸铁 ω（C）为 3.0%，则第一层焊缝的平均 ω（C）将为 0.75%～0.9%，属于高碳钢 [ω（C）> 0.6%]。这种高碳钢焊缝在电弧冷焊后将形成高碳马氏体组织，其硬度可达 500HBW 左右。这些高硬度的组织，不仅影响焊接接头的加工性，且由于性脆容易引发裂纹。

防止灰铸铁焊接时焊缝出现白口及淬硬组织的途径，若焊缝仍为铸铁，则应采用适当的工艺措施，减慢焊缝的冷速（冷却速度），并调整焊缝化学成分，增强焊缝的石墨化能力，并使二者适当配合。采用异质材料进行铸铁焊接，使焊缝组织不是铸铁，自然可防止焊缝白口的产生。但正如前面分析过的情况，若采用低碳钢焊条进行铸铁焊接，则由于母材熔化而过渡到焊缝中的碳较多，又产生另一种高硬度组织——高碳马氏体。所以在采用异质金属材料焊接时，必须要能防止或减化弱母材过渡到焊缝中的碳产生高硬度马氏体组织的有害作用。其方向是改变碳的存在状态，使焊缝不出现淬硬组织并具有一定的塑性。通过使焊缝分别成为奥氏体、铁素体及有色金属是一些有效的途径。下面以 $\omega(C)=3.0\%$ 及 $\omega(Si)=2.5\%$ 的灰铸铁为例分析焊接热影响区组织转变。

② 半熔化区　此区较窄，处于液相线及共晶转变下限温度之间，其温度范围约为 $1150\sim1250℃$。焊接时，此区处于半熔化状态，即液-固状态，其中一部分铸铁已转变成液体，另一部分铸铁通过石墨片中碳的扩散作用，也已转变为被碳所饱和的奥氏体。由于电弧冷焊过程中，该区加热非常快，故可能有些石墨片中的碳未能向四周扩散完毕而成细小片残留。此区冷速最快，故液态铸铁在共晶转变温度区间转变成莱氏体，即共晶渗碳体加奥氏体。继续冷却，则从奥氏体析出二次渗碳体，在共析转变温度区间，奥氏体转变为珠光体，这就是该区形成由共晶渗碳体、二次渗碳体和珠光体组成的白口铸铁的过程。由于该区冷速很快，紧靠半熔化区铁液的原固态奥氏体转变成竹叶状高碳马氏体，并产生残留奥氏体及托氏体。该区的金相组织见图10-8，其左侧为亚共晶白口铸铁，右侧为竹叶状马氏体、白色残留奥氏体及托氏体。

图 10-8　灰铸铁焊接半熔化区的白口铸铁及马氏体组织等（500×）

采用工艺措施，使该区缓冷，则可减少甚至消除白口铸铁及马氏体。

在采用熔焊时，除冷却速度对该区焊后组织有重要影响外，焊缝区的化学成分对半熔化区的组织及宽度也有重要影响，因这两区都曾处于高温且紧密相连，能进行一定的扩散。提高熔池金属中促进石墨化元素（C、Si、Ni 等）的含量，对消除或减弱半熔化区白口铸铁的形成是有利的。用低碳钢焊条焊接铸铁时，半熔化区的白口带往往较宽，这与熔池含碳、硅量低，而半熔化区含碳、硅量高于熔池有关，故半熔化区的碳、硅反而向熔池扩散，使半熔化区碳、硅量有所下降，进而使该区液相线与固相线温差增大（常用灰铸铁属于亚共晶铸铁），增大了该区形成较宽白口带的倾向。采用钎焊时，母材不熔化，将根本避免半熔化区白口铸铁的形成。如果钎焊温度控制在共析温度以下，则加热时相变过程也不会发生，冷却后连马氏体也不会产生。

③ 奥氏体区　该区处于共晶转变下限温度与共析转变上限温度之间，加热温度范围约为 $820\sim1150℃$，此区无液体出现。该区在共析转变上限温度以上，故其原先基体组织已奥氏体化，其组织为奥氏体加石墨。此时奥氏体含碳量的多少，决定于铸铁原先组织及加热温度的高低。以珠光体为基体的铸铁比以铁素体为基体的铸铁的基体含碳量高，故前者奥氏体含碳量较后者为高。加热温度较高的部分（靠近半熔化区），由于石墨片中的碳较多地向周围奥氏体扩散，奥氏体中含碳量较高；加热较低的部分（离半熔化区稍远），由于石墨片中的碳较少地向周围奥氏体扩散，奥氏体中的含碳量较低。随后冷却时，如果冷速较慢，会从奥氏体中析出一些二次渗碳体，其析出量的多少与奥氏体中含碳量成线性关系。共析转变冷速较慢时，奥氏体转变为托氏体或珠光体。冷却速度更快时，会产生高碳马氏体组织。由于以上的原因，电弧冷焊后该区硬度比母材有较大提高。奥氏体含碳量越高的区域，其转变后的马氏体硬度越高。

熔焊时，采用适当工艺措施，使该区缓冷，可使奥氏体直接析出石墨，而避免析出二次渗碳体，也可防止马氏体的形成。焊后采用 600℃ 高温回火也可使淬硬区硬度降至 300HBW 以下。

④ 重结晶区　其加热温度范围在共析转变上、下限温度之间，约为 $780\sim820℃$，故该区很窄。该区的原始组织已部分转变成奥氏体。在随后的冷却过程中，奥氏体转变为珠光体，冷速更快时，可能会出现马氏体。

其他加热温度更低的区，焊后组织变化不明显或无变化。

铸铁件焊后，很多要再经过机械加工，如车、铣、刨、磨、钻孔等。灰铸铁本身一般为珠光体或珠光体加铁素体基体，其硬度为 $160\sim240HBW$，具有良好的加工性。但焊接接头上局部地区出现高硬度的白口铸铁及马氏体组织会给机械加工带来很大的困难。用碳钢或高速钢刀具往往加工不动。用硬质合金刀具虽可勉强加工，但"打刀"的危险性也很大。刀具从硬度较低的灰铸铁上切削过来，突然碰上高硬度的白口带，容易"打刀"，就是不"打刀"也会使发生"让刀"的地方会出现凸台（局部凸起的现象），这对要求很高的滑动摩擦工件来说是不允许的。现在用的钻头一般用碳钢或高速钢制造，故用钻头对有白口带的灰铸铁焊接接头进行加工非常困难。生产实践说明，焊接接头最高硬度在 300HBW 以下可以较好地进行切削加工。若其最高硬度在 270HBW 以下，则切削加工性能将更好。

（2）焊接接头形成冷裂纹与热裂纹的敏感性

铸铁焊接裂纹可分为冷裂纹与热裂纹两类。

① 冷裂纹　这种裂纹一般发生在 500℃ 以下，故称之为冷裂纹。铸铁焊接时，冷裂纹可发生在焊缝或热影响区。

首先讨论焊缝出现冷裂纹的情况。当焊缝为铸铁型时，较易出现这种裂纹。当采用异质焊接材料焊接，使焊缝成为奥氏体、铁素体或铜基焊缝时，由于焊缝金属具有较好的塑性，配合采用合理的冷焊工艺，焊缝金属不会出现冷裂纹。铸铁型焊缝发生裂纹的温度，经测定一般在 500℃ 以下。裂纹发生时常伴随着较响的脆性断裂的声音。焊缝较长时或补焊拘束度较大的铸铁缺陷时，常发生这种裂纹（图 10-9）。这种裂纹很少在 500℃ 以上发生的原因，一方面是铸铁在 500℃ 以上时有一定的塑性，另一方面是焊缝所承受的拉应力随其温度下降而增大，500℃ 以上时焊缝所承受的拉应力也小。当为片状石墨的灰铸铁焊缝时，经研究裂纹的裂源

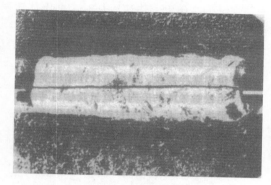

图 10-9　铸铁型焊缝冷裂纹

一般为片状石墨的尖端。焊接过程中由于工件局部不均匀受热，焊缝在冷却过程中会承受很大的拉应力，这种拉应力随焊缝温度的下降而增大。当为灰铸铁焊缝时，由于石墨呈片状存在，不仅减少了焊缝的有效工作截面，而且石墨如刻槽一样，在其两端呈严重的应力集中状态。灰铸铁强度低，500℃ 以下基本无塑性，当应力超过此时铸铁的抗拉强度时，即发生焊缝冷裂纹。也有些研究工作者称这种裂纹为热应力裂纹。由于焊缝强度低且基本无塑性，裂纹很快扩展，具有脆性断裂特征。

当焊缝中存在白口铸铁时，由于白口铸铁的收缩率比灰铸铁收缩率大，前者为 2.3% 左右，后者为 1.26% 左右，加以其中渗碳体脆性更大，故焊缝更易出现冷裂纹。焊缝中渗碳体越多，焊缝中出现裂纹数量越多。当焊缝基体全为珠光体与铁素体组成，石墨化过程进行得较充分时，由于石墨化过程伴随着体积膨胀过程，可以松弛部分焊接应力，有利于改进焊缝的抗裂性。焊缝石墨形态对焊缝抗裂性有较大影响，粗而长的片状石墨容易引起应力集中，会降低焊缝的抗裂性。石墨以细片状存在时，可改善焊缝的抗裂性。研究表明，石墨以球状存在时，焊缝具有较好的抗裂性，这是因为球铁焊缝的力学性能远优于灰铸铁焊缝。

补焊处拘束度的大小、补焊体积的大小及焊缝的长短对焊缝裂纹的敏感性有明显的影响。补焊处拘束度大、补焊体积大、焊缝长都将增高应力状态，使裂纹容易产生。

焊缝为灰铸铁型时，由于灰铸铁焊缝强度低，基本无塑性，当补焊处拘束度较大时，为避免裂纹产生应主要从减弱焊接应力着手。避免裂纹产生最有效的办法是对补焊焊件进行整体预热（600～700℃），使温差降低，大大减轻焊接应力。在某些情况下，采用加热减应区气焊法可以减弱补焊处所受的应力，可较有效地防止裂纹的产生。其他有利于减弱焊接应力的措施，都可降低

裂纹发生的敏感性。

研究结果表明，向铸铁型焊缝加入一定量的合金元素（如锰、铝、铜等），使焊缝金属先发生一定量的贝氏体相变，接着又发生一定量的马氏体相变，则利用这两次连续相变产生的焊缝应力松弛效应，可较有效地防止焊缝出现冷裂纹。焊缝二次连续相变产生焊缝应力松弛效应的原因是贝氏体与马氏体的比容较奥氏体大，相变过程中的体积膨胀有利于减小焊缝应力。上述铸铁焊缝的贝氏体相变产生焊缝应力松弛现象一般在 500℃ 左右开始，250℃ 左右结束，而上述铸铁焊缝的马氏体相变产生的焊缝应力松弛效应在 200℃ 左右才开始，继续冷却时将继续发生马氏体相变应力松弛效应。故利用上述贝氏体与马氏体二次相变应力松弛效应可较有效地防止铸铁焊缝在 500℃ 以下发生冷裂纹。单利用马氏体相变而产生的焊缝应力松弛效应并不能有效地防止铸铁焊缝发生裂纹，其裂纹发生温度多在 200～500℃ 之间，也就是说马氏体相变前，焊缝已开裂了。单利用贝氏体相变应力松弛效应也不能有效防止铸铁焊缝发生裂纹，因铸铁焊缝贝氏体相变结束温度在 250℃ 左右。当 250℃ 以下在焊接应力作用下，焊缝仍可能发生裂纹。当应用低碳钢焊条焊接铸铁时，第一层焊缝为高碳钢，快速冷却时，奥氏体转变为高碳马氏体，高碳马氏体性脆，很容易产生冷裂纹（图 10-10）。

热影响区的冷裂纹多数发生在含有较多马氏体的情况下（图 10-11），在某些情况下也可能发生在离熔合线稍远的热影响区。

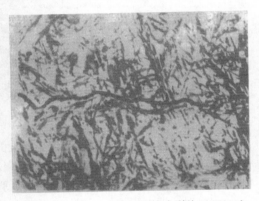

图 10-10 马氏体焊缝的冷裂纹（400×）

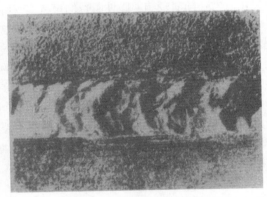

图 10-11 灰铸铁焊接热影响区冷裂纹

利用插销法评定焊缝含氢量变化对铸铁焊接热影响区冷裂纹影响的结果表明，焊缝为铸铁时，改变其含氢量，对其热影响区冷裂纹有些影响，但影响不甚显著。这与碳、硅都能显著减少氢在铁碳合金液态金属的溶解度，石墨结构比较疏松有较强的储氢能力，及氢在铸铁中扩散系数较小等因素有关。这些因素都降低了氢由熔池向焊接热影响区扩散的能力。当用镍基材料焊接铸铁时，由于奥氏体焊缝具有较强的溶解氢的能力，其扩散氢量更少，所以可认为焊缝中的氢对热影响区冷裂纹影响更小。上述插销法研究铸铁焊接热影响区的冷裂纹均发生于热影响区的马氏体区。在未施加应力的插销试件中，在马氏体内可观察到微裂纹，甚至在灰铸铁热模拟试件中（无扩散氢存在），在马氏体内仍观察到微裂纹，这说明这种微裂纹是由于马氏体生长过程中，以极快速度相互碰撞而形成的。少量热影响区的扩散氢对已形成的微裂纹的发展有些促进作用。

在电弧冷焊薄壁（＜10mm）铸件时，当补焊处拘束度较大，连续堆焊金属面积较大时，则裂纹可能发生在离熔合线稍远，但受热温度超过 600℃ 的热影响区。这是因为金属导热性随其厚度减小而变差。故焊接薄壁铸件时，热影响区超过 600℃ 以上的区域显著加宽。在加热过程中，该区受压缩塑性变形，冷却过程中该区承受较大的拉应力。铸件壁薄时，其中微量小缺欠（夹渣、气孔等）就对应力集中有明显影响。在这种情况下，冷裂纹可能在离熔合线稍远的热影响区发生。

应采取工艺措施，减弱焊接接头的应力及防止焊接热影响区产生马氏体。如采用预热焊，可防止上述裂纹的发生。在采用电弧冷焊时，采用正确的冷焊工艺，以减弱焊接接头的应力，有利于防止上述冷裂纹的发生。

② 热裂纹　当采用镍基焊接材料（如焊芯为纯镍的 EZNi 焊条，焊芯为 Ni55、Fe45 的 EZNi-Fe 焊条及焊芯为 Ni70、Cu30 的 EZNi-Cu 焊条等）及一般常用的低碳钢焊条焊接铸铁时，焊缝金属对热裂纹较敏感。

采用镍基焊接材料焊接铸铁时，焊缝对热裂纹敏感（图 10-12）的原因可从两方面说明，其一是铸铁含 S、P 杂质高，镍与硫形成 Ni_3S_2，而 $Ni-Ni_3S_2$ 的共晶温度很低（644℃）；镍与磷生成 Ni_3P，而 $Ni-Ni_3P$ 的共晶温度也较低（880℃）。其二是镍基焊缝为单相奥氏体，焊缝晶粒粗大，晶界易于富集较多的低熔点共晶。

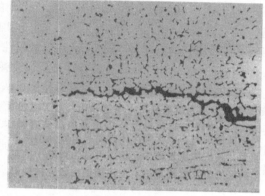

图 10-12　镍基焊缝的热裂纹（250×）

利用普通低碳钢焊条焊接铸铁，第一、二层焊缝会从铸铁融入较多的碳、硫及磷，这会使第一、二层焊缝的热裂纹敏感性增大。

为提高铸铁焊接用镍基焊条的抗热裂性能，可从下列几方面着手：调整焊缝金属的化学成分，使其脆性温度区间缩小；加入稀土元素，增强焊缝的脱硫、脱磷冶金反应；加入适量的细化晶粒元素，使焊缝晶粒细化。

采用正确的冷焊工艺，使焊接应力减低，并使母材的有害杂质较少融入焊缝中，均有利于提高焊缝的抗热裂性能。

参考文献 [11] 作者认为，铸铁焊接时，熔合区剥离性裂纹属热裂纹。熔合区包括母材上的半熔化区及焊缝底部的未完全混合区，未完全混合区母材成分也主要是铸铁。熔合区剥离性裂纹是沿熔合区形成，并使焊缝金属沿熔合区与铸铁母材发生剥离的现象。这种裂纹多发生在焊缝金属为钢或 Ni-Fe 合金的多层焊情况下。该作者认为熔合区剥离性裂纹属热裂纹的根据，是裂纹开裂无冷裂纹发生时可听到金属开裂的声音，另外，从裂纹的微观形貌分析，裂纹属晶间断裂。关于这种裂纹的机制，该作者提出了如下看法：灰铸铁的固相线温度（T_S）约为 1150℃，而灰铸铁单层电弧堆焊时不同焊条所焊焊缝的 T_S 是不同的，低碳钢焊条时其 $T_S=1340$℃，高钒焊条时其 $T_S=1345$℃，镍铁焊条时其 $T_S=1240$℃，纯镍焊条时其 $T_S=1215$℃，铜芯铁粉焊条时其 $T_S=1042$℃，这说明除铜芯铁粉焊条的焊缝金属的 T_S 低于灰铸铁外，其他为钢或 Ni-Fe 合金的焊缝金属的 T_S 均高于灰铸铁。这表明钢焊缝和 Ni-Fe 合金焊缝均先于灰铸铁焊接的熔合区铁液而凝固成为固体。这就使很窄的熔合区的铁液在某一高温阶段夹在已成为固体的焊缝与原处于固态的母材上的焊接热影响区之间，加上熔合区的 S、P 偏析作用，在焊接应力的作用下，熔合区就形成了热裂性的剥离性裂纹。铜芯铁粉焊条电弧焊焊接灰铸铁不会形成熔合区剥削性裂纹的原因是，其焊缝金属的 T_S 低于灰铸铁的 T_S，故熔合区是先于焊缝金属发生凝固，消除了发生剥离性裂纹的条件。采用小焊接热输入及短段焊、断续焊工艺，有利于降低焊接应力及发生剥离性裂纹的可能性。采用纯镍焊条电弧冷焊灰铸铁时，其焊缝因母材的稀释也成为 Ni-Fe 合金，但其 T_S 比灰铸铁的 T_S 较小，故发生熔合区剥离性裂纹的敏感性较钢焊条及镍铁焊条有所降低。

（3）变质铸铁焊接的难熔合性

长期在高温下工作的铸铁件因变质会出现熔合不良而不易焊上的情况。焊条的高温熔滴与变质铸铁不熔合，甚至在其表面"打滚"。这主要是因为下列两个原因：

① 铸铁件在长期高温下工作后，基体组织由原先的珠光体 - 铁素体转变为纯铁素体，石墨析

出量增多且进一步聚集长大（见图 10-13），而石墨的熔点高且为非金属，故易出现不易熔合的情况。

② 石墨聚集长大后，特别是灰铸铁的石墨易成长为长而粗大的石墨片，这种石墨片与基体组织的交界面成为空气进入铸件内部的通道，使金属发生氧化，从而易形成熔点较高的铁、硅、锰的氧化物，进而增大了熔合的难度。焊接前，应将变质铸铁表层适当地去除掉。生产实践表明，利用镍基铸铁焊条（加工面补焊）或纯铁芯氧化性药皮铸铁焊条（非加工面补焊）补焊这种变质铸铁有利于改善熔合性。

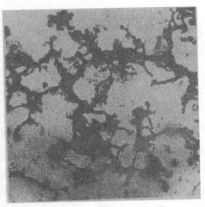

图 10-13 变质铸铁石墨
长大的情况（150×）

利用镍基铸铁焊条有利于改善焊接变质灰铸铁的熔合性的原因，可作如下解析，镍与铁能无限互溶形成固溶体，且镍在高温时，可以溶解较多的碳。利用纯铁芯氧化性药皮铸铁焊条有利于改善变质灰铸铁的焊接熔合性的原因，可能是该焊条的强氧化性有利于氧化掉变质铸铁的粗大石墨。

10.1.4 铸铁焊接的应用及铸铁焊接方法简介

（1）铸铁焊接的应用

铸铁焊接应用于下列三种场合：

① 铸造造缺陷的焊接修复 近年来我国各种铸铁的年产量将近 5000 万吨，有各种铸造缺陷的铸件约占铸铁年产量的 10% ~ 15%，即通常所说的废品率为 10% ~ 15%，若不用焊接方法修复，每年有 500 ~ 700 万吨铸铁件要报废，以 2021 年铸铁平均价格计算，扣除废铁可回收成本后，其损失每年高达 100 亿元以上。采用焊接方法修复这些有缺陷的铸铁件，由于焊修成本低，不仅可获得巨大的经济效益，而且有利于工厂及时完成生产任务。

② 已损坏的铸铁成品件的焊接修复 由于各种原因，铸铁成品件在使用过程中会损坏，出现裂纹等缺陷，使其报废。若要更换新的，因铸铁成品件都经过各种机械加工，价格往往较贵。特别是一些重型铸铁成品件，如锻造设备的铸铁机座一旦使用不当而出现裂纹，某些锻件即停止生产，以致影响全厂无法生产出产品。若要更换新的锻造设备，不仅价格昂贵，且从订货、运货到安装调试往往需要很长时间，工厂要很长时间处于停产状态，这方面的损失往往是巨大的。在以上情况下，若能用焊接方法及时修复出现的裂纹，其创造的经济效益是巨大的。

③ 零部件的生产 这是指用焊接方法将铸铁（主要是球墨铸铁）件与铸铁件、各种钢件或有色金属件焊接起来而生产出零部件。国外通常用 cast iron welding in fabrication（制造中的铸铁焊接）来表达。如我国山东某厂已将高效离心浇铸的大直径球墨铸铁管与一般铸造方法生产的变直径球墨铸铁法兰用焊接方法连接而制成产品。参考文献 [1] 介绍了美国的情况，其作者于 1993 年指出，十年前，铸铁焊接工作中，用于铸铁工厂中新铸铁件出现缺陷的焊接修复约占 55%，使用过程中旧铸铁件出现缺陷的焊接修复约占 40%，其余 5% 用于制造中的铸铁焊接。1993 年的统计表明，情况发生了变化。制造中铸铁焊接已由 5% 上升到 20%，修复新铸铁件缺陷的补焊已由 55% 下降到 40%，这说明铸造工艺水平有很大改进，铸铁件出现铸造缺陷减少了。其余 40% 仍为旧铸铁件出现缺陷的焊接修复。制造中铸铁焊接可以创造巨大的经济效益。

（2）铸铁焊接方法简介

我国铸铁焊接的方法有焊条电弧焊、气体保护实心焊丝和药芯焊丝电弧焊、气焊、气体火焰钎焊、手工电渣焊及气体火焰粉末喷焊等，其中以焊条电弧焊为主。根据被修复件的结构所形成的拘束度情况及对补焊后机械加工要求的不同，在采用焊条电弧焊或气焊补焊铸铁件缺陷时，有时采用焊前将被修复铸件整体预热到 600 ～ 700℃（简称热焊），补焊后再使其缓慢冷却的工艺，以防止焊接裂纹发生并改善补焊区域的机械加工性能。但这种预热焊工艺消耗大量能源，工人劳动条件差、生产效率低，只有在一些特殊的情况下才被采用。

由于铸铁种类多，且对焊接接头的要求多种多样，如焊后焊接接头是否要求进行机械加工，对焊缝的颜色是否要求与铸铁颜色一致，焊后焊接接头是否要求承受很大的工作应力，对焊缝金属及焊接接头的力学性能是否要求与铸铁母材相同，以及补焊成本的高低等。为满足不同要求，电弧焊所用铸铁焊接材料按其焊缝金属的类型分为铁基、镍基及铜基三大类。而铁基焊接材料中，按其焊缝金属含碳量的不同，又可分为铸铁与钢两类。其分类如图 10-14 所示。

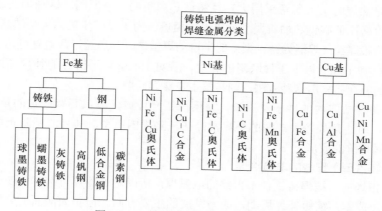

图 10-14　铸铁电弧焊的焊缝金属分类

10.1.5　灰铸铁的焊接

（1）同质（铸铁型）焊缝的电弧热焊与半热焊

将焊件整体或有缺陷的局部位置预热到 600 ～ 700℃（暗红色），然后进行补焊，焊后进行缓冷的铸铁补焊工艺，人们称之为热焊。对结构复杂而补焊处拘束度又很大的焊件，宜采用整体预热。若对这种焊件采用局部预热焊，可能会增大应力，有时会在补焊处再出现裂纹，甚至会在离补焊处有一定距离的位置上出现新裂纹。对于结构简单而补焊处拘束度又较小的焊件，可采用局部预热。灰铸铁焊件预热到 600 ～ 700℃时，不仅有效地减少了焊接接头上的温差，而且铸铁由常温完全无塑性改变为有一定塑性，其断后伸长率可达 2% ～ 3%，再加以焊后缓慢冷却，使焊接接头应力状态大为改善。此外由于 600 ～ 700℃预热及焊后缓冷，可使石墨化过程比较充分，焊接接头可完全防止白口，缓冷又可防止淬硬组织的产生，从而有效地防止了裂纹的产生，并改善了其加工性。在合适成分的焊条配合下，焊接接头的硬度与母材相近，有优良的加工性，有与母材基本相同的力学性能，颜色也与母材一致。焊后焊接接头残余应力很小，故热焊的焊接质量是非常优秀的。其缺点是能源消耗大，劳动条件差，生产率低。

预热温度在 300 ～ 400℃时，人们称之为半热焊。300 ～ 400℃的预热可有效地防止热影响区产生马氏体，改善焊接接头的加工性。由于预热温度降低，焊接接头各部分的温差较大，焊接接头易形成较大拉伸应力，对结构复杂，且补焊处拘束度很大的工件来说，焊后发生冷裂纹的可能性增大。

铸铁热焊时虽采取了预热缓冷的措施，但焊缝的冷速一般还是大于铸铁铁液在砂型中的冷速，故为了保证焊缝石墨化，不产生白口组织且硬度合适，焊缝的 C+Si 总量还应稍大于母材。实践证明，电弧热焊时焊缝 ω（C）=3% ～ 3.8%、ω（Si）=3% ～ 3.8% 为宜，如 ω（C+Si）为 6% ～ 7.6%，电弧半热焊时，焊缝的 ω（C+Si）应提高到 6.5% ～ 8.3%。

我国目前采用电弧热焊及半热焊焊条有两种：一种采用铸铁芯加石墨型药皮（市售牌号 Z248 或铸 248），Z 表示铸铁焊条；另一种采用低碳钢芯加石墨型药皮（市售牌号 Z208）。两种焊条基本可使焊缝达到上述所需要的成分。前者直径可在 6mm 以上，后者直径在 6mm 以下。新标准 GB/T 10044—2006 中这两种焊条均属 EZC 型灰铸铁焊条，其规定焊缝化学成分为 ω（C）=2.0% ～ 4.0%，ω（Si）=2.5% ～ 6.5%，范围很宽，未将热焊及半热焊焊条的化学成分分别提出，用户可根据焊条厂的焊条使用说明书来判别该焊条适用于热焊或半热焊，在采购时应予以注意。

热焊时采用大直径铸铁芯焊条（＞6mm），配合采用大电流可加快补焊速度，缩短焊工从事热焊的时间，这是热焊时工人愿意采用大直径铸铁芯焊条的一个原因。这种焊条成批生产时，制造工艺较复杂，价格比低碳钢芯加石墨型药皮焊条稍贵。为了进一步提高大型缺陷热焊的生产率，国外发展了多根药芯焊丝（焊缝为铸铁型）的半自动焊工艺，其焊丝熔敷速度可达 30kg/h。电弧热焊主要适用于厚度＞10mm 以上工件缺陷的补焊，若对 10mm 以下薄件的补焊（如汽车缸体、缸盖许多部位缺陷的补焊）采用这种方法，则易发生烧穿等问题。

焊前应清除铸件缺陷内的砂子及夹渣，并用风铲开坡口，坡口要有一定的角度，上口稍大，底面应圆滑过渡。对边角处较大缺陷的补焊常需在缺陷周围造型，其目的是防止焊接熔池的铁液流出及保证补焊区焊缝的成形。

（2）同质（铸铁型）焊缝的电弧冷焊

电弧冷焊是指焊前对被焊铸铁件不预热的电弧焊，所以电弧冷焊可节省能源的消耗，改善劳动条件，降低补焊成本，缩短补焊周期，成为发展的主要方向。但正如前面所分析过的那样，当焊缝为铸铁型时，冷焊焊接接头易产生白口铸铁及淬硬组织，还易发生冷裂纹。

在冷焊条件下，首先要解决的问题是防止焊接接头出现白口铸铁。解决途径可从两方面着手：一是进一步提高焊缝石墨化元素的含量，并加强孕育处理；二是提高焊接热输入量，如采用大直径焊条、大电流连续焊工艺，以减慢焊接接头的冷速。这种工艺也有助于消除或减少热影响区出现马氏体组织。

焊缝的石墨化元素含量可以通过药芯焊丝或焊条药皮成分的变化在较大范围内调整，在提高焊接热输入的配合下，使焊缝较容易避免白口铸铁的出现。而半熔化区原为母材的成分，含碳、硅量都不高，且该区的一侧紧靠冷金属工件，冷速最快，故半熔化区形成白口铸铁的敏感性比焊缝更大。

碳、硅都是强石墨化元素，研究结果表明，在冷焊条件下，焊缝 ω（C）为 4.0% ～ 5.5%、ω（Si）为 3.5% ～ 4.5% 较理想。可以看出，冷焊时焊缝的 ω（C+Si）比热焊及半热焊时明显地提高了，达 7.5% ～ 10%。过去一般都趋于提高焊缝中的 ω（Si），使其达到 4.5% ～ 7%，而把 ω（C）控制在 3% 左右。近来大量实践表明，还是适当提高焊缝含碳量及适当保持焊缝含硅量较为理想。这是因为下列原因：

① 提高焊缝含碳量对减弱、消除半熔化区白口铸铁作用比提高硅有效，因为在液态时碳的扩散能力比硅强十倍左右。提高焊缝含碳量及延长半熔化区存在时间（主要取决于焊接接头冷速），通过扩散可大大提高半熔化区的含碳量，对减弱或消除半熔化区白口铸铁的形成非常有利。

② 在碳、硅总量一定时，提高焊缝含碳量比提高焊缝含硅量更能减少焊缝收缩量，从而对降低焊缝裂纹敏感性有利。

③ 焊缝的 ω（Si）大于 5% 左右以后，由于硅对铁素体的固溶强化，反而使焊缝硬度升高，而对碳来说不存在这个问题。

在电弧冷焊时，仅靠调整焊缝碳、硅含量来提高焊缝石墨化能力往往还不足以防止焊缝因快冷而产生白口铸铁。还必须对焊缝进行孕育处理，以加强其石墨化过程，使焊接熔池中生成适量的 Ca、Ba、Al、Ti 等的高熔点硫化物或氧化物，它们能成为异质的石墨晶核，从而促进更多石墨的生长，有助于减弱甚至消除焊缝形成白口铸铁的倾向。

为减慢电弧冷焊时焊缝的冷速以防止焊接接头产生白口铸铁组织，必须采用大电流、连续焊工艺。焊条直径越粗越有利于采用大电流。这种工艺有利于增大总的焊接热输入，以减慢焊缝及其热影响区的冷速。除焊接工艺外，板厚及所补焊缺陷的体积都是影响焊接接头冷速的重要因素。被补焊的铸铁件越厚，液体焊缝及焊接热影响区的冷速越快，焊接接头形成白口铸铁及马氏体的倾向越高。缩孔是铸铁件制造中常见的缺陷。对这种缩孔的补焊，采用大电流连续焊工艺时，若缩孔体积很小，总的焊接热输入不足，焊缝及热影响区冷速很快，焊缝及半熔化区产生白口铸铁，热影响区易出现马氏体。随着缩孔体积增大，总的焊接热输入量增多，焊缝及热影响区冷速减慢，可使焊缝及热影响区完全消除白口铸铁及马氏体。参考文献 [14] 指出，在电弧冷焊条件下，即使焊缝中的 ω（C+Si）≥ 7.5%，且焊缝经适当的孕育处理，要避免焊缝形成白口铸铁，其在共晶转变温度 1200 ～ 1000℃ 的平均冷速应小于 25℃ /s。虽然可从焊缝向半熔化区扩散一定量的石墨化元素（如碳、硅等），但该区的石墨化元素的总量仍明显低于焊缝的，故避免半熔化区出现白口铸铁的冷速应小于 18℃ /s。一些工厂补焊缩孔的经验表明，若原铸铁缩孔尺寸较小，补焊后焊缝及半熔化区出现白口铸铁，则可将其铲除并适当扩大缩孔体积（若允许的话），以增加总的焊接热输入量，减慢焊缝及半熔化区的冷速，避免焊缝及半熔化区产生白口铸铁。对体积较小的缺陷的补焊，将焊缝堆高 3 ～ 5mm，趁焊缝堆高部分尚未凝固时，用钢板将高出部分刮去，接着再堆高 3 ～ 5mm，这样反复进行三次以上，可明显改善焊接接头表层的可加工性。

铸铁焊接热影响区是否产生马氏体，主要决定于该区加热温度最高区域（加热温度越高，高温奥氏体含碳量越高），参考文献 [7] 报道了珠光体灰铸铁焊接热影响区的热模拟研究结果，认为 $t_{8/5}$ ≥ 30s 时，即 800 ～ 500℃ 的冷速 ≤ 10℃ /s 时，可防止珠光体灰铸铁焊接热影响区产生马氏体。应该指出的是，该值将随灰铸铁的化学成分及基体组织变化而变化。过去焊接灰铸铁时，仍习惯于使焊缝成为片状石墨的灰铸铁，但片状石墨尖端会形成严重的应力集中，使焊缝强度较低，且基本无塑性变形能力，故在焊接拉伸应力作用下，焊缝易出现冷裂纹。这种使焊缝成为灰铸铁的焊条，在电弧冷焊情况下，只适用于缺陷处于拘束度较小的情况下的补焊。若补焊处于拘束度较大的缺陷，则焊缝易出现冷裂纹。当缺陷的体积很大时，若采用大电流、连续焊工艺一次性将其焊满，由于焊缝的收缩应力很大，较易出现冷裂纹。可将大缺陷分两次（或多次）补焊。先在缺陷长度方向上的 1/2 处，用石墨板（电弧炼钢的废电极切割而成）隔开，并使石墨板形状与缺陷内部紧密贴合，以防铁液从间隙流失。在焊完一半后，待焊缝已凝固即取出石墨板，接着去焊另一半。这样可防止焊缝出现冷裂纹。例如：图 10-15 所示为摇臂钻床立柱底部出现疏松缺肉的铸造缺陷。该缺陷体积较大，但拘束度较小，补焊时焊缝铁液有两个自由收缩面。

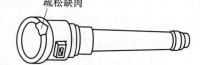

图 10-15 灰铸铁摇臂钻床立柱底部缺陷的同质焊条电弧冷焊补焊

焊前造好型，采用铸铁芯的 EZC 型铸铁电焊条（Z248）进行电弧冷焊补焊。焊条直径 Φ8mm，用 600A 焊接电流连续施焊，直到将缺陷焊满，并使焊缝高度高出立柱底面 5mm。

（3）异质（非铸铁型）焊缝的电弧冷焊

要保证铸铁焊接获得满意的质量，除应对常用的灰铸铁焊接材料的特性有较好了解并根据铸件焊接的要求正确选择焊接材料外，还要采取正确的焊接工艺才能获得满意的效果。

a. 焊前准备很重要：焊前准备工作是指清除工件及缺陷的油污、铁锈及其他杂质，同时应将缺陷处制成适当的坡口，以备焊接。

b. 补焊处油、锈清除不干净，容易使焊缝出现气孔等缺陷：对裂纹缺陷应设法找出裂纹两端的终点。必要时可用煤油作渗透试验。然后在裂纹终点打止裂孔。在保证顺利运条及熔渣上浮的前提下，宜用较窄的坡口，这样可减少焊缝金属，有利于降低发生裂纹的可能性。开坡口可用机械加工方法，也可用焊条的电弧来切割坡口，这种方法效率高。焊前应按焊条说明书规定将焊条进行烘干。

异质焊缝的电弧冷焊工艺要点如下：

① 选择合适的最小电流焊接　电流过小时，电弧燃烧不稳定，焊缝与母材熔合不良好。异质焊缝电弧冷焊务必选择合适的最小电流焊接是基于下列原因：

a. 灰铸铁含 Fe、Si、C 及有害的 S、P 杂质高，焊接电流越大，与母材接触的第一、二层异质焊缝中融入母材量越多，带入焊缝中的 Fe、Si、C、S、P 也随之上升。对镍基焊缝来说，其中 Si 及 S、P 杂质提高，会明显增大发生热裂纹敏感性；焊缝 Fe 提高，则镍相对下降，会增大半熔化区白口宽度。对钢基焊缝来说，其中 C、S、P 含量增高，发生热裂纹的敏感性增大。此外钢基焊缝含碳量越高，淬硬倾向及淬硬区域越大，焊缝硬度越高，产生冷裂纹敏感性越大。高钒焊条在母材融入多的情况下，也会因焊缝中碳的增高使 $\omega(V)/\omega(C)$ 比下降，会使碳未完全被钒所结合，焊缝中出现部分高硬度马氏体组织，此外灰铸铁含硅量较高 [$\omega(Si)$=2%左右]，当焊接电流增大，铸铁中的硅会更多进入高钒焊条所焊焊缝，使其塑性明显下降，焊缝易出现裂纹。对铜基焊缝来说，其中 Fe、C 含量增加，会增大焊缝中高硬度富铁相的比例，使焊缝塑性下降，焊缝易出现裂纹。从以上分析可以看出，异质焊缝电弧焊时，必须严格控制灰铸铁母材对焊缝的稀释作用，才有助于保证焊接质量。这与同质焊缝电弧焊是不同的。

b. 随着焊接电流的增大，焊接热输入增大，焊接接头拉伸应力增高，发生裂纹的敏感性增大。

c. 随着焊接电流的增大，焊接热输入增大，母材上处于半熔化区的固相线的等温线所包围的范围扩大，即半熔化区加宽。在电弧冷焊快速冷却条件下，冷速极快的半熔化区的白口区加宽。此外，焊接热输入增大，会使更多碳从石墨扩散到奥氏体中，促进热影响区马氏体量增多。

随着焊条直径增大，其合适的最小焊接电流增加，故异质焊缝电弧冷焊时，特别是焊接与母材接触的第一、二层焊缝时，宜选用小直径焊条。焊接电流可参照公式 $I=(29～34)d$ 选择，其中 d 为焊条直径（单位：mm）。

② 采用较快的焊速及短弧焊接　焊速过快，焊缝成形不良，与母材熔合不好，但在保证焊缝正常成形及与母材熔合良好的前提下，应采用较快的焊接速度。因随着焊速加快，铸铁母材的熔深、熔宽下降，母材融入焊缝量随之下降，焊接热输入也随之减小，其引起的有益效果与上述降低焊接电流所得效果是同样的，焊接电压（弧长）增高，使母材熔化宽度增加，母材熔化面积增加，故应采用短弧焊接。

③ 采用短段焊、断续焊、分散焊及焊后立即锤击焊缝的工艺，以降低焊接应力，防止裂纹发生　随着焊缝的增长，纵向拉伸应力增大，焊缝发生裂纹的领向增大。故宜采用短段焊。采用异质焊接材料进行铸铁电弧冷焊时，一般每次焊缝长度为 10～40mm。薄壁件散热慢，一次所焊焊缝长度可取 10～20mm；厚壁件散热快，一次所焊焊缝长度可取 30～40mm。当焊缝仍处于较高温度，塑性性能异常优良时，立即用带圆角的小锤快速锤击焊缝，使焊缝金属发生塑性变形，以降低焊缝应力。用这种方法可减少约 50% 的内应力。为了尽量避免补焊处局部温度过高，应力增大，应采用断续焊，即待焊缝附近的热影响区冷却至不烫手时（50～60℃），再焊下一道焊缝。必要时还可采取分散焊，即不连续在一固定部位补焊，而换在补焊区的另一处补焊，这样可以更好地避免补焊处局部温度过高，从而避免裂纹发生。故利用异质焊接材料焊接铸铁时，需要耐心细致地工作。为了消除电弧冷焊灰铸铁时热影响区出现的马氏体，以改善其加工性，可采用 300℃ 的局部预热。

④ 选择合理的焊接方向及顺序　焊接方向及顺序的合理与否对焊接应力的大小及裂纹是否发

生有重要影响。举例说明如下。

裂纹补焊时应掌握由拘束度大的部位向拘束度小的部位焊接的原则。如图 10-16 所示的 1 号裂纹应从闭合的裂纹末端向开口的裂纹末端分段焊接，这样焊缝收缩有一定自由度，焊接应力较小。若从裂纹开口端向裂纹闭合端焊接，则焊接应力将大为增加，较易出现裂纹。图 10-16 所示的 2 号裂纹处于拘束度很大的部位，在汽缸体上经常会出现这种裂纹。焊接这种裂纹有三种焊接方法可供选择。一是从裂纹一端向另一端依次分段焊接，二是从裂纹中心向裂纹两端交替分段焊接，三是从裂纹两端交替向裂纹中心分段焊接。由于裂纹两端的拘束度大，其中心部位的拘束度相对较小，故宜采用第三种焊接顺序较为合理，其有利于降低焊接应力。

对灰铸铁厚大件进行补焊时，焊接顺序的合理安排有重要意义。厚大件补焊时，焊接应力大，焊缝金属发生裂纹与焊缝金属及母材交界处发生裂纹的危险性增大，图 10-17 所示，多层焊的焊接顺序不同。水平形焊接应力大，易使焊缝及热影响区发生裂纹。凹字形次之，斜坡形焊接应力较小，有利于防止发生热影响区裂纹及焊缝裂纹。

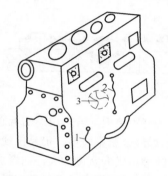

图 10-16　气缸体侧壁裂纹的补焊

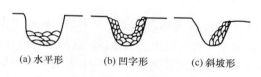

(a) 水平形　　(b) 凹字形　　(c) 斜坡形

图 10-17　多层焊顺序

⑤ 特殊补焊技术的应用　在某些情况下采用一些特殊补焊技术，有利于保证焊接质量，举例说明如下。

a. 镶块补焊法：补焊处有多道交叉裂纹时，如图 10-16 中 3 号缺陷所示，若采取逐个裂纹补焊工艺，则会由于补焊应力集中而发生裂纹。可将该处挖除，再镶上一块比焊件薄的低碳钢板（其板厚可相当于补焊处灰铸铁焊件厚的 1/3 左右），该板宜做成凹形如图 10-18（a）所示，以降低局部拘束度和焊接应力。若镶块采用平板，则宜在平板中部预割一条缝，以降低局部拘束度，减少应力。其焊接顺序如图 10-18（b）所示。这样做可使铸铁与低碳钢板焊接时，通过预开的钢板中间缝而松弛应力，最后焊中间缝。

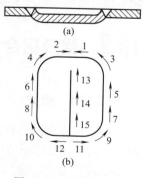

图 10-18　镶块补焊法

b. 栽丝焊：厚件开坡口多层焊时，焊接应力大，特别是采用碳钢焊缝时，由于收缩率大，焊缝屈服极限又高于灰铸铁抗拉强度，不易发生塑性变形而松弛应力，而热影响区的半熔化区又是薄弱环节，故往往沿该区发生裂纹。即使焊接后当时不开裂，若焊件受较大冲击负荷，也容易在使用过程中沿该区破坏。栽丝焊就是通过碳钢螺钉将焊缝与未受焊接热影响的铸件母材固定在一起，从而防止裂纹的发生，并提高该区承受冲击负荷的能力。这种补焊方法主要应用于承受冲击负荷的厚大铸铁件（厚度大于 20mm）裂纹的补焊。焊前在坡口内钻孔攻螺纹，孔一般应开两排，使其均匀分布，拧入钢质螺钉（如图 10-19 所示），先绕螺钉焊接，再焊螺钉之间。常用螺钉直径为 $\Phi 8mm \sim \Phi 16mm$，厚件采用直径大的螺钉。螺钉拧入深度应等于或大于螺钉直径，螺钉凸出待焊表面高度一般为 4 ~ 6mm，拧入螺钉的总截面积应为坡口表面积的 25%～35%。这样螺钉直径确定后，就可算出所需螺钉数，并使其在上、下二层上均匀分布，栽丝焊费时较多是其不足。

c.加垫板焊：在补焊厚件裂纹时，在坡口内放入低碳钢垫板（图 10-20），在垫板两侧，用抗裂性能高且强度性能好的铸铁焊条（如 EZNiFe、EZV 焊条等）将母材与低碳钢垫板焊接在一起，这就是垫板补焊法。垫板补焊法有下列优点：可以大大减少焊缝金属量，降低焊接接头内应力，有利于防止裂纹的发生，也有利于缩短补焊时间并节省焊条。

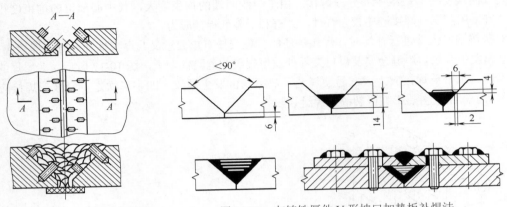

图 10-19　栽丝焊示意图　　　　　图 10-20　灰铸铁厚件 V 形坡口加垫板补焊法

由于坡口底部成 V 形，需在 V 形坡口底部焊出一定高度，才好置垫板。若采用厚的低碳钢板作垫板，则又要在垫板上开出坡口，这样会使连接垫板与母材的焊缝金属量较多，仍易出现裂纹，若采用多层较薄的低碳钢板（如 4mm 左右）作垫板，焊完后，随坡口横向宽度加大，而增加填板宽度，则焊缝金属量又可减少，有利于防止裂纹的发生，上下垫板之间可焊上一定量的塞焊焊缝，

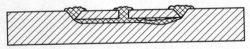

图 10-21　大面积灰铸铁缺陷加垫板补焊法

使垫板间紧密贴合。为防止在使用过程中，受冲击负荷后可能在半熔化区破坏，可进一步将焊接处用螺钉及加强板加固，如图 10-20 右下角所示。

加垫板补焊法在补焊有一定深度的大面积的铸造缺陷也可应用，如图 10-21 所示。必要时，垫板可用灰铸铁。

10.2　铝及铝合金的焊接

10.2.1　概述

铝及铝合金具有优异的物理特性和力学性能，其密度低、比强度高、热导率高、电导率高、耐蚀能力强，已广泛应用于机械、电力、化工、轻工、航空航天、铁道、舰船、车辆等工业内的焊接结构产品上，例如飞机、飞船、火箭、导弹、高速铁道机车和车辆、双体船、鱼雷和鱼雷快艇、轻型汽车、自行车和赛车、大小化工容器、空调器、热交换器、雷达天线、微波器件等，都采用了铝及铝合金材料，制成了各种熔焊、电阻焊、钎焊结构。图 10-22 所示为铝合金概念车（轿车）的车体焊接结构。

图 10-22　铝合金概念车（轿车）的车体焊接结构

铝具有许多与其他金属不同的物理特性，见表 10-3，由此导致铝及铝合金具有与其他金属不同的焊接工艺特点。

表 10-3　铝的物理特性

金属名称	密度 / (kg/m³)	导电率 / (%IACS) [1]	热导率 / [W/ (m · K)]	线胀系数 /℃$^{-1}$	比热容 / [J/ (kg · K)]	熔点 /℃
铝	2700	62	222	23.6×10^{-6}	940	660
铜	8925	100	394	16.5×10^{-6}	376	1083
65/35 黄铜	8430	27	117	20.3×10^{-6}	368	930
低碳钢	7800	10	46	12.6×10^{-6}	496	1350
304 不锈钢	7880	2	21	16.2×10^{-6}	490	1426
镁	1740	38	159	25.8×10^{-6}	1022	651

① 标准使用电导率，导电率（%IACS）= 电导率（MS/m）× 0.017241。

铝在空气中及焊接时极易氧化，生成的氧化铝（Al_2O_3）熔点高、非常稳定、能吸潮、不易去除，妨碍焊接及钎焊过程的进行，会在焊接或钎焊接头内生成气孔、夹杂、未熔合、未焊透等缺欠，需在焊接及钎焊前对其进行严格的表面清理，清除其表面氧化膜，并在焊接及钎焊过程中继续防止其氧化或清除其新生的氧化物。

铝的比热容、电导率、热导率比钢大，焊接时的热输入将向母材迅速流失，因此，熔焊时需采用高度集中的热源，电阻焊时需采用特大功率的电源。

铝的线胀系数比钢大，焊接时焊件的变形趋势较大。因此，需采取预防焊接变形的措施。

铝对光、热的反射能力较强，熔化前无明显色泽变化，人工操作熔焊及钎焊作业时会感到判断困难。

现代焊接技术的发展促进了铝及铝合金焊接技术的进步。可焊接铝合金材料的范围扩大了，现在不仅掌握了热处理不可强化的铝及铝合金的焊接技术，而且已经能解决热处理强化的高强度硬铝合金焊接时的各种难题。适用于铝及铝合金的焊接方法增多了，现在不仅掌握了传统的熔焊、电阻焊、缝焊、钎剂钎焊方法，而且开发并推广应用了脉冲氩（氦）弧焊、极性参数不对称的方波交流变极性钨极氩弧焊及等离子弧焊、激光焊、搅拌摩擦焊、真空电子束焊、真空及气保护钎焊和扩散焊等。铝及铝合金焊接结构生产已不限于传统的航空、航天等国防军工行业，现在它已经扩散到多种民用工业及与人民生活密切相关的轻工及日用品生产中。

10.2.2　铝及铝合金的牌号、成分及性能

铝及铝合金按工艺性能特点可分为变形铝及铝合金和铸造铝合金。

按合金化系列，铝及铝合金可分为 1×××系（工业纯铝）、2×××系（铝-铜）、3×××系（铝-锰）、4×××系（铝-硅）、5×××（铝-镁）、6×××系（铝-镁-硅）、7×××系（铝-锌-镁-铜）、8×××系（其他）、9×××（备用）等九类合金。按强化方式，可分为热处理不可强化铝及铝合金和热处理强化铝合金。前者仅可变形强化，后者既可热处理强化，亦可变形强化。

国家标准 GB/T 3190—2008 及 GB/T 3880.1—2012、GB/T 1173—1995 分别规定了变形铝合金牌号、化学成分、力学性能和铸造铝合金牌号及化学成分，读者可查阅使用。

10.2.3　铝及铝合金的焊接材料

（1）焊丝

按我国国家标准 GB/T 3669—2001 及 GB/T 10858—1989，焊丝分为焊条芯及焊丝两个类别。

按美国标准 ANSI/AWS A5.10：1992，焊丝分为电极丝（代号 E）及填充丝（代号 R）和电极丝、填充丝两者兼用丝（代号 ER），但实际上分为填充丝（R）和电极丝、填充丝两者兼用丝（ER）两个类别。

焊丝是影响焊缝金属成分、组织、液相线温度、固相线温度、焊缝金属，及近缝区母材的抗热裂性、耐腐蚀性及常温或高低温下力学性能的重要因素。当铝材焊接性不良、熔焊时出现裂纹、焊缝及焊接接头力学性能欠佳或焊接结构出现脆性断裂时，改用适当的焊丝而不改变焊件设计和工艺条件常成为必要、可行和有效的技术措施。

我国铝及铝合金焊条芯的化学成分见表10-4。铝及铝合金焊丝的化学成分可查阅 GB/T 10858—1989。

表10-4　我国铝及铝合金焊条芯的化学成分（GB/T 3669—2001）　　　　　　　　　　单位：%

型号	化学成分（质量分数）										
	Si	Fe	Cu	Mn	Mg	Zn	Ti	Be	其他元素总量		Al
									单个	合计	
E1100	0.95		0.05 ～ 0.20	0.05	—	0.10	—	0.0008	0.05	0.15	≥ 99.00
E3003	0.6	0.7		1.0 ～ 1.5							余量
E4043	4.5 ～ 6.0	0.8	0.30	0.05	0.05		0.20				

注：表中单值除规定外，其他均为最大值。

铝及铝合金焊丝的尺寸及偏差、化学成分和表面质量必须符合我国国家标准、企业标准或订货协议规定的要求。焊丝表面应光滑，无飞边、划伤、裂纹、凹坑、折叠、皱纹、油污，无对焊接工艺特性、焊接设备（焊丝输送机构）动作、焊缝金属质量有不利影响的其他外来杂质。

普通铝焊丝表面有油封及自然生长的氧化膜，焊接时易引起焊缝气孔。用户使用前需对其进行表面机械清理或化学清洗，即除油和碱腐蚀、酸中和、冷热水反复冲洗、风干或烘干，但是，在化学清洗后的存放待用时间内，铝焊丝表面又将自然生长新的氧化膜，经放大观察，其表面疏松、不致密，甚至有较多孔洞，易吸收水分，经实测，其表面含氢量较高，存放待用时间越长，表面氧化膜的厚度及水化程度越大，即使按用户要求在 8 ～ 24h 内用于焊接，此种焊丝表面状态亦难以保证焊接时不引发焊缝气孔。

现在，国内外已生产出一种表面抛光的铝及铝合金焊丝。在焊丝制造厂内，铝焊丝经拉伸、定径并经化学清洗后，再用化学方法或电化学方法抛光其表面，从而制成表面光洁、光滑、光亮的焊丝成品，虽然其表面仍留有抛光过程中生成的薄层氧化膜，但其厚度仅为几个微米，且不再生长变化，焊丝表面组织致密，不易吸潮，经抛光后若干小时，1 年、2 年测试，其表面含氢量低，且较稳定。还有一种同心刮削的机械抛光方法，可制成表面更为光洁、光滑、光亮的铝焊丝成品。这二种表面抛光的铝及铝合金焊丝均无需用户使用前再进行化学清洗，可直接用于焊接生产，开封存放待用时间允许延长，在真空或惰性气体保护下封装在干燥洁净环境条件下的储存有效期可以按年计。对抛光焊丝的焊接工艺性能试验鉴定及生产使用实践结果表明，抛光焊丝的工艺特性及生成焊缝气孔、氧化膜夹杂物的敏感性与经化学清洗的同型号焊丝无异，使用效果甚至更好。

焊丝化学成分中包含合金元素、添加的微量元素及杂质元素。合金元素在焊丝化学成分中占主体地位，它们决定了焊丝的使用性能，如力学性能、焊接性能、耐蚀性能。添加的微量元素，如 Ti、Zr、V、B 等有利于辅助改善上述性能，细化焊缝金属的晶粒，降低焊接时生成焊接裂纹的倾向，提高焊缝金属的延性及韧性。在微量元素中，稀土金属钪（Sc）具有特殊的价值，在母材合金及焊丝成分中加入微量钪，能比上述微量元素更强烈地发挥细化金属晶粒组织的作用，降低焊接时生成焊接裂纹倾向，提高母材合金及焊缝金属强度、延性及韧性。但是微量元素的添加量应有严格限制，以 Ti、Zr 为例，其最大添加量分别不宜超过 0.25%（质量分数），否则将造成成分偏析，在焊丝的不同部位，Ti 及 Zr 的含量将出现变动很大的超差现象。杂质元素对焊丝的性能来说是有害的，焊丝制造厂应予严格控制。

选用焊丝时，对焊丝性能的要求是多方面的，即：

① 焊接时生成焊接裂纹的倾向低。

② 焊接时生成焊缝气孔的倾向低。

③ 焊缝及焊接接头的力学性能（强度、延性）好。

④ 焊缝及焊接接头在使用环境条件下的耐蚀性能好。

⑤ 焊缝金属表面颜色与母材表面颜色能相互匹配。

但是，不是每种焊丝均能同时满足上述各项要求，焊丝自身某些方面的性能有时互相矛盾，例如，强度与延性难以兼得，抗裂与颜色匹配难以兼顾。SA14043、SA14043A 焊丝的液态流动性好，抗热裂倾向强，但延性不足，特别是当用于焊接 Al-Mg 合金、Al-Zn-Mg 合金时，焊缝脆性较大，此外，由于含 Si 量高，其焊缝表面颜色发黑，如果焊件焊后需施行阳极化，阳极化后其表面将进一步变黑，与母材颜色难以匹配。

焊丝的性能表现及其适用性需与其预定用途联系起来，以便针对不同的材料和主要的（或特殊的）性能要求来选择焊丝。

在一般情况下，焊接纯铝时，可采用同型号纯铝焊丝。焊接铝 - 锰合金时，可采用同型号铝 - 锰合金焊丝或纯铝 SAl-1 焊丝。焊接铝 - 镁合金时，如果 ω（Mg）在 3% 以上，可采用同系同型号焊丝；如果 ω（Mg）在 3% 以下，如 5A01 及 5A02 合金，由于其热裂倾向强，应采用高 Mg 含量的 SA15556、SA15556C 或 ER5356 焊丝。焊接铝 - 镁 - 硅合金时，由于生成焊接裂纹的倾向强，一般应采用 SA14043、SA14043A 焊丝；如果要求焊缝与母材颜色匹配，在结构拘束度不大的情况下，可改用铝 - 镁合金焊丝。焊接铝 - 铜 - 镁、铝 - 铜 - 镁 - 硅合金时，如硬铝合金 2A12、2A14，由于焊接时热裂倾向强，易生成焊缝金属结晶裂纹和近缝区母材液化裂纹，一般可考虑采用抗热裂性能好的 SA14043、SA14043A、ER4145 或 BJ-380A 焊丝。ER4145（Al-10Si-4Cu）焊丝抗热裂能力很强，但焊丝及焊缝的延性很差，在焊接变形及应力发展过程中焊缝易发生撕裂，一般只用于结构拘束度不大及不太重要的结构生产中。SA14043、SA14043A（Al-5Si-Ti）焊丝抗热裂能力强，形成的焊缝金属的延性较好，用于钨极氩弧焊时，能有效防治焊缝金属结晶裂纹，但该焊丝防治近缝区母材液化裂纹能力较差。这是因为 SA14043、SA14043A 属铝 - 硅合金焊丝，其固相线温度为 577℃，而母材晶界上低熔点共晶体液化或凝固时的最低温度为 507℃，当焊丝成分在坡口焊缝成分中占主导地位时，焊接过程中焊缝金属结束冷却而凝固时，近缝区母材晶界可能仍滞留在液化状态，焊接收缩应变即可能集中作用于近缝区母材，将其液化晶界撕裂而形成液化裂纹。

BJ-380A（Al-5Si-2Cu-Ti-B）焊丝基本上继承了 SA14043、SA14043A 焊丝的主要成分，但添加了有利于降低合金固相线温度的 ω（Cu）=2% 及细化晶粒组织作用更强的适量钛及硼（钛与硼的含量比例保持为 5 比 1）。Cu 的加入使 BJ-380A 焊丝的固相线温度降为 540℃，比 SA14043、SA14043A 焊丝的固相线温度 577℃ 降低了 37℃，再加上焊接时母材内 Cu 的溶入，BJ-380A 焊丝的焊缝金属固相线温度与母材晶界低熔点共晶相最低固相线温度即相差不大了。焊接试验及应用实践结果表明，BJ-380A 焊丝不仅能有效防治硬铝合金焊缝金属结晶裂纹，而且能有效防治该类合金近缝区母材液化裂纹。

焊接铝 - 铜 - 锰合金时，如 2A16、2B16、2219 合金，由于其焊接性较好，可采用化学成分与母材基本相同的 SA12319、ER2319 焊丝。

焊接铝 - 锌 - 镁合金时，由于焊接时有产生焊接裂纹的倾向，可采用与母材成分相同的铝 - 锌 -

镁焊丝、高镁的铝-镁合金焊丝、或高镁低锌的 X5180 焊丝。

焊接铝-镁-锂、铝-镁-锂-钪合金时，由于生成焊接裂纹倾向性不大，可采用化学成分与母材成分相近的铝-镁合金、铝-镁-钪合金焊丝。

焊接不同型号的铝及铝合金时，由于每种合金组合时焊接性表现多种多样，有的组合焊接性仍良好，有的组合焊接性较差，因此，有些组合尚需通过焊接性试验或焊接工艺评定，最终选定焊丝。

（2）保护气体

气体保护下焊接铝及铝合金时，只能采用惰性气体，即氩气或氦气。惰性气体的纯度（体积分数）一般应大于 99.8%，其内含氮量应小于 0.04%，含氧量应小于 0.03%，含水量应小于 0.07%。当含氮量超标时，焊缝表面上会产生淡黄色或草绿色的化合物——氮化镁及气孔。当含氧量超标时，在熔池表面上可发现密集的黑点，电弧不稳、飞溅较大。含水量超标时，熔池将沸腾，焊缝内生成气孔。航空航天工业用惰性气体的纯度一般应大于 99.9%。

氩与氦虽同为惰性气体，但其物理特性各异，见表 10-5。

表 10-5 惰性气体的物理特性

性质	氩气	氦气
相对原子质量	39.944	4.002
沸点 /℃	−185.8	−268.9
电离电压 /V	15.69	24.26
密度 /（g/L）	1.663	0.166
比定压热容 /[J/（kg·K）]	0.125×4186.8	1.250×4186.8
热导率 /[W/（m·K）]	0.017	0.153
空气中的含量（体积分数）/%	0.9325	0.0005

氦气的密度、电离电压及其他物理参数均比较高，因此，氦弧发热大，利于熔焊时深熔，但消耗量大，更稀贵。

（3）电极

钨极氩弧焊时用的电极材料有纯钨、钍钨、铈钨、锆钨，前三者成分和特点见表 10-6。

表 10-6 钨极的成分及特点　　　　　　　　　　　　　　　　　　　　　　　单位：%

钨极牌号		化学成分（质量分数）						特点
		W	ThO$_2$	CeO	SiO	Fe$_2$O$_3$+Al$_2$O$_3$	MO	CaO	
纯钨极	W1	> 99.92	—	—	0.03	0.03	0.01	0.01	熔点和沸点高，要求空载电压较高，承载电流能力较小
	W2	> 99.85			≤ 0.15				
钍钨极	WTh−10	余量	1.0 ~ 1.49	—	0.06	0.02	0.01	0.01	加入了氧化钍，可降低空载电压，改善引弧稳弧性能，增大许用电流范围，但有微量放射性，不推荐使用
	WTh−15	余量	1.5 ~ 2.0	—	0.06	0.02	0.01	0.01	
铈钨极	WCe−20	余量	—	2.0	0.06	0.02	0.01	0.01	比钍钨极更易引弧，钨极损耗更小，放射性剂量低，推荐使用

纯钨极熔点及沸点高，不易熔化及挥发，电极烧损较小，但易受铝的污染，且电子发射能力较差。钍钨极电子发射能力强，电弧较稳定，但钍元素具有一定的放射性，不推荐广泛使用。铈钨极电子逸出功低，易于引弧，化学稳定性高，允许电流密度大，无放射性，已广泛推

广。锆钨极不易污染基体金属，电极端易保持半球形，适于交流氩弧焊。钨极许用的电流范围见表 10-7。

表 10-7　钨极许用电流范围

电极直径 /mm	直流 /A				交流 /A	
	正接（电极 −）		反接（电极 +）			
	纯钨	钍钨、铈钨	纯钨	钍钨、铈钨	纯钨	钍钨、铈钨
0.5	2 ～ 20	2 ～ 20	—	—	2 ～ 15	2 ～ 15
1.0	10 ～ 75	10 ～ 75	—	—	15 ～ 55	15 ～ 70
1.6	40 ～ 130	60 ～ 150	10 ～ 20	10 ～ 20	45 ～ 90	60 ～ 125
2.0	75 ～ 180	100 ～ 200	15 ～ 25	15 ～ 25	65 ～ 125	85 ～ 160
2.5	130 ～ 230	170 ～ 250	17 ～ 30	17 ～ 30	80 ～ 140	120 ～ 210
3.2	160 ～ 310	225 ～ 330	20 ～ 35	20 ～ 35	150 ～ 190	150 ～ 250
4.0	275 ～ 450	350 ～ 480	35 ～ 50	35 ～ 50	180 ～ 260	240 ～ 350
5.0	400 ～ 625	500 ～ 675	50 ～ 70	50 ～ 70	240 ～ 350	330 ～ 460
6.3	550 ～ 675	650 ～ 950	65 ～ 100	65 ～ 100	300 ～ 450	430 ～ 575
8.0	—	—				650 ～ 830

（4）焊剂

在气焊、碳弧焊过程中熔化金属表面容易氧化，生成一层氧化膜。氧化膜的存在会导致焊缝产生夹杂物，并妨碍基体金属与填充金属的熔合。为保证焊接质量，需用焊剂去除氧化膜及其他杂质。

气焊、碳弧焊用的焊剂是各种钾、钠、锂、钙等元素的氯化物和氟化物粉末混合物。用气焊、碳弧焊方法焊接角接、搭接等接头时，往往不能完全除掉留在焊件上的熔渣。在这种情况下，建议选用第 8 号焊剂（质量分数组成为氯化钠 25%，氯化钾 25%，硼砂 40%，硫酸钠 10%）。铝镁合金用焊剂不宜含有钠的组成物，一般可选用第 9 号（质量分数组成为铝块晶石 4.8%，氟化钙 14.8%，氯化钡 33.3%，氯化锂 19.5%，氧化镁 2.8%，氟化镁 24.8%）、10 号（质量分数组成为氟化锂 15%，氯化钡 70%，氯化锂 15%）焊剂。

10.2.4　铝及铝合金的焊接性

为特定的焊接结构选用材料时，既要考虑材料的使用性能（力学性能等），又要考虑材料的工艺性能，特别是它的焊接工艺性能。材料选用是否适当，焊接性是否良好，是影响焊接工艺难易简繁、产品质量优劣、经济效益高低、结构设计成败的重要因素或关键因素。材料焊接性评估如下。

① 工业纯铝　工业纯铝强度低，但延性、耐蚀性、焊接性好，适于采用各种熔焊方法。变形强化的工业纯铝加热到 300 ～ 500℃温度后空冷可消除变形强化效应，发生软化，焊接接头抗拉强度可达退火状态母材强度的 90% 以上。

② 铝 - 锰合金　铝 - 锰合金仅可变形强化，其强度比纯铝略高，成形工艺性、耐蚀性、焊接性好，适于采用各种熔焊方法，常用合金牌号有 3A21（LF21）、3003。合金可变形强化，但在 300 ～ 500℃温度下加热并空冷时即可全部消除变形强化效应，加热至 200 ～ 300℃时可部分消除变形强化效应。合金焊接接头强度一般可达退火状态母材强度的 90% 以上。

③ 铝 - 镁合金　铝 - 镁合金仅可变形强化，其 ω（Mg）一般为 0.5% ～ 7.0%。与其他铝合金相比较，总的来说，铝 - 镁合金具有中等强度，其延性、焊接性、耐蚀性良好。在铝 - 镁系合金内，

随着含镁量的增高，合金焊接裂纹的倾向性先是增高，然后降低，ω（Mg）为2%左右时，如合金5A01、5A02，焊接时产生裂纹的倾向性很高。随着含镁量继续增高，合金强度增高，焊接性改善，但延性及耐蚀性有所降低，ω（Mg）超过5%后，耐蚀性降低明显，超过7%后合金对应力集中、应力腐蚀敏感。5A02、5A03合金的退火温度为300～420℃，5A05、5A06合金的退火温度为310～335℃。铝-镁合金焊接接头的力学性能与母材状态、厚度及熔焊方法有关，母材焊接接头的强度一般可达退火状态母材强度的80%～90%，视母材原始状态而异。

④ 铝-硅合金　铝-硅合金强度不高，液态流动性好、焊接性好，多呈铸造合金及熔焊填充焊丝合金形式。

⑤ 铝-硅-镁合金　铝-硅-镁合金可热处理强化，具有中等强度及良好的成形工艺性，在焊接结构上多呈钣金件及复杂形状的型材薄壁件形式。合金耐蚀性良好，但焊接时有产生焊接裂纹的倾向。热处理时，合金在515～530℃水淬固溶，然后自然时效10～12天，或在160～170℃下人工时效10～12天。合金在380～420℃下加热10～60min后空冷即发生退火。常用的铝-镁-硅合金有6061、6063、6A02（LD2），适于采用各种熔焊方法。合金制件可有两种焊接及热处理方案：一为固溶及人工时效后焊接，此时焊接接头抗拉强度不低于焊前状态母材强度的70%；二为固溶状态焊接，此时合金强度（R_m、R_{el}）较低，延性较好，焊接后再进行整件时效，实现最终强化。此方案可使焊接接头强度不低于固溶时效状态母材强度的85%～90%。

⑥ 铝-铜合金　铝-铜合金称为硬铝合金，可热处理强化，具有很高的室温强度（R_m=400～500MPa）及良好的高温（200～300℃）和超低温（至-253℃）性能。在铝-铜系合金中，多数合金的焊接性不良，如2A02（LY12）、2A14（LD10）合金，在热处理强化状态下焊接时，易产生焊缝金属凝固裂纹及近缝区母材液化裂纹；焊缝脆性大，对应力集中敏感，母材热影响区软化，焊接接头强度仅达焊前母材强度的60%～70%，需要实行厚度补偿，承载时焊接结构易发生低应力脆性断裂；存放时潜藏于母材表层以下的焊接裂纹可能发生延时扩展。少数合金焊接性良好，例如2A16（LY16）、2B16及2219合金，虽然其焊接接头室温强度只有焊前母材强度的60%～70%，但可实行局部厚度补偿，焊接时热裂倾向低，焊接接头断裂韧度高，超低温性能好，当温度降低至-253℃时，母材及焊接接头的强度和延性有所提高。

⑦ 铝-锌-镁-铜合金　此类合金称为超硬铝，可热处理强化，强度很高，但对热裂纹应力集中及应力腐蚀敏感，多数Al-Zn-Mg-Cu合金焊接性不好，一般不用于焊接结构。少数ω（Zn+Mg）限制在5.5%～6.0%范围内且不含铜的Al-Zn-Mg合金焊接性较好，应力腐蚀倾向不明显。Al-Zn-Mg合金焊接时有生成焊接裂纹的倾向，但其焊接接头力学性能较好。合金淬火时对冷却速度不甚敏感，熔焊过程中的冷却速度即相当于焊接接头的淬火速度，因而熔焊过程即相当于固溶处理过程，焊接后的存放过程即相当于其自然时效过程，存放三个月后焊接接头强度可自动恢复到接近热处理强化状态母材的强度。

⑧ 铝-锂合金　锂的密度为0.53g/cm³，仅为铝的密度的1/5左右，因此铝-锂合金的密度低，比强度和比刚度高，是理想的航空航天工业用轻质材料。其中，Al-Li-Cu-Mg-Zr类铝-锂合金（如8090、2090等）强度很高，但焊接性差；Al-Mg-Li-Zr、Al-Mg-Li-Zr-Se、Al-Cu-Li-Ag-Zr类合金强度适中，焊接性很好，焊接性可与5A06、2219铝合金相当。

必须注意，铝及铝合金熔焊时，焊缝内均易生成气孔，对气孔的敏感性除主要与焊接工艺因素有关外，也与铝及铝合金的化学成分及其内含氢量有关。在铝合金中，Al-Mg合金、Al-Cu-Mn合金，特别是Al-Li合金，均具有在焊接时于焊缝内生成气孔的强烈倾向。

⑨ 不同牌号铝及铝合金的组合　一个复杂的焊接结构，往往需要由具有不同特性的零件组成，例如，大尺寸的板材、异形型材、锻件、铸件，它们有各自不同的牌号，各自不同的化学成分、物理特性、力学性能及各自不同的焊接性。将这些不同牌号的铝及铝合金组合焊接时，其焊

接性表现即较为复杂。有些组合，例如 5A05（LF5）与 5A06（LF6）组合，焊接性尚好；有些组合，例如 2A16（LY16）与 1060（L2）、5A03（LF3）、5A05（LF5）、5A06（LF6）组合，虽然各自的焊接性好，但组合焊接时，焊接性变坏。虽然对于此类铝及铝合金组合焊接性及焊接技术已有不少研究成果，但多数成果报道中存在矛盾和分歧，因此常需在新的实践中，根据结构、材料、工艺情况，具体进行专项研究试验，以便澄清其焊接性，从而确定其相应焊接技术措施。

10.2.5　铝及铝合金的焊接——熔化极惰性气体保护电弧焊

熔化极惰性气体保护电弧焊（MIG 焊）是一种以连续送进的焊丝作为一个电极，以焊件作为另一个电极，在惰性气体（氩气、氦气或其混合气体）保护下，焊丝一面引燃电弧，一面熔化和填充熔池，从而不断引弧和不断填丝，实现电弧焊接过程。由于多采用氩气保护，故常称其为熔化极氩弧焊。

MIG 焊可使用比钨极氩弧焊时更大的焊接电流，电弧功率大，可焊接中厚板，焊接生产效率高，已广泛用于铝及铝合金结构的焊接生产中。

（1）焊接设备

手工熔化极氩弧焊设备由焊接电源、送丝系统、焊枪、供气系统、供水系统组成。

自动熔化极氩弧焊设备则由焊接电源、送丝系统、焊接机头、行走小车或操作机（立柱、横臂）和变位机及滚轮架、供气系统、供水系统、控制系统组成。

现在，国内外 MIG 焊设备已相当成熟，有的相当完善和先进，可考查选购，无需自制。但对其焊接电源、送丝系统、焊枪形式及结构应予以特别关注。

当需焊接厚大铝及铝合金焊件时，应选用大电流和较大输出功率的电源。当需焊接空间位置焊缝或焊接较薄的焊件时，应选用脉冲或短路过渡焊接电源，此时应特别注意电源的动特性，宜选用适应性较好的逆变式焊接电源。当采用亚射流过渡形式进行焊接时，宜选用下降或陡降式外特性焊接电源，此时，电源的恒流特性及弧长自调作用有利于稳定电弧及熔深。

（2）零件及焊丝

虽然直流反接 MIG 焊的电弧过程中始终能保持对铝材表面氧化膜的阴极清理作用，但与 TIG 焊相比较，MIG 焊时生成焊缝气孔的敏感性仍较 TIG 焊大。因为 TIG 焊时使用的焊丝较粗，其直径一般为 $\phi 3 \sim 6mm$，而 MIG 焊时使用的铝丝较细，其直径通常为 $\phi 1.2 \sim 1.6mm$，细丝的比表面积比粗丝的比表面积大，焊丝与零件坡口表面积也大，例如，零件厚度为 20mm 的坡口对接接头，其焊丝与坡口表面积之比达 10：1，焊接一条长 1m 的焊缝，需消耗的焊丝长达 65m。因此 MIG 焊时，焊丝表面的氧化膜及污染物随焊丝进入熔池的相对数量较大，加之 MIG 焊是一个焊丝的熔滴过渡过程，电弧只是动态稳定，焊接熔池冷却凝固较快，因而产生焊缝气孔的敏感性较 TIG 焊更大。

焊件及焊丝表面的氧化膜及污染物可引起 MIG 焊过程中电弧静特性曲线下移，从而使焊接电流突然上升，焊丝熔化速度增大，电弧拉长，此时，电弧的声音也从原来有节奏的嘶嘶声变为刺耳的呼叫声。

因此 MIG 焊前零件及焊丝表面清理的质量对焊接过程及焊接质量（主要是焊缝气孔）影响很大。

零件及焊丝 MIG 焊前表面清理方法与 TIG 焊时基本相同，铝及铝合金焊丝最好采用经特殊表面处理的光滑、光洁、光亮的"三光"焊丝。

（3）焊接参数

① 焊丝直径　MIG 焊时，焊丝直径与焊接电流及其范围有一定的关系。细丝可采用的焊接

电流较小，电流范围也较窄，焊接时主要采用短路过渡方式，主要用于焊接薄件。由于细丝较软，对送丝系统要求较高。细丝比表面积大，随细丝进入熔池的污染物较多，出气孔的几率比粗丝大。粗丝允许采用较大电流，电流范围也比较大，适用于焊接中厚板。手工半自动 MIG 焊时，一般采用细丝；自动 MIG 焊时，一般采用较粗的焊丝。

② 焊接电流　MIG 焊时，焊接电流主要取决于零件厚度。当所有其他焊接参数保持恒定时，增大焊接电流，可增大熔深和熔宽，增大焊道尺寸，提高焊丝熔化速度及其熔化系数［即每安培每小时熔化的焊丝量，单位 g／(A·h)］。MIG 焊铝时，焊接电流、送丝速度或熔化速度有一个线性关系，如图 10-23 所示，调节送丝速度即可调节焊接电流。

MIG 焊时，应尽量选取较大的焊接电流，但以不致烧穿焊件为度，这样既能提高生产效率，也有助于抑制焊缝气孔的产生。

③ 电弧电压　MIG 电弧的稳定性的主要表现就是弧长是否变化。弧长（电弧长度）和电弧电压是常被相互替代的两个术语。虽然二者互有关联，但两者不同。弧长是一个独立的参数。MIG 焊时，弧长的选择范围很窄。喷射过渡时，如果弧长太短，极可能发生瞬时短路，飞溅大；如果弧长太长，则电弧易发生飘移，从而影响熔深及焊道的均匀性和气体保护效果。

生产中发现，电弧长度易受外界偶然因素的干扰，如网路电压波动、焊丝及焊件表面局部沾污（油污、氧化膜、水分等）。此时，由于电弧气氛发生变化，电弧静特性曲线下移，引起电流突然升高，焊丝熔化速度增大，电弧拉长，电弧过程发生动荡。电弧电压与弧长有关，但还与焊丝成分、焊丝直径、保护气体和焊接技术有关。电弧电压是在电源的输出端子上检测的，它还包括焊接电缆和焊丝伸出长度上的电压降。当其他参数保持不变时，电弧电压与电弧长度成正比关系。

焊接铝及铝合金时，在射流过渡范围内的给定焊接电流下，宜配合电流来调节电弧电压，将弧长调节并控制在无短路或半短路的射流状态，及亚射流状态。此时，电弧稳定，飞溅小，阴极清理区宽，焊缝光亮，表面波纹细致，成形美观。一种合适的电弧电压与焊接电流的配合，如图 10-24 所示。

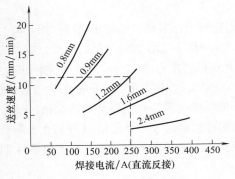

图 10-23　铝焊丝直径、焊接电流、
送丝速度之间的关系

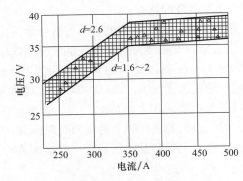

图 10-24　合适的电弧电压与焊接电流的配合

④ 焊接速度　焊接速度与零件厚度、焊接电流、电弧电压等密切相关。随着电流的增大，焊接速度也应提高。但焊接速度不能过分提高，否则焊接接头可能出现咬边或形成所谓驼峰焊道，有时还可能使气保护超前于熔池范围，失去对熔池的全面保护作用。焊接速度宜取适中值，此时熔深最大。焊接速度过低时，电弧将强力冲击熔池，使焊道过宽，或零件烧穿成洞。

⑤ 焊接接头的位置　焊接接头的不同位置（或称全位置）有平焊、横焊、立焊、仰焊，焊接技术难度按此顺序依次加大。由于重力的作用，熔池液态焊缝金属总是有下落的倾向。因此，最好通过机械化的自动焊，使焊件上的所有焊缝均变成平焊或接近平焊的位置。当不得不按不同位

置进行焊接时，则应按不同位置的特点来选择焊接参数。例如仰焊时，宜选用细焊丝、小电流、短弧、实行短路过渡，使熔池较小，熔池凝固较快，焊缝快速成形。如果此时电流较大，熔池较大，熔池内的液态金属即可能向下流失。立焊有两种情况，一是向下立焊，二是向上立焊，前者焊缝成形难于控制、电流应小；后者对焊缝成形的影响不大，电流可大。对不同焊接位置的焊接工艺因素做出不同选择后，焊接操作时可应用不同的技巧。

⑥ 焊接道次　焊接道次主要取决于零件厚度、接头形式、坡口尺寸及结构和材料特性。零件厚度较大时，自然需要多道焊。当结构要求气密或材料对热敏感时，也宜优选多道焊，减小每个焊道所需的热输入，增大道次间隔时间，防止金属过热。此外，每个道次的熔池体积较小，也有利于氢气泡在熔池凝固前逸出。相邻两焊道内残存的两气孔巧合相连而形成通孔的概率是不大的。因此，多道焊较有利于保证气密性，防止渗漏。

⑦ 保护气体流量　气体流量与其他工艺因素有关，必须选配适当。流量偏小时，虽也能达到保护目的，但经不起外界因素对保护的干扰，特别是在引弧处的保护易遭到破坏。气体流量过大时，会引起熔池铝液翻腾，恶化焊缝成形。此外，气体流量过大过小均易造成紊流，造成保护不良，焊接表面起皱。

10.3　铜及铜合金的焊接

10.3.1　铜及铜合金的种类及性能

铜具有面心立方结构，其密度是铝的 3 倍，电导率和热导率是铝的 1.5 倍。纯铜以其优良的导电性、导热性、延展性，以及在某些介质中良好的耐蚀性，成为电子、化工、船舶、能源动力、交通等工业领域中高效导热和换热管道及导电、耐腐蚀部件的优选材料。

铜及其合金的种类繁多，目前大多数国家都是根据化学成分来进行分类，常用的铜及铜合金在表面颜色上区别很大。根据表面颜色可以分为纯铜、黄铜、青铜及白铜，但是实质上对应的是纯铜、铜锌、铜铝和铜镍合金等。在铜中通常可以添加约 10 多种合金元素，以提高其耐蚀性、强度，并改善其加工性能。加入的元素多数是以形成固溶体为主，并在加热及冷却过程中不发生同素异构转变。锌、锡、镍、铝和硅等与铜固溶形成了不同种类的铜合金，具有完全不同的使用性能。还可少量添加锰、磷、铅、铁、铬和铍等微量元素，起到焊接过程中脱氧、细化晶粒和强化作用。

（1）纯铜

纯铜具有极好的导电性、导热性，良好的常温和低温塑性，以及对大气、海水和某些化学药品的耐蚀性，因而在工业中广泛用于制造电工器件、电线、电缆和热交换器等。纯铜根据含氧量的不同分为工业纯铜、无氧铜和磷脱氧铜。

在纯铜中常见的杂质元素有氧、硫、铅、铋、砷、磷等，少量的杂质元素若能完全固溶于铜中，对铜的塑性变形性能影响不大。当杂质元素含量超过其在铜中的溶解度时，将显著降低铜的各种性能，如铋、铅、氧、硫与铜形成的低熔点共晶组织分布在晶界上，增加了材料的脆性和产生焊接热裂纹的敏感性。用于制造焊接结构的铜材要求其 ω（Pb）小于 0.03%，ω（Bi）小于 0.003%，ω（O）和 ω（S）应分别小于 0.03% 和 0.01%。磷虽然也可能与铜形成脆性化合物，但当其含量不超过它在室温铜中的最大溶解度（0.4%）时，可作为一种良好的脱氧剂。纯铜的物理性能见表 10-8，力学性能见表 10-9。

普通工业纯铜的牌号以"T"为首，后接数字，如 T1、T2、T3 等，其纯度依次降低，其

$\omega(O_2)$ 在 $0.02\% \sim 0.1\%$ 之间；无氧铜的牌号以 "TU" 为首，后接顺序号，其 $\omega(O_2)$ 小于 0.001%；磷脱氧铜的牌号以 "TP" 为首，后接顺序号，其 $\omega(O_2)$ 小于 0.01%。纯铜在退火状态（软态）下具有很好的塑性，但强度低。经冷加工变形后（硬态），强度可提高一倍，但塑性降低若干倍。加工硬化的纯铜经 $550 \sim 600℃$ 退火后，可使塑性完全恢复。焊接结构一般采用软态纯铜。

表 10-8　纯铜的物理性能

密度 /（g/cm³）	熔点 /℃	热导率 /[W/（m·K）]	比热容 /[J/（g·K）]	电阻率 /（$10^{-8}\Omega \cdot m$）	线胀系数 /（10^{-6}/K）	表面张力系数 /（10^{-5}N/cm）
8.94	1083	391	0.384	1.68	16.8	1300

表 10-9　纯铜的力学性能

材料状态	抗拉强度 R_m/MPa	屈服强度 R_{eL}/MPa	断后伸长率 A/%	断面收缩率 Z/%
软态（轧制并退火）	$196 \sim 235$	68.6	50	75
硬态（冷加工变形）	$392 \sim 490$	372.4	6	36

（2）黄铜

普通黄铜是铜和锌的二元合金，表面呈淡黄色。黄铜具有比纯铜高得多的强度、硬度和耐蚀性，并具有一定的塑性，能很好地承受热压和冷压加工。黄铜经常被用于制作冷凝器、散热器、蒸汽管等船舶零件以及轴承、衬套、垫圈、销钉等机械零件。

为了改善普通黄铜的力学性能、耐蚀性能和工艺性能，在铜锌合金中加入少量的锡、锰、铅、硅、铝、镍、铁等元素就成为特殊的黄铜，如锡黄铜、铅黄铜等。这样，按主添元素的种类又可以将黄铜划分为简单黄铜、硅黄铜、锡黄铜、锰黄铜、铝黄铜等。根据工艺性能、力学性能和用途的不同，黄铜可分为压力加工用的黄铜和铸造用黄铜两大类。$\omega(Zn) < 39\%$ 时，为单相 α 相组织（锌在铜中的固溶体），因而黄铜同时具有较高的强度和塑性，当 $\omega(Zn) = 39\% \sim 46\%$ 时，为 $\alpha + \beta'$ 相组织，β' 相是以电子化合物为基的脆性固溶体，难以承受冷加工。再提高黄铜中的锌含量，出现纯 β' 相，室温单相 β' 合金因性能太脆而不能应用。常用黄铜力学性能及物理性能见表 10-10。

表 10-10　黄铜的力学性能及物理性能

材料名称	牌号	材料状态	力学性能 R_m/MPa	力学性能 A/%	物理性能 密度/（g/cm³）	物理性能 线胀系数/（10^{-6}/K）	物理性能 热导率/[W/（m·K）]	物理性能 电阻率/（$10^{-8}\Omega \cdot m$）	物理性能 熔点/℃
压力加工黄铜	H68	软态	313	55	8.5	19.9	117.0	6.8	932
		硬态	646	3					
	H62	软态	323	49	8.43	20.6	108.7	7.1	905
		硬态	588	3					
铸造黄铜	ZCuZn16Si4	砂型	345	15	8.3	17.0	41.8	—	900
		金属型	390	20					
	ZCuZn25Al6Fe3Mn3	砂型	725	10	8.5	19.8	49.7	—	899
		金属型	740	7					

加工黄铜的代号以 "H" 开头，后面是铜的平均含量，如 H68、H62，三元以上的黄铜用 H 加第二主添元素符号及除锌以外的成分数字组，如 HMn58-2 表示为 $\omega(Cu) = 58\%$，$\omega(Mn) = 2\%$ 的复杂黄铜。铸造黄铜的牌号以 "ZH" 开头，后面是主要添加化学元素符号及除锌以外的名义含量比例，如 ZHSi80-3 表示的是 $\omega(Cu) = 80\%$，$\omega(Si) = 3\%$ 的铸造黄铜。

（3）青铜

凡不以锌、镍为主要组成元素，而以锡、铝、硅、铅、铍等元素为主要组成成分的铜合金，称为青铜。常用的青铜有锡青铜、铝青铜、硅青铜、铍青铜。为了获得某些特殊性能，青铜中还加少量的其他元素，如锌、磷、钛等。常用青铜的力学性能及物理性能见表 10-11。

表 10-11　常用青铜的力学性能及物理性能

材料名称	牌号	材料状态	力学性能		物理性能				
			R_m /MPa	A /%	密度 /（g/cm³）	线胀系数 /（10⁻⁶/K）	热导率 /[W/（m·K）]	电阻率 /（10⁻⁸Ω·m）	熔点 /℃
锡青铜	QSn6.5-0.4	软态	343～441	60～70	8.8	19.1	50.16	17.6	995
		硬态	686～784	7.5～12					
铝青铜	QAl9-4	软态	490～588	40	7.5	16.2	58.52	12	1040
		硬态	784～980	5					
	ZCuAl10Fe3	砂型	490	13	7.6	18.1	58.52	12.4	1040
		金属型	540	15					
硅青铜	QSi3-1	软态	343～392	50～60	8.4	15.8	45.98	15	1025
		硬态	637～735	1～5					

青铜所加入的合金元素含量与黄铜一样，均控制在铜的溶解度范围内，所获得的合金基本上是单相组织。青铜具有较高的力学性能、铸造性能和耐蚀性能，并具有一定的塑性。除铍青铜外，其他青铜的导热性能比纯铜和黄铜降低几倍至几十倍，且具有较窄的结晶温度区间，大大改善了焊接性。

加工青铜的代号是用"Q"加第一个主添合金元素符号及除铜以外的成分数字组表示。例如，QSn4-3 表示含有平均化学成分 ω（Sn）=4% 和 ω（Zn）=3% 的锡青铜；QAl9-2 表示含有平均化学成分 ω（Al）=9% 和 ω（Mn）=2% 的铝青铜。铸造青铜的牌号、代号表示方法和铸造黄铜的表示方法相类似。

（4）白铜

ω（Ni）< 50% 的铜镍合金称为白铜，加入锰、铁、锌等元素的白铜分别称为锰白铜、铁白铜、锌白铜。按照白铜的性能与应用范围，白铜又可分为结构铜镍合金与电工铜镍合金。

铜镍合金的力学性能、耐蚀性能较好，在海水、有机酸和各种盐溶液中具有较高的化学稳定性和优良的冷、热加工性，广泛用于化工、精密机械、海洋工程中。电工用白铜具有极高的电阻、非常小的电阻温度系数，是重要的电工材料。在焊接结构中使用的白铜多是 ω（Ni）分别为 10%、20%、30% 的铜镍合金。由于镍与铜无限固溶，白铜具有单一的 α 相组织，塑性好，冷、热加工性能好。白铜不仅具有较好的综合力学性能，而且由于其导热性能接近于碳钢，其焊接性也较好。

白铜的代号用"B"加镍含量表示，三元以上的白铜则用"B"加第二个主添元素符号及除铜元素以外的成分数字表示，例如，B30 为平均为 ω（Ni+Co）=30% 的普通白铜，BMn3-12 为平均为 ω（Ni+Co）=3%、ω（Mn）=12% 的锰白铜。

10.3.2　铜及铜合金的焊接性

铜及铜合金具有其独特的物理性能，因而它们的焊接性也不同于钢，焊接的主要问题是难于熔化、易产生焊接裂纹、易产生气孔等。

（1）不易熔化

焊接纯铜时，当采用的焊接参数与同厚度低碳钢的一样时，则母材就很难熔化，填充金属也与母材基本不熔合，这与纯铜的热导率、线胀系数和收缩率有关。铜与铁的物理性能参数的比较见表 10-12。由表 10-12 可见，铜的热导率比普通碳钢大 7～11 倍，厚度越大，散热越严重，也越难达到熔化温度。采用能量密度低的焊接热源进行焊接时，如氧-乙炔焰、焊条电弧，需要进行高温预热。采用氩弧焊焊接，必须采用大量热输入才可以熔化母材，否则，同样需要进行高温预热后才能进行焊接。铜在达到熔化温度时，其表面张力比铁小 1/3，流动性比铁大 1～1.5 倍，因此，若采用大电流的强规范焊接时，焊缝成形难以控制。铜的线胀系数及收缩率也比较大，约比铁大 1 倍以上。焊接时的大功率热源也会使焊接热影响区加宽。研究表明，采用气体保护电弧焊焊接高导热的纯铜及铝青铜时，在电流相同的情况下，若想实现不预热焊接，必须在保护气体中添加能使电弧产生高能的气体，如氦气或氮气。氦氩混合气体保护电弧所产生的热输入约比氩气产生的热输入高三分之一。采用氩氮混合气体保护焊接时，焊接气孔是一个难以克服的问题。

表 10-12　铜与铁的物理性能参数

金属	热导率 / [W/(m·K)]		线胀系数 （20～100℃）/（10^{-6}/K）	收缩率 /%
	20℃	1000℃		
Cu	293.6	326.6	16.4	4.7
Fe	54.8	29.3	14.2	2.0

（2）易产生焊接热裂纹

铜及铜合金中存在氧、硫、磷、铅、铋等杂质元素。焊接时，铜能与它们分别生成熔点为 270℃ 的（Cu+Bi），熔点为 326℃ 的（Cu+Pb），熔点为 1064℃ 的（Cu+Cu₂O），熔点为 1067℃ 的（Cu+Cu₂S）等多种低熔点共晶，它们在结晶过程中分布在树晶间或晶界处，使铜或铜合金具有明显的热脆性。在这些杂质中，氧的危害性最大。它不但在冶炼时以杂质的形式存在于铜内，在以后的轧制加工过程和焊接过程中，都会以 Cu_2O 的形式溶入焊缝金属中。Cu_2O 可溶于液态的铜，但不溶于固态的铜，就会生成熔点略低于铜的低熔点共晶物，导致焊接热裂纹产生。研究结果表明，当焊缝中 $\omega(Cu_2O) > 0.2\%$ [$\omega(O)$ 约为 0.02%] 或 $\omega(Pb) > 0.03\%$，$\omega(Bi) > 0.005\%$ 就会出现热裂纹。此外，铜和很多铜合金在加热过程中无同素异构转变，铜焊缝中也生成大量的柱状晶。同时铜和铜合金的线胀系数及收缩率较大，增加了焊接接头的应力，更增大了接头的热裂倾向。

（3）易产生气孔

用熔焊方法焊接铜及铜合金时，气孔出现的倾向比低碳钢要严重得多。所形成的气孔几乎分布在焊缝的各个部位。铜焊缝中的气孔主要也是由溶解的氢直接引起的扩散性气孔，由于铜的凝固时间短，使得气孔倾向大大加剧。氢在铜中的溶解度虽也如在钢中一样，当铜处在液-固态转变时有一突变，并随温度升降而增减，如图 10-25 所示，但在电弧作用下的高温熔池中，氢在液态铜中的极限溶解度（铜被加热至 2130℃ 蒸发温度前的最高溶解度）与熔点时的最大溶解度之比是 3.7，而铁仅为 1.4，就是说铜焊缝结晶时，其氢的过饱和程度比钢焊缝大好几倍。这样就会形成扩散性气孔。

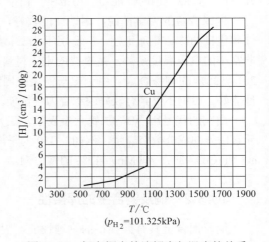

图 10-25　氢在铜中的溶解度与温度的关系

为了减少或消除铜焊缝中的气孔，可以采用减少氢和氧的来源，或采用预热来延长熔池存在时间，使气体易于逸出。采用含铝、钛等强脱氧剂的焊丝（它们同时又是强烈脱氮、脱氢的元素），会获得良好的效果。脱氧铜、铝青铜、锡青铜具有较小的产生气孔敏感性的原因就在于此。

（4）易产生金属蒸发

金属锌的沸点仅为 904℃，在高温时非常容易蒸发。黄铜中含有大量的锌（质量分数为11%～40%），焊接时锌的蒸发和烧损是必须要考虑的问题之一。一般地，黄铜气焊时锌的蒸发量达 25%（质量分数，下同），焊条电弧焊时达 40%。如果采用真空电子束熔焊，锌的蒸发会污染真空室。焊缝中锌含量的减少，会引起焊接接头力学性能的下降和耐蚀性降低，还非常容易产生气孔。在焊接黄铜时可加入 Si 防止锌的蒸发、氧化，降低烟雾，提高熔池金属的流动性。

锌蒸发时会被氧化成白色烟雾状的氧化锌，妨碍焊接操作人员对熔池的观察和操作，且对人体有害，焊接时要求有良好的通风条件。

（5）接头性能的下降

铜和铜合金在熔焊过程中，由于晶粒严重长大，杂质和合金元素的掺入，有用合金元素的氧化、蒸发等，使接头性能发生很大的变化。

① 塑性严重变坏　焊缝与热影响区晶粒变粗、各种脆性的易熔共晶出现于晶界，使接头的塑性和韧性显著下降。例如纯铜焊条电弧焊或埋弧焊时，接头的断后伸长率仅为母材的 20%～50%左右。

② 导电性下降　铜中任何元素的掺入都会使其导电性下降。因此焊接过程中杂质和合金元素的融入都会不同程度地使接头导电性能变坏。

③ 耐蚀性下降　铜合金的耐蚀性是依靠锌、锡、锰、镍、铝等元素的合金化而获得。熔焊过程中这些元素的蒸发和氧化烧损都会不同程度地使接头耐蚀性下降。焊接应力的存在则使对应力腐蚀敏感的高锌黄铜、铝青铜、镍锰青铜的焊接接头在腐蚀环境中过早地破坏。

④ 晶粒粗化　大多数铜及铜合金在焊接过程中，一般不发生固态相变，焊缝得到是一次结晶的粗大柱状晶。而铜合金焊缝金属的晶粒长大，也使接头的力学性能降低。

10.3.3 铜及铜合金的焊接方法

可用于铜及其合金熔焊的工艺方法除了气焊、碳弧焊、焊条电弧焊、氩弧焊和埋弧焊外，还有等离子弧焊、电子束焊和激光焊等。固相连接工艺有压焊、钎焊、扩散焊、摩擦焊和搅拌摩擦焊。其中熔焊是最为常用的焊接方法，其次是钎焊。选择焊接方法时，必须考虑被焊材料的成分、物理及力学性能特点，以及焊接件的结构、尺寸和结构复杂程度，不同条件对焊接构件的要求，而且还要结合各种焊接方法的工艺特点和现场设备条件进行综合考虑。

（1）熔焊

用氧 - 乙炔焰可焊接各种铜及铜合金。由于火焰热量不够集中，铜散热又非常快，达到熔点时间长，因此焊接速度比较慢。当焊接纯铜厚板时，需要较高的预热温度（600℃以上）以补偿热的散失。由于气焊保护效果不好，一般需要采用焊剂（HJ301）进行保护，以免焊接熔池金属过多地被氧化。

焊条电弧焊简便灵活，但是焊缝质量不如 TIG 焊和 MIG 焊效果好，如果焊件厚度大于 3mm，所需预热温度也较高（500℃以上）。焊条电弧焊和气焊存在同样的问题：有较高的预热温度，劳动条件差，生产效率低，多用于不重要的部件的焊接或补焊。

埋弧焊需要使用焊剂，保护效果好，生产效率高，焊接质量稳定，但只适用于平焊位置、较规则的焊缝和较厚的焊件。

钨极氩弧焊（TIG焊）、熔化极氩弧焊（MIG焊）是熔焊中最常采用的焊接方法。TIG焊和MIG焊几乎对任何铜及铜合金的焊接都能获得满意的结果。它们具有强的局部热输入和对焊接区的良好保护。TIG焊便于控制，可采用全位置焊接，也易于实现自动化焊接。通常可以焊接的板厚为3mm以下，再薄的板可采用能控制热输入的脉冲TIG焊。厚度大于3mm应该采用MIG焊。

熔焊铜及铜合金需要大功率、高能束的熔焊热源，热效率越高，能量越集中越有利。不同厚度的材料对不同焊接方法有不同适应性。如薄板焊接以钨极氩弧焊、焊条电弧焊和气焊为好，中厚板焊接以熔化极气体保护焊和电子束焊较合理，厚板则建议采用埋弧焊和MIG焊。对于$\delta < 4mm$的纯铜可以在不预热的条件下进行焊接。

（2）电阻焊

电阻点焊和缝焊主要用于厚度小于1.5mm的板材，而且是对电导率和热导率较低的铜合金。对于纯铜或铜含量很高的铜合金，需要很高的焊接电流，而且非常容易产生电极粘连和损坏，因此电阻焊非常困难。闪光对焊几乎可以焊所有的铜及铜合金，其焊接过程与钢类似，焊接参数要求控制精确。

（3）钎焊

选择合适的钎料和钎剂，采用软、硬钎焊都很容易实现铜及铜合金的钎焊，而且对加热方式也没有什么特殊要求，如火焰、电阻辐射加热、感应加热、电弧加热都可以。

（4）扩散焊

所有的铜及铜合金均可以用扩散焊进行连接。铜合金扩散焊接头变形小，性能优良。最有效的中间层材料是镍和银，镍可以与铜形成连续固溶体，银在铜中固溶度可以达8%，它们与大多数其他金属都不会生成脆性的金属间化合物。利用镍和银作中间层几乎可使铜与所有金属实现扩散连接。

（5）普通摩擦焊和搅拌摩擦焊

摩擦焊是在外力作用下，利用焊件接触面之间的相对摩擦和塑性流动所产生的热量，使接触面及其近缝区金属达到黏塑性状态并产生适当的宏观塑性变形，通过两侧材料间的相互扩散和动态再结晶而完成焊接的。铜与低碳钢的摩擦焊，由于铜的硬度低，在摩擦加热时，钢不发生明显的塑变，而铜会发生很大的塑变，从而使轴向摩擦压力难以提高，摩擦功率低。另外，铜的热导率比钢大，使得摩擦产生的热量易于传给母材，而且铜在压力作用下易从焊接端面挤出形成飞边，也会散失部分热量，导致摩擦表面的温度很难提高，所以实际进行摩擦焊有一定困难。

搅拌摩擦焊接是英国焊接研究所于20世纪90年代发明的一种用于低熔点合金板材的新型固态焊接技术。搅拌摩擦焊利用一种带有探针和轴肩的特殊形式的搅拌头，将探针插入结合面，轴肩紧靠焊件上表面，进行旋转搅拌摩擦，摩擦热使探针周围金属处于热塑性状态，探针前方的塑性状态金属在搅拌头的驱动下向后方流动，在该处塑性融合，从而使焊件在高速的热压状态下成为一个整体。目前搅拌摩擦焊主要是用在熔化温度较低的有色金属，如铝、铜等合金上，可避免熔焊时产生裂纹、气孔及收缩等缺陷。

10.3.4 铜及铜合金的气焊

氧-乙炔气焊比较适合薄铜片、铜件的修补或不重要结构的焊接。对厚度较大的需要采用较高的预热温度或多层焊，焊接表面质量很差。

气焊用焊接材料可根据被焊材料以及焊丝焊剂匹配选择。焊丝也可以采用相同成分母材上的切条。对没有清理氧化膜的母材、焊丝，气焊时必须使用焊剂，可用蒸馏水把焊剂调成糊状，均匀涂在焊丝和坡口上，用火焰烘干后即可施焊。使用焊剂主要是防止熔池金属氧化和其他气体侵入熔池，并改善液体金属的流动性。

　　焊接纯铜通用的焊剂主要有硼酸盐、卤化物或它们的混合物组成，见表 10-13。工业用硼砂的熔点为 743℃，焊接时熔化成液体，迅速与熔池中的氧化锌、氧化铜等反应，生成熔点低、密度小的硼酸复合盐（熔渣）浮在熔池表面。卤化物则对熔池中氧化物（Al_2O_3）起物理溶解作用，是一种活性很强的去膜剂，同时还起到调节焊剂的熔点、流动性及脱渣性的作用，有很好的去膜效果。

表 10-13　铜和铜合金焊接用焊剂

焊剂牌号	化学成分（质量分数）/%					熔点 /℃	应用范围
	$Na_2B_4O_7$	H_3BO_3	NaF	NaCl	KCl		
CJ301	17.5	77.5	—	—	—	650	铜和铜合金气焊、钎焊
CJ401	—	—	7.5～9	27～30	49.5～52	560	青铜气焊

　　用气体焊剂气焊黄铜效果好，其主要成分是含硼酸甲酯 66%～75%（质量分数，下同）、甲醇（CH_3OH）25%～34% 的混合液，在 100kPa 压力下，其沸点为 54℃ 左右，焊接时能保证蒸馏分离物成分不变。当乙炔通过盛有这种饱和蒸气的容器时，把此蒸气带入焊炬，与氧混合燃烧后发生反应：

$$2（CH_3）_3BO_3+9O_2 \rightarrow B_2O_3+6CO_2+9H_2O$$

　　在火焰内形成的硼酐 B_2O_3 蒸气凝聚到基体金属及焊丝上，与金属氧化物发生反应产生硼酸盐，以薄膜形式浮在熔池表面，有效地防止了锌的蒸发，保护熔池金属不继续发生氧化反应。

　　铜及铜合金气焊时一般采用焊丝（棒）填充，表 10-14 是铜及铜合金焊丝的化学成分及性能。我国铜及铜合金焊丝的型号的表示方法为 HSCu××-×，字母"HS"表示铜及铜合金焊丝，HS 后面以化学元素符号表示焊丝的主要组成元素，在短线"-"后的数字表示同一化学成分焊丝的不同品种，如 HSCuZn-1、HSCuZn-2。按照美国 AWS 标准，铜及铜合金焊丝的型号的表示方法为 ERCu××-×，字母"ER"表示焊丝（也可以只用字母"R"，表示棒状焊丝或焊条芯），ER 后面以化学元素符号表示焊丝的主要组成元素，在短线"-"后的数字表示同一化学成分焊丝的不同品种。我国铜及铜合金焊丝的牌号的表示方法为 HS2××，"2"代表"Cu"，后面的两位数字表示不同化学成分的铜的焊丝，如 HS201 表示的是型号为 HSCu 的纯铜焊丝。

　　在焊丝中加入 Si、Mn、P、Ti 和 Al 等元素，是为了加强脱氧，减少焊缝中的气孔；其中 Ti 和 Al 除脱氧以外，还能细化焊缝晶粒，提高焊缝金属的塑性、韧性。Si 在焊接黄铜时可防止锌的蒸发、氧化，降低烟雾，提高熔池金属的流动性；Sn 可提高熔池金属的流动性和焊缝金属的耐蚀性。

表 10-14　铜及铜合金焊丝

牌号	型号		名称	主要化学成分（质量分数）/%	熔点 /℃	接头抗拉强度 /MPa	主要用途
	中国	AWS					
HS201	HSCu	ERCu	纯铜焊丝	Sn1.1，Si0.4，Mn0.4，余为 Cu	1050	≥196	纯铜气焊、氩弧焊、埋弧焊
HS202	—	—	低磷铜焊丝	P0.3，余为 Cu	1060	≥196	纯铜气焊
HS220	HSCuZn-1	ERCuSn-A	锡黄铜焊丝	Cu5.9，Sn1，余为 Zn	886	—	黄铜的气焊、气体保护焊，铜及铜合金钎焊

续表

牌号	型号		名称	主要化学成分 （质量分数）/%	熔点 /℃	接头抗拉 强度 /MPa	主要用途
	中国	AWS					
HS221	HSCuZn-3	—	锡黄铜焊丝	Cu60，Sn1，Si0.3， 余为 Zn	890	≥ 333	黄铜气焊、钎焊
HS222	HSCuZn-2	—	铁黄铜焊丝	Cu58，Sn0.9，Si0.1， Fe0.8，余为 Zn	860	≥ 333	黄铜气焊，纯铜、 白铜钎焊
HS224	HSCuZn-4	—	硅黄铜焊丝	Cu62，Si0.5， 余为 Zn	905	≥ 330	黄铜气焊，纯铜、 白铜钎焊
—	HSCuAl	ERCuAl-A1	铝青铜焊丝	Al7 ～ 9，Mn ≤ 2， 余为 Cu	—	—	铝青铜 的 TIG、 MIG 焊
—	HSCuSi	ERCuSi-A	硅青铜焊丝	Si2.75 ～ 3.5， Mn1.0 ～ 1.5，余为 Cu	—	—	硅青铜及黄铜的 TIG、MIG 焊
—	HSCuSn	ERCuSn-A	锡青铜焊丝	Sn7 ～ 9， Mn0.15 ～ 0.35， 余为 Cu	—	—	锡青铜的 TIG 焊

对于纯铜，材料本身不含脱氧元素，一般选择含有 Si、P 或 Ti 脱氧剂的无氧铜焊丝，如 HS201、ERCuSi 等，它们具有较高的电导率和母材颜色相同的特点。

对于白铜，为了防止气孔和裂纹的产生，即使焊接刚性较小的薄板，也要求采用加填白铜焊丝来控制熔池的脱氧反应。

对于黄铜，为了抑制锌的蒸发烧损对气氛造成污染和对电弧燃烧稳定性造成的不利影响，填充金属不应含锌。引弧后使电弧偏向填充金属而不是偏向母材，这有利于减少母材中锌的烧损和烟雾的产生。焊接普通黄铜，采用无氧铜加脱氧剂的锡青铜焊丝，如 HSCuSn；焊接高强度黄铜，采用青铜加脱氧剂的硅青铜焊丝或铝青铜焊丝，如 HSCuAl、HSCuSi、ERCuSi 等。

对于青铜，材料本身所含合金元素就具有较强的脱氧能力，焊丝成分只需补充氧化烧损部分，即选用合金元素含量略高于母材的焊丝，如硅青铜焊丝 HSCuSi、铝青铜焊丝 HSCuAl、锡青铜焊丝 HSCuSn。

纯铜气焊参数见表 10-15。为了减少焊接内应力，防止产生缺陷，应采取预热措施，对薄板及小尺寸焊件，预热温度为 400 ～ 500℃，对厚板及大尺寸焊件，预热温度为 600 ～ 700℃。焊接薄板时应采用左焊法，这有利于抑制晶粒长大。当焊件厚度大于 6mm 时，则采用右焊法，右焊法能以较高的温度加热母材，又便于观察熔池，操作方便。焊接长焊缝时，焊前必须留有适合的收缩余量，并要先定位后焊接，焊接时应采用分段退焊法，以减少变形。对受力或较重要的铜焊件，必须采取焊后锤击和热处理工艺措施。薄铜件焊后要立即对焊缝两侧的热影响区进行锤击。5mm 以上的中厚板，需要加热至 500 ～ 600℃后进行对焊缝金属及热影响区进行锤击。锤击后将焊件加热至 500 ～ 600℃，然后在水中急冷，可提高接头的塑性和韧性。黄铜应在焊后尽快在 500℃ 左右退火。

表 10-15　纯铜气焊参数

板厚 /mm	焊丝直径 /mm	焊炬及焊嘴号	乙炔流量 /（L/h）	焊接方向	火焰性质
< 1.5	1.5	H01-2 焊炬，4 ～ 5 号焊嘴	150	左焊法	中性焰
1.5 ～ 2.5	2	H01-6 焊炬，3 ～ 4 号焊嘴	350		
> 2.5 ～ 4	3	H01-12 焊炬，1 ～ 2 号焊嘴	500		
> 4 ～ 8	5	H01-12 焊炬，2 ～ 3 号焊嘴	750	右焊法	
> 8 ～ 15	6	H01-12 焊炬，3 ～ 4 号焊嘴	1000		

10.3.5　铜及铜合金的硬钎焊

铜及绝大部分铜合金都有优良的钎焊性。无论是硬钎焊和软钎焊都容易实现。原因是铜及铜合金有较好的润湿性，主要的氧化膜容易清除。只有部分含铝的铜合金，由于表面形成 Al_2O_3 膜较难去除，需要使用带腐蚀性的特殊活性钎剂去膜，给钎焊工艺带来一些困难。此外含铝的黄铜、锡青铜具有高温脆性，需要较严格控制钎焊温度和加热温度。对各类铜及铜合金的钎焊性的估计及其相应的钎焊条件归纳于表 10-16。在铜及铜合金的钎焊中，一般将钎料的熔化温度高于 450℃ 的称为硬钎焊，而钎料熔化温度低于 450℃ 的称为软钎焊。

表 10-16　铜及铜合金的钎焊

材料		钎焊性	条件
纯铜	全部	极好	可用松香或其他无腐蚀性钎剂钎焊
黄铜	含铝黄铜	困难	用特殊钎剂，钎焊时间要短
	其他黄铜	优良	易于用活性松香或弱腐蚀性钎剂钎焊
锡青铜	含磷	良好	钎焊时间要短，钎焊前要消除应力
	其他	优良	易于用活性松香或弱腐蚀性钎剂钎焊
铝青铜	全部	困难	在腐蚀性很强的特殊钎剂下钎焊或预先在表面镀铜
硅青铜	全部	良好	需配用腐蚀性钎剂，焊前必须清洗
白铜	全部	优良	易于用弱腐蚀性钎剂钎焊，钎焊前要消除应力

（1）钎焊材料的选择

我国目前生产并得到了广泛应用的铜及铜合金钎焊用钎料，主要包括以下的系列。

① 铜-锌钎料　这类钎料的熔点较高，耐蚀性较差，且对过热敏感，锌元素的蒸发又容易引起气孔的产生。一般只用于熔点较高的纯铜、铜-钢、铜-镍等一些不重要的钎焊接头上。使用时必须有钎剂配合。近年国内研制成功的 Cu-Zn-Mn 钎料的熔点比铜锌钎料的熔点约低 100℃，各项性能均优于后者，这些钎料一般要求使用钎剂。

② 铜-磷钎料及铜-磷-银钎料　铜-磷钎料由于工艺性能好，价格低，在钎焊铜和铜合金方面得到了广泛的应用。磷在铜中起两个作用，磷能显著降低铜的熔点。当含 $\omega(P)$ 为 8.4% 时，铜与磷形成熔化温度为 714℃ 的低熔共晶，其组织由 $Cu+Cu_3P$ 组成，Cu_3P 为脆性相。随着磷含量的增加，Cu_3P 增多，超过共晶成分的铜-磷合金由于太脆而无实用价值。Cu_3P 相给铜-磷钎料带来脆性，它的韧性比银钎料差得多，只能在热态下挤压或轧制。磷的另一种功能是空气中钎焊铜时起到自钎剂的作用。

为了进一步降低铜-磷合金的熔化温度，改进其韧性，可加银。$Cu-Ag-Cu_3P$ 三元系合金形成低熔点共晶，其成分为 $\omega(Ag)$=17.9%、$\omega(Cu)$=30.4%、$\omega(Cu_3P)$=51.7% 的三元共晶点为 646℃，该成分为脆性相。85Cu-5P-15Ag 合金具有较好的抗剪强度。铜-磷-银合金的脆性随着 Cu_3P 相的增加而急剧提高。根据这些，可以优化兼具熔化温度和力学性能要求的铜-磷-银钎料。

为了节约银，可以在铜-磷钎料中加锡，以达到降低熔化温度的目的。在 Cu-6P 合金中加入 $\omega(Sn)$=1% 的 Sn，其液相线明显下降。锡含量继续提高，液相线基本上可以直线下降，当 $\omega(Sn)$ 提高到 6% 时，液相线降低到 677℃。Cu-7P 和 Cu-8P 合金有相同的特性，但比 Cu-6P 合金熔化温度更低一些。锡对铜-磷合金力学性能有影响，锡可以提高 Cu-6P 合金的强度，但当 $\omega(Sn)$ 量超过 1% 后，抗拉强度的变化是很小的；锡可以改善 Cu-6P 合金的延性，加 1% $\omega(Sn)$ 的合金断后伸长率最好，加锡量继续增加，断后伸长率趋于下降。$\omega(Sn)$=4% 的 Cu-6P 合金的断后伸长率与 Cu-6P 合金相当，但 Cu-6P-4Sn 合金的液相线比 Cu-6P 的下降了一百多度。

为了进一步降低铜-磷钎料的熔化温度，可以在铜-磷合金中加入锡和镍，此时钎料的液相线可以降低到低于650℃，同银-铜-锌-镉钎料的熔化特性很接近。这种钎料由于组织中含有大量脆性相，无法进行加工，只能用快速凝固法制成箔状钎料使用。

对具有热脆性或在熔化钎料作用下易发生自裂的铜合金和接头，必须在钎焊前进行消除应力处理，并尽量缩短钎焊试件，不应采用快速加热法。炉中钎焊黄铜和铝青铜时，为避免Zn的烧损及Al向银钎料扩散，焊件表面可预先镀上铜层或镍层。在还原性气氛中钎焊铜及铜合金时，要注意氢的不利影响，只有无氧铜才能在氢气中钎焊。

用铜-磷和铜-磷-银钎料钎焊纯铜时不需要使用钎剂，因钎料中的磷在钎焊过程中能还原氧化铜。

$$5CuO+2P \Longrightarrow 5Cu+P_2O_5$$

还原产物P_2O_5与氧化铜形成复合化合物，在钎焊温度下呈液态覆盖在母材表面，防止铜氧化。用银-铜-锌-镉钎料钎焊时用FB103和FB102钎剂，其他银钎料钎焊时用FB102钎剂。银钎料炉中钎焊时用FB104钎剂。除松香钎剂外，用其他钎剂钎焊时钎焊接头应仔细清洗，以去残渣。除无氧铜外，纯铜不能在还原性气氛中钎焊，以免发生氢病。钎焊黄铜时钎料与钎剂的配合与钎焊纯铜时基本相同。但黄铜表面有锌的氧化物，不能用未活化松香钎剂进行钎焊。用铜-磷-银钎料钎焊时也必须使用钎剂FB102。黄铜炉中钎焊时，为了防止锌的挥发，钎焊前黄铜表面必须镀铜和镍。用银钎料钎焊的铜和黄铜接头的强度见表10-17。

用铜-磷和铜-磷-银钎料钎焊的铜接头的力学性能见表10-18。用铜-磷和铜-磷-银钎料钎焊的铜接头的强度与银钎料钎焊的相仿，但接头韧性较差。

表10-17 银钎料钎焊的铜和黄铜接头的强度

钎料	抗剪强度 /MPa		抗拉强度 /MPa	
	铜	黄铜	铜	黄铜
BAg10CuZn	157	166	166	313
BAg25CuZn	166	184	171	315
BAg45CuZn	177	215	181	325
BAg50CuZn	171	208	174	334
BAg65CuZn	171	208	177	334
BAg70CuZn	166	199	185	321
BAg40CuZnCdNi	167	194	179	339
BAg50CuZnCd	167	226	210	375
BAg35CuZnCd	164	190	167	328
BAg40CuZnSnNi	98	245	176	295
BAg50CuZnSn	—	—	220	240

表10-18 铜-磷、铜-磷-银钎料钎焊的铜接头的力学性能

钎料	抗拉强度 /MPa	抗剪强度 /MPa	弯曲角 / (°)	冲击韧度 / (J/cm²)
BCu93P	186	132	25	6
BCu92PSb	233	138	90	7
BCu80PAg	255	154	120	23
BCu90PAg	242	140	120	21

③ 银-铜钎料 此类钎料的适用性最广。对所有铜及铜合金，以及绝大多数铜与异种金属接头的钎焊都适用。银钎料具有适中的熔点，大大降低钎焊温度，使焊件的变形及接头内应力减小。它的工艺性优良，耐蚀性和综合力学性能好。主要缺点是成本太高，近年国内大力研制和开发低

银和无银钎料，已取得了较大进展，如 HL205、BCu92PAg、HLCuP6-3 等。用这些钎料钎焊铜和黄铜接头的强度与银钎料相当，但塑性则稍差。

④ 金合金钎料　此种钎料价格昂贵，一般只限于极特殊的应用，如连接高真空密封的真空器件。在此类应用中，金的低蒸气压是有利的。金合金钎料的液相线温度高，这进一步限制了它只能用于铜和一些高溶点铜 - 镍合金的钎焊。

⑤ 非晶态钎料　非晶态钎料是一种新型的钎焊材料，其合金内部的原子排列基本上保留了液态金属的结构状态即长程无序、近程有序，这种结构特点使其具有许多优异的性能。铜基非晶态钎料成分均匀，箔带柔韧可以制成所需形状，且熔点低、流动性好，可以代替银钎料用于铜和铜合金的钎焊。铜基非晶态钎料中加入 P、Sn、Ni 等元素，不但降低了钎料熔点而且增加了流动性、强度和成形性。通过对比铜基非晶态钎料和传统银钎料的润湿性可以看出，铜基非晶态钎料 750℃ 在纯铜上又较大面积的铺展。这主要是由于非晶态钎料组织保持了液相状态，成分均匀，界面能低的缘故。

可以采用非晶态铜基钎料钎焊纯铜。钎料化学成分及物理性能见表 10-19，母材为纯铜。接头形式为搭接，单片试样尺寸为 30mm×10mm×4mm，搭接长度为 3mm，采用炉中钎焊法。

同一温度下，间隙较小时，接头抗剪强度随着搭接间隙的增大而升高，当间隙达到某一值（约 0.15mm）时，抗剪强度达到最大值。之后，随着搭接间隙的增大，剪切强度降低；对于不同的加热温度，最佳搭接间隙相近。不同的加热温度下，加热时间存在一个最佳值。加热时间过长或过短都会降低钎焊接头的抗剪强度。

表 10-19　非晶态箔带钎料的化学成分及物理性能

化学成分（质量分数）/%				液相线 /℃	固相线 /℃
Cu	Ni	Sn	P		
73.6	9.6	9.7	7.0	640	597

（2）钎剂的选择

钎焊铜及铜合金用的钎剂列于表 10-20。就其配方的类型，国内外都相近而且定型。但具体配方在国外是不公开的。我国除了表中所列已纳入国标的配方外，各使用单位也有不少自用的配方。这些配方可归纳为两大类，一类是以硼酸盐和氟硼酸盐为主（钎剂 101 ～ 103），它能有效地清除表面氧化膜，并有很好的浸流性，配合银钎料或铜 - 磷钎料使用可获得良好的效果，适用于各种铜合金焊件。另一类是以氯化物 - 氟化物为主的高活性钎剂（如钎剂 105、钎剂 205），是专门供铝青铜、铝黄铜及其他含铝的铜合金钎焊用的。此类钎剂腐蚀性极强，要求焊后对接头进行严格的刷洗，以防残渣对焊件的腐蚀。钎剂的形式有粉状、膏状和液状。绝大多数钎剂吸湿性很强，给粉状钎剂的制备和保存带来很多麻烦。目前已越来越多地使用膏状和液状钎剂。

表 10-20　铜及铜合金钎焊用钎剂

牌号	名称	成分（质量分数）/%	用途
QJ101	银钎剂	KBF_4 68 ～ 71，H_3BO_3 30 ～ 31	在 550 ～ 850℃ 范围钎焊各种铜及铜合金、铜与钢及铜与不锈钢
QJ102	银钎剂	B_2O_3 33 ～ 37，KBF_4 21 ～ 25，KF 40 ～ 44	在 600 ～ 850℃ 范围钎焊各种铜及铜合金、铜与钢及铜与不锈钢
QJ103	特制银钎剂	KBF_4 > 95	在 550 ～ 750℃ 范围钎焊各种铜及铜合金
QJ105	低温银钎剂	$ZnCl_2$ 13 ～ 16，NH_4Cl 4.5 ～ 5.5，$CdCl_2$ 29 ～ 31，LiCl 24 ～ 26，KCl 24 ～ 26	在 450 ～ 600℃ 范围钎焊铜及铜合金，尤其适合钎焊含铝铜合金
QJ205	铝黄铜钎剂	$ZrCl_2$ 48 ～ 52，NH_4Cl 14 ～ 16，$CdCl_2$ 29 ～ 31，NaF 4 ～ 6	在 300 ～ 400℃ 范围内钎焊铝黄铜、铝青铜，以及铜与铝等异种接头

（3）硬钎焊的钎焊工艺

铜及铜合金可根据焊件的形状、尺寸及数量选择采用烙铁、浸沾、火焰、感应、电阻和炉中等加热方法进行钎焊。各种方法的加热速度和加热时间不同，必须同时合理地选择相适应的钎料、钎剂和保护气氛。原则上说，主要采用快速加热法，因为：

① 某些钎料在熔化时有熔析现象，加热熔化速度快，熔析现象不严重。

② 钎剂的活性作用时间有限，加热速度慢可能使钎剂在钎焊完成前就失效。

③ 缓慢加热使钎焊金属表面氧化严重，妨碍钎料铺展。

④ 缓慢加热将延长熔融钎料与母材的作用时间，形成界面金属间化合物或造成溶蚀等现象，使接头性能恶化。

选用局部加热的火焰钎焊必须考虑预防焊件的变形问题。电阻、感应加热因不同的铜合金的电导率、热导率相差较大而必须考虑功率的调整问题，并尽量选用电导率、热导率低的钎料。这两种方法最合理是用于铜与电导率较低的金属的异种接头钎焊。对具有热脆性或熔化钎料作用下容易发生自裂的铜合金和接头必须在钎焊前进行清除应力处理，并尽量缩短钎焊时间，尽量不采用快速加热法。炉中钎焊黄铜和铝青铜时，为避免锌的烧损及铝向银钎料扩散，最好在焊接表面预先镀上铜层或镍层。在还原性气氛中钎焊铜及铜合金时，要注意"氢病"的危险。只有无氧铜才能在氢气中钎焊。钢与铜及铜合金钎焊一般采用铜-磷-锡焊膏的硬钎焊和氧-乙炔焰钎焊等方法，其特点是无镉、无银，但接头常出现气孔、夹渣、未焊透、侵蚀等焊接缺陷，使接头性能严重下降。为防止制品腐蚀，焊后对钎剂要进行及时清洗。

采用火焰钎焊纯铜件，一般选用铜-银-磷钎料。该钎料价格低，工艺性能好，钎焊接头具有满意的耐蚀性。钎焊时热源采用中性焰。钎剂选用QJ-102。焊前应仔细清理焊件表面氧化物、油脂等污物。需预热，根据试件厚度、大小预热温度、时间有所不同。钎缝区温度应控制在650～800℃之间。焊后间隔一段时间后，当温度降至200℃以下时，用温水、毛刷清理熔渣以防腐蚀。钎焊接头成形美观，表面无裂纹、气孔未熔合。接头抗拉强度达到母材的80%。

使用火焰钎焊的方法可以实现H62黄铜与不锈钢06Cr19Ni10的连接。选用对母材润湿性较好的BAg45CuZn钎料和QJ102钎剂。焊前必须认真清理焊件和钎料表面的油污和氧化物，减小钎料对母材的表面张力，改善其润湿作用。并采用专用工装夹具进行组装定位焊，确保间隙均匀和同心度适合，接头形式如图10-26所示。氧-乙炔焰为热源，接头间隙控制在0.15～0.3mm之间，钎焊温度为750～850℃。焊后试件可用于液氧、液氮、液氩和液态CO_2等液体低温储槽设备的制造中。

采用溶解钎焊工艺可以实现纯铜厚板的不预热焊接。纯铜的热导率、热胀系数和凝固收缩率等都比较大。焊接时热量迅速从加热区传导出去，使母材与填充金属难以熔合。为了补偿热量散失，降低冷却速度，板厚$\delta \geqslant 4mm$的纯铜板TIG焊时一般采取预热措施，同时焊接时需采用大功率热源并采取保温措施，施焊时才易形成熔池。针对纯铜厚板预热困难、耗费人力物力的问题，采用溶解钎焊工艺焊接10mm纯铜板，可以实现纯铜厚板的不预热焊接，有效地节约能源和缩短工时。母材选用10mm厚T2板，焊材选用HL204钎料。焊接电流为210～230A，而钎焊焊接电流一般为120～160A。焊接接头宏观形貌如图10-27所示，与钎焊相比，焊缝变宽，母材发生大量溶解。

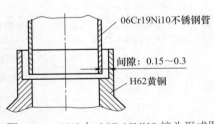

图10-26　H62与06Cr19Ni10接头形式图

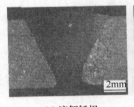
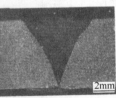

（a）溶解钎焊　　　　　　（b）钎焊

图10-27　接头宏观形貌

溶解钎焊接头及焊缝金属的力学性能要好于普通钎焊接头。虽然溶解钎焊焊缝金属抗拉强度略低于普通钎焊焊缝金属，但溶解钎焊焊缝金属断后伸长率高于普通钎焊焊缝金属，此外，溶解钎焊焊缝金属的硬度低于普通钎焊焊缝金属，溶解钎焊焊接接头的冲击韧度明显高于普通钎焊接头，大约是普通钎焊接头的 3 倍（图 10-28、图 10-29、图 10-30）。

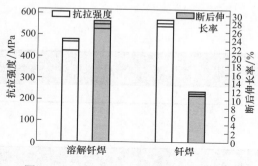

图 10-28　抗拉强度与断后伸长率对比图

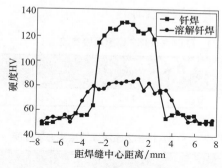

图 10-29　硬度分布图

　　采用熔化极惰性气体保护电弧钎焊方法可以实现铜与钢连接。焊接材料为 HS201，钢材料为 35CrMnSiA，保护气为纯氩气。试验设备是 Fronius 全数字化焊接电源和四主动送丝机构，该系统具有电弧钎焊功能，可满足摆动 MIG 钎焊工艺要求。焊接时通过控制焊接参数（焊接电流、焊接电压、焊速、摆速、摆幅及两端停留时间等），特别是焊接电流和焊速，可以控制焊缝 ω（Fe）在 1% 以下。堆焊层与钢体接合良好但熔深很浅，钢体热影响区组织为马氏体组织。

　　钎焊加热温度低，母材金属的不熔化，可以减轻 Zn 的蒸发，在满足使用条件的情况下，是一种好的焊接方法。在焊接黄铜与奥氏体不锈钢时，两种材料的热导率、熔点、线胀系数差异很大。这导致了两者进行弧焊时存在预热温度无法统一、施焊时飞溅严重等特点。而应用钎焊就可以避免上述缺点，采用银钎料 H1AgCu40-35，在真空炉内钎焊 H62 黄铜和 1Cr18Ni9Ti。焊接工艺过程如下：首先去除表面油污，然后装配成图 10-31 所示焊接接头形式，再用小刀将多余钎料刮掉，最后放入炉中加热冷却，焊后检验合格，无一渗漏。同时，采用 TIG 焊的焊件飞溅严重，变形大且产生了宏观裂纹。

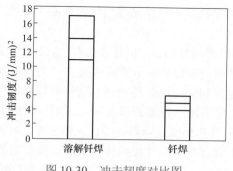

图 10-30　冲击韧度对比图

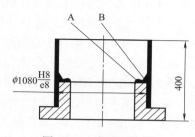

图 10-31　装配示意图

　　扩散钎焊是在高温下保温一定时间以使焊件产生微量变形，使接触部分产生原子互相扩散的过程。该方法兼有扩散焊与钎焊的特点，其接头是焊件的原子通过固态的（有时可采用熔化的）中间夹层对对接面之间液态物质相互扩散而形成。采用银、铜、镍中间夹层组合，在钎焊温度 950℃、保温时间 10 ～ 20min、预充应力 0.06 ～ 0.12MPa、焊接压应力 0.16 ～ 0.35MPa、真空度 0.5Pa 的焊接参数下，实现了铜钢的扩散钎焊，其钎焊缝抗剪强度可达到 175.1MPa。

10.3.6　铜及铜合金的摩擦焊

（1）普通摩擦焊

摩擦焊是在外力作用下，利用焊件接触面之间的相对摩擦和塑性流动所产生的热量，使接触面及其近区金属达到黏塑性状态并产生适当的宏观塑性变形，通过两侧材料间的相互扩散和动态再结晶而完成焊接的。

表 10-21　DT4A+H62 摩擦焊接参数

主轴转速 /（r/min）	摩擦压力 /MPa	顶锻压力 /MPa	摩擦时间 /s	保压时间 /s	工进速度 /（mm/s）	顶刹时间 /s
1450	115	220	1.8	4	6	提前 0.8

表 10-22　DT4A+H62 摩擦焊接接头力学性能

试件		抗拉强度 R_m /MPa	断后伸长率 A /%	断面收缩率 Z /%	备注
编号 1		386	25	79	拉断部位于距焊合面 30mm 纯铁母材一侧
编号 2		364	26	76	拉断部位于距焊合面 28mm 纯铁母材一侧
母材	DT4A	320	26	—	退火状态
	H62	380	15	—	拉制状态

纯铜（T2）与低碳钢（20 钢）棒材可以进行连续驱动摩擦焊和惯性摩擦焊。在主轴转速 760r/min、摩擦压力 144 ~ 162MPa、顶锻压力 215 ~ 250MPa、摩擦时间 0.4 ~ 0.6s、顶锻时间 0.1s、保压时间 5s 的焊接参数下，实现了纯铜与低碳钢的连续驱动摩擦焊；在主轴转速为 770r/min、焊接压力 179 ~ 215MPa、焊接时间 0.6 ~ 0.8s 的焊接参数下完成了纯铜与低碳钢的惯性摩擦焊。接头室温抗拉强度达到母材铜的 85% 以上，热影响区很窄，且是细晶组织。

采用摩擦焊接 H62 黄铜与 DT4A 电磁纯铁，焊接参数见表 10-21。获得了 100% 的焊合且强于纯铁母材的焊接接头（接头力学性能见表 10-22）。DT4A+H62 摩擦焊接接头金相组织为焊合的初始摩擦面处组织为细小的 α+ε 相，黄铜一侧焊合的黏滞区为再结晶等轴状的细晶（Zn 在 Cu 中的固溶体）α+（Cu 在 Zn 中的固溶体）β 相组成。

由于 2A12 铝合金与铜摩擦焊接性能较差，通过采用纯铝作中间过渡层对 2A12 铝合金与铜进行摩擦焊，大大改善 2A12 铝合金与铜摩擦焊接性能，获得高质量的焊接接头。主轴电动机功率为 22kW，最大轴向压力 2500MPa，主轴摩擦转速为 1450r/min，移动夹具的轴向移动速度为 1 ~ 2.5mm/s。焊前，对 2A12 铝合金和 T2 纯铜焊接表面用砂布打磨去氧化物，并用丙酮脱脂。然后立即焊接，停放时间不得超过 2h，以免新的表面氧化物形成。焊后，焊件立即水冷，以消除余热对扩散的影响。采用纯铝作中间过渡层的 2A12 铝合金与铜的摩擦焊接接头的焊接参数为：摩擦压力为 200MPa，顶锻压力为 350MPa，摩擦时间为 6s，顶锻时间为 4s；其接头抗拉强度分别为 93.4 ~ 112.3MPa 和 98.1 ~ 109.7MPa，断裂全部在铝侧。

（2）搅拌摩擦焊

目前搅拌摩擦焊主要用于熔化温度较低的有色金属，如铝、镁等合金，可避免熔焊时产生裂纹、气孔及收缩等缺陷。对于铜及铜合金来说，也是一种很有潜力的焊接方法。

焊接压力、转速和横向速度是搅拌摩擦焊的主要焊接参数。焊接时压力过大时，容易使金属从焊缝两边溢出，形成较大飞边，导致接头处填充金属不足，焊缝难以填平，焊缝截面积减小；

压力过小时，会出现轴肩旋转痕迹不连续的现象，同时减小了轴肩与上表面的摩擦热，而且使内都金属被搅至表面，焊缝中容易出现空洞。从材料的热塑性看，焊接速度过快时，搅拌头的摩擦热不足，不能使焊缝金属达到焊接所需的热塑性状态，无法发挥搅拌头的搅拌作用，成形较差，无法焊合；焊接速度过慢时，由于摩擦热过多，焊缝表面成形凹凸不平，内部出现空洞，焊缝表面金属严重氧化，热影响区晶粒严重粗化。转速过高，焊缝表面颜色逐渐变暗，接头强度下降；转速过低会使产热不足，焊接接头出现空洞缺陷。

对 3mm 厚 T2 纯铜板应用搅拌摩擦焊，搅拌头材料选择镍基高温合金 GH4169，轴肩尺寸为 10mm，圆台形，根部直径 4mm，长度 25mm。3mm 厚铜板搅拌摩擦焊参数是：旋转速度为 $950 \sim 1200\text{r/min}$，横向速度为 $47.5 \sim 75\text{mm/min}$，压强为 $13 \sim 19\text{MPa}$。在合理的焊接参数下，接头抗拉强度可以达到母材的 80% 以上。

对 4mm 纯铜板进行 FSW 焊，试样是在旋转速度 $n=600\text{r/min}$、焊接速度 $v=50\text{mm/min}$、预热时间 5s、轴肩下压 0.2mm 的焊缝中截取的。接头组织没有明显的热 - 力影响区（图 10-32），只有焊核区［图 10-32（a）］（nugget zone，简称 NZ）、热影响区［图 10-32（b）］（heat affected zone，简 HAZ）及母材区［图 10-32（c）］（base material，简称 BM）。焊核区是由非常均匀、细小的等轴晶粒组成，比母材、热影响区晶粒细小得多。而热影响区由于受到热的影响，该区大晶粒间产生了新的再结晶晶粒。

(a) NZ　　　　　　　　　(b) HAZ　　　　　　　　　(c) BM

图 10-32　纯铜搅拌摩擦焊焊接接头微观组织（400×）

（$n=600\text{r/min}$，$v=50\text{mm/min}$）

其他工艺参数不变，改变焊接速度（60mm/min，75mm/min），可从图 10-33（a）中明显看出在焊核区与热影响区之间有一极窄的热 - 力影响区，此处晶粒被挤压拉长。由于焊核区同时受到强烈的塑性剪切变形及摩擦生热，晶粒发生了动态恢复与动态再结晶，导致焊核区的晶粒细化。从图 10-33（a）、（b）可以看出，由于焊接速度不同导致相应焊缝中输入的搅拌摩擦热量不同，最终焊核区的晶粒长大结果也不同。随着搅拌针移动速度的升高，焊核区晶粒更加均匀、细小，热影响区变窄，出现热 - 力影响区，同时在前进边出现隧道形缺陷。这是因为铜属于面心立方晶格结构材

(a) $n=600\text{r/min}$，$v=60\text{mm/min}$　　　　　(b) $n=600\text{r/min}$，$v=75\text{mm/min}$

图 10-33　不同速度纯铜搅拌摩擦焊焊接接头微观组织（400×）

料的堆垛层错能比较低，不易发生动态恢复，在较高变形温度和较低的应变速率条件下，易发生动态再结晶，当搅拌头旋转速度等工艺一定时，其水平移动速度决定了焊缝区变形温度的高低及应变速率的大小，变形温度高时其应变速率低，相反变形温度低时其相应的应变速率高；焊接速度高时其焊缝变形温度低并且高温停留时间短，晶粒不易长大，这时焊核区晶粒尺寸要小于低速时焊核区晶粒尺寸；同时在焊核区附近由于低的变形温度及高的应变速率，发生了动态恢复，少量的晶粒形状随着金属主变形方向而拉长；随着高温停留时间延长，变形区消失而表现为动态再结晶晶粒、再结晶晶粒和原始晶粒混合区，因此铜的搅拌摩擦焊接头组织没有热 - 力影响区。

采用搅拌摩擦焊接板厚 5mm 的黄铜 H62，焊接参数见表 10-23。搅拌头旋转速度为 400 ～ 900r/min，焊接速度为 35 ～ 100r/min，焊接速度与搅拌头旋转速度的比值保持在 0.09 ～ 0.15 之间，压入深度在 0.1 ～ 0.2mm 之间时可以得到组织细密无空洞的搅拌摩擦焊接接头。如图 10-34 所示。

表 10-23　焊接参数

编号	旋转速度 n / (r/min)	焊接速度 v / (mm/min)	v/n	表面形貌
1	400	42	0.105	无缺陷
2	500	55	0.110	无缺陷
3	500	65	0.130	无缺陷
4	630	60	0.095	无缺陷
5	630	70	0.111	无缺陷
6	700	80	0.114	无缺陷
7	800	110	0.138	无缺陷
8	800	115	0.144	无缺陷
9	800	125	0.156	无缺陷
10	900	50	0.056	无缺陷

图 10-35 是焊缝横断面显微硬度分布图，从图中可以看出，焊缝中心的显微硬度为母材硬度的 70% ～ 82%，而焊接热影响区（HAZ）的硬度比焊缝中心和母材区都低，只有母材的 60%。这主要是由于黄铜初始状态是硬态，焊接时因加热而使焊缝区发生了软化。此外，焊缝金属在 FSW 过程中发生了动态恢复与再结晶，虽然这一区域晶粒比母材小，但是这一区域在恢复与再结晶过程中软化程度超过了硬化程度，使得焊缝硬度比母材低。利用搅拌摩擦焊得到的黄铜接头的力学性能比母材要低，其接头平均抗拉强度可以达到母材的 88%，最大可以达到 90.5%。

对于 3mm 厚 T2 纯铜和 H62 黄铜搅拌摩擦焊，最优焊接参数为转速 750r/min，横向速度为 37.5mm/min，压力 2.5kN。在此参数条件下，抗拉强度为 236.67MPa，断后伸长率为 5.67%，断裂位置位于 H62 一侧热影响区。弯曲试样的弯曲角几乎达到 160° 仍未断裂。焊合区维氏硬度比纯铜母材的维氏硬度高，比黄铜母材的维氏硬度低，这主要是由焊合区金属在组织上已经成为两相合金，且在焊接过程中晶粒细化所致。但在热影响区，由于焊接热循环的作用，发生不完全动态结晶，晶粒分布不均匀，使得黄铜一侧热影响区的硬度高于黄铜母材的硬度。

(a) n=900r/min，v=50mm/min，预热10s　(b) n=800r/min，v=125mm/min，预热3s　(c) n=500r/min，v=65mm/min，预热4s

图 10-34　不同工艺条件下黄铜搅拌摩擦焊焊缝外观形貌

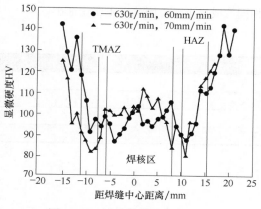

图 10-35　试件显微硬度分布图

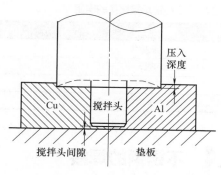

图 10-36　焊接示意图

搅拌摩擦焊可以实现 T1 纯铜板和 5A06 铝合金板的连接，焊接示意图如图 10-36 所示。焊前应对试件进行油污和氧化膜的清理。铝合金与纯铜焊接接头获得良好的焊缝，其成形情况与焊接参数和板材厚度有着密切的关系。对于厚度为 2mm 的板材，获得良好焊缝成形的焊接参数范围：搅拌头旋转速度 n 为 1180r/min，焊接速度 v 为 30.150mm/min。对于厚度为 3mm 的板材，相同工艺很难获得满意的焊缝，且获得良好焊缝成形的参数范围较窄。当搅拌头旋转速度 n 为 750r/min，焊接速度 v 为 60mm/min 时，可以获得无宏观裂纹的焊缝。焊接参数不当时，在焊缝中易产生缺陷。缺陷主要表现为焊缝表面成形不好，出现裂纹或沟槽，或在焊缝内部出现空洞或隧道型缺陷。对于铝铜异种材料的搅拌摩擦焊，裂纹的产生与焊缝中 Al/Cu 金属间化合物（$AlCu_2$、Al_2Cu_3、$AlCu$、Al_2Cu）的形成有关。在搅拌头压力一定的情况下，搅拌摩擦焊焊缝的形成与搅拌头旋转速度和焊接速度有关。对于厚度为 2mm 的铝合金 5A06 与纯铜 T1，当搅拌头旋转速度 $n=1180$r/min 时，焊接接头抗拉强度最高能达到母材 5A06 的 95% 或母材 T1 的 75%。

采用搅拌摩擦焊焊接 4mm 厚的 T2 纯铜板和 Q235 低碳钢板。焊接速度为 75mm/min，搅拌头旋转速度为 750r/min，钢位于焊缝的前进边，探针偏移量为 0.8mm，即探针边缘与钢铜焊接接缝的距离为 0.8mm。焊缝表面比较光滑，由搅拌头轴肩挤压钢、铜材料产生的弧形纹细密，焊缝两侧的飞边表现为由钢、铜混合形成的絮状细丝。焊缝尾端的匙孔处有材料剥落。

由于搅拌头探针偏向铜侧，焊核大部分由铜组成。在焊缝上表面，搅拌头轴肩将近表面的钢搅拌入铜中；在焊核中下部有钢铜条带层叠形成的漩涡状流线。越靠近焊缝中心，钢条带和铜条带的晶粒越细小。轴肩挤压区的钢和铜呈现出较其他区域更细小的晶粒。在铜侧接头各个部位的显微组织均为等轴晶，但晶粒大小不同，其中轴肩挤压区和热 - 力影响区的晶粒小于母材，热影响区的晶粒比母材大。这是由于热影响区中铜的晶粒受到焊接热的影响，发生了明显长大，而热 - 力影响区和轴肩挤压区，在焊接挤压力和焊接摩擦热的共同作用下，其组织发生动态再结晶，形成了细小的等轴晶。钢侧的组织，在焊缝钢侧，靠近焊核处的热影响区内有较明显的魏氏组织形貌；随距焊核距离的增加，钢发生了再结晶、部分再结晶，组织为等轴的铁素体和少量的珠光体。

如果选用 6mm 厚的 T2 纯铜板，分别用搅拌摩擦焊、钨极氩弧焊和钎焊进行对接焊接，钎焊用银钎料焊。焊接参数为：搅拌头旋转速度 $n=600\sim950$r/min，焊接速度 $v=75\sim150$mm/min。如表 10-24 所示，三种方法焊接的接头电阻相等，与纯铜母材基本相同，但搅拌摩擦焊焊接的焊缝电阻小于相同尺寸下的熔化焊和钎焊焊缝的电阻。这是由于熔焊接头易产生气孔、热裂纹等缺陷，同时焊接时一些合金元素的融入，使 Cu 晶体中的异类原子、位错、点缺陷和杂质元素增加，使其导电性下降。钎焊接头中，钎料的电阻率高于铜材的电阻率，同样使接头的导电性下降。而在搅拌摩擦焊时，没有气孔、裂纹等缺陷，没有熔焊过程中产生的杂质和合金元素的融入，焊缝组织是新的无畸变的细小等轴晶粒，晶格类型与母材相同，成分不变，因此电阻变化很小。

表 10-24　T2 纯铜焊接接头的电阻

焊接方法	焊缝金属电阻 /μΩ	焊接接头电阻 /μΩ
搅拌摩擦焊	7 ～ 8	7
氩弧焊	9 ～ 10	7
钎焊	9	7
母材（未焊接）	7	7

10.4　不锈钢的焊接

10.4.1　概述

不锈钢指耐空气、蒸汽、水等弱腐蚀介质和酸、碱、盐等化学侵蚀性介质腐蚀的钢，又称不锈耐酸钢。不锈钢的耐蚀性随含碳量的增加而降低，因此大多数不锈钢的含碳量均较低，质量分数最大不超过 1.2%。不锈钢中的主要合金元素是 Cr，只有当 Cr 含量达到一定值时，钢才有耐蚀性。因此不锈钢中 Cr 的质量分数至少为 12%。此时，钢的表面能迅速形成致密的 Cr_2O_3 氧化膜，使钢的电极电位和在氧化性介质中的耐蚀性发生突变性提高。在非氧化性介质（HCl、H_2SO_4）中，铬的作用并不明显，除了铬外，不锈钢中还须加入能使钢钝化的 Ni、Mo 等其他元素。

通常所说的不锈钢实际是不锈钢和耐酸钢的总称，不锈钢一般泛指在大气、水等弱腐蚀介质中耐蚀的钢，耐酸钢则是指在酸、碱、盐等强腐蚀介质中耐蚀的钢。两者在化学成分上的共同特点是铬的质量分数均在 12% 以上，但由于合金化的差异，不锈钢并不一定耐酸，而耐酸钢一般具有良好的不锈性能。按照习惯叫法，本章将不锈钢和耐酸钢都简称为不锈钢。

10.4.2　不锈钢的类型与应用

不锈钢按照组织类型，可分为五类，即铁素体不锈钢、马氏体不锈钢、奥氏体不锈钢、双相不锈钢和沉淀硬化不锈钢。

不锈钢的重要特性之一是耐蚀性，然而不锈钢的不锈性和耐蚀性都是相对的，有条件的，受到诸多因素的影响，包括介质种类、浓度、纯净度、流动状态、使用环境的温度、压力等，目前还没有对任何腐蚀环境都具有耐蚀性的不锈钢。因此选用不锈钢时应根据具体的使用条件加以合理选择，才能获得良好的使用效果。

（1）奥氏体不锈钢

奥氏体不锈钢，是指在常温下具有奥氏体组织的不锈钢。钢中含 Cr 约 18%，Ni8% ～ 25%、C 约 0.1% 时，具有稳定的奥氏体组织。奥氏体不锈钢有 Fe-Cr-Ni、Fe-Cr-Ni-Mo、Fe-Cr-Ni-Mn 等系列。为改善某些性能，满足特殊用途要求，在一些钢中单独或复合添加了 N、Nb、Cu、Si 等合金元素。奥氏体不锈钢通常在室温下为纯奥氏体组织，也有一些奥氏体不锈钢室温下的组织为奥氏体加少量铁素体，少量铁素体有助于防止焊接热裂纹的产生。奥氏体不锈钢不能用热处理方法强化，但由于这类钢具有显著的冷加工硬化性，可通过冷变形方法提高强度。经冷变形产生的加工硬化，可采用固溶处理使之软化。奥氏体不锈钢在各种类型不锈钢中应用最为广泛，品种也最多。由于奥氏体不锈钢的铬、镍含量较高，因此在氧化性、中性以及弱还原性介质中均具有良好的耐蚀性。奥氏体不锈钢无磁性而且具有高韧性和塑性，冷热加工性能俱佳，焊接性优于其他类型不锈钢，因而其广泛应用于建筑装饰、食品工业、医疗器械、纺织印染设备以及石油、化工、原子能等工业领域。

（2）铁素体不锈钢

铁素体不锈钢含铬量在 15%～30%，在高温和常温下均以体心立方晶格的铁素体为基体组织，这类钢一般不含镍。近年来铁素体不锈钢逐渐向低碳、高纯度发展，使铁素体不锈钢的脆化倾向和焊接性得到明显改善。当钢中铬的质量分数超过 16% 时，仍存在加热脆化倾向。铁素体不锈钢的应用比较广泛，其中 Cr13 和 Cr17 型铁素体不锈钢主要用于腐蚀环境不十分苛刻的场合，例如室内装饰、厨房设备、家电产品、家用器具等。超低碳高铬含钼铁素体不锈钢因对氯化物应力腐蚀不敏感，同时具有良好的耐点蚀、耐缝隙腐蚀性能，因而广泛用于热交换设备、耐海水设备、有机酸及制碱设备等。

（3）马氏体不锈钢

马氏体不锈钢是一类可以通过热处理（淬火、回火）对其性能进行调整的不锈钢，铬的质量分数为 12%～18%，碳的质量分数为 0.1%～1.0%，也有一些碳含量更低的马氏体不锈钢，如 0Cr13Ni5Mo 等。马氏体不锈钢加热时可形成奥氏体，一般在油或空气中冷却即可得到马氏体组织。碳含量较低的马氏体不锈钢淬火状态的组织为板条马氏体加少量铁素体，如 12Cr13、14Cr17Ni2、0Cr16Ni5Mo 等。当碳的质量分数超过 0.3% 时，正常淬火温度加热时碳化物不能完全固溶，淬火后的组织为马氏体加碳化物。马氏体不锈钢应用较为普遍的是 Cr13 型马氏体不锈钢。为获得或改善某些性能，添加镍、钼等合金元素，形成一些新的马氏体不锈钢。马氏体不锈钢主要用于硬度、强度要求较高，耐腐蚀要求不太高的场合，如量具、刃具、餐具、弹簧、轴承、汽轮机叶片、水轮机转轮、泵、阀等。

（4）铁素体-奥氏体双相不锈钢

铁素体-奥氏体双相不锈钢在室温下的组织为铁素体加奥氏体，通常铁素体的体积分数不高于50%。双相不锈钢与奥氏体不锈钢相比，具有较低的热裂倾向，而与铁素体不锈钢相比，则具有较低的加热脆化倾向，其焊接热影响区铁素体的粗化程度也较低。但这类钢仍然存在铁素体不锈钢的各种加热脆化倾向。双相不锈钢具有奥氏体不锈钢和铁素体不锈钢的一些特性，韧性良好，强度较高，耐氯化物应力腐蚀。适于制作海水处理设备、冷凝器、热交换器等，在石油、化工领域应用广泛。

（5）沉淀硬化不锈钢

沉淀硬化不锈钢是在不锈钢中单独或复合添加硬化元素，通过适当热处理获得高强度、高韧性并具有良好耐蚀性的一类不锈钢。沉淀硬化不锈钢包括马氏体沉淀硬化不锈钢、半奥氏体沉淀硬化不锈钢和奥氏体沉淀硬化不锈钢。马氏体沉淀硬化不锈钢固溶处理后，空冷至室温即可得到马氏体加少量铁素体和残留奥氏体或马氏体加少量残留奥氏体。再通过不同的时效温度，可得到不同的强化效果。半奥氏体沉淀硬化不锈钢固溶处理后，冷却至室温下得到的是不稳定的奥氏体组织。经 700～800℃ 加热调整处理，析出碳化铬，使 Ms 点升高至室温以上，冷却后即转变为马氏体。再在 400～500℃ 时效，达到进一步强化。这类钢也可在固溶处理后直接冷却至 Ms 与 Mf 之间，得到部分马氏体组织。再经时效处理，亦可达到强化效果。奥氏体沉淀硬化不锈钢的铬、镍或锰含量较高，无论采用何种热处理，室温下均为稳定的奥氏体组织。经时效处理，在奥氏体基体上析出沉淀硬化相，从而获得更高的强度。由于这类钢中含有较多硬化元素，比普通奥氏体不锈钢的焊接性差。沉淀硬化不锈钢通常作为耐磨、耐蚀、高强度结构件，如轴、齿轮、叶片等转动部件和螺栓、销子、垫圈、弹簧、阀、泵等零部件以及高强度压力容器、化工处理设备等。

10.4.3 不锈钢的焊接方法与焊接材料

（1）不锈钢的焊接方法

许多焊接方法都可用于不锈钢的焊接，但对于不同类型的不锈钢，由于其组织与性能存在较大的差异，焊接性也各不相同，因此不同的焊接方法对于不同类型的不锈钢具有不同的适应性。在选择焊接方法时，要根据不锈钢母材的焊接性、其对焊接接头力学性能、耐腐蚀性能的综合要求来确定。例如埋弧焊是一种高效优质的焊接方法，对于含有少量铁素体的奥氏体不锈钢焊缝来讲，通常不会产生焊接热裂纹，但对于纯奥氏体不锈钢焊缝，由于许多焊剂向焊缝金属中增硅，焊缝金属容易形成粗大的单相奥氏体柱状晶，焊缝金属的热裂敏感性大，因此一般不采用埋弧焊焊接纯奥氏体不锈钢，除非采用特殊的焊剂。当焊接接头的耐蚀性要求高时，钨极氩弧焊等惰性气体保护焊具有明显的优势。对于一些特种焊接方法，如电阻点焊、缝焊、闪光焊及螺柱焊，也可用于不锈钢的焊接，与普通低碳钢相比，由于不锈钢具有较高的电阻和较高的强度，因此需要较低的焊接电流和较大的压力或顶锻力。钎焊也广泛应用于不锈钢的连接，母材类型不同，钎焊温度也不同，与普通碳钢相比，不锈钢用钎剂有较强的腐蚀性，为了防止残留的钎剂对钎焊接头的腐蚀，需对钎焊接头予以仔细的清理。当前，高能束高效精密焊接成形的巨大优势使激光与电子束的焊接得到迅速发展与应用，特别是对于一些薄板结构的焊接应用越来越广泛，表 10-25 列出了各种焊接方法焊接不锈钢的适用性。

表 10-25　各种焊接方法焊接不锈钢的适用性

焊接方法	母材			板厚 /mm	说明
	马氏体型	铁素体型	奥氏体型		
焊条电弧焊	适用	较适用	适用	＞ 1.5	薄板手工电弧焊不易焊透，焊缝余高大
手工钨极氩弧焊	较适用	适用	适用	0.5 ～ 3.0	厚度大于 3mm 时可采用多层焊工艺，但焊接效率较低
自动钨极氩弧焊	较适用	适用	适用	0.5 ～ 3.0	厚度大于 4mm 时采用多层焊，小于 0.5mm 时操作要求严格
脉冲钨极氩弧焊	应用较少	较适用	适用	0.5 ～ 3.0	热输入低，焊接参数调节范围广，卷边接头
				＜ 0.5	
熔化极氩弧焊	较适用	较适用	适用	3.0 ～ 8.0	开坡口，单面焊双面成形开坡口，多层多道焊
				＞ 8.0	
脉冲熔化极氩弧焊	较适用	适用	适用	＞ 2.0	热输入低，焊接参数调节范围广
等离子弧焊	较适用	较适用	适用	3.0 ～ 8.0	厚度为 3.0 ～ 8.0mm 时，采用穿透型焊接工艺，开 I 形坡口，单面焊双面成形；厚度≤ 3.0mm 时，采用熔透型焊接工艺
				≤ 3.0	
微束等离子弧焊	应用很少	较适用	适用	＜ 0.5	卷边接头
埋弧焊	应用较少	应用很少	适用	＞ 6.0	效率高，劳动条件好，但焊缝冷却速度缓慢
电子束焊接	应用较少	应用很少	适用		焊接效率高
激光焊接	应用较少	应用很少	适用		焊接效率高
电阻焊	应用很少	应用较少	适用	＜ 3.0	薄板焊接，焊接效率较高
钎焊	适用	应用较少	适用		薄板连接

（2）不锈钢焊接用填充材料

① 不锈钢焊条　按照熔敷金属的化学成分、药皮类型、焊接位置、焊接电流种类及其用途，不锈钢焊条已列入国家标准 GB/T 983—2012，可查阅。目前，我国生产的不锈钢焊条商品牌号，

仍习惯采用全国焊接材料行业统一的不锈钢焊条牌号。

② 不锈钢用焊丝　常用的焊接用不锈钢盘条，根据母材的成分、对焊接接头综合性能的要求及可采用的焊接工艺，可选做氩弧焊、富氩混合气体保护焊及埋弧焊用填充材料。近年来，不锈钢药芯焊丝的应用也越来越广。

③ 不锈钢埋弧焊焊剂　不锈钢埋弧焊主要选用氧化性弱的中性或碱性焊剂。熔炼型焊剂有无锰中硅中氟的 HJ150、HJ151、HJ151Nb 和低锰低硅高氟的 HJ172 以及低锰高硅中氟的 HJ260，其中 HJ151Nb 主要解决含铌不锈钢的脱渣难问题。烧结型焊剂有 SJ601、SJ608 及 SJ701，其中 SJ701 特别适合于含钛不锈钢的焊接，焊接时脱渣容易。表 10-26 列出了几种焊丝与焊剂的相互匹配及其焊接特点。

表 10-26　焊丝与焊剂的匹配

焊剂牌号	焊丝牌号	焊接特点
HJ150	H12Cr13、H20Cr13	直流正接、工艺性能良好、脱渣容易
HJ151	H08Cr21Ni10、H0Cr20Ni10Ti、H00Cr21Ni10	直流正接、工艺性能良好、脱渣容易，增碳少、烧损铬少
HJ151Nb	H0Cr20Ni10N、H00Cr24Ni12Nb	直流正接、工艺性能良好、焊接含铌钢时脱渣容易，增碳少、烧损铬少
HJ172	H08Cr21Ni10、H08Cr20Ni10Nb	直流正接、工艺性能良好、焊接含铌或含钛不锈钢时不粘渣
HJ260	H08Cr21Ni10、H0Cr20Ni10Ti	直流正接、脱渣容易，铬烧损较多
SJ601	H08Cr21Ni10、H00Cr20Ni10、H00Cr19Ni12Mo2	直流正接、工艺性能良好，几乎不增碳、烧损铬少，特别适用于低碳与超低碳不锈钢的焊接
SJ608	H08Cr21Ni10、H0Cr20Ni10Ti、H00Cr21Ni10	可交直流两用，直流正接焊时具有良好的工艺性能，增碳与烧铬都很少
SJ701	H0Cr20Ni10Ti、H08Cr21Ni10	可交直流两用，直流正接焊时具有良好的工艺性能，焊接时钛的烧损少，特别适用于 H1Cr18Ni9Ti 等含钛不锈钢的焊接

10.4.4　不锈钢的焊接特点

（1）奥氏体不锈钢的焊接特点

与其他不锈钢相比，奥氏体不锈钢的焊接是比较容易的。在焊接过程中，对于不同类型的奥氏体不锈钢，奥氏体从高温冷却到室温时，随着 C、Cr、Ni、Mo 含量的不同、金相组织转变的差异及稳定化元素 Ti、Nb+Ta 的变化、焊接材料与工艺的不同，焊接接头各部位可能出现下述一种或多种问题，例如焊接接头热裂纹产生，焊接接头耐蚀性降低。因此在实际焊接工艺方法的选择及焊接材料的匹配方面应予以足够的重视。

（2）马氏体不锈钢的焊接特点

对于 Cr13 型马氏体不锈钢来讲，高温奥氏体冷却到室温时，即使是空冷，也转变为马氏体，表现出明显的淬硬倾向。由于焊接是一个快速加热与快速冷却的不平衡冶金过程，因此这类焊缝及焊接热影响区焊后的组织通常为硬而脆的高碳马氏体，含碳量越高，这种硬脆倾向就越大。当焊接接头的拘束度较大或氢含量较高时，很容易导致冷裂纹的产生。与此同时，由于此类钢的组织位于舍夫勒（Schaeffler）图中 M 与 M+F 相组织的交界处，在冷却速度较小时，近缝区及焊缝金属会形成粗大铁素体及沿晶析出碳化物，使接头的塑韧性显著降低。因此在采用同材质焊接材料焊接此类马氏体钢时，为了细化焊缝金属的晶粒，提高焊缝金属的塑韧性，焊接材料中通常加入少量的 Nb、Ti、Al 等合金化元素，同时应采取一定工艺措施。

对于低碳钢以及超级马氏体不锈钢，由于其 ω（C）已降低到 0.05%、0.03%、0.02% 的水平，因此从高温奥氏体状态冷却到室温时，虽然也全部转变为低碳马氏体，但没有明显的淬硬倾向。不同的冷却速度对热影响区的硬度没有显著的影响，具有良好的焊接性。该类钢经淬火和一次回火或二次回火热处理后，由于韧化相逆变奥氏体均匀弥散分布于回火马氏体基体，因此具有较高的强度和良好的塑韧性，表现出强韧性的良好匹配。与此同时，其耐腐蚀能力明显优于 Cr13 型马氏体钢。

（3）铁素体不锈钢的焊接特点

对于普通铁素体不锈钢，一般尽可能在低的温度下进行热加工，再经短时的 780～850℃ 退火热处理，得到晶粒细化、碳化物均匀分布的组织，并使其具有良好的力学性能与耐蚀性能。但在焊接高温的作用下，在加热温度达到 1000℃ 以上的热影响区、特别是近焊缝区的晶粒会急剧长大，进而使近缝区的塑韧性大幅度降低，引起热影响区的脆化，在焊接拘束度较大时，还容易产生焊接裂纹。热影响区的脆化与铁素体不锈钢中 C+N 含量密切相关，在较低温度 815℃ 水淬状态下，铁素体不锈钢都具有较低的脆性转变温度。随着 C、N 含量的提高，脆性转变温度有所提高，而且经高温 1150℃ 加热处理后，随着 C、N 含量的提高，脆性转变温度的提高更加明显。超纯铁素体不锈钢与普通铁素体不锈钢相比，随着 C、N 含量的降低，其塑性与韧性大幅度提高，焊接热影响区的塑韧性也得到明显改善。对于超纯的 Cr26 型铁素体不锈钢，经 1100℃ 高温加热后，无论采用水淬或空冷都具有良好的塑性。

（4）双相不锈钢的焊接特点

对于双相不锈钢，由于铁素体含量约达 50%，因此存在高 Cr 铁素体钢所固有的脆化倾向。由图 10-37 可以看出，在 300～500℃ 范围内存在时间较长时，将发生"475℃ 脆性"及由于 $\alpha \rightarrow \alpha'$ 相变所引起的脆化。因此双相钢的使用温度通常低于 250℃。

双相不锈钢具有良好的焊接性，尽管其凝固结晶为单相铁素体，但在一般的拘束条件下，焊缝金属的热裂纹敏感性很小，当双相组织的比例适当时，其冷裂纹敏感性也较低。但应注意，双相不锈钢中毕竟具有较高的铁素体，当拘束度较大及焊缝金属含氢量较高时，还存在焊接氢致裂纹的危险。因此，在焊接材料选择与焊接过程中应控制氢的来源。

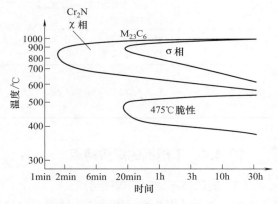

图 10-37 双相不锈钢等温转变（TTT）图

（5）析出硬化不锈钢的焊接特点

① 析出硬化马氏体不锈钢的焊接特点 该类钢具有良好的焊接性，进行同材质、等强度焊接时，在拘束度不大的情况下，一般不需要焊前预热或焊后热处理，焊后热处理采用同母材相同的低温回火时效将获得等强度的焊接接头。当不要求等强度的焊接接头时，通常采用奥氏体类型的焊接材料焊接，焊前不预热、不进行焊后热处理，焊接接头中不会产生裂纹。在热影响区，虽然形成马氏体组织，但由于碳含量低，没有强烈的淬硬倾向，在拘束度不大的情况下，不会产生焊接冷裂纹。值得注意的是，如果母材中强化元素偏析严重，如铸件的质量较差，将恶化焊接热影响区的焊接性与塑韧性。

② 析出硬化半奥氏体不锈钢的焊接特点 该类钢通常具有良好的焊接性，当焊缝与母材成分相同时，即要求同材质焊接时，在焊接热循环的作用下，将可能出现有如下问题：

a. 由于焊缝及近缝区加热温度远高于固溶温度，和铁素体相比略有所增加，铁素体含量过高将可能引起接头的脆化。

　　b. 在焊接高温区，碳化物（特别是铬的碳化物）大量溶入奥氏体固溶体，提高了固溶体中的有效合金元素含量，进而增加了奥氏体的稳定性，降低了焊缝及近缝区的 Ms 点，使奥氏体在低温下都难以转变为马氏体，使焊接接头的强度难以与母材相匹配。因此，必须采用适当的焊后热处理，使碳化物析出，降低合金元素的有效含量，促进奥氏体向马氏体的转变。通常的措施是焊接结构的整体复合热处理，其中包括：

　　焊后调整热处理：746℃加热 3h 后空冷，使铬的碳化物析出，提高 Ms 点，促进马氏体转变。

　　低温退火：930℃加热 1h 后水淬，使 $Cr_{23}C_6$ 等碳化物从固溶体中析出，可大大提高 Ms 点。

　　冰冷处理：在低温退火的基础上，立即进行冰冷处理（-73℃保持 3h），使奥氏体几乎全部转变为马氏体，然后升温到室温。

　　当不要求同材质、等强度焊接时，可采用常用的奥氏体型（Cr18Ni9、Cr18Ni12Mo2）焊接材料，焊缝与热影响区均没有明显的裂纹敏感性。

　　③ 析出硬化奥氏体不锈钢的焊接特点　由于 A-286 钢与 17-10P 钢的合金体系与强化元素存在较大的差异，因此两种不锈钢的焊接性也有很大的差别。对于 A-286 钢，虽然含有较多的时效强化合金元素，但其焊接性与半奥氏体析出强化不锈钢的焊接性相当，采用常用的熔焊工艺时，裂纹敏感性小，不需要焊前预热或焊后热处理。焊后按照母材时效处理的工艺进行焊后热处理即可获得接近等强度的焊接接头。对于 17-10P 钢，尽管严格控制了 S 的含量，但由于 P 的质量分数高达 0.30%，高温时磷化物在晶界的富集不可避免，由此使近缝区具有很大的热裂纹敏感性与脆性，致使熔化焊工艺难以采用，而一些特种焊工艺，如闪光焊及摩擦焊工艺比较适合该钢的焊接。

10.4.5　不锈钢的焊接

（1）奥氏体不锈钢的焊接

　　奥氏体不锈钢具有优良的焊接性，几乎所有的熔焊方法都可用于奥氏体不锈钢的焊接，许多特种焊接方法，如电阻点焊、缝焊、闪光焊、激光与电子束焊接、钎焊都可用于奥氏体不锈钢的焊接。但对于组织性能不同的奥氏体不锈钢，应根据具体的焊接性与接头使用性能的要求，合理选择最佳的焊接方法。其中焊条电弧焊、钨极氩弧焊、熔化极惰性气体保护焊、埋弧焊是较为经济的焊接方法。

　　焊条电弧焊具有适应各种焊接位置与不同板厚的优点，但焊接效率较低。埋弧焊焊接效率高，适合于中厚板的平焊，由于埋弧焊热输入大、熔深大，应注意防止焊缝中心区热裂纹的产生和热影响区耐蚀性的降低。特别是焊丝与焊剂的组合对焊接性与焊接接头的综合性能有直接的影响。钨极氩弧焊具有热输入小，焊接质量优的特点，特别适合于薄板与薄壁管件的焊接。熔化极富氩气体保护焊是高效优质的焊接方法，对于中厚板采用射流过渡焊接，对于薄板采用短路过渡焊接。对于 10～12mm 以下的奥氏体不锈钢，等离子弧焊接是一种高效、经济的焊接方法，采用微束等离子弧焊接时，焊接件的厚度可小于 0.5mm。激光焊接是一种焊接速度很高的优质焊接方法，由于奥氏体不锈钢具有很高的能量吸收率，激光焊接的熔化效率也很高，大大减轻了不锈钢焊接时的过热现象和由于线胀系数大引起的较大焊接变形。当采用小功率激光焊接薄板时，接头成形非常美观，焊接变形非常小，达到了精密焊接成形的水平。

（2）马氏体不锈钢的焊接

　　常用的焊接工艺方法，如焊条电弧焊、钨极氩弧焊、熔化极气体保护焊、等离子弧焊、埋弧焊、电渣焊、电阻焊、闪光焊甚至电子束与激光焊接都可用于马氏体不锈钢的焊接。

焊条电弧焊是最常用的焊接工艺方法，焊条需经过 $300 \sim 350℃$ 高温烘干，以减少扩散氢的含量，降低焊接冷裂纹的敏感性。钨极氩弧焊主要用于薄壁构件（如薄壁管道）及其他重要部件的封底焊。它的特点是焊接质量高，焊缝成形美观。对于重要部件的焊接接头，为了防止焊缝背面的氧化，封底焊时通常采取氩气背面保护的措施。$Ar+CO_2$ 或 $Ar+O_2$ 的富氩混合气体保护焊也应用于马氏体钢的焊接，具有焊接效率高、焊缝质量较高的特点，焊缝金属也具有较高的抗氢致裂纹性能。

（3）铁素体不锈钢的焊接

① 普通铁素体不锈钢的焊接　对于普通铁素体不锈钢，可采用焊条电弧焊、气体保护焊、埋弧焊、等离子弧焊等熔焊工艺方法。该类钢在焊接热循环的作用下，热影响区的晶粒长大严重，碳、氮化物在晶界聚集，焊接接头的塑韧性很低，在拘束度较大时，容易产生焊接裂纹，接头的耐蚀性也严重恶化。为了防止焊接裂纹，改善接头的塑韧性和耐蚀性，在采用同材质熔焊工艺时，可采取下列工艺措施：

a. 采取预热措施，在 $100 \sim 150℃$ 左右预热，使母材在富有塑韧性的状态焊接，含铬量越高，预热温度也应有所提高。

b. 采用较小的热输入，焊接过程中不摆动，不连续施焊。多层多道焊时控制层间温度在 $150℃$ 以上，但也不可过高，以减少高温脆化和 $475℃$ 脆化。

c. 焊后进行 $750 \sim 800℃$ 的退火热处理，由于在退火过程中铬重新均匀化，碳、氮化物球化，晶间敏化消除，焊接接头的塑韧性也有一定的改善。退火后应快速冷却，以防止 α 相产生和 $475℃$ 脆化。

② 超纯高铬铁素体不锈钢的焊接　对于碳、氮、氧等间隙元素含量极低的超纯高铬铁素体不锈钢，高温引起的脆化并不显著，焊接接头具有很好的塑韧性，不需焊前预热和焊后热处理。在同种钢焊接时，目前仍没有标准化的超纯高铬铁素体不锈钢的焊接材料，一般采用与母材同成分的焊丝作为填充材料，由于超纯高铬铁素体不锈钢中的间隙元素含量已经极低，因此关键是在焊接过程中防止焊接接头区污染，这是保证焊接接头的塑韧性和耐蚀性的关键。

在焊接工艺方面应采取以下措施：

a. 增加熔池保护，如采用双层气体保护，增大喷嘴直径，适当增加氩气流量，填充焊丝时，要防止焊丝高温端离开保护区。

b. 附加拖罩，增加尾气保护，这对于多道多层焊尤为重要。

c. 焊缝背面通氩气保护，最好采用通氩气的水冷铜垫板，以减少过热，增加冷却速度。

d. 尽量减少焊接热输入，多层多道焊时控制层间温度低于 $100℃$。

e. 采用其他快速冷却措施。

表 10-27 列出了焊接工艺措施对焊缝金属中间隙元素 C、N、O 含量的影响，以及采用上述工艺措施所取得的良好结果。在缺乏超纯铁素体不锈钢的同材质焊接材料时，如果耐蚀性不受到影响，也可采用纯度较高的奥氏体焊接材料或铁素体＋奥氏体双相焊接材料。

表 10-27　000Cr30Mo2 焊缝金属中 C、N、O 的含量及母材与焊接接头的力学性能

类别	$\omega(C)/\%$	$\omega(N)/\%$	$\omega(O)/\%$
母材	0.0030	0.007	0.0025
普通 TIG 焊缝	0.0023	0.015	0.0033
双层保护 TIG 焊缝	0.0026	0.011	0.0027

续表

000Cr30Mo2 母材与焊接接头的力学性能					
材料	屈服强度 /MPa	抗拉强度 /MPa	断后伸长率 /%	断面收缩率 /%	冲击吸收能量 /J
母材	498	609	34	74	165
横向接头	511	607	34	70	热影响区：161（焊缝）、164（焊态）、 166（热处理后）

（4）双相不锈钢的焊接

焊条电弧焊、钨极氩弧焊、熔化极气体保护焊（采用实心焊丝或药芯焊丝）、甚至埋弧焊都可用于铁素体 - 奥氏体双相不锈钢的焊接，相应的焊接材料也逐步标准化。

焊条电弧焊是最常用的焊接工艺方法，其特点是灵活方便，并可实现全位置焊接，因此焊条电弧焊是焊接修复的常用工艺方法。

钨极氩弧焊的特点是焊接质量优良，自动焊的效率也较高，因此广泛用于管道的封底焊缝及薄壁管道的焊接。钨极氩弧焊的保护气体通常采用纯 Ar，当进行管道封底焊接时，应采用纯 $Ar+2\%N_2$ 或纯 $Ar+5\%N_2$ 的保护气体，同时还应采用纯 Ar 或高纯 N_2 进行焊缝背面保护，以防止根部焊道的铁素体化。

熔化极气体保护焊的特点是有较高的熔敷率，既可采用较灵活的半自动熔化极气体保护焊，也可实现自动熔化极气体保护焊。当采用药芯焊丝时，还易于进行全位置焊接。对于熔化极气体保护焊的保护气体，当采用实心焊丝时，可采用 $Ar+1\%O_2$、$Ar+30\%He+1\%O_2$、$Ar+2\%CO_2$、$Ar+15\%He+2\%CO_2$；当采用药芯焊丝时，可采用 $Ar+1\%O_2$、$Ar+2\%CO_2$、$Ar+20\%CO_2$，甚至采用 $100\%CO_2$。

埋弧焊是高效率的焊接工艺方法，适合于中厚板的焊接，采用的焊剂通常为碱性焊剂。

（5）析出硬化不锈钢的焊接

除高 P 含量的析出硬化奥氏体不锈钢 17-10P 外，焊条电弧焊、熔化极惰性气体保护焊（MIG）、非熔化极惰性气体保护焊（TIG）等熔化焊工艺方法都可用于析出硬化不锈钢的焊接。

10.5　低合金高强度钢的焊接

10.5.1　概述

低合金钢是在碳素钢的基础上添加一定量的合金化元素而成，合金元素的质量分数一般为 1.5%～5%，用以提高钢的强度并保证其具有一定的塑性和韧性，或使钢具有某些特殊性能，如耐低温、耐高温或耐腐蚀等。低合金钢中常用的合金元素是锰、硅、铬、镍、钼，或一些微合金化元素，如钒、铌、钛、锆等。按 GB/T 13304.1—2008《钢分类　第 1 部分：按化学成分分类》中规定合金元素含量的界限值，低合金钢中 ω（Si）=0.5%～0.9%，ω（Mn）=1.0%～1.4%，ω（Ni）=0.3%～0.5%，ω（Mo）=0.05%～0.10%，ω（Cr）=0.3%～0.5%，ω（Cu）=0.10%～0.50%，ω（Nb）=0.02%～0.06%，ω（Ti）=0.05%～0.13%，ω（Re）（La 系）=0.02%～0.05%，ω（V）=0.04%～0.12%，ω（Zr）=0.05%～0.12%。实际上，由于低合金钢在很大程度上是以使用性能作为主要交货验收指标，在保证所需使用性能且不损害其他可能需要的性能基础上，允许钢厂在生产低合金钢时其化学成分中某种或某几种元素的含量适当超过界限值。低合金钢可以热轧、控轧控冷、正火、调质状态供货。目前世界钢产量中约有 70% 属于工程结构用钢，而工程结构用钢中 60% 以上均属于低合金钢，可见低合金钢在国民经济各行业中的应用十分广泛。

低合金钢有多种分类方法。按钢材按使用性能可分为高强度钢、低温钢、耐热钢、耐蚀钢、耐磨钢、抗层状撕裂钢等；按用途可分为锅炉和压力容器用钢、石油天然气输送管线用钢、船体用结构钢、桥梁用结构钢等；按照钢材的屈服强度的最低值可以分为345MPa、390MPa、420MPa、460MPa、500MPa、550MPa、620MPa、690MPa、980MPa等不同等级；按钢材的交货状态可分为热轧、控轧、正火、正火轧制、正火加回火、热机械轧制（TMCP）、TMCP加回火及调质等；按照钢的显微组织可分为铁素体 - 珠光体钢、针状铁素体钢、低碳贝氏体钢、回火马氏体钢等。在所有低合金钢中，低合金高强度钢应用最为广泛，我国钢分类标准 GB/T 13304.2—2008 中按照钢材的质量等级将焊接高强度钢分为普通质量级、优质级及特殊质量级。其中，普通质量级主要用于一般用途结构钢；优质级主要用于锅炉、压力容器、造船、汽车、桥梁、工程机械及矿山机械等；特殊质量级主要用于核电、石油天然气管线、海洋工程、军用舰船等。本节将重点介绍低合金高强度钢。

10.5.2　低合金高强度钢的种类、标准、性能和应用

低合金高强度钢中 ω（C）一般控制在 0.20% 以下，为了确保钢的强度和韧性，通过添加适量的 Mn、Ni、Cr、Mo 等合金元素及 V、Nb、Ti、Al 等微合金化元素，配合适当的轧制工艺或热处理工艺来保证钢材具有优良的综合力学性能。低合金高强度钢包括一般结构用钢、桥梁钢、压力容器用钢、锅炉用钢、造船和采油平台用钢、工程机械用钢、建筑用钢、油气输送管线用钢、车辆用钢等。由于低合金高强度钢具有良好的焊接性、优良的可成形性及较低的制造成本，因此被广泛用于压力容器、车辆、桥梁、建筑、工程机械、矿山机械、农业机械、纺织机械、海洋结构、船舶、电力、石油化工、军工产品及航空航天等领域，已成为大型焊接结构中最主要的结构材料之一。本节所述低合金高强度钢是在热轧、控轧、正火、正火轧制、正火加回火、TMCP、TMCP加回火状态下焊接和使用的、屈服强度为 345 ～ 690MPa 的低合金高强度结构钢。

GB/T 1591—2008 对低合金高强度结构钢的化学成分和力学性能要求作了规定，可进行查阅。标准中钢的分类是按照钢的力学性能划分的。钢的牌号由代表屈服强度的汉语拼音字母 Q、屈服强度数值、质量等级符号三个部分按顺序排列。本标准中，按照钢的屈服强度不同，低合金高强度钢分为 8 个强度等级，分别是345MPa、390MPa、420MPa、460MPa、500MPa、550MPa、620MPa及690MPa。每个强度等级又根据钢中的 P、S 含量及冲击吸收能量的不同要求分成 A、B、C、D、E 几个不同质量等级。

10.5.3　低合金高强度钢的焊接性

以热轧和正火状态使用的低合金高强度钢为例，由于其碳含量及合金元素含量均较低，因此其焊接性总体较好，其中热轧钢的焊接性更优，但由于这类钢中含有一定量的合金元素及微合金化元素，焊接过程中如果工艺不当，也存在着焊接热影响区脆化、热应变脆化及产生焊接裂纹（氢致裂纹、热裂纹、再热裂纹、层状撕裂）的危险。只有在掌握其焊接性特点和规律的基础上，才能制订正确焊接工艺，保证焊接质量。

（1）焊接热影响区脆化

低合金高强度钢焊接时，热影响区中被加热到1100℃以上的粗晶区及加热温度为700 ～ 800℃的不完全相变区是焊接接头的两个薄弱区。热轧钢焊接时，如焊接热输入过大，将因粗晶区晶粒严重长大或出现魏氏组织等而降低韧性；如焊接热输入过小，又由于粗晶区组织中马氏体比例增大而降低韧性。正火钢焊接时粗晶区组织性能受焊接热输入的影响更为显著，Nb、V 微合金化的正火钢焊接时，如果热输入较大，粗晶区的 Nb（C，N）、V（C，N）析出相将固溶于奥氏体

中，从而失去了抑制奥氏体晶粒长大及细化组织的作用，粗晶区将产生粗大的粒状贝氏体、上贝氏体组织而导致粗晶区韧性的显著降低。某些低合金高强度钢焊接热影响区的不完全相变区，在焊接加热时该区域内只有部分富碳组元发生奥氏体转变，在随后的焊接冷却过程中，这部分富碳奥氏体将转变成高碳孪晶马氏体，而且这种高碳马氏体的转变终了温度（Mf）低于室温，相当一部分奥氏体残留在马氏体岛的周围，形成所谓的 M-A 组元，M-A 组元的形成是该区域的组织脆化的主要原因。防止不完全相变区组织脆化的措施是控制焊接冷却速度，避免脆硬的马氏体产生。

（2）热应变脆化

在自由氮含量较高的 C-Mn 系低合金钢中，焊接接头熔合区及最高加热温度低于 Ac_1 的亚临界热影响区，常常有热应变脆化现象，它是热和应变同时作用下产生的一种动态应变时效。一般认为，这种脆化是由于氮、碳原子聚集在位错周围，对位错造成钉扎作用所造成的。热应变脆化容易在最高加热温度范围 200～400℃的亚临界热影响区产生。如有缺口效应，则热应变脆化更为严重，熔合区常常存在缺口性质的缺陷，当缺陷周围受到连续的焊接热应变作用后，由于存在应变集中和不利组织，热应变脆化倾向就更大，所以热应变脆化也容易发生在熔合区。研究 Q345 和 Q420 钢的热应变脆化，发现 Q345 钢具有较大热应变脆化倾向。分析认为这是由于 Q420 钢中的 V 与 N 形成氮化物，从而降低了热应变脆化倾向，而 Q345 钢中不含氮化物形成元素。试验还发现，有热应变脆化的 Q345 钢经 600℃×1h 退火处理后，韧性得到很大恢复。

（3）氢致裂纹敏感性

焊接氢致裂纹（也称冷裂纹或延迟裂纹）是低合金高强度钢焊接时最容易产生，且危害最为严重的工艺缺陷，它常常是焊接结构失效破坏的主要原因。低合金高强度钢焊接时产生的氢致裂纹主要发生在焊接热影响区，有时也出现在焊缝金属上。根据钢种的类型、焊接区氢含量及应力水平的不同，氢致裂纹可能在焊后 200℃以下立即产生，或在焊后一段时间内产生。大量研究表明，当低合金高强度钢焊接热影响区中产生淬硬的 M 或 M+B 混合组织时，对氢致裂纹敏感；而产生 B 或 B+F 组织时，对氢致裂纹不敏感。热影响区的最高硬度可被用来粗略地评定焊接氢致裂纹敏感性。对一般低合金高强度钢，为防止氢致裂纹的产生，焊接热影响区硬度应控制在 350HV 以下。热影响区淬硬倾向可以采用碳当量公式加以评定。对于 C-Mn 系低合金高强度钢，可采用国际焊接学会（IIW）推荐的式 CE_{IIW} 碳当量公式；对于微合金化的低碳低合金高强度钢适合于采用式 P_{cm} 公式，应用这些公式时应注意其适用范围。

$$CE_{IIW}=\omega（C）+\omega（Mn）/6+\omega（Cr）/5+\omega（Mo）/5+\omega（V）/5+\omega（Ni）/15+\omega（Cu）/15$$

$$P_{cm}=\omega（C）+\omega（Si）/30+\omega（Mn）/20+\omega（Cu）/20+\omega（Ni）/60+\omega（Cr）/20+\omega（Mo）/15$$
$$+\omega（V）/10+5\omega（B）$$

强度级别较低的热轧钢，由于其合金元素含量少，其淬硬倾向比低碳钢稍大。如 Q345 钢、Q420 钢焊接时，快速冷却可能出现淬硬的马氏体组织，冷裂倾向增大。但由于热轧钢的碳当量比较低，通常冷裂倾向不大。在环境温度很低或钢板厚度大时应采取措施防止冷裂纹的产生。

（4）热裂纹敏感性

与碳素钢相比，低合金高强度钢的 $\omega（C）$、$\omega（S）$ 较低，且 $\omega（Mn）$ 较高，其热裂纹倾向较小。但有时也会在焊缝中出现热裂纹，如厚壁压力容器焊接生产中，在多层多道埋弧焊焊缝的根部焊道或靠近坡口边缘的高稀释率焊道中易出现焊缝金属热裂纹。电渣焊时，如母材含碳量偏高并含铌时，电渣焊焊缝可能出现八字形分布的热裂纹。另外，焊接热裂纹也常常在低碳的控轧控冷管线钢根部焊缝中出现，这种热裂纹产生的原因与根部焊缝基材的稀释率大及焊接速度较快有关。采用 Mn、Si 含量较高的焊接材料，减小焊接热输入，减少母材在焊缝中的熔合比，增大焊缝成形系数（即焊缝宽度与高度之比），有利于防止焊缝金属的热裂纹。

（5）再热裂纹敏感性

低合金钢焊接接头中的再热裂纹亦称消除应力裂纹，出现在焊后消除应力热处理过程中。再热裂纹属于沿晶断裂，一般都出现在热影响区的粗晶区，有时也在焊缝金属中出现。其产生与杂质元素 P、Sn、Sb、As 在初生奥氏体晶界的偏聚导致的晶界脆化有关，也与 V、Nb 等元素的化合物强化晶内有关。Mn-Mo-Nb 和 Mn-Mo-V 系低合金高强度钢对再热裂纹的产生有一定的敏感性，这些钢在焊后热处理时应注意防止再热裂纹的产生。

（6）层状撕裂倾向

大型厚板焊接结构（如海洋工程、核反应堆及船舶等）焊接时，如在钢材厚度方向承受较大的拉应力，可能沿钢材轧制方向发生阶梯状的层状撕裂。这种裂纹常出现于要求熔透的角接接头或丁字接头中。选用抗层状撕裂钢，改善接头形式以减缓钢板 Z 向的应力应变，在满足产品使用要求的前提下选用强度级别较低的焊接材料或采用低强度焊材预堆边，采用预热及降氢等措施，都有利于防止层状撕裂。

10.5.4　低合金高强度钢的焊接工艺

（1）焊接方法的选择

低合金高强度钢可采用焊条电弧焊、熔化极气体保护焊、埋弧焊、钨极氩弧焊、气电立焊、电渣焊等所有常用的熔焊及压焊方法焊接。具体选用何种焊接方法取决于所焊产品的结构、板厚、对性能的要求及生产条件等。其中焊条电弧焊、埋弧焊、实心焊丝及药芯焊丝气体保护电弧焊是常用的焊接方法。对于氢致裂纹敏感性较强的低合金高强度钢的焊接，无论采用哪种焊接工艺，都应采取低氢的工艺措施。厚度大于 100mm 低合金高强度钢结构的环形和长直线焊缝，常常采用单丝或双丝窄间隙埋弧焊。当采用高热输入的焊接工艺方法，如电渣焊、气电立焊及多丝埋弧焊焊接低合金高强度钢时，在使用前应对焊缝金属和热影响区的韧性作认真的评定，以保证焊接接头韧性能够满足使用要求。

（2）焊接材料的选择

焊接材料的选择首先应保证焊缝金属的强度、塑性、韧性达到产品的技术要求，同时还应该考虑抗裂性及焊接生产效率等。由于低合金高强度钢氢致裂纹敏感性较强，因此选择焊接材料时应优先采用低氢焊条和碱度适中的埋弧焊焊剂。焊条、焊剂使用前应按制造厂或工艺规程规定进行烘干。焊条烘干后应存放在保温筒中随用随取，低氢焊条的存放时间按规定 E50×× 级不超过 4h，E55×× 级不超过 2h，E60×× 级不超过 1h，E70×× 级不超过 0.5h。气体保护焊用的 CO_2 气体应符合 HG/T 2537—1993 规定。

表 10-28　低合金高强度钢焊接用焊条

钢材牌号（GB/T 1591—2008）	强度级别/MPa	焊条牌号
Q345	≥345	J503，J502，J502Fe，J504Fe，J504Fe14，J505，J505MoD，J507，J507H，J507X，J507DF，J507D，J507RH，J507NiMA，J507TiBMA，J507R，J507GR，J507NiTiB，J507FeNi，J507Fe，J507FeNi，J506，J506X，J506DF，J506GM，J506R，J506RH，J506RK，J506NiMA，J506Fe，J506LMA，J506FeNE
Q390	≥390	J503，J502，J502Fe，J504Fe，J504Fe14，J505，J505MoD，J507，J507H，J507X，J507DF，J507D，J507RH，J507NiMA，J507TiBMA，J507R，J507GR，J507NiTiB，J507FeNi，J507Fe，J507FeNi，J506，J506X，J506DF，J506GM，J506R，J506RH，J506RK，J506NiMA，J506Fe，J506LMA，J506FeNE，J555G，J555，J557Mo，J557，J557MoV，J556，J556RH，J556XG

续表

钢材牌号 （GB/T 1591—2008）	强度级别 / MPa	焊条牌号
Q420	≥ 420	J555G, J555, J557Mo, J557, J557MoV, J556, J556RH, J556XG, J607, J607Ni, J607RH, J606, J606RH
Q460	≥ 460	J555G, J555, J557Mo, J557, J557MoV, J556, J556RH, J556XG, J607, J607Ni, J607RH, J606, J606RH
Q500	≥ 500	J607, J607Ni, J607RH, J606, J606RH, J707, J707Ni, J707RH
Q550	≥ 550	J607Ni, J607RH, J707, J707Ni, J707RH
Q620	≥ 620	J707, J707Ni, J707RH, J757, J757Ni
Q690	≥ 690	J757, J757Ni, J807, J807RH

表 10-29　低合金高强度钢气体保护焊用焊接材料

钢材牌号	强度级别 /MPa	焊丝	保护气体
Q345	≥ 345	MG49-1, MG49-Ni, MG49-G, MG50-3, MG50-6, YJ501-1, YJ501Ni-1, YJ502-1, YJ502R-1, YJ507-1, YJ507Ni-1 YJ507TiB-1	CO_2
		HS-50T, MG50-4, BH-503, MG50-6, MG50-G	CO_2、$Ar+CO_2$
		YJ502R-2, YJ507-2, YJ507G-2, YJ507D-2	自保护
Q390	≥ 390	MG50-3, MG50-6, YJ501-1, YJ501Ni-1, YJ502-1, YJ502R-1, YJ507-1, YJ507Ni-1 YJ507TiB-1	CO_2
		MG50-4, MG50-6, MG50-G, HS-50T	CO_2、$Ar+CO_2$
		YJ502R-2, YJ507-2, YJ507G-2, YJ507D-2	自保护
Q420	≥ 420	MG50-3, YJ507-1, YJ507Ni-1, YJ507TiB-1	CO_2
		MG50-4, MG50-6	CO_2 $Ar+CO_2$
		HS-5OT, MG50-G	$Ar+CO_2$
Q460	≥ 460	HS-60, MG59-G, BHG-2, GFM-60, YJ607-1	CO_2、 $Ar+CO_2$
Q500	≥ 500	HS-60NiMo, GHS6ON, GFM-60Ni, YJ607-1	CO_2、 $Ar+CO_2$
Q550	≥ 550	HS-70, GHS70, BHG-3, GFM-70, YJ607-1, YJ707-1	CO_2、 $Ar+CO_2$
Q620	≥ 620	HS-70A, GHS70, GFM-70, YJ707-1	$Ar+CO_2$
Q690	≥ 690	HS-80, BHG-4, GHS80	$Ar+CO_2$

表 10-30　低合金高强度钢焊接用埋弧焊及电渣焊用焊丝焊剂

屈服强度 /MPa	埋弧焊		电渣焊	
	焊丝	焊剂	焊丝	焊剂
345	不开坡口对接 H08A, H08E 中板开坡口对接 H08MnA, H10Mn2, H10MnSi	HJ430, HJ431, SJ301, SJ501, SJ502	H08MnMoA, H10Mn2, H10MnSi	HJ360, HJ431

屈服强度 /MPa	埋弧焊		电渣焊	
	焊丝	焊剂	焊丝	焊剂
390	不开坡口对接 H08MnA 中板开坡口对接 H10Mn2, H10MnSi, H08Mn2Si 厚板深坡口 H08MnMoA	HJ430, HJ431, SJ301, SJ501, SJ502, HJ250, HJ350, SJ101	H08Mn2MoVA, H10MnMoVA	HJ360, HJ431, HJ170
			H08Mn2MoVA, H10MnMoVA	HJ360, HJ431, HJ170
440	H10Mn2	HJ431	H08Mn2MoVA, H10Mn2NiMo, H10Mn2Mo	HJ360, HJ431
	H08MnMoA, H08Mn2MoA	HJ350, HJ250, HJ252, SJ101		
490	H10Mn2MoA, H08Mn2MoVA, H08Mn2NiMo	HJ250, HJ252, HJ350, SJ101	H10Mn2MoA, H10Mn2MoVA, H10Mn2NiMoA	HJ360, HJ431

　　另外，为了保证焊接接头具有与母材相当的冲击韧度，正火钢与控轧控冷钢，优先选用高韧性焊接材料，配以正确的焊接工艺以保证焊缝金属和热影响区具有优良的冲击性能。各种低合金高强度钢焊接时，可以参照表 10-28、表 10-29、表 10-30 来选用焊条电弧焊、气体保护焊、埋弧焊及电渣焊用焊接材料。

（3）焊接热输入的控制

　　焊接热输入的变化将改变焊接冷却速度，从而影响焊缝金属及热影响区的组织组成，并最终影响焊接接头的力学性能及抗裂性。屈服强度不超过 500MPa 的低合金高强度钢焊缝金属，如能获得细小均匀针状铁素体组织，其焊缝金属则具有优良的强韧性，而针状铁素体组织的形成需要控制焊接冷却速度。因此为了确保焊缝金属的韧性，不宜采用过大的焊接热输入。焊接操作上尽量不用横向摆动和挑弧焊接，推荐采用多层窄焊道焊接。

　　热输入对焊接热影响区的抗裂性及韧性也有显著的影响。低合金高强度钢热影响区组织的脆化或软化都与焊接冷却速度有关。由于低合金高强度钢的强度及板厚范围都较宽，合金体系及合金含量差别较大，焊接时钢材的状态各不相同，很难对焊接热输入作出统一的规定。各种低合金高强度钢焊接时应根据其自身的焊接性特点，结合具体的结构形式及板厚，选择合适的焊接热输入。

　　与正火或正火加回火钢及控轧控冷钢相比，热轧钢可以适应较大的焊接热输入。含碳量偏下限的 Q345（16Mn）钢焊接时，焊接热输入没有严格的限制。因为这些钢焊接热影响区的脆化及冷裂倾向较小。但是当焊接含碳量偏上限的 Q345（16Mn）钢时，为降低淬硬倾向，防止冷裂纹的产生，焊接热输入应偏大一些。含 V、Nb、Ti 微合金化元素的钢种，为降低热影响区粗晶区的脆化，确保焊接热影响区具有优良的低温韧性，应选择较小的焊接热输入。如 14MnNbq 钢焊接热输入应控制在 37kJ/cm 以下，Q420（15MnVN）钢的焊接热输入宜在 45kJ/cm 以下。

　　碳及碳当量较高、屈服强度为 460MPa 以上高强度钢焊接时，选择热输入既要考虑钢种的淬硬倾向，同时也要兼顾热影响区粗晶区的过热倾向。一般为了确保热影响区的韧性，应选择较小的热输入，同时采用低氢焊接方法配合适当的预热或及时的焊后消氢处理来防止焊接冷裂纹的产生。控轧控冷钢的碳含量和碳当量均较低，对氢致裂纹不敏感，为了防止焊接热影响区的软化，提高热影响区韧性，应采用较小的热输入焊接，使焊接冷却时间 $t_{8/5}$ 控制在 10s 以内为佳。

（4）预热及焊道间温度

　　预热可以控制焊接冷却速度，减少或避免热影响区中淬硬马氏体的产生，降低热影响区硬度，同时预热还可以降低焊接应力，并有助于氢从焊接接头的逸出。预热是防止低合金高强度钢焊接产生氢致裂纹的有效措施，但预热常常恶化劳动条件，使生产工艺复杂化，不合理的、过高的预热和道间温度还会损害焊接接头的性能。因此，焊前是否需要预热及合理的预热温度，都需要认真考虑选择或通过试验确定。

预热温度的确定取决于钢材的成分（碳当量）、板厚、焊件结构形状和拘束度、环境温度以及所采用的焊接材料的含氢量等。随着钢材碳当量、板厚、结构拘束度、焊接材料的含氢量的增加和环境温度的降低，焊前预热温度要相应提高。表 10-31 中推荐了不同强度级别的热轧和正火低合金高强钢的焊接预热温度，供读者参考。

表 10-31　推荐用于轧制和正火状态低合金高强度钢的预热温度

厚度 /mm	焊条类型	最低屈服强度 /MPa				
		310	345	380	413	448
< 10	普通	不预热	不预热	不预热	38	66
	低氢	不预热	不预热	21	21	21
10 ～ 19	普通	不预热	38	66	93	121
	低氢	不预热	不预热	21	21	21
> 19 ～ 38	普通	66	66	93	121	—
	低氢	不预热	不预热	66	66	—
> 38 ～ 51	普通	93	121	149	—	—
	低氢	66	66	107	—	—
> 51 ～ 76	普通	149	149	177	—	—
	低氢	107	107	149	—	—

注：表中的不预热是指母材温度必须高于 10℃，如果低于 10℃，必须预热到 21 ～ 38℃。

（5）焊接后热及焊后热处理

① 焊接后热及消氢处理　焊接后热是指焊接结束或焊完一条焊缝后，将焊件或焊接区立即加热到 150 ～ 250℃ 范围内，并保温一段时间；而去氢处理则是加热到 300 ～ 400℃ 温度范围内保温一段时间。两种处理的目的都是加速焊接接头中氢的扩散逸出，消氢处理效果比低温后热更好。焊后及时后热及消氢处理是防止焊接冷裂纹的有效措施，特别是对于氢致裂纹敏感性较强的低合金高强度钢厚板焊接接头，采用这一工艺不仅可以降低预热温度，减轻焊工劳动强度，而且还可以采用较低的焊接热输入使焊接接头获得良好的综合力学性能。对于厚度超过 100mm 的厚壁压力容器及其他重要的产品构件，焊接过程中应至少进行 2 ～ 3 次中间消氢处理，以防止因厚板多道多层焊时氢积聚而导致的氢致裂纹。

② 焊后正火处理　热扎、控轧控冷及正火钢一般焊后不进行热处理，电渣焊的焊缝及晶粒粗化的热影响区，焊后必须进行正火处理以细化晶粒。某些焊成的部件（如筒节等）在热校和热整形后也需要正火处理。正火温度应控制在钢材 Ac_3 点以上 30 ～ 50℃，过高的正火温度会导致晶粒长大，保温时间按 1 ～ 2min/mm 计算。厚壁受压部件经正火处理后产生较高的内应力，正火后应进行回火处理。

③ 消除应力处理　厚壁高压容器、要求耐应力腐蚀的容器以及要求尺寸稳定性的焊接结构，焊后需要进行消除应力处理。此外，对于冷裂纹倾向大的高强度钢，也要求焊后及时进行消除应力处理。消除应力热处理是最常用的松弛焊接残余应力的方法，该方法是将焊件均匀加热到 Ac_1 点以下某一温度，保温一段时间后随炉冷到 300 ～ 400℃，最后焊件在炉外空冷。合理的消除应力热处理工艺可以起到消除内应力并改善接头的组织与性能的目的。对于某些含钒、铌的低合金高强度钢热影响区和焊缝金属，如焊后热处理的加热温度和保温时间选择不当，会因碳、氮化合物的

析出产生消除应力脆化，降低接头韧性。因此应恰当地选择加热方式和加热温度，避免焊件在敏感的温度区长时间加热。另外，消除应力热处理的加热温度不应超过母材原来的回火温度，以免损伤母材性能。

对那些受结构几何形状和尺寸的限制不易入炉的大件、有再热裂纹倾向的低合金高强度钢结构，为了节省能源、降低制造成本，可以采用振动或爆炸法降低焊接结构的残余应力。

振动消除应力是通过设计一个包括焊接结构件在内的振动系统，用振源激发，使构件共振，并在共振的条件下处理一段时间，在此过程中，金属组织内部产生微观塑性变形，使应力得到松弛，从而达到降低应力稳定尺寸的目的。例如 Q345R 钢焊接的蒸压釜，经振动消除应力处理，残余应力下降 50% 以上。低合金高强度钢焊接结构振动消除应力处理可按照 JB/T 5926—2005《振动时效效果 评定方法》来选择振动时效工艺参数。

爆炸消除残余应力的机制与静压过载使材料发生流变的机制相似。据报道，采用爆炸消除残余应力的水平与整体退火消除应力的结果相近，此外爆炸消除残余应力处理对改善焊接构件的抗疲劳、耐应力腐蚀及抗脆断的能力也有显著的效果。国内在起重机吊臂、大型球罐、水电站压力钢管及石油化工反应塔等一些低合金钢焊接结构上采用爆炸法来消除残余应力，效果良好。几种低合金高强度钢不同焊后热处理的推荐参数见表 10-32。

表 10-32　几种低合金高强度钢的焊后热处理的推荐参数

强度等级 /MPa	钢号	回火温度 /℃	正火温度 /℃	消除应力 处理温度 /℃
345	14MnNb，16Mn	580～620	900～940	550～600
390	15MnV，15MnTi， 16MnNb	620～640	910～950	600～650
420	15MnVN，14MnVTiRE	620～640	910～950	600～660
460	14MnMoV 18MnMoNb	640～660 620～640	920～950	600～660

10.6　难熔金属的焊接

10.6.1　概述

难熔金属有钨、钼、钽、铌。它们的熔点都在 2000℃以上，均为体心立方结构，处于元素周期表中的ⅤB（Nb，Ta）和ⅥB（Mo，W）族。这四种金属都具有高温强度好、密度大、导热性好、线胀系数小、弹性模量高及抗腐蚀性能优异等特点。但是这类材料由于室温延性低、高温抗氧化性差，焊接加工比较困难。

（1）钨及其合金

钨是难熔金属中熔点最高、密度最大、线胀系数最小的金属，其主要物理性能见表 10-33。钨在常温下不与空气、氧气等进行化学反应，对各类酸溶液具有优异的耐腐蚀性能。但在高温下除氢气以外可和氮气、氧气、一氧化碳、水蒸气等发生化学反应。

钨及其合金一般采用粉末冶金或熔解冶炼的办法制备，粉末冶金法制备的材料在焊接时容易产生气孔。钨具有优良的高温强度，但同时又存在严重的低温脆性。钨板的塑 - 脆转变温度在 240～250℃之间，在室温下仍呈脆性。钨板的塑 - 脆转变温度与生产工艺直接有关。轧制温度、冷加工率、杂质含量、表面状态和退火温度等因素均影响其塑 - 脆转变温度。为提高钨板的塑性，通常采用低于再结晶温度的消除应力退火。再结晶温度与板材的加工率有关，通常是在 1100～1300℃ 之间。为了改善钨的低温塑性，可加铼元素进行合金化，加铼的钨合金可以使塑 - 脆转变温度下降。

表 10-33　钨的物理性能

熔点 /℃	密度 /（g/cm³）	比热容 /[J/（g·K）]	热导率 /[W/（cm·K）]	线胀系数 /（10⁻⁶/K）	弹性模量 /MPa	相变点 /℃
3410±10	19.21	0.138	1.298	4.5	345×10³	无

钨及其合金在航空航天、原子能工业、电子工业和民用工业的高温、抗腐蚀环境下得到广泛应用，如作为火箭发动机喷管材料、高温结构材料、各种电极、熔融玻璃腐蚀构件等。由于钨与氢在高温下也不发生反应，其是氢气高温炉发热体或反射屏的最佳选用材料。

（2）钼及其合金

钼的物理性能见表 10-34，致密的金属钼在室温下是稳定的，温度在 400～500℃ 时开始氧化。高于此温度时，钼开始迅速氧化并生成 MoO_3，该氧化物具有较低的熔点（795℃）和沸点（1480℃）。

表 10-34　钼的物理性能

熔点 /℃	密度 /（g/cm³）	比热容 /[J/（g·K）]	热导率 /[W/（cm·K）]	线胀系数 /（10⁻⁶/K）	弹性模量 /MPa	相变点 /℃
2620±10	10.22	0.243	1.424	5.3	276×10³	无

影响工业纯钼塑性的主要因素是杂质的含量，而杂质含量在相当大程度上取决于它的生产方法。钼的牌号前有"F"的表示粉末冶金材料，其余为电弧熔炼或电子束熔炼材料（下同）。钼及其合金的力学性能除了取决于杂质含量外，还取决于所进行的热处理工艺、冷作硬化程度、晶粒尺寸和晶粒方位。因此，钼及其合金的力学性能是随上述各因素的变化而变化的。

同钨类似，钼在 1000℃ 的高温下仍具有优异的强度特性，是高温炉发热体、反射屏、熔融玻璃腐蚀材料和试验反应管的优选材料。

（3）钽及其合金

钽是一种银灰色的金属，熔点为 2996℃，加工性能好，低温时也具有很好的延性，无塑 - 脆转变现象，其物理性能见表 10-35。钽虽然在 300℃ 以上和各类气体发生反应，但在氧化介质中，表面可以生成厚度小于 0.5μm 的 Ta_2O_5 薄膜，使其在 150℃ 以下具有良好的抗化学腐蚀性能和绝缘性能。钽的抗腐蚀性能非常优异，和各种酸溶液不发生反应。钽主要应用于化学工业、航天工业和电子工业。粉末冶金、真空电弧熔炼和真空电子束熔炼均可以制备钽及其钽合金，粉末冶金制备的材料因在焊缝金属中容易产生气孔，不宜采用电弧焊方法焊接。加入元素 W、Mo、V、Zr、Nb、Hf 可提高钽的强度和热强性。应用较广的是 Ta-10W 合金。

表 10-35　钽的物理性能

熔点 /℃	密度 /（g/cm³）	比热容 /[J/（g·K）]	热导率 /[W/（cm·K）]	线胀系数 /（10⁻⁶/K）	弹性模量 /MPa	相变点 /℃
2996	16.6	0.142	0.544	6.5	189×10³	无

（4）铌及其合金

铌在难熔金属中具有很好的综合性能，熔点较高，密度最低，在 1093～1427℃ 范围内比强度最高，温度低至零下 200℃ 仍有良好的塑性和加工性，其物理性能见表 10-36。

表 10-36　铌的物理性能

熔点 /℃	密度 / (g/cm³)	比热容 / [J/ (g·K)]	热导率 / [W/ (cm·K)]	线胀系数 / (10⁻⁶/K)	弹性模量 /MPa	相变点 /℃
2460 ± 10	8.57	0.269	0.523	7.39	105×10^3	无

铌的抗氧化性能很差，在230℃温度下，铌和氧反应，由于氧化膜厚度的增加使氧化速度减慢。当温度高于400℃时，氧化膜破坏并脱落，氧化速度加快，铌的耐腐蚀性能高于钛、锆而稍低于钽，因此，在某些腐蚀介质中可用铌代替高价格的钽作为耐腐蚀结构材料。

铌合金一般可分为高强度铌合金、中强度塑性铌合金和低强度高塑性铌合金。目前大量生产和使用的是后两种合金。铌合金的强化方法主要采用固溶强化和沉淀强化，加入 W、Mo、Ti、V 可以提高铌的强度和热强性。铌及其合金由于具有优异的室温塑性，是航天工业优先选用的防热材料和结构材料。此外，在核能工业、化学工业、冶金工业及其超导领域的应用也很广泛。

10.6.2　难熔金属的焊接性

（1）钨、钼及其合金的焊接性

钨、钼及其合金焊接性差，容易出现焊缝金属和热影响区脆化，还容易产生裂纹、气孔等焊接缺陷。

① 焊缝金属和热影响区脆化　焊缝金属和热影响区脆化的主要原因是气体杂质的污染和焊接热循环造成的晶粒粗大、沉淀硬化、固溶硬化和过时效。

气体杂质的污染与氧、氮、碳元素在金属中的固溶度、反应程度及反应产物有关。气体杂质的来源主要是焊接保护不良和母材或焊接材料表面的氧化物薄膜。当气体保护不充分时，氧和氮可混入焊件。由于碳氢化合物的污染，碳也可能混入焊接接头。碳氢化合物来自保护气体中残余的气态碳氢化合物、待焊工件上的油污、真空室内的真空泵油等。不同气体杂质在难熔金属中的溶解度有很大差别。对于工业纯钽和铌金属，氮、氢和氧都是处于固溶体状态；而对于工业纯钨、钼金属，间隙杂质氮、氧和碳的含量远远超过溶解度，形成过饱和固溶体和少量的第二相氮化物、氧化物或碳化物。因此，间隙杂质对钨、钼金属脆性的影响要比钽、铌严重。对于钼来讲，氧是最有害的元素，碳和氮的影响次之。如图 10-38 所示，只需百万分之几的氧，就足以提高钼的塑 - 脆转变温度，从 -100℃直线上升到 180℃。间隙杂质对其他几种难熔金属也存在同样的影响趋势。

焊接加热时难熔金属极易和氧、氮等气体发生化学反应，生成氧化膜或低熔点氧化物，这也是造成接头脆化的一个重要原因。图 10-39 是难熔金属在高温下的氧化特性。从图中看出，钼的氧化最严重，其次是钨。钼在 400 ~ 450℃开始显著氧化，高于此温度时，开始迅速地氧化生成 MoO_3。该氧化物的熔点低，只有 795℃，沸点也只有 1480℃。特别是 MoO_3 和 MoO_2 在 777℃或更低的温度下形成低熔点共晶 - 液相氧化物。这些化合物的形成及液相氧化物的挥发，不仅消耗了金属、产生晶界偏析、使焊缝金属脆化，也给焊接过程和焊接性能带来了非常有害的影响。

晶粒度对难熔金属的脆性有很大影响，对钨、钼的影响特别显著。难熔金属的晶粒尺寸对塑 - 脆转变温度的影响见图 10-40。

② 焊接裂纹　当钨、钼焊缝金属中氧、氮等杂质的含量比较高、接头拘束度大、低熔点共晶化合物（MoO_2-MoO_3、Mo-MoO_2）相对集中时容易产生焊接裂纹。因此，在焊接钼时，焊前应对接合部位进行 970 ~ 1070℃预热，焊后应缓慢冷却，以降低焊接时的热应力，达到减少开裂的目的。裂纹的发生和焊接气氛的纯度有关，空气、氧气、氮气等气体的含量越少，开裂倾向也就越小。不同的焊接方法对裂纹的影响也不同。电子束焊接由于在真空中进行，无污染，焊接热输入少，产生的应力及变形也小，其裂纹倾向比电弧焊要小的多。钨虽然比钼更脆，但产生焊接裂纹的倾向比钼小。

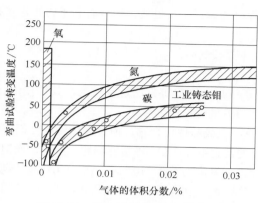

图 10-38 氧、氮和碳对铸态钼的弯曲
试验转变温度的影响

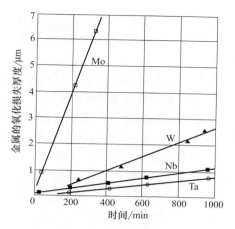

图 10-39 难熔金属的高温氧化特性

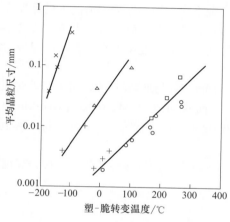

图 10-40 难熔金属的塑 - 脆转变温度与
平均晶粒尺寸的关系

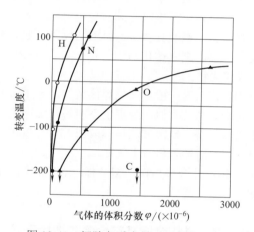

图 10-41 间隙杂质含量对铌的塑 - 脆
转变温度的影响

③ 气孔　产生气孔的主要原因是材料中的氧化物、溶入的气体及低熔点共晶物的挥发。一般情况下，粉末冶金法制造的母材在焊接时容易产生气孔。钨产生气孔的倾向比钼小，其原因是 WO_3 比 MoO_3 的蒸汽压低。对钼来讲，氧含量在 0.0014% ～ 0.0016% 以下基本不产生气孔。气孔产生的影响因素主要是材料纯度、保护气氛及焊接条件。真空电子束焊虽然没有空气混入，但容易产生气孔。而在气密容器内进行的 TIG 焊接，当压力大于 1 个大气压时，产生气孔的倾向反而下降。焊接速度过快，气体来不及逸出，也容易产生气孔。

减少钨、钼焊接缺陷应采取以下措施：

a. 正确地控制焊接时的气氛和焊前对母材及焊接材料的化学清洗，以尽量减少污染。气体保护焊时采用专门提纯、并经过净化及干燥处理的保护气体。在真空下焊接时，真空度应达到 $1.33 \times 10^{-2} Pa$ 以上。

b. 采用合金化的填充金属以改善焊件的力学性能。锆和硼是比较好的晶粒细化元素，焊接时可在待焊处涂上一层锆、硼或铁 + 硼的涂层，焊接后可以改善接头的低温延性。

c. 选用高能密度的加热热源（电子束）和尽可能低的热输入以尽量减少热影响区晶粒的长大，也可以采用脉冲焊打乱焊缝金属的结晶方向性。

d. 采用合理的焊接工艺，如焊前进行预热，焊后立即后热。焊接时应避免产生咬边、未焊透等缺陷，焊后最好将焊缝表面的波纹磨平，并使焊缝与母材平滑过渡，这样有利于防止焊接接头脆断。

e. 在焊接接头设计时采用合适的接头形式、减少焊接变形和焊接应力。

（2）钽、铌及其合金的焊接性

钽、铌及其合金可以用惰性气体保护焊、电子束焊、钎焊等方法进行接合，其焊接性比钨、钼好。特别是铌，即使含钨 11% 以上的合金也具有良好的焊接性。

钽、铌在高温下非常活泼，容易和各种气体反应生成脆性化合物，使金属硬度提高而塑性下降。众所周知，钽是难熔金属中塑性最好的一种，通常它不存在塑 - 脆转变问题。但是，当钽金属中含氢量为 $135×10^{-6}$ 时，在 $-75℃$ 发生塑 - 脆转变。含氧量为 $500×10^{-6}$ 时，在 $-250℃$ 或稍高温度时，也产生塑 - 脆转变。铌的塑 - 脆转变与杂质的关系如图 10-41 所示。从图中看到，随着间隙元素含量的增加，塑 - 脆转变温度也随着上升，其中以氢的影响最大，其次是氮。铌合金比纯铌具有较高的强度和较低的延性，在焊接和热处理时对来自空气的污染更加敏感。

为了防止杂质元素对钽、铌的污染，焊接必须在真空或惰性气体中进行。特别是强度高、延性低的铌合金，在焊接时必须避免空气溶入，而钽合金不应在局部保护的情况下进行焊接。真空容器内焊接钽、铌及其合金时，其方法和工艺与焊接钛、锆相同。应注意，焊接时夹具不应靠近焊接接头，以防夹具熔化与钽、铌形成合金使焊缝脆化。石墨不能用做夹具材料，因为它容易与金属形成碳化物。

纯钽在焊接时一般不产生焊接裂纹，但 Ta-10W 合金焊接时则容易产生，可采用焊前预热的办法进行防止。与此类似，纯铌也不容易产生焊接裂纹，而 Nb-10Ti-10Mo 和 Nb-15W-5Mo 焊接时容易发生横向开裂，解决方法是焊前在 170 ~ 260℃ 的温度范围内进行预热。此外，粉末冶金法制备的材料在焊接时还容易产生气孔。

钽、铌及其合金与钨、钼一样，和铁、铜、铝等异种金属的焊接性非常差，接合界面易出现脆性相。

10.6.3　难熔金属及其合金的焊接工艺

（1）钨、钼及其合金的焊接

钨、钼及其合金在高温下极易氧化和氮化，必须在真空中或高纯度惰性气体保护下进行焊接。为去除母材表面的氧化物及杂质污染，焊前需要进行表面除油和化学清洗处理。为提高接头性能，焊后还要进行真空退火处理。

焊前净化处理通常使用碱 - 酸清洗法或混合酸清洗法。两种清洗方法的效果是一样的，只是清除碱溶液清洗过程中的沉积残余物（特别是内表面的残余物）比较困难，因此，选用何种清洗方法要根据零件受污染的程度及清除残余物的可达性等因素来确定。母材及焊接材料经表面处理后应尽快进行焊接，否则应在氩气或真空中限期保存。

碱 - 酸清洗法的清洗步骤如下：

a. 用丙酮先去除油污。

b. 将待焊工件浸入 60 ~ 80℃ 的清洗液（体积分数为 NaOH10%，$KMnO_4$5%，H_2O85%）中 5 ~ 10min。

c. 自来水流水冲洗，清除残余物。

d. 浸入室温的酸洗液（体积分数为 $H_2SO_4$15%，HCl15%，$Cr_3O_4$6%，H_2O64%）中 5 ~ 10min。

e. 自来水冲洗，蒸馏水漂清，强热风吹干。

混合酸清洗法的清洗步骤是：

a. 用丙酮先去除油污。

b. 将待焊工件浸入室温的酸溶液中 2 ~ 3min，溶液的体积分数为：H_2SO_4（95% ~ 97%）15%，HCl（90%）15%，H_2O 7%。

c. 自来水流水冲洗。

d. 再浸入室温的硫酸和盐酸的水溶液中 3 ~ 5min，酸液成分的体积分数为 H_2SO_4（95% ~ 97%）15%，HCl（37% ~ 38%）15%，H_2O 70%，然后再加入质量分数为 6% ~ 10% 的 Cr_2O_3。

e. 自来水冲洗，蒸馏水漂清，强热风吹干。

① 电子束焊　钨、钼及其合金在高温下极易氧化和晶粒长大，首选的焊接方法是真空电子束焊，该方法可以得到比弧焊更大的熔深、更窄的热影响区、更小的焊缝金属晶粒及氢和氧的含量。焊接时真空度要求在 10^{-2} ~ 10^{-3}Pa。一般选用低热输入的高速焊来控制焊缝金属及过热区的晶粒长大。推荐采用脉冲电子束焊接或摆动电子束焊接。摆动频率为 60Hz，摆幅为 0.12 ~ 0.25mm。真空电子束焊接时，容易出现气孔，特别是粉末冶金材料的焊缝，熔合线处往往产生连续气孔，所以焊接前需要进行真空除气热处理。加热温度为 870 ~ 900℃，保温 1h。焊接板厚超过 1mm 或丁字接头时，焊后需在 10^{-2}Pa 的真空中、870 ~ 980℃ 的温度下进行消除应力处理。

钨、钼及其合金板材的电子束焊接参数见表 10-37，钨、钼及其合金典型结构电子束焊焊接参数见表 10-38。图 10-42、图 10-43 分别是烧结钨和 Mo-0.5Ti 电子束焊焊接接头的高温强度。

表 10-37　钨、钼及其合金板材的电子束焊接参数

板材厚度 /mm		加速电压 /kV	电子束流 /mA	焊接速度 /（mm/min）
W	0.5	20	25	220
	1.0	22	80	200
	1.5	23	120	240
Mo	1.0	18 ~ 20	70 ~ 90	1000
	1.5	96	26	600
	1.5	50	45	1000
	2.0	20 ~ 22	100 ~ 120	670
	3.0	20 ~ 22	200 ~ 250	500
Mo-0.5Ti	2.0	90	57	120

表 10-38　钨、钼及其合金典型结构的电子束焊接参数

典型结构	接头种类	材料厚度 /mm	加速电压 /kV	电子束流 /mA	焊接速度 /（mm/min）	聚焦点位置	备注
钨热管	凸缘对接，穿焊透	2.5	100	6	750	表面	预热 800℃
钨坩埚	立端接，穿焊透	2.0	100	10	1500	表面以上	预热 800℃
钨热管	阶梯接，局部熔透	1.6	125	25	750	表面	高频（3kHz），椭圆偏转
Mo-TZM 合金热保护屏	平板对接，全穿透	1.6	125	15	750	表面以上	焊后热处理，改善韧性
Mo-13Re 实验反应管	—	0.8	100	7	750	—	焊缝成形好
ϕ 9.5 钼管	管和凸缘圆周接头	1.27	120	5	354		不预热，焊接时管子回转 1.25 周

续表

典型结构	接头种类	材料厚度/mm	加速电压/kV	电子束流/mA	焊接速度/（mm/min）	聚焦点位置	备注
ϕ 27.6 钼管	管和凸缘圆周接头	3.05	120	23	354	—	用 11mA 电子束流预热 6 周，焊接时管子回转 1.25 周
钼管	同直径管子对接	2.39	150	25	840	—	用 12mA 电子束流预热 6 周，焊接时管子回转 1.25 周

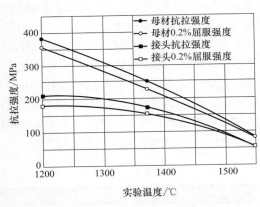

图 10-42　烧结钨电子束焊焊接接头的高温抗拉强度

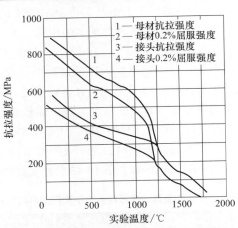

图 10-43　Mo-0.5Ti 电子束焊焊接接头的高温抗拉强度

② 电阻焊　钨、钼及其合金最常用的电阻焊方法是点焊，并已经应用于电子工业。电阻点焊时，由于材料的熔点高、热传导速度快，推荐选用大的焊接电流及压力。表 10-39 是钼及其合金板材的点焊焊接参数，钨及其合金的点焊能量应选的更大一些。钨、钼及其合金点焊时电极磨损速度快，有时焊缝容易被电极污染，解决办法除了加速电极的冷却和缩短电极的清理周期以外，通常还采用电极和工件之间加中间层的方法。如在母材上电镀或气相沉积金属层的方法，常用的有钛、镍、铁、铌、钽等金属箔片中间层。焊接时，最好采用短脉冲，防止氧化，避免晶粒急剧长大。钼合金棒的对接可用闪光对焊。有文献报道，在真空或氩气保护介质中进行的钼棒对焊，焊接接头在常温下的弯曲角可达 90°，其外层的断后伸长率为 40%。

表 10-39　钼及其合金板材点焊焊接参数

板材厚度/mm	焊接能量/（kW·s）	焊接压力/MPa	焊点直径/mm
0.5	1.5	784.8	3.8
1.0	3.5	490.5	5.6
1.5	5.5	392.4	7.4
2.0	8.8	343.4	9.1
2.5	12.0	343.4	11.2

③ 钎焊　钨、钼及其合金可采用炉中钎焊、火焰钎焊、电阻钎焊及感应钎焊方法。钨、钼及其合金的炉中钎焊必须在惰性气氛（氦气或氩气）、还原性气氛（氢气）或真空室内进行。真空钎焊时，应使钎料所含元素的蒸气压与钎焊温度及真空度相适应。钎料可用 Ag、Au、Cu、Ni、Pt 及 Pd 等纯金属，也可用各类合金钎料。低温下使用的焊接构件，可选用银基和铜基钎料，高温下使

用的构件应选用金、钯和铂钎料、活性金属及熔点比钼低的难熔金属。应注意，镍基钎料在高温下的可用性不大，因为镍与钼在 1316℃ 左右可生成低熔点共晶体。在接头设计时，通常将接头间隙控制在 0.05～0.125mm 的范围内。

钎焊钨时，由于材料本身的固有脆性，搬运及夹紧时要小心谨慎，应在无应力状态下组装这些零件。必须避免钨与石墨夹具接触以防止生成脆性的碳化钨。用镍基钎料钎焊钨时，为防止钨发生再结晶，应尽量降低钎焊温度。

用氧-乙炔焰钎焊钼时，可采用银基或铜基钎料及适宜的钎剂。为了更充分地进行保护，也可采用组合钎剂。该钎剂由一种工业用硼酸盐为基的钎剂或银钎剂加一种含氟化钙的高温钎剂所组成。这些钎剂在 566～1427℃ 之间是活性的。首先在钼工件上涂一层工业用银钎剂，再覆一层高温钎剂，银钎剂的活性区间为组合钎剂活性区间的下限，然后高温钎剂在组合钎剂的高温区起反应，且活性可保持到 1427℃。用还原性气氛钎焊纯钼时，允许氢的露点到 27℃，但在 1204℃ 下钎焊含钛的钼合金时，氢的露点需在 -10℃ 以下。

根据国外报道，以 Pt-B 和 Ir-B 系为基的钎料已用于钨的真空钎焊。接头的工作温度为 1927℃，钎料的含硼量最高可达 4.5%，且能使钨的钎焊温度低于其再结晶温度。真空钎焊钨的搭接接头，经 1093℃ 下真空扩散处理 3h，可使接头的再熔化温度提高到 2038℃。当用 Pt-3.6B 钎料加入 11%（质量分数）钨粉进行钎焊时，接头最高再熔化温度可达 2170℃。用于核反应堆在 2300℃ 的氢气氛内工作的钨对接接头，其钎焊热源为惰性气体，用以保护钨电弧，钎料为 W-250S、W-50Mo-3Re 和 Mo-50S。

用于 Mo-0.5Ti 钼合金的钎料有 V-35Nb 和 Ti-30V。真空钎焊参数分别为真空度 1.33×10^{-3}Pa、钎焊温度 1650℃、5min 和 1.33×10^{-3}Pa、1870℃、5min。两种钎料均能良好地与钼润湿，钎焊时对钼的熔蚀也极小。已成功地在 1400℃ 用 Ti-8.5Si 合金粉与 Mo 粉的混合粉为钎料进行了 TZM 合金的真空钎焊。Ta-V-Nb 和 Ta-V-Ti 系合金钎料也可用于该种钼合金的真空钎焊。这些接头的室温抗剪强度为 138～207MPa，在 1093℃ 下的高温抗剪强度也均在 130MPa 以上。以 Ti-25Cr-13Ni 为钎料，真空钎焊温度为 1260℃ 时，TZM 合金钎焊接头的再熔化温度最高，T 形接头和搭接接头的再熔化温度达到 1704℃。

④ 扩散焊　真空扩散焊可以用于钨、钼及其合金的接合，其优点是能防止钨、钼晶粒的急剧长大。常用的真空扩散焊参数见表 10-40。所需的接合温度高，接头部位由于再结晶脆化，而使接头强度降低。为了降低接合温度，可采用数微米厚的金属箔片作中间层。常用的中间层材料有 Zr、Ni、Ti、Cu 及 Ag 等，也可在母材上镀一层 Ni 或 Pd 金属薄层。图 10-44 是镀 Pd（0.25μm 厚）后的钨板搭接接头的抗伸载荷与扩散时间的关系曲线，其搭接尺寸为 3.2mm×6.4mm，板厚 0.13mm，扩散温度为 1100℃。从图中可知，扩散时间太短时，界面扩散不充分，接头强度不高；扩散时间过长时，接头的再结晶严重，也使接头脆化，强度降低。图 10-45 是用不同金属中间层扩散焊接时的扩散温度与钼接头抗拉强度的关系。烧结板材尺寸为 10mm×10mm，两块板的搭接长度为 3mm，压力为 500N，扩散时间 15min，真空度为 0.04Pa，中间层金属箔的厚度均为 2.5μm。

⑤ 惰性气体保护焊　钨、钼及其合金的电弧焊在真空充惰性气体的容器内进行。为了减少氧气、氮气等有害气体的影响，在充惰性气体前焊接容器应达到 1.33×10^{-2}Pa 的真空度，所充惰性气体必须经过净化及干燥处理。控制母材的含氧及含氮量是防止气孔的有效方法，焊接材料的含氧量应控制在 20×10^{-6} 以下。在烧结时加入质量分数为 0.1% 的 C 或加入质量分数为 0.2%～0.5% 的 Ti，均可减少焊缝金属中气孔的生成。预热能降低焊接时引起的热冲击和残余应力，特别是两个零件的尺寸相差很大时，预热效果更加明显。预热时应根据焊接结构件的尺寸形状及裂纹敏感性决定具体的预热温度和层间温度。在正式焊接前，可先在钛板上焊接几分钟以净化容器内的惰性气

体。焊接时应注意焊件不受拘束，并采用引弧板。焊接钨及其合金时最好用氦气保护气体。由于钨、钼的熔化温度高和热导率高，因此焊接夹具必须采用水冷或在其表面复合一种不能熔化且不能与焊件反应结合的材料。为防止熔化，可在夹具与工件相接触的部位装上钼、铈、钨基合金或陶瓷镶片。

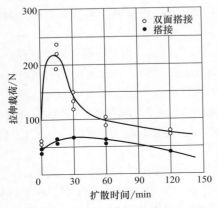

图 10-44　扩散时间对钨板搭接接头拉伸载荷的影响

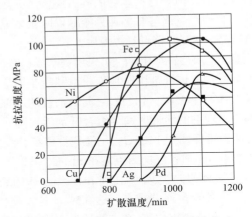

图 10-45　不同中间层金属与扩散温度对钼接头抗拉强度的影响

表 10-40　钨、钼及其合金真空扩散焊参数

被焊金属	温度 /℃	时间 /min	压力 /MPa	真空度 /Pa
W	2200	15	19.6	7×10^{-3}
Mo	1700	10	9.8	7×10^{-3}

　　钨极惰性气体保护焊时，采用铈钨电极直流正接。将钨极端部磨成 20°～30° 锥形，以利于控制电弧。电极直径应根据焊接电流来确定。表 10-41 及表 10-42 分别是钼及其合金的钨极惰性气体保护焊及熔化极惰性气体保护焊焊接参数。即使采用合适的焊接参数，焊接接头的强度及塑性远比母材低。为了提高常温下的焊接接头塑性，焊接钨时采用钨 - 铼（5%～27% 质量分数）填充金属，焊接钼时采用 TZM 钼合金或钼 - 铼（10%～50% 质量分数）合金。TZM 钼合金含有钛和锆添加元素，具有强化焊缝和控制焊缝金属晶粒大小等优点。钨或钼加入铼后，焊缝金属的弯曲塑 - 脆转变温度可降低到室温以下。

表 10-41　钼及其合金钨极惰性气体保护焊焊接参数

材料牌号	板厚/mm	保护方式	钨极直径/mm	焊接电压/V	焊接电流/A	焊接速度/（mm/min）
Mo	1.0	真空室内充氦气	—	—	55（65）	270（300）
Mo	1.5	真空室内充氦气	2.4	12～16	180	150～160
Mo	1.6	真空室内充氦气	3.2	20	220～224	350
Mo	1.6	拖罩及背面通氩气	2.4	20	220	350
Mo	2.0（加丝）	真空室内充氦气	—		270	270
Mo	3.2	真空室内充氦气			160	204
TZM	1	拖罩及背面通氩气	2.4	14	60	250

　　⑥ 摩擦焊　与熔化焊相比，钨、钼及其合金的摩擦焊不产生粗大结晶组织，热影响区也非常窄，但焊接构件的尺寸及形状受到限制。摩擦焊焊接要求的旋转速度高，对于加工态材料，其顶锻压力比退火态金属大 30%～40%，钨、钼摩擦焊焊接参数见表 10-43。

表 10-42　钼熔化极惰性气体保护焊焊接参数

焊丝直径 /mm	焊接电压 /V	焊接电流 /A	焊接速度 /（mm/min）	氩气流量 /（L/min）		
				喷嘴	拖罩	背面
1.5	18 ~ 20	38 ~ 40	510	48	40	4

表 10-43　钨、钼摩擦焊焊接参数

被焊金属	材料状态	旋转线速度 /（m/s）	顶锻压力 /MPa
W	加工态	13	385
	退火态	18	210
Mo	加工态	9	420
	退火态	11	280

（2）钽、铌及其合金的焊接

钽、铌及其合金对杂质侵入比较敏感，从 300℃ 开始就强烈地与空气中的氢、氧、氮发生反应，生成脆性化合物。碳、氮、硼也与钽、铌及其合金反应生成脆性化合物，引起塑性、韧性下降。因此，焊接时防止杂质污染极为重要。钽、铌及其合金常用的焊接方法为电子束焊、惰性气体保护焊、电阻焊、钎焊及扩散焊，焊接工艺装备及焊接参数可以借鉴钛、锆焊接方面的经验。由于钽、铌及其合金的熔点高、热导率大，焊接时要消耗更多的能量，保护措施要更加严格。焊前必须对焊件坡口及其周围、焊接材料等进行严格清理，坡口清理可先采用机械法进行，然后用酸洗液进行化学清洗。酸洗后用流水冲洗干净，蒸馏水漂清，强热风吹干。表 10-44 是钽、铌及其合金常用酸洗液的组分。

表 10-44　钽、铌及其合金常用酸洗液的组分（体积分数）　　　　　　　　　　　　单位：%

HF	HNO$_3$	H$_2$SO$_4$	H$_2$O
10 ~ 20	40	20	余量

表 10-45　钽、铌及其合金的电子束焊焊接参数

材料牌号	板材厚度 /mm	加速电压 /kV	电子束流 /mA	焊接速度 /（mm/min）
Ta	0.4	20	20 ~ 35	240
Ta	1.0	19	65	250
Ta-10W	0.3	15	60	200
Ta-10W	0.6	20	35	250
Ta-10W	1.2	22	85 ~ 90	200
Ta-10W	1.8	20	95	130
Nb	0.8	23	40	433
Nb	1.5	27	85	500
Nb-10Hf-1Ti	1.0	20	45 ~ 50	250
Nb-10W-2.5Zr	1.0	20	45 ~ 60	260
Nb-10W-2.5Zr	2.5	22	120	240
Nb-10W-12.5Zr	0.9	150	3.3	381

① 电子束焊　电子束焊是钽、铌的首选焊接方法之一。纯钽在四种难熔金属中最容易进行焊接。用铜质水冷夹具可以防止变形，限制晶粒长大。钽合金的焊接性略低于纯钽。铌及其合金的焊接性比钨、钼的好。纯铌的电子束焊焊接接头强度相对较低。铌合金的焊接性虽然有所降低，但接头强度可以达到母材的 75%。在 1093 ~ 1650℃ 下具有良好的结构稳定性。钽、铌及其合金的电子束焊焊接参数见表 10-45。

② 惰性气体保护焊　惰性气体保护焊是焊接钽、铌及其合金的常用方法。钨极氩弧焊焊接钛时所用的工艺方法和设备也同样适合于钽、铌及其合金的焊接。焊接一般在真空充氩容器内进行。厚度大于 1mm 以上的板材，最好采用钨极氩弧焊焊接。在真空充气容器内焊接的要求及操作注意事项与钨、钼焊接的相同。对于无法在真空充氩容器内焊接的焊件，可在空气中采用局部（正、反面）保护方法进行，但必须选用从焊枪到工件的距离内能提供层流状保护气体的焊机，保护气体的供给（滞后停气）必须维持焊件冷却至 200℃ 为止。板厚为 1 ~ 2mm 时，焊接保护区和冷却段的气体流量为 16L/min，用于保护焊缝反面的气体流量为 5L/min。惰性气体保护焊必须采用直流正接，为避免钨极对焊缝的污染，必须采用高频引弧，钨极应是钍钨型。

焊接钽、铌及其合金时，焊前需严格清理。焊件坡口及其正、反两表面 25mm 宽度范围内用磨削或机加工方法去除氧化皮，然后用去垢剂或合适的溶剂洗去污垢，再用酸洗液（表 10-44）进行酸洗。酸洗后必须用水冲洗、蒸馏水漂清和强热风吹干。钽、铌及其合金广泛采用平板对接形式，采用直流正接钨极氩弧焊。纯钽及纯铌，不需要焊前预热及焊后消除应力处理。表 10-46 是钽、铌及其合金的惰性气体保护焊焊接参数，表中的焊接参数适用于采用铜垫板压块的平板对接。

纯钽的焊接接头有良好的力学性能，1mm 厚的钽板焊接接头，经轧机轧至 0.15mm，往复弯曲 180° 数次未裂。影响钽合金焊缝金属塑性的主要因素是基体合金的成分和间隙杂质的含量。为保证焊件在室温下具有良好的塑性，钽合金板的氧、氮和氢的总含量应小于 100×10^{-6}，碳含量应小于 50×10^{-6}。

表 10-46　钽、铌及其合金的惰性气体保护焊焊接参数

材料牌号	板材厚度 /mm	钨极直径 /mm	焊接电压 /V	焊接电流 /A	焊接速度 /（mm/min）
Ta	0.5	1.0	8 ~ 10	65	420
	1.0	1.0	8 ~ 10	140	385
	1.0	1.6	14	50 ~ 60	250
	1.5	1.0	9 ~ 11	200	342
Nb	0.5	—	8 ~ 10	70 ~ 80	500 ~ 583
	1.0	—	14	50	250
	1.0	—	10	150 ~ 160	672
	2.0	—	10	240	252
Nb-10Hf-1Ti	1.0	—	12 ~ 15	110	540
Nb-10W-2.5Zr	0.9	—	12	87	762
Nb-10W-1Zr	0.9	—	12	114	762
Nb-10W-10Ta	0.9	—	12	83	381

铌、中强度中塑性铌合金及低强度高塑性合金，采用推荐的焊接参数，可以得到满意的接头力学性能。但对时效硬化的铌合金来说，其焊接接头在某一温度范围短时加热就会出现时效脆化现象，使接头失去延展性。如 Nb-10W-2.5Zr 的焊接接头，经 900℃ 退火处理后其断后伸长率很小。然而这种时效脆化现象可以通过 1055 ~ 1220℃、1 ~ 3h 的真空高温退火处理予以恢复，部分铌合金焊后高温退火热处理的规范参数见表 10-47。

表 10-47　部分铌合金焊后高温退火热处理规范参数

材料牌号	退火时间 /h	真空退火温度 /℃	
		氩弧焊接头	电子束焊接头
Nb-10Hf-1Ti	1	1200	1200
Nb-10W-2.5Zr	1	1220	1330

续表

材料牌号	退火时间/h	真空退火温度/℃	
		氩弧焊接头	电子束焊接头
Nb-10W-1Zr	1	1330	1330
Nb-10W-10Hf	1	1330	1220
Nb-10W-2.8Ta-1Zr	1	1330	1220
Nb-10W-10Ta	1	1220	—

③ 电阻焊 钽、铌及其合金的电阻焊主要采用点焊和缝焊。为防止接头氧化和氮化，点焊和缝焊时必须在惰性气体保护中进行。也可在真空中进行短脉冲点焊和缝焊。由于材料的熔点高、热导率大，必须用大电流焊接。被焊材料塑性高或压力大时，接触面易产生变形使电流密度降低，故点焊应在小压力下进行，并注意防止电极熔化及产生粘电极现象。因此电极表面需要经常清理或者采用液氮冷却。钽、铌及其合金薄板缝焊时，由于冷却速度快，一般不产生质量问题，但 1mm 以上厚板焊接时，由于热量的积累容易产生脆化，应对电极进行冷却或采用脉冲缝焊。表 10-48 是铌及其合金缝焊焊接参数。

表 10-48 铌及其合金缝焊焊接参数

板厚/mm	电极压力/N	焊接电流/A	通电时间 /s		电压 /V	
			焊接	间歇	空载	电路闭合时
0.125	112.8	1100	3	2	0.8	0.7
0.25	225.6	3300	3	2	1.3	1.05
0.5	225.6	4000	3	2	1.6	1.25

④ 钎焊 钽、铌及其合金的钎焊应在真空中或在惰性气体（氩气或氦气）的可控气氛保护下进行。钎焊前应严格进行酸洗，必须去除所有的活性气体（氧气、一氧化碳、二氧化碳、氨气、氢气及氮气），避免钽、铌与这些气体生成氧化物、碳化物、氢化物和氮化物，使接头延性降低。

钎料及钎焊温度应根据焊接构件的用途及其使用环境选择。Au、Cu、Ag-Cu、Au-Cu 及 Ni-Cr-Si 钎料可用于低温钎焊，其中 Ni-Cr-Si 钎料易出现脆性金属间化合物，含 Au40% 以上的 Au-Cu 钎料也有可能出现脆性相。Ta-V-Ti 及 Ta-V-Nb 等合金钎料可用于高温钎焊，其使用环境可达 1370℃以上。用 Hf-Mo、Hf-Ta、Ti-Cr 等合金钎料，钎焊的接头可在更高的环境温度下使用。

⑤ 扩散焊 采用真空扩散焊可以有效地连接钽、铌及其合金，但焊接面要精加工（研磨）到 $Ra=0.20\mu m$，焊接室真空度应高于 $1.33\times10^{-3}Pa$。为了降低焊接温度、防止晶粒长大，可采用加中间金属层或在连接面上涂几十纳米厚的金属层进行扩散焊接。表 10-49 给出了钽、铌及其合金扩散焊焊接参数。

表 10-49 钽、铌及其合金扩散焊焊接参数

材料牌号	温度 /℃	压力 /MPa	时间 /min	中间层金属	真空度 /Pa
Ta	1650	11.8	20	—	$>1.33\times10^{-2}$
Nb	1250	14.7	15	—	$>1.33\times10^{-2}$
Nb	1000	19.6	30	Ni	$>1.33\times10^{-2}$
Nb-10W-2.5Zr	1065～1093	15	420～300	Ti（0.025mm）	$>1.33\times10^{-2}$

10.6.4 难熔金属与其他有色金属的焊接

（1）异种难熔金属的焊接

① 钨与钼的焊接 钨与钼都是熔点高及化学活性大的材料，其焊接尤为困难。主要焊接方法

是真空扩散焊、钎焊及电子束焊。

钨与钼的真空扩散焊要求真空度在 1.33×10^{-2}Pa 以上，一般应使用中间金属夹层，钽箔及钼箔作夹层材料比较理想，其焊接参数见表 10-50。用钽作中间层采用表中规范参数焊接时，金相分析发现，钽箔与被焊零件之间虽然存在着不连续的地方，但当冷弯到锥角 17° 时，未发生分层脱开。在弯折部位由于钨层发生再结晶而脆化，有分层现象，但焊缝仍未发生其他变化。采用钼箔作中间层进行焊接时，钨与钼箔之间的分界线完全消失，其分界线只能根据晶粒的大小不同来确定。当扩散时间较短（15min）时，接合质量不稳定，可以清楚地看到钨与钼箔的分界线，但没有不连续的地方，钼的晶粒比较粗大。

钨与钼的钎焊应在保护气氛下进行，保护气体可采用氮气和氢气组成的混合气体，钎料一般使用钼钌共晶钎料。因钎料熔点较低，故接头的工作性能比基体金属差得多。

② 钼与铌的焊接　由二元相图可知，钼与铌在高温下互溶，不形成化合物。应采用真空扩散的方法进行接合，接合参数见表 10-51。

表 10-50　钨与钼真空扩散焊焊接参数

被焊材料	温度 /℃	压力 /MPa	时间 /min	中间层金属	真空度 /Pa
W+Mo	1900	20	20 ~ 60	Ta（50μm）	> 1.33×10^{-2}
W+Mo	1900	20	60	Mo	> 1.33×10^{-2}

表 10-51　钼与铌真空扩散焊焊接参数

被焊材料	温度 /℃	压力 /MPa	时间 /min	真空度 /Pa
Mo+Nb	1400	10	5	> 1.33×10^{-2}

（2）钼与其他有色金属的焊接

① 钼与钛的焊接　由于钼及其合金与钛的物理、化学性能相差很大（熔点相差约 1000℃、钼的线胀系数约是钛的 1.8 倍），焊接时存在很大困难。熔化焊接时如加热温度超过 1300℃，钼或钼合金的晶粒会急剧长大，从而造成热影响区脆化。因此钼与钛应进行固相接合，常用的焊接方法是扩散连接。此外，爆炸焊也可以连接两种金属，接头中形成了成分不同、波浪形分布的固溶体。金相分析未发现塑性变形的晶粒，也没产生再结晶。

钼与钛的真空扩散连接，可以在很宽的焊接参数范围内获得优质的焊接接头，其焊接参数见表 10-52。如果在氩气保护下进行扩散连接，应选用更高的焊接温度和更长的焊接时间。

表 10-52　钼与钛真空扩散焊焊接参数

被焊材料	温度 /℃	压力 /MPa	时间 /min	真空度 /Pa
Mo+Ti	870 ~ 930	6.5 ~ 8	10 ~ 120	> 1.33×10^{-2}

② 钼与镍的焊接　钼与镍的熔点相差很大，若采用电弧焊焊接非常困难。由于两种材料可以相互溶解，一般采用真空扩散焊的方法进行连接，焊接参数见表 10-53。此外，镍是钼与其他异种金属扩散接合时的良好中间层材料。

表 10-53　钼与镍真空扩散焊焊接参数

被焊材料	温度 /℃	压力 /MPa	时间 /min	真空度 /Pa
Mo+Ni	900	7	20	> 1.33×10^{-2}

③ 钼与铜的焊接　由二元相图可知，钼与铜相互之间都不能溶解，熔点差别很大。因此，不能用熔焊的方法进行焊接，最常用的接合方法是真空扩散焊，也可以采用爆炸焊的方法进行接合。

钼与铜可直接进行真空扩散接合，由于两种材料的热胀系数相差很大，焊接加热时接头容易产生很大的热应力，使接合质量难以得到保证。只有采用控制铜的宏观变形的方法，才可得到最高的接头强度。这种接头的真空气密性良好，但热稳定性不高。在制造钼与铜的重要构件时，为了消除接头的热应力，保证接合质量，可采用与钼、铜都互溶的镍作为中间层金属。加镍的最好方法是在钼的焊接表面电镀一层镍，其焊接参数见表 10-54。

表 10-54　钼与铜真空扩散焊焊接参数

被焊材料	温度 /℃	压力 /MPa	时间 /min	中间层金属	真空度 /Pa
Mo+Cu	950 ～ 1050	15 ～ 16	10 ～ 40	Ni（7 ～ 14μm）	> 1.33 × 10⁻²
Mo+Cu	950	15 ～ 16	15 ～ 30	无	> 1.33 × 10⁻²

（3）铌与其他有色金属的焊接

① 铌与钛的焊接　铌与钛的物理化学性能比较接近，两种金属在高温下不产生脆性反应相而形成有限固溶体。因此，铌与钛可采用电子束焊、惰性气体保护焊、真空扩散焊及摩擦焊的方法进行接合。电弧焊时应采用高纯氩气对焊缝正反面进行良好保护，摩擦焊接最好在 1.33×10⁻²Pa 以上的真空中进行。

进行平板对接的电子束焊或电弧焊时，热源必须偏向熔点高的铌，偏离的程度要视板厚而定，例如厚度为 0.8 ～ 2mm，偏离对接中心的距离应为 0.8 ～ 1.5mm。表 10-55 为热交换器产品中铌与钛真空电子束焊的焊接参数。图 10-46 为铌合金与钛合金电子束焊接典型焊缝形貌，接头中存在着高铌区（含铌的质量分数为 80% ～ 90%）和低铌区（含铌的质量分数为 30% ～ 40%）。在金相图中呈灰白色的焊缝组织即为高铌区，呈灰黑色的组织为低铌区，且焊缝组织颜色越浅则铌的相对含量越高。焊缝中铌与钛的含量取决于热输入和热源偏离对接中心的距离，只有精确地计算热输入才能获得优质的焊接接头。例如板厚为 1mm 时，要把 2/3 的热输入加在铌板上，其余 1/3 的热输入加在钛板上。表 10-56 列出了铌与钛的典型氩弧焊焊接参数及接头性能。在熔合区中，焊缝中心部位塑性最好，熔合区与铌之间的塑性与母材铌的塑性有关，而熔合区与钛之间的塑性，同钛和铌的牌号关系不大。

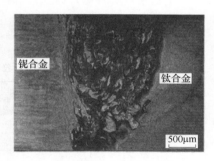

图 10-46　铌合金与钛合金电子束焊接典型焊缝形貌

表 10-57 是铌与钛真空扩散焊时的焊接参数，接头的平均抗拉强度可达 467MPa。

表 10-55　热交换器产品中铌与钛真空电子束焊的焊接参数

两种母材厚度 /mm	接头形式	加速电压 /kV	电子束束流 /mA	焊接速度 /（m/h）	电子束偏离 /mm	真空度 /MPa
2+2	对接	28	100	55	—	1.3332 × 10⁻⁸
3+2		30	170	50	—	
3+3		40	180	45	1	
4+4		45	250	40	2	
5+4		50	270	40	2	

表 10-56　铌与钛的典型氩弧焊焊接参数及接头力学性能

被焊材料	板厚 /mm	焊接电流 /A	焊接速度 /（mm/min）	抗拉强度 /MPa	弯曲角 /（°）
Nb+TA3	0.8	110 ～ 120	667	—	—
	1.2	130	667	—	—
	1.5	160 ～ 165	667	—	—
	2.0	200 ～ 218	333	—	—

续表

被焊材料	板厚 /mm	焊接电流 /A	焊接速度 /（mm/min）	抗拉强度 /MPa	弯曲角 /（°）
Nb+TC2	1.0	75～80	467～500	51.5	90
	2.0	150～160	583～667	—	—
Nb+TB2	1.0	75～80	450～500	52.9	180

表 10-57　铌与钛真空扩散焊焊接参数

被焊材料	温度 /℃	压力 /MPa	时间 /min	真空度 /Pa
Nb+Ti	960	3.5	300	> 1.33×10^{-2}

　　② 铌与锆的焊接　铌与锆的热胀系数相近，相互间不产生脆性金属间化合物，故常用的焊接方法为惰性气体保护焊和电子束焊。由于两种材料的热物理性能不同，热量在两种金属间分布不均匀，焊接时热源要偏向熔点高的铌一侧。

　　焊接过程中，如空气进入焊接熔池，气体与锆发生反应形成脆性化合物，且使焊缝中夹杂量增加，焊缝的脆性明显增大，抗腐蚀性和机械加工性变差。因此，焊接时应加强保护，均匀地快速冷却，缩短过热金属与大气的接触时间。在气体保护焊接容器中进行氩弧焊焊接，可以避免大气的有害影响，容易保证焊接质量。氩气保护下进行焊接时，应使主喷嘴、附加保护罩及焊缝背面连续不断地提供氩气流，使焊后处于高温下的焊缝区全部受到氩气保护。一般情况下，只要附加保护罩设计合理，焊接参数及气体流量选择合适，就能保证焊接接头质量。

　　不论采用哪种熔焊方法或焊接工艺，铌与锆熔焊接头的强度和塑性会随时间的推移而出现有规律的降低。脆性破坏通常发生在靠近锆一侧的熔合区上。铌与锆氩弧焊的优选焊接参数见表 10-58，铌与锆合金电子束焊接参数见表 10-59。

表 10-58　铌与锆氩弧焊的优选焊接参数

板材厚度 /mm	焊接速度 /（mm/min）	钨极直径 /mm	电弧偏离铌侧 /mm	弧长 /mm	焊接电流 /A	主喷嘴氩气流量 /（L/min）
0.8	667	2	0.8	1.0	100～120	8.5
1.0	667	3	0.8	1.0	110～130	10
2.0	667	3	1.5	1.0	260～270	10

表 10-59　铌与锆合金（含铌 2.2%）电子束焊焊接参数

板材厚度 /mm	加速电压 /kV	焊接电流 /mA	焊接速度 /（mm/min）	电弧偏离铌侧 /mm	真空度 /Pa
2	60	24	300	1～1.5	> 1.33×10^{-2}

第11章 机器人焊接技术

11.1 概述

11.1.1 新一代自动焊接的手段

工业机器人作为现代制造技术发展重要标志之一和新兴技术产业，已为世人所认同，并正对现代高技术产业各领域以至人们的生活产生了重要影响。我国工业机器人的发展起步较晚，但20世纪80年代以来进展较快，1985年研制成功华宇Ⅰ型弧焊机器人；1987年研制成功上海1号、2号弧焊机器人；1987年又研制成功华字Ⅱ型点焊机器人，并已初步商品化，可小批量生产；1989年我国国产机器人为主的汽车焊接生产线投入生产，标志着我国工业机器人实用阶段的开始。

焊接机器人是应用最广泛的一类工业机器人，在各国机器人应用比例中占总数的40%～50%。采用机器人焊接是焊接自动化的革命性进步，它突破了传统的焊接刚性自动化方式，开拓了一种柔性自动化新方式。刚性自动化焊接设备一般都是专用的，通常用于中大批量焊接产品自动化生产，因而在中小批量产品焊接生产中，手工焊仍是主要焊接方式，焊接机器人使小批量产品自动化焊接生产成为可能。就目前的示教再现型焊接机器人而言，焊接机器人完成一项焊接任务，只需人给它做一次示教，它即可精确地再现示教的每一步操作，如要机器人去做另一项工作，无须改变任何硬件，只要对它再做一次示教即可。因此在一条焊接机器人生产线上，可同时自动生产若干种焊件。

焊接机器人的主要优点如下：

a. 易于实现焊接产品质量的稳定和提高，保证其均一性。

b. 提高生产率，一天可24h连续生产。

c. 改善工人劳动条件，可在有害环境下长期工作。

d. 降低对工人操作技术水平的要求。

e. 缩短产品改型换代的准备周期、减少相应的设备投资。

f. 可实现小批量产品焊接自动化。

g. 为焊接柔性生产线提供技术基础。

11.1.2 工业机器人的定义和分代概念

关于工业机器人的定义尚未统一，联合国标准化组织采用的美国机器人协会的定义为：工业机器人是一种可重复编程和多功能的，用来搬运材料、零件、工具的机械手，或能执行不同任务而具有可改变的和可编程动作的专门系统。这个定义不能概括工业机器人的今后发展，但可说明目前工业机器人的主要特点。

工业机器人发展大致可分为三代。

第一代机器人，即目前广泛使用的示教再现型工业机器人，这类机器人对环境的变化没有应变或适应能力。

第二代机器人，即在示教再现机器人上添加了感觉系统，如视觉、力觉、触觉等，它具有对环境变化的适应能力。

第三代机器人，即智能机器人，它能以一定方式理解人的命令、感知周围的环境、识别操作的对象，并自行规划操作顺序以完成赋予的任务。这种机器人更接近人的某些智能行为。

11.1.3　工业机器人主要名词术语

① 机械手（manipulator），也可称为操作机。具有和人臂相似的功能，可在空间抓放物体或进行其他操作的机械装置。

② 驱动器（actuator），将电能或流体能转换成机械能的动力装置。

③ 末端操作器（end effector），位于机器人腕部末端、直接执行工作要求的装置，如夹持器、焊枪、焊钳等。

④ 位姿（pose），工业机器人末端操作器在指定坐标系中的位置和姿态。

⑤ 工作空间（working space），工业机器人执行任务时，其腕轴交点能在空间活动的范围。

⑥ 机械原点（mechanical origin），工业机器人各自由度共用的、机械坐标系中的基准点。

⑦ 工作原点（work origin），工业机器人工作空间的基准点。

⑧ 速度（velocity），机器人在额定条件下，匀速运动过程中，机械接口中心或工具中心点在单位时间内所移动的距离或转动的角度。

⑨ 额定负载（rated load），工业机器人在限定的操作条件下，其机械接口处能承受的最大负载（包括末端操作器），用质量或力矩表示。

⑩ 重复位姿精度（pose repeatability），工业机器人在同一条件下，用同一方法操作时，重复 n 次所测得的位姿一致程度。

⑪ 轨迹重复精度（path repeatability），工业机器人机械接口中心沿同一轨迹跟随 n 次所测得的轨迹之间的一致程度。

⑫ 点位控制（point to point control），控制机器人从一个位姿到另一个位姿，其路径不限。

⑬ 连续轨迹控制（continuous path control），控制机器人机械接口，按编程规定的位姿和速度，在指定的轨迹上运动。

⑭ 存储容量（memory capacity），计算机存储装置中可存储的位置、顺序、速度等信息的容量，通常用指令条数和位置点数或存储器容量（如 MB）来表示

⑮ 外部检测功能（external measuring ability），机器人所具备对外界物体状态和环境状况等的检测能力。

⑯ 内部检测功能（internal measuring ability），机器人对本身的位置、速度等状态的检测能力。

⑰ 自诊断功能（self diagnosis ability），机器人判断本身全部或部分状态是否处于正常的能力。

11.2　工业机器人工作原理及其基本构成

11.2.1　工业机器人工作原理

现在广泛应用的焊接机器人都属于第一代工业机器人，它的基本工作原理是示教再现。示教

也称导引，即由用户导引机器人，一步一步按实际任务操作一遍，机器人在导引过程中自动记忆示教的每个动作的位置、姿态、运动参数、工艺参数等，并自动生成一个连续执行全部操作的程序。完成示教后，只需给机器人一个启动命令，机器人将精确地按示教动作，一步一步完成全部操作。这就是示教与再现。

实现上述功能的主要工作原理简述如下。

（1）机器人的系统结构

一台通用的工业机器人，按其功能划分，一般由三个相互关联的部分组成：机械手总成、控制器、示教系统。如图 11-1 所示。

机械手总成是机器人的执行机构，它由驱动器、传动机构、机械手机构、末端操作器以及内部传感器等组成。它的任务是精确地保证末端操作器所要求的位置、姿态并能实现其运动。

控制器是机器人的神经中枢。它由计算机硬件、软件和一些专用电路构成，其软件包括控制器系统软件、机器人专用语言、机器人运动学和动力学软件、机器人控制软件、机器人自诊断和自保护功能软件等，它处理机器人工作过程中的全部信息和控制其全部动作。

示教系统是机器人与人的交互接口，在示教过程中它将控制机器人的全部动作，并将其全部信息送入控制器存储器中，它实质上是一个专用的智能终端。

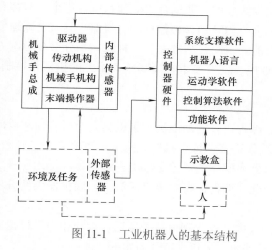

图 11-1　工业机器人的基本结构　　　　　　　　　图 11-2　机械手伺服控制体系结构

（2）机器人手臂运动学

机器人的机械臂是由数个刚性杆体以旋转或移动关节串联而成，是一个开环关节链，开链的一端固接在基座上，另一端是自由的，安装着末端操作器（如焊枪）。在机器人操作时，机器人手臂前端的末端操作器必须与被加工工件处于相适应的位置和姿态，而这些位置和姿态是由若干个臂关节的运动所合成的，因此机器人运动控制中，必须要知道机械臂各关节变量空间、末端操作器的位置和姿态之间的关系，这就是机器人运动学建模。一台机器人机械臂结构几何参数确定后，其运动学模型即可确定，这是机器人运动控制的基础。

机器人手臂运动学中有两个基本问题：

① 对给定机械臂，已知各关节角矢量 $g(t) = (g_1(t), g_2(t), \cdots, g_n(t))$，其中 n 为自由度，求末端操作器相对于参考坐标系的位置和姿态，称为运动学正问题。在机器人示教过程中，机器人控制器即逐点进行运动学正问题运算。

② 对给定机械臂，已知末端操作器在参考坐标系中的期望位置和姿态，求各关节矢量，称之为运动学逆问题。在机器人再现过程中，机器人控制器即逐点进行运动学逆问题运算，将角矢量分解到机械臂各关节。

运动学正问题的运算都采用 D-H 法，这种方法采用 $4×4$ 齐次变换矩阵来描述两相邻刚体杆件的空间关系，把正问题简化为寻求等价的 $4×4$ 齐次变换矩阵。逆问题的运算可用几种方法求解，最常用的是矩阵代数、迭代或几何方法。对于高速、高精度机器人，还必须建立动力学模型。由于目前通用的工业机器人（包括焊接机器人）最大运动速度都在 3m/s 内、精度大多不高于 0.1mm，所以都只使用简单的动力学控制。

（3）机器人轨迹规划

机器人机械手端部从起点（包括位置和姿态）到终点的运动轨迹空间曲线叫路径，轨迹规划的任务是用一种函数来"内插"或"逼近"给定的路径，并沿时间轴产生一系列控制设定点，用于控制机械手运动。目前常用的轨迹规划方法有关节变量空间关节插值法和笛卡儿空间规划两种。

（4）机器人机械手的控制

当一台机器人机械手的动态运动方程已给定，它的控制目的就是按预定性能要求保持机械手的动态响应。但是由于机器人机械手的惯性力、耦合反应力和重力负载都随运动空间的变化而变化，因此要对它进行高精度、高速、高动态品质的控制是相当复杂而困难的，现在正在为此研究和发展许多新的控制方法。

目前工业机器人上采用的控制方法是把机械手上每一个关节都当作一个单独的伺服机构，即把一个非线性的、关节间耦合的变负载系统，简化为线性的、非耦合的单独系统。每个关节都有两个伺服环，如图 11-2 所示。外环提供位置误差信号，内环由模拟器件和补偿器（具有衰减速度的微分反馈）组成，两个伺服环的增益是固定不变的。因此其基本上是一种比例积分微分控制方法（PID 控制法）。这种控制方法，只适用于目前速度、精度要求不高和负荷不大的机器人控制，对常规焊接机器人来说，已能满足要求。

（5）机器人编程语言

机器人编程语言是机器人和用户的软件接口，编程语言的功能决定了机器人的适应性和给用户的方便性，至今还没有完全统一规定的机器人编程语言，每个机器人制造厂都有自己的语言。实际上，机器人编程与传统的计算机编程不同，机器人操作的对象是各类三维物体，运动在一个复杂的空间环境，还要监视和处理传感器信息。因此其编程语言主要有两类：面向机器人的编程语言和面向任务的编程语言。

面向机器人的编程语言的主要特点是描述机器人的动作序列，每一条语句大约相当于机器人的一个动作，整个程序控制机器人完成全部作业。这类机器人语言可分为如下三种：

① 专用的机器人语言　如 PUMA 机器人的 VAL 语言，是专用的机器人控制语言。

② 在现有计算机语言的基础上加机器人子程序库　如美国机器人公司开发的 AR-Basic 和 Intelledex 公司的 Robot-Basic 语言，都是建立在 BASIC 语言上的。

③ 开发一种新的通用语言加上机器人子程序库　如 IBM 公司开发的 AML 机器人语言。

面向任务的机器人编程语言允许用户发出直接命令，以控制机器人去完成一个具体的任务，而不需要说明机器人需要采取的每一个动作的细节。如美国的 RCCL 机器人编程语言，就是用 C 语言和一组 C 函数来控制机器人运动的任务级机器人语言。

焊接机器人的编程语言，目前多属于面向机器人的语言，面向任务的机器人语言尚属开发阶段，且大多是为了满足装配作业的需要。

11.2.2　工业机器人的基本构成

工业机器人的基本构成可参见图 11-3 和图 11-4。图 11-3 为电动机驱动的工业机器人，图 11-4 为液压驱动的工业机器人。焊接机器人基本上都属于这两类工业机器人，弧焊机器人大多采用电动机驱动机器人，因为焊枪重量一般都在 10kg 以内。液压驱动机器人抓重能力大，点焊机器人由于焊钳重量都超过 35kg，也有采用液压驱动方式，但大多数点焊机器人仍是采用大功率伺服电动机驱动，因为它成本较低、系统紧凑。工业机器人是由机械手、控制器、驱动器和示教盒四个基本部分构成。对于电动机驱动机器人，控制器和驱动器一般装在一个控制箱内，而液压驱动机器人，液压驱动源单独成一个部件。

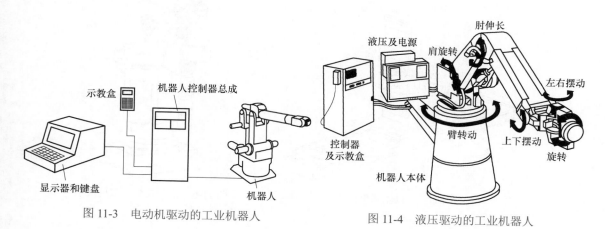

图 11-3　电动机驱动的工业机器人　　　　图 11-4　液压驱动的工业机器人

（1）机械手

机器人机械手又称操作机，是机器人的操作部分，由它直接带动末端操作器（如焊枪、点焊钳）实现各种运动和操作，它的结构形式多种多样，完全根据任务需要而定，其追求的目标是高精度、高速度、高灵活性、大工作空间和模块化。现在工业机器人机械手的主要结构形式有如下三种。

① 机床式　这种机械手结构类似机床。其达到空间位置的三个方向的运动（x、y、z）由直线运动构成，其末端操作器的姿态由旋转运动构成，如图 11-5 所示。这种形式的机械手优点是运动学模型简单，控制精度容易提高；缺点是机构较庞大，占地面积大，工作空间小。简易和专用焊接机器人常采用这种形式。

② 全关节式　这种机械手的结构类似人的腰部和手臂，其位置和姿态全部由旋转运动实现，图 11-6 为正置式全关节机械手，图 11-7 为偏置式全关节机械手。它是工业机器人机械手最普遍的结构形式。其特点是机构紧凑、灵活性好、占地面积小、工作空间大；缺点是高精度，控制难度大。偏置式相比正置式的区别是其手腕关节置于小臂的外侧或小臂关节置于大臂的外侧一边，以扩大腕或手的活动范围，其运动学模型要复杂一些。目前焊接机器人主要采用全关节式机械手。

③ 平面关节式　这种机械手的机构特点是上下运动由直线运动构成，其他运动均由旋转运动构成。这种结构在垂直方向刚度大，水平方向又十分灵活，较适合以插装为主的装配作业，所以被装配机器人广泛采用，又称为 SCARA 型机械手，如图 11-8 所示。

机器人机械手的具体结构虽然多种多样，但都是由常用的机构组合而成。现以美国 PUMA 机械手为例来简述其内部机构，如图 11-9 所示。它由机座、大臂、小臂、手腕四部分构成，机座与大臂、大臂与小臂、小臂与手腕有三个旋转关节，以保证达到工作空间的任意位置，手腕中又有三个旋转关节：腕转、腕曲、腕摆，以实现末端操作器的任意空间姿态。手腕的端部为一法兰，以连接末端操作器。

其每个关节都由一台伺服电动机驱动，PUMA 机械手采用齿轮减速、杆传动，但不同厂家采用的机构不尽相同。减速机构常用的几种方式包括：齿轮、谐波减速器、滚珠丝杠、蜗轮蜗杆和 RV 减速机等。传动方式有：杆传动、链条/同步带传动、齿轮传动等。其技术关键是要保证传动双向无间隙（即正反传动均无间隙），这是机器人精度的机械保证，当然还要求其效率高、结构紧凑。

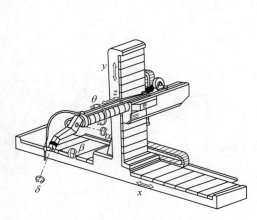

图 11-5　机床式机械手

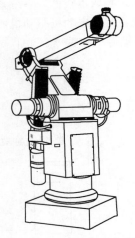

图 11-6　正置式全关节机械手

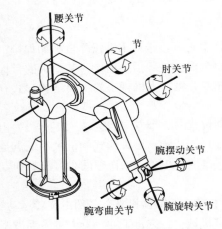

图 11-7　偏置式全关节机械手

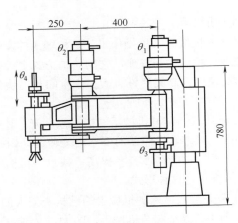

图 11-8　平面关节机械手

（2）驱动器

　　由于焊接机器人大多采用伺服电动机驱动，这里只介绍这类驱动器。工业机器人目前采用的电动机驱动器可分为四类：

　　① 步进电动机驱动器　它采用步进电动机，特别是细分步进电动机为驱动源。由于这类系统一般都是开环控制，因此大多用于精度较低的经济型工业机器人。

　　② 直流电动机伺服系统驱动器　它采用直流伺服电动机系统，由于它能实现位置、速度、加速度三个闭环控制，精度高、变速范围大、动态性能好，因此这是较早期工业机器人的主要驱动方式。

　　③ 交流电动机伺服系统驱动器　它采用交流伺服电动机系统，这种系统具有直流伺服系统的全部优点，而且取消了换相电刷，不需要定期更换电

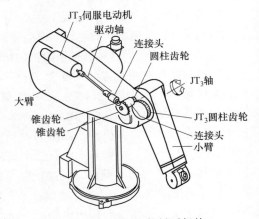

图 11-9　PUMA 机械手机构

刷，大大延长了机器人的维修周期，因此是现在机器人主要的驱动方式。

　　④ 直接驱动电动机驱动器　这是最新发展的机器人驱动器，直接驱动电动机一般有大于 1∶10000 的调速比，在低速下仍能输出稳定的功率和高的动态品质，在机械手上可直接驱动关节，取消了减速机构，既简化机构又提高效率，是机器人驱动的发展方向。美国的 Adapt 机器人即是直接驱动机器人。

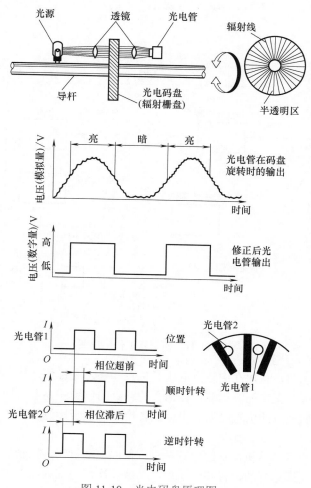

图 11-10　光电码盘原理图

　　工业机器人的驱动器布置都采用一个关节一个驱动器。一个驱动器的基本组成为：电源、功率放大板、伺服控制板、电动机、测角器、测速器和制动器。它不仅能提供足够的功率驱动机械手各关节，而且为了实现快速而频繁起停、精确地到位和运动，其必须采用位置闭环、速度闭环、加速度闭环控制。为了保护电动机和电路，还要有电流闭环。为了适应机器人的频繁起停和高的动态品质要求，一般都采用低惯量电动机，因此机器人的驱动器是一个要求很高的驱动系统。

　　为了实现上述三个运动闭环，在机械手驱动器中都装有高精度测角、测速传感器。测速传感器一般都采用测速发电机或光电码盘；测角传感器一般都采用精密电位计或光电码盘，尤其是光电码盘。图 11-10 是光电码盘的原理图。光电码盘与电动机同轴安装，在电动机旋转时，带有细分刻槽的码盘同速旋转，固定光源射向光电管的光束则时通时断，因而输出电脉冲。实际的码盘是输出两路脉冲，由于在码盘内布置了两对光电管，它们之间有一定角度差，因此两路脉冲也有固定的相位差，电动机正 / 反转时，其输出脉冲的相位差不同，从而可判断电动机的旋转方向。机器人采用的光电码盘一般都要求每转能输出 1000 个以上脉冲。

（3）控制器

机器人控制器是机器人的核心部件，它实施机器人的全部信息处理和对机械手的运动控制。图 11-11 是控制器的工作原理图。工业机器人控制器大多采用二级计算机结构，双点画线框内为第一级计算机，它的任务是规划和管理。机器人在示教状态时，接受示教系统送来的各示教点位置和姿态信息、运动参数和工艺参数，并通过计算把各点的示教（关节）坐标值转换成直角坐标值，存入计算机内存。

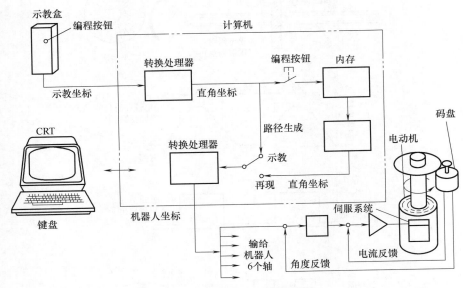

图 11-11　控制器工作原理图

机器人在再现状态时，从内存中逐点取出其位置和姿态坐标值，按一定的时间节拍（又称采样周期）对它进行圆弧和直线插补运算，算出各插补点的位置和姿态坐标值，这就是路径规划生成。然后逐点地把各插补点的位置和姿态坐标值转换成关节坐标值分送各个关节。这就是第一级计算机的规划全过程。

第二级计算机是执行计算机，它的任务是进行伺服电动机闭环控制。它接收了第一级计算机送来的各关节下一步期望达到的位置和姿态后，又做一次均匀细分，以求运动轨迹更为平滑，然后将各关节的下一细步期望值逐点送给驱动电动机，同时检测光电码盘信号，直到其准确到位。

以上均为实时过程，上述大量运算都必须在控制过程中完成。以 PUMA 机器人控制器为例，第一级计算机的采样周期为 28ms，即每 28ms 向第二级计算机送一次各关节的下一步位置和姿态的关节坐标，第二级计算机又将各关节值等分 30 细步，每 0.875ms 向各关节送一次关节坐标值。

（4）示教盒

示教盒是人机交互接口，目前人对机器人示教有三种方式。

① 手把手示教　这种方式又称全程示教。即由人握住机器人机械臂末端，带动机器人按实际任务操作一遍。在此过程中，机器人控制器的计算机逐点记下各关节的位置和姿态值，而不做坐标转换，再现时，再逐点取出，这种示教方式需要很大的计算机内存，而且由于机构的阻力，示教精度不可能很高。目前主要在喷漆、喷涂机器人示教中应用。

② 示教盒示教　即由人通过示教盒操纵机器人进行示教，这是最常用的机器人示教方式，目前焊接机器人大多采用这种方式。

③ 离线编程示教　即无须人操作机器人进行现场示教，而可根据图样，在计算机上进行编程，然后输给机器人控制器。它具有不占机器人工时、便于优化和更为安全的优点，是今后发展的方向。

图 11-12 为 ESAB 焊接机器人的示教盒，它通过电缆与控制箱连接，人可以手持示教盒在工件附近最直观的位置进行示教。示教盒本身是一台专用计算机，它不断扫描盒上的功能和数字键、操纵杆，并把信息和命令送给控制器。各厂家的机器人示教盒都不相同，但其追求目标都是为方便操作者。

示教盒上的按键主要有三类：

① 示教功能键，如示教 / 再现、存入、删除、修改、检查、回零、直线插补、圆弧插补等，为示教编程时使用。

② 运动功能键，如 X 向动、Y 向动、Z 向动、正 / 反向动、1 ~ 6 关节转动等，为操纵机器人示教时使用。

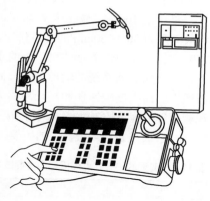

图 11-12　ESAB 焊接机器人的示教盒

③ 参数设定键，如各轴速度设定、焊接参数设定、摆动参数设定等。

11.3　典型焊接机器人及其系统

11.3.1　点焊机器人

（1）点焊机器人概述

点焊机器人的典型应用领域是汽车工业。一般装配每台汽车车体需要完成 3000 ~ 4000 个焊点，而其中的 60% ~ 90% 是由机器人完成的。在有些大批量汽车生产线上，服役的机器人台数甚至高达 300 台以上。汽车工业引入机器人已取得下述明显效益：如实现多品种的混流生产（柔性生产）；提高焊接质量稳定性；提高生产效率；把操作工人从繁重的劳动环境中解放出来等。今天，机器人已经成为汽车生产行业的支柱。

最初，点焊机器人只用于增强焊作业（往已拼接好的工件上增加焊点）。后来，为了保证拼接精度，又让机器人完成定位焊作业。这样，点焊机器人逐渐被要求具有更高的作业性能。具体来说其优点有：安装面积小，工作空间大；可快速完成小节距的多点定位（例如每 0.3 ~ 0.4s 内移动 30 ~ 50mm 节距后定位）；定位精度高（±0.25mm），以确保焊接质量；持重大（50 ~ 150kg），以便携带内装变压器的焊钳；示教简单，节省工时；安全，可靠性高。

表 11-1　点焊机器人的分类

分类	特征	用途
垂直多关节型（落地式）	工作空间/安装面积之比大，持重大，多为100kg左右，有时还可以附加整机移动自由度	主要用于车身拼接作业
垂直多关节型（悬挂式）	工作空间均为机器人的下方	主要用于车身拼接作业
直角坐标型	多数为 3 ~ 5 轴，适合用于连续直线焊缝，价格较低	
定位焊接用机器人（单向加压）	能承受 500kg 重量的高刚性机器人，有些机器人本身带有加压作业功能	

表 11-1 列举了生产现场使用的点焊机器人的分类、特点和用途。在驱动形式方面，由于电伺服技术的迅速发展，液压伺服在机器人中的应用逐渐减少甚至大型机器人也大都采用电动机驱动；

随着微电子技术的发展，机器人技术在性能、小型化、可靠性以及维修等方面日新月异。在机型方面，尽管主流仍是多用途的大型六轴垂直多关节机器人，但是，出于机器人加工单元的需要，一些汽车制造厂家也在尝试开发立体配置三至五轴小型专用机器人。

以持重 100kg、最高速度 4m/s 的六轴垂直多关节点焊机器人为例，由于实用中几乎全部用来完成间隔为 30～50mm 的打点作业，运动中很少能达到最高速度，因此，改善最短时间内频繁短节距启、制动的性能是该机追求的重点。为了提高加速度和减速度，在设计中应注意减轻手臂的重量，增加驱动系统的输出力矩。同时，为了缩短滞后时间，得到高的静态定位精度，该机采用低惯性、高刚度减速器和高功率的无刷伺服电动机。由于在控制回路中采取了加前馈环节和状态观测器等措施，控制性能大大得到改善，50mm 短距离移动的定位时间被缩短到 0.4s 以内。

一般关节式点焊机器人的主要技术指标见表 11-2。

表 11-2　典型的关节式点焊机器人主要技术指标

结构		垂直多关节型	
自由度		6 轴	
驱动方式		交流伺服电动机	
运动范围及 最大速度	腰部 S 轴	±180°	105°/s
	大臂 L 轴	+80°/−130°	105°/s
	小臂 U 轴	+208°/−112°	105°/s
	转腕 R 轴	±360°	175°/s
	摆腕 B 轴	±130°	145°/s
	曲腕 T 轴	±360°	240°/s
最大活动范围	垂直方向	4782mm	
	水平方向	3140mm	
抓重		165kg	
重复定位精度		±0.2mm	
控制系统		2 级计算机控制	
轨迹控制		点位控制（PTP）和连续轨迹控制（CP）	
运动控制		直线、圆弧插补	
示数系统		示教再现	
内存容量		60000 步/10000 条指令	
环境要求	温度	0～45℃	
	湿度	90% 以下，无霜	
电源容量		10kVA	
自重		1500kg	

（2）点焊机器人及其系统的基本构成

① 点焊机器人的结构形式　点焊机器人系统虽然有多种结构形式，一般由机器人本体、点焊控制器、机器人控制柜、点焊钳、点焊辅助设备（线缆包、水气单元、焊接工装、电极修磨器、水冷单元、安全光栅）等构成，如图 11-13 所示。

点焊机器人控制系统由本体控制器和焊接控制两部分组成。本体控制器是整个机器人系统的神经中枢，它由计算机硬件、软件和一些专用电路（伺服驱动等）构成，其软件包括控制器系统软件、机器人专用语言、机器人运动学及动力学软件、机器人控制软件、机器人自诊断及自保护软件等。控制柜负责处理机器人工作过程中的全部信息和控制其全部动作。焊接控制通常采用 PLC 为主控装置，对焊接电流、焊接压力等精确控制，以及对冷却水流量、压缩空气等监控和电极寿命管理。

根据焊接方法的不同，点焊机器人工作站一般可分为交流点焊、直流点焊（二次侧整流）两大类，交流点焊又分为工频、中频等。根据点焊钳结构的不同，一般分为 C 形钳、X 形钳等；根据点焊钳驱动方式的不同，一般分为气动点焊钳（气缸驱动）、伺服点焊钳（伺服电机驱动）等。伺服点焊钳的电机一般由机器人直接驱动，相当于机器人第 7 轴。

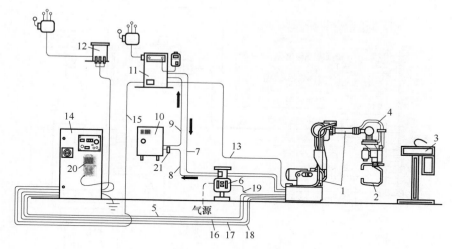

图 11-13　点焊机器人系统

1—机器人本体；2—点焊钳；3—电极修磨器；4—集合电缆；5—点焊钳控制电缆；6—水管 / 气管（气动焊钳）组合体；
7—焊钳冷水管；8—焊钳回水管；9—点焊控制箱冷水管；10—冷水机；11—点焊控制箱；12—变压器；13—点焊钳
控制电缆；14—机器人控制柜；15 ～ 18—机器人供电电缆；19—焊钳进气管；20—示教盒；21—冷却水流量开关

② 点焊机器人焊接系统　　电阻焊四大工艺方法包括电阻点焊，电阻凸焊，电阻缝焊和电阻闪光对焊，这些方法在汽车行业有着广泛的应用，尤其是电阻点焊，占汽车焊接量的 80% 以上，这些焊接方法有个共同的特点：在形成焊接接头的过程中，一是必须向接头提供大的焊接电流，二是要向接头提供压力。

点焊机器人焊接设备主要有焊接控制器，焊钳（含电弧焊变压器）及水、电、气等辅助部分组成，系统原理如图 11-14 所示。

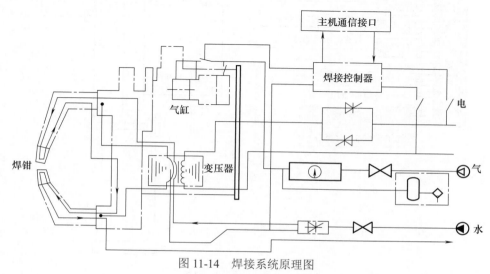

图 11-14　焊接系统原理图

目前的电阻点焊焊钳又分为气动和电动两种，如图 11-15 所示。其中，气动不需要和机器人进行系统配置，而电动伺服焊钳则需要和机器人进行系统配置。

　　a. 点焊机器人焊钳：点焊机器人焊钳从用途上可以分为 C 形焊钳和 X 形焊钳两种。C 形焊钳用于点焊垂直及近于垂直位置的焊缝，X 形焊钳则主要用于点焊水平及近于水平位置的焊缝。

　　从阻焊变压器与焊钳的结构关系上可将焊钳分为分离式、内藏式和一体式三种形式。

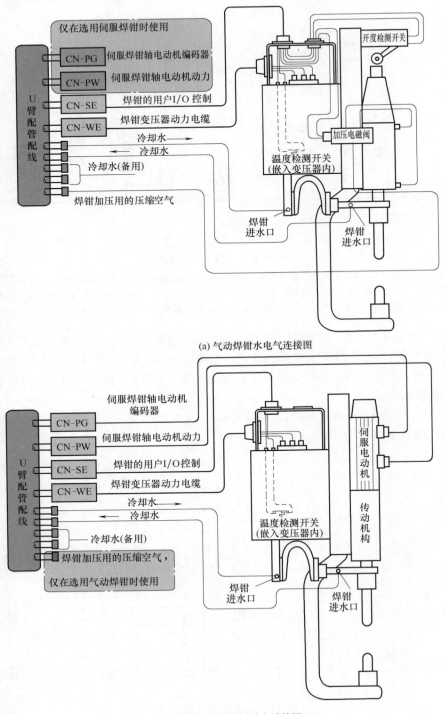

(a) 气动焊钳水电气连接图

(b) 电动焊钳水电气连接图

图 11-15　点焊钳水电气连接图

（a）分离式焊钳。分离式焊钳如图 11-16 所示，其特点是焊钳与变压器相分离，钳体安装在机器人手臂上，而焊接变压器则悬挂在机器人上方，可以在轨道上沿着机器人手腕的方向移动，二者之间用二次电缆相连。其优点是减小了机器人的负载，运动速度高，价格便宜。其缺点是需要大容量的焊接变压器，线路损耗大，能源利用率低，此外，粗大的二次电缆在焊钳上引起的拉伸力和扭曲力作用于机器人的手臂上，限制了点焊工作区间和焊接位置的选择。另外二次电缆需要特殊制造，以便水冷，必须具有一定的柔性来降低扭曲和拉伸作用力对电缆寿命的影响。

（b）内藏式焊钳。内藏式焊钳是将焊接变压器安装在机器人手腕内，在订购机器人时需要和机器人进行统一设计。变压器的二次电缆可以在手臂内移动，如图 11-17 所示，这种机器人结构复杂。其优点是二次侧电缆较短，变压器的容量可以减小。

（c）一体式焊钳。一体式焊钳是将焊接变压器和钳体安装在一起，然后固定在机器人手臂末端的法兰盘上，如图 11-18 所示，其主要优点是省掉了特制的二次电缆及悬挂变压器的工作架，直接将焊接变压器的输出端连接到焊钳的上下机臂上，另一个优点就是节省能量。目前和机器人相配套的焊钳主要是一体式工频/中频焊钳。

目前电阻点焊一个新的发展方向就是逆变式焊钳，这种焊钳的体积小，由于焊钳重量的减小，所使用的机器人也会随之变小，这在一定程度上会降低点焊机器人的成本。

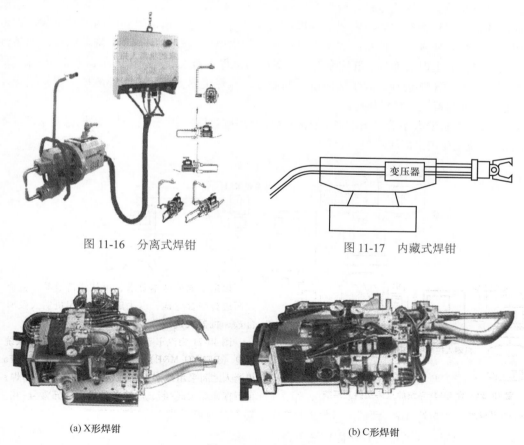

图 11-16　分离式焊钳　　图 11-17　内藏式焊钳

(a) X形焊钳　　(b) C形焊钳

图 11-18　一体式焊钳

b. 焊接控制器：控制器一般是由 CPU、EPROM 及外围接口芯片组成最小控制系统，它可以根据预定的焊接监控程序，完成点焊时的焊接参数输入、点焊程序控制、焊接电流控制及焊接系统故障自诊断，并实现与本体计算机及手控示教盒的通信联系。常用的点焊控制器主要有三种结构形式。

（a）中央结构型。它将焊接控制部分作为一个模块与机器人本体控制部分共同安排在一个控制柜内，由主计算机统一管理并为焊接模块提供数据，焊接过程控制由焊接模块完成。这种结构的优点是设备集成度高，便于统一管理。

（b）分散结构型。分散结构型是焊接控制器与机器人本体控制柜分开，二者采用应答式通信联系，主计算机给出焊接信号后，其焊接过程由焊接控制器自行控制，焊接结束后给主机发出结束信号，以便主机控制机器人移位，其焊接循环如图 11-19 所示。这种结构的优点是调试灵活，焊接系统可单独使用。但需要一定距离的通信，集成度不如中央结构型高。焊接控制器与本体及示教盒之间的联系信号主要有：焊钳大小行程、焊接电流增 / 减、焊接时间增 / 减、焊接开始及结束、焊接系统

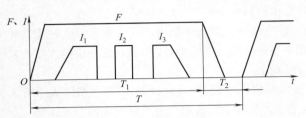

图 11-19 点焊机器人焊接循环

T_1—焊接控制器控制；T_2—机器人主控计算机控制；

T—焊接周期；F—电极压力；I—焊接电源

故障等。

（c）群控系统。群控就是将多台点焊机器人焊机（或普通焊机）与群控计算机相连，以便对同时通电的数台焊机进行控制，实现部分焊机的焊接电流分时交错，限制电网瞬时负载，稳定电网电压，保证焊点质量。群控系统的出现可以使车间供电变压器容量大大下降，此外，当某台机器人（或点焊机）出现故障时，群控系统启动备用的点焊机器人或对剩余的机器人重新分配工作，以保证焊接生产的正常进行。为了适应群控的需要，点焊机器人焊接系统都应增加焊接请求及焊接允许信号，并与群控计算机相连。

③ 新型点焊机器人系统 图 11-20 为含 CAD 及焊接数据库系统的新型点焊机器人系统基本构成，CAD 系统主要用来离线示教。

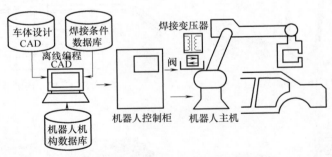

图 11-20 含 CAD 系统的点焊机器人系统

④ 点焊机器人对焊接系统的要求 点焊对焊接机器人的要求不是很高，只需进行点位控制。机器人焊接系统首要条件是焊钳受机器人控制，可以与机器人进行机械和电气的连接。

a. 应采用具有浮动加压装置的专用焊钳，也可对普通焊钳进行改装。焊钳重量要轻，可具有长、短两种行程，以便于快速焊接及修整、互换电极、跨越障碍等。

b. 一体式焊钳的重心应设计在固定法兰盘的轴心线上。

c. 焊接控制系统应能对电阻焊变压器过热、晶闸管过热、晶闸管短路 / 断路、气网失压、电网电压超限、粘电极等故障进行自诊断及自保护，除通知本体故障外，还应显示故障种类。

d. 分散结构型控制系统应具有与机器人通信联系接口，能识别机器人本体及示教器的各种信号，并做出相应的动作反应。

在点焊机器人系统中，与电阻点焊控制器进行通信的方式与弧焊的基本一样，但是目前应用较多的仍然是点对点的 I/O 模式。

（3）点焊机器人的选择

① 机器人抓重　由于点焊钳相对重量较大，机器人抓重一般多选择 150～250kg，除考虑抓重能力外，高速运转时，还应该考虑惯量问题。特别要指出的是，部分厂家的机器人抓重是以第 5 轴和第 6 轴的旋转轴线交叉点为基准，而非第 6 轴末端，在计算载荷和惯量时要特别注意。

② 运动范围和结构　根据被焊工件和点焊钳的尺寸，机器人运动半径通常选择 2.00～3.00m，在点焊钳结构尺寸确定后，最好通过模拟验证机器人运动范围是否满足要求，同时希望机器人结构刚性好，结实可靠，以减小运动中的惯性冲击。

③ 重复定位精度　点焊机器人要求相对较低，一般为 0.1～0.5mm。

④ 焊钳和点焊控制的选择　焊钳和点焊控制是点焊机器人辅助设备中最重要的设备，基本采用一体式焊钳，在可能的情况下，最好选择中频点焊控制器，减低变压器质量和体积。

根据上面的基本要求，再从经济效益、社会效益方面进行综合论证，以决定是否采用机器人及所需的台数、机器人选型等。

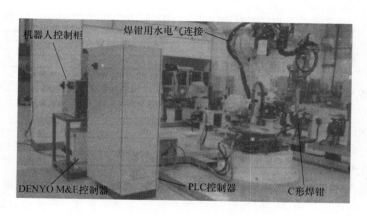

图 11-21　汽车零部件的点焊工作站

图 11-21 为汽车零部件的点焊工作站，该系统电溶机电（DENYO M&E）点焊控制器和发那科（Fanuc）机器人之间采用数字 I/O 通信，由机器人控制焊钳大 / 小行程、焊接通 / 断、焊接条件输出、异常复位、电极更换请求、变压器温度控制机修模电极等信号。

11.3.2　弧焊机器人

（1）弧焊机器人概述

① 弧焊机器人的应用范围　随着弧焊工艺在各行业的普及，弧焊机器人已经在汽车零部件、通用机械、金属结构等许多行业中得到广泛运用。在我国，弧焊机器人主要应用于汽车、工程机械、摩托车、铁路、航空 / 航天、军工、自行车、家电、船舶等多种行业，其中汽车零部件行业应用最多，工程机械次之。随着机器人技术、传感技术和焊机的发展，用户对机器人应用特点等认知度的提高，以及国内机器人系统集成商的逐步成熟，越来越多的行业开始应用弧焊机器人。

② 弧焊机器人的作业性能　在弧焊作业中，要求焊枪跟踪工件的焊道运动，并不断填充金属形成焊缝，因此焊接过程中焊接速度的稳定性和轨迹精度是两项重要的指标。一般情况下，焊接速度为 5～50mm/s，轨迹精度为 ±（0.2～0.5）mm。由于焊枪的姿态对焊缝质量也有一定影响，因此希望在跟踪焊道的同时，焊枪姿态的可调范围尽量大。作业时，为了得到优质焊缝，往往需

要在动作的示教以及焊接条件（电流、电压、速度）的设定上花费大量的人力和时间，所以，除了上述性能方面的要求外，如何使机器人便于操作也是一个重要问题。

③ 弧焊机器人的分类　从机构形式划分，既有直角坐标型的弧焊机器人，也有关节型的弧焊机器人。对于小型、简单的焊接作业，机器人有 4、5 轴即可以胜任。对于复杂工件的焊接，采用 6 轴机器人对调整焊枪的姿态比较方便。对于特大型工件焊接作业，为加大工作空间，有时把关节型机器人悬挂起来，或者安装在运载小车上使用。

④ 弧焊机器人的规格　以一个典型的弧焊机器人为例加以说明，见表 11-3。

表 11-3　典型弧焊机器人的规格

抓重	$5 \sim 6kg$，承受焊枪所必需的负荷能力
重复定位精度	±0.1mm，高精度
可控轴数	6 轴同时控制，便于焊枪姿态调整
动作方式	各轴单独插补（PTP 方式），焊枪端部等速控制 CP 方式（直线插补、圆弧插补等）
速度控制	焊枪端部最大直线速度为 $2 \sim 3m/s$，调速范围广，从极低速到高速均可调
焊接功能	设定焊接电流、电弧电压，允许在焊接过程中改变焊接条件，有断弧、粘丝检测保护功能；设定焊枪摆动条件（摆幅、频率、角度等）
存储功能	IC 存储器、硬盘等
辅助功能	定时、运算、平移等功能，外部输入 / 输出接口
应用功能	程序编辑，外部条件判断，异常检测等

（2）弧焊机器人系统的构成

弧焊机器人可以被应用在所有电弧焊、切割技术范围及类似的工艺方法中。最常用的应用范围是结构钢和 Cr-Ni 钢的熔化极活性气体保护焊（CO_2 焊、MAG 焊）、铝及特殊合金熔化极惰性气体保护焊（MIG）、Cr-Ni 钢和铝的加冷丝和不加冷丝的钨极惰性气体保护焊（TIG）以及埋弧焊。除气割、等离子弧切割及喷涂外，还实现了在激光焊接和切割上的应用。

典型弧焊机器人系统主要包括：机器人系统（机器人本体、机器人控制柜、示教盒）、焊接电源系统（焊机、送丝机、焊枪、焊丝盘支架）、焊枪防碰撞传感器、变位机、焊接工装系统（机械、电控、气路 / 液压）、清枪器、控制系统（PLC 控制柜、HMI 触摸屏、操作台）、安全系统（围栏、安全光栅、安全锁）和排烟除尘系统（自净化除尘设备、排烟罩、管路）等。弧焊机器人工作站通常采用双工位或多工位设计，采用气动 / 液压焊接夹具，机器人（焊接）与操作者（上下料）在各工位间交替工作。当操作人员将工件装夹固定好之后，按下操作台上的启动按钮，机器人完成另一侧的焊接工作后，马上会自动转到已经装好的待焊工件的工位上接着焊接，这种方式可以避免或减少机器人等候时间，提高生产效率。

① 弧焊机器人基本结构　弧焊用的工业机器人通常有 5 个自由度以上，具有 6 个自由度的机器人可以保证焊枪的任意空间轨迹和姿态。点至点方式移动速度可达 60m/min 以上，其轨迹重复精度可达到 ±0.1mm，它们可以通过示教和再现方式或通过离线编程方式工作。

这种焊接机器人应具有直线的及环形内插法摆动的功能。如图 11-22 所示的 6 种摆动方式用以满足焊接工艺要求。机器人的负荷一般为 $5 \sim 16kg$。

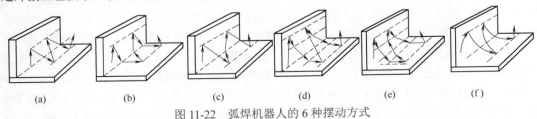

(a) 　　　　(b) 　　　　(c) 　　　　(d) 　　　　(e) 　　　　(f)

图 11-22　弧焊机器人的 6 种摆动方式

弧焊机器人的控制系统不仅要保证机器人的精确运动，而且要具有可扩充性，以控制周边设备，确保焊接工艺的实施。图 11-23 是一台典型的弧焊机器人控制系统的计算机硬件框图。控制计算机由 8086CPU 做管理用中央处理器单元，8087 协处理器进行运动轨迹计算，每 4 个电动机由一个 8086CPU 进行伺服控制。通过串行 I/O 接口与上级管理计算机通信，采用数字量 I/O 和模拟量 I/O 控制焊接电源和周边设备。

该计算机系统具有传感器信息处理的专用 CPU（8085），微计算机具有 384kB ROM 和 64kB RAM，以及 512kB 磁盘的内存，示教盒与总线采用 DMA 方式（直接存储器访问方式）交换信息；并有公用内存 64kB。

② 弧焊机器人周边设备　弧焊机器人只是焊接机器人系统的一部分，还应有行走机构及小型和大型移动机架。通过这些机构来扩大工业机器人的工作范围（图 11-24），同时还具有各种用于接受、固定及定位工件的转胎（图 11-25）、定位装置及夹具。

在最常见的结构中，工业机器人固定于基座上，工件转胎则安装于其工作范围内。为了更经济地使用工业机器人，至少应有两个工位轮番进行焊接。所有这些周边设备其技术指标均应符合弧焊机器人的要求，即确保工件上焊缝的到位精度达到 ±0.2mm。以往的周边设备都达不到机器人的要求。为了适应弧焊机器人的发展，新型的周边设备由专门的工厂进行生产。

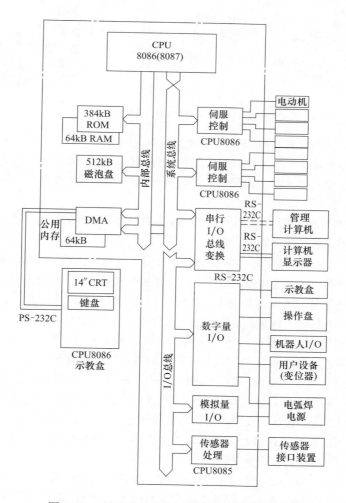

图 11-23　弧焊机器人控制系统计算机硬件框图

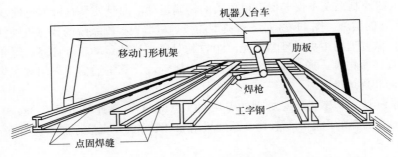

图 11-24　机器人倒置在移动机架上

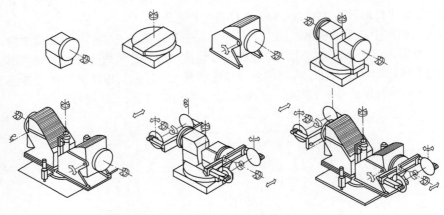

图 11-25　各种机器人专用胎具

变位机作为机器人焊接生产线及焊接柔性加工单元的重要组成部分，已经基本实现标准化，其作用是将被焊工件旋转（平移）到最佳的焊接位置。在焊接作业前和焊接过程中，变位机通过夹具来装夹和定位被焊工件，在一定程度上焊接夹具是整个机器人系统成败的关键，它的主要作用体现在以下几个方面。

a. 准确、可靠的定位和夹紧，减小工件的尺寸偏差，提高工件的制造精度。

b. 有效地防止和减小焊接变形。

c. 使工件处于最佳的施焊部位，保证焊缝成形良好，工艺缺陷明显降低，焊接速度得以提高。

d. 可以扩大先进的工艺方法的使用范围，促进焊接结构的生产机械化和自动化的综合发展。

针对不同类型的工件，工装会采用不同的设计方式，可分为：定位型、强制压紧型、反变形型等。定位型工装一般只对工件起到定位和固定的作用，对装配质量（定位、间隙、错边等）、焊后尺寸及焊接过程热变形等几乎没有任何作用；强制压紧型工装一般通过外力（气缸、夹钳等）使工件发生一定的弹性变形，保证装配质量，同时对焊接过程热变形等也有一定的抑制作用，通常可以较好地保证焊后尺寸；反变形型工装通过外力（液压、气缸等）使工件发生较大的弹性变形或塑性变形，保证装配质量，特别对焊接过程热变形等也有较好的抑制或抵消作用，通常为了保证焊后工件尺寸或形状而设计，反变形量和压力设计是此类工装的难点。

根据转胎及工具的复杂性，机器人控制与外围设备之间的信号交换是相当不同的，这一信号交换对于提高工作的安全性有很大意义。

③ 焊接设备　随着焊接自动化的不断升级换代，焊接机器人成为焊接自动化中的高端主流配置，成为焊接自动化的发展方向。而焊接电源作为机器人焊接系统的重要组成部分，基于焊接电源与机器人通信要求及其自身的特点，机器人用焊接电源相对于手工焊电源有了较大变化，主要

体现在功能全面化、数据库专业化、性能稳定化，且对送丝系统及焊枪的要求有了较大的修正。

在机器人焊接工程中，焊接电源的性能和选用是项极为重要的技术，因为焊点或焊缝质量的优劣与控制，大都与焊接电源有着直接的关系。机器人用焊接电源鉴于应用范围和技术特点，需满足一定的要求：

a. 焊接电弧的抗磁偏吹能力。

b. 焊接电弧的引弧成功率。

c. 熔化极弧焊电源的焊缝成形要求。

d. 机器人与弧焊电源的通信要求。

e. 机器人对自动送丝机的要求。

f. 机器人对所配置焊枪的要求。

机器人用电弧焊设备配置的焊接电源需要具有稳定性高、动态性能好，调节性能好的品质特点，同时具备可以和机器人进行通信的接口，这就要求焊接设备具备专家数据库和全数字化系统。其中一些中高端客户需要焊接电源具有焊接参数库功能的一元化模式、一元化设置模式和二元化模式。

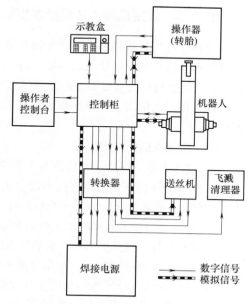

图 11-26　典型的控制框图

送丝机需要配置自动化送丝机，可以安装在机器人的肩上，且在一些高端配置中，焊接电源需要有进退丝功能，同时送丝机上也配置点动送丝 / 送气按钮。

④ 控制系统与外围设备的连接　工业控制系统不仅要控制机器人机械手的运动，还需控制外围设备的动作、开启、切断以及安全防护，图 11-26 是典型的控制框图。

控制系统与所有设备的通信信号有数字量信号和模拟量信号。控制柜与外围设备用模拟量信号联系的有焊接电源、送丝机构以及操作机（包括夹具、变位器等）。这些设备需通过控制系统预置参数，通常是通过 D/A 数模转换器给定基准电压。控制器与焊接电源和送丝机构电源一般都需有电量隔离环节，防止焊接的干扰信号对计算机系统的影响，控制系统对操作机电动机的伺服控制与对机器人伺服控制电动机的要求相仿，通常采用双伺服环，确保工件焊缝到位精度与机器人到位精度相等。

数字量信号负担各设备的启动、停止、安全以及状态检测。

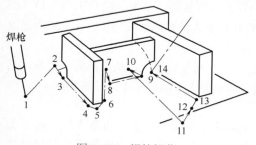

图 11-27　焊接操作

（3）弧焊机器人的操作与安全

① 弧焊机器人的操作　工业机器人普遍采用示教方式工作，即其通过示教盒的操作键引导到起始点，然后用按键确定位置、运动方式（直线或圆弧插补）、摆动方式、焊枪姿态以及各种焊接参数。同时还可通过示教盒确定周边设备的运动速度等。焊接工艺操作包括引弧、施焊、熄弧、填充弧坑等也通过示教盒给定。示教完毕后，机器人控制系统进入程序编辑状态，焊接程序生成后即可进行实际焊接（见图 11-27）。

② 弧焊机器人的安全　安全作业对于工业机器人来说是非常重要的。工业机器人应在一个被隔开的空间内工作，用门或光栅保护，机器人的工作区通过电及机械方法加以限制。从安全观点出发，危险常出现在下面几种情况：

a. 在示教时：这时，示教人员为了更好地观察，必须进到机器人及工件近旁。在此种工作方式时，限制机器人的最高移动速度和急停按键会提高安全性。

b. 在维护及保养时：此时，维护人员必须靠近机器人及其周围设备进行工作及检测操作。

c. 在突然出现故障后观察故障时。

因此，机器人操作人员及维修人员必须经过特别严格的培训。

11.3.3 焊接机器人主要技术指标

选择和购买焊接机器人时，全面和确切地了解其性能指标十分重要。使用机器人时，掌握其主要技术指标更是正确使用的前提。各厂家在其机器人产品说明书上所列的技术指标往往比较简单，有些性能指标要根据实用的需要在谈判和考察中深入了解。

焊接机器人的主要技术指标可分两大部分：机器人的通用技术指标和焊接机器人的专用技术指标。

（1）机器人通用技术指标

① 自由度数　这是反映机器人灵活性的重要指标。一般来说，有 3 个自由度数就可以达到机器人工作空间任何一点，但焊接不仅要达到空间某位置而且要保证焊枪（割具或焊钳）的空间姿态，因此焊接机器人至少需要 5 个自由度。目前，大部分机器人都具有 6 个自由度。

② 负载　指机器人末端能承受的额定载荷。焊枪及其电缆、割具及气管、焊钳及电缆、冷却水管等都属负载，因此弧焊和切割机器人的负载能力为 6 ～ 10kg。点焊机器人如使用一体式焊钳，其负载能力应为 60 ～ 120kg，如用分离式焊钳，其负载能力应为 30 ～ 60kg。

③ 工作空间　厂家所给出的工作空间是机器人未装任何末端操作器情况下的最大可达空间，有时用图形来表示。应特别注意的是，在装上焊枪（或焊钳）等后，又需要保证焊枪姿态。实际的可焊接空间会比厂家给出的小一些，需要认真地用比例作图法或模型法核算一下，以判断是否满足实际需要。

④ 最大速度　这在生产中是影响生产效率的重要指标。产品说明书给出的是在各轴联动情况下，机器人手腕末端所能达到的最大线速度。由于焊接要求速度较低，最大速度只影响焊枪（或焊钳）的到位、空行程和结束返回时间。一般情况下，焊接机器人的最高速度达 1 ～ 1.5m/s，已能满足要求。切割机器人要视不同的切割方法而定。

⑤ 重复定位精度　这是机器人性能的最重要指标之一。对点焊机器人，从工艺要求出发，其精度应达到焊钳电极直径的 1/2 以下，即 1 ～ 2mm。对弧焊机器人，则应小于焊丝直径的 1/2，即 0.4 ～ 0.6mm。

⑥ 轨迹重复精度　这项指标对弧焊机器人和切割机器人十分重要，但各机器人厂家都不给出这项指标，因为其测量比较复杂，但各机器人厂家内部都做这项测量。应坚持索要其精度数据，对弧焊和切割机器人，其轨迹重复精度应小于焊丝直径或割具切孔直径的 1/2，一般需要达到 0.3 ～ 0.5mm。

⑦ 用户内存容量　指机器人控制器内主计算机存储器的容量大小，这反映了机器人能存储示教程序的长度，它关系到能加工工件的复杂程度。即示教点的最大数量。一般用能存储机器人指令的系数和存储总字节（byte）数来表示，也有用最多示教点数来表示。

⑧ 插补功能　对弧焊、切割和点焊机器人，都应具有直线插补和圆弧插补功能。

⑨ 语言转换功能　各厂机器人都有自己的专用语言，但其屏幕显示可由多种语言显示，例如 ASEA 机器人可以选择英、德、法、意、西班牙、瑞士等国语言显示。这对方便本国工人操作十分有用。我国国产机器人用中文显示。

⑩ 自诊断功能　机器人应具有对主要元器件、主要功能模块进行自动检查、故障报警、故障部位显示等功能。这对保证机器人快速维修和进行保障非常重要。因此自诊断功能是机器人的重要功能，也是评价机器人完善程度的主要指标。现在世界上名牌工业机器人都有自诊断功能项，用指定代码和指示灯方式向使用者显示其诊断结果及报警。

⑪ 自保护及安全保障功能　机器人有自保护及安全保障功能。主要有驱动系统过热自断电保护、动作超限位自断电保护、超速自断电保护等，它起到防止机器人伤人或损坏周边设备的功能，在机器人的工作部装有各类触觉或接近觉传感器，并能使机器人自动停止工作。

（2）焊接机器人专用技术指标

① 可以适用的焊接或切割的方法　这对弧焊机器人尤为重要，这实质上反映了机器人控制和驱动系统抗干扰的能力，现在一般弧焊机器人只采用熔化极气体保护焊方法，因为这些焊接方法不需采用高频引弧起焊，机器人控制和驱动系统没有特殊的抗干扰措施，能采用钨极氩弧焊的弧焊机器人需要有一定的特殊抗干扰措施。这一点在选用机器人时要加以注意。

② 摆动功能　这对弧焊机器人尤为重要，它关系到弧焊机器人的工艺性能。现在弧焊机器人的摆动功能差别很大，有的机器人只有固定的几种摆动方式，有的机器人只能在 xy 平面内任意设定摆动方式和参数，最佳的选择是能在空间（xyz）范围内任意设定摆动方式和参数。

③ 焊接 P 点示教功能　这是一种在焊接示教时十分有用的功能，即在焊接示教时，先示教焊缝上某一点的位置，然后调整其焊枪或焊钳姿态，在调整姿态时，原示教点的位置完全不变。实际是机器人能自动补偿由于调整姿态所引起的 P 点位置的变化，确保 P 点坐标，以方便示教操作者。

④ 焊接工艺故障自检和自处理功能　这是指常见的焊接工艺故障，如弧焊的粘丝、断丝、点焊的粘电极等发生后，如不及时采取措施，则会发生损坏机器人或报废工件等大事故，因此机器人必须具有检出这类故障并实时自动停车报警的功能。

⑤ 引弧和收弧功能　为确保焊接质量，在机器人焊接中，在示教时应能设定和修改参数，这是弧焊机器人必不可少的功能。

11.4　机器人焊接智能化技术

随着先进制造技术的发展，实现焊接产品制造的自动化、柔性化与智能化已成为必然趋势。从 20 世纪 60 年代诞生和发展到现在，焊接机器人的研究经历了 3 个阶段，即示教再现阶段、离线编程阶段和自主编程阶段。随着计算机控制技术的不断进步，焊接机器人由单一的单机示教再现型向多传感、智能化的柔性加工单元（系统）方向发展，实现由第二代向第三代的过渡将成为焊接机器人追求的目标。

由于焊接路径和焊接参数是根据实际作业条件预先设置的，在焊接时缺少外部信息传感和实时调整控制的功能，第一代或准二代弧焊机器人对焊接作业条件的稳定性要求严格，焊接时缺乏柔性，表现出明显的缺点。在实际弧焊过程中，焊接条件是经常变化的，如加工和装配上的误差会造成焊缝位置和尺寸的变化，焊接过程中工件受热及散热条件改变会造成焊道变形和熔透不均。为了克服机器人焊接过程中各种不确定性因素对焊接质量的影响，提高机器人作业的智能化水平和工作的可靠性，要求弧焊机器人系统不仅能实现空间焊缝的自动实时跟踪，还能实现焊接参数的在线调整和焊缝质量的实时控制。

一般工业现场应用的弧焊机器人大都是示教在线型的，这种焊接机器人对示教条件以外的焊接过程动态变化、焊件变形和随机因素干扰等不具有适应能力。随着焊接产品的高质量、多品种、小批量等要求增加，以及应用现场的各种复杂变化，使得直接从供货公司购置的焊接机器人往往不能满足生产条件和技术要求。这就需要对本体机器人焊接系统进行二次开发。通常包括给焊接机器人配置适当的传感器、柔性周边设备以及相应软件功能，如焊缝跟踪传感、焊接过程传感与实时控制、焊接变位机构以及焊接任务的离线规划与仿真软件等。这些功能大大扩展了基本示教再现焊接机器人的功能，从某种意义上讲，这样的焊接机器人系统已具有一定的智能行为，不过其智能程度的高低由所配置的传感器、控制器以及软硬件所决定。

11.4.1　机器人焊接智能化系统技术组成

现代焊接技术具有典型的多学科交叉融合特点，机器人焊接系统则是相关学科技术成果的集中体现。将智能化技术引入焊接机器人所涉及的主要技术构成如图 11-28 所示。

图 11-28　机器人焊接智能化技术构成

机器人焊接智能化系统是建立在智能反馈控制理论基础之上，涉及多学科综合技术交叉的先进制造系统。除了不同的焊接工艺要求不同的焊接机器人实现技术之外，机器人焊接智能化系统涉及如下几个主要技术基础：

① 机器人焊接对于焊接任务、路径姿态及工艺参数的自主规划技术。

② 机器人焊接环境识别、初始焊位导引与焊缝跟踪运动轨迹控制技术。

③ 机器人焊接动态过程的多信息传感及特征提取的融合技术。

④ 机器人焊接动态过程知识建模。

⑤ 机器人焊接动态过程及质量智能控制。

⑥ 机器人焊接设备智能化。

⑦ 焊接柔性制造系统协调控制技术。

将上述焊接任务规划、轨迹跟踪控制、传感系统、过程模型、智能控制等子系统的软硬件集成设计、统一优化调度与控制，这涉及到焊接柔性制造系统的物料流、信息流的管理与控制，多机器人与传感器、控制器的多智能单元协调以及基于网络通信的远程控制技术等。

11.4.2　机器人焊接任务规划软件设计技术

机器人焊接任务智能规划系统的基本任务是在一定的焊接工作区内自动生成从初始状态到目标状态的机器人动作序列、可达的焊枪运动轨迹和最佳的焊枪姿态，以及与之相匹配的焊接参数和控制程序，并能实现对焊接规划过程的自动仿真与优化。

机器人焊接任务规划可归结为人工智能领域的问题求解技术，其包含焊接路径规划和焊接参数规划两部分。由于焊接工艺及任务的多样性与复杂性，在实际施焊前对机器人焊接的路径和焊接参数方案进行计算机软件规划（即 CAD 仿真设计研究）是十分必要的，这一方面可以大幅度节省实际示教对生产线的占用时间，提高焊接机器人的利用率，另一方面还可以实现机器人运动过程的焊前模拟，保证生产过程的有效性和安全性。

机器人焊接路径规划的含义主要是指对机器人末端焊枪轨迹的规划。焊枪轨迹的生成是将一条焊缝的焊接任务进行划分后，得到的一个关于焊枪运动的子任务，可用焊枪轨迹序列 $\{P_{hi}\}$ （$i=1$，2，…，n）来表示。通过选择和调整机器人各运动关节，得到一组合适的相容关节解序列 $J=\{A_1, A_2, …, A_n\}$，在满足关节空间的限制和约束条件下提高机器人的空间可达性和运动平稳性，完成焊缝上的焊枪轨迹序列。

机器人焊接参数规划主要是指对焊接工艺过程中各种质量控制参数的设计与确定，焊接参数规划的基础是参数规划模型的建立，由于焊接过程的复杂性和不确定性，目前应用和研究较多的模型结构主要基于神经网络理论、模糊推理理论以及专家系统理论等。根据该模型的结构和输入输出关系，由预先获取的焊缝特征点数据可以生成参数规划模型所要求的输入参数和目标参数，通过规划器后即可得到施焊时相应的焊接规范参数。

机器人焊接路径规划不同于一般移动机器人的路径规划，它的特点在于对焊缝空间连续曲线轨连、焊枪运动的无碰路径以及焊枪姿态的综合设计与优化。由于焊接参数规划通常需要根据不同的工艺要求、不同的焊缝空间位置以及相异的工件材质和形状作相应的调整，而焊接路径规划和参数规划又具有一定的相互联系，因此对它们进行联合规划研究具有实际的意义。对焊接质量来讲，焊枪的姿态路径和焊接参数是个紧密耦合的统一整体。一方面在机器人路径规划中的焊枪姿态决定了施焊时的行走角和工作角，机器人末端执行器的运动速度也决定了焊接速度，而行走角、工作角、焊接速度等都是焊接参数的重要内容；另一方面，从焊接工艺和焊接质量控制角度讲，焊接速度、焊枪行走角等参数的调整又必须在机器人运动路径规划中得以实现。而从焊缝成形的规划模型来看，焊接电流、电弧电压、焊枪运动速度、焊接行走角 4 个量又必须有机地配合才能较好地实现对焊缝成形的控制，因此焊接路径和焊接参数是一个有机的统一整体，必须进行焊接路径和焊接参数的联合规划。

根据焊缝成形的规划模型以及弧焊机器人焊接程序的结构，可以构造联合规划系统的结构，如图 11-29 所示。规划系统各部分的意义及工作流程简述如下：

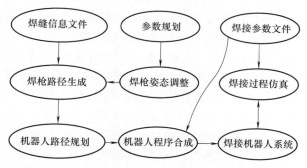

图 11-29　机器人焊接路径和焊接参数联合规划图

① 焊缝信息数据为规划系统提供了一个规划对象，它是一种数据结构，描述了焊缝的空间位置和接头形式，以及焊缝成形的尺寸要求。

② 参数规划器是从焊接工艺上进行的参数规划，规划器模型输出焊接规范参数文件和机器人焊枪姿态调整数据。

③ 姿态调整数据文件结合焊缝位置信息数据文件，生成焊枪运行轨迹（包括运行速度），然后通过焊接路径规划器。

④ 焊接路径规划器是一种人工智能状态搜索模型，通过设计相应的启发函数和惩罚函数，结合机器人逆运动学解算方法，在机器人关节空间搜索和规划出一条运动路径，该规划器主要是为了提高机器人的运动灵活性和可达性，实现对各种复杂的空间焊缝以及闭合焊缝的路径规划。

⑤ 路径规划只能输出满足关节相容性的笛卡儿坐标运动程序和关节坐标运动程序。

⑥ 机器人综合程序将焊接规范参数文件和焊接路径规划程序结合在一起，自动生成实际的焊接机器人系统的可执行程序，从而实现对焊接路径和焊接参数的联合规划，并达到相应的焊缝成形质量目标。有关弧焊机器人的研究正逐步向自主化过渡，出现了弧焊机器人的离线编程技术，一个较为完整的弧焊机器人离线编程系统应包括焊接作业任务描述（语言编程或图形仿真）、操作

手级路径规划、运动学和动力学算法及优化、针对焊接作业任务的关节级规划、规划结果动画仿真、规划结果离线修正、与机器人的通信接口、利用传感器自主规划路径及进行在线路径修正等几大部分。其关键技术通常包括视觉传感器的设计以及焊缝信息的获取问题、规划控制器的设计问题。

对焊接机器人的无碰路径规划、具有冗余度弧焊机器人自主规划以及焊接参数联合规划问题的弧焊机器人规划系统，包含了 CAD 输入系统、焊接专家系统、自主规划系统以及模拟仿真系统等。从更广泛的意义上讲，一个更完善的弧焊机器人规划系统应该还包括反馈控制系统、焊前传感系统以及焊后检测系统。

11.4.3 机器人焊接传感技术

人具有智能的标志之一是能够感知外部世界并依据感知信息而采取适应性行为。要使机器人焊接系统具有一定的智能，研究机器人对焊接环境、焊缝位置及走向以及焊接动态过程的智能传感技术是十分必要的。机器人对焊接环境的感知功能可利用计算技术视觉技术实现。将对焊接工件整体或局部环境的视觉模型作为规划焊接任务、无碰路径及焊接参数的依据，这里需要建立三维视觉硬件系统，以及实现图像理解、物体分割、识别算法软件等技术。

视觉焊缝跟踪传感器是焊接机器人传感系统的核心和基础之一。为了获取焊缝接头的三维轮廓并克服焊接过程中弧光的干扰，机器人焊缝跟踪识别技术一般是采用激光、结构光等主动视觉的方法，从而正确导引机器人焊枪终端沿实际焊缝完成期望的轨迹运动。由于采用的主动光源的能量大都比电弧光的能量小，一般将这种传感器放在焊枪的前端以避开弧光直射的干扰。主动光源一般为单光面或多光面的激光或扫描的激光束，由于光源是可控的，所获得的图像受焊接环境的干扰可以去掉，真实性好，因而图像的底层处理稳定、简单、实用性好。

结构光视觉是主动视觉焊缝跟踪的另一种形式，相应的传感器主要由两部分组成：一个是投影器，可用它的辐射能量形成一个投影光面；另一个是光电位置探测器件，常采用面阵 CCD 摄像机。它们以一定的位置关系装配后，并配以一定的算法，便构成了结构光视觉传感器，它能感知投影面上所有可视点的三维信息。一条空间焊缝的轨迹可看成是由一系列离散点构成的，其密集程度根据控制的需要而定，焊缝坐标系的原点便建立在这些点上，传感器每次测得一个焊缝点位姿并可获得未知焊缝点的位姿启发信息。导引机器人焊枪完成整个光滑连续焊缝的跟踪。

焊接动态过程的实时检测技术主要指在焊接过程中对熔池尺寸及熔透、成形以及电弧行为等参数的在线检测，从而实现焊接质量的实时控制。由于焊接过程的弧光干扰、复杂的物理化学反应、强非线性以及大量的不确定性因素的作用，使得对焊接过程可靠而实用的检测成为令人关注的难题。长期以来，已有众多学者探索过用多种途径及技术手段检测的尝试，在一定条件下取得了成功，各种不同的检测手段、信息处理方法以及不同的传感原理、技术实现手段，实质上是要求综合技术的提高。从熔池动态变化和熔透特征检测来看，目前认为计算机视觉技术及温度场测量、熔池激励震荡、电弧传感等方法用于实时控制的效果较好。

11.4.4 机器人焊接的焊缝跟踪控制与初始焊位导引技术

就机器人焊接作业而言，焊接机器人的运动轨迹控制主要指初始焊位导引与焊缝跟踪控制技术。在弧焊机器人的各种应用领域，适应能力都是影响焊接质量和焊接效率的最重要因素。弧焊机器人的适应能力即采用从焊接工件检测到的传感器的输入信号实时控制和修正机器人的操作，以适应变化了的焊接条件和环境。

在初始焊位的机器人视觉导引技术研究方面，已有研究基于激光扫描的视觉系统，采用局部搜索算法，实现了对一定工件焊缝特征在一定范围的自主导引。且已有研究采用视觉伺服和图像识别技术探讨了机器人焊接初始焊位导引和焊缝识别与实时跟踪问题。

11.4.5　机器人焊接熔池动态过程的视觉传感、建模与智能控制技术

机器人焊接的高质量关键在于实现对于焊接动态过程的有效、精确的控制。由于焊接过程的复杂性，经典的控制方法有效性受到较大的限制。受熟练焊工操作技艺的启发，近年来，模拟焊工操作的智能控制方法已被引入焊接动态过程，主要涉及熔池动态过程的视觉传感、建模与智能控制技术。

（1）焊接熔池的视觉传感

随着计算机视觉技术的发展，利用机器视觉正面、直接观察焊接熔池，通过图像处理获取熔池的几何形状信息对焊接质量进行闭环控制，已成为重要的研究方向。

图 11-30 展示了基于熔池正反两面视觉图像同时同幅传感系统获得的低碳钢脉冲 GTAW 熔池正反两面的图像，基于熔池图像提取特征尺寸的研究也已较为深入。图 11-31 是机器人焊接 S 形焊缝时获取的 3 个典型方向的低碳钢脉冲 GTAW 熔池正面的图像。已有研究获取了铝合金脉冲 GTAW 填丝熔池图像特征以及机器人焊接运动过程中的视觉传感技术在焊接熔池动态过程中的智能控制方法。

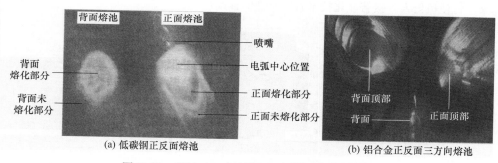

图 11-30　脉冲 GTAW 熔池正反面同时同幅图像

（2）焊接熔池动态过程的建模

由于焊接熔池动态过程的非线性、不确定性、时变性和强耦合性，采用传统的过程建模方法建立的数学模型不可能作为有效的可控模型。模糊逻辑和神经网络被证明是有效的建模方法。已有研究对脉冲 GTAW 熔池动态过程传统数学模型进行了辨识与分析，

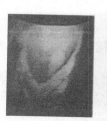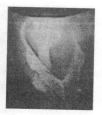

图 11-31　机器人焊接 S 形焊缝时获取的典型熔池图像

对脉冲 GTAW 熔池动态过程进行了模糊逻辑和神经网络的建模方法研究，给出了相应的模型，并验证了模型用于过程实时控制的有效性。

引入粗糙集合理论的知识建模方法直接基于实验数据测量的处理提取知识规律，给出以人类知识形式描述的模型，有助于对焊接过程变化规律的理解和智能系统的应用，成为焊接过程知识建模的新方向。

（3）焊接动态过程的智能控制

焊接动态过程是一个多因素影响的复杂过程，尤其是在弧焊动态过程中对焊接熔池尺寸（即熔宽、熔深、熔透及成形等焊接质量）的实时控制问题，由于被控对象的强非线性、多变量耦合性、材料的物理化学变化的复杂性，以及大量随机干扰和不确定因素的存在，使得有效地实时控

制焊接质量成为焊接界多年以来的难题，也是实现焊接机器人智能化系统不可逾越的关键问题。

由于经典及现代控制理论所能提供的控制器设计方法基于被控对象的精确数学建模，而焊接动态过程不可能给出这种可控的数学模型，因此对焊接过程也难以应用这些理论方法设计有效的控制器。

近年来随着模拟人类智能行为的模糊逻辑、人工神经网络、专家系统等智能控制理论方法的出现，使得我们有可能采用新思路来设计模拟焊工操作行为的智能控制器，以期解决焊接质量实时控制的难题。已有一些学者将模糊逻辑、人工神经网络、专家推理等人工智能技术综合运用于机器人系统焊接动态过程控制问题。

研究表明，在焊接过程控制中引入模糊控制、神经网络、专家系统等智能控制方法是非常适合的途径。已有研究实现了对于脉冲 GTAW 堆焊、对接、间隙变化、填丝熔池正反面熔宽以及正面焊缝余高的智能控制。且已有研究针对铝合金脉冲 GTAW 对接、填丝熔池正反面熔宽设计了模糊监督自适应控制系统。图 11-32 出示了在机器人焊接过程中对脉冲 GTAW 熔池实现的正反面熔宽的神经元自学习控制器设计。

针对实际的焊接动态过程控制对象，智能控制器的设计需要许多技巧性的工作，尤其对控制器的实时自适应与自学习算法研究及其系统实现尚有许多问题，而且对不同的焊接工艺、不同的检测手段都将导致不同的智能控制器设计方法。焊接动态过程智能控制器与焊接机器人系统设计结合起来，将使机器人焊接智能化技术有实质性的提高。

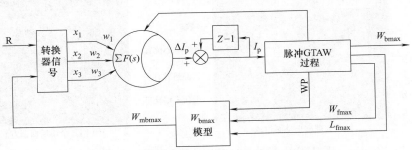

图 11-32　机器人焊接脉冲 GTAW 熔池神经元自学习控制系统

11.4.6　智能化机器人焊接柔性制造单元／系统

对于以焊接机器人为主体的包括焊接任务规划、各种传感系统、机器人轨迹控制以及焊接质量智能控制器组成的复杂系统，要求有相应的系统优化设计结构与系统管理技术。从系统控制领域的发展分类来看，可将机器人焊接智能化系统归结为一个复杂系统的控制问题。这一问题在近几年系统科学的发展研究中已有一定的学术地位，已有许多学者进行这一方向的研究。目前对这种复杂系统的分析研究主要集中在系统中存在的各种不同性质的信息流的共同作用，系统的结构设计优化及整个系统的管理技术方面。随着机器人焊接智能化控制系统向实用化发展，对其系统的整体设计、优化管理也将有更高的要求，这方面研究工作的重要性将进一步明确。

图 11-33 给出一个典型的以弧焊机器人为中心的智能化焊接柔性制造单元／系统（IRWFMC/S）的技术构成。

在焊接机器人技术的现阶段，发展与焊接工艺相关设备的智能化系统是适宜的。这种系统可以作为一个焊接产品柔性加工单元（WFMC）相对独立，也可以作为复合柔性制造系统（FMS）的子单元存在，技术上具有灵活的适应性。另外，研究这种机器人焊接智能化系统作为向更高目标——制造具有高度自主能力的智能焊接机器人的一个技术过渡也是不可或缺的。

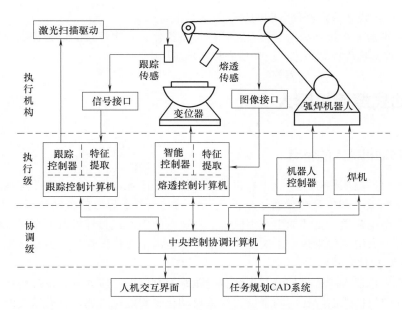

图 11-33　智能化机器人焊接柔性制造单元 / 系统（IRWFMC/S）

　　针对目前示教再现型焊接机器人对焊接环境与条件变化不具有信息反馈实时控制功能的技术应用瓶颈难题，运用人工智能技术模拟实现焊工观察、判断与操作行为功能，研究基于视觉信息传感的焊接机器人对初始焊位识别与导引、跟踪焊缝和焊接熔池动态过程及焊缝成形智能控制等关键技术，研制局部环境自主智能焊接机器人系统，如图 11-34，实现了目前示教再现型焊接机器人的智能化技术进步。

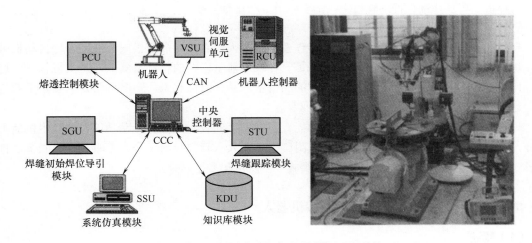

图 11-34　局部环境自主智能焊接机器人系统

　　焊接柔性制造单元 / 系统在宏观上具有离散性，在微观上具有连续性。已有结合柔性制造系统离散事件控制理论，对具有多传感信息的焊接柔性加工单元的组建、集成及实时调度控制技术进行系统化研究。

　　焊接柔性制造系统包括各种机器人（焊接机器人、搬运机器人等）、各种工装设备和各种生产资源，它们是分布式人工智能（DAI）中的多智能体系统（MAS）典型代表。在焊接柔性制造系统中引入 Agent（智能体，指能自主活动的软件或者硬件实体）的概念，并利用多个 Agent 间的相互协调来实现实际生产设备或生产任务间的协调，这是很有意义的。

对大型装备机器人焊接系统监控以及特殊环境下机器人自主焊接的远程控制问题进行基于网络通信的机器人焊接远程控制技术，已在研究和初步应用中。

11.5 移动式焊接机器人

11.5.1 移动机器人的特点

弧焊机器人已广泛应用在汽车、工程机械、摩托车等产业，极大地提高了焊接生产的自动化水平，使焊接生产效率和生产质量有了质的飞跃，同时改善了焊接的劳动环境，为高效、清洁、宜人的绿色制造环境提供了重要的生产手段。但是现有的手臂式弧焊机器人存在工作范围比较小的局限性，而对于大型工件来说，工作量大，很多都是高空全位置焊接，劳动强度大，这些工件无法移动翻转，焊接位置特殊。

因此解决弧焊机器人爬行机构及其焊缝智能跟踪控制问题，研究及开发应用旨在解决大型工件焊接生产实际中包括曲面焊在内的全位置焊接自动化、智能化难题，具有重要的科学价值和显著的应用价值。

11.5.2 移动机器人的分类

（1）轨道焊接小车

国内外许多大型结构件焊接还是采用机械化、半机械化甚至完全手工焊接方式，相应有专用焊机和通用焊机。采用有轨道的焊机时首先需依着工件的形状并沿着焊缝铺设轨道，其次将带着焊炬的焊接小车挂在铺设好的轨道上，沿着轨道运动进行焊接。

（2）移动式机器人

爬壁机器人是能够在垂直陡壁上进行作业的机器人，它作为高空极限作业的一种自动机械装置，越来越受到人们的重视。爬壁机器人是一种应用前景广阔的特种机器人，是集机构学、运动学、传感、控制和信息技术等学科于一体的高技术产品。概括起来，爬壁机器人主要用于石化企业、建筑行业、消防部门、核工业及造船业等。

壁面移动机器人必须具有 2 个基本功能：在壁面上的吸附功能和移动功能。按吸附机能不同来分，可分为真空吸附爬壁机器人与磁吸附爬壁机器人。真空吸附又分为单吸盘和多吸盘 2 种结构形式。移动方式分为轮式、履带式和足脚式（分两足和多足）等。

11.5.3 无轨道全位置爬行式焊接机器人

（1）概述

弧焊加工的自动化不仅可以提高工作效率，而且可以大大提高焊接质量。为了把机器人真正应用到焊接领域，实现在一些特种结构和特殊环境下进行全位置焊接，则既需要有移动，又需要有爬壁功能的机器人。这就需要爬壁机器人具有如下相关技术：

① 移动与吸附机构设计。

② 作业过程可视化——传感器技术。

③ 控制决策智能化——焊缝闭环跟踪控制。

④ 焊接工艺过程的智能化。

（2）机构组成

　　爬行式智能弧焊机器人执行机构由爬行机构和十字滑块机构组成；控制系统由控制器、人机界面、驱动电路及设备、远程操作盒等组成；检测系统采用了激光图像传感器来识别焊缝，采用了霍尔传感器来检测焊接电流，用限位开关来检测位置信号；焊接系统包括焊接电源、送丝送气机构、摆动装置等。

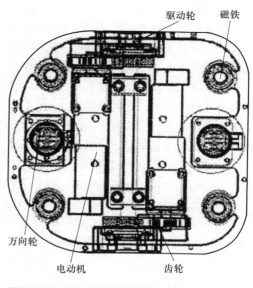

　　① 机器人本体设计　机器人本体采用两轮独立驱动的结构，并使形心和质心对地平面的投影落于两个驱动轮轴线上。驱动轮分别由一套直流伺服系统驱动，提供需要的转速或者力矩。前后对称于驱动轮轴线各布置一万向轮，可任意移动而不会对小车产生阻力和约束作用，如图 11-35 所示。

　　② 十字滑块的设计　按总体设计要求，工作台应能在 xy 坐标平面内任意往返运动，位置误差为 0.5mm 以下，载重 20kg 以内。为保证工作台运行平稳和有效使用动力，在比较各种传动方式的基础上，采用滚珠丝杠传动。电动机与滑块工作面采用折叠设计，这样缩短了滑块的长度，它们之间的连接采用了同步带连接，可在相当广泛的范围内代替带传动、链传动和齿轮传动。

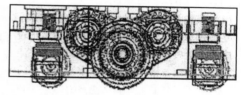

图 11-35　机器人本体的设计

　　③ 吸附机构　产生吸附力的基本元件是磁吸附单元，它通过销钉均匀地固定于链条上。磁吸附单元由永磁体、导磁体和拨叉 3 部分组成。爬壁机器人的磁吸附单元对所用的永磁体有着特殊的要求，综合考虑，确定选择的永磁材料为钕铁硼系列中的 $Nd_{15}Fe_{77}B_8$。

　　④ 机器人设计的特点

　　a. 结构上力求紧凑、小巧：与原有的机器人相比，移动机器人的尺寸大大减小，两驱动轮通过齿轮传动错开放置，在长度和宽度方向都减少了尺寸。

　　b. 焊枪与水平面的倾角是可调的：既可以相对水平面垂直用来焊接平面 V 形坡口，也可以相对水平面成一角度用来焊接平面角焊缝。并且在焊枪上设计了一旋转的自由度，机器人在大曲率拐弯时，焊枪能在水平面上旋转，使焊枪能与焊缝保持垂直状态。

（3）系统控制

　　整个系统的原理框图如图 11-36 所示。

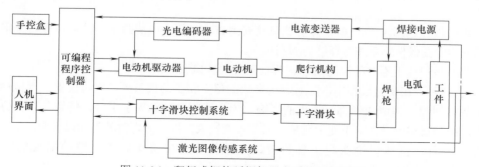

图 11-36　爬行式智能弧焊机器人系统工作原理

① 模糊控制器设计　对于本系统爬行机构为轮履复合式永磁吸附机构，自重和驱动力都较大，寻找精确的数学模型比较困难。模糊控制方法能解决该问题。模糊控制器输入变量为十字滑块四区间位移信号 E 和滑块滑动速度 V，输出变量为爬行机器人左右轮之转速差比例 U。经过计算得出模糊控制表。

实验表明，此方法实现的控制系统具有很强的稳定性和适应性。以跟踪 3m 直径的曲度圆弧为例，新系统不仅可以顺利地跟踪 3m 曲度圆弧，十字滑块也能在跟踪过程中渐渐返回并稳定在中间位置上，从而保证了跟踪的稳定性和跟踪安全，甚至在非常极端的条件下，比如对爬行机构不做细的调整直接进行跟踪时，机器人在克服了最初的大偏角后往往还能顺利进行跟踪。

② 焊缝识别　在移动机器人实际的运行过程中，由于各方面的误差，需要实时地计算出偏差情况，以通知校正控制部分将移动机器人校正，回到原有的路径上。

在识别出焊缝形状之后，还需要进行一定的特征分析和形状描述，如焊缝偏差、焊缝宽度与高度信息分析。激光器照射到工件的坡口时，激光图像能反映出曲面形状，以 V 形坡口工件为例（其他类型与此同理）说明一下焊缝偏差的分析计算方法。当提取出一定长度的激光图像时，没发生偏差时，左右两激光线长相等，如图 11-37（a）所示；若左右激光线不等时，则产生了偏差，如图 11-37（b）、（c）所示。

由于激光长度一定，即 AE 长度不变，当偏差时，则反映在图像上信息就是 AB 和 DE。因为激光图像长短在计算机内反映为像素点数和实际长度的比例关系，所以乘以放大倍数 K 可得到实际纠偏度 L。同时 BD 反映焊缝坡口宽度，C 到 BD 的垂直距离反映坡口深度等。

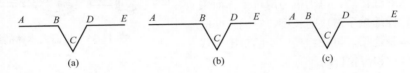

图 11-37　V 形坡口

（4）焊接工艺

焊接工艺的选择对于焊接来说是一个非常重要的环节，焊接工艺的制定直接影响到焊接质量的好坏和成形的美观与否。焊接工艺主要包括焊接方法的选择、焊接坡口的类型选择、焊接规范的设定等。

① 焊接方法　目前应用于工业中的焊接方法多种多样，在这里采用氩气、CO_2 混合气体保护脉冲 MIG 焊。脉冲 MIG 是一种新的熔化焊工艺，它的突出优点是其熔滴过渡处在受控状态下进行，因而均匀可靠，飞溅很少，焊缝成形美观。特别是这种焊接方法可以采用很宽的电流范围，适用于不同厚度的焊接。在这里由于飞溅少，对于激光传感器的弧光干扰现象也就少，因此这种焊接方法很适合于该机器人系统。

② 焊接坡口

a. 立焊时坡口选用 V 形坡口。焊前坡口及周围 20mm 范围内清除水、油、锈等，露出金属光泽，以保证激光图像传感系统对焊缝的顺利识别。

b. 横焊时坡口选用不对称 V 形坡口，焊前需处理坡口表面。

③ 工艺规范　在试验过程中，除对焊机参数的整定和正确调节外，焊枪位置、焊枪摆动、焊接速度对焊接质量、焊缝成形都有很大的影响。因为这些量依靠人工手调，特别是焊枪位置、焊枪摆动量，因为在实际操作中不便于测量，调节难度较大。以下分别对各量加以说明。

a. 焊枪位置，包括焊枪头与工件位置、焊丝与坡口位置（要考虑摆动幅度的影响，如图 11-38、图 11-39 所示）。

b. 摆动器的设置，主要参数有摆动速度、左中右三个位置的停留时间。

c. 焊接速度为焊前设定值，焊接过程中可调。

d. 焊前对焊机电压补偿进行整定，整定值 2.6V 作为焊机内设参量。常用调节量有送丝速度、焊接电压和脉冲幅值。

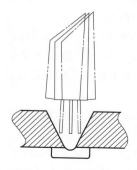

图 11-38　立焊焊枪位置

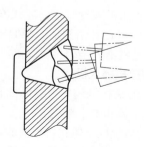

图 11-39　横焊焊枪位置

④ 焊接各项参数

a. 立焊：立焊打底时焊枪垂直于工件 8mm 左右上方，加摆后焊丝靠两边坡口 1 ～ 2mm（见图 11-38），第二道盖面，焊枪垂直上调 5 ～ 8mm，摆动幅度适当调大，参数见表 11-4。

表 11-4　立焊参数

立焊工艺	焊枪距工件高度 /mm	摆动停留方式	摆率 /（次 /m ）	摆幅 /mm	电流 /A	送丝速度 /（ m/min ）	电压 /V	焊接速度 /（ cm/min ）
打底	8 左右	两边停 0.7s，中间不停	26	6 ～ 7	78 ～ 80	2.8	22 ～ 23	4.5
盖面	15 左右		26	12 ～ 14	90 ～ 92	3.3	23 ～ 23.5	4.5

b. 横焊：横焊打底时焊枪微向下扎（图 11-39）使焊丝在加有摆动时不至于太靠下边坡口，焊枪顺焊接方向向下斜摆，与水平成 75° ～ 80° 角。盖面三道成形，均不加摆动，且每次要根据上道焊接的效果和位置重新调整焊枪姿态。第一道盖面焊时焊枪头略向下扎，第二道时较平，末道焊时焊枪头略向上仰，参数见表 11-5。

（5）小结

对于工地条件下大型工件焊接，目前国内外有两种焊接方法：一是仍然采用手工焊，二是采用有轨道的爬行机构实现自动化焊接。对于第一种方法，主要问题是焊接质量的一致性无法保证，当然焊接环境对人的影响、焊接效率也是重要问题；第二种方法存在的主要问题是铺设轨道比较困难，而且焊缝很难做到与轨道始终保持平行。而无轨道全位置爬行式焊接机器人能克服两者的缺点。

表 11-5　横焊参数

横焊工艺	焊枪距工件高度 /mm	摆动停留方式	摆动频率 /（次 /min ）	摆幅 /mm	电流 /A	送丝速度 /（ m/min ）	电压 /V	焊接速度 /（ cm/min ）
打底焊	8 左右	上边停留 0.3 秒	36	6 ～ 7	82 ～ 85	3.1	23 ～ 24	5.5
一道	15 左右	不摆动	—		92 ～ 95	3.2	23 ～ 24	18
二道	15 左右	不摆动	—		94 ～ 97	3.3	23 ～ 24	18
三道	15 左右	不摆动	—	—	97 ～ 100	3.4	23 ～ 24	19.5

11.5.4 轮式移动焊接机器人

（1）概述

移动机器人的行走机构一般有履带式、轮式、步行式和爬行式等，目前移动焊接机器人的行走机构主要是履带式和轮式两类。履带式移动机器人优点是着地面积大，壁面适应能力强，可通过电磁铁吸附控制吸附壁面力的大小；缺点是结构复杂，转向性差。所以这种结构适用于壁面、球面、管道等曲面上的爬行焊接。轮式移动机器人优点是移动速度快，转向性好，但着地面积小，壁面适应性差，所以这种结构适应平面横向大范围变化焊缝的焊接和坡度不是很大的斜面爬坡焊接。由于轮式移动机器人结构相对简单，所以目前在焊接及其他行业中用得都比较多。

（2）轮式焊接机器人机构

在焊缝跟踪的执行机构中，灵活性和稳定性是首要考虑的问题。根据需要，轮式移动机器人机构包括机器人本体和十字滑块。

① 机器人本体机构　轮式机器人的本体机构常用的有两种。一种为参考汽车原理，前轮转向，后轮驱动的结构。这种机构虽然对机器人的转向角度可以精确控制，但也有如下的缺点：机构复杂，制造过程中容易造成误差积累，因此在控制过程中尤其是换向的情况下，往往前轮的转向动作滞后；转弯半径有限制，不能原地转弯。另一种为两轮差速驱动、前后布置万向轮的机构，该机构可以弥补前一种机构的缺点。

② 十字滑块机构　十字滑块机构能在 x、y 轴坐标平面内任意往返运动，位置误差为 0.5mm 以下，载重 20kg 以内。为保证工作台运行平稳和有效使用动力，在比较各种传动方式的基础后，采用滚珠丝杠传动。

（3）轮式焊接机器人控制系统

① 焊缝跟踪传感器　焊接传感器是实现焊接过程自动化、智能化的基础，目前用于焊缝跟踪的传感器主要是利用焊接过程中的光、声、电磁、热、机械等各种物理量的变化所产生的电信号作为特征信号。根据传感方式的不同，焊缝跟踪传感器主要可分为附加式传感器和电弧传感器。附加式传感器主要分为机械传感器、电磁感应式传感器、超声波传感器、焊接温度场传感器和视觉传感器。电弧传感器包括并列双丝电弧传感器、摆动扫描电弧传感器和旋转扫描电弧传感器。

② 焊缝跟踪控制系统　以旋转扫描电弧传感器为例，建立轮式机器人焊缝跟踪控制系统。该系统包括机器人本体、十字滑块、旋转扫描电弧传感器、霍尔传感器、焊机、送丝机、计算机、A/D 卡、四轴驱动运动控制器以及电动机和驱动器等。

③ 焊缝跟踪实验　采用以上的系统，其中焊接电源选用美国 Miller 公司的恒压直流弧焊电源，其输出指标为：VOLTS（电压）：38V；AMPERES（电流）：450A；DUTY CYCLE（占空比）：100%；MAX OCV（最大开路电压）48V；VOTAGERANGE（电压范围）14～38V。送丝机选用漳州维德公司的 GS-88B 半自动送丝机。保护气体选用 15%CO_2 加 85%Ar 的混合气体。以焊接速度 36cm/min、送丝速度 10m/min、电弧传感器旋转频率 20Hz，对直线角焊缝、弯曲角焊缝进行跟踪实验，其结果如图 11-40 所示。

11.5.5　一种轮足组合越障爬壁移动自主焊接机器人系统

根据在非结构大型装备的焊接制造中，对焊接机构有在复杂壁面全位置移动、表面障碍跨越以及复杂焊缝自主识别与跟踪控制的高难度焊接作业需求。有学者针对现有移动焊接机构（小车）和示教在线焊接机器人的技术瓶颈限制，运用轮足组合运动越障的思想设计新型机器人移动越障机构、新型爬壁机器人大负载吸附机构，分别设计用于宏观焊接环境识别和局部焊接区视觉传感器，实现焊接机器人自主识别环境、障碍物、初始焊接位置，以及焊缝跟踪、焊接过程监控等智能化自主焊接关键技术。并给出了研制的一套焊接工艺要求非接触永磁吸附轮足组合式行走越障全位置智能焊接机器人系统样机，及其爬壁与焊接实验图（图 11-41）。

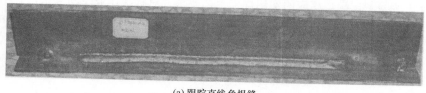

(a) 跟踪直线角焊缝

(b) 跟踪弯曲角焊缝

图 11-40　焊缝跟踪实验结果

图 11-41　轮足组合式行走越障全位置智能焊接机器人系统

该机器人系统包括非接触永磁吸附 6 轮组合升降越障和全位置移动爬壁机器人本体、组合 5 自由度焊接作业机械手、对焊接宏观环境和局部焊缝及熔池区视觉传感器、运动驱动控制系统、遥控通信系统、视觉监控系统、机器人越障焊接以及角焊缝等路径自主规划算法软件系统、机器人自主运动及焊接过程控制软件系统等。该机器人可以实现大型装备长距离和自然装配制造全位置角焊缝等复杂结构工位焊接，机器人样机的主要技术性能指标如下：

a. 移动机构：6 轮组合式行走。

b. 焊接执行机构：5 自由度关节机械手，柔性把持焊枪。

c. 吸附方式：非接触永磁吸附。

d. 移动速度：0 ～ 2000mm/min。

e. 焊接速度：200 ～ 800mm/min。

f. 爬壁负重能力：不小于 300N。

g. 作业方式：水平、垂直平面。

h. 越障能力：60mm×60mm。

i. 外形尺寸：约长 680mm、宽 450mm、高 400mm。

j. 焊接工艺：熔化极气体保护焊。

k. 双目视觉传感器：用于焊接环境或过程信息获取。

l. 机械手末端持重：3.0kg。

m. 机械手工作空间：左右 × 上下 × 前后 ≈ 1000mm×600mm×300mm。

该机器人面向的应用对象：大型舰船舱体、大型球罐（储罐）、（核）电站成套装备、航天航空装备以及大型复杂管壁结构的焊接制造及检修维护作业。可实现越障、爬壁与自主智能焊接要求。现场机器人样机实验测试满足相应的实用焊接工艺要求。对解决作业空间复杂，有平面、立面及表面筋板加固（障碍）等人工焊接作业难度大，和工作量大等技术难题提供了有力的技术支持。实现机器人自动焊接，提高焊接生产效率和质量，节约成本。

第12章 焊接缺欠及处理

12.1 概述

12.1.1 焊接缺欠与焊接缺陷的定义

焊接接头中的不连续性、不均匀性以及其他不健全性等的欠缺，统称为焊接缺欠。焊接缺欠的存在使焊接接头的质量下降、性能变差。不同焊接产品对焊接缺欠有不同的容限标准，按国际焊接学会（IIW）第Ⅴ委员会提出的焊接缺欠的容限标准如图 12-1 所示。图中用于质量管理的质量标准为 Q_A，适合于使用目的的质量标准为 Q_B。已使具体焊接产品不符合其使用性能要求的焊接缺欠，即不符合 Q_B 水平要求的缺欠，称为焊接缺陷。存在焊接缺陷的产品应被判废或必须返修。

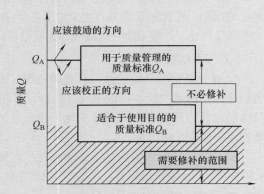

图 12-1　IIW 第Ⅴ委员会提出的焊接缺欠容限标准

12.1.2 焊接缺欠的分类

按国家标准 GB/T 6417.1—2005《金属熔化焊接头缺欠分类及说明》，焊接缺欠可根据其性质、特征分为六大类：裂纹、孔穴、固体夹杂、未熔合及未焊透、形状和尺寸不良、其他缺欠。每种缺欠又可根据其位置和状态进行分类。

IIW-SST-1157-1990 对焊接接头的缺欠分类如下：

① 不连续性缺欠　包括裂纹、夹渣、气孔和未熔合等。

② 几何偏差缺欠　如错边和角变形等。

12.2 焊缝金属中的偏析和夹杂物

12.2.1 焊缝金属中的偏析

焊缝金属非平衡凝固导致焊缝金属的化学成分成不均匀性，即出现所谓的偏析现象。焊缝中常见的偏析有以下三种。

（1）显微偏析

显微偏析又称微观偏析、晶间偏析，也称晶界偏析。这种偏析发生在柱状晶内以及柱状晶界。常见于液相线与固相线温度区间较宽的钢或合金焊缝金属中，图 12-2 显示在 HY80 钢 TIG 自熔焊缝中，即使不易产生偏析的 Ni 在胞状晶的晶界上也出现了显微偏析。这是由于钢在凝固过程中，先结晶的固相（相当于晶内中心部分）其溶质的含量较低，溶质在结晶界面浓聚，使后结晶的固相的溶质含量较高，并富集了较多的杂质。

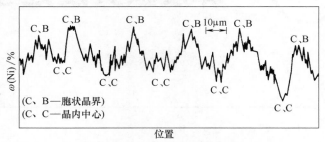

图 12-2　HY80 钢 TIG 自熔焊缝中 Ni 的偏析

S、P 和 C 是最容易偏析的元素，焊接过程中要严加控制。合金元素的交互作用往往促进偏析。当钢中 ω（C）由 0.1% 增加到 0.47% 时，可使 S 偏析增加 65% ～ 70%。但在 06Cr18Ni11Ti 奥氏体钢焊缝金属中，当 ω（Mn）为 1.5% ～ 2.0% 时，可使 S 偏析下降 20% ～ 30%。

由于柱状晶内胞状晶的亚结构界面多，其偏析远比柱状晶晶间偏析低。树枝晶存在很多的晶间毛细间隙，它比胞状晶界有更大的亚晶界偏析倾向。亚结构晶间偏析程度较低，可通过热处理或大变形量热轧、热锻消除。焊接冷却速度很小时，偏析减小。柱状晶界面的偏析可能引起热裂纹。

（2）层状偏析

焊缝金属横剖面经侵蚀可看到颜色深浅不同的分层结构。这也是由于焊缝金属化学成分不均匀形成的，称为层状偏析或结晶层偏析，如图 12-3 所示。层状偏析是由于结晶过程放出结晶潜热和熔滴过渡时热能输入周期性变化，使树枝晶生长速度周期变化，从而使结晶界面上溶质原子浓聚程度周期变化的结果。

试验证明，层状偏析是不连续的有一定宽度的链状偏析带，带中常集中一些有害的元素（C、S 和 P 等），并往往出现气孔等缺欠，如图 12-4 所示。层状偏析也会引起焊缝的力学性能不均匀，耐蚀性下降以及断裂韧度降低等。

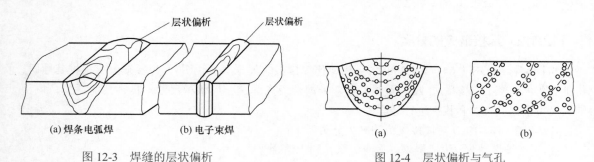

图 12-3　焊缝的层状偏析　　　　图 12-4　层状偏析与气孔

（3）区域偏析

焊缝柱状晶从熔合线向焊缝中心外延生长过程中，结晶界面杂质含量增高，形成偏析，称为区域偏析，也称宏观偏析。

改善偏析的方法较多，其中，控制凝固结晶过程，细化凝固组织，能有效地减少或消除偏析。

12.2.2　焊缝中的夹杂物

焊条、焊丝、焊剂及母材夹层在冶金反应过程中生成的氧化物、硫化物与氮化物等在熔池快速凝固条件下残留在焊缝金属中会形成夹杂物。夹杂物的存在不仅降低焊缝金属的塑性，增大低温脆性，降低韧性和疲劳强度，还会增加热裂纹倾向。因此在焊接生产中必须限制夹杂物的数量、大小和形状。常见夹杂物有以下三种：

① 氧化物夹杂　焊接金属材料时，氧化物夹杂的存在较为普遍。氧化物夹杂的主要成分是 SiO_2、MnO、TiO_2、CaO 和 Al_2O_3 等。一般多以复合硅酸盐形式存在，这种夹杂物主要是降低焊缝韧性。

② 氮化物夹杂　在良好保护条件下焊接时，生成氮化物夹杂的几率很小。在保护不良的情况下焊接碳钢和低合金钢时，与空气中的氮反应生成氮化物 Fe_4N 夹杂，并残留在焊缝金属中。氮化物在时效过程中以针状分布在晶粒上或穿过晶界，使焊缝金属的塑性、韧性急剧下降。

③ 硫化物夹杂　硫从过饱和固溶体中析出，形成硫化物夹杂，以 MnS 和 FeS 形式存在于焊缝中。FeS 的危害程度远比 MnS 大，这是因为 FeS 沿晶界析出与 Fe 或 FeO 形成低熔点共晶，会增加热裂纹生成的敏感性。

有些细小、均匀分布的夹杂物如 $Ti-O$ 等在钢铁焊缝中可以作为固态相变的形核剂，促进焊缝金属中针状铁素体的形成，细化组织，改善焊缝金属的韧性与塑性。

减少有害夹杂物的主要措施是正确选择焊条、药芯焊丝、焊剂的渣系，以便在焊接过程中脱氧、脱硫，其次是选用较大的焊接热输入，仔细清理层间焊渣，摆动焊条，以便熔渣浮出，降低电弧电压，以防止空气中氮侵入。

12.3　焊缝中的气孔

气孔是焊接生产中经常遇到的一种缺欠，在碳钢、高合金钢和有色金属的焊缝中，都有出现气孔的可能。焊缝中的气孔不仅削弱焊缝的有效工作截面积，同时也会带来应力集中，从而降低焊缝金属的强度和韧性，对动载强度和疲劳强度更为不利。在个别情况下，气孔还会引起裂纹。

12.3.1　焊缝中气孔的分类

（1）析出型气孔

析出型气孔是因气体在液、固态金属中的溶解度差造成过饱和状态的气体析出所形成的气孔。例如高温时氢能大量溶解于液态金属中，而冷却时，氢在金属中的溶解度急剧下降，特别是从液体转为固态的 δ- 铁时，氢的溶解度可从 32mL/100g 降至 10mL/100g。这使对于 δ- 铁过饱和的氢在结晶前沿富集，当超过液态金属溶解度时，过饱和析出。这些气体如果来不及逸出而残留在焊缝中，就成为气孔。由于产生气孔的气体不同，形成的气孔形态和特征也有所不同。

① 氢气孔　对低碳钢和低合金钢焊接而言，在大多数情况下，氢气孔出现在焊缝的表面上，气孔的断面形状如同螺钉状，在焊缝的表面上看呈喇叭口形，气孔的四周有光滑的内壁，如图 12-5 所示。这是由于氢气是在液态金属和枝晶界面上浓聚析出，随枝晶生长而逐渐形成气孔的。

但有时，这类气孔也会出现在焊缝的内部。如焊条药皮中含有较多的结晶水，使焊缝中的含氢量过高，或在焊接铝、镁合金时，由于液态金属中氢溶解度随温度下降而急剧降低，析出气体，在凝固时来不及上浮而残存在焊缝内部。

② 氮气孔　其机理与氢气孔相似，氮气孔也多出现在焊缝表面，但多数情况下是成堆出现的，与蜂窝相似。氮的来源是空气，主要是由于保护不好，有较多的空气侵入焊接区。

（2）反应型气孔

熔池中由于冶金反应产生不溶于液态金属的 CO、H_2O 而生成的气孔叫反应型气孔。

① CO 气孔　在焊接碳钢时，当液态金属中的碳含量较高而脱氧不足时会通过下述冶金反应生成 CO：

$$C+O=CO \qquad (12-1)$$

$$FeO+C=CO+Fe \qquad (12-2)$$

这些反应可以发生在熔滴过渡过程中，也可以发生在熔池中。由于 CO 不溶于液态金属，所以在高温时生成的 CO 就会以气泡的形式从液态金属中高速逸出，形成飞溅，而不会形成气孔。但是，当热源离开后熔池开始凝固时，由于碳和氧偏析或在结晶前沿浓聚而产生式（12-2）反应，该反应为吸热反应，会促使凝固加快，在 CO 形成的气泡来不及逸出时便产生了气孔。由于 CO 形成的气泡是在结晶界面上产生的，因此形成了沿结晶方向条虫状的内气孔。

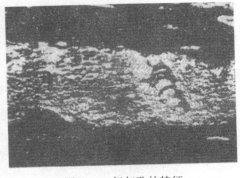

图 12-5　氢气孔的特征

② H_2O 气孔　焊接铜时形成的 Cu_2O 在 1200℃以上能溶于液态铜，但当温度降低到 1200℃以下时，它将逐渐析出，并与溶解于铜中的氢反应，反应式为：

$$Cu_2O+2H=2Cu+H_2O_气 \qquad (12-3)$$

形成的 $H_2O_气$ 不溶于液态铜，是焊接铜时产生气孔的主要原因。

焊接镍时，与铜类似，也会有产生水汽的反应，其反应式为：

$$Ni_2O+2H=2Ni+H_2O_气 \qquad (12-4)$$

$H_2O_气$ 也不溶于液态镍，这是焊接镍时产生气孔的主要原因。

12.3.2　焊缝中气孔形成的机理

气孔产生包括气泡核心的生成（生核）、气泡的长大和气泡的逸出三个过程。

（1）气泡的生核

气泡的生核应具备以下两个条件：

① 液态金属中有过饱和的气体　当液态金属中气体溶解度随温度下降而剧烈下降时（如镁、铝）就可能在液态金属中过饱和而析出，在钢中是在结晶时相对于固态 δ-铁过饱和的气体在结晶界面上浓聚而使其含量高于液态金属中的溶解度而析出的。

② 满足气泡生核的能量消耗　当气泡在成长的结晶界面上形成时所需要的表面能较低，因而往往在树枝状晶界上成核。

（2）气泡的长大

气泡能稳定存在并继续长大的条件为：

$$P_G > P_a+P_c=P_a+\frac{2\sigma}{r_c} \qquad (12-5)$$

式中　P_G——气泡中各种气体分压的总和；

$\quad\ \ P_a$——气压力；

$\quad\ \ P_c$——表面张力所构成的附加压力；

$\quad\ \ \sigma$——属与气泡间的界面张力；

$\quad\ \ r_c$——气泡临界半径。

P_a 的数值相对很小，故可忽略不计。由弯曲液面表面张力作用于气泡的附加压力 P_c 与液态金属和气泡间的界面张力成正比，与气泡的半径成反比。由于气泡开始形成时体积很小（即 r 很小），故附加压力很大，当 $r=10^{-4}$cm、$\sigma \approx 10^{-4}$N/cm 时、$P_c \approx 2$MPa（约 20 个大气压）时，在这样大的附加压力下，气泡不可能稳定存在，更不能长大，因此在一定条件下，有一个气泡能够稳定存在的临界半径。在焊接熔池内现成表面上形成的气泡多呈椭圆形，有较大的曲率半径 r，从而降低了附加压力 P_c，使气泡具备长大的条件。

（3）气泡的逸出

一旦形成气泡并稳定存在后，周围可扩散的气体就会不断向气泡中扩散，使气泡长大，由于焊接时大多数气泡形成于现成表面上，气泡的逸出就要经历脱离现成表面和向上浮出两个过程。

当气泡与界面附着力较小时，气泡类似于内聚力很强的水银球状，则气泡尚未成长到很大尺寸，便可完全脱离现成表面。当气泡对现成表面有较大的附着力时，则气泡必须长到较大尺寸，并形成缩颈后才能脱离现成表面，不仅所需时间长，不利上浮，还会残留一个不大的透镜状的气泡核，它可成为新的气泡核心。

气泡的逸出如只是一个浮出过程，则气泡的半径越大、熔池中液体金属的密度越大、黏度越小时，气泡的上浮速度也就越大。气泡的实际逸出过程还有不均匀界面张力拖曳、结晶前沿的推动等作用。

除此之外，还有一个决定焊缝是否形成气孔的条件，就是熔池的结晶速度。对于已经成核长大的气泡，当熔池结晶速度较小时，气泡可以有较充分的时间脱离现成表面，浮出液态金属，逸出熔池，就可以得到无气孔的焊缝。如果结晶速度较大时，气泡就有可能来不及逸出而形成气孔。

但对于气体溶解量不高，只有在结晶界面浓聚后才能过饱和的液态金属（如碱性焊条熔池），很高的结晶速度使浓聚区变窄，形成小气泡，半径小于临界半径，反而不产生气孔。

12.3.3　影响焊缝形成气孔的因素

（1）冶金因素的影响

① 熔渣氧化性的影响　熔渣氧化性的大小对焊缝的气孔敏感性具有很大的影响。不同类型焊条熔渣氧化性变化对生成焊缝气孔倾向的影响见表 12-1。由表 12-1 可见，无论酸性焊条（J421 为氧化铁型焊条）还是碱性焊条（J507 为低氢型焊条）焊缝中，当熔渣的氧化性增大时，由 CO 引起气孔的倾向增加；相反随氧化性减小，即熔渣还原性增大时，CO 气孔减少，氢气孔的倾向增加。

一般常用 ω（C）、ω（O）的乘积来表示 CO 气孔的倾向。从表 12-1 还可看出酸性焊条焊缝中出现 CO 气孔的 ω（C）$\times \omega$（O）临界值（46.07×10^{-6}）比碱性焊条焊缝中出现 CO 气孔的 ω（C）$\times \omega$（O）临界值（27.30×10^{-6}）要大，这也再次证明了在酸性渣中 FeO 的活度较小，而在碱性渣中 FeO 的活度较大，即使质量分数较小的情况下，也能促使产生 CO 气孔。

② 焊条药皮和焊剂成分的影响　CaF_2 和与 CaF_2 同时存在的 SiO_2 有明显的降氢作用，分析认为是 CaF_2 和 H_2、H_2O 作用产生 HF，SiO_2 和 CaF_2 作用产生 SiF_4，SiF_4 和 H_2、H_2O 作用也产生 HF。HF 是一种不溶于液态金属的稳定的气体化合物。由于大量的氢被 HF 占据，因而可以有效地降低氢气孔的倾向。

由图 12-6 可以看出，当熔渣中 SiO_2 和 CaF_2 同时存在时对消除氢气孔最为有效。这是因为 SiO_2 和 CaF_2 的含量对于消除气孔具有相互补充的作用。当 SiO_2 少，

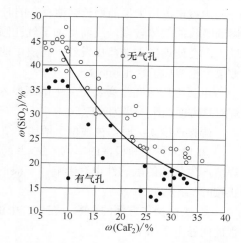

图 12-6　SiO_2 和 CaF_2 对焊缝产生气孔的影响

而 CaF_2 较多时，可以消除气孔。相反，SiO_2 多，而 CaF_2 少时，也可以消除气孔。

　　③ 铁锈及水分的影响　在焊接生产中由于焊件或焊接材料不洁而使焊缝出现气孔的现象十分普遍。影响较大的是铁锈、油类和水分等杂质，尤其铁锈的影响特别严重。

表 12-1　不同类型焊条的氧化性对气孔倾向的影响

焊条牌号	焊缝中氧和碳的质量分数及氢含量			氧化性	气孔倾向
	$\omega(O)/\%$	$\omega(C)\times\omega(O)/10^{-6}$	$[H]/(mL/100g)$		
J421-1	0.0046	4.37	8.80		较多气孔（氢）
J421-2	—	—	6.82		个别气孔（氢）
J421-3	0.0271	23.03	5.24		无气孔
J421-4	0.0448	31.36	4.53		无气孔
J421-5	0.0743	46.07	3.47	增加	较多气孔（CO）
J421-6	0.1113	57.88	2.70		更多气孔（CO）
J507-1	0.0035	3.32	3.90		个别气孔（氢）
J507-2	0.0024	2.16	3.17		无气孔
J507-3	0.0047	4.04	2.80		无气孔
J507-4	0.0160	12.16	2.61		无气孔
J507-5	0.0390	27.30	1.99	增加	更多气孔（CO）
J507-6	0.1680	94.08	0.80		密集大量气孔（CO）

　　铁锈是钢铁腐蚀以后的产物，它的成分为 $mFe_2O_3 \cdot nH_2O$ [$\omega(Fe_2O_3) \approx 83.28\%$，$\omega(FeO) \approx 5.7\%$，$\omega(H_2O) \approx 10.70\%$]。即铁锈中含有较多铁的高级氧化物 Fe_2O_3 和结晶水，加热时放出 H_2 和 O_2。一方面对熔池增加了氧化作用，在结晶时促使生成 CO 气孔，另一方面增加了生成氢气孔的可能性。由此可见，铁锈是极其有害的杂质，增加了焊缝对于两类气孔的敏感性。

　　钢板上的氧化铁皮（主要是 Fe_3O_4，少量 Fe_2O_3）虽无结晶水，但对产生 CO 气孔仍有较大的影响。所以生产中应尽可能清除钢板上的铁锈、氧化铁皮等杂质。焊条或焊剂受潮或烘干不足而残存的水分，以及潮湿的空气，同样起增加气孔倾向的作用。所以对焊条和焊剂的烘干应给予重视，一般碱性焊条的烘干温度为 350～450℃，酸性焊条的为 200℃左右，各类焊剂也规定了相应的烘干温度。

　　（2）工艺因素的影响

　　① 焊接参数的影响　焊接参数主要包括焊接电流、电弧电压和焊接速度等参数。一般均希望在正常的焊接参数下施焊。

　　焊接电流增大虽能增长熔池存在的时间，有利于气体逸出，但会使熔滴变细，比表面积增大，熔滴吸收的气体较多，反而增加了气孔倾向。使用不锈钢焊条时，焊接电流增大，焊芯的电阻热增大，会使焊条末端药皮发红，药皮中的某些组成物（如碳酸盐）提前分解，影响了造气保护的效果，也增加了气孔倾向。

　　电弧电压太高，会使空气中的氮侵入熔池而出现氮气孔。焊条电弧焊和自保护药芯焊丝电弧焊对这方面的影响最为敏感。

　　焊接速度太大时，往往由于增加了结晶速度，使气泡残留在焊缝中而出现气孔。

　　② 电源种类和极性的影响　生产经验证明，电源种类和极性不同将影响电弧稳定性，从而对焊缝产生气孔的敏感性也有影响。一般情况下，交流焊时较直流焊时气孔倾向大；而直流反接较正接时气孔倾向小。

　　③ 工艺操作方面的影响　在生产中由于工艺操作不当而产生气孔的实例还有很多的，最常出现的问题主要如下：

　　a. 焊前未按要求清除焊件、焊丝上的污锈或油质。

b. 未按规定严格烘干焊条（碱性焊条烘干温度不足，酸性焊条烘干温度过高）、焊剂或烘干后放置时间过长。

c. 焊接时规范不稳定，使用低氢型焊条时未采用短弧焊等。

12.3.4　防止焊缝形成气孔的措施

从根本上说，防止焊缝形成气孔的措施就在于限制熔池溶入或产生气体，以及排除熔池中存在的气体。

（1）消除气体来源

① 表面处理　对钢焊件焊前应仔细清理焊件及焊丝表面的氧化膜或铁锈及油污等。对于铁锈一般采用砂轮打磨、钢丝刷清理等机械方法清理。

有色金属铝、镁对表面污染引起的气孔非常敏感，因而对焊件的清理有严格要求。

② 焊接材料的防潮和烘干　各种焊接材料均包装与存放时应防潮。焊条和焊剂焊前应按规定温度和时间烘干，烘干后应放在专用烘箱或保温筒中保管，随用随取。

在各类焊条中，低氢焊条对吸潮最敏感（图 12-7），吸潮率超过 1.4% 就会明显产生气孔。

③ 加强保护　目的是防止空气侵入熔池引起氮气孔。应引起注意的有以下几方面情况。

引弧时常不能获得良好保护，低氢焊条引弧时易产生气孔，就是因为药皮中造气物质 $CaCO_3$ 未能及时分解生成足够的 CO_2 保护所致，焊接过程中如果药皮脱落、焊剂或保护气中断，都将破坏正常的保护。

气体保护焊时，必须防风。焊枪喷嘴前端保护气体流速一般为 2m/s 左右，风速如超过此值，保护气流就不能稳定而成为紊流状态，失去保护作用。MAG 焊接时风速对气孔形成的影响如图 12-8 所示。可见，药芯焊丝 CO_2 焊时受风速的影响较小。当然，保护气体的流量也影响保护效果，保护气体的纯度也须严格控制。

实践表明，除真空焊外，现有焊接方法保护效果均非绝对理想的，如有的低碳钢产品 E4303、E4301、E4315 焊条焊接或用 H08A + HJ431 埋弧焊焊接，用 X 射线检测均未发现气孔，但采用抛光检查时，都发现有肉眼可见的单个针状微小气孔。深入研究发现，针状微气孔的产生完全归因于空气中氮的作用。为防止这类气孔，除了有效的机械保护外，还应通过合金元素固氮，采用 H04Mn2SiTiA 或 H04MnSiAlTiA 的 CO_2 焊即可完全消除上述微气孔（小针孔）。

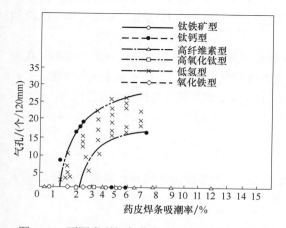

图 12-7　不同类型焊条药皮吸潮率对气孔的影响

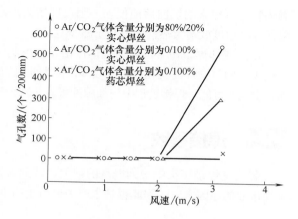

图 12-8　风速对气孔的影响

（MAG 焊的焊丝 ϕ=1.2mm，I=300A，

保护气流量 25L/min）

（2）正确选用焊接材料

焊接材料的选用必须考虑与母材的匹配要求，例如低氢焊条抗锈性能很差，不能用于带锈构件的焊接，而氧化铁型焊条却有很好的抗锈性。在气体保护焊时，从防止氢气孔产生的角度考虑，保护气氛选用活性气体优于惰性气体。因为活性气体 O_2 或 CO_2 均可促使降低氢的分压而限制溶氢，同时还能降低液体金属的表面张力和增大其活动性能，有利于气体的排出。

因此焊接钢材时，富 Ar 焊接的抗锈能力不如纯 CO_2 焊接，为兼顾抗气孔性及焊缝韧性，富 Ar 焊接时多用 ω（Ar）=80% 与 ω（CO_2）=20% 的混合气体。

有色金属焊接时，为克制氢的有害作用，在 Ar 中添加氧化性气体 CO_2 或 O_2 有一定效果，但其量必须严格控制，量少时无克制氢的效果，量多则会使焊缝明显氧化，焊波外观变差。

焊丝的成分除适应与母材的匹配要求外，还必须考虑与之组合的焊剂（埋弧焊）或保护气体（气体保护焊），根据不同的冶金反应，调整熔池或焊缝金属的成分。在许多情况下，希望形成充分脱氧的条件，以抑制反应型气孔的生成。低碳钢 CO_2 焊时采用含碳量尽量低而增加了脱氧元素的 H08Mn2Si 或 H08Mn2SiA 就可以防止气孔。经常采用的脱氧元素为 Mn、Si、Ti、Al、Zr 以及稀土等。有色金属焊接时，脱氧更是最基本的要求，以防止溶入的氢被氧化为水汽。因此焊接纯镍时应采用含有 Al 和 Ti 的焊丝（或焊条）。焊接蒙乃尔合金（铬镍合金）时，AWS（美国焊接学会）推荐的典型焊丝和焊条中均含有较多的 Al 和 Ti。纯铜氩弧焊时必须用硅青铜或磷青铜合金焊丝。铝及其合金氩弧焊时，焊丝与母材合金系统不同组配中，纯铝焊丝对气氛中水分最敏感，采用合金焊丝 ER2319 时，对气氛中水分敏感性较小。

（3）控制焊接工艺条件

控制焊接工艺条件的目的是创造熔池中气体逸出的有利条件，同时也应有利于限制电弧外围气体向熔融金属中的溶入。

对于反应型气体而言，首先应着眼于创造有利的排出条件，即适当增大熔池在液态的存在时间。由此可知，增大热输入和适当预热都是有利的。

对于氢和氮而言，也只有气体逸出条件比气体溶入条件改善更多，才有减少气孔的可能性，所以焊接参数应有最佳值，而不是简单地增大或减小。

铝合金 TIG 焊时，应尽量采用小的热输入以减少熔池存在的时间，从而减少氢的溶入，同时又要充分保证根部熔化，以利于根部氧化膜上气泡的浮出，因此用大电流配合较高的焊接速度比较有利。而铝合金 MIG 焊时，焊丝氧化膜影响更为主要，减少熔池存在时间难以有效地防止焊丝氧化膜分解出来的氢向熔池侵入，因此要增大熔池存在时间以利于气泡逸出，即增大焊接电流和降低焊接速度或增大热输入有利于减少气孔。

横焊或仰焊条件下，因为气体排出条件不利，将比平焊时更易产生气孔。向上立焊的气孔产生较少，向下立焊的气孔产生则较多，因为此时熔融金属易向下坠落，不但不利于气体排除，且有卷入空气的可能。焊接过程中施加脉冲可显著减少气孔的生成，调整脉冲特性更能改善抗气孔性能。

12.4 焊接裂纹

裂纹是焊接接头中最为严重的缺欠，其危害性极大，是大多焊接结构和容器突然破坏造成灾难性事故的原因之一，因此也是生产中要防止的重点。

12.4.1 焊接裂纹的分类

图 12-9 表示出了焊接接头中经常出现的裂纹形态及其分布。焊接裂纹有时出现在焊接过程中，

如热裂纹和大部分冷裂纹；有时也出现在放置或运行过程中，如冷裂纹中某些延迟裂纹和应力腐蚀裂纹；还有的出现在焊后热处理或再次受热过程中，如再热裂纹等。目前按产生裂纹的本质不同，大体上可分为五大类，五大类裂纹的形成时期、分布部位及基本特征见表 12-2。

表 12-2　焊接裂纹的类型及特征

裂纹类型		形成时期	基本特征	被焊材料	分布部位及裂纹走向
热裂纹	结晶裂纹（凝固裂纹）	在固相线温度以上稍高的温度，凝固前固液状态下	沿晶开裂，晶界有液膜，开口裂纹断口有氧化色彩	杂质较多的碳钢、低合金钢、奥氏体钢、镍基合金及铝合金	在焊缝中，沿轴向纵向分布，沿晶界方向呈人字形，在弧坑中沿各方向或呈星形，裂纹走向为沿奥氏体晶界开裂
	液化裂纹	固相线以下稍低温度，也可为结晶裂纹的延续	沿晶开裂，晶间有液化，断口有共晶凝固现象	含 S、P、C 较多的镍铬高强度钢、奥氏体钢、镍基合金	热影响区粗大奥氏体晶粒的晶界，在熔合区中发展，多层焊的前一层焊缝中，沿晶界开裂
	失延裂纹及多边化裂纹	再结晶温度 T_R 附近	表面较平整，有塑性变形痕迹，沿奥氏体晶界形成和扩展，无液膜	纯金属及单相奥氏体合金	纯金属或单相合金焊缝中，少量在热影响区，多层焊前一层焊缝中，沿奥氏体晶界开裂
再热裂纹		600～700℃回火处理温度区间，不同钢种再热开裂敏感温度区间不大相同	沿晶开裂	含有沉淀强化元素的高强度钢、珠光体钢、奥氏体钢、镍基合金等	热影响区的粗晶区，大体沿熔合线发展至细晶区即可停止扩展
冷裂纹	延迟裂纹（氢致裂纹）	在 M_S 点以下，200℃至室温	有延迟特征，焊后几分钟至几天出现，往往沿晶启裂，穿晶扩展，断口呈氢致准解理形态	中高碳钢、低中合金钢、钛合金等	大多在热影响区的焊趾（缺口效应）、焊根（缺口效应），焊道下（沿熔合区），少量在焊缝（大厚度多层焊焊缝偏上部），沿晶或穿晶开裂
	淬硬脆化裂纹	M_S 至室温	无延时特征（也可见到少许延迟情况），沿晶启裂与扩展，断口非常光滑，极少有塑性变形痕迹	含碳的 NiCrMo 钢、马氏体不锈钢、工具钢	热影响区，少量在焊缝，沿晶或穿晶开裂
	低塑性脆化裂纹（热应力低延开裂）	400℃以下，室温附近	母材延性很低，无法承受应变，边焊边开裂，可听到脆性响声，脆性断口	铸铁、堆焊硬质合金	熔合区及焊缝，沿晶及穿晶开裂
层状撕裂		400℃以下，室温附近	沿轧层，呈阶梯状开裂，断口有明显的木纹特征，断口平台分布有夹杂物	含有杂质（板厚方向聚性低）的低合金高强钢厚板结构	热影响区沿轧层，热影响区以外的母材轧层中，穿晶或沿晶开裂
应力腐蚀裂纹（SCC）		任何工作温度	有裂源，由表面引发向内部发展，二次裂纹多，撕裂棱少，呈根须状，多分支，裂纹细长而尖锐，断口有腐蚀产物及氧化现象且有腐蚀坑，断口周围有裂纹分枝，有解理状，河流花样等	碳素钢、低合金钢、不锈钢、铝合金等	焊缝和热影响区，沿晶或穿晶开裂

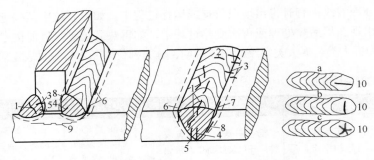

图 12-9　焊接裂纹的宏观形态及其分布

a—纵向裂纹；b—横向裂纹；c—星形裂纹；

1—焊缝中纵向裂纹；2—焊缝中横向裂纹；3—熔合区裂纹；4—焊缝根部裂纹；5—HAZ 根部裂纹；

6—焊趾纵向裂纹（延迟裂纹）；7—焊趾纵向裂纹（液化裂纹、再热裂纹）；8—焊道下裂纹（延迟裂纹、

液化裂纹、多边化裂纹）；9—层状撕裂；10—弧坑裂纹（火口裂纹）

12.4.2　焊接热裂纹

热裂纹是焊接生产中比较常见的一种裂纹缺欠，它是在焊接过程中焊缝和热影响区金属冷却到固相线附近的高温区时所产生的，故称为热裂纹，从一般常用的低碳钢、低合金钢，到奥氏体不锈钢、铝合金和镍基合金等的焊接接头都有产生热裂纹的可能。

（1）焊接热裂纹的生成条件与特征

焊接热裂纹具有高温沿晶断裂性质。从金属断裂理论可知，发生高温沿晶断裂的条件是在高温阶段晶间延性或塑性变形能力 δ_{min}，不足以承受凝固过程或高温时冷却过程积累的应变量 ε，即

$$\varepsilon \geqslant \delta_{min} \tag{12-6}$$

在高温阶段金属中存在两个脆性温度区间如图 12-10 所示。与此对应，也可以见到两类焊接热裂纹：与液膜有关的热裂纹，产生于图 12-10 中的 Ⅰ 区，与液膜无关的热裂纹，产生于图 12-10 中的 Ⅱ 区，位于奥氏体再结晶温度 T_R 附近。两类裂纹各有某些特征。

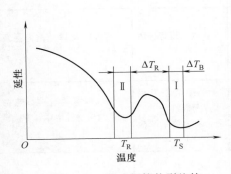

图 12-10　形成焊接热裂纹的
脆性温度区间示意图

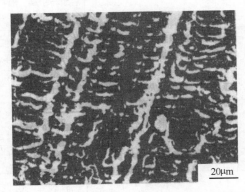

图 12-11　凝固裂纹端口特征（5.5%Ni 钢焊缝）

焊缝金属在凝固结晶末期，在固相线 T_S 附近，因晶间残存液膜使塑性下降所造成的热裂纹称为凝固裂纹，我国习惯称其为结晶裂纹，这种裂纹容易在焊缝中心形成，特别容易产生于弧坑，称为弧坑裂纹。在母材近缝区或多层焊的前一焊道因过热而液化的晶界上，也由于晶间液膜存在分离开裂现象，这种热裂纹称为液化裂纹。从微观上看，两者均具有沿晶间液膜分离断口特征，

分别如图 12-11 和图 12-12、图 12-13 所示，即沿晶断口，但有明显的氧化，晶界面相当圆滑，表明是液膜分离的结果。图 12-13 所示为熔合区附近的液化裂纹断口，有明显的树枝状突起，表明该处液化量较多。

与液膜无关的热裂纹，一种是与再结晶相联系而致晶间延性陡降，造成沿晶开裂，称为失延裂纹（高温失延开裂）；另一种则是由于位错运动而形成多边化边界（亚晶界）而开裂的，称为多边化裂纹。与液膜无关的热裂纹并不多见。偶尔可在单相奥氏体钢焊缝或热影响区中看到。图 12-14 所示为高温失延开裂的微观断口特征，由于是焊缝，显示出柱状晶的明显方向性，但并无液膜分离特征，断口显得粗糙不光滑。

宏观可见的焊接热裂纹，其裂口均有较明显的氧化色彩，这可作为热裂纹是高温形成的一个佐证，也可作为初步判断是否属于热裂纹的判据。

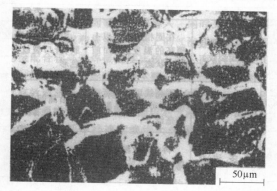

图 12-12　液化裂纹断口特征（25-20 奥氏体钢）（一）

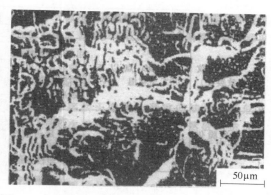

图 12-13　液化裂纹断口特征（25-20 奥氏体钢）（二）

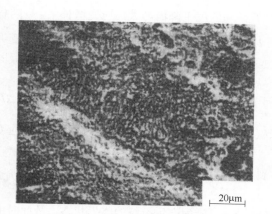

图 12-14　25-20 奥氏体钢焊缝高温
失延开裂的断口特征

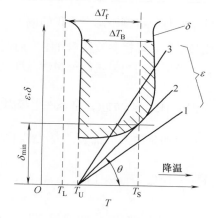

图 12-15　凝固裂纹的产生示意图

T_S—固相线；T_L—液相线；ΔT_f—结晶区间；
ΔT_B—BTR；T_U—BTR 上限；ε—应变；δ—塑性

（2）结晶裂纹的形成机理及影响因素

① 结晶裂纹的形成机理　焊缝金属在凝固过程中，总要经历液 - 固态（液相占主要部分）和固 - 液态（固相占主要部分）两个阶段。在液 - 固态时，焊缝金属可以依赖液相的自由流动而发生形变，少量的固相晶体只是移动一些位置，本身形状不变。在固 - 液态时，最后凝固的存在于固相晶体间的低熔点液态金属已成薄膜状，称为液态薄膜。铁和碳素钢、低合金高强度钢中的硫、磷、硅、镍和不锈钢、耐热钢中的硫、磷、硼、锆等都能形成低熔点共晶，在结晶过程中形成液态薄膜。它们的共晶温度见表 12-3。液态薄膜强度低而使应变集中，但同时其变形能力很差，因而在

固 - 液态区间塑性很低，容易产生裂纹。

图 12-15 显示，能形成凝固裂纹的脆性温度区间（BTR）的上限，是枝晶开始交织长合形成固 - 液态的温度，以 T_U 表示；其下限应是低熔点液膜完全消失的实际固相线 T'_S（图 12-15 中未表示），平衡相图中的固相线 T_S 高于实际固相线 T'_S。图 12-15 中的曲线表示在该温度区间内，材料的塑性随温度的变化，由此可见，其塑性有明显下降。

表 12-3　铁二元和镍二元共晶成分和共晶温度

分类	合金系	共晶成分（质量分数）/%	共晶温度 /℃
铁二元共晶	Fe-S	Fe，FeS（S31）	988
	Fe-P	Fe，Fe₃P（P10.5）	1050
		Fe₃P，FeP（P27）	1260
	Fe-Si	Fe₃Si，FeSi（Si20.5）	1200
	Fe-Sn	Fe，FeSn（Fe₂Sn₂，FeSn）（Sn48.9）	1120
	Fe-Ti	Fe，TiFe₂（Si20.5）	1340
镍二元共晶	Ni-P	Ni，Ni₃P（P11）	880
		Ni₃P，Ni₂P（P20）	1106
	Ni-B	Ni，Ni₂B（B4）	1140
		Ni₂B，Ni₂B（B12）	990
	Ni-Al	γNi，Ni₃Al（Ni89）	1385
	Ni-Zr	Zr，Zr₂Ni（Ni17）	961
	Ni-Mg	Ni，Ni₂Mg（Ni11）	1095
	Ni-S	Ni，Ni₃S₂（S21.5）	645

随结晶过程温度下降，累积的应变也应起始于 T_U，随温度下降而增大，应变增长率 $\dfrac{\partial \varepsilon}{\partial T}$ 随材料的线胀系数、焊接参数及构件刚度而变化，在图 12-15 中以 1、2 和 3 曲线表示凝固过程中变形的积累。当变形的积累量超过脆性温度区间的塑性，即变形曲线与塑性曲线相交时，则产生凝固裂纹。

从图 12-15 可以看出，是否产生凝固裂纹取决于：脆性温度区间 ΔT_B 的大小，合金材料在 ΔT_B 区间所具有的延性大小 δ_{min}，以及 ΔT_B 区间内累积应变 ε 或应变增长率 $\dfrac{\partial \varepsilon}{\partial T}$。在图 12-15 中，应变增长率 $\dfrac{\partial \varepsilon}{\partial T}$ 较低为直线 1 时，$\varepsilon < \delta_{min}$，不会产生裂纹；$\dfrac{\partial \varepsilon}{\partial T}$ 为直线 3 时，在 T_S 附近区域内 $\varepsilon > \delta_{min}$，则会产生裂纹；$\dfrac{\partial \varepsilon}{\partial T}$ 为直线 2 时，在 T_S 时正好 $\varepsilon=\delta_{min}$，应为产生裂纹的临界状态，故此时的 $\dfrac{\partial \varepsilon}{\partial T}$ 被称为临界应变增长率，以 CST 表示，其数学表达式为

$$CST=\tan\theta \tag{12-7}$$

CST 与材料成分有关，反映材料的热裂敏感性，可作为热裂敏感性的判断依据，CST 值越大，材料的热裂敏感性越小，通常希望结构钢的 CST $\geq 6.5 \times 10^{-4}$。

② 影响结晶裂纹生成的因素　影响结晶裂纹的因素可归纳为冶金和工艺因素两方面。

冶金因素的影响如下：

a. 合金相图的类型和结晶温度区间的影响：由图 12-16 可见，结晶裂纹倾向随合金相图结晶温度区间的增大而增加。随合金元素的增加，结晶温度区间增大，至 S 点后，合金元素进一步增加，

结晶温度区间反而减小，同时脆性温度区的范围（有阴影部分）也相应地先增加，经 S 点达最大值后，逐渐减小。因此结晶裂纹倾向也随此规律变化，在 S 点处，裂纹倾向也最大。由于焊缝属于不平衡结晶，故实际固相线要比平衡条件下的固相线向左下方移动，如图 12-16 中上图的虚线，它的最大固溶点由 S 点相应移至 S' 点，裂纹倾向的变化曲线也随之左移（图 12-16 下图中的虚线），使原来结晶温度区较小的低浓度区裂纹倾向剧烈增加。

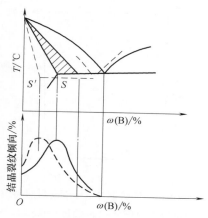

图 12-16　结晶温度区间与结晶裂纹倾向的关系

其他类型状态图的合金产生结晶裂纹倾向的规律也和上述研究结果一致，即裂纹倾向随实际结晶温度区间的增加而增加。

b. 合金元素及杂质元素对产生结晶裂纹的影响：各种元素尤其是形成低熔点薄膜的杂质是影响裂纹产生的最重要的因素，碳钢和低合金钢中常见元素的影响如下。

硫和磷在各类钢中都会增加结晶裂纹倾向。这是因为硫和磷会使纯铁的结晶温度区间大为增加。结晶温度区间 ΔT_f 与溶质元素的质量分数 $\omega(x_0)$ 有下列关系：

$$\Delta T_f = \gamma_f \omega(x_0) \tag{12-8}$$

式中，γ_f 称为相对效应因子。硫和磷的 γ_f 值很大（表 12-4），在含量很低时就使 ΔT_f 显著增加。

硫和磷还是钢中极易偏析的元素，钢中元素的偏析系数 $K_e = 1 - K_0$（K_0 为溶质分布系数），S 和 P 的 K_0 均很小，偏析系数 K_e 值将很大，更增加了们的危害。

此外，硫和磷在钢中能形成多种低熔点共晶，使结晶过程中极易形成液态薄膜。因此硫和磷是最为有害的杂质。

表 12-4　几种溶质元素在 Fe-× 二元合金中的 γ_f 值

溶质	C	S	P	Mn	Cu	Ni	Si	Al
γ_f	322	295	121.1	26.2	3.61	2.93	1.75	1.52

表 12-5　Fe-C 合金中 S、P 的最大溶解度（在 1350℃时）

元素	在 δ 相中	在 γ 相中
S	0.18%	0.05%
P	2.80%	0.25%

碳在钢中是影响结晶裂纹的主要元素，并能加剧硫、磷及其他元素的有害作用，因此国际上采用碳当量作为评价钢种焊接性的尺度，表 12-4 显示碳的 γ_f 最大，说明碳将明显增加结晶温度区间 ΔT_f，碳的偏析系数 K_e 不小，且随含碳量增加，结晶初生相将由 δ 相变为 γ 相，使硫和磷的偏析系数 K_e 增大。δ 相和 γ 相对硫和磷的偏析的影响与硫和磷的溶解度有关，如表 12-5 所示，γ 相只能溶解吸收较少的硫和磷，而增加了偏析。当温度降低至 1200℃时，γ-Fe 只能溶解质量分数为 0.035% 的 S，超过溶解度的硫将析出而形成 γ-Fe 与 FeS 的共晶（共晶温度 988℃）。因而在基体已凝固时，冷却到 1000℃以上的晶界还可能残存液相。实际结晶温度区间 ΔT_f 势必增大，导致热裂倾向增大。而 δ 相溶解较多的 S 和 P，使其偏析减少。因而结晶引领相是 δ 时，裂纹倾向小于 γ 引领相时。低碳钢焊缝 $\omega(C)$ 超出 0.16% 后，热裂倾向骤然增大（图 12-17），与结晶温度区间增加有关，也与 γ 相的出现有关。

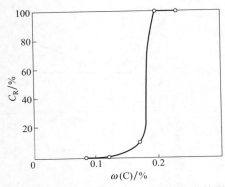

图 12-17　低碳钢焊缝中碳含量对裂纹率的影响
（ω（S）=0.035%，ω（Mn）=0.53%，SMAW）

锰具有脱硫作用，同时也能改善硫化物的分布状态，当 ω（Mn）/ω（S）> 6.7 时仅仅形成球状硫化物（MnS，FeS），从而提高了抗裂性。为了防止硫引起的结晶裂纹，应提高 ω（Mn）/ω（S）比值。ω（C）超过 0.10% 时，ω（Mn）/ω（S）希望大于 22。焊缝金属 ω（C）最好不超过 0.12%，同时控制 ω（Mn）/ω（S）> 30。ω（C）=0.125% ～ 0.155% 时，ω（Mn）/ω（S）> 59。当碳含量超过包晶点时［即 ω（C）> 0.16%］，磷对产生结晶裂纹的作用将超过硫，这时再增加 ω（Mn）/ω（S）也没有作用，所以必须严格控制磷在焊缝中的含量，如 ω（C）为 0.4% 的中碳钢，ω（S）和如 ω（P）均应小于 0.017%，而 ω（S+P）应小于 0.025%。

硅是 δ 相形成元素，应有利于消除结晶裂纹，但 ω（Si）超过 0.4% 时，容易形成硅酸盐夹杂物，增加了裂纹倾向。

钛、锆和稀土镧或铈等元素能形成高熔点的硫化物，TiS 的熔点约 2000 ～ 2100℃，ZrS 熔点为 2100℃，La_2S 熔点在 2000℃ 以上，CeS 熔点 2450℃，比锰的去硫效果还好（MnS 熔点 1610℃），对消除结晶裂纹有良好作用。

焊缝中镍的加入是为改善低温韧性，但它易与硫形成低熔共晶，Ni 与 Ni_3S_2 熔点 645℃，且呈膜状分布于晶界，会引起结晶裂纹，因此需严格限制焊缝硫和磷含量，同时加入锰、钛等合金元素抑制硫的有害作用。

氧含量较多时，形成的 Fe-FeS-FeO 三元共晶为球状夹杂物，能降低硫的有害作用。

为综合各种元素的影响，现已建立了一些定量的判据。例如日本 JWS 为 HT100 低合金钢建立的临界应变增长率 CST 公式为：

$$CST=［-19.2\omega（C）-97.2\omega（S）-0.8\omega（Cu）-1.0\omega（Ni）+3.9\omega（Mn）+$$
$$65.7\omega（Nb）-618.5\omega（B）+7.0］\times 10^{-4} \tag{12-9}$$

当 CTS $\geq$ 6.5×10^{-4} 时，可以防止裂纹。

对于一般低合金高强度钢（包括低温钢和珠光体耐热钢），建立了热裂敏感性系数 HCS 公式：

$$HCS = \frac{\omega(C)\times[\omega(S)+\omega(P)+\omega(Si)/25+\omega(Ni)/100]}{3\omega(Mn)+\omega(Cr)+\omega(Mo)+\omega(V)}\times 10^3 \tag{12-10}$$

当 HCS < 4 时，可以防止裂纹。

从有关资料上还可以查到一些这类判据及最大裂纹长度 L_T 判据等，应该指出，这些判据都是结合具体钢种并在一定试验条件下得到的，都有一定的局限性。

c. 凝固结晶组织形态的影响：晶粒越粗大，柱状晶的方向越明显，产生结晶裂纹的倾向就越大。焊接 18-8 不锈钢时，希望得到 γ+δ 双相焊缝组织，焊缝中少量初生 δ 相可以细化晶粒，打乱粗大奥氏体柱状晶的方向性，同时减少 S 和 P 的偏析，从而降低热裂纹倾向。

工艺因素的影响如下：

工艺因素主要影响有害杂质偏析的情况及应变增长率的大小。熔合比增大，含杂质和碳较多的母材将向焊缝转移较多杂质和碳元素，增大裂纹倾向。

成形系数 φ 为焊缝宽度与焊缝实际厚度之比，即 $\varphi=B/H$，它对焊缝热裂纹倾向影响很大，如图 12-18 所示。φ 值提高，热裂倾向降低；但 φ > 7 以后，由于焊缝截面过薄，抗裂性下降；φ 值较小时，最后凝固的枝晶会合面因晶粒对向生长而成为杂质严重析集的部位，最易形成结晶裂纹。

焊接速度对凝固裂纹的产生也有显著的影响，如图 12-19 所示，在热输入或焊接电流一定时，增大焊接速度使 HT80 钢凝固裂纹倾向增加，因为这时不仅会增大冷却速度，提高应变增长率，而且还使熔池呈泪滴形，柱状晶近乎垂直地向焊缝轴线方向生长，在会合面处形成偏析薄弱面。降低热输入或焊接电流，可防止晶粒粗大，降低总应变量。但也必须避免冷却速度过快，以致增大变形速度，不利于防止结晶裂纹。有时可采取适当的预热措施，降低焊缝冷却速度，特别有利于消除弧坑裂纹。

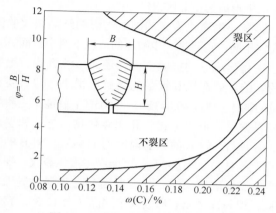

图 12-18 焊缝成形系数 φ 的影响

注：低碳钢焊缝，SAW，$\omega(S)$ =0.020% ～ 0.035%，

$\omega(Mn)/\omega(S) \geqslant 18$。

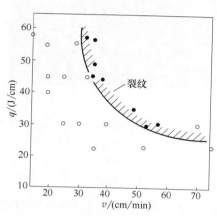

图 12-19 焊接速度与焊接热输入对
HT80 钢凝固裂纹的影响

（3）液化裂纹的形成

液化裂纹是一种沿奥氏体晶界开裂的微裂纹，它的尺寸很小，一般都在 0.5mm 以下，多出现在焊缝熔合线的凹陷区（距表面约 3 ～ 7mm）和多层焊的层间过热区，如图 12-20 所示，因此只有在金相显微观察时才能发现。

值得注意的是上述部位在开裂前原是固态，而不是在熔池中，所以导致液化裂纹的液膜只能是焊接过程中沿晶界重新液化的产物，因而称之为液化裂纹。一般认为液化裂纹是由于焊接时热影响区或多层焊焊缝层间金属，在高温下使这些区域的奥氏体晶界上的低熔共晶被重新熔化，金属的塑性和强度急剧下降，在拉伸应力作用下沿奥氏体晶界开裂而形成的。液化裂纹可起源于熔合线或结晶裂纹，如图 12-21 所示。在未熔合区和部分熔化区，由于熔化和结晶过程导致杂质及合金元素重新分布，原母材中的硫、磷和硅等低熔相生成元素将富集到部分熔化区的晶界上而产生裂纹。裂纹产生后可沿热影响区晶间低熔相扩展，成为粗晶区的液化裂纹。

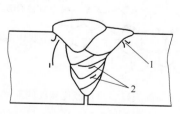

图 12-20 出现液化裂纹的部位

1—凹陷区；2—多层焊层间过热区

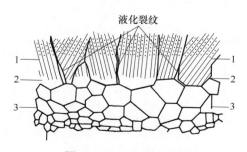

图 12-21 熔合区液化裂纹

1—未熔合区；2—部分熔化区；3—粗晶区

液化裂纹也可起源于粗晶区，如图 12-22 所示。当母材中含有较多低熔点杂质元素时，焊接

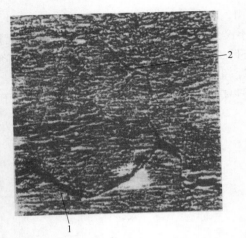

图 12-22　热影响区粗晶区的液化裂纹（400×）

1—沿熔合线；2—垂直于熔合线

注：母材为 14Cr2Ni4MoV，焊丝为

10CrNi2MoV 埋弧焊。

热影响区粗晶区晶粒严重长大，使这个部位杂质富集到少量晶界上，成为晶间液体。根据受力状态，产生的液化裂纹有时为平行于熔合线较长的纵向裂纹，有时则垂直于熔合线，发展为较短的横向裂纹。

多层焊层间的液化裂纹，是由后一层施焊时在前一层中形成的粗晶区内产生的。

影响产生液化裂纹的因素与影响结晶裂纹的因素大致相同，需要进一步阐述的有以下两个方面。

在化学成分的影响方面，还应该注意硼、镍和铬的影响。硼在铁和镍中的溶解度很小，但只要有微量的硼 $[\omega(B)=0.003\% \sim 0.005\%]$ 就能产生明显的晶界偏析，形成硼化物和硼碳化物，与铁和镍形成低熔共晶，Fe-B 的共晶温度为 1149℃，Ni-B 的共晶温度为 1140℃ 或 990℃，可能产生液化裂纹。镍也是液化裂纹敏感元素，一方面因为它是强烈奥氏体

形成元素，可显著降低硫和磷的溶解度，另一方面，镍与许多元素形成低熔共晶（表 12-3）。铬的含量较高时，由于不平衡的加热及冷却，晶界可能产生偏析产物，如 Ni-Cr 共晶，熔点为 1340℃，增加液化裂纹倾向。

在工艺因素方面，焊接热输入对液化裂纹有很大的影响，热输入越大，由于输入的热量多，晶界低熔相熔化越严重，晶界处于液态时间越长。另外，多层焊时，热输入增大，焊层变厚，焊缝应力增加，液化裂纹倾向增大。液化裂纹与熔池的形状有关，如焊缝断面呈倒草帽形，则熔合线凹陷处母材金属过热严重，如图 12-20 位置 1 处易产生液化裂纹。

（4）高温失延裂纹的形成

在热影响区（包括多层焊的前一焊道）金属组织的晶界上因受热作用致使延性陡降而产生的热裂纹为高温失延裂纹。

对于某些金属和合金，在低于固相线下的某一高温区域，还存在另一个低塑性温度区间。在这一区间内，金属塑性发生降落，如图 12-23 所示。在此温度区间，由于焊接接头冷却收缩变形，在晶间产生了高温失延裂纹。高温失延裂纹与液化裂纹形成部位的比较如图 12-24 所示。

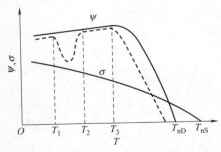

图 12-23　加热与冷却中金属的塑性
与强度随温度变化的曲线

实线—加热中塑性的变化；虚线—冷却中塑性的变化；

$T_1 \sim T_2$—高温塑性降落温度区；T_3—冷却中塑性恢复温度；

T_{nD}—无塑性温度；T_{nS}—无强度温度

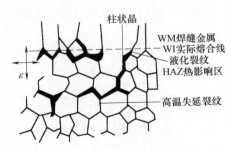

柱状晶
WM焊缝金属
WI实际熔合线
液化裂纹
HAZ热影响区
高温失延裂纹

图 12-24　高温失延裂纹与液化裂纹的形成部分

（5）多边化裂纹的形成

由于结晶前沿已凝固的固相晶粒中萌生出了大量的晶格缺陷（空穴和位错等），它们在快速冷却条件下不易扩散，以过饱和的状态保留于焊缝金属中。在一定温度和应力条件下，晶格缺陷由高能部位向低能部位转化，即发生移动和聚集，从而形成了二次边界，即所谓多边化边界。另外，热影响区内，在焊接热循环的作用下，由于热应变，金属中的畸变能增加，同样也会形成多边化边界。这种多边化边界一般并不与凝固晶界重合，在焊后冷却过程中，其热塑性降低，导致沿多边化边界产生裂纹，称为多边化裂纹。其主要产生于某些纯金属或单相合金，如奥氏体不锈钢、铁 - 镍基合金或镍基合金的焊缝金属中。

（6）焊接热裂纹的控制

图 12-25 是结构钢焊缝热裂纹产生的原因与防止措施的系统图，可供参考。本节着重从控制焊缝金属成分和调整焊接工艺两方面加以阐述。

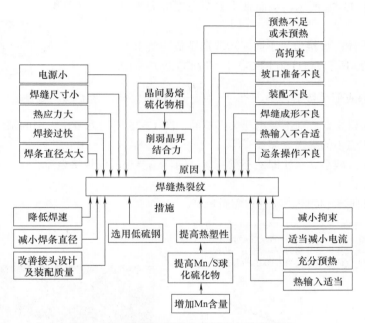

图 12-25　结构钢焊缝热裂原因与防止措施

① 控制焊缝金属成分　其中最关键的是选择适用的焊接材料。针对某一成分母材，应选择合适的焊接材料，防止裂纹产生。成分控制中还有一个极为重要的问题是限制有害杂质的含量。对于各种材料，均需严格限制硫、磷含量。合金化程度越高，限制要越严格。例如国外的低合金钢要求 $\omega(S) \leqslant 0.020\%$，$\omega(P) \leqslant 0.017\%$。至于 CF 钢（无裂纹钢）和 Z 向钢（抗层状撕裂用钢）等重要钢材，$\omega(S)$ 只有 0.006%，$\omega(P)$ 只有 0.003%。近年来新出现的细晶粒钢和控轧钢中硫、磷和碳含量都很低，都具有较高的抗裂性。日本的 HT80 钢，焊缝硫与磷限量极严：$\omega(S)=0.011\% \sim 0.005\%$，$\omega(P)=0.015\% \sim 0.007\%$，HCS=1.6 ～ 2.0（远小于 4）。据相关国际标准规定，一般焊丝中 $\omega(Ni)=0.8\% \sim 1.6\%$ 时，$\omega(S)$ 和 $\omega(P)$ 限制小于 0.02%；$\omega(Ni) > 1.6\%$ 时，$\omega(S)$ 和 $\omega(P)$ 限制小于 0.01%。

结构钢焊缝中的 $\omega(C)$ 最好限制小于 0.10%，不要超过 0.12%，同时适当提高 $\omega(Mn)/\omega(S)$ 或 $\omega(Mn)^3/\omega(S)$。由于磷难以用冶金反应来控制，只能限制其来源。

对于不同材料，还有些各不相同的有害杂质。例如，对单相 γ 的奥氏体钢或合金的焊缝金属，硅是非常有害的杂质，铌也促使热裂，因为硅与铌均可形成低熔点共晶。但在 $\gamma+\delta$ 双相焊缝中，硅或铌作为铁素体化元素，反而有利于改善抗裂性。

还应注意共存成分的相互影响。例如，结构钢或单相奥氏体钢的焊缝中的锰可改善抗裂性，但有铜存在时，锰与铜相互促使偏析加强，大大增加结晶裂纹倾向，所以 Cr23Ni28Mo3Cu3Ti 不锈钢焊缝应限制锰含量。此外，镍基合金焊缝中不能 Cu-Fe 共存，所以蒙乃尔合金（铬镍合金）与钢焊接时焊缝中的 Fe 便成了有害杂质。

② 调整焊接工艺　焊接工艺的影响也是多方面的、复杂的，此处仅强调以下几点。

a. 限制过热：熔池过热易促使热裂，应降低热输入，并采用小的焊接电流。这样可以通过减小晶粒度和降低应变量来减小结晶裂纹倾向，同时缩小固相近缝区的热裂敏感区 CSZ 的大小，如图 12-26 所示，从而减小整个焊接接头热裂倾向。

b. 控制成形系数：焊接电流不同，对成形系数的要求也有所不同。图 12-27 所示为 HT60 钢 CO_2 焊和 MIG 焊热裂情况，此处以 F 表示成形系数的倒数，$F = \dfrac{1}{\varphi} = \dfrac{H}{B}$。可见，$F$ 在某一值以上出现裂纹。特别不要出现梨形断面，图 12-28 所示为多层焊中间梨形断面焊道中产生了热裂纹，其他 F 值小的焊道无裂纹。

c. 减小熔合比：减小熔合比即减小稀释率，同样也要求降低焊接电流。

d. 降低拘束度。

e. 其他　如控制装配间隙、改进装配质量等。

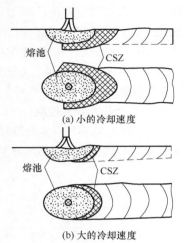

(a) 小的冷却速度

(b) 大的冷却速度

图 12-26　焊缝边界的热裂敏感区 CSZ

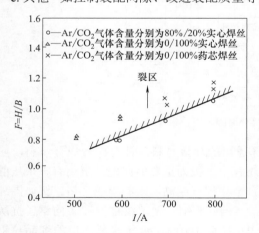

○—Ar/CO_2气体含量分别为80%/20%实心焊丝
△—Ar/CO_2气体含量分别为0/100%实心焊丝
×—Ar/CO_2气体含量分别为0/100%药芯焊丝

裂区

图 12-27　HT60 钢半自动焊（CO_2 或 MIG 焊）焊缝热裂情况与成形系数倒数

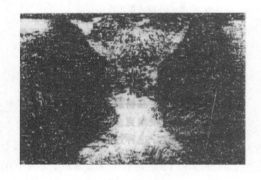

图 12-28　低碳钢多层焊中梨形断面焊道中的热裂纹

12.4.3　焊接冷裂纹

（1）焊接冷裂纹的特征

焊接冷裂纹包括延迟裂纹（氢致裂纹）与淬硬裂纹。主要发生在高中碳钢、低中合金高强度钢的焊接热影响区，但某些超高强度钢、钛及钛合金等有时冷裂纹也出现在焊缝金属中。冷裂纹的特征有以下几方面。

① 分布形态　冷裂纹多发生在具有缺口效应的焊接热影响区或有物理化学不均匀性的氢聚集的局部地带。大体有四种分布形态，如图 12-29 所示。

焊道下的裂纹一般为微小的裂纹，如图 12-29（a）中的 1 裂纹，形成于距焊缝边界约 0.1～0.2mm 的热影响区中。这个部位没有应力集中，但常具有粗大的马氏体组织且裂纹发生在氢含量较高的情况下。裂纹走向大体与焊缝平行，且不显露于表面。

焊根裂纹［图 12-29（b）、（c）、（f）中的 2］和焊趾裂纹［图 12-29（b）、（c）、（f）中的 3］起源于应力集中的缺口部位，粗大的马氏体组织区。焊根裂纹有的沿热影响区发展，有的则转入焊缝内部。

横向裂纹常起源于淬硬倾向较大的合金钢焊缝边界而延伸至焊缝和热影响区，裂纹走向均垂直于焊缝边界，尺寸不大，但常可显露于表面，如图 12-29（d）中的 4。在厚板多层焊时，则发生于距焊缝上表面有小段距离的焊缝内部，为不显露于表面的微裂纹，如图 12-29（e）中的 5，其方向大致垂直于焊缝轴线，且往往与氢脆有较大联系。

凝固过渡层裂纹发生在异种钢焊接时，沿焊缝边界在焊缝一侧的凝固过渡层中常有马氏体带，往往在此部位形成冷裂纹。

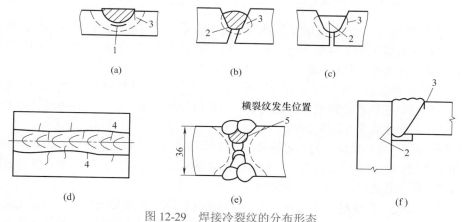

图 12-29　焊接冷裂纹的分布形态

1—焊道下裂纹；2—焊根裂纹；3—焊趾裂纹；4、5—表面或焊缝内横裂纹

② 冷裂时期　其有两种典型情况：延迟裂纹和淬硬裂纹。延迟裂纹生成温度约在 -100～100℃之间。有潜伏期（孕育期），几小时、几天甚至更长，存在潜伏期、缓慢扩展期和突然断裂期三个接续的开裂过程。现公认有潜伏期的冷裂纹是由于氢作用而具有延迟开裂特性的，故称氢致裂纹。焊道下裂纹是最典型的氢致延迟裂纹，焊根裂纹及焊趾裂纹大多也是氢致延迟裂纹。淬硬倾向大的钢种或铸铁焊接时在冷却到 Ms 点温度至室温时产生的淬硬裂纹没有潜伏期，不具延迟开裂特性。横向裂纹大多是淬硬裂纹。

③ 断口特征　从宏观上看，断口具有发亮的金属光泽的脆性断裂特征，是一种未分叉的纯断裂，并可呈人字纹形态发展。从微观上看也不像热裂纹那样单纯只是晶间断裂特征，而常可见沿晶与穿晶断口共存，有氢影响时会有明显的氢致准解理断口，一般情况下启裂区多是沿晶断口。图 12-30 所示为缺口试样插销试验后的断口，缺口启裂区有明显沿晶断裂特征，随后发展则主要为氢致准解理断口。

（2）延迟裂纹的形成机理和影响因素

图 12-31 描述了典型的延迟开裂现象。充氢钢拉伸试验时，存在一个上临界应力 σ_{UC}，超过此应力时，试件很快断裂，不产生延迟现象（相当于该钢种的抗拉强度 R_m）。另外，还存在一个下临界应力 σ_{LC}，低于此应力时，氢是无害的，不论恒载多久，试件将不会断裂。当应力在 σ_{UC} 和 σ_{LC}

之间时，就会出现由氢引起的延迟裂纹，由加载到发生裂纹之前要经历一段潜伏期，然后是裂纹的传播（即扩展），最后发生断裂。当有缺口时，这种现象更为显著。高强度钢焊接时延迟裂纹的形成过程与上述现象一致。延迟裂纹的经典理论主要有以下几种：

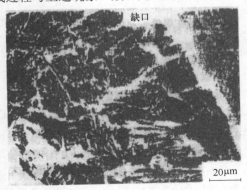

图 12-30　HT80 钢插销试验冷裂断口

（焊条 AWS E11016，烘干 350℃ 1h）

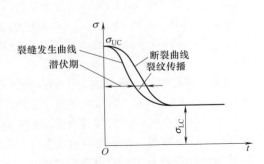

图 12-31　延迟断裂时间与应力的关系

① 空洞内气体压力学说　C.Zapffe 等认为，由于金属内部可能有各种缺欠（包括微观缺欠），当氢在扩散过程中被陷入缺欠内部（所谓陷阱）时，在较低温度下将发生 $H+H \rightarrow H_2$ 反应。随着时间的增长，缺欠内部的压力不断增加，直至发生裂纹。

② 位错陷阱捕氢学说　该学说认为金属受力后将产生应变，但应变不是均匀的，某些局部地区应变较大，所以该部位就会增殖较多的位错。而位错如同陷阱一样，具有捕捉氢的本领。当氢聚集到一定数量，就会形成所谓氢的柯氏（Cottrell）气团，进一步发展而成为裂纹。

③ 氢吸附理论　这种理论认为，氢被陷阱表面吸附之后，使表面能下降，因此形成裂纹表面所需的能量大为降低。当裂纹进一步扩展时，为使表面能进一步降低，就必须有氢向该区继续扩散，这种过程不断交替进行，使裂纹继续扩展。

目前，能够比较完整地解释氢、应力交互作用的延迟裂纹理论是三轴应力晶格脆化学说。该学说认为，如果在三个晶粒相交的空间或裂纹的前端处于三向应力状态，新的裂纹尖端处就会聚集较多的氢，超过一定界限之后便发生晶格脆化，产生裂纹。随时间增长，此处又重新聚集更多的氢，并使裂纹向前扩展，或产生新的裂纹。这种过程断续交替进行，裂纹也就断续扩展，如图 12-32 所示。

结合焊接的具体情况，Granjon 提出延迟裂纹的形成是焊缝中的氢、焊接接头金属中所承受的拉应力及钢材淬硬倾向造成的金属塑性储备下降三个因素交互作用的结果。近年来的研究更进一步证明延迟裂纹的产生与焊接接头的局部区域的应力、应变和氢的瞬态分布有关。下面从上述三个方面对延迟裂纹的形成机理及影响因素进行讨论。

① 钢的淬硬倾向　焊接时，钢的淬硬倾向越大，越易产生裂纹，这主要是因为钢淬硬后形成的马氏体组织是碳在铁中的过饱和固溶体，晶格发生较大的畸变，使组织处于硬脆状态。特别是在焊接条件下，近缝区的加热温度很高（达 1350 ～ 1400℃），使奥氏体晶粒明显长大，快冷时，转变为粗大马氏体，性能更为脆硬，且对氢脆非常敏感。

组织硬化程度与马氏体数量有关，如图 12-33 所示，在碳当量一定时，540℃ 的瞬时冷却速度 R_{540} 越大，马氏体数量越多、硬度越高，裂纹率 C_R 越大。

马氏体的形态也对裂纹敏感性有很大影响。低碳马氏体呈板条状，因它 Ms 点较高，转变后有自回火作用，因此具有较高的强度和韧性；当钢中碳和合金元素含量较高，或冷却较快时，就会出现孪晶马氏体，它的硬度很高，性能很脆，对氢脆和裂纹敏感性很强。组织对裂纹的敏感性大致按下列顺序增大：铁素体（F）或珠光体（P）—下贝氏体（B_L）—低碳马氏体（M_L）—上贝氏体（B_U）—粒状贝氏体（B_G）—高碳孪晶马氏体（M_R）。

因而具有产生马氏体，特别是具有高碳孪晶马氏体淬火倾向的钢，对延迟裂纹是很敏感的，且淬火倾向越高，产生延迟裂纹的可能性越大。目前以钢中的碳当量 CE、P_{cm}、CEN 来衡量钢种淬硬倾向及由此引起的冷裂倾向。

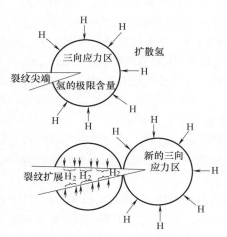

图 12-32　氢致裂纹的扩展过程

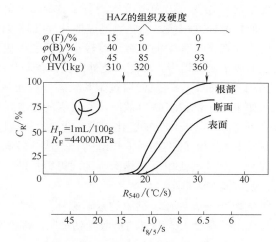

图 12-33　马氏体数量与冷却速度的关系及对热影响区冷裂倾向的影响

[HT60，ω（C）=0.15%，ω（Si）=0.45%，ω（Mn）=1.27%]

② 氢的作用　焊缝金属中的扩散氢是延迟裂纹形成的主要影响因素。

由于延迟裂纹是扩散氢在三向应力区聚集引起的，因而钢材焊接接头的氢含量越高，裂纹的敏感性越大，当氢含量达到某一临界值时，便开始出现裂纹，此值称为产生裂纹的临界氢含量 $[H]_{cr}$。

各种钢材产生延迟裂纹的 $[H]_{cr}$ 值是不同的，它与钢的化学成分、焊接接头的刚度、预热温度及冷却条件等有关，图 12-34 所示为 HAZ 碳当量 P_{cm} 和 CE 与临界含氢量 $[H]_{cr}$ 的关系。

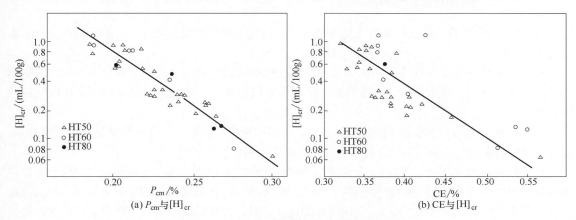

图 12-34　HAZ 内碳当量与临界含氢量的关系

有缺口存在时，延迟裂纹倾向增大，这一方面是因为应力集中作用，另一方面，由于氢的应力诱导扩散还会引起扩散氢的集结，开裂部位的氢浓度 H_L 明显大于原始氢浓度。

Granjon 提出了在热影响区及在焊缝产生延迟裂纹的模型，如图 12-35 所示。由于含碳较高的钢对裂纹有较大的敏感性，因此常控制焊缝金属的碳含量低于母材。在焊接过程中，焊缝中在高温时溶解了多量氢，冷却时原子氢从焊缝向热影响区扩散。因为焊缝金属的碳含量低于母材，所以焊缝金属在较高的温度先于母材发生相变，即由奥氏体分解为铁素体、珠光体、贝氏体以及低碳马氏体等（根据焊缝金属的化学成分和冷却速度而定）。此时，母材热影响区金属因碳含量较高，发生滞后相变，仍为奥氏体。当焊缝金属由奥氏体转变为铁素体类组织时，氢的溶解度突然下降，而扩散速度很快，因此氢迅速地从焊缝越过熔合线 ab 向尚未发生分解的热影响区奥氏体扩散。由于氢在奥氏体中的扩散速度较小，不能很快把氢扩散到距熔合线较远的母材中去，在熔合线附近形成了富氢地带。在随后此处的奥氏体向马氏体转变时（因焊缝相变温度界面 T_{AF} 提前于热影响区相变界面 T_{AM}），氢便以过饱和状态残留在马氏体中，促使该区域在氢和马氏体复合作用下脆化。如果这个部位有缺口效应，并且氢的浓度足够高，就可能产生根部裂纹或焊趾裂纹。若氢的浓度更高，使马氏体更加脆化，也可能在没有缺口效应的焊道下产生裂纹。

焊接某些超高强度钢时，焊缝的合金成分较高，淬硬性高于母材，这使热影响区的转变可能先于焊缝，此时氢就相反从热影响区向焊缝扩散，原来焊缝中较高的氢含量也滞留在焊缝中，延迟裂纹就可能在焊缝上产生。

氢的影响还表现在，钢中的延迟破坏只是在一定温度区间发生（$-100 \sim +100℃$），温度太高则氢易逸出，温度太低则氢的扩散受到抑制，都不会产生延迟开裂现象。HT80 钢焊道下裂纹产生的温度区间为 $-70 \sim +60℃$。

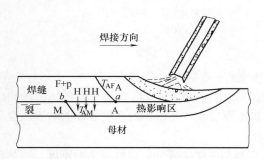

图 12-35　高强度钢热影响区（HAZ）及焊缝
　　　　　延迟裂纹的形成过程

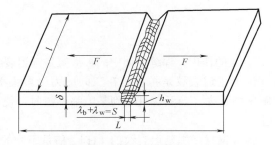

图 12-36　对接接头的拘束度模型

③ 拘束度的影响　焊接时的拘束情况决定了焊接接头所处的应力状态，从而影响产生延迟裂纹的敏感性。

在焊接条件下主要存在不均匀加热及冷却过程引起的热应力、金属相变前后不同组织的热物理性质（质量体积、线胀系数、体胀系数）变化引起的相变应力以及结构自身拘束条件所造成的应力等。

焊接拘束应力的大小取决于受拘束的程度，可用拘束度来表示，它是一种衡量接头刚度的量，又分为拉伸拘束度与弯曲拘束度，通常所谓的拘束度常指拉伸拘束度。

拉伸拘束度以 R_F 表示，它定义为焊接接头根部间隙产生单位长度弹性位移时，单位长度焊缝所承受的力。如图 12-36 所示的对接接头，如果两端不固定，即在没有外拘束的条件下，焊后冷却过程会产生 S 的热收缩（应变量）。当两端被刚性固定时，冷却后就不可能产生应变，而在焊接接头中会引起拘束力 F，此力应使接头的伸长量等于 S。S 包括了母材的伸长 λ_b 和焊缝的伸长 λ_w 两部分，λ_b 远大于 λ_w，因此 $S \approx \lambda_b$。当板厚 δ 相对焊缝厚度 h_w 很大时，即便是焊缝的拘束应力 σ_w 超过了它的下屈服强度 R_{eL}，母材仍会处于弹性范围，则 R_F 按定义可用式（12-11）计算：

$$R_F = \frac{F}{l\lambda_b} = \frac{F}{l\delta} \times \frac{\delta L}{L\lambda_b} = \sigma_W \frac{1}{\varepsilon} \times \frac{\delta}{L} = \frac{E\delta}{L} \quad (12\text{-}11)$$

式中　E ——母材金属的弹性模量，MPa；

　　　L ——拘束距离，mm；

　　　δ ——板厚，mm；

　　　l ——焊缝长度，mm；

　　　R_F ——拉伸拘束度，MPa；

　　　ε ——线应变。

对于某种钢材，E 为常数，在一定抗裂试验条件下 L 也是一定值，则 R_F 只与板厚有关。在斜 Y 形坡口抗裂试验条件下，R_F 约为 700δ。实际结构定位焊时的 R_F 与斜 Y 形坡口抗裂试验条件下的 R_F 相当。实际结构正常焊缝的 R_F，在板厚不大于 50mm 时，通常取 400δ。实际结构的 R_F 值有较大的变动范围，如图 12-37 所示，其中包括了定位焊及接头相交断面等情况，图中高拘束度标准有 200δ 和 400δ 两种，一般取后者。R_F 有时可高达 900δ。

R_F 增大，使焊缝不能自由收缩而产生较大的拘束应力 σ_W，所以 R_F 增大，冷裂倾向势必增大，R_F 值大到一定程度时就会产生裂纹，这时的 R_F 值称为临界拘束度 R_{cr}。某焊接结构接头的 R_{cr} 值越大，表示其抗裂性越强。

可用关系式（12-12）通过拘束度来预测拘束应力。

$$\sigma_W = mR_F \quad (12\text{-}12)$$

式中，m 为拘束应力转换系数，低合金高强度钢焊条电弧焊时 m 为 $(3 \sim 5) \times 10^{-2}$。

同样钢种和同样板厚，由于接头的坡口形式不同也会产生不同的拘束应力，如图 12-38 所示。

综上所述，产生焊接延迟裂纹的机理在于钢种淬硬之后受氢的侵袭和诱发使之脆化，在拘束应力的作用下产生了裂纹。

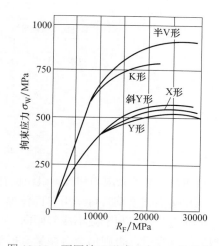

图 12-37　实际结构拘束度的统计　　　　图 12-38　不同坡口形式 R 与 σ_W 的关系

热壁加氢反应器不锈钢堆焊层（母材多为 2.25Cr-1Mo 钢）可以产生氢致剥离的现象，这也是一种在室温或略高于室温条件下发生的氢致延迟开裂行为，剥离裂纹多沿熔合线附近不锈钢侧粗大 γ 晶粒的晶界扩展，或者紧靠增碳层类马氏体齿形边界扩展，也可能出现在增碳层类马氏体组织中，如图 12-39 所示。这种剥离是在氢的诱导下，堆焊层残留应力与碳化物沉淀相、微观缺陷相互作用的结果。

（3）焊接冷裂纹的控制

图 12-40 是防止焊接冷裂纹产生的系统图。图中的 TSN 定义为热拘束指数。

以下为防止焊接冷裂纹的主要措施。

① 控制组织硬化　一般焊接生产中，母材化学成分是根据结构的使用要求确定的，即 P_{cm} 或 CE 是一定的。限制组织硬化程度唯一的方法就是调整焊接条件以获得适宜的焊接热循环。常用 $t_{8/5}$ 或 t_{100} 等作为判据。在焊接方法一定时，焊接热输入不能随意变化，以防止过热脆化。此时，为获得需要的 $t_{8/5}$ 等，预热是可以采取的重要手段。

② 限制扩散氢含量　采用低氢或超低氢焊接材料，并防止再吸潮，有利于防止冷裂。

预热或后热可减少扩散氢含量。

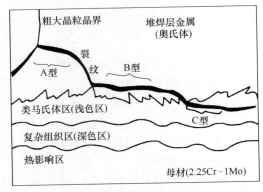

图 12-39　氢致剥离裂纹形成的位置

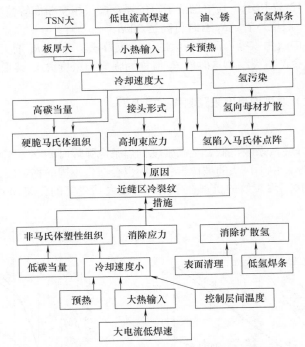

图 12-40　焊接冷裂纹原因及其对策

后热对减小残余应力和改善组织也有一些作用。最低后热温度 T_p 与钢材的成分有关。

在焊接高强度钢时可采用奥氏体焊条，因奥氏体焊缝本身塑性较好，又可固溶较多的氢，限制氢扩散运动，有利于减小冷裂倾向，一般可以不必预热。但增大焊缝热裂倾向时，也必须尽量限制原始氢含量，否则仍会有微量氢扩散到熔合区马氏体组织中，使其产生冷裂。如果用奥氏体焊条焊接低合金高强度钢，必须减小熔合比，否则在熔合区将形成较多马氏体带，冷裂倾向增大。

③ 控制拘束应力　从设计开始以及施焊工艺制定中，均需力求减小刚度或拘束度，并避免形成各种缺口。调整焊接顺序，使焊缝有收缩余地。但对于 T 形杆件必须避免回转变形或角变形，以防止焊根裂纹。

12.4.4　再热裂纹

再热裂纹是指焊后焊接接头在一定温度范围再次加热而产生的裂纹。为防止发生脆断及应力腐蚀，焊后常要求进行消除应力热处理。调质高强度钢或耐热钢以及时效强化镍基合金，焊后须进行回火处理。在这些加热过程中可能产生再热裂纹。一些耐热钢和合金的焊接接头在高温服役时见到的开裂现象，也可称为再热裂纹。在消除内应力热处理过程中产生的裂纹又称为消除应力处理裂纹，简称 SR 裂纹。

（1）**再热裂纹的主要特征**

① 再热裂纹均发生于焊接热影响区的粗晶区，如图 12-41 所示，大体沿熔合线发展，裂纹不一定连续，至细晶区便可停止扩展。晶粒越粗大，越易于导致再热裂纹。再热裂纹呈典型的沿晶开裂特征。

② 存在一个最易产生再热裂纹的敏感温度区间，具有 C 形曲线特征，即在此敏感温度区间表现出最大裂纹率 C_R 和最小的临界 COD 值（图 12-42）以及在应力松弛中出现

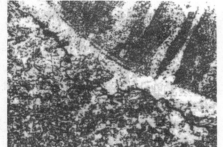

图 12-41　再热开裂的典型部位（100×）
（14MnMoNbB 钢，斜 Y 形拘束试样，
焊后 600℃ 2h 再次加热）

最短断裂时间 t_f（图 12-43）。不同母材的敏感温度区间也不相同。奥氏体不锈钢和一些高温合金的敏感温度区间在 700 ～ 900℃ 之间，沉淀强化的低合金钢的敏感温度区间在 500 ～ 700℃ 之间。淬火加回火或淬火加析出强化的调质钢接头有明显的再热开裂倾向，而有碳化物析出强化的 Cr-Mo 或 Cr-Mo-V 耐热钢接头，则具有更显著的再热开裂倾向。

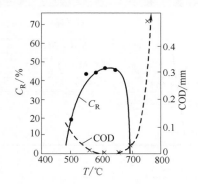

图 12-42　热温度与裂纹率 C_R 和临界
COD（缺口底部张开位移）的关系

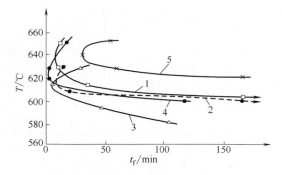

图 12-43　再热温度与 t_f 的关系
1—22Cr2NiMo；2—25CrNi3MoV；3—25Ni3MoV；
4—20CrNi3MoVNbB；5—25Cr2NiMoV

③ 再热时引起裂纹的塑性应变 ε 主要由接头的残余应力在再次加热过程中发生应力松弛所致，即产生松弛应变。所以，再热裂纹的先决条件是再次加热过程前，焊接区存在较大的残余应力及应力集中的各种因素（如咬边、焊趾等缺欠因素）。应力集中系数 K 越大，产生再热裂纹所需的临界应力 σ_{cr} 越小。

（2）**再热裂纹的产生机理**

现已确认再热裂纹是由晶界优先滑动导致微裂（形核）而发生和扩展的。理论上形成再热裂纹的条件是，在接头焊后再次加热过程中，粗晶区应力集中部位残余应力松弛使晶界微观局部滑动变形的实际塑性应变量 ε 超过了该材料晶界微观局部的塑性变形能力 δ_{min}。以下是目前普遍接受的产生再热裂纹的原理。

① 杂质偏聚弱化晶界　晶界上的杂质及析出物会强烈地弱化晶界，使晶界滑动时丧失聚合力，导致晶界脆化，显著降低蠕变抗力。例如钢中 P、S、Sb、Sn、As 等元素在 500 ～ 600℃ 再热处理过程中向晶界析集，大大降低了晶界的塑性变形能力。当 HT80 钢中的磷增加时，磷向晶界析集可

造成缺口底部张开位移 COD（δ_C）下降。我国在研究 Mn-Mo-Nb-B 钢再热裂纹时，发现硼化物有沿晶界析出现象，这使再热裂纹敏感性增加。

② 晶内析出强化作用　研究表明，那些合金元素含量较多而又能使晶内发生析出强化的金属材料，具有明显的再热裂纹倾向。例如含 Cr、Mo、V、Ti、Nb 等能形成碳化物或氮化物相的低合金钢（特别是耐热钢），以及 Ni_3（Al、Ti）相（即 γ 相）时效强化的镍基合金，是易于产生再热裂纹的典型材料。在焊后再次加热过程中，由于晶内析出强化，残余应力松弛形成的松弛应变或塑性变形将集中于相对弱化的晶界，而易于导致沿晶开裂。强化相的析出与加热温度有关，其会导致不同的再热裂纹倾向，以 CrMoV 钢为例，表 12-6 表明了不同回火温度下析出碳化物的类型，析出 M_2C 相越多，再热裂纹倾向越大；增多 M_2C_3 或 $M_{23}C_6$，再热裂纹倾向可显著降低。

（3）再热裂纹的影响因素及防止措施

① 化学成分的影响　化学成分对再热裂纹的影响随钢种和合金不同而异。对于珠光体耐热钢，钢中的 Cr、Mo 含量对再热裂纹的影响如图 12-44 所示，钢中的含 Mo 量越多，则 Cr 的影响越大，但达到一定含量 [ω（Mo）=1%，ω（Cr）=0.5%] 后，随 Cr 的增多，SR 裂纹率反而下降。如在钢中含有 V 时，SR 裂纹率显著增加。碳在 1Cr-0.5Mo 钢中对再热裂纹的影响如图 12-45 所示，随钢中钒量增多，碳的影响增大。

表 12-6　CrMoV 钢中碳化物的析出

CrMoV 钢母材	模拟粗晶 HAZ 组织 T=1300℃，$t_{8/5}$=12s	回火处理后 HAZ 组织
铁素体 + MX M_2C $M_{23}C_6$ M_7C_3 $\Rightarrow$	马氏体+贝氏体 （全部 M_xC_y 已固溶）$\Rightarrow$	铁素体 + 725℃：MX，M_2C，M_7C_3，$M_{23}C_6$ 700℃：M_3C，MX，M_2C，$M_{23}C_6$ 650℃：M_3C，MX，M_2C 550℃：M_3C，MX

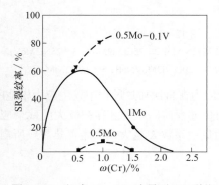

图 12-44　钢中 Cr、Mo 含量对 SR 裂纹的影响（620℃，2h）

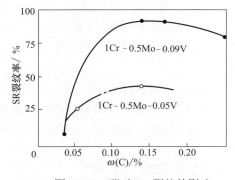

图 12-45　碳对 SR 裂纹的影响（600℃，2h 炉冷）

钢或合金中的杂质（特别是 Sb）越多，偏聚于晶界并使之弱化，增大再热裂纹倾向，使再热裂纹的敏感温度区间显著向左方移动。在具体条件下，经系统实验可确定各种杂质的临界含量。为防止再热裂纹，从根本上说，应正确选用材料，尽量不用再热裂纹敏感材料。

② 钢的晶粒度的影响　晶粒度越大，越容易产生再热裂纹。

③ 焊接接头不同部位缺口效应的影响　缺口位于粗晶区和有余高又有咬边的情况下常产生再

热裂纹。

④ 焊接材料的影响　选用低匹配的焊接材料，适当降低在 SR 温度区间焊缝金属的强度，提高其塑性变形能力，可减轻热影响区塑性应变集中程度，对降低再热裂纹的敏感性是有益的。实际生产中，只在焊缝表层用低强高塑性焊条盖面，就有一定的好处。堆焊隔离层的应用也有利于减小再热裂纹倾向。

⑤ 接方法和热输入的影响　焊接热输入的影响比较复杂，可影响晶粒粗化的程度、冷却速度以及残余应力的大小。当热输入增大而致晶粒粗化严重时，将使再热裂纹倾向增大。不同焊接方法在正常情况下的焊接热输入不同。对于晶粒长大敏感的钢种，热输入大的电渣焊、埋弧焊时再热裂纹敏感性比焊条电弧焊时大；但对一些淬硬倾向大的钢种，焊条电弧焊时反而比埋弧焊时的再热裂纹倾向大。

⑥ 预热及后热的影响　预热有利于防止再热裂纹，但必须采用比防止冷裂纹更高的预热温度或配合焊后热处理才能有效。此外，采用回火焊道（焊趾覆层或 TIG 重熔）有助于细化热影响区晶粒，减小应力集中和接头的残余应力，有利于减小再热裂纹倾向。

⑦ 改进接头设计和调整施焊工艺　改进接头设计可减小拘束应力，防止产生应力集中。调整焊接顺序或采用分段退焊等，可减小焊接残留应力。

⑧ 改善焊后热处理工艺　由于合金存在一定再热裂纹敏感温度区间，焊后热处理或其他再热过程温度如能避开这一区间有利于防止再热裂纹。前提是应能保证改善组织和消除应力的基本要求。

研究表明，提高加热速度有利于防止再热裂纹。这是因为对于一定合金，其析出强化速度一定，如果加热速度超过其析出强化速度（或时效硬化速度），就不致形成再热裂纹。还可采用低温焊后热处理、中间分段焊后热处理、完全正火处理等避开再热裂纹敏感温度区间的工艺。焊后热处理之前仔细修整焊缝（焊趾处的缺欠）会有良好的效果。锤击焊缝表层也有一定的作用。

12.4.5　应力腐蚀裂纹

金属材料在特定腐蚀环境下受拉应力作用时所产生的延迟裂纹，称为应力腐蚀裂纹（SCC）。目前，应力腐蚀裂纹已成为工业（特别是石油化工业）中越来越突出的问题。据统计，化工设备中的焊接结构的破坏事故多是由于腐蚀引起的脆化，产生应力腐蚀裂纹、腐蚀疲劳及氢损伤或氢脆等，其中约半数为应力腐蚀裂纹。

（1）应力腐蚀裂纹的特征及形成条件

① 应力腐蚀裂纹的特征　从表面裂纹形貌上看外观常呈龟裂形式，断断续续，而且在焊缝上以近似横向发展的裂纹居多数。见不到明显的均匀腐蚀痕迹。SCC 多数出现在焊缝，也可出现在热影响区。

从横断面照片可见，SCC 犹如干枯的树枝根须，由表面向纵深方向发展，裂口的深宽比大到几十至上百，细长而又尖锐，往往存在大量二次裂纹，即带有多量分支是其显著特征，如图 12-46 所示。从断口微观形貌分析，均为脆性断口，常附有腐蚀产物或氧化现象，断口呈沿晶或穿晶型，有时为混合型断口。

② 合金与介质的组配性　纯金属不会产生 SCC，但

(a) 高温水中的镍基合金　(b) 海滨露天存放几年
(300℃, $1000 \times 10^{-6} Cl^-$)　的奥氏体钢焊缝

图 12-46　SCC 断面形貌

凡是合金，即使含微量的合金元素，在特定的环境中都有一定的 SCC 倾向。不过，不是在任何环境中都产生 SCC。腐蚀介质与材料有一定的匹配性，即某一合金只在某些特定介质中产生 SCC。最易产生 SCC 的合金与介质的组配如表 12-7 所示。

表 12-7　最易产生 SCC 的合金与介质的组配

合金	腐蚀介质
碳素钢与低合金钢	苛性碱（NaOH）水溶液〔沸腾〕；硝酸盐水溶液〔沸腾〕；氨溶液；海水；湿的 $CO-CO_2-$空气；含 H_2S 水溶液；海洋大气和工业大气；$H_2SO_4-HNO_3$，混合水溶液；HCN 水溶液；碳酸盐和重碳酸盐溶液；NH_4Cl 水溶液；$NaOH+Na_2SiO_3$ 水溶液〔沸腾〕；$NaCl+H_2O_2$ 水溶液；CH_3COOH 水溶液等
奥氏体不锈钢	氯化物水溶液；海洋气氛；海水；NaOH 高温水溶液；H_2S 水溶液；水蒸气（260℃）；高温高压含氧高纯水；浓缩锅炉水；260℃ H_2SO_4；$H_2SO_4+CuSO_4$ 水溶液；$Na_2CO_3+0.1\%NaCl$；$NaCl+H_2O_2$ 水溶液等
铁素体不锈钢	高温高压水；H_2S 水溶液；NH_3 水溶液；海水；海洋气氛；高温碱溶液；$NaOH+H_2S$ 水溶液等
铝合金	NaCl 水溶液；海洋气氛；海水等
黄铜	NH_3；NH_3+CO_2；水蒸气；$FeCl_2$ 等
钛合金	HNO_3；HF；海水；氟利昂；甲醇、甲醇蒸气；HCl（10%，35℃）；CCl_4；N_2O_4 等
镍合金	HF；NaOH；氟硅酸等

注：表中凡有百分数的皆指质量分数。

③ 成应力腐蚀裂纹的条件及开裂过程　是否产生 SCC 取决于三个条件：合金、介质及拉应力。三个条件同时具备时，经过裂纹孕育、扩展和破裂三个阶段。

孕育阶段——形成局部性的最初腐蚀裂口，拉应力起了主要作用，它使材料表面造成塑性变形，形成活化的滑移系统，局部地点产生滑移阶梯，导致合金表面膜破坏，如图 12-47 所示。当位错沿某一滑移面通过时，在表面上出现断层，暴露在腐蚀介质中的金属"阶梯"因无保护而快速溶解，滑移的交点最容易被腐蚀而成腐蚀坑。

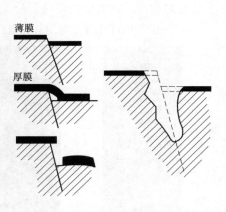

图 12-47　滑移阶梯的溶解启裂

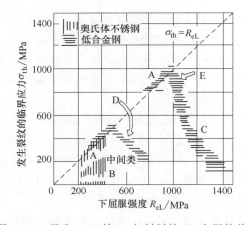

图 12-48　发生 SCC 的 σ_{th} 与材料的 R_{eL} 之间的关系

扩展阶段——腐蚀裂口在拉应力与腐蚀介质的共同作用下，沿着垂直于拉应力的方向向纵深发展，且逐步出现分枝，由于结构材质、服役环境和承受的应力状态不同，扩展途径大体分为三类。

A 类：由启裂点开始，一直向纵深发展，只有少量分枝。主要以穿晶形式开裂，多发生在强度较高的不锈钢和 R_{eL} 为 800～1000MPa 的高强度钢。

B 类：由启裂点开始，沿横向扩展，形成树根状的密集分枝，也以穿晶形式开裂，主要发生在强度较低的不锈钢和对氢敏感的超高强度钢。

中间类：介于 A、B 类之间，由启裂点开始，既向深处发展，也横向扩展，其行径具有沿晶特征，主要发生在不锈钢构件中。

三种形态 SCC 发生的临界应力 σ_{th} 与材料下屈服强度 R_{eL} 之间的关系如图 12-48 所示。

破裂（溃裂）阶段——发展得最快的裂纹的最终崩溃性发展，是拉应力局部越来越大的累积的结果，最终破坏在应力因素的主导作用下进行的。

（2）影响应力腐蚀裂纹的因素

① 应力的作用　拉应力的存在是 SCC 的先决条件，压应力不会引起 SCC，在没有拉应力存在时，通常可产生 SCC 的环境，只能引起微不足道的一般腐蚀。据统计，造成 SCC 的应力主要是残余应力，约占 80%，其中由焊接引起的残余应力约占 30%，由成形加工（弯管、矫形、胀管）引起的残余应力约占 45%，外加应力（承载应力与热应力）约占 20%。

② 介质的影响　介质的浓度与温度对具体合金的影响是不同的，例如对碳钢及低合金钢在 H_2S 介质中将引起应力阴极氢脆开裂，随着 H_2S 浓度的增大，临界应力 σ_{th} 显著降低。有水共存时，影响更严重。焊接接头的 SCC 临界应力远小于相应强度母材的抗拉强度，且抗拉强度越高，如 HT50、HT60、HT70、HT80 高强度钢，SCC 的临界应力依次降低。如以硬度作为判断依据，也有相同的规律。对于某一强度的钢材，存在一个产生 SCC 的最低 H_2S 浓度，即临界应力 σ_{th} 等于钢的下屈服强度 R_{eL} 时的 H_2S 浓度。

H_2S 水溶液温度的影响呈极值型。在室温附近时，SCC 倾向最大，温度降低或升高均使 SCC 倾向下降。H_2S 溶液 pH 值的影响为，pH ≤ 3 时对 SCC 无甚影响，pH > 3 时，随 pH 增大（直到 5），SCC 临界应力明显增大，敏感性反而降低。

NaOH 对碳钢及低合金钢的 SCC 的影响：在质量分数超过 5% 的 NaOH 的几乎全部浓度范围内都可产生碱脆，而质量分数约为 30%NaOH 时最危险；对于某一浓度的 NaOH 溶液，碱脆的临界温度约为沸点，碱脆的最低温度约为 60℃。

奥氏体不锈钢对氯化物造成的 SCC 极为敏感，几乎只要有 Cl⁻ 即可发生 SCC，因为 Cl⁻ 可局部浓集，在含 10^{-6}Cl⁻ 溶液的气相处就会见到 SCC。在氯离子浓度低的稀溶液中，存在一个 SCC 敏感温度范围，一般在 150 ~ 300℃。在氯离子浓度较低的高温水中，pH 值增加，钢的 SCC 倾向将降低。高浓度氯离子溶液（$MgCl_2$ 溶液）中，温度升高，SCC 加速。在高浓度 Cl⁻ 介质中 pH=6 ~ 7 时，即呈弱酸性时，18-8 奥氏体不锈钢对 SCC 最敏感；pH 值过低时（低于 4），将产生均匀腐蚀；pH 值超过 6 ~ 7 时，也会延缓 SCC 的危险性。

（3）应力腐蚀裂纹的控制

① 设计的合理性　设计在腐蚀介质中工作的部件时，首先应选择耐蚀材料。例如，同一强度的 HT80 钢，由于合金系统不同，抗 SCC 性能相差很大，Ni-Cr-Mo-V-B 合金系统要优于 Cr-Mo-B 合金系统。对于奥氏体不锈钢，其中镍的作用存在敏感成分区间，一般提高镍是有利的，铬的作用与镍相似，所以 25-20 钢优于 18-8 钢，且 ω（Mo）> 3.5% 是有利的。因此实用上选用高 Cr、高 Ni 且含高 Mo 的奥氏体不锈钢是合理的。硅有助于形成 γ+δ 双相组织，δ 相能提高屈服强度和电化学防护作用，并有抑制裂纹扩展的楔止效应，在沸腾质量分数为 42% 的 $MgCl_2$ 介质中，δ 相为 40% ~ 50% 的典型双相不锈钢具有最好的抗 SCC 性能，但是在有阴极氢化反应或存在氢脆时，δ 相的存在是不利的。

其次，结构和接头的设计应最大限度地减少应力集中和高应力区。

② 施工制造质量

a. 应合理选择焊接材料：一般要求焊缝的化学成分和组织应尽可能与母材一致，例如母材为

022Cr18Ni5Mo3Si2 超低碳双相不锈钢，与母材成分相当的 3RS61 和 P5 焊条（含 Mo）具有较好的抗 SCC 性能，而不含 Mo 的 E1-23-13-16（即 A302）焊条抗 SCC 性较差。

b. 应合理制定组装工艺：应注意减小部件成形加工到组装过程中引起的残余应力，如冷作成形加工（弯管及胀管等）能增大残余应力，同时还可使 18-8 奥氏体不锈钢发生 $\gamma \rightarrow M$ 转变形成马氏体而提高硬度。因此应尽可能减小冷作变形度，避免一切不正常组装，注意防止造成各种形式的伤痕，如组装拉肋、支柱、夹具等遗留下来的痕迹以及随意引弧形成的电弧灼痕，都会成为 SCC 的裂源。

c. 明确制定焊接工艺的基本出发点：应保证焊缝成形良好，不产生任何可造成应力集中或点蚀的缺欠等；保证接头组织均匀，焊缝与母材有良好的匹配，不产生任何不良组织，如晶粒粗化及硬脆马氏体等。低合金钢热影响区组织按球形珠光体→层状珠光体→回火马氏体→马氏体的次序增大 SCC 倾向，所以焊接低合金钢时，预热或适当提高热输入可使接头硬度低，一般要求其硬度小于 22HRC。但提高热输入必须以不过分增大晶粒尺寸为宜，粗晶淬火区的粗大淬硬组织 K_{ISCC} 值最低，最为有害。对于奥氏体不锈钢，因无硬化问题，没有必要增大热输入，否则将由于晶粒粗化而严重增加 SCC 倾向，例如 12Cr18Ni9 奥氏体不锈钢焊接接头，在质量分数为 42% 的 $MgCl_2$ 水溶液中，接头各区域 SCC 扩展的敏感性大体按焊缝→敏化区→母材→过热粗晶区顺序增大，其中敏化区和母材差不多，SCC 敏感性稍小，而粗晶区 SCC 敏感性大，主要是粗大晶粒中的裂纹尖端可有大量位错，并可形成大的滑移阶梯，有利于 SCC 的形成和扩展。

d. 消除应力处理：可消除焊接产品的残余应力，是改善其抗 SCC 性能的重要措施之一，可采用整体或局部消除应力的方法，但必须通过实验确定最佳回火参数。

e. 控制生产管理：要注意对介质中杂质的严格控制；采用表面处理（涂层、衬里等隔离介质）、介质处理（加入缓蚀剂或中和剂等）或电化防蚀（阴极保护等）的防蚀处理措施；注意监控分析，通过定期检查和及时修补，发现和消除隐患。补焊时采取无粗晶区补焊工艺有很好的效果。

参考文献

[1] 张应立，周玉华. 焊工手册［M］. 北京：化学工业出版社，2019.

[2] 张能武. 电焊机结构与维修全程图解［M］. 北京：化学工业出版社，2019.

[3] 中国机械工程学会焊接学会. 焊接手册 第 1 卷：焊接方法与设备［M］. 3 版（修订本）. 北京：机械工业出版社，2015.

[4] 张能武. 焊工入门与提高全程图解［M］. 北京：化学工业出版社，2019.

[5] 张毅. 焊接设备使用与维修［M］. 北京：化学工业出版社，2018.

[6] 邱葭菲. 焊接方法与设备［M］. 北京：化学工业出版社，2019.

[7] 刘云龙. 焊工（初级）［M］. 北京：机械工业出版社，2016.

[8] 人力资源社会保障局教材办公室组织. 机械制图［M］. 北京：中国劳动社会保障出版社，2018.

[9] 中国机械工程学会焊接学会. 焊接手册 第 2 卷：材料的焊接［M］. 3 版（修订本）. 北京：机械工业出版社，2018.

[10] 刘云龙. 焊工（中级）［M］. 北京：机械工业出版社，2018.

[11] 刘云龙. 焊工（高级）［M］. 北京：机械工业出版社，2016.

[12] 陈茂爱，齐勇田. 焊工上岗技能图解——埋弧焊［M］. 北京：化工工业出版社，2014.

[13] 中国机械工程学会焊接学会. 焊接手册 第 3 卷：焊接结构［M］. 3 版（修订本）. 北京：机械工业出版社，2019.

[14] 钟翔山，钟礼耀. 实用焊接操作技法［M］. 北京：机械工业出版社，2013.

[15] 孙景荣. 氩弧焊技术入门与提高［M］. 北京：化学工业出版社，2015.

[16] 孙国君. 手工钨极氩弧焊速学与提高［M］. 北京：化学工业出版社，2015.

[17] 孙景荣. 气焊气割速学与提高［M］. 北京：化学工业出版社，2013.

[18] 石勇博. 图解气焊工入门考证一本通［M］. 北京：化学工业出版社，2015.

[19] 杨春利. 电弧焊基础［M］. 哈尔滨：哈尔滨工业大学出版社，2003.

[20] 李继三. 电焊工［M］. 北京：中国劳动社会保障出版社，1996.

[21] 李亚江. 特种焊接技术及应用［M］. 北京：化学工业出版社，2018.

[22] 李亚江，张永喜，王娟，等. 焊接修复技术［M］. 北京：化学工业出版社，2005.